"十二五"职业教育国家规划教材

经全国职业教育教材审定委员会审定

# 微生物基础技术

李　莉　冯小俊　主编

化学工业出版社

·北京·

《微生物基础技术》以微生物基础技术为体系框架，按照理论和知识“必需”“够用”的原则，将内容设置为显微技术、消毒与灭菌技术、微生物分离培养技术、微生物形态鉴别技术、微生物生长测定技术、微生物育种技术和菌种保藏技术七大单项技术。各单项技术可组合成不同岗位的技术链加以应用，有利于提升学生的职业能力。

为加强学生的操作技能培养，本书配套的《微生物基础技术项目学习册》中设置了真实的工作任务，并提出系列问题引导学生形成执行任务的思路并完整落实，能有效加强学生的操作技能。

本书配套有数字化资源，包括电子教案、电子图片、交互式测试题，方便直观教学和学生自学，可从 www. cipedu. com. cn 下载使用。

本书可作为高职高专食品生物技术、药品生物技术、生物产品检验检疫、食品营养与检测、食品检测技术、药品生产技术等专业师生的教材，也可用于相关行业领域的职业培训。

**图书在版编目（CIP）数据**

微生物基础技术/李莉，冯小俊主编．—北京：化学工业出版社，2016.7（2025.1重印）
“十二五”职业教育国家规划教材
ISBN 978-7-122-27104-4

Ⅰ.①微…　Ⅱ.①李…②冯…　Ⅲ.①微生物学-职业教育-教材　Ⅳ.①Q93

中国版本图书馆 CIP 数据核字（2016）第 108677 号

责任编辑：迟　蕾　梁静丽　李植峰　　　文字编辑：张春娥
责任校对：王　静　　　装帧设计：张　辉

出版发行：化学工业出版社（北京市东城区青年湖南街 13 号　邮政编码 100011）
印　　装：北京建宏印刷有限公司
787mm×1092mm　1/16　印张 24　字数 613 千字　　2025 年 1 月北京第 1 版第 6 次印刷

购书咨询：010-64518888　　　售后服务：010-64518899
网　　址：http://www.cip.com.cn
凡购买本书，如有缺损质量问题，本社销售中心负责调换。

定　　价：48.00 元

# 《微生物基础技术》
# 编审人员


**主　　编**　李　莉　冯小俊

**副 主 编**　尹　喆　李　燕　吕耀龙

**编写人员**（按照姓名汉语拼音排列）

陈其国（武汉职业技术学院）
陈咏梅（武汉软件工程职业学院）
程旺开（芜湖职业技术学院）
高海山（恩施职业技术学院）
冯小俊（恩施职业技术学院）
李　莉（武汉职业技术学院）
李　燕（十堰职业技术学院）
刘　蕾（南京化工职业技术学院）
罗　京（武汉联合药业有限责任公司）
吕耀龙（内蒙古农业大学职业技术学院）
孙　倩（海南职业技术学院）
王大春（武汉新华扬生物股份有限公司）
王　涛（黑龙江农业职业技术学院）
吴　玲（常州工程职业技术学院）
尹　喆（武汉职业技术学院）
俞黎黎（盐城卫生职业技术学院）

**主　　审**　卢洪胜（武汉职业技术学院）

# 前　言

微生物学技术是生物技术、医药、食品、农林等专业的一门基础课程，在生产实践和科学研究中应用广泛。

高职高专教学中的微生物技术课程目标就是学习和掌握微生物学基础技术、基础知识，并灵活应用这些技术完成诸如微生物生产、产品和过程的微生物检测、菌种筛选和保藏等微生物有关的工作任务。因此，针对高职高专教育的教材就应该突出微生物学独特技能和解决问题方法的培养，编排上适应高职高专学生学习心理。以此为目标，自 2005 年起本课程组进行了三轮改革——高职微生物教学方法改革、职业能力中心内容体系改革和基于工作过程的行动导向课程改革，对职业教育及其对象的特点进行了研究，构建起“以发展职业能力为中心”的职教课程内容体系，并进行了行动导向的教学实践，得到了企业界和学生的认同和肯定，形成了以微生物学七大基础技术为中心的微生物学基础技术体系。

结合《国家高等职业教育发展规划（2011—2015 年）》、《教育部关于“十二五”职业教育国家规划教材建设的若干意见》文件精神及对国家规划教材编写的要求，本书在结构体系、内容范围和写作上有以下特点。

本书按照微生物基础技术体系编写，以显微技术、消毒与灭菌技术、分离培养技术、形态鉴别技术、生长测定技术、育种技术和菌种保藏技术七大微生物学基础技术为中心构成具有开放性的内容体系，七大单项技术节点可构成技术链完成不同岗位的各项工作任务。以菌种岗位为例，无菌、纯培养、生长测定、显微技术构成的技术链可以完成菌种扩大培养工作任务；无菌、纯培养、形态鉴别、菌种保藏构成技术链以完成菌种保藏的工作；无菌、分离培养、形态鉴别和显微技术构成技术链以完成菌种复壮工作；无菌、分离培养、形态鉴别、育种技术构成技术链以完成菌种选育工作。结合生理生化反应鉴别技术、基因操作技术，可以鉴定微生物，与其他诸如细胞培养、基因工程等新技术结合可以完成更多的研究和生产任务。

各单项技术内容的编排特点是先练技术，再理解理论，围绕技术和能力的培养这个中心学习理论。技术操作介绍或概述原理、方法、基本操作流程、器材和仪器等，或以典型常用方法为例介绍一种技术方法的基本操作，突出操作技能的培养。技术操作介绍之后安排相关知识和理论，学习者在学会技术操作基础上通过理论的研究和讨论，更易理解技术操作规范，能够处理多变的现场问题，适应生物技术行业多因素影响、交互复杂的职业特点，突出职业能力的培养。将各个单项技术组合技术链加以应用，以完成工作任务的完整过程，对学习者职业能力的提升也极为有效。

本书在微生物基础技术体系框架下，按照理论和知识“必需”“够用”的原则处理教学内容，即选择与七大基础技术有关的理论和知识组织教材内容，删减微生物学科体系的枝蔓内容；将微生物应用知识如社会热点问题、生活实践、历史故事、岗位要求，以及作为开阔眼界、提高微生物学素质的阅读教材，与七大技术相关的研究性理论和知识、案例、学科前沿聚焦、工具巧用等内容设置为“拓展链接”，搭建了一级一级逐步深入的阶梯。“扩展阅读”内容则服务于不同行业不同专业对于微生物技术的不同要求。

本书在每一章起始明确提出技能、知识、职业态度三维课程目标，使学习者对本章的学习目的清晰。“概念地图”和“本章小结”首尾呼应，揭示本章内容间的相互关系以及与其他章节的联系，指导学习者理清思路。供选做的思考题可帮助学习者巩固必需的理论和知识，为掌握技能打下坚实基础。

本书每章通过引起学生思考来导入，目的一是引起学习者对本章内容的兴趣，二是提示本章的重点内容或要解决的问题，同时问题本身也揭示了本章主要内容之间的联系。

附录内容供读者快速查阅所需数据。

建议教学中将本书作为参考资料，即主要信息源，教学组织过程使用《微生物基础技术项目学习册》。《微生物基础技术项目学习册》给出真实的工作任务，并提出系列问题引导学习者形成完成任务的思路，通过完成工作任务的完整过程，将微生物技术内化于学习者自身的知识体系中，使学习者掌握操作技能，更重要的是能自如运用这些技能完成工作任务、解决问题。理解是一个过程，学习者必须自主地发现、转换复杂的信息，以使信息真正为自己所有。因此强调学习是自上而下的加工，即学习者从复杂的任务或问题入手，寻找完成这类任务或解决这类问题所需的基本知识、技能和策略，在学业活动背景中理解、掌握和应用。这样的学习过程能够较好地实现应用技术去完成任务或解决问题的学习目标。

建议以学生为中心组织教学活动，教师引导学习者建立完成微生物相关工作任务的思路，呈现典型方法或通用流程，提出教材学习建议，学习者通过自主学习，设计完成任务的实施计划，实施并自主进行过程监控，自我评价，通过展现成果的方式接受质询和反馈，从而掌握微生物基础技术，同时构建完成工作任务的策略。

本教材配套数字化资源包括电子教案、电子图片、交互式测试题。电子教案是 PPT 课件，电子图片是按照微生物类别归类的典型微生物个体和群体形态、结构图片，各章都设计有交互式测试题，提交答案即可判断回答正确与否，并提供参考答案供举一反三。

红桃 K 集团股份有限公司马昕、武汉科诺生物科技有限公司陈又香等企业技术人员参与课程改革方案制订，结合企业要求，提出诸多富有建设性的意见和建议，提供企业相应技术规范和要求，在此表示诚挚感谢！

由于微生物学知识浩瀚繁杂，本书的体例安排又是突显高职“职业能力培养为中心”特点的一种探索，难免会有疏漏和不当之处，恳请读者批评指正，请发送邮件至 li1ly@126.com，以便修正。

**编　者**

**2016 年 5 月**

# 目 录

# 绪　论

**【学习目标】**

1. 知识：能复述微生物的定义、特点及分类；理解微生物常用的七大基础技术；认识微生物在各个方面的应用；了解微生物学的发展史。

2. 态度：通过对微生物定义及特点的学习，培养对微观事物科学的、实事求是的、认真细致的学习态度。

**【概念地图】**

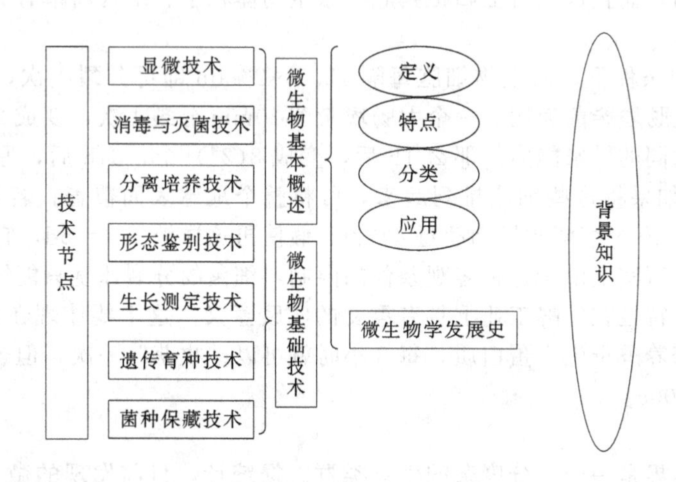


**【引入问题】**

Q：生物界除了丰富的动物、植物，还有其他生物吗？

A：被广泛接受的生物六界学说认为，除了动物、植物，自然界还有病毒界、原核生物界、原生生物界和真菌界，它们都属于微生物。

Q：微生物在日常生活中存在吗？为什么我们看不到？

A：微生物在日常生活中是广泛存在的，但是由于微生物体积很小，所以我们人类无法用肉眼看到。

**【相关知识】**

## 第一节　微生物及其特点

在地球上，生活着数百万种生物。大多数生物（人类、动物和植物）体形较大，肉眼可见。然而，在我们周围，除了这些较大的生物以外，还存在着一类体形微小、数量庞大、肉眼难以看见的微小生物，称之为微生物。微生物虽然微小，让人觉得既“看不见”又“摸不着”，似乎感到陌生，但是，凭借微生物技术，我们能够研究微生物，发现微生物与人类生活及经济建设有着密切的关系。

## 一、什么是微生物

微生物是指一群体形微小，结构简单，肉眼看不见或看不清楚的微小生物的总称。这个定义具有两个方面的含义：一是体积微小，以致肉眼通常无法感觉到它们的存在，因此必须借助于光学显微镜或电子显微镜才能看清它们的外形，以微米（μm）和纳米（nm）为单位来进行微生物大小测量；二是结构简单，大多为单细胞或简单的多细胞，有的甚至不具备细胞结构。

## 二、微生物的特点

微生物和动植物一样具有生物最基本的特征——新陈代谢和生命周期。除此之外，微生物还具有繁殖快、种类多、分布广、易培养、代谢能力强、易变异等特点，这是自然界中其他生物不可比拟的，而且这些特征归根到底与微生物体积小、结构简单有关。

### 1. 繁殖快

一般在适当的条件下，微生物细胞每隔 12.5～20min 即可分裂 1 次，细胞的数目比原来增加 1 倍。以大肠埃希菌为例，一个大肠埃希菌 20min 分裂 1 次，变成 2 个子细胞，而每个子细胞都具有相同的繁殖能力。那么 1h 后，变成 8($2^3$) 个，24h 后，原始的 1 个细胞变成了 $2^{72}$ 个细菌。如果将这些细胞排列起来，可将整个地球表面覆盖；若每 10 亿个细菌按 1mg 质量来计算，$2^{72}$ 个细菌质量则超过 4772t。假使再这样繁殖 4～5d，它就会形成和地球同样大小的物体。事实上由于种种客观条件的限制，细菌的分裂速度只能维持数小时。

微生物的这一特性在发酵工业上具有重要的实践意义。这主要体现在它的生产效率高，发酵周期短，如培养酵母生产蛋白质，每 8 小时就可以“收获”一次，但若种植大豆产生蛋白质，最短也要 100d。

### 2. 种类多

微生物在自然界是一个十分庞杂的生物类群。据统计，目前发现的微生物有 10 万种以上。从种数来看，由于微生物的发现和研究比动物、植物迟得多，加上鉴定种的工作和划分种的标准等较为困难，所以首先着重研究的是与人类关系最为密切的微生物。随着分离、培养方法的改进和研究工作的深入，微生物新种、新属、新科甚至新目、新纲屡见不鲜。例如最早发现的较大型微生物——真菌，至今还以每年约 1500 个新种不断递增。

### 3. 分布广

微生物在自然界分布极为广泛，土壤、水域、大气中几乎到处都有微生物的存在。上至 85km 的高空（地球物理火箭取样），深至 10km 的海底，高至 300℃ 以上的高温，低至 －250℃的低温以及动植物体的体表、体内都有微生物的存在。

微生物之所以分布广泛，与微生物本身小而轻的特点密切相关。个体小，使任何地方都可以成为微生物的藏身之地；个体轻，使微生物可以随风飘荡，走遍天涯。

（1）土壤中微生物的分布　土壤是微生物的“大本营”，半尺深的耕作层，其细菌的活重就会达每公顷 6.0～15.3kg。土壤之所以是微生物生活的最适宜环境，是因为它具有微生物所需的一切营养物质和微生物进行生长繁殖及生命活动的各种条件。土壤中的动物、植物遗体是微生物最好的食料。土壤矿物质成分中含有微生物所必需的 S、P、K、Fe、Ca 等大量营养元素和 Be、Mo、Zn、Mn 等微量元素，一定的矿物质的含量或浓度适于微生物的发育，土壤中的pH值、渗透压、氧气含量、温度等适宜微生物生活。同时还可以保护微生物免于被阳光直射而致死。所以，土壤又有“天然培养基”之称。

（2）水中微生物的分布　水中的微生物主要来自土壤、空气、动物排泄物、动植物尸体、工厂和生活污水等。仅细菌而言，分类学上的47科中就有39科的代表可以在水中找到。

微生物分布广泛，对我们人类来讲，有其有利的一面，使得我们可以更好地开发微生物资源，从各种场所筛选到我们所需要的微生物。如我国曾多次从土壤中筛选到许多抗生素的产生菌。但是如果不加注意，例如没有做好饮用水的净化和消毒工作，也会引起麻烦。

**4. 易培养**

大多数微生物都能在常温常压下利用简单的营养物质生长，并在生长过程中积累代谢产物。因此，利用微生物发酵生产食品、医药、化工原料都较化学合成法具有许多优点，它们不需要高温、高压设备，有些发酵产品如酒、酱油、醋、乳酸在较简单的设备里就可以生产。

另外，微生物所利用的原料比较简单。例如生产白酒、酒精和柠檬酸等可以用廉价的山芋干等淀粉类为原料，许多精细的抗生素药物也是利用豆饼粉和玉米粉为原料生产的。

再有，就是不需特殊的催化剂，一般产品具有无毒性。例如，通过微生物发酵法利用醋酸可的松生产醋酸强的松，只用葡萄糖、玉米浆为原料，最后的产品无毒性；而用化学合成法生产，由于原料中有二氧化硒，所以产品会有毒性。

**5. 代谢能力强**

微生物体积小，单位体积表面积大，因而微生物能与环境之间迅速进行物质交换，吸收营养和排泄废物，而且有很大的代谢速度。从单位质量来看，微生物的代谢强度比高等生物大几千倍到几万倍。如发酵乳酸的细菌在1h内可分解其自重1000～10000倍的乳酸。

**6. 易变异**

大多数微生物是单细胞微生物，经物理、化学诱变剂处理后，容易使它们的遗传性质发生变异，从而可以改变微生物的代谢途径。

人们利用微生物易变异的特点进行菌种选育，可以在短时间内获得优良菌种，提高产品质量。例如，青霉素生产菌，开始时每毫升发酵液中只有几十个单位的青霉素，现经菌种诱变处理后可提高到几万个单位。

由于微生物既具有生物的一般特性，又具有其他生物所没有的特点，因而微生物就成为了人们研究许多生物学基本问题最理想的实验材料之一，同时还广泛地被用于农业、工业、医药等领域，推动和加快了生命科学的研究发展，特别是在当前掀起新技术革命的浪潮中，微生物更是引起了人们的广泛重视，优先得到开发和利用，微生物工程作为生物工程的突破口而迅速发展。

## 三、微生物的分类

微生物的主要分类单位，依次为界、门、纲、目、科、属、种。其中种是最基本的分类单位，具有完全或极多相同特点的有机体构成同种；性质相似、相互有关的各种组成属；相近似的属合并为科；近似的科合并为目；近似的目归纳为纲；综合各纲成为门。由此构成一个完整的分类系统。

另外，每个分类单位都有亚级，即在两个主要分类单位之间，可添加亚门、亚纲、亚目、亚科等次要分类单位。在种以下还可以分为亚种、变种、型、菌株等。

微生物的种类繁多，有数十万种以上。但从细胞构造是否完整的角度来看，可以把微生物分成三大类型。

**1. 真核微生物**

这一类微生物具有完整的细胞构造，细胞核的分化程度较高，且细胞核被核膜包围。例如酵母菌、霉菌、蕈菌等，因此又称为真核细胞型微生物。大多数微生物属于真核细胞型微生物。

**2. 原核微生物**

这一类微生物虽然具有细胞构造，但只有原始的细胞核，细胞核分化程度比较低，没有核膜。例如细菌、放线菌、蓝细菌、螺旋体等，又称为原核细胞型微生物。

**3. 非细胞微生物**

这一类微生物没有细胞构造，只有裸露的核酸和蛋白质。因此必须寄生在活的易感细胞内生长繁殖。例如病毒、类病毒。

## 四、微生物在生物界中的地位

由于微生物种类的多样性，因此在生物界中占有重要的地位。1969 年魏塔克首先提出五界系统，把自然界中具有细胞结构的生物分为五界。根据我国学者的建议，无细胞结构的病毒应另列一界，这样便构成了生物的六界系统。1978 年伍斯等提出了生命起源的三原界系统，现称为三域学说，即将整个生物界分为古生菌域、细菌域和真核生物域三个域，把传统的界分别放在这三个域中，这个学说已基本被各国学者所接受。

表 0-1 微生物在生物六界系统中的地位

| 生物界名称 | 主要结构特征 | 微生物类群名称 |
| --- | --- | --- |
| 病毒界 | 无细胞结构，大小为纳米(nm)级 | 病毒、类病毒 |
| 原核生物界 | 为原核生物，细胞中无核膜与核仁的分化，大小为微米(μm)级 | 细菌、蓝细菌、放线菌、支原体、衣原体、螺旋体等 |
| 原生生物界 | 细胞中具核膜与核仁的分化，为小型真核生物 | 单细胞藻类、原生动物等 |
| 真菌界 | 单细胞或多细胞，细胞中具核膜与核仁的分化，为小型真核生物 | 酵母菌、霉菌等 |
| 动物界 | 细胞中具核膜与核仁的分化，为大型能运动真核生物 | |
| 植物界 | 细胞中具核膜与核仁的分化，为大型非运动真核生物 | |

从表 0-1 中可以看出，在六界系统中微生物占有 4 界，既有原核生物，又有真核生物(原生生物和真菌)，还有非细胞结构的生物，从而显示了微生物分布的广泛性及其在自然界的重要地位。

### 拓展链接

**微生物王国奇观**

微生物是地球上最早的“居民”。微生物之所以能在地球上最早出现，又延续至今，这与它们特有的食量大、食谱广、繁殖快和抗性高等特征有关。如果将一个细菌在 1h 内消耗的糖分换算成一个人要吃的粮食，那么，这个人得吃 500 年。微生物不仅食量大，而且无所不“吃”。地球上已有的有机物和无机物，它们都贪吃不厌，就连化学家合成的最新颖复杂的有机分子，也都难逃微生物之“口”。人们把那些只“吃”现成有机物质的微生物，称为**有机营养型或异养型微生物**；把另一些靠二氧化碳和碳酸盐自食其力的微生物，叫**无机营养型或自养型微生物**。微生物不分雌雄，它们的繁殖方式也与众不同。以细菌家族的成员来说，它们是靠自身分裂来繁衍后代的，只要条件适宜，通常 20min 左右就能分裂一次，一分为二，二分为四，四分成八……就这样成倍地分裂下去。

虽然这种呈几何级数的繁衍常常受环境、食物等条件的限制，实际上不可能实现，但即使这样，也足以使动植物望尘莫及。微生物具有极强的抗热、抗寒、抗盐、抗干燥、抗酸、抗碱、抗缺氧、抗毒物等能力。由于微生物只怕“明火”，所以地球上除活火山口以外，都是它们的领地。微生物当然也要呼吸，有的喜欢吸氧气，是好氧性的；有的则讨厌氧气，属于厌氧性的；还有的在有氧和无氧环境下都能生存，叫兼性微生物。微生物不仅能吃，而且还贪睡。据报道，在埃及金字塔中三四千年前的木乃伊上仍有活细菌。所以微生物的休眠本领也令人惊叹不已。

## 第二节　人类认识和利用微生物的历程

微生物学是生命科学的一个重要分支，是研究微生物在一定条件下的形态结构、生理生化、遗传变异以及微生物的进化、分类、生态等生命活动规律及其应用的一门学科。微生物学的研究对象是微生物。人类在长期的生产实践中利用微生物、认识微生物、研究微生物、改造微生物，使微生物学的研究工作日益深入和发展。人类认识和利用微生物的历史可分为下面四个时期。

### 一、感性认识时期

在人类第一次真正看到微生物的个体之前，虽然还不知道世界上有微生物存在，但是在生产实践和日常生活中已经开始利用微生物，并且积累了丰富的经验。最早或最多利用微生物的领域是食品、酿造行业。在这方面，我国古代劳动人民尤为突出，做出了重大的贡献。

远在4000多年以前的龙山文化时期，我国劳动人民就会利用微生物酿酒。这从龙山文化遗址出土的陶瓷饮酒用具中得到证明。古书中也有许多关于酿酒的记载。公元5世纪，北魏贾思勰著的《齐民要术》中更是详细地叙述了制曲和酿酒的技术。书中“黄衣”、“黄蒸”等名词的提出，证明当时已经看见和认识了特种微生物（即现在称谓的米曲霉）。除了酒以外，我国劳动人民还最早利用有益微生物生产了酱油、食醋和腐乳等发酵调味品。春秋战国时期，这些发酵调味品已经成为当时人们较欢迎的食品。随着文化交流日益扩大，我国的酿造技术不断被传到国外，促进了其他国家科学技术的发展，如日本著名的清酒就是在1000多年前从我国传过去的。

其他如农业、医药等方面，我们的祖先也有许多创造发明。金、元时期，提出养蚕的用具每天要晒，以减少病原微生物对蚕体的感染。名医华佗除首创麻醉技术和剖腹外科手术外，还主张割去腐肉以防传染。种牛痘预防天花的方法，早在北宋时期已广泛应用，当时称为“人痘”。所谓人痘接种法是从正在生天花的人体中取出一些痘痂，经过阴干磨细，然后把它吹到被接种人的鼻孔里，使其得到免疫力。随后，这项技术由我国传到俄国，继而传到土耳其和英国，以后又相继传到欧洲其他国家和美洲各国。

由于当时科学技术条件的限制，人们始终未能看到微生物的个体，更无法把它们分离出来，所以从整体上来说，当时只是停留在感性认识阶段。微生物学真正作为一门科学，是在1675年荷兰人列文虎克首次发现原生动物后才逐渐形成。

### 二、形态描述时期

17世纪末，资本主义开始发展。由于航海事业的需要，促进了光学技术的研究，使显微镜的制造有了可能。当过布店学徒、做过市政府看门人的荷兰人列文虎克（1632—1723年）虽然未受过正式教育，但他对自然科学有着浓厚的兴趣，特别爱好利用业余时间磨制透镜。他利用自制的能放大200～300倍的显微镜，观察雨水、牙垢、腐败物、血液等，在1675年第一次观察到原生动物，1683年又发现细菌。他把这些微小生物称为“微动体”，并描绘成图（图0-1），并于1695年发表了《安东·列文虎克所发现的自然界的秘密》的论文。从此以后的100多年时间里，各国科学家纷纷寻找各种微生物，进行观察，描述它们的形态，有的也作了简单的分类。但是对于微生物的生活规律以及与人类的密切关系仍然了解得不多。直到19世纪50年代，生产发展的需要进一步推动了微生物学研究的发展，于是微生物学由形态学时期进入到生理学时期。

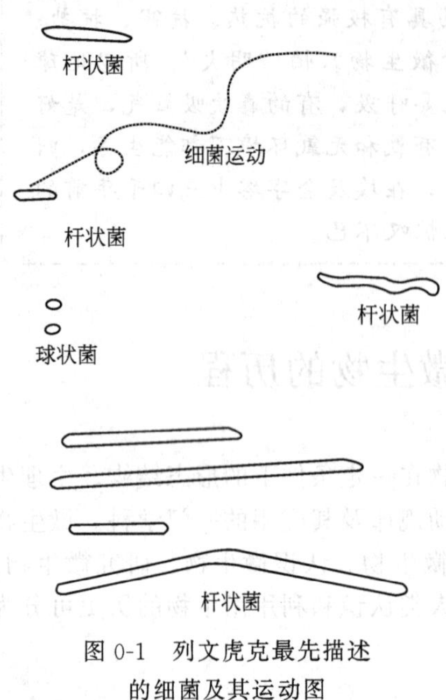

图0-1　列文虎克最先描述的细菌及其运动图

## 三、生理学时期

这个时期前后不过几十年的时间，但对微生物学的发展起到了重要的作用。研究由表及里，揭示了许多生命活动的规律，解决了许多生产上的难题，建立了一整套研究微生物学的实验方法，是微生物学发展史上的奠基时期。在这个时期，对微生物学发展做出最大贡献的要数法国的巴斯德和德国的科赫。

**1. 巴斯德**

巴斯德（Louis Pasteur，1822—1895年）在大学里专攻化学，是一位化学家。后来由于生产发展的需要，他转向研究微生物学，并成了著名的微生物学家。他对人类的贡献主要表现在以下几个方面。

(1) 否定了生命“自然发生”的学说　这就是著名的“曲颈瓶试验”（图0-2）。巴斯德所做的曲颈瓶试验是这样的：他将盛有有机物汁液的两个瓶子加热灭菌。其中一个瓶子连接一个弯曲的长管，通过弯曲的长管，能与外界空气直接接触。另一个瓶子从顶端开口，置于空气中。结果前一个瓶中没有微生物生长，而后一个瓶中出现了大量的微生物。前一个瓶子之所以能保持无菌状态，是空气中带有微生物的尘埃颗粒不能通过弯曲长管而进入瓶中的缘故。这样，长期争论不休的生命“自然发生”论彻底地被否定。

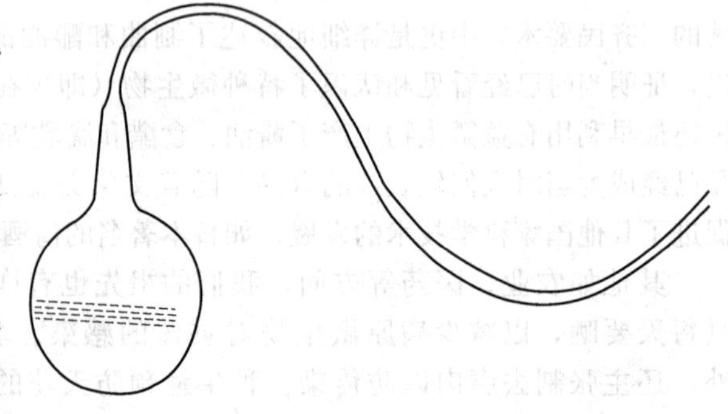
图0-2　巴斯德试验时使用的曲颈瓶

(2) 解决了当时生产中提出的许多难题，推动了生产的发展　在工业方面，他解决了啤酒变酸的问题，指出只要把酒加热到一定温度，保持一定时间，就可以了。在农业方面，他解决了“蚕病”问题，指出细菌是使蚕生病的根源，并提出只要在显微镜下发现有致病的细菌，就连蚕卵一起烧掉，这样可以除去祸根。在医学方面，他对人畜多种疾病进行了研究，创造了防治方法。他应用减低毒性的鸡霍乱病原体接种于鸡体中，可使鸡产生对霍乱的免疫力；他用 42～43℃高温培养的炭疽病病原体注射绵羊，使绵羊不受炭疽菌的侵袭；他运用减毒的一般原则，发明了抗狂犬病毒疫苗，用它可治疗被狂犬咬伤的人，挽救了无数人的生命。

（3）奠定了微生物学的理论基础，开创了许多新的微生物学科　他在解决生产难题的过程中，获得了关于微生物的很多知识，揭示并证明了许多微生物生命活动的规律，为微生物学的研究奠定了理论基础。他研究“酒病”后指出，这是杂菌污染的结果。他证明含糖溶液中发生的乙醇发酵是由酵母菌引起的。他研究了多种发酵后，认为发酵是微生物的作用，不同的微生物可以引起不同的发酵；没有微生物的存在，发酵是不能进行的。他研究“蚕病”及许多人畜疾病以后，提出并证实了传染病是由病原微生物所引起的理论。这些重要的理论推动了微生物学研究工作的深入发展，许多新的微生物学科应运而生，如工业微生物学、医学微生物学、微生物生理学和微生物免疫学等。

（4）创造了一些微生物学实验方法　著名的“巴氏消毒法”就是由巴斯德在解决“啤酒变酸”时创造的。该法是把含有微生物的酒溶液加热到 62℃，维持 30min，就可杀死其中不耐高温的病原微生物而保持酒不腐败。此法直至现在仍广泛应用于酒、醋、酱油、牛奶、果汁等食品的消毒。

正是由于巴斯德对微生物学做出了这么大的贡献，他赢得了人们的尊敬而被称为微生物学的奠基人。

**2. 科赫**

科赫（1843—1910 年）是继巴斯德之后，对微生物学的研究做出卓越贡献的另一位科学家。他本是德国乡村医生，后来由于他对法国著名微生物学家巴斯德关于传染病是由微生物所引起的学说颇感兴趣，开始了对微生物的探索，由于他有着超人的独创精神和刻苦的细心研究，他在微生物学研究领域中获得了丰硕成果，同样被人们称为微生物学的奠基人。他的主要贡献表现在以下几个方面。

（1）发明了固体培养基　由于细菌种类很多，形态各异，常常混杂在一起，给研究工作带来了许多不便。科赫在厨房中，无意发现了马铃薯的不同地方能长出不同颜色的微生物，并从中得到启发，发明了固体培养基。经过他和他的学生的不断改进，不仅找到了比较理想的凝固剂琼脂，而且设计出了浇铺平板用的玻璃培养皿，这些一直使用至今。

（2）创造了细菌染色方法　细菌个体微小、透明，在显微镜下不易观察。科赫使用苯胺染料，给菌体染色，使其与视野形成明显的色差，这样便于观察。他也是世界上第一个给细菌鞭毛染上颜色的人。

（3）发现了许多病原菌　这为以后研究药物和寻找治疗方法提供了依据。他先后对多种疾病进行研究，找到了它们的病原菌，如炭疽杆菌、结核分枝杆菌、霍乱弧菌等。

（4）提出了为证明某种特定细菌是某种特定疾病的病原菌的所谓“科赫原则”　在以后研究传染病病害中，这个原则起着重要的推动作用。

在这期间，除他们两人对微生物生理学研究做出重大贡献外，其他的一些科学家也取得了很大的成绩（见表 0-2）。

**表 0-2　科学家对微生物研究的主要贡献**

| 国籍 | 科学家 | 主要贡献 |
|---|---|---|
| 英国 | 李斯特 | 1865 年指出用石炭酸喷洒手术室和煮沸手术用具可以防止术后感染，从而为防腐、消毒以及无菌操作奠定了基础，建立了外科消毒术 |
| 俄罗斯 | 梅契尼柯夫 | 发现白细胞如何在体内吞噬致病菌的过程，推动了免疫学的研究 |
| 俄罗斯 | 维诺格拉德斯基 | 发现了自养微生物 |

续表

| 国籍 | 科学家 | 主要贡献 |
|---|---|---|
| 荷兰 | 贝格林克 | 在1888年成功地分离到根瘤菌纯培养物，1891年又完成了固氮菌的纯培养 |
| 俄罗斯 | 伊万诺夫斯基 | 发现了病毒，从而扩大了人类对微生物界领域的认识 |
| 德国 | 布赫 | 发现磨碎的酵母菌的发酵作用，因而把酵母菌的生命活动和酶的化学作用紧密结合起来，开创了微生物生化研究的新时代 |
| 德国 | 杜马克 | 发现了红色药物"百浪多息"，可以治疗致病性链球菌感染 |

### 四、分子生物学时期

20世纪上半叶微生物学事业欣欣向荣。微生物学沿着两个方向发展，即应用微生物学和基础微生物学。在应用方面，对人类疾病和躯体防御机能的研究，促进了医学微生物学和免疫学的发展。青霉素的发现和瓦克斯曼对土壤中放线菌的研究成果导致了抗生素科学的出现，这是工业微生物学的一个重要领域。微生物在农业中的应用使农业微生物学和兽医微生物学等也成为重要的应用学科。由于应用成果不断地涌现，促进了基础研究的深入，于是细菌和其他微生物的分类系统在20世纪中叶出现，而细胞化学结构和酶及其功能的研究发展了微生物生理学和生物化学，微生物遗传和变异的研究也导致了微生物遗传学的诞生。这样，微生物生态学在20世纪60年代也形成了一个独立学科。

20世纪80年代以来，在分子水平上对微生物研究发展迅速，分子微生物学应运而生，在短短的时间内取得了一系列进展，并出现了一些新的概念，较突出的有生物多样性、进化、三原界学说；细菌染色体结构和全基因组测序；细菌基因表达的整体调控和对环境变化的适应机制；细菌的发育及其分子机理；细菌细胞之间和细菌同动植物之间的信号传递；分子技术在微生物原位研究中的应用。经历约150年成长起来的微生物学，在21世纪将为统一生物学的重要内容而继续向前发展，其中两个活跃的前沿领域是分子微生物遗传学和分子微生物生态学。

微生物产业在21世纪将呈现全新的局面。微生物从发现到现在短短的300年间，特别是20世纪中叶，已在人类的生活和生产实践中得到广泛的应用，并形成了继动植物两大生物产业后的第三大产业，即是以微生物的代谢产物和菌体本身为生产对象的生物产业，所用的微生物主要是从自然界筛选或选育的自然菌种。21世纪，微生物产业除了更广泛地利用和挖掘不同环境（包括极端环境）的自然资源微生物外，基因工程菌将形成一批强大的工业生产菌，生产外源基因表达的产物，特别是药物的生产将出现前所未有的新局面，结合基因组学在药物设计上的新策略将出现以核酸（DNA或RNA）为靶标的新药物（如反义寡核苷酸、肽核酸、DNA疫苗等）的大量生产，人类将可能完全征服癌症、艾滋病以及其他疾病。此外，微生物工业将生产各种各样的新产品，例如降解性塑料、DNA芯片、生物能源等，为全世界的经济和社会发展做出更大贡献。

## 第三节　微生物的应用

### 一、微生物在农业上的应用

微生物在农业中的应用主要有两种方式：①作为微生物肥料。微生物肥料不仅可以提高土壤的肥力，同时可以改善作物的营养条件，提高作物的产量。例如固氮微生物固定了空气中的游离氮，增进土壤肥力。②作为微生物农药。微生物农药可以抑制、杀死病原微生物，从而防治植物病虫害，其最突出的优点是不污染环境。苏云金杆菌是一种广谱微生物杀虫剂，杀虫效果好，对人、畜、植物绝对安全无毒；井冈霉素可用来防治水稻纹枯病；白僵菌可用来防治松毛虫和玉米螟。

## 二、微生物在食品工业上的应用

早在古代，人们就采食野生菌类，利用微生物酿酒、制酱。但当时并不知道微生物的作用。随着对微生物与食品关系的认识日益深刻，研究者逐步阐明微生物的种类及其机理，也逐步扩大了微生物在食品制造中的应用范围。概括起来，微生物在食品中的应用有三种方式：①微生物菌体的应用。食用菌是受人们欢迎的食品；乳酸菌可用于蔬菜和乳类及其他多种食品的发酵；单细胞蛋白（SCP）就是从微生物体中所获得的蛋白质。②微生物代谢产物的应用。人们食用的食品是经过微生物发酵作用的代谢产物，如酒类、食醋、氨基酸、有机酸、维生素等。③微生物酶的应用。如豆腐乳、酱油。酱类是利用微生物产生的酶将原料中的成分分解而制成的食品。

## 三、微生物在医药工业上的应用

微生物在医药领域应用最为广泛。据统计，目前微生物在医药方面的应用占60%。利用微生物生产药物，可以提供过去常规方法不能生产的药品或制剂；替代生产成本昂贵的药品生产技术。并且现在发现的抗生素绝大多数是由微生物产生的，例如青霉素。青霉素的发现和应用极大地推动了医学的发展，随后链霉素、氯霉素、金霉素、土霉素、四环素、红霉素等抗生素不断被发现并广泛应用于临床，使得绝大多数的细菌性疾病得到了有效的控制。除此之外，微生物还可提供安全性能好、免疫能力强的新一代疫苗，例如肝炎疫苗等。

## 四、其他应用

生物圈内的各种物质都处于不断地合成、分解和转化的动态平衡状态之中，组成一个自我调节、自我维持的协调整体，从而保证了地球上生命的延续。但是，当人们将粪便、垃圾、污水等生活废弃物和工业生产所形成的“三废”及农业生产中使用的农药残留物等大量排放入江河、湖泊、海洋，以及土壤和空气中，使排入环境的这些物质超过了环境所能耐受的容纳量，即超过了环境的自净能力时，就破坏了自然界的生态平衡，造成环境污染。微生物在处理环境污染物方面有着令人惊奇的作用。

在有氧条件下，微生物能够吸附环境中的有机物，并将其分解成无机物，使污水得到净化，同时合成细胞物质。微生物在污水净化过程中，以活性污泥和生物膜的主要成分等形式存在。

在缺氧情况下，厌氧微生物（包括兼性微生物）能将有机物转化成甲烷（$CH_4$），这不仅消除了有机污染，还可获得清洁的能源，是一种理想的废物资源化途径。

除了以上应用外，微生物在环境治理方面也有所贡献。最新研究发现，由微生物生成的聚羟基直链烷酸酯可以降解塑料。同时利用微生物还可以创造一些能源。如细菌微生物可以稳定地分解水流中的有机物质，并在这一过程中产生电荷。通过对这些电荷的收集和研究，科研人员发明了微生物燃料电池。

# 第四节　常用微生物基础技术

## 一、几种常用的微生物基础技术

### 1. 显微技术

显微技术是微生物检验技术中最常用的技术之一。由于微生物个体微小，用肉眼无法观察，因此必须用显微镜放大成百上千倍才能看到。微生物实验室中最常用的是普通光学显微镜。事实上在一般的显微镜下，几乎看不清细胞的结构。为了看清细胞的结构，首先将细胞样品固定（如以甲醇、乙酸等为固定剂），然后根据需要进行染色。由于不同染料对细胞组分有特异的吸附作用，如伊红、美蓝等特异地与胞质中的蛋白质结合，甲绿、地衣红等能特异地显示 DNA 成分，这样就可以增强反差，便于观察其结构。

### 2. 消毒与灭菌技术

在生活中，食物中污染的病原菌对人类的健康有着极大的威胁，人类必须对环境中的有害微生物施加影响，控制其生长繁殖。一般可通过消毒、灭菌等手段达到杀灭、抑制有害微生物的目的。早在巴斯德时代，巴斯德就利用煮沸过的肉汤来收集存在于空气中的微生物。灭菌指利用物理或化学因子，使存于物体中的所有生活微生物丧失其生活力，包括最耐热的细菌芽孢，这是一种彻底的措施。灭菌实质上还可分为杀菌和溶菌两种，前者指菌体虽死，但形体尚存；后者指菌体被杀死后，其细胞发生自溶、裂解等消失的现象。消毒指杀死环境中一切病原微生物的过程。消毒采用的是较温和的理化因素，可达到防止传染病传播的目的。例如一些常用的对皮肤、水果、饮用水进行药剂消毒的方法，对啤酒、牛乳、果汁、酱油、醋等进行消毒处理的巴氏消毒法等。

### 3. 分离培养技术

自然环境如土壤和水中，通常栖息着的是许多不同微生物混杂在一起的群体。哪怕是一粒沙子或尘土，也常含有多种细菌及其他微生物。大多数被感染物如脓液、痰和尿等，也含有好几种细菌。这种含有一种以上微生物的培养称作混合培养。但如果我们只希望研究或利用某一种微生物，就必须把混杂的微生物类群分离开来以得到某一个微生物进行培养。因此，分离培养技术是研究微生物的必要操作，常采用的方法是稀释法。将菌悬液充分稀释后，取少许接种于适宜微生物生长的培养基上，使其分散成单细胞，或在培养基的表面不断划线，将微生物一个个拉开，培养后会形成一个个分散存在的菌落即单菌落。

### 4. 形态鉴别技术

自然界存在各种各样的微生物。常见的包括细菌、放线菌、酵母菌、霉菌、病毒等。如何鉴别这些微生物呢？微生物形态鉴别技术主要是通过染色，在显微镜下对其形状、大小、排列方式、细胞结构（包括细胞壁、细胞膜、细胞核、鞭毛、芽孢等）及染色特性进行观察，直观地了解细菌在形态结构上的特性，根据不同微生物在形态结构上的不同达到区别、鉴定微生物的目的。

### 5. 生长测定技术

微生物的生长是一个复杂的生命活动过程。当细胞在适合的环境中吸取营养物质，通过酶的作用转变成自身的细胞物质，因而体积增大、质量增加就是生长。然而由于微生物的个体体积很小，研究单个细胞或个体的生长有一定困难。讨论微生物的生长情况不仅要看个体细胞质量的增加，同时要看群体细胞数目的增加，因此微生物的生长一般指群体生长。对微生物生长情况的测定，针对不同的微生物种类和不同的生长状态，有着不同的指标。通常对于处于旺盛期的单细胞微生物，既可测定细胞数目，又可以细胞质量作指标；而对于多细胞（尤其是丝状真菌），则常以菌丝生长的质量为生长指标。由于考察的角度不同，形成许多微生物生长的测定方法：有的方法直接测定细胞的数目和质量，如显微计数法；有的方法通过细胞的组分变化和活动等间接测定细胞的生长，如比浊法。

**6. 遗传育种技术**

微生物的遗传育种技术是指应用微生物遗传变异的理论，采用一定的手段，在已经变异的群体中选出符合人们需要的优良品种。常用的菌种选育途径有自然选育、定向选育、诱变育种、杂交育种等。利用菌种的自发突变，通过分离，筛选出优良菌株的过程称为自然选育。定向培育是指在某一特定条件下，用某一特定因素长期处理某微生物的群体，同时不断地对它们进行移种传代，以积累自发突变，并最终获得优良菌株的过程。诱变育种是指用人工的方法处理均匀而分散的微生物细胞群，在促进其突变率显著提高的基础上，采用简便、快速和高效的筛选方法，从中挑选出少数符合目的的突变株，以供科学实验或生产实践使用。

**7. 菌种保藏技术**

微生物的世代周期一般很短，在传代过程中容易发生变异、污染甚至死亡，因此常常造成生产菌种的退化，并有可能使优良菌种丢失。菌种保藏技术的重要意义就在于如何保持优良菌种性状的稳定，满足生产的实际需要。菌种的保藏方法很多，其基本原理都是根据微生物的生理生化特性，人为地创造条件，使微生物处于代谢不活泼、生长繁殖受到抑制的休眠状态，以减少菌种的变异。一般可以通过降低培养基营养成分、低温、干燥和缺氧等方法，达到防止突变、保持纯种的目的。

## 二、常用微生物基础技术之间的关系及应用

微生物基础技术形成了灵活多变、应用广泛的技术体系，七大单项技术节点可构成技术链，以完成不同的工作任务。以菌种操作岗位为例，纯培养、生长测定、显微技术构成的技术链可以完成菌种扩大培养工作任务；纯培养、形态鉴别、菌种保藏构成的技术链可以完成菌种保藏的工作任务；分离培养、形态鉴别和显微技术构成的技术链可以完成菌种复壮工作任务；分离培养、形态鉴别、育种技术构成的技术链可以完成菌种选育工作。

技术链的构成即是解决微生物相关问题的思路（图 0-3），例如在微生物检测、菌种扩培、菌种保藏、菌种选育等工作中的应用。

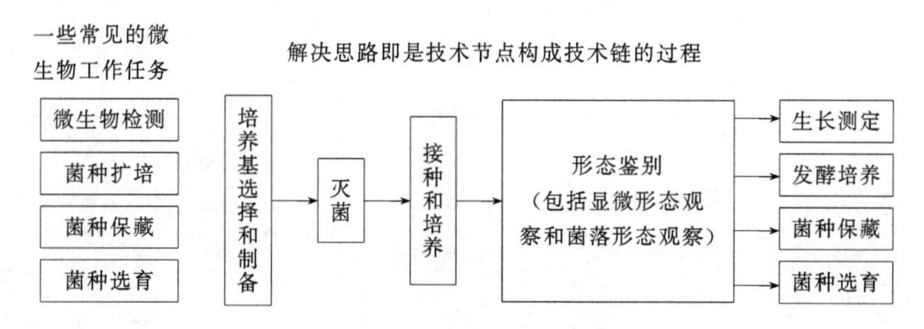


图 0-3　微生物问题解决思路示意图

在单项技术的基础上，结合生理生化反应鉴别技术、基因操作技术，可以鉴定微生物，对微生物进行深入研究。

微生物基础技术也是多种生物技术的基础，例如发酵技术、细胞培养技术，而基因工程技术也是借由基因较易表达、性状显著的微生物基因操作得到快速发展的。

## 【本章小结】

微生物是一群体形微小、结构简单、低等生物的总称。细菌、放线菌、酵母菌、霉菌和病毒等是微生物大家庭中的重要类群。

微生物和其他生物相比，具有繁殖快、种类多、分布广、易培养、代谢能力强、易变异等特点。在生产实践中，一方面要利用这些特点，让微生物为人类服务；另一方面要充分注意和防止由此而给人类造成的危害。

从细胞构造是否完整的角度来分，可以把微生物分为细胞微生物和非细胞微生物两大类。其中病毒是非细胞微生物，大多数微生物都是细胞微生物。根据细胞核的构造是否完整又可将细胞微生物分为原核微生物和真核微生物。细菌等属于原核微生物，而真菌等则属于真核微生物。

微生物的基础技术主要包括显微技术、生长测定技术、育种技术、菌种保藏技术、分离培养技术、消毒灭菌技术、形态鉴别技术等。各单项技术组合构成不同技术链，即可完成不同的微生物相关工作任务。

## 【练习与思考】

1. 什么是微生物？它包括哪些类群？
2. 简述微生物的生物学特点。
3. 土壤为什么是微生物的“天然培养基”？
4. 微生物学的研究对象是什么？简述微生物学的发展史。
5. 试举例说明微生物在实际生活中的应用。
6. 简述微生物中最常用的基本技术。

# 第一章

# 显微技术

**【学习目标】**

1. 技能：能规范地使用普通光学显微镜；能制备合适的显微样品装片。

2. 知识：能复述普通光学显微镜、相差显微镜的主要构造；理解普通光学显微镜、相差显微镜的工作原理；认识倒置显微镜、暗视野显微镜、荧光显微镜、透射电子显微镜、扫描电子显微镜和扫描隧道显微镜。

3. 态度：通过操作注意事项等问题的讨论，养成勤思考的习惯，培养灵活处理实践中所遇问题（例如怎样使显微观察更迅速和清晰等）的素质。

**【概念地图】**

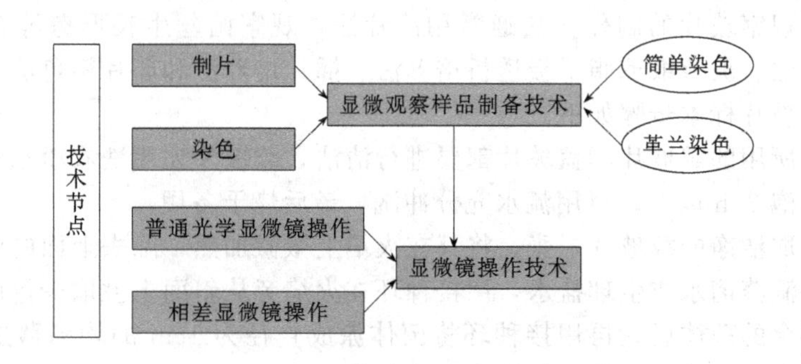


**【引入问题】**

Q：微生物体积很微小，我们人类无法用肉眼看到，怎样观察它们的存在呢？

A：绝大多数微生物的大小都远远低于肉眼的观察极限，但是借助于显微镜将它们放大几十直至几万倍，即可观察到它们的形态、结构。在日常生活中，使用比较广泛的是普通光学显微镜。普通光学显微镜的有效放大倍数不超过2000倍，扫描隧道显微镜理论上可放大到三亿倍。

**【技术节点】**

微生物的个体微小，肉眼难以看见，一个典型的动物细胞直径为10～20μm，比人眼所能看到的最小颗粒还要小若干倍，因此必须借助于显微镜才能观察到它们的个体形态和内部构造。显微镜的发明和使用已有400多年的历史。1665年英国物理学家虎克（Hooke）研制出性能较好的显微镜并用它发现了细胞。400多年来，经不断地改进、创新，显微镜的分辨率和反差得到了提高、显微镜的性能得到了拓展，迄今已发展有多种类型的显微镜并用于细胞的研究。显微镜是微生物学研究工作者不可缺少的基本工具之一。而现代的显微技术，不仅仅是观察物体的形态、结构，而且发展到对物体的组成成分进行定性和定量分析，特别是与计算科学技术结合出现的图像分析、模拟仿真等技术，为探索微生物的奥秘增添了强大武器。

# 技术节点一　显微观察样品的制备

样品制备是显微技术的一个重要环节，直接影响着显微观察效果的好坏。一般显微观察样品的制备主要包括制片和染色两大部分。

## 一、制片

所有需观察的细胞都应放置到无色透明的载玻片上制备成临时或永久玻片标本后才适于在光镜下观察，很多情况下，在细胞或组织上还需加盖一张薄而小的盖玻片，以起到保护标本的作用。

用各种封藏剂封固的永久性玻片标本可长期保存，以水、甘油和固定染色剂处理的临时性玻片标本不用长期保存。每类玻片都有切片、涂片、装片不同种类，切片是从物品上切出的、适于显微镜检验的极薄片制成的玻片标本，如叶脉切片。装片是从生物体上取下来的或直接用个体微小的生物制成的玻片标本，如洋葱表皮细胞和人体口腔细胞装片。涂片是将生物液体标本（如血液、骨髓液等）均匀地涂抹在玻璃片上制成的玻片标本，如人体血涂片。

制作生物材料的显微玻片标本有涂抹法（涂片法）、装片法、挤压法（压片法）和切片法。微生物显微观察玻片的制作方法通常用涂片法，观察菌丝生长形态等有特殊的制片方法，如水浸装片法、玻璃纸琼脂平板透析培养法、插片培养法和印片染色法等。

涂片法制备玻片标本步骤如下。

(1) 清洁　所用的载玻片和盖玻片都要进行清洁，载玻片先用洗衣粉水清洗，以清水冲洗后，经洗液浸泡 24h 以上，再用流水充分冲洗，最后烤干备用。

(2) 涂片　取洁净的载玻片一张，将其在火焰上微微加热，除去上面的油脂，冷却，在玻片中央处加一滴蒸馏水或生理盐水，用接种环在火焰旁从斜面上挑取少量菌体与蒸馏水混合。烧去环上多余的菌体后，再用接种环将菌体涂成直径为 1cm 的均匀薄层。制片的关键是载玻片要洁净，不得沾污油脂，菌体涂布薄而均匀。

(3) 干燥　涂片后，把制片置载物台上待其自然干燥或在微小火焰上方烘干。

(4) 固定　将已干燥的涂片标本向上，在微火上通过 3～4 次进行固定。

固定的作用为：①杀死细菌；②使菌体蛋白质凝固，菌体牢固黏附于载玻片上，染色时不被染液或水冲洗掉；③增加菌体对染料的结合力，使涂片容易着色。

(5) 染色　在涂片处滴加染液，使其布满涂菌部分，按照不同染色方法要求操作，染色一定时间。

(6) 冲洗　斜置载玻片，倾出染液。用水轻轻冲去染液，至流水变清。注意水流不得直接冲在涂菌处，以免将菌体冲掉。

(7) 吸干　用吸水纸轻轻吸去载玻片上的水分，干燥后镜检。

(8) 镜检　先用低倍镜找到染色的标本目的物，再用高倍镜观察，较小的微生物需用油镜观察。

需要注意的是，观察标本若是液体培养物，则把此菌液摇匀，用无菌滴管加一滴菌液于载玻片中央。如不需染色，小心盖上盖玻片（勿使有气泡产生），即可镜检。另外，液体标本涂片过程也可采用将滴于载玻片中央或偏右约 1/4 处的液滴，用另一洁净的载玻片作推片，先慢慢向右移动，让短边接触溶液，两载玻片的夹角约为30°～45°，再向左迅速推载玻片，即可涂成向左逐渐变薄的薄片，晾干后可用无水乙醇覆盖涂片1min固定（图1-1）。

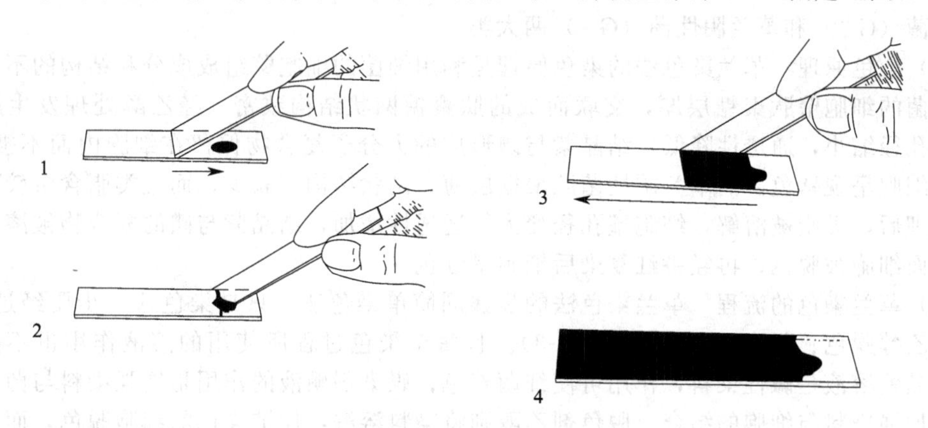


图1-1 荚膜干墨水染色的涂片方法

## 二、染色

由于悬浮在液体中的细胞既微小又透明，不易观察。后来发现细胞可以用染料染色，而且不同的细胞结构对不同染料有特异的反应，甚至不同种类微生物对同种染料的着色情况也不同。最著名的例子是丹麦科学家革兰于1844年发明的一项重要的观察细菌的方法。这个方法是把细菌涂在载玻片上用酒精灯烘干，用结晶紫染色，再用碘液处理，然后用酒精浸洗，看细胞是否能保留染料。结果发现有些细菌能保持紫色，另一些却能褪色。这种革兰染色反应对于细菌的鉴定具有很高的价值，而且后来发现根据这个染色反应区分的革兰阳性细菌（能够保留染料）和阴性细菌（不能保留染料）在许多生理特性上有区别，例如革兰阳性细菌对青霉素和磺胺类药物特别敏感，因为两类细菌的细胞壁有很大的差异。

细菌必须借助染色法使菌体着色，显示出细菌的一般形态结构及特殊结构，在显微镜下用油镜进行观察。根据细菌个体形态观察的不同要求，可采用不同的染色方法，本节主要介绍简单染色法和革兰染色法。

**1. 简单染色法**

（1）染色原理　这是最简单的染色方法，由于细菌在中性环境中一般带有负电荷，所以通常采用一种碱性染料如美蓝、碱性复红、结晶紫、孔雀绿、番红等进行染色。这类染料解离后，染料离子带正电荷，故使细菌着色。

（2）简单染色的流程

见图1-2。

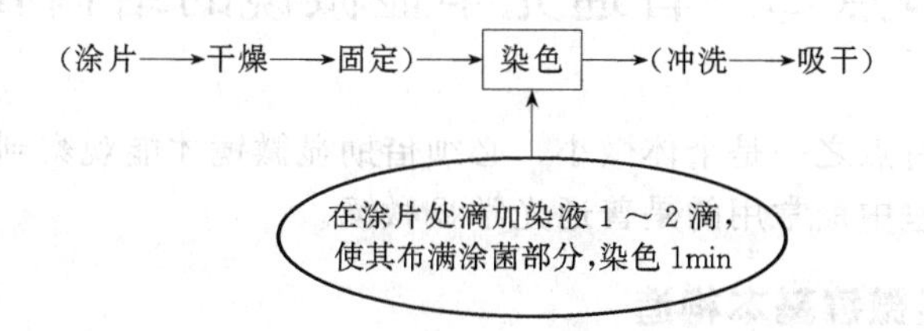


图1-2 简单染色的操作流程

简单染色法操作比较简单，只用一种染料使细菌着色，以显示其形态，但不能辨别细菌细胞的构造。

**2. 革兰染色法**

革兰染色法是细菌学中广泛使用的重要鉴别染色法，通过此法染色，可将细菌鉴别为革兰阳性菌（$G^+$）和革兰阴性菌（$G^-$）两大类。

（1）染色原理　革兰染色法的染色原理是利用细菌的细胞壁组成成分和结构的不同。革兰阳性菌的细胞壁肽聚糖层厚，交联而成的肽聚糖网状结构致密，经乙醇处理发生脱水作用，使孔径缩小，通透性降低，结晶紫与碘形成的大分子复合物保留在细胞内而不被脱色，结果使细胞呈现紫色。而革兰阴性菌肽聚糖层薄，网状结构交联少，而且类脂含量较高，经乙醇处理后，类脂被溶解，细胞壁孔径变大，通透性增加，结晶紫与碘的复合物被溶出细胞壁，因而细胞被脱色，再经番红复染后细胞呈红色。

（2）革兰染色的流程　革兰染色法的步骤同简单染色法，只是染色这一步要经过初染、媒染、乙醇脱色、复染四个过程（图 1-3）。且每个染色过程所使用的溶液作用也不同。草酸铵结晶紫溶液是碱性染料，作用可使细菌着色；媒染剂碘液的作用是增强染料与菌体的亲和力，加强染料与细胞的结合。脱色剂乙醇则将染料溶解，使被染色的细胞脱色，而且不同细菌对染料脱色的难易程度不同。复染液番红溶液是使经脱色的细菌重新染上另一种颜色，以便与未脱色菌进行比较。

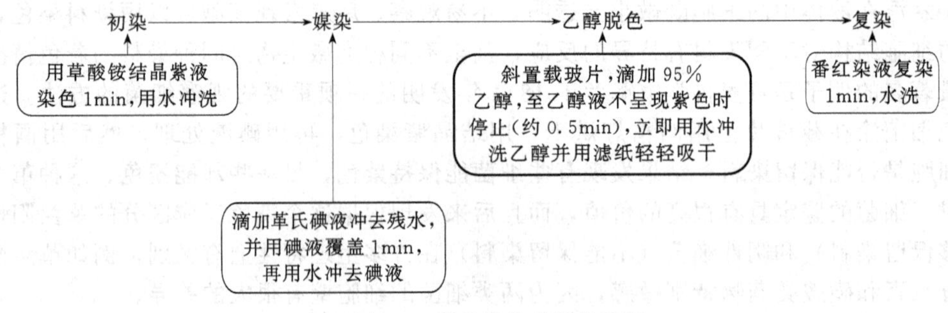


图 1-3　革兰染色的操作流程

需要注意的是，脱色是革兰染色的关键，必须严格掌握乙醇的脱色程度。若脱色过度则阳性菌被误染为阴性菌；而脱色不够时阴性菌被误染为阳性菌。若研究工作中要验证未知菌的革兰反应时，则需用已知标准菌株同步进行染色作为对照。

其次，染色时需要选择个体形态、化学组成和生理特性等均较一致的对数生长期的菌体，以避免菌体之间的差异，导致染色结果不稳定；染色过程中勿使染色液干涸；用水冲洗后，应吸去玻片上的残水，以免染色液被稀释而影响染色效果。

# 技术节点二　普通光学显微镜的结构和使用

微生物最基本的特点之一是个体微小，必须借助显微镜才能观察到它们的个体形态和细胞结构。微生物实验室中最常用的是普通光学显微镜。

## 一、普通光学显微镜基本构造

普通光学显微镜（图 1-4）是由一组光学系统和支持及调节光学系统的机械系统组成。

**1. 机械系统**

机械系统主要包括镜座、镜臂、镜台、物镜转换器、镜筒及调节器等。

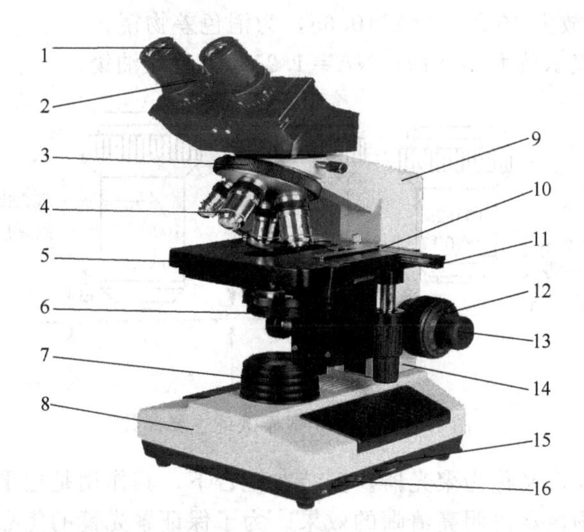


图 1-4　显微镜的结构

1—目镜；2—镜筒；3—物镜转换器；4—物镜；5—载物台；6—聚光器；7—光源；8—底座；9—镜臂；10—玻片夹；11—刻度标尺；12—粗调节旋钮；13—细调节旋钮；14—推动器旋钮；15—电流调节旋钮；16—电源开关

(1) 镜座　也称为底座。位于最底部的构造，使显微镜能平稳地放置在桌面上。

(2) 镜台　又称为载物台或平台。位于物镜转换器下方的方形平台，是用来放置被观察玻片标本的地方。

(3) 镜臂　用来支持镜筒，也是移动显微镜时手握的部位。

(4) 镜筒　是连接目镜和物镜的金属筒。其上端插入目镜，下端与物镜转换器相连。

(5) 物镜转换器　又称为旋转盘，是安装在镜筒下方的一圆盘状构造，用来装载不同放大倍数的物镜。

(6) 调节器　也称为调焦器。位于镜臂基部，是调节物镜与被检标本距离的装置，通过转动粗、细调节器可清晰地观察到标本。

**2. 光学系统**

光学系统主要包括目镜、物镜、聚光镜和反光镜等。它使被检物体放大，形成物体放大像。

(1) 目镜　目镜也称为接目镜。安装在镜筒的上端，起着将物镜所放大的物像进一步放大的作用，并把物像映入观察者的眼中。目镜一般是由两块透镜组成。上面一块称接目透镜，它决定放大倍数和成像的优劣；下面一块称为场镜或会聚透镜，它使视野边缘的成像光线向内折射，进入接目透镜中，使物体的影像均匀明亮。在两块透镜（即接目透镜和会聚透镜）之间安装有能决定视野大小的金属光阑——视场光阑。物镜放大后的中间像就落在视场光阑平面处。所以在进行显微测量时，目镜测微尺要放在视场光阑上。

(2) 物镜　物镜也称为接物镜，安装在物镜转换器上。每台光学显微镜一般有 3～4 个不同倍率的物镜，是显微镜最主要的光学部件，决定着光学显微镜分辨率的高低，显微镜的质量也主要取决于它。

物镜的性能取决于物镜的数值孔径（numerical aperture，简写为 NA），每个物镜的数值孔径都标在物镜的外壳上（图 1-5），数值孔径越大，物镜的性能越好。现举例说明其含义如下：

10×0.30——表示放大 10 倍，NA＝0.30；

40/0.65——表示放大 40 倍，NA＝0.65，为消色差物镜；

100/1.25oil——表示放大 100 倍，NA＝1.25，消色差油镜。

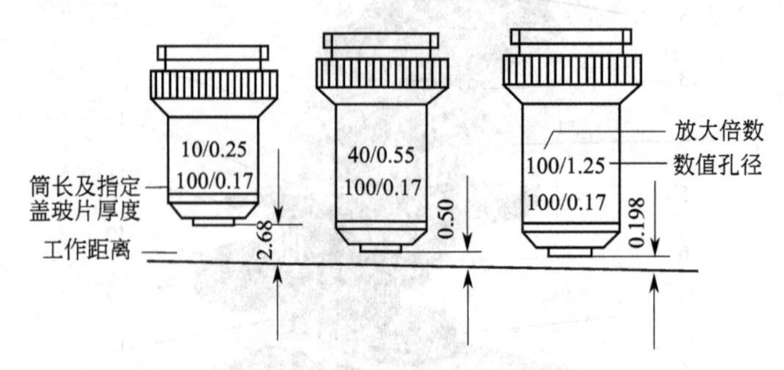


图 1-5　XSP-16 型显微镜主要参数

（3）聚光镜　聚光镜又称为聚光器。安装在镜台下，其作用是把平行的光线聚焦于标本上，增强照明度，使物像获得明亮清晰的效果。为了保证聚光镜的焦点在正中，可以使用聚光镜上的调节器来调节聚光镜的上下，以适应使用不同厚度的玻片，同时也能保证焦点落在被检标本上。此外，聚光镜上附有虹彩光阑（俗称光圈），通过调整光阑的孔径的大小，可以调节进入物镜光线的强弱。

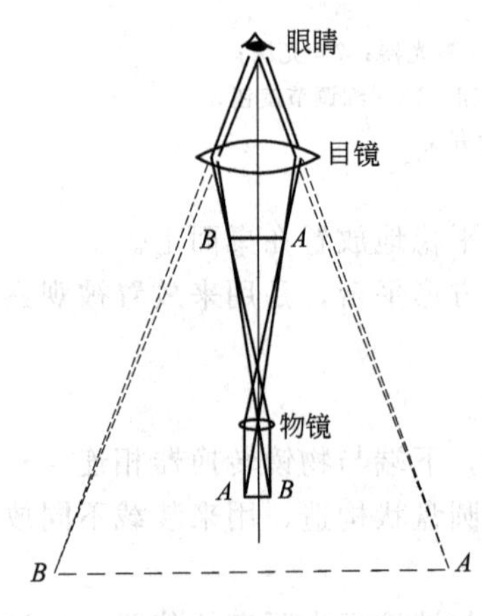


图 1-6　光学显微镜的成像原理

## 二、普通光学显微镜的光学原理

**1. 成像原理**

由外界入射的光线经反光镜反射向上，再经聚光镜会聚在被检标本上，使标本得以足够的照明，由标本反射或折射出的光线经物镜进入使光轴与水平面倾斜 45°的棱镜，在目镜的焦平面上，即在目镜的视场光阑处，成放大的侧光实像，该实像再经目镜的接目透镜放大成虚像，所以人们看到的是虚像（图 1-6）。

**2. 显微镜的放大倍数**

被检物体经显微镜的物镜和目镜放大后的总放大倍数是物镜的放大倍数和目镜放大倍数的乘积。如用放大 40 倍的物镜和放大 10 倍的目镜的总放大倍数是 400 倍。

**3. 分辨率**

物镜前面发光点发射的光线进入物镜的角度称为开口角度，也称镜口角（图 1-7）。透镜的放大率与开口角度成正比，与焦距成反比。数值孔径（NA）是光线投射到物镜上的最大开口角度一半的正弦，乘上标本与物镜间介质的折射率的乘积。

$$NA = n \times \sin\beta$$

式中　NA——数值孔径；

$n$——介质折射率；

$\beta$——最大开口角度的半数。

由于介质在空气时，$n=1$，$\beta$ 最大值只能到 90°（实际上不可能达到 90°），sin90°＝1，所以在干燥系下物镜的数值孔径都小于 1。使用油镜时，物镜与标本间的介质为香柏油（$n=1.515$）或液体石蜡（$n=1.52$），不仅能增加照明度（图 1-8），更主要的是增大数值孔径，目前技术下最大的数值孔径为 1.4（表 1-1）。

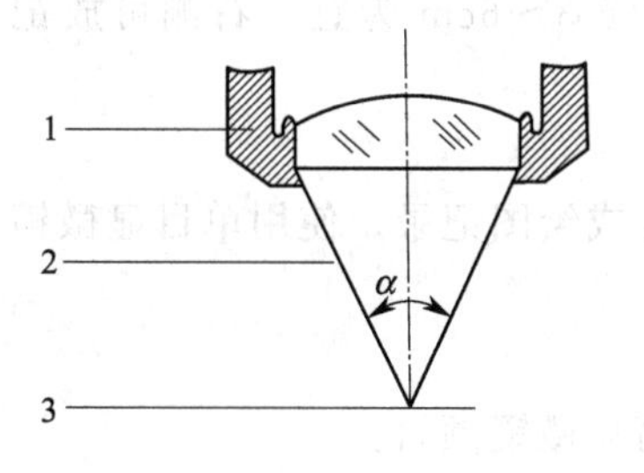


图 1-7　物镜的开口角度
1—物镜；2—开口角度；3—标本面

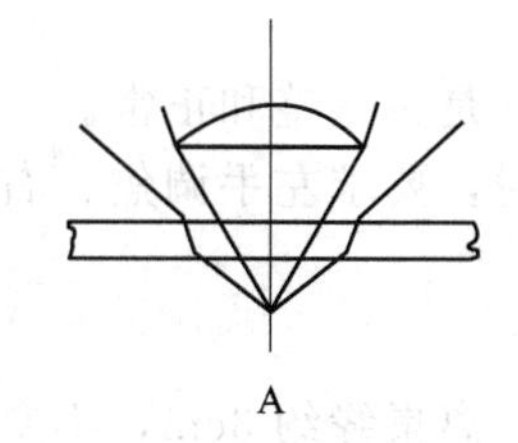


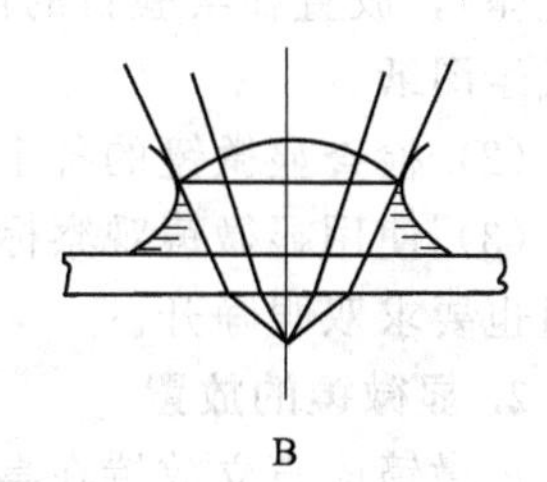


图 1-8　介质折射率对物镜照明光路的影响
A—干燥系物镜；B—油浸系物镜

**表 1-1　物镜的放大倍数与数值孔径**

| 物镜类型 | 焦距/mm | 放大倍数 | 开口角度 | $\beta$ | $\sin\beta$ | 折射率 $n$ | NA |
|---|---|---|---|---|---|---|---|
| 干燥系 | 16 | 10× | 29° | 14.5° | 0.2504 | 1 | 0.25 |
| | 4 | 40× | 81° | 40.5° | 0.6494 | 1 | 0.65 |
| | 4 | 40× | 116° | 58° | 0.8503 | 1 | 0.85 |
| 油浸系 | 2 | 90× | 110° | 55° | 0.8223 | 1.52 | 1.25 |
| | 2 | 90× | 134° | 67° | 0.9211 | 1.52 | 1.4 |

评价一台显微镜的质量优劣，不仅要看其放大倍数，更重要的是看其分辨率。分辨率是指显微镜能够辨别发光的两个点或两根细线间最小距离的能力。该最小距离称为鉴别限度（$R$）：

$$R=\lambda/2n\sin\beta=\lambda/2\mathrm{NA}$$

式中，$R$ 为鉴别限度；$\lambda$ 为光波波长。日光的波长 $\lambda=0.5607\mu\mathrm{m}\approx0.6\mu\mathrm{m}$，如果用 NA＝1.4 的物镜，则 $R=0.22\mu\mathrm{m}$。这表示被检物体在 $0.22\mu\mathrm{m}$ 以上时可被观察到，若小于 $0.22\mu\mathrm{m}$ 就不能视见。由此可见，$R$ 值愈小，分辨力愈高，物像愈清楚。根据上式，可通过：①减低波长；②增大折射率；③加大镜口角来提高分辨力。

**4. 工作距离**

工作距离是指观察标本最清晰时，物镜前透镜的表面与标本之间（无盖玻片时），或与盖玻片之间的距离（图 1-5）。物镜的放大倍数越大，其工作距离越短，油镜的工作距离最短，约为 0.2mm。所以使用油镜时，要求盖玻片的厚度为 0.17mm。虽然不同放大倍数的物镜工作距离不同，但生产厂家已进行校正，使不同放大倍数物镜转换时，都能观察到标本，只需进行细调焦便可以使物像清晰。

**5. 目镜的有效放大倍数**

根据计算，显微镜的有效放大倍数是：

$$E\times O=1000\times\mathrm{NA}$$
$$E=1000\mathrm{NA}/O$$

式中　$E$——目镜放大倍数；
　　　$O$——物镜放大倍数。

根据上式可知，在与物镜的组合中，目镜有效的放大倍数是有限的，过大的目镜放大倍数并不能提高显微镜的分辨率。如用 90×、NA 为 1.4 的物镜，目镜有效的最大倍数是 15×。

## 三、普通光学显微镜的使用

**1. 准备工作及观察要求**

（1）将显微镜小心地从镜箱中取出（较长距离移动显微镜时应以右手握住镜臂，左手托住镜座），放置在实验台的偏左侧，以镜座后端离实验台边缘3～6cm为宜。右侧可放记录本或绘图纸。

（2）检查显微镜的各个部件是否完整和正常。

（3）使用显微镜观察标本时，要求左手调焦、右手移片或绘图记录。使用单目显微镜观察时也要求双眼睁开。

**2. 显微镜的放置**

显微镜应直立放置在桌上，离桌缘约3cm，不要将直筒显微镜倾斜。

**3. 光源的调节**

将10×物镜转入光孔，观察目镜中视野的亮度。显微镜不能采用直射阳光。对不带光源的显微镜，晴天可用近窗的散射光作光源，也可用日光灯作光源，通过转动反光镜（光线较强时，用平面反光镜；光线较弱时，用凹面反光镜），使视野的光照达到最明亮、最均匀为止。

专为显微镜照明而制造的聚丝电灯是较好的光源。自带光源的显微镜，可通过调节电流旋钮来调节安装在镜座内的光源灯以获得适当的照明强度。

放大倍数越高，所需光源越强。因此每次换用不同倍数的物镜时，都需要调节光强度使视野达到合适的亮度。

通常调节照明主要通过选择平面或凹面反光镜、调节照明度控制钮、调整聚光器高度、开闭聚光器上的光圈，来选择最佳的照明效果。

**4. 调节光轴中心**

显微镜在观察时，其光学系统中的光源、聚光器、物镜和目镜的光轴及光阑的中心必须与显微镜的光轴同在一直线上。带视场光阑的显微镜，先将光阑缩小，用10×物镜观察，在视场内可见到视场光阑圆球多边形的轮廓像，如此像不在视场中央，可利用聚光器外侧的两个调整旋钮将其调到中央，然后缓慢地将视场光阑打开，能看到光束向视场周缘均匀展开直至视场光阑的轮廓像完全与视场边缘内接，说明光线已经合轴。

**5. 低倍镜寻找观察目标**

镜检任何标本都要养成必须先用低倍镜观察的习惯。因为低倍镜视野较大，易于发现目标和确定检查的位置。

（1）放置标本　取1张玻片标本，先对着光线用肉眼观察标本的全貌和位置，再将玻片标本放置到载物台上，用标本夹夹住，注意使有盖玻片或标签的一面朝上。然后转动推动器的螺旋，使需要观察的标本部位对准物镜。

（2）调焦　先用粗调螺旋再用细调螺旋找物像。从侧面注视低倍镜用粗调螺旋使低倍镜头距玻片标本的距离小于6mm（注意避免镜头碰破玻片）。然后通过目镜观察，慢慢转动粗调螺旋，慢慢升起镜筒（或下降载物台），逐步拉大目镜与标本玻片间的距离，至视野中出现物像为止，再转动细调螺旋，使视野中的物像最清晰。如果镜头与玻片标本的距离已超过了1cm还未见到物像，应重新上述两步操作。

（3）调整物像位置　用推动器螺旋上下左右移动标本的位置，使目标物像进入视野并移至中央。

**6. 高倍镜观察**

（1）转动物镜转换器，直接使高倍镜转到工作状态（对准通光孔），通常显微镜低倍和高倍镜是同焦的，视野中一般可见到不太清晰的物像，只需调节细调螺旋便可使物像清晰。

有些显微镜在低倍镜准焦的状态下直接转换高倍镜时会发生高倍物镜碰擦玻片而不能转换到位的情况，此时不能硬转，应检查玻片是否放反、玻片是否过厚以及物镜是否松动等情况后重新操作。如果调整后仍不能转换，则是由于高倍镜过长，此时应将载物台下降或使镜筒升高后再转换物镜，然后侧面观察，使高倍镜贴近盖玻片在其工作距离内，再边从目镜中观察视野边用粗调螺旋极缓慢地使载物台下降或镜筒上升，物镜逐步离开标本玻片，看到物像后再用细调螺旋调准焦距。

注意转换镜头时应转动物镜转换器，不允许拨动物镜本身（图1-9）。

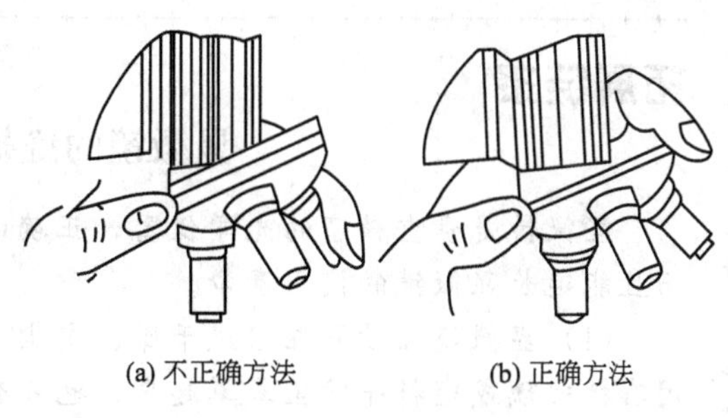

图1-9 物镜转换器

(2) 调整物像位置，用推动器螺旋上下左右移动标本的位置，使目标物像进入视野并移至中央。

**7. 油镜观察**

(1) 用高倍镜找到所需观察的标本物像，并将需要进一步放大的部分移至视野中央。

(2) 转开高倍镜，至八字状，此时没有物镜位于通光孔处，可以方便地往玻片标本上通光孔的部位滴一滴香柏油或石蜡油作为介质，然后从侧面观察，使油镜转至通光孔处，此时油镜的下端镜面一般应正好浸在油滴中或与油滴接触。如遇到油镜碰擦装片的情况，也可先稍稍下降载物台或上升镜筒，使油镜对准通光孔，再使油镜下端浸入油滴中并贴近盖玻片。

(3) 从接目镜中观察，放大聚光器上的虹彩光圈（带视场光阑的油镜开大视场光阑），上调聚光器，使光线充分照明。

(4) 小心而缓慢地转动细调螺旋使至视野中出现清晰的物像。如果下降过载物台或上升过镜筒，需要从侧面注视，用粗调节旋钮将载物台缓缓地上升（或镜筒下降），使油镜浸入香柏油中，使镜头几乎与标本接触。再从目镜中观察视野边用粗调螺旋极缓慢地使载物台下降或镜筒上升，物镜逐步离开标本玻片。应特别注意油镜的工作距离很短，一般在0.2mm以内，因此使用油镜时要避免由于“调焦”不慎而压碎标本片并使物镜受损。当出现物像一闪后改用细调节旋钮调至最清晰为止。如油镜已离开油面而仍未见到物像，必须再从侧面观察，重复上述操作。

在观察时，如发现视野中的某标本不知是何物而需要老师或同学帮助观察确定时，可将视野中的指针（装在目镜中的头发或细铜丝）对准有疑问的标本。如果镜中未装指针，可将视野看成一个带有时间标记（如3、6、9、12）的时钟面，指出有疑问标本位于几点钟的所在位置。

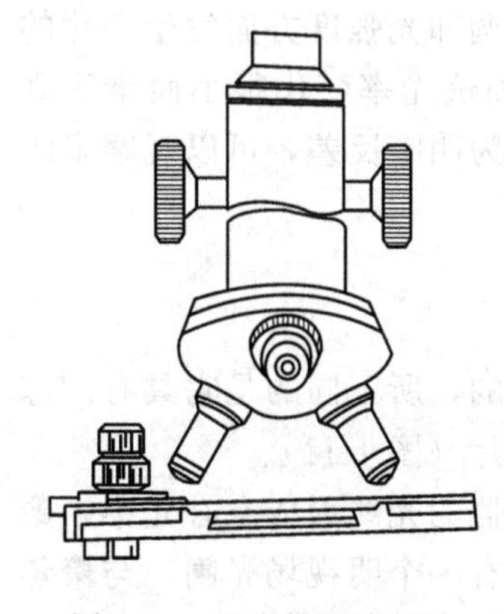
图1-10 显微镜用毕物镜正确置放位置

(5) 油镜使用完后，必须及时将镜头上的油擦拭干净。操作时先将油镜升高1cm并将其转离通光孔，先用擦镜纸擦去镜头上的油，再用擦镜纸蘸少许二甲苯擦去镜头上残留油迹，最后再用擦镜纸擦拭2～3下即可。用液体石蜡作镜油时，可以只用擦镜纸即可擦净，不必用（或仅用极少量）二甲苯。

玻片标本上的油，如果是有盖玻片的永久制片，可直接用上述方法擦干净；如果是无盖玻片的标本，则载玻片上的油可用拉纸法揩擦，即先把一小张擦镜纸盖在油滴上，再往纸上滴几滴清洁剂或二甲苯，趁湿将纸往外拉，如此反复几次即可擦干净。用液体石蜡作镜油时，可以只用擦镜纸即可擦净，不必用（或仅用极少量）二甲苯。

使物镜头成八字形（图1-10），套上镜罩放回柜内或镜箱中。

**拓展链接**

### 显微镜的维护和保养要点

显微镜是贵重精密的光学仪器，正确的使用、维护与保养，不但观察物体清晰，而且能延长显微镜的使用寿命。

(1) 显微镜应放置在通风干燥、灰尘少、不受阳光直接曝晒的地方。不使用时，用有机玻璃或塑料布防尘罩罩起来。也可套上布罩后放入显微镜箱内或显微镜柜内，并在箱或柜内放置干燥剂。

(2) 显微镜要避免与酸、碱及易挥发具腐蚀性的化学物品放在一起，以免显微镜受损。

(3) 从显微镜箱或柜内取出或放入显微镜时，应一手提镜臂，另一手托镜座，让显微镜直立，防止目镜从镜筒中脱落。

(4) 显微镜的目镜、物镜、聚光镜和反光镜等光学部件必须保持清洁，防止长霉。如遇严重污渍，保修期内可送显微镜厂商处理，过保修期镜头，可用20%左右的酒精和80%左右的乙醚配制成清洗剂，用软毛刷或棉球蘸少量清洗剂清洗。切忌把镜头浸泡在清洗剂中清洗，清洗镜头时不要用力擦拭，否则会损伤增透膜，损坏镜头。

(5) 用油镜观察后，先用擦镜纸擦去镜头上的油，然后用擦镜纸蘸少许上述混合液或二甲苯擦拭，最后用干净的擦镜纸擦干。混合液或二甲苯用量不要过多，以免溶解胶合透镜的树脂，使透镜脱落。

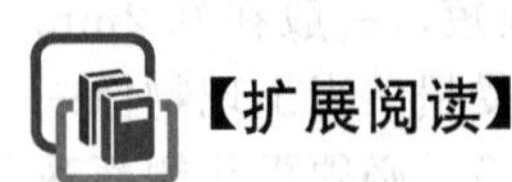


## 扩展阅读一　相差显微镜的结构和使用

相差显微镜是一种将光线通过透明标本细节时所产生的光程差（即相位差）转化为光强差的特种显微镜。普通光学显微镜只能观察那些能使入射光在色调和光强度方面发生变化的标本物像，对于未染色的活细胞标本，由于细胞成分间的色调和透光率变化很小而难于观察。相差显微镜则能将入射光经活体物像后产生的光相位差转换为明暗反差，可以观察未经染色的标本和活细胞的内部结构。

### 一、相差显微镜基本构造

在构造上，相差显微镜与普通光学显微镜的基本结构是相同的，所不同的是它具有四部分特殊结构，即环状光阑、相位板、合轴调节望远镜及绿色滤光片（图1-11）。

(1) 环状光阑　位于光源与聚光器之间，作用是使透过聚光器的光线形成空心光锥，聚焦到标本上。光阑的直径大小是与物镜的放大倍数相匹配的，并有一个明视场光阑，与聚焦器一起组成转盘聚光器。在使用时只要把相应的光阑转到光路即可。

(2) 相位板　位于物镜内部的后焦平面上。相板上有两个区域，直射光通过的部分叫

"共轭面"，衍射光通过的部分叫"补偿面"。带有相板的物镜叫相差物镜，常以"Ph"字样标在物镜外壳上。

相板上镀有两种不同的金属膜：吸收膜和相位膜。吸收膜常为铬、银等金属在真空中蒸发而镀成的薄膜，它能把通过的光线吸收掉60%～93%；相位膜为氟化镁等在真空中蒸发镀成，它能把通过的光线相位推迟1/4波长。根据两种膜的不同镀法，可将相板分为两类。

A⁺相板：吸收膜和相位膜都镀在相反的共轭面上，通过共轭面的直射光不但振幅减弱，而且相位也被推迟1/4λ，衍射光因通过物体时相位也被推迟1/4λ，这样就使得直射光与衍射光维持在同一个相位上。根据相长干涉原理，合成光等于直射光与衍射光振幅之和，因背景只有直射光的照明，所以通过被检物体的合成光就比背景明亮。这样的效果叫负相差，镜检效果是暗中之明。

B⁺相板：吸收膜镀在共轭面、相位膜镀在补偿面上，直射光仅被吸收，振幅减少，但相位未被推迟，而通过补偿面的衍射光的相位，则被推迟了两个1/4λ，因此衍射光的相位要比直射光的相位落后1/2λ。根据相消干涉原理，这样通过被检物体的合成光要比背景暗，这种效果叫正相差，即镜检效果是明中之暗。

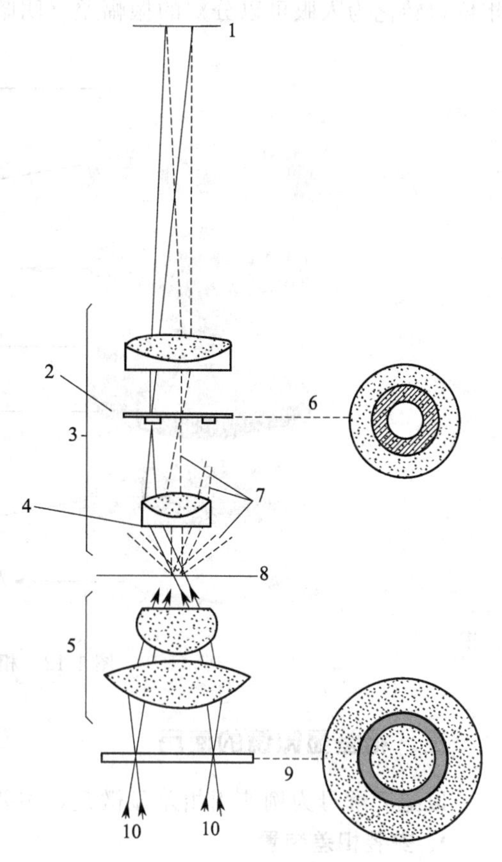


图1-11　相差显微镜的结构

1—影像平面；2—物镜的后焦点平面；3—物镜；4—直射光线；5—集光器；6—环状相板；7—散射光线；8—标本；9—环状光阑；10—光源

(3) 合轴调节望远镜　是相差显微镜的一个极为重要的结构。环状光阑的像必须与相板共轭面完全吻合，才能实现对直射光和衍射光的特殊处理。否则应被吸收的直射光被泄掉，而不该吸收的衍射光反被吸收，应推迟的相位有的不能被推迟，这样就不能达到相差镜检的效果。由于环状光阑是通过转盘聚光器与物镜相匹配的，因而环状光阑常与相板不同轴。为此，相差显微镜配备有一个合轴调节望远镜（在镜的外壳上标有"CT"符号），用于合轴调节。

(4) 绿色滤光片　为了获得良好的相差效果，相差显微镜要求使用波长范围比较窄的单色光，一般选用绿色光线。因此通常采用绿色滤光片来调整光源的波长。

## 二、相差显微镜的光学原理

相差显微镜的基本原理是：镜检时光源只能通过环状光阑的透明环，经聚光器后聚成光束，这束光线通过被检物体时，因各部分的光程不同，光线发生不同程度的偏斜（衍射）。由于透明圆环所成的像恰好落在物镜后焦点平面和相板上的共轭面重合，因此，未发生偏斜的直射光便通过共轭面，而发生偏斜的衍射光则经补偿面通过。由于相板上的共轭面和补偿面的性质不同，它们分别将通过这两部分的光线产生一定的相位差和强度的减弱，两组光线再经后透镜的会聚，又复在同一光路上行进，而使直射光和衍射光产生光的干涉，变相位差为振幅差（图1-12）。这样在相差显微镜镜检时，通过无色透明体的光线由人眼不可分辨的相位差转化为人眼可以分辨的振幅差（明暗差）。

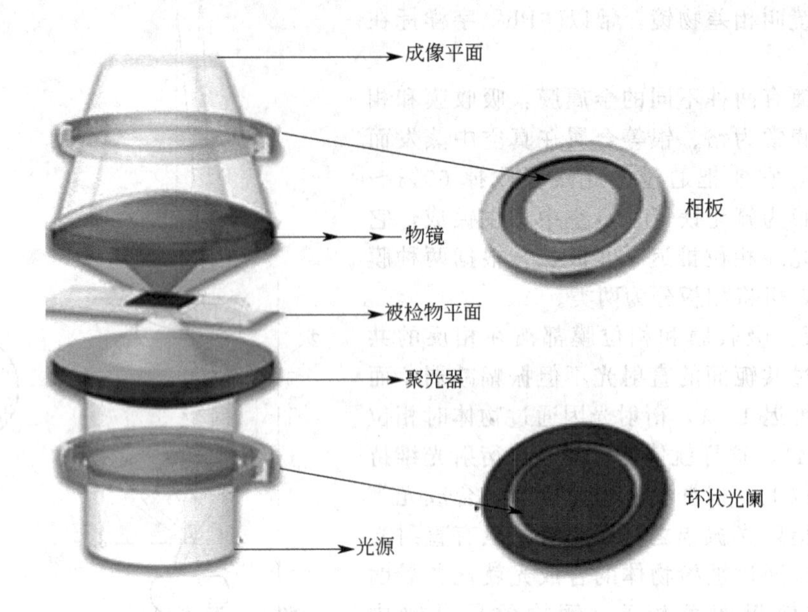


图 1-12　相差显微镜光学原理

## 三、相差显微镜的使用

以酿酒酵母为例使用相差显微镜，主要步骤如下。

**1. 安装相差装置**

取下普通光学显微镜的聚光镜和物镜，分别装上相差聚光镜和相差物镜。

**2. 制片**

取洁净的载玻片，在玻片中央加一滴蒸馏水，从斜面上取一环酿酒酵母在水滴中轻轻涂抹，盖上盖玻片，勿产生气泡。把制好的片子置于载物台上。

**3. 放置滤光片**

在光源前放置绿色滤光片。

**4. 视场光阑中心调整**

(1) 将相差聚光镜转盘转至“0”位。

(2) 用 10×物镜观察，将视场光阑关至最小孔径。

(3) 转动旋钮上下移动聚光镜，使观察到清晰的视场光阑的多边影像。

(4) 转动调中旋钮使视场光阑影像居中。

(5) 将视场光阑开大，并进一步调中，使视场光阑多角形恰好与视场圆内接。

(6) 再稍开大视场光阑，使其各边与视场圆外切。进行光轴中心的调整。

**5. 环状光阑与相板合轴调整**

(1) 取下一侧目镜，换上合轴调节望远镜。

(2) 将相差聚光镜转盘转至“10”位（与 10×物镜适配）。

(3) 调整合轴望远镜的焦距，使能够清晰地看见聚光镜的环状光阑（亮环）和相差物镜的相板（暗环）的像。

(4) 调节环状光阑的合轴调整旋钮，使亮环完全进入暗环并与暗环同轴。

(5) 取下合轴调整望远镜，换回目镜即可进行观察。

(6) 在使用中，如需要更换相差物镜（如 20×、40×），必须重新进行合轴调整。若使用 100×相差物镜，须在标本和物镜间加入香柏油，并进行合轴调整。

**6. 观察**

用 40×和 100×相差物镜对酿酒酵母进行观察，镜检操作与普通光学显微镜方法相同。

操作需要注意的是，当进行相差观察时，样品的厚度应该为 5μm 或者更薄。当采用较厚的样品时，样品的上层是很清楚的，深层则会模糊不清并且会产生相位移干扰及光的散射干扰。其次，样品一定要盖上盖玻片，否则环状光阑的亮环和相板的暗环很难重合。相差观察对载玻片和盖玻片的玻璃质量也有较高的要求，当有划痕、厚薄不均或凹凸不平时会产生亮环歪斜及相位干扰。另外玻片过厚或过薄时会使环状光阑亮环变大或变小。

## 拓展阅读二　其他种类显微镜及用途

显微镜的种类有很多种，主要可分为光学显微镜和电子显微镜。其中光学显微镜包括普通光学显微镜、暗视野显微镜、相差显微镜、荧光显微镜、倒置显微镜等；电子显微镜包括透射电子显微镜、扫描隧道显微镜以及扫描电子显微镜等。

### 一、倒置显微镜

倒置显微镜组成和普通显微镜一样，只不过物镜与照明系统颠倒，前者在载物台之下，后者在载物台之上，用于观察培养的活细胞，具有相差物镜（图 1-13）。

倒置显微镜是在透镜成像原理基础上发展起来的显微观察系统。标本位于物镜前方，离开物镜的距离大于物镜的焦距，但小于 2 倍物镜焦距。当光线经过聚光镜会聚后透过标本，通过物镜对标本进行聚焦，形成了一个倒立的放大的实像，最后通过目镜，再一次放大为虚像后供眼睛观察，从而使实验者能够清晰地分辨体外培养的细胞的形态以及内部结构。

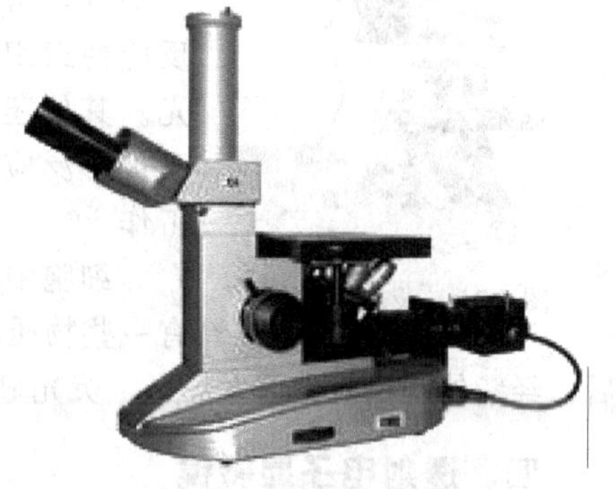

图 1-13　倒置显微镜

倒置显微镜主要用于微生物、细胞、细菌、组织培养、悬浮体、沉淀物等的观察，可连续观察细胞、细菌等在培养液中繁殖分裂的过程，并可将此过程中的任一形态拍摄下来。其在细胞学、寄生虫学、肿瘤学、免疫学、遗传工程学、工业微生物学、植物学等领域中应用广泛。

### 二、暗视场显微镜

用暗视场显微镜能见到小至 4～200nm 的微粒子，分辨率要比普通显微镜高 50 倍（图 1-14）。在构造上暗视场显微镜应用丁达尔现象，装配了一类特殊聚光器——暗视场聚光器，使入射光束从聚光器斜向照明被检物品，这是暗视场显微镜与普通显微镜的主要不同点。由于照明光线与显微镜光轴形成较大的角度通过物场或因聚光器的特殊构造，照明光线在聚光器顶透镜（或盖片）的上表面发生全反射，致使照明光线不能入射物镜之内。但是，样品被照明并发出反射和散射光。镜检时，因不能直接观察到照明光线，与光轴垂直的平面视场暗黑，在深暗的背景上能清晰地看到由散射光和反射光形成的明亮的物体影像，物像与

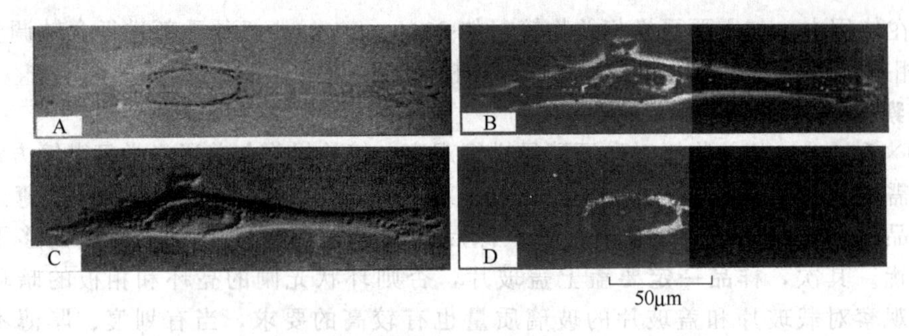


图 1-14 4 种不同的光镜技术观察培养的成纤维细胞照片
A—光直接通过细胞所呈的影像；B—相差显微镜术影像；
C—微分干涉显微镜术影像；D—暗视场显微镜术影像

背景造成极大的反差。视场内的样品被斜射光线照明，可从样品各种结构表面散射和反射光线，看到许多细胞器的明亮轮廓，诸如细胞核、线粒体、液泡以及某些内含物等。如果是正在分裂的细胞，其各类纺锤丝和染色体也可窥见。

## 三、荧光显微镜

用荧光显微镜可观察细胞中的荧光（图 1-15）。当用激发光照射时，细胞发射荧光。这种荧光是细胞中固有的荧光物质［如还原辅酶Ⅰ（NADH）］发出的，称为原发荧光。另一种是用荧光染料对细胞中的成分进行特异染色，再经激发光照射，例如，用荧光染料 Fluo-3 作为钙离子探针，可用来研究细胞中的自由钙离子的浓度。照射后经化学反应使组织中非荧光物质转变为荧光物质所发的荧光称为诱发荧光。其他还有免疫荧光等。细胞荧光显微技术在现代生物学家中已被广泛应用于对特异蛋白质、核酸等生物大分子的定性、定位工作。

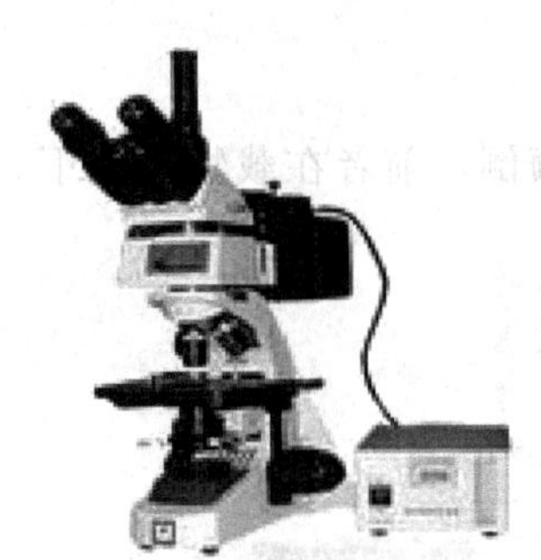

图 1-15 荧光显微镜

细胞中有些物质，如叶绿素等，受紫外线照射后可发荧光；另有一些物质本身虽不能发荧光，但如果用荧光染料或荧光抗体染色后，经紫外线照射也可发荧光，荧光显微镜就是对这类物质进行定性和定量研究的工具之一。

## 四、透射电子显微镜

在光学显微镜下无法看清直径小于 0.2μm 的细微结构，这些结构称为亚显微结构或超微结构。要想看清这些结构，就必须选择波长更短的光源，以提高显微镜的分辨率。1932 年 Ruska 发明了以电子束为光源的透射电子显微镜（TEM），电子束的波长要比可见光和紫外光短得多，并且电子束的波长与发射电子束的电压的平方根成反比，也就是说电压越高波长越短。目前 TEM 的分辨力可达 0.2nm。一般所说的电子显微镜也是指透射电子显微镜。

透射电镜的总体工作原理是：由电子枪发射出来的电子束，在真空通道中沿着镜体光轴穿越聚光镜，通过聚光镜将其会聚成一束尖细、明亮而又均匀的光斑，照射在样品室内的样品上；透过样品后的电子束携带有样品内部的结构信息，样品内致密处透过的电子量少、稀疏处透过的电子量多；经过物镜的会聚调焦和初级放大后，电子束进入下级的中间透镜和第 1 投影镜、第 2 投影镜进行综合放大成像，最终被放大了的电子影像投射在观察室内的荧光屏板上；荧光屏将电子影像转化为可见光影像以供使用者观察。

## 五、扫描电子显微镜

扫描电子显微镜（SEM）的“光源”部分与透射电镜相同。由电子枪发出的电子束经电磁透镜被会聚成极细的“电子探针”，由一组扫描发生器（偏转线圈）控制，在样品表面进行栅状扫描，即像读书一样，一行一行地逐点扫描。样品在电子轰击下产生二次电子。二次电子发放越多的地方，在像上相应的点就越亮。由于二次电子产生的多少与电子束入射角度有关，也即与样品表面的立体形貌有关，所以我们在荧光屏上得到一幅立体的图像。

目前扫描电子显微镜的最主要组合分析功能有：X 射线显微分析系统（EDS），主要用于元素的定性和定量分析，并可分析样品微区的化学成分等信息；电子背散射系统（即结晶学分析系统），主要用于晶体和矿物的研究。随着现代技术的发展，其他一些扫描电子显微镜组合分析功能也相继出现，例如显微热台和冷台系统，主要用于观察和分析材料在加热和冷冻过程中微观结构上的变化；拉伸台系统，主要用于观察和分析材料在受力过程中所发生的微观结构变化。

## 六、扫描隧道显微镜

扫描隧道显微镜（STM）是一种探测微观世界物质表面形貌的仪器。STM 主要工作原理是利用量子力学中的隧道效应，当原子尺度的针尖在压电陶瓷的驱动下沿不到 1nm 的高度上扫描样品的表面时，针尖与样品间产生隧道效应，从而获得样品表面的高分辨甚至是原子分辨的图像。利用扫描隧道显微镜可直接观察生物大分子，如 DNA、RNA 和蛋白质等分子的原子布阵，和某些生物结构，如生物膜、细胞壁等的原子排列。

### 【本章小结】

光学显微观察的样品在被观察之前要做预处理，主要包括制片和染色两大部分。其中制片是关键，染色是核心。

制片主要包括清洁→涂片→干燥→固定→染色→冲洗→吸干等步骤。

悬浮在液体中的细胞既微小又透明，不便于观察。因此必须借助染色法使菌体着色，显示出细菌的一般形态结构及特殊结构，从而在显微镜下进行观察。根据细菌个体形态观察的不同要求，可采用不同的染色方法，主要有简单染色法和革兰染色法。

显微镜的种类有很多种，主要可分为光学显微镜和电子显微镜。光学显微镜中的普通光学显微镜主要由机械系统和光学系统组成。机械系统主要包括镜座、镜臂、镜台、物镜转换器、镜筒及调节器等。光学系统主要包括目镜、物镜、聚光镜和反光镜等。

光学显微镜的使用方法主要包括：准备→放置显微镜→调节光源→低倍镜观察→高倍镜观察→油镜观察→清理。

相差显微镜的使用方法主要包括：安装相差装置→制片→放置滤光片→视场光阑中心调整→环状光阑与相板合轴调整→观察。

### 【练习与思考】

1. 简述普通光学显微镜的基本构造。
2. 简述普通光学显微镜的操作步骤。
3. 样品被观察前为什么要染色以及染色原理是什么?
4. 简述相差显微镜的操作步骤。
5. 调节普通光学显微镜观察视野光线强弱的措施有哪些?
6. 相差显微镜有哪几个与普通光学显微镜不同的部件? 作用分别是什么?

# 第二章

# 消毒与灭菌技术

【学习目标】

1. 技能：能够针对不同物质的特点和用途，选择合适的消毒与灭菌的方法；能够安全正确地操作高压蒸汽灭菌锅；能够正确地对实验室内常用微生物培养仪器、设备和培养基进行消毒与灭菌操作。

2. 知识：了解控制微生物的意义，能够区别消毒、灭菌、防腐、无菌等基本概念；解释各种消毒与灭菌方法的原理，了解各种消毒剂的种类及应用范围，理解影响消毒与灭菌效果的有关因素。

3. 态度：学会微生物生长控制的有关技术手段，认识无菌操作的重要性，养成无菌操作的习惯及卫生习惯；通过完整工作任务的完成，在学习中思考多种因素的相互影响，能够根据不同微生物特点、不同的操作目的选择合适的消毒灭菌方法。

【概念地图】

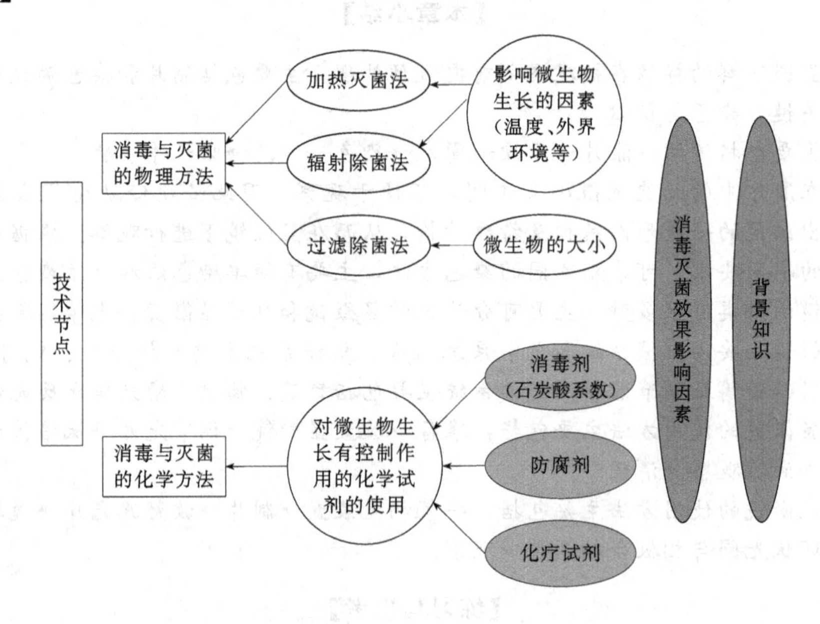


【引入问题】

Q：为什么要对微生物进行控制？

A：尽管在绪论中我们谈到了微生物对于人类社会以及生物技术的种种贡献，但是病原微生物和影响食品工业的腐败微生物给我们带来了诸多困扰。同时，现代微生物技术的研究是建立在纯培养的基础上的，去除一切杂菌的干扰是我们的工作前提之一。因此，有必要掌握对微生物进行控制的一些技术手段。

## 【技术节点】

微生物在自然界种类繁多，分布极为广泛，江河、湖泊、海洋、土壤、空气中都有数量不等、种类不一的微生物存在。其中有许多是有益的，然而，也有一些微生物可使人、动物和植物致病，或者引起食品腐败变质，从而危害人类健康。在与有害微生物的斗争中，自古以来，人们就利用煮沸、盐腌、火烧、日晒和沙滤等方法，以保存食物、净化饮水和预防疾病。

随着微生物学的发展，人们更加认识到控制微生物的重要性，控制微生物的技术也得到了相应的发展。细菌在适宜环境中，生长繁殖极为迅速；但若环境条件变化过于剧烈，可使其代谢发生障碍，生长受到抑制，甚至死亡。其他微生物也遵循这一规律。因此，掌握各种外界因素对微生物的影响，一方面可以创造对微生物有利的因素，进行人工培养；另一方面也可利用对微生物不利的因素，抑制或杀灭微生物，达到消毒灭菌的目的。

下面一些术语常用来表示对微生物的杀灭程度。

**1. 灭菌**

灭菌的英文字意 sterilization 为使之失去生殖能力，即杀死一切微生物（繁殖体孢子、休眠体芽孢）的措施。灭菌就是采用强烈的理化因素使任何物体内外部的一切微生物永远丧失其生长繁殖能力的措施。灭菌的结果是无菌。例如高温灭菌、辐射灭菌等。灭菌适用于必须无任何微生物存在的物品，如注射液、注射用具和外科手术器械、培养基等。

灭菌实质上有杀菌和溶菌两种情况，前者指菌体虽死，但形体尚存；后者则指菌体被杀死后，其细胞因发生自溶、裂解等而消失的现象（图 2-1）。

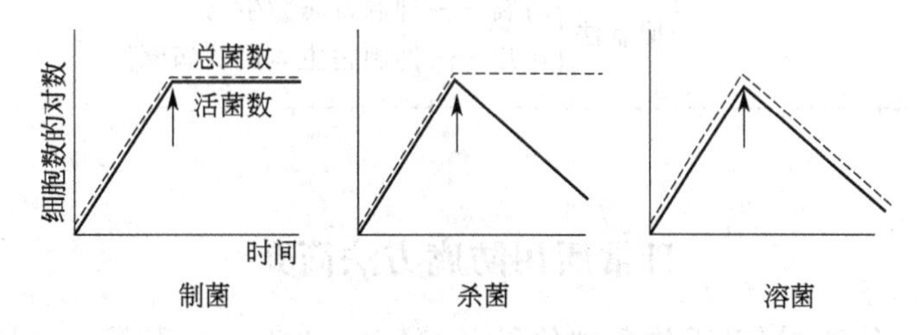


图 2-1　制菌、杀菌和溶菌的比较
当处于指数生长期时，在箭头处加入可抑制生长的某因素

**2. 消毒**

消毒就是消除有害的传染源或致病菌。消毒是一种采用较温和的理化因素，仅杀死物体表面或内部一部分对人体或动植物有害的病原菌，而对被消毒的对象基本无害的措施。消毒的结果是只杀死有害菌。像一些常用的对皮肤、水果、饮用水进行药剂消毒的方法，又如对啤酒、牛乳、果汁和酱油等进行消毒处理的巴氏消毒法等。

**3. 防腐**

防腐也称抑菌，是指防止或抑制霉腐微生物生长繁殖的方法。细菌一般不死亡。使用同一种化学药品在高浓度时为消毒剂，低浓度时常为防腐剂。如通过抑菌作用防止食品、生物制品等对象发生霉腐的措施。

**4. 化疗**

化疗即化学治疗，是利用对病原菌具高度毒力而对其宿主基本无毒的化学物质来抑制宿主体内病原微生物的生长繁殖，以达到治疗该宿主所染疾病的方法。用于化学治疗目的的具有高度选择毒力的化学物质称化学治疗剂，包括磺胺类等化学合成药物、抗生素、生物药物素和若干中草药中的有效成分等。

灭菌、消毒、防腐和化疗控制有害菌的比较如表 2-1 所示。

**5. 无菌**

无菌指不含任何活菌。只有经过灭菌后才能达到无菌状态。

**6. 无菌技术**

无菌技术是指在进行外科手术或分离、转种及培养时防止其他微生物污染实验材料的操作方法。无菌操作所用的器具和材料，都必须先经灭菌处理，并在无菌的环境中进行。

**表 2-1 灭菌、消毒、防腐和化疗的比较**

| 比较项目 | 灭菌 | 消毒 | 防腐 | 化疗 |
|---|---|---|---|---|
| 处理因素 | 理化因素 | 理化因素 | 理化因素 | 化学治疗剂 |
| 处理对象 | 任何物体内外 | 生物体表、酒、乳等 | 有机质物体内外 | 宿主体内 |
| 微生物类型 | 一切微生物 | 有关病原菌 | 一切微生物 | 有关病原菌 |
| 对微生物作用 | 彻底杀灭 | 杀死或抑制 | 抑制或杀死 | 抑制或杀死 |
| 实例 | 加压蒸汽灭菌，辐射灭菌，化学杀菌剂 | 70%酒精消毒，巴氏消毒法 | 冷藏，干燥，糖渍，盐腌，缺氧，化学防腐剂 | 抗生素，磺胺药物，生物药物素 |

控制微生物的方法很多，例如高温、高渗、真空、干燥、过滤、辐射、超声波和强酸强碱等抗微生物剂、抗代谢药物、抗生素，应根据实际情况选择最有效、简捷和经济的方式。控制有害微生物的措施概括总结如下。

控制有害菌的措施
- 杀灭法
  - 灭菌——彻底杀灭（一切微生物）
    - 溶菌
    - 杀菌
  - 消毒——部分杀灭（仅杀灭病原菌）
- 抑制法
  - 防腐——抑制霉腐微生物
  - 化疗——抑制宿主体内的病原菌

## 拓展链接

### 日常所用防腐方法简介

(1) 低温　利用 4℃以下的各种低温（0℃，−20℃，−70℃，−196℃等）保藏食物、生化试剂、生物制品或菌种等。

(2) 缺氧　可采用抽真空、充氮或二氧化碳、加入除氧剂等方法来有效防止食品和粮食等的霉腐、变质而达到保鲜的目的。除氧剂的种类很多，由主要原料铁粉再加上一定量的辅料和填充剂制成，对糕点等含水量较高的新鲜食品有良好的保鲜功能。

(3) 干燥　采用晒干、烘干或红外线干燥等方法对粮食、食品等进行干燥保藏，是最常见的防止它们霉腐的方法；此外，可以密封并加入生石灰、无水氯化钙、五氧化二磷、氢氧化钾（或钠）或硅胶等作为吸湿剂，也能很好地达到食品、药品和器材等长期防霉腐的目的。

(4) 高渗　通过盐腌和糖渍等高渗措施来保存食物，是在民间早就流传的有效防霉腐方法。

(5) 高酸度　在我国具有悠久历史的泡菜，就是利用乳酸菌的厌氧发酵使新鲜蔬菜产生大量乳酸，借这种高酸度而达到抑制杂菌和防霉腐的目的。

(6) 高醇度　我国很多地方都有用白酒或黄酒保存食品的风俗，如醉蟹、醉麸、醉笋和黄泥螺等产品，都是特色风味食品。

（7）加防腐剂　在有些食品、调味品、饮料、果汁或工业器材中，可加入适量的防腐剂来达到防霉腐的目的，如酱油中常用苯甲酸来防腐，墨汁中常用尼泊金（对羟基苯甲酸甲酯）作防腐剂，化妆品中常用山梨酸、脱氢醋酸作防腐剂，以及食品、饲料中常用二甲基延胡索酸（DMF）作防腐剂等。

## 一些特殊形式的消毒

（1）医院消毒　是指杀灭或清除医院环境中和物体上污染的病原微生物的过程。例如医院病房及各种场所的消毒，病人使用器皿、物品、衣物等的消毒，手术室、隔离病房等的空气消毒，手术器械、敷料则需灭菌。其目的是防止医院感染的发生。

（2）疫源地消毒　是指对存在或曾经存在传染源的场所进行的消毒。其目的是杀灭或清除传染源排出的病原体。传染病病房和传染病病人家庭消毒即为此种类型的消毒。

（3）随时消毒　是指疫源地内有传染源存在时进行的消毒。目的是及时杀灭或清除病人排出的病原微生物。

（4）终末消毒　是指传染源离开疫源地后进行彻底消毒。我国传染病防治相关法律法规中规定要求做终末消毒的传染病有鼠疫、霍乱、副伤寒、细菌性痢疾、病毒性肝炎、脊髓灰质炎、肺结核、炭疽等。

（5）预防性消毒　是指对可能受到病原微生物污染的物品和场所进行的消毒。如餐具消毒、饮水消毒、公共场所消毒、粪便污水处理等。进行预防性消毒，一般都不存在已知的传染源，所以易被忽视，因此，必须制定相应制度，以利贯彻实施。

（6）工业消毒、灭菌　是指在工业生产中防止产品染菌所进行的消毒。如医疗器械、医疗用品、制药、生物制品、食品和畜产品等工业。其目的是防止这些产品作为传染病的传播媒介，防止产品被微生物损坏等。进行工业化的消毒灭菌处理，有利于降低成本、提高效益、监测效果、保证质量、提高技术和加强管理。目前，工业消毒发展的快慢，已成为衡量一个国家消毒工作水平的重要标志之一。

（7）生物消毒　是指利用生物杀灭或去除病原微生物的方法。如污水净化可利用厌氧微生物的生长来阻碍需氧微生物的存活，堆肥利用嗜热菌生长产热杀灭病原微生物。生物消毒法虽然作用缓慢，效果有限，但费用低，多用于废物与排泄物的卫生消毒处理。

（8）其他消毒

① 病人的排泄物：等量的20%漂白粉、5%石炭酸或2%来苏尔搅拌均匀，作用2h。

② 皮肤：2.5%碘酒、70%酒精、2%红汞。

③ 黏膜：1%硝酸银、3%过氧化氢、0.1%高锰酸钾等。

④ 饮水：氯气、漂白粉。

⑤ 厕所：生石灰。

⑥ 空气：甲醛熏蒸。

⑦ 手：2%来苏尔、2%碘酊、70%酒精。

# 技术节点一　物理消毒灭菌技术

物理消毒灭菌法是指利用物理因素杀灭微生物或控制微生物生长繁殖的方法，主要有温度（高或低）、干燥、辐射、超声波、微波、渗透压、过滤等。

## 一、加热灭菌

在实践中高温是最常用的灭菌方法，具有杀菌效应的温度范围较广。高温的致死作用，主要是它可引起蛋白质、核酸和脂类等重要生物高分子发生氧化或变性。在实践中行之有效的高温灭菌或消毒的方法如下。

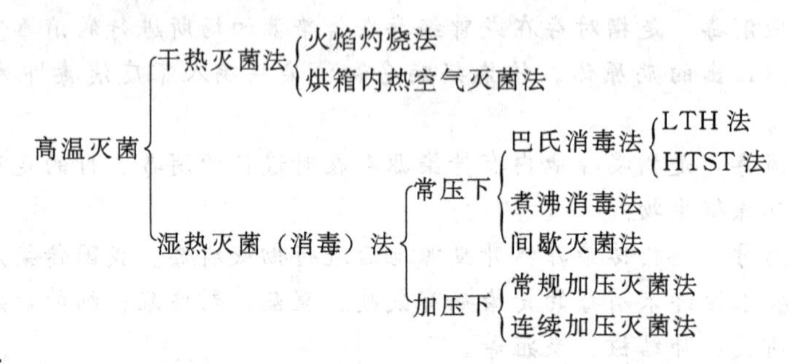


### 1. 湿热灭菌

(1) 高压蒸汽灭菌法

① 灭菌原理　高压蒸汽灭菌法是实验室和工业中常用的灭菌方法。该法适用于一切耐高温而又不怕蒸汽的物品灭菌。其优点是操作简便、效果可靠，是应用最广、最有效的灭菌手段。高压蒸汽灭菌是在高压蒸汽锅内进行的，有立式和卧式两种高压蒸汽锅，它们的原理相同（图 2-2)。将待灭菌的物品放在一个密闭的加压灭菌锅内，通过加热，使灭菌锅夹套间的水沸腾而产生蒸汽。待蒸汽急剧地将锅内的冷空气从排气阀中驱尽后，关闭排气阀，继续加热，此时由于蒸汽不能溢出，压力增高，从而使沸点增高（高于 100℃），导致菌体蛋白质凝固变性而达到灭菌的目的。

在同一温度下，湿热的杀菌效力比干热大（表 2-2）。其原因有三：一是湿热中细菌菌体吸收水分，蛋白质较易凝固；二是湿热的穿透力比干热大；三是湿热的蒸汽有潜热存在。1g 水在 100℃时，由气态变为液态时可放出 2.26kJ 的热量。这种潜热，能迅速提高被灭菌物体的温度，从而增加灭菌效力。

**表 2-2　干热与湿热空气对细菌的致死时间的比较**

| 细菌种类 | 干热 90℃ | 湿热 90℃ | |
|---|---|---|---|
| | | 相对湿度 20% | 相对湿度 80% |
| 白喉棒杆菌 | 24h | 2h | 2min |
| 痢疾杆菌 | 3h | 2h | 2min |
| 伤寒杆菌 | 3h | 2h | 2min |
| 葡萄球菌 | 8h | 3h | 2min |

高压蒸汽灭菌一般要求温度达到 121℃，时间维持 15～20min。有时为了防止培养基内葡萄糖等成分的破坏，也可采用较低温度（115℃）下维持 30min 左右，达到杀菌目的。高压蒸汽灭菌常用于耐热培养基、各种缓冲液、玻璃器皿、生理盐水、耐热药品等灭菌。

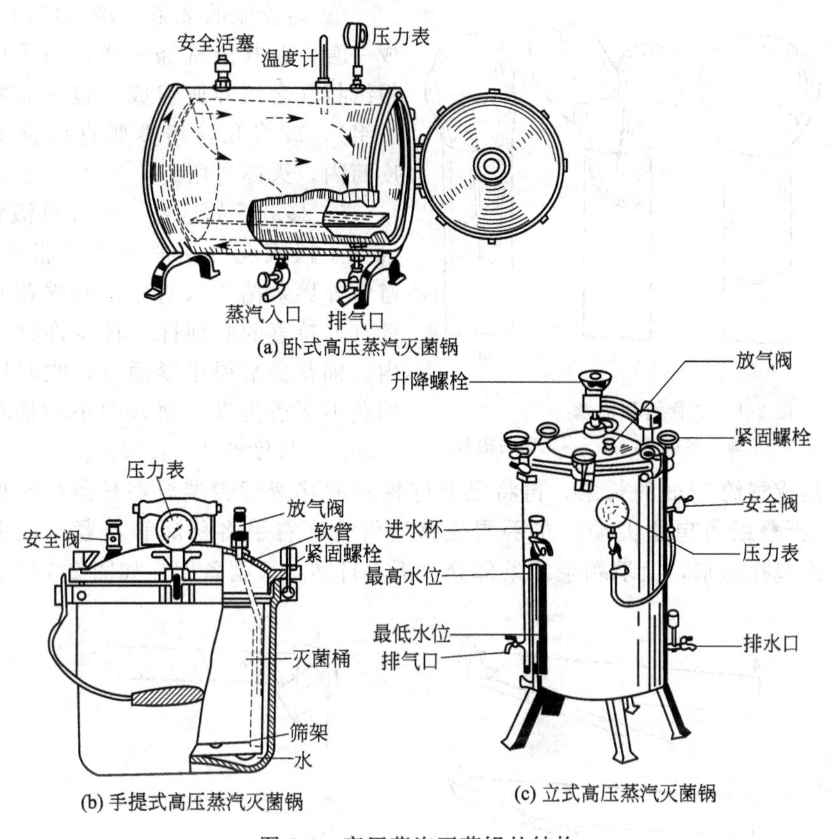


图 2-2 高压蒸汽灭菌锅的结构

② 高压蒸汽灭菌操作步骤

a. 材料灭菌前的准备与包扎 典型微生物实验操作中常需用到的物品有无菌试管（内装有合适量的培养基或其他液体）、移液管、培养皿等。待灭菌的物品需要经过包装后才能放入灭菌锅内。

ⓐ 试管的准备 在试管内盛以适量的培养基（或蒸馏水、生理盐水），盖好试管塞（棉塞或硅胶塞），包上牛皮纸。通常操作中以5～7支试管为一组进行包扎。

制作的棉塞（图 2-3）应紧贴管壁，不留缝隙，以防外界微生物从缝隙侵入。棉塞不宜过紧或过松，塞好后以手提棉塞试管不下落为准。棉塞的2/3塞在试管内、1/3在试管外（图 2-4）。

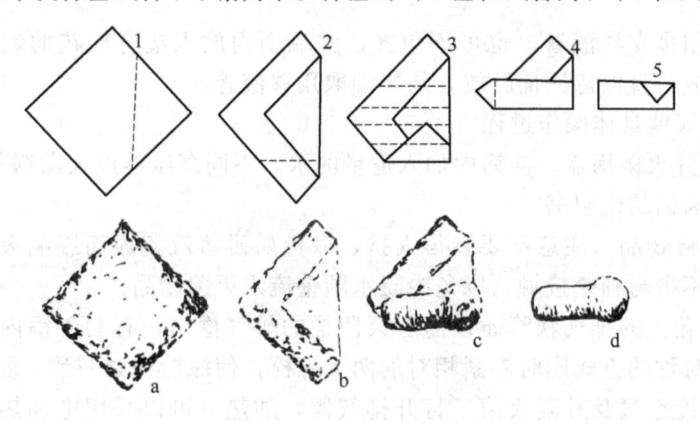


图 2-3 棉塞的制作过程

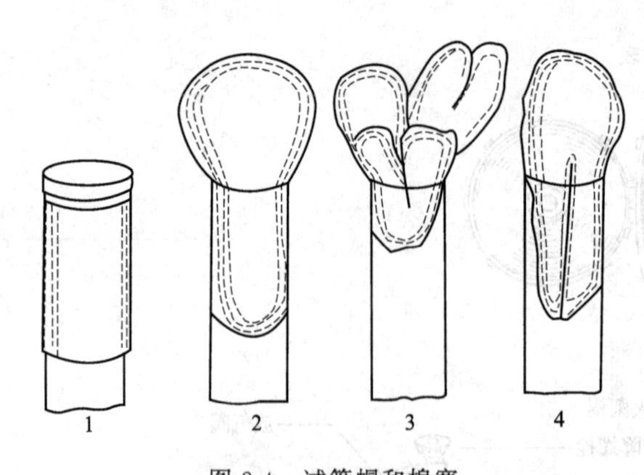

图 2-4 试管帽和棉塞

1—试管帽；2—正确的棉塞；3，4—不正确的棉塞

ⓑ 培养皿的准备 培养皿由一底一盖组成一套。包扎前洗涤干净，晾干或烘干。用报纸将几套培养皿包成一包（通常是 6 套为一组），或将几套培养皿直接置于特制的铁皮筒内，灭菌备用。

ⓒ 移液管的准备 先在移液管的上端塞入一小段棉花（一般不用脱脂棉），目的是避免外界杂菌吹入管中。塞棉花时可用一根针（如拉直的曲别针）将少许棉花塞入管口内。棉花要塞得松紧适宜，吹时以能通气而棉花不下滑为准。塞入的小段棉花距管口约 0.5cm，长度约 1～1.5cm。

将报纸裁成宽约 5cm 的长条，再将已塞好棉花的移液管尖端放在长条报纸的一端，二者约成 30°，折叠纸条包住尖端，左手握住移液管身，右手将移液管压紧，在桌面向前搓转，以螺旋式包扎起来，上端剩余纸条部分，折叠打结，灭菌备用。如图 2-5 所示。

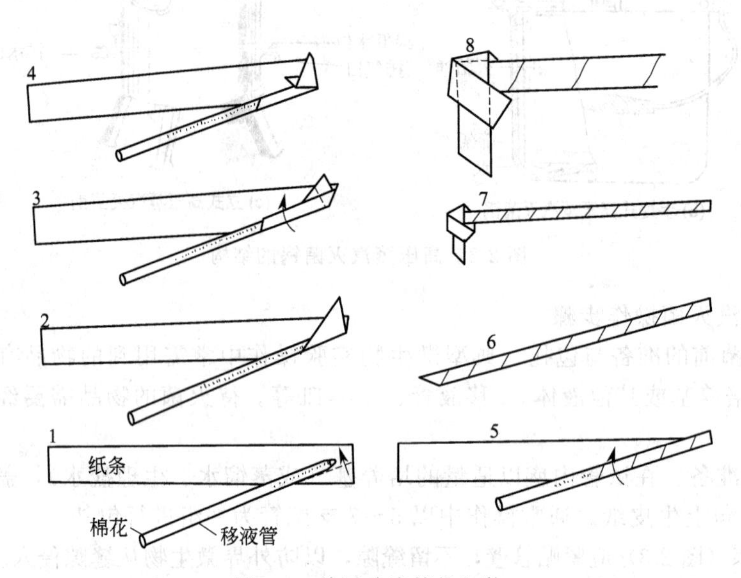

图 2-5 单只移液管的包装

如果一次需用多支移液管，也可不包扎，尖端朝内放入垫有棉花的铁桶内，盖上盖灭菌。注意使用时应一直保持铁桶卧放，从尾端取用移液管。

b. 高压蒸汽灭菌具体操作过程

ⓐ 加水 打开灭菌锅盖，向锅内加入适量的水。不同高压蒸汽灭菌锅加水的方法不同，具体操作见各灭菌锅的说明书。

ⓑ 放入待灭菌物品 注意不要装得太挤，以免妨碍蒸汽流通而影响灭菌效果。三角烧瓶与试管口端均不得与桶壁接触，以免冷凝水顺壁流入灭菌物品。

ⓒ 加盖 将盖上的排气软管插入内层灭菌桶的排气槽内，有利于锅内冷空气自下而上排出。再以两两对称的方式同时旋紧相对的两个螺栓，使螺栓松紧一致，勿使漏气。

ⓓ 排放锅内冷空气及升温灭菌 打开排气阀，加热（可以采用电加热、煤气加热或直接通入蒸汽），自锅内开始产生蒸汽后 3min（或喷出气体不形成水雾），此时锅内的冷空气

已由排气阀排尽，再关紧排气阀，锅内的温度随蒸汽压力增加而逐渐上升。当锅内压力升到所需压力时，控制热源，维持压力和温度至所需时间。灭菌所需时间到后，关闭热源，停止加热，灭菌锅内压力和温度随之逐渐下降。

ⓔ 灭菌完毕降温及后处理　当压力表的压力降至 0 时，打开排气阀，旋松螺栓，开盖，取出灭菌物品。

ⓕ 无菌试验　抽取少量灭菌培养基放入 37℃温箱培养 24～48h，若无杂菌生长，即可视为灭菌彻底，可保存待用。

c. 高压蒸汽灭菌注意事项

ⓐ 灭菌时必须有人在工作现场控制热源维持灭菌时的压力；压力过高，不仅培养基的成分被破坏，而且超过高压锅耐压范围易发生爆炸，造成事故。

ⓑ 使用该法灭菌时，注意关闭排气阀前锅内不应留有冷空气，否则锅内温度达不到相对应的温度（表 2-3）。

ⓒ 灭菌完毕后应缓慢地放气减压，以免被灭菌物品内液体突然沸腾，弄湿棉塞或冲出容器。当压力降到零时才能打开灭菌锅的盖子。

ⓓ 灭菌后的物品即使不立即使用，也要拿出来在锅外放置保存。

ⓔ 若连续使用灭菌锅，每次要注意补充水分。灭菌完毕，排放锅内剩余水分，保持灭菌锅干燥。

ⓕ 高压灭菌法的使用范围也有一些限制，如不能耐高温的塑料制品、橡胶，不耐热的玻璃制品、化学药品以及易燃的脂肪和油类等，均不能利用本法除菌。

**表 2-3　灭菌锅内留有不同分量空气时，压力与温度的关系**

| 压力数 | | 全部空气排出时的温度/℃ | 2/3 空气排出时的温度/℃ | 1/2 空气排出时的温度/℃ | 1/3 空气排出时的温度/℃ | 空气全不排出时的温度/℃ |
|---|---|---|---|---|---|---|
| $kgf/cm^2$（千克力/厘米$^2$） | $lb/in^2$（磅/英寸$^2$） | | | | | |
| 0.35 | 5 | 108.8 | 100 | 94 | 90 | 72 |
| 0.70 | 10 | 115.6 | 109 | 105 | 100 | 90 |
| 1.05 | 15 | 121.3 | 115 | 112 | 109 | 100 |
| 1.40 | 20 | 126.2 | 121 | 118 | 115 | 109 |
| 1.75 | 25 | 130.0 | 126 | 124 | 121 | 115 |
| 2.10 | 30 | 134.6 | 130 | 128 | 126 | 121 |

## 拓展链接

### 脉动真空灭菌柜

在工业上常用的灭菌锅是“脉动真空灭菌柜”。其基本原理是利用饱和蒸汽为灭菌介质，利用蒸汽冷凝时释放出大量潜热和湿度的物理特性，使被灭菌物品处于高温和润湿的状态下，经过设定的恒温时间，使细菌的主要成分蛋白质凝固而被杀死。但在运行过程中，有一个“真空阶段”，采用脉动真空排气方式消除灭菌室内残存冷空气对温度的影响，既加快了升温速度，减少了对被灭菌物品的损伤，又充分保证了灭菌温度的均匀性；灭菌后真空抽湿结合套层烘干使物品干燥和冷却。

(2) 其他湿热灭菌方法

① 煮沸消毒法　在100℃的沸水中加热15～30min可杀死细菌的营养细胞，芽孢则需煮沸1～2h才能被杀死。如在水中加入1%碳酸钠或2%～5%石炭酸，灭菌效果更好。这种方法适用于注射器、解剖用具等的消毒。因灭菌物品要浸湿，故本法的使用受一定限制。

② 巴氏消毒法　这是一种低温消毒法，此法因法国微生物学家巴斯德首创而得名。具体方法有两种：一种是低温维持法（LTH），即62℃下维持30min；另一种是高温瞬时法（HTST），即72℃下维持15～30s。该法用于不适于高温灭菌的食品，如牛乳、酱腌菜类、果汁、啤酒、果酒和蜂蜜等，其主要目的是杀死其中无芽孢的病原菌（如牛乳中的结核杆菌或沙门杆菌），而又不影响食品的营养与风味。例如市场上保质期较短的牛乳多为巴氏消毒法消毒的“均质”牛乳，它们的营养价值与鲜牛乳差异不大，B族维生素的损失仅为10%左右，但是一些生理活性物质可能会失活。所谓“均质”，是牛乳加工中的新工艺，就是把牛乳中的脂肪球粉碎，使脂肪充分溶入到蛋白质中去，从而防止脂肪黏附和凝结，也更利于人体吸收。

③ 超高温瞬时灭菌法（UHT）　温度在135～137℃灭菌3～5s，可杀死微生物的营养细胞和耐热性强的芽孢细菌，但污染严重的鲜乳在142℃以上杀菌效果才好。市场上可以存放六个月的牛乳即采用此法灭菌，让牛乳等液体食品停留在140℃左右（如137℃或143℃）的温度下保持3～4s，急剧冷却至75℃，然后经均质化后冷却至20℃。超高温瞬时灭菌法现广泛用于各种果汁、牛乳、花生乳、酱油等液态食品的杀菌中。

④ 间歇灭菌法　又称分段灭菌法或丁达尔灭菌法。该法利用流通蒸汽反复灭菌，通常温度为100℃，每日一次，加热时间为15～30s，连续三次灭菌，可杀死微生物的营养细胞。每次灭菌后，将灭菌的物品在28～37℃培养，促使芽孢发育成为繁殖体，以便在连续灭菌中将其杀死。该法适用于不耐热的物品如培养基的灭菌。它对设备的要求低，但费时长。例如培养硫细菌的含硫培养基就可采用此法灭菌，因其内所含元素硫在99～100℃下可保持正常结晶型，若用121℃加压法灭菌，就会引起硫的熔化。

⑤ 连续加压蒸汽灭菌法　此法仅用于大型发酵厂的大批培养基灭菌。主要操作原理是让培养基在管道流动过程中快速升温、维持和冷却，然后流进发酵罐。一般是将培养基在135～140℃下加热5～15s，然后再继续保温5～8min。流程如图2-6所示。连续灭菌法与分批灭菌法相比较，采用的是高温瞬时灭菌，有效地减少了营养成分的破坏，从而提高了原料

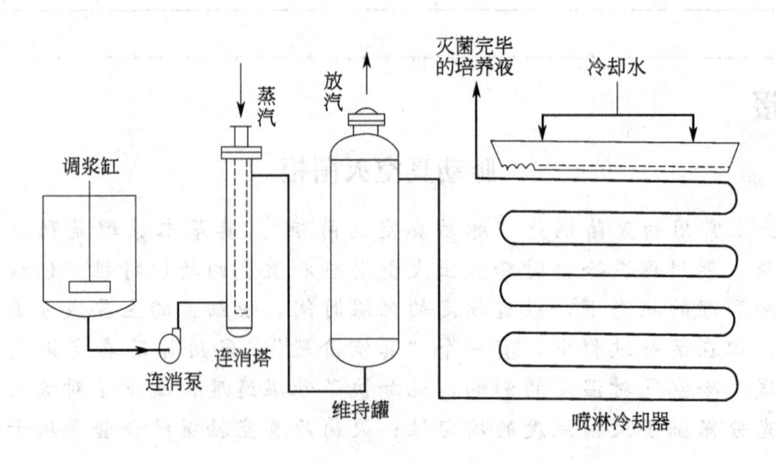


图2-6　连续加压蒸汽灭菌流程

的利用率和发酵产品的质量和产量。在抗生素发酵中，它可比常规的“实罐灭菌”（121℃，30min）提高产量5%～10%；连续加压蒸汽灭菌法的总灭菌时间比分批灭菌法明显减少，缩短了发酵罐的占用时间，提高发酵罐的利用率。由于该法蒸汽负荷均衡，锅炉利用效率高；适宜于自动化操作，降低了操作人员的劳动强度。缺点是设备投资大，对蒸汽的压力要求较高（不小于0.45MPa），流程中被杂菌感染的概率较大。

**2. 干热灭菌**

通过使用干热空气杀灭微生物的方法叫干热灭菌法。细菌的繁殖体在干燥状态下，在80～100℃经1h即可杀死；芽孢则需160～170℃经2h才能杀灭。

（1）灼烧法　灼烧法是最简单、最彻底的干热灭菌方法，它将灭菌物品放在火焰中灼烧，使所有生物有机物质炭化。但该法破坏力很强，仅应用于接种环（图2-7）、接种针、试管或三角瓶口等耐热物品的灭菌或带病原菌的材料、动物尸体的烧毁等，也用于工业发酵罐接种时的火环保护。

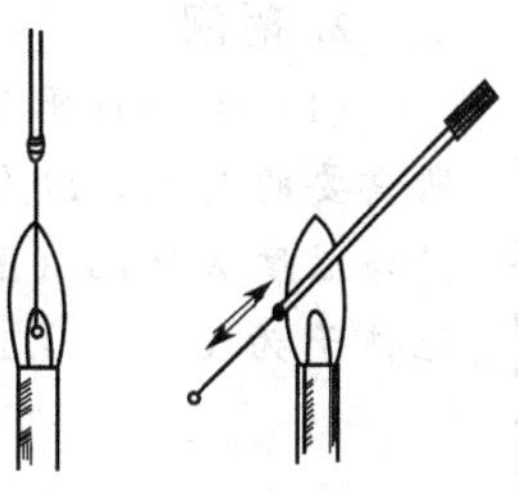

图2-7　接种环的灭菌

（2）烘箱热空气法　将待灭菌物品放入电热烘箱内，在150～170℃下维持1～2h后，可达到彻底灭菌（包括细菌的芽孢）的目的。该法适用于一些要求保持干燥的实验器具和材料，如金属器械、洗净的玻璃或陶瓷器皿、药粉、固定细胞用的载体材料等。其优点是灭菌后物品干燥，但需要花费的时间长，易损坏物品，并且不能用于液体样品的灭菌。在进行灭菌前，需要对灭菌对象进行包装，以保证取出使用时器材仍然处于无菌状态。具体操作过程如下。

① 灭菌前先将玻璃器皿、金属用具用牛皮纸包好（不能用油纸包扎，以防着火），培养皿放入金属盒中，然后均匀放入电热烘箱内。注意用纸包扎的待灭菌物品不要紧靠烘箱内壁，物品不能摆放过挤，以免妨碍热空气流通，致使烘箱内温度不均匀。

② 接通电源，按下开关，黄灯亮；旋转烘箱顶部调气闸，打开排气孔，排除箱内冷空气和水汽；旋转恒温调节器直到红灯亮，逐渐升温，待干燥箱内温度上升至100～105℃时，旋转调气闸，关闭排气孔。

③ 继续加热，把烘箱温度调节到160℃，灭菌物品用纸包扎或带有棉塞时，温度不能超过170℃。当达到所需温度时，借助恒温调节器的自动控制，保持恒温2h。如灭菌材料体积过大、物品堆积过挤，则应适当延长灭菌时间。

④ 灭菌结束，切断电源。在烘箱温度没有降到60～70℃之前，不要打开烘箱，以免玻璃器皿破裂。待温度降至60℃以下，打开烘箱门，取出灭菌物品。灭菌后的器皿使用前再打开包装。

注意：灭菌过程中温度不能上升或下降得过急；万一烘箱内有焦味，应立即切断电源；温度60℃以上时切勿随意打开箱门；取出灭菌物品时，小心不要碰断顶部的温度计，万一温度计打破，要立即切断电源，用硫黄铺撒在水银污染的地面和仪器上，清除水银，防止水银蒸发中毒。

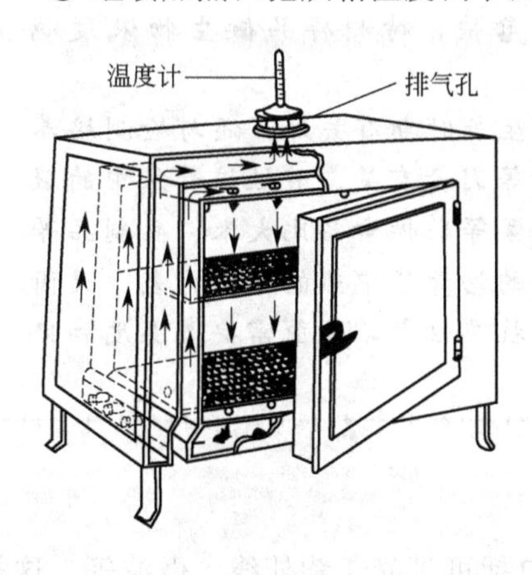


图2-8　干热灭菌箱结构图

干热灭菌箱结构如图2-8所示。

**拓展链接**

## 影响高温杀菌效果的主要因素

**1. 温度**

衡量指标是热死温度，又称热死点，指在一定时间内（一般为10min），杀死某微生物的水悬浮液群体所需的最低温度。不同种类的微生物的热死温度不同，例如根癌土壤杆菌为53℃、胡萝卜软腐欧文菌为48～51℃等。同一种微生物的营养细胞和芽孢的热死温度也不相同。

**2. 时间**

(1) 十倍致死时间（*D*） 它指的是在一定的温度条件下微生物活菌数减少十倍所需要的时间。*D*值大小与微生物的起始浓度或菌数高低无关，随微生物类群而异并与温度成反比（图2-9）。据实验测定，在121℃下，芽孢的*D*值为4～5min；其他孢子为0.1～0.2min。在65℃时，中温型微生物的营养细胞的*D*值为0.1～0.5min。*D*值的测定虽然繁琐，但在食品的灭菌和消毒方面却有重要的应用价值。

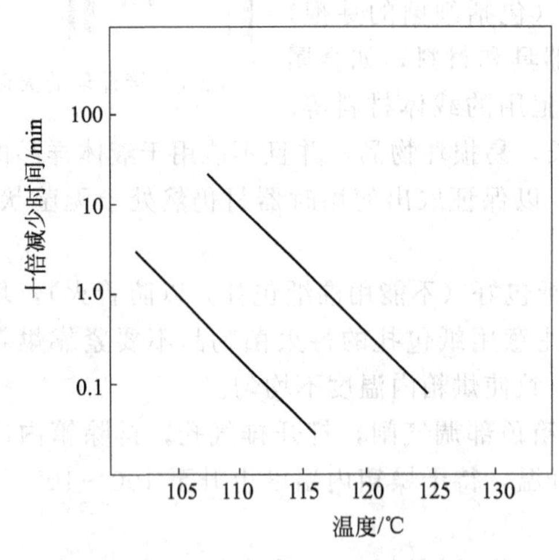

图2-9 温度处理与微生物存活的关系

(2) 热死时间 它指的是在一定温度下杀死所有某一浓度微生物所需要的最短时间。测量热致死时间的方法比较简单，只需在一定温度下将待测样品加热处理不同时间后，分别与培养基混匀、培养，没有细菌生长的被培养样品所经过的高温处理时间就是其热致死时间。高温对不同种类的微生物的热死时间不一样，例如伤寒沙门菌在58℃下为30min、嗜热乳杆菌在71℃下为30min等。高温对同一微生物的热死时间与温度和出发菌数有关，温度愈高，死亡愈快，待测样品微生物浓度越高，热致死时间越长。

灭菌所需的温度和时间除了与微生物的种类、生长时期有关外，还与检测培养基的性质如培养基的酸碱性、组成成分和水分含量等因素有关。酸性培养基中的微生物死亡所需的时间更短，例如马铃薯、果汁、泡菜等酸性食品比大米、豆制品等中性食品更容易灭菌；含糖、蛋白质和脂类浓度高的培养基中热的穿透力差，灭菌所需要的温度更高、时间更长；干细胞比湿细胞的抗热性大，灭菌需要高温度和更长时间。

## 二、辐射灭菌

辐射有非电离辐射和电离辐射两种。非电离辐射包括可见光、紫外线、微波等。这类辐射光波长、能量弱，虽能被物体吸收，但不引起物体原子结构变化。电离辐射包括β射线、γ射线、X射线、加速电子等。这类辐射光波短、能量强，物体吸收后能引起原子核电离。辐射的杀菌力随光波波长降低而递增，短波的杀菌作用大，而长波的可见光通常对细菌是无害的。

**1. 电离辐射**

电离辐射可使物质中的原子或分子释放出电子，成为离子状态。能引起电离辐射的射线主要有γ射线、X射线、加速电子射线等（参见表2-4）。电离辐射具有较高的能量和穿透力，可以直接或间接破坏微生物的核酸、蛋白质和酶系统从而对其产生致死效应。目前电离辐射灭菌的工艺，已达工业化水平。常用的有$^{60}$Co辐射装置和电子加速器装置。利用放射性同位素$^{60}$Co产生的γ射线来杀菌为较先进的装置，将待灭菌物品通过传送带经过$^{60}$Co照射区即可达到灭菌目的。它的优点为每次可对较多的物品进行灭菌，不会在物品上留下污染，可应用于密封的物品、不耐热食品、药品（中药）、医用的一次性塑料制品等的灭菌。该法对设备要求高，适用范围有限。培养基不能通过该法灭菌。由于经辐射后的物品中仍有部分射线残留，故该方法在安全性方面尚存在一些问题。

表2-4 两种辐射灭菌方法的比较

| 项目 | γ射线辐射 | β射线辐射（电子加速器） | 项目 | γ射线辐射 | β射线辐射（电子加速器） |
|---|---|---|---|---|---|
| 穿透 | 深(60cm水) | 浅(<2.5cm水) | 物品大小 | 大小均可 | 限小型物品 |
| 持续处理 | 能 | 否 | 设施 | 占地广 | 占地小 |
| 灭菌所需时间 | 长(约48h) | 短(数秒) | 安全设备 | 要求严格 | 较宽 |

**拓展链接**

微生物细胞受到紫外线照射后，DNA中的一条链或两条上位置相邻的胸腺嘧啶之间会形成二聚体，改变了DNA分子的构型，导致DNA复制出现差错，使微生物发生基因突变或者死亡。如果将受紫外线照射后损伤的微生物迅速暴露于可见光下，其中部分微生物又能恢复正常生长，这种现象被称为光复活作用。光复活现象说明微生物细胞对紫外线引起的DNA损伤有一定的修复能力。微生物细胞内有一种能专一性作用于胸腺嘧啶二聚体的酶，该酶能使胸腺嘧啶二聚体重新分解为单体，从而使DNA结构恢复正常。由于该酶是在接受可见光条件下被激活的，故称之为光复活酶。

**2. 非电离辐射**

（1）紫外线 波长在200～300nm的紫外线具有杀菌作用，其中波长为265nm的紫外线杀菌力最强。这与核酸的最大吸收波长一致。

紫外线的杀菌能力强，但穿透力差，普通玻璃、纸张、尘埃、水蒸气等均能阻挡紫外线。因此，紫外线一般只用于空气和物品表面的消毒。一般医院的病房、实验室、手术室、制剂室等场所，通常是用紫外线灯进行空气消毒。紫外线灯管中装有水银，通电后水银气化产生紫外线。一般无菌室内装一支30W的紫外线灯管，可用于15m$^2$的房间照射，30min后即可杀死空气中的微生物。

紫外线对皮肤、眼结膜等都能引起损伤，并可使空气中产生臭氧，在使用时要注意防护。在消毒照射时，工作人员应佩戴保护眼镜。

（2）日光 日光的杀菌作用主要是通过其中的紫外线实现的，其作用受到许多因素的影响，如空气中的尘埃、水蒸气等都能减弱日光的杀菌力。所以，其只能作为辅助消毒的手段。在日常生活中，可将衣服、被褥、发霉的书报等物品置日光下暴晒，可以杀死其中的大部分微生物。

（3）微波　微波是指频率在300～30000MHz的电磁波，它主要是通过产热（物质中的偶极分子如水产生高频运动）使被照物品的温度升高，导致杀菌作用。微波产生热效应的特点是穿透力强于紫外线（可以透过玻璃、塑料薄膜及陶瓷等介质，但不能穿透金属）、加热均匀、热利用率高、加热时间短等。微波常用于对非金属器械的消毒，如实验室、食用器具、酒类消毒和培养基灭菌等。

## 三、过滤除菌

过滤除菌是利用滤器机械地滤除液体或气体中细菌的方法。最早的空气过滤器是由两层滤板组成的容器，中间填充有棉花、活性炭、玻璃纤维或石棉。空气通过此滤器，可以达到除菌的目的。后经过改进，在两层滤板之间放入多层滤纸或滤膜，大大缩小了滤器的体积。现在又出现了金属烧结管空气过滤器。滤板材料有玻璃、陶瓷、石棉等，目前最常用的是硝酸纤维素或醋酸纤维素制成的滤膜。

由于过滤介质孔径小（一般为0.2～0.45μm），流体中的细菌被截留在介质上，从而获得无菌滤液或无菌空气。但微孔结构不是阻碍微生物通过的唯一因素，微生物携带的电荷及溶液性质等也可影响过滤的效果。

过滤除菌法适用于不耐热、也不能以化学方法处理的液体或气体，如对含有抗生素、维生素、酶、动物血清、毒素、病毒等的溶液及细胞培养液的灭菌可利用此方法。实验室中超净工作台和无菌室的空气、发酵过程通入的供氧空气的灭菌也可以使用过滤除菌法。过滤除菌也有一定的局限性，滤器不能滤除病毒、支原体以及L型细菌等小颗粒微生物。

过滤除菌法的装置各种各样，例如滤膜过滤装置、烧结玻璃板过滤器、石棉板过滤器、素烧瓷过滤器和硅藻土过滤器等，都是通过过滤手段除去菌体。实验室常用察氏滤器、膜过滤器（图2-10）等。

图2-11所示为醋酸纤维素膜过滤器拦截的大肠埃希菌图片。

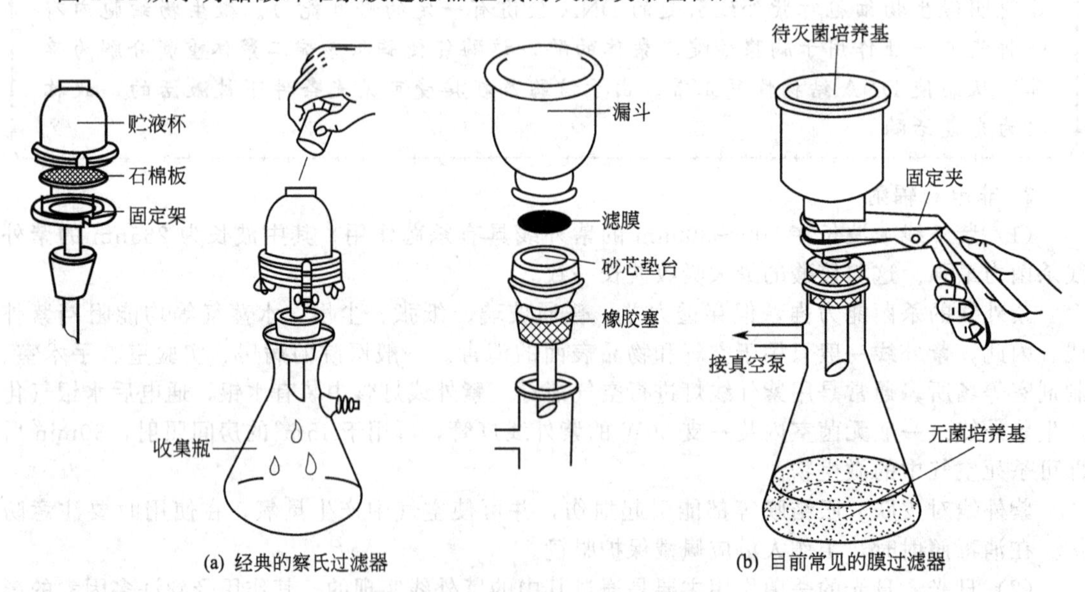


图2-10　实验室常用过滤除菌装置

下面以膜过滤器为例介绍液体过滤除菌的具体操作过程。

（1）过滤器检查　实验前应检查过滤器有无裂痕。

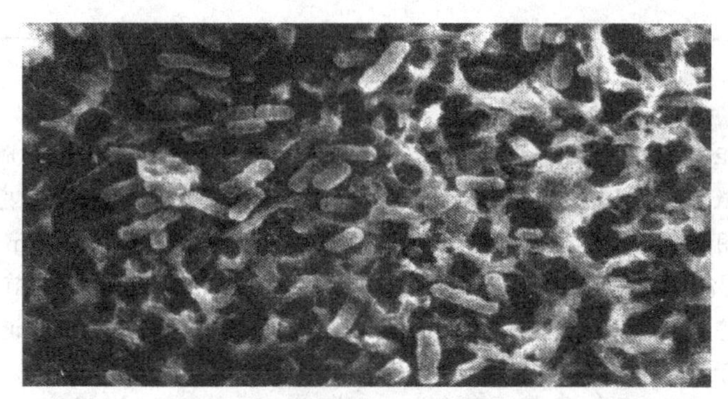

图 2-11 醋酸纤维素膜过滤器拦截的大肠埃希菌图片

(2) 清洗 滤器应在流水中彻底洗净。

(3) 灭菌 洗净晾干的滤器安装好后［参见图 2-10(b)］进行包装。分装滤液的试管、锥形瓶（均带棉塞）和其他辅助用具单独用牛皮纸包好。上述物品于 115℃ 灭菌 1h，烘干备用。

(4) 抽滤 在超净工作台上，将待过滤液体注入过滤器内，打开真空泵。待过滤液快滤完时，使真空泵与集液瓶分离，停止抽滤，关闭真空泵。

(5) 取出滤液 在超净工作台上松动集液瓶口的橡皮塞，迅速将瓶中滤液导入无菌锥形瓶或无菌试管内。

(6) 无菌检查 将转入无菌试管或无菌锥形瓶中的滤液，放在 37℃ 恒温箱中培养 24h，若无菌生长，可保存备用。

如果需过滤的液体体积不大，可用实验室简易膜除菌滤器（图 2-12）进行操作。将过滤膜放在筛板上，旋紧上下过滤器，用牛皮纸包装后，于 121℃ 20min 进行高压蒸汽灭菌处理。用无菌注射器直接吸取待过滤液，在超净工作台上将此溶液注入过滤器上导管，溶液经过滤膜、下导管慢慢流入无菌试管内，过滤完后加塞保存。

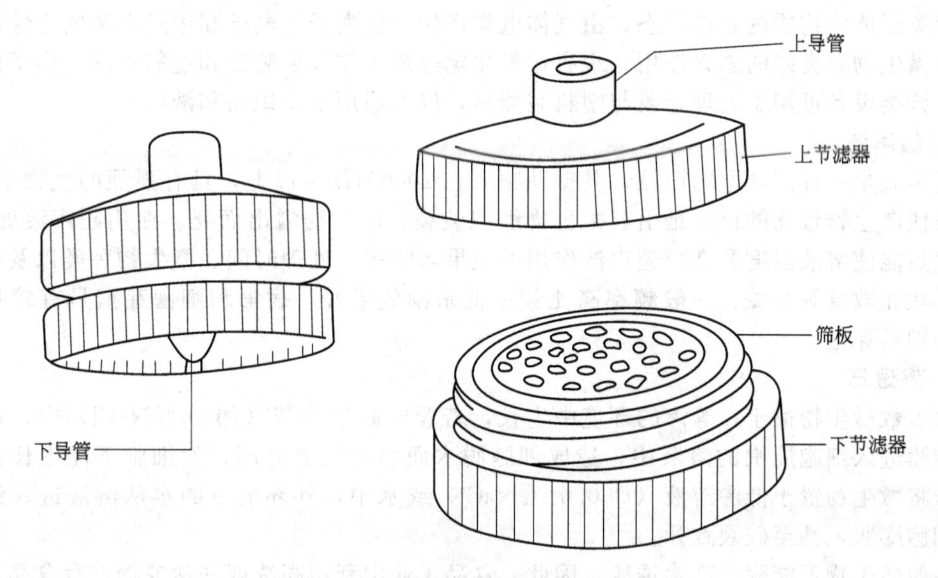


图 2-12 实验室简易膜除菌过滤器

过滤除菌操作需要注意的是：①要检查过滤装置密闭性；②过滤速率要适当。如果单纯追求快而加大压力可能使微生物在此压力下透过滤膜。

## 拓展链接

生物安全柜是用于生物安全实验室和其他实验室的生物安全防护隔离设备，可以防止有害悬浮微粒、气溶胶的扩散，对操作人员、样品及样品间交叉感染和环境提供安全保护。采用优质高效空气过滤器（HEPA）时，对于大于0.3μm的颗粒过滤效率达到99.995%，可达到100级洁净度。在生物安全柜内进行操作前，可用75%酒精擦拭桌面；将紫外灯打开30min左右对操作空间进行灭菌。可以说生物安全柜结合了多种灭菌方式，保证了无菌操作。

## 四、其他类型的灭菌方式

### 1. 干燥

水分对维持微生物的正常生命活动是必不可少的。干燥能够造成微生物失水、代谢停止以至死亡。所以，对于药材、食品、粮食等物品，通常应用自然干燥、烤、烘干等方法，使之失去水分导致微生物生命活动停止。不同的微生物对于干燥的抵抗力不一样，以细菌的芽孢抵抗力最强，霉菌和酵母菌的孢子也具较强的抵抗力，次之为革兰阳性球菌、酵母的营养细胞、霉菌的菌丝。影响微生物对干燥抵抗力的因素较多，干燥时温度升高，微生物容易死亡；微生物在低温下干燥时，抵抗力强，所以，干燥后存活的微生物若处于低温下，可用于保藏菌种；干燥的速度快，微生物抵抗力强，缓慢干燥时，微生物死亡多。如果细菌有其他有机物的保护，例如痰液中的细菌，可以增强其抗干燥能力，这与结核病及其他呼吸道传染病的传播有一定关系。

用浓盐液或糖浆处理药物或食品，使细菌体内水分逸出，造成生理性干燥，也是长久保存物品的方法之一。

### 2. 等离子体

等离子体为物质的第四状态，由气体电离产生，含离子、电子和未经电离的中性粒子组成，对微生物有良好的杀灭作用。现有过氧化氢等离子体灭菌装置和过氧乙酸等离子体灭菌装置。该类设备可用于处理金属与塑料制器材，但不适用于纺织品和液体。

### 3. 超声波

超声波是一种高频率的声波，其振动频率在20000Hz/s以上，具有强烈的生物学作用。超声波使微生物致死的机理是引起微生物细胞破裂，内含物溢出而死。在用超声波处理时，会产生热能使溶液温度升高。超声波作用的效果与频率、处理时间、微生物种类以及细胞大小、形状和数量等有关，一般频率高比频率低杀菌效果好，病毒和细菌芽孢具有较强的抗性，特别是芽孢。

### 4. 渗透压

大多数微生物适于在等渗的环境中生长，若置于高渗溶液（如20%NaCl）中，水将通过细胞膜进入细胞周围的溶液中，造成细胞脱水而引起质壁分离，使细胞不能生长甚至死亡；若将微生物置于低渗溶液（如0.01%NaCl）或水中，外环境中的水从溶液进入细胞内引起细胞膨胀，甚至破裂致死。

一般微生物不能耐受高渗透压，因此，食品工业中利用高浓度的盐或糖保存食品，如腌渍蔬菜、肉类及果脯蜜饯等，糖的浓度通常在50%～70%（制成果脯、蜜饯），盐的浓度为10%～50%（腌制鱼、肉）。由于盐的分子量小，并能电离，在两者百分浓度相等的情况下，盐的保存效果优于糖。有些微生物耐高渗透压的能力较强，如发酵工业中的鲁氏酵母。另外，嗜盐微生物（如生活在含盐量高的海水、死海中）可在15%～30%的盐溶液中生长。

# 技术节点二　化学消毒灭菌技术

化学消毒灭菌是指用化学药品来杀死微生物或抑制微生物的生长繁殖。应用于消毒灭菌的化学药品简称消毒剂或防腐剂。消毒剂或防腐剂不仅能杀死病原体，同时对人体组织细胞也有损害作用。所以，消毒剂只限外用，如用于体表（皮肤、黏膜、表浅的伤口等）以及物品、器械、食具和周围环境的消毒。

## 一、化学消毒剂的特性

**1. 理想消毒剂应具备的条件**

（1）杀灭微生物范围广、作用快、穿透力强；

（2）易溶于水，性质稳定不易分解，无色、无特殊刺激性气味；

（3）无毒性，对机体组织和被消毒物品的损伤程度小；

（4）有效浓度低，消毒后易除去；

（5）不易受有机物、酸碱与其他物理或化学因素的影响；

（6）不易燃、易爆，使用安全，价格低廉，便于运输包管。

**2. 消毒剂的抗微生物作用机理**

（1）使微生物蛋白质变性凝固，或与蛋白质结合形成盐类；

（2）使微生物细胞成分氧化、水解；

（3）干扰和破坏细菌酶的活性，影响细菌的新陈代谢；

（4）改变或降低细菌的表面张力，增加细胞膜的通透性，使菌体内物质外渗，导致细胞破裂。

**3. 消毒剂与防腐剂的区别**

消毒剂与防腐剂两者在本质上并无差别，主要是使用的浓度不同，同一种化学药品在低浓度下可作为防腐剂，在高浓度时则为消毒剂。防腐剂主要用于防止或抑制微生物的生长繁殖，消毒剂主要用于杀灭一些病原微生物。

## 二、常用控菌的化学方法

能抑制、杀死微生物的化学因素种类很多，用途也相当广泛，主要可分为以下几类。

- 化学因素
  - 表面消毒剂
    - 液体消毒剂
    - 气体消毒剂
  - 防腐剂
  - 化学治疗剂
    - 抗代谢药物
    - 抗生素
    - 生物药物素

**1. 化学表面消毒剂**

化学表面消毒剂的种类很多，常见的有以下10类。

（1）重金属盐类　重金属离子具有很强的杀菌效力，其中尤以$Hg^{2+}$、$Ag^{+}$和$Cu^{2+}$最强。重金属离子进入细胞后主要与酶或蛋白质上的—SH基结合而使之失活或变性。此外，微量的重金属离子还能在细胞内不断累积并最终对生物发生毒害作用即微动作用。

汞化合物包括氯化汞（$HgCl_2$，又称升汞）、氯化亚汞（$Hg_2Cl_2$）、氧化汞（HgO）和有机汞。无机汞具毒性、腐蚀性，杀菌的作用受有机物的钝化，一般不用于生物体和生物制品。有机汞常用作在医疗上卫生或伤口表面消毒剂，如红汞（或汞溴红）、硫柳汞和袂塔酚等。

银化合物中多用的是硝酸银。蛋白银是蛋白质与银或氧化银制成的胶体银化物，可用作消毒剂和植物杀虫剂。

铜化合物中应用最多的是硫酸铜，1mg/L 的硫酸铜就足以防止藻类在清洁水体中的生长，按一定比例配制的波尔多液是硫酸铜和生石灰（CaO）的混合液，在农业上用于防治真菌性病害。

（2）酚及其衍生物　酚类化合物是医学上普遍使用的一种消毒剂。其作用主要是损伤微生物的细胞质膜，钝化酶和使蛋白质变性。使用最早的是苯酚（石炭酸），由于具有难闻的气味和对皮肤有刺激性而很少在临床上作消毒用。但酚系数仍被广泛用作比较化学药剂杀菌效率的标准。

苯酚的衍生物（如甲酚、间苯二酚和六氯苯酚等）具有较强的杀菌作用和较少的刺激性，它们在医院用于痰、脓液和粪便等以及手术前的消毒。煤酚皂（俗称来苏尔）是甲酚和肥皂的混合液，常用 3%～5%的浓度来消毒桌面、用具等。

（3）醇类　能通过溶解膜中的类脂而破坏膜结构和使蛋白质变性，还能使细胞脱水，但对芽孢和无包膜病毒的杀菌效果较差。目前应用最为广泛的是乙醇，以 70%～75%的浓度灭菌力为最强，浓度过高时使菌体表面蛋白质变性形成沉淀而阻止乙醇进入菌体，浓度过低则不引起应有的作用。

乙醇中加入稀酸、稀碱或有碘存在时可加强其效力，若与其他杀菌剂混合使用可大大增强试剂的杀菌能力，如碘酊（含 1%碘）是常用的皮肤表面消毒剂。异丙醇的杀菌效力稍高于乙醇并具有较低的挥发性，也是常用的皮肤和用具表面消毒剂。

（4）酸类　有机酸能破坏细胞膜，抑制微生物（尤其是霉菌）的酶和代谢活性，常加在食品、饮料或化妆品中以防止霉菌等微生物的生长。山梨酸及其钾盐常用于酸性食品（如乳酪）的保存，苯甲酸及其钠盐常用于其他酸性食品和饮料中，丙酸钙用于防止霉菌在面包中的生长，水杨酸可用于治疗脚癣和防腐剂。硼酸可用于洗眼剂，乳酸和乙酸加热蒸发，可用于手术室的空气消毒。

（5）醛类　能破坏蛋白质氨基酸中的多种基团氢键或氨基而使其变性。37%～40%的甲醛水溶液称为福尔马林，加热后易挥发，常用于保存生物标本和空气消毒，在高浓度下作用也可杀死芽孢。其缺点是对眼睛及黏膜组织有刺激作用，穿透性能差，作用慢和有令人不愉快的气味。工厂和实验室常用甲醛熏蒸进行空间消毒，熏蒸后用氨水中和气味。

戊二醛具有较小的刺激性和异味，用偏碱性的（pH=8）2%浓度的溶液可以在 10min 内杀死细菌、结核分枝杆菌和病毒，在 3～10h 内杀死细菌芽孢，是目前杀菌效力较高的一种化学药剂，常用于医用器械和用具的消毒。

（6）气态消毒剂　在使用时为气体状态的消毒剂。用于灭菌的气体消毒剂有环氧乙烷、甲醛、臭氧、过氧化氢、过氧乙酸、二氧化氯等。目前使用最多的是环氧乙烷和甲醛。环氧乙烷能使有机物烷化、酶失活，是目前广泛应用的一种空气及器械表面消毒剂，而且穿透能力强，可在 4～18h 内杀死细菌与芽孢、病毒、真菌等微生物。使用气态消毒剂是一种不需加热的有效杀菌方式，尤其适用于不能经受高温灭菌的物品（如塑料、注射器、医用缝合线、电子及光学仪器、纸张、皮革、木材、金属、纺织品、人工心脏瓣膜及宇宙飞船等）的灭菌。其缺点是有毒性（防止直接接触）和易燃易爆（严禁接触明火），使用时常与 $CO_2$ 或

$N_2$等气体混合。

(7) 氧化剂及过氧化剂　能氧化菌体及酶蛋白的巯基成为二硫基（—S—S—），使之失去活性。高锰酸钾和过氧化氢（双氧水）常用作卫生和实验室消毒剂，后者还可用作食品包装材料和镜片的杀菌。过氧化苯酰有时可用于厌氧菌感染的伤口消毒。过氧乙酸是一种高效、速效、广谱和无毒的化学杀菌剂，除适用于塑料、玻璃、棉布、人造纤维等制品的消毒外，也可用于果蔬和鸡蛋等食品表面的消毒。臭氧（$O_3$）是一种强氧化剂，在水中杀菌速度较氯快，可用于游泳池循环水的处理。但过氧化物类消毒剂性质不稳定易分解，对物品有漂白或腐蚀作用。

(8) 卤素及其化合物　主要是通过破坏细胞膜、酶、蛋白质达到杀菌目的。按杀菌力高低排列的顺序是：$F_2>Cl_2>Br_2>I_2$。其中以碘和氯最常用。碘能使细胞中酶和蛋白质中的酪氨酸卤化而发挥作用，它对细菌、真菌、病毒和芽孢均有较好的杀菌效果。

氯主要包括氯气和氯化物。氯气广泛用于饮水、游泳池和垃圾场的消毒。漂白粉[$3Ca(OCl)_2 \cdot Ca(OH)_2 \cdot H_2O$]和次氯酸钠中有杀菌作用的成分是次氯酸根负离子，也常用作食品、器具、家庭用具、车间、牛奶场、少量饮水的就地处理和实验室的消毒剂。

二氧化氯杀菌能力强、效果持续时间长、用量省，尤其是水体经其消毒后不会像氯气和漂白粉一样残留有毒物质，是近年发展起来的换代产品，可广泛用于生活用水和污水的消毒处理，也适用于食品加工和养殖业中的消毒、灭菌、防腐、保鲜、除臭和漂白等。有机氯化物中的氯胺和双氯胺也是较好的卫生和空气消毒剂。氯气和氯化物的杀菌效应在于产生次氯酸和原子氧，其反应式为：$Cl_2+H_2O \longrightarrow HCl+HClO \longrightarrow HCl+[O]$，初生态的原子氧是强氧化剂，再加上次氯酸负离子的作用，能破坏细胞膜结构并杀死微生物。

(9) 表面活性剂　又称去污剂，易溶于水，能降低液体分子表面张力，使物体表面的油脂乳化，使油垢除去。如常用的阳离子型表面活性剂主要有肥皂、洗衣粉和新洁尔灭、杜灭芬等。表面活性剂能使蛋白质变性，破坏细胞膜。新洁尔灭是季铵类，属阳离子表面活性剂，能杀灭微生物营养细胞，但对芽孢杆菌仅有抑制作用，不污染衣物，性质较稳定，易于保存，应用很广。

(10) 染料　碱性染料的杀菌作用强于酸性染料。碱性染料（如龙胆紫或称结晶紫、亚甲蓝、孔雀绿、吖啶黄等）在低浓度下具有明显的抑菌效果并表现出一定的特异性。碱性染料的阳离子基团能与细胞蛋白质氨基酸上的羧基或核酸上的磷酸基结合而阻断了正常的细胞代谢过程，例如2%～4%的龙胆紫水溶液能杀死葡萄球菌、真菌。

若干重要表面消毒剂及其应用如表2-5所示。

**表2-5　若干重要表面消毒剂及其应用**

| 类型 | 名称 | 用　法 | 应用范围 |
|---|---|---|---|
| 重金属盐类 | 升汞 | 0.05%～0.1% | 非金属物品，器皿 |
| | 红汞 | 2% | 皮肤，黏膜，小伤口 |
| | 硫柳汞 | 0.01%～0.1% | 皮肤，手术部位，生物制品防腐 |
| | $AgNO_3$ | 0.1%～1% | 皮肤，滴新生儿眼睛 |
| | $CuSO_4$ | 0.1%～0.5% | 杀灭植病真菌与藻类 |
| 酚类 | 石炭酸 | 3%～5% | 地面，家具，器皿 |
| | 煤酚皂（来苏尔） | 2% | 皮肤 |
| 醇类 | 乙醇 | 70%～75% | 皮肤，器械 |
| 酸类 | 乙酸（熏蒸） | 5～10mL/m³ | 房间消毒（防呼吸道传染） |
| 醛类 | 甲醛 | 0.5%～10% | 物品消毒，接种箱、接种室的熏蒸 |
| | 戊二醛 | 2%（pH8左右） | 精密仪器等的消毒 |
| 气体 | 环氧乙烷 | 600mg/L | 手术器械，毛皮，食品，药物 |

续表

| 类型 | 名称 | 用 法 | 应用范围 |
| --- | --- | --- | --- |
| 氧化剂 | $KMnO_4$ | 0.1% | 皮肤,尿道,水果,蔬菜 |
| | $H_2O_2$ | 3% | 污染物件的表面 |
| | 过氧乙酸 | 0.2%～0.5% | 皮肤,塑料,玻璃,人造纤维 |
| | 臭氧 | 1mg/L | 食品,水处理 |
| 卤素及化合物 | 氯气 | 0.2～0.5mg/L | 饮水,游泳池水 |
| | 漂白粉 | 10%～20% | 地面,厕所 |
| | 漂白粉 | 0.5%～1% | 饮水,空气(喷雾),体表 |
| | 二氧化氯 | 2% | 水体 |
| | 氯胺 | 0.2%～0.5% | 室内空气(喷雾),表面消毒 |
| | 二氯异氰尿酸钠 | 4mg/L | 饮水 |
| | 二氯异氰尿酸钠 | 3% | 空气(喷雾),排泄物,分泌物 |
| | 碘酒 | 2.5% | 皮肤 |
| 表面活性剂 | 新洁尔灭 | 0.05%～0.1% | 皮肤,黏膜,手术器械 |
| | 杜灭芬 | 0.05%～0.1% | 皮肤,金属,棉织品,塑料 |
| 染料 | 龙胆紫 | 2%～4% | 皮肤,伤口 |

**2. 防腐剂**

防腐是利用物理和化学的手段，完全抑制霉腐微生物的生长繁殖，防止食品等发生霉变的措施。此时，微生物并没有被杀灭，而只是受到抑制。防腐的手段很多，如造成低温、隔氧（或充氮）、干燥、高渗、高酸等保藏环境。而添加防腐剂也是一种常用的防腐措施。

(1) 天然食品防腐剂——乳酸链球菌肽　乳酸链球菌肽又称乳酸链球菌素，是从乳酸链球菌发酵产物中提取的一类多肽化合物，食入胃肠道易被蛋白酶所分解，因而是一种安全的天然食品防腐剂。FAO（联合国粮食及农业组织）和 WHO（世界卫生组织）已于 1969 年给予认可，是目前唯一允许作为防腐剂在食品中使用的细菌素。

(2) 苯甲酸、苯甲酸钠　苯甲酸（$C_6H_5COOH$）和苯甲酸钠（$C_6H_5COONa$）又称安息香酸和安息香酸钠，系白色结晶。苯甲酸微溶于水，易溶于酒精；苯甲酸钠易溶于水。苯甲酸对人体较安全，如酱油、醋、饮料、果酒等食品中添加苯甲酸钠作为防腐剂。

(3) 山梨酸和山梨酸钾　山梨酸和山梨酸钾为无色、无味、无臭的化学物质。山梨酸难溶于水（600∶1），易溶于酒精（7∶1），山梨酸钾易溶于水。在酸性介质中对霉菌、酵母菌、好氧性细菌有良好的抑制作用。它们对人有极微弱的毒性，是近年来各国普遍使用的安全防腐剂。山梨酸和苯甲酸是我国允许使用的两种国家标准的有机防腐剂。

在酱油、醋、果酱类、人造奶油、琼脂奶糖、鱼干制品、豆乳饮料、豆制素食、糕点馅等食品中，山梨酸的最大用量为 1.0g/kg（以酸计，1g 山梨酸相当于其钾盐 1.33g）；低盐酱菜、面酱类、蜜饯类、山楂类、果叶露等最大用量为 0.5g/kg；果汁类、果子露、果酒最大用量为 0.6g/kg；汽水、汽酒最大用量为 0.2g/kg；浓缩果汁应低于 2g/kg。

(4) 双乙酸钠（SDA）　双乙酸钠为白色结晶，略有乙酸气味，极易溶于水（1g/mL）；10%水溶液 pH 值为 4.5～5.0。双乙酸钠成本低，性质稳定，防霉防腐作用显著。可用于粮食、食品、饲料等防霉防腐（一般用量为 1g/kg），还可作为酸味剂和品质改良剂。该产品添加于饲料中可提高蛋白质的效价，增加适口性，提高饲养动物的产肉、产蛋和产乳率，还可防止肠炎，提高免疫力，是新近开发的添加剂，美国食品及药物管理局（FDA）认定为一般公认安全物质。并于 1993 年撤除了双乙酸钠在食品、医药及化妆品中的允许限量。

(5) 邻苯基苯酚和邻苯酚钠　主要用作防止霉菌生长，对柑橘类果皮的防霉效果甚好。

允许使用量为100mg/kg以下（以邻苯酚计）。

(6) 联苯　对柠檬、葡萄、柑橘类果皮上的霉菌，尤其对指状青霉和意大利青霉的防治效果较好。一般不直接作用于果皮，而是将该药浸透于纸中，再将浸有此药液的纸放置于贮藏和运输的包装容器中，让其慢慢挥发（25℃下蒸气压为1.3Pa），待果皮吸附后，即可产生防腐效果。每千克果实所允许的药剂残留量应在0.07g以下。

(7) 噻苯咪唑　是美国新发明的防霉剂，适用于柑橘和香蕉等水果。使用后允许残留量，柑橘类为10mg/kg以下、香蕉为3mg/kg以下、香蕉果肉为0.4mg/kg以下。

(8) 溶菌酶　溶菌酶为白色结晶，含有129个氨基酸，等电点10.5～11.5。溶于食品级盐水，在酸性溶液中较稳定，55℃活性无变化。

溶菌酶能溶解多种细菌的细胞壁而达到抑菌、杀菌目的，但对酵母和霉菌几乎无效。溶菌作用的最适pH值为6～7，温度为50℃。食品中的羧基和硫酸能影响溶菌酶的活性，因此将其与其他抗菌物如乙醇、植酸、聚磷酸盐等配合使用，效果更好。目前溶菌酶已用于面食类、水产熟食品、冰淇淋、色拉和鱼子酱等食品的防腐保鲜。

(9) 海藻糖　海藻糖是一种无毒低热值的二糖。它之所以具有良好的防腐作用是鉴于它的抗干燥特性决定的。它可在干燥生物分子的失水部位形成氢键连接，构成一层保护膜，并能形成一层类似水晶的玻璃体。因此，它对于冷冻、干燥的食品，不仅能起到良好的防腐作用，而且还可防止食品品质发生变化。

(10) 甘露聚糖　甘露聚糖是一种无色、无毒、无臭的多糖。以0.05%～1%的甘露聚糖水溶液喷、浸、涂布于生鲜食品表面或掺入某些加工食品中，能显著地延长食品保鲜期。如草莓用0.05%的甘露聚糖水溶液浸渍10s，经风干，贮存1周，仅表皮稍失光泽，3周也未见长霉；而对照组2d后失去光泽，3d开始发霉。

(11) 壳聚糖　壳聚糖即脱乙酰甲壳素，是黏多糖之一，呈白色粉末状，不溶于水，溶于盐酸、乙酸。它对大肠埃希菌、金黄色葡萄球菌、枯草芽孢杆菌等有很好的抑制作用，且还能抑制生鲜食品的生理变化。因此它可作食品，尤其是果蔬的防腐保鲜剂。例如，用0.4%壳聚糖溶液直接喷到番茄、烟草等植物上，可起到保护作用，减少烟草斑纹病毒的感染。

(12) 过氧化氢　过氧化氢是一种氧化剂，它不仅具有漂白作用，而且还具有良好的杀菌、除臭效果。缺点是过氧化氢有一定的毒性，对维生素等营养成分有破坏作用。它的杀菌力强、效果显著，但需经加热或者过氧化氢酶的处理以减少其残留。常用于切面、面条、鱼糕等防腐，允许残留量为0.1g/kg以下，其他食品为0.03g/kg以下。

(13) 硝酸盐和亚硝酸盐　硝酸盐和亚硝酸盐主要是作为肉的发色剂而被使用。亚硝酸与血红素反应，形成亚硝基肌红蛋白，使肉呈现鲜艳的红色。另外硝酸盐和亚硝酸盐也有延缓微生物生长的作用，尤其是对防止耐热性的肉毒梭状芽孢杆菌芽孢的发芽，有良好的抑制作用。但亚硝酸在肌肉中能转化为亚硝胺，有致癌作用，因此在肉品加工中应严格限制其使用量，目前还未找到完全替代物。允许用量为火腿、咸肉、香肠、腊肉等在0.07g/kg以下；鱼肉香肠、鱼肉火腿为0.05g/kg以下（以亚硝酸残留量计）。

**3. 化学治疗剂**

化学治疗就是利用具有高度选择毒性的化学物质来抑制宿主体内病原微生物的生长繁殖，甚至杀死微生物，达到治疗疾病的目的。化学治疗剂主要有抗代谢药物、抗生素和中草药等。

(1) 抗代谢药物　抗代谢药物又称代谢拮抗物或代谢类似物，是一类与生物体内的必需代谢物结构相似并能干扰病原菌正常代谢过程的化学物质。由于它们具有良好的选择毒力，因此是一类重要的化学治疗剂。它们的种类很多，都是有机合成药物，如磺胺类、氨基叶酸、异烟肼、6-巯基腺嘌呤和5-氟代尿嘧啶等。

磺胺药是诺贝尔奖获得者德国科学家C. Domagk于1934年所发明，是重要的经典抗代谢药物，种类很多，迄今仍在广泛应用的有磺胺、磺胺胍（即磺胺脒，SG）、磺胺嘧啶（SD）、磺胺甲噁唑（SMZ）和磺胺二甲嘧啶等。磺胺类药物的抗菌谱较广，能控制和治疗大多数$G^+$细菌（如肺炎链球菌、β-溶血链球菌等）和$G^-$细菌（如痢疾志贺菌、脑膜炎球菌等）引起的疾病。在青霉素等抗生素广泛应用前，磺胺是治疗多种细菌性传染病的重要药物。

抗代谢药物主要有三种作用：①竞争正常代谢物的酶的活性中心，从而使微生物正常代谢所需的重要物质无法正常合成，例如磺胺类；②“假冒”正常代谢物，使微生物合成出无正常生理活性的假产物，如8-重氮鸟嘌呤取代鸟嘌呤而合成的核苷酸就会产生无正常功能的RNA；③反馈抑制体内正常生化反应，某些抗代谢药物与某一生化合成途径的终产物的结构类似，通过反馈调节破坏正常代谢调节机制，例如，6-巯基腺嘌呤可抑制腺嘌呤核苷酸的合成。所以说抗代谢药物就是生物体内正常代谢物的对抗物，如磺胺类是叶酸对抗物、6-巯基嘌呤是嘌呤对抗物、5-甲基色氨酸是色氨酸对抗物、异烟肼是吡哆醇对抗物等。

（2）抗生素　抗生素是人类控制、治疗感染性疾病，保障身体健康及用来防治动植物病害的重要化学药物。抗生素是在许多生物的生命活动过程中产生的一类次级代谢产物或其人工衍生物，它们在很低浓度时就能抑制或影响其他种类生物（包括病原菌、病毒、癌细胞等）的生命活动，因而可用作优良的化学治疗剂。抗生素抑制或杀死微生物的作用机制是通过抑制细胞壁的合成（例如青霉素、先锋霉素、万古霉素、杆菌肽、环丝氨酸和多氧霉素等）、改变细胞膜的通透性（例如属于多肽族包括多黏菌素、短杆菌素等和多烯族包括两性霉素、制霉菌素和曲古霉素等）、抑制蛋白质的合成（如四环素、链霉素、卡那霉素、氯霉素、红霉素、林可霉素等）或抑制核酸的合成（如灰黄霉素、利福霉素及抗肿瘤的抗生素放线菌素D、丝裂霉素C）等。

Fleming于1929年发现了第一种广泛用于医疗上的抗生素——从青霉菌中产生的青霉素，Waksman于1944年发现链霉菌能产生链霉素。抗生素是目前治疗微生物感染和肿瘤等疾病的常用药物。在工业发酵中抗生素也可以用于控制杂菌污染；在微生物育种中，抗生素常常作为高效的筛选标记。

抗生素的种类很多，已找到的新抗生素有1万种以上，已能够合成的半合成抗生素更多达7万多种，但由于对动物的毒性或副作用等原因，真正得到临床应用的常用抗生素仅约五六十种，其疗效和抗菌谱各异。

抗菌谱指各种抗生素的抑制微生物的种类范围。青霉素和红霉素主要抗$G^+$细菌；链霉素和新霉素以抗$G^-$细菌为主，也抗结核分枝杆菌；庆大霉素、万古霉素和头孢霉素兼抗$G^+$细菌和$G^-$细菌；而氯霉素、四环素、金霉素和土霉素等因能同时抗$G^+$细菌、$G^-$细菌以及立克次体和衣原体，故称广谱型抗生素；放线菌酮、两性霉素B、灰黄霉素和制霉菌素对真菌有抑制作用；对于病毒性感染，至今还未找到特效抗生素。

（3）半合成抗生素与生物药物素　生产半合成抗生素与生物药物素的原因是由于抗生素的广泛应用，诱发抗药性或耐药性突变株不断出现，从而使现有的抗生素逐渐失去了原有的疗效。人们除继续筛选更新的抗生素外，一方面对天然抗生素的结构进行改造，另一方面，加紧研发比抗生素疗效更为广泛的生理活性产物。

对天然抗生素的结构进行人为改造后的抗生素，称为半合成抗生素。它们的种类极多，其中涌现出不少疗效提高、毒性降低、性质稳定和抗/耐药菌的新品种，如各种半合成青霉素、四环素类、利福霉素和卡那霉素等。以半合成青霉素为例，青霉素原是一种较理想的抗生素，具有毒性低、抗菌活力高等优点，但也存在易过敏、不稳定、不能口服和易产生耐药菌株等缺点。对青霉素的结构进行改造，保存其不可缺的基本结构而对其 R 基团进行种种改造或取代，可合成各种相应的半合成青霉素，如氨苄青霉素、羧苄青霉素、羟苄青霉素和氧哌嗪青霉素等。

在筛选更新的抗生素基础上研究发现了其他具多种生理活性的微生物次生代谢物，如酶抑制剂、免疫调节剂、受体拮抗剂和抗氧化剂等，它们的疗效比抗生素更为广泛，将这些物质称作生物药物素。如酶抑制剂洛伐他汀和免疫增强剂苯丁抑制素及环孢菌素等。

微生物极易对抗生素产生抗药性，而抗药性对人类的医疗实践危害严重。抗药性主要通过遗传途径产生，例如基因突变、遗传重组或质粒转移等。微生物产生抗药性的原因有：产生一种能使药物失去活性的酶；把药物作用的靶位加以修饰和改变；形成“救护途径”；使药物不能透过细胞膜；通过主动外排系统把进入细胞内的药物泵出细胞外等。

【相关知识】

# 相关知识 影响消毒与灭菌效果的因素

控制微生物的生长在实践中常用且非常重要。每种微生物的生长都有各自的最适条件，高于或低于最适要求都会对微生物生长产生影响。因此利用各种化学物质和物理因素可以对微生物生长繁殖进行有效的控制，能够在进行对微生物兴利除害方面发挥重要作用。消毒与灭菌的效果，可受多种因素的影响。掌握有关规律，采取适当措施，可以保证消毒灭菌的效果，反之，处理不当则会导致消毒灭菌的失败。其主要影响因素有以下几项。

## 一、微生物对象因素和污染程度

不同种类的微生物对消毒剂的敏感性不同（表 2-6）。微生物对化学消毒剂耐受力最强者为细菌芽孢，其次为含有大量脂质的分枝杆菌，最弱的为含脂病毒或中型大小的病毒。以 Favero 等（1991 年）绘制的各类微生物对消毒剂的抗力图为基础，增入最近发现的具有最强抗力的朊病毒，将微生物对化学消毒剂的抗力由强到弱分为 7 级，其顺序是：朊病毒（克雅病病原体）→细菌芽孢（枯草杆菌芽孢）→分枝杆菌（结核杆菌）→无脂病毒或小型病毒（脊髓灰质炎病毒）→真菌（发癣菌属）→细菌繁殖体（铜绿假单胞菌、金黄色葡萄球菌）→含脂病毒或中型病毒（单纯疱疹病毒、乙型肝炎病毒、艾滋病病毒等）。因此，必须根据消毒对象选择合适的消毒剂。微生物污染越严重，消毒就越困难，原因是微生物的数量多，彼此重叠加强了机械保护作用，耐力强的个体也随之增多。因此，消毒污染严重的物品，需提高能量（或药物浓度），或延长作用时间才能达到消毒合格要求。

表 2-6 各类微生物对消毒剂的敏感性

| 常用消毒剂及浓度 | 细菌 | 芽孢 | 病毒 | 真菌 |
|---|---|---|---|---|
| 碘酊(2.5%) | + | + | + | + |
| 红汞(2%) | + | — | — | + |
| 乙醇(70%) | + | — | + | + |
| 甲醛(37%～40%) | + | + | + | + |
| 戊二醛(2%) | + | + | + | + |

续表

| 常用消毒剂及浓度 | 细菌 | 芽孢 | 病毒 | 真菌 |
| --- | --- | --- | --- | --- |
| 环氧乙烷 | + | + | + | + |
| 来苏尔(3%～5%) | + | — | — | — |
| 过氧乙酸(0.2%～0.5%) | + | + | + | + |
| 新洁尔灭(0.05%～0.1%) | + | — | + | + |
| 龙胆紫(2%～4%) | + | — | — | — |
| 乳酸(5～10mL/$m^3$) | + | — | — | + |
| 乙酸(浓度同乳酸) | + | — | — | — |

## 二、消毒剂的性质和作用方式

化学消毒剂的种类繁多，不同类型的消毒剂因其化学结构和性质不同，对微生物的作用方式有较大的差异（表 2-7）。此外，有些消毒剂的毒性大，在杀菌的同时，对人或动物都会带来一定危害，还有些消毒剂本身就是强致癌物。因此，在选择和使用消毒剂时一定要根据消毒的目的、想要达到的效果及可能对周围环境带来的影响等来综合考虑。

表 2-7　不同性质消毒剂的作用机理

| 作用方式 | 卤素类 | 重金属类 | 醇类 | 醛类 | 环氧乙烷 | 氧化剂 | 酚类 | 表面活性剂 | 染料 | 酸碱类 |
| --- | --- | --- | --- | --- | --- | --- | --- | --- | --- | --- |
| 菌体蛋白质凝固 | + | + | + | + | + | + | + | + | + | + |
| 菌体氧化、水解或结构改变 | + |  |  | + | + | + | + | + |  | + |
| 破坏酶活性或干扰代谢 | + | + | + |  | + | + |  | + | + | + |
| 增强膜通透性使细胞破裂 |  |  |  |  | + |  | + | + |  | + |

## 三、消毒处理剂量与作用时间

消毒处理剂量，包括强度和时间。强度的概念，在热力消毒中是指温度，在化学消毒中是指药物的浓度。时间是指所使用的处理方法对被处理物品作用的时间。一般强度越高微生物越易杀灭，但醇类例外，70%～75%乙醇或50%～80%异丙醇的效果最好，提高浓度杀菌力反而低。时间越长微生物被杀灭的概率也越大。消毒处理的剂量是杀灭微生物的基本条件。在实际消毒工作中，必须明确并充分保证所需的强度与时间，否则难以达到预期效果。

## 四、所处环境的影响

### 1. 温度

除热力消毒完全依靠温度作用杀灭微生物外，其他消毒方法也受温度变化的影响，无论是物理或化学消毒方法，温度越高，消毒效果越好。如含氯消毒剂温度每提高 10℃，杀芽孢时间可减半；5%的甲醛溶液，20℃杀灭炭疽杆菌芽孢需要 32h，但 37℃时仅需要 1.5h。不同的消毒剂受温度影响的程度也不同，如过氧乙酸温度变化的影响较小，3%的过氧乙酸在－30℃的条件下作用 1h 仍可达到灭菌，乙醇稀释过氧乙酸可防冻，适于 0℃以下消毒。但也有少数例外，如用臭氧进行水消毒，低温有利于臭氧溶于水，从而增强其杀菌效果。过氧化物稳定性差，碘伏在 40℃时碘可升华，故消毒时不宜加热。

### 2. 湿度

空气的相对湿度（RH）对气体消毒剂影响显著，蛋白质含水量与凝固所需温度的关系见表 2-8。使用环氧乙烷或甲醛消毒都有一个最适 RH，过高或过低都会影响杀灭效果。环氧乙烷消毒一般以 RH 80%为宜，甲醛气体消毒以 RH 80%～90%为宜。臭氧气体消毒物品表面，RH≥70%才能达到消毒效果。

RH对空气消毒的影响也显著。过氧乙酸喷雾消毒，空气RH在20%～80%时，湿度越大，杀菌效果越好。当相对湿度低于20%时，则杀菌作用较差。臭氧空气消毒，RH≥60%，才能达到消毒效果。

**表 2-8　蛋白质含水量与凝固所需温度的关系**

| 卵白蛋白含水量/% | 30min内凝固所需温度/℃ | 卵白蛋白含水量/% | 30min内凝固所需温度/℃ |
|---|---|---|---|
| 50 | 56 | 6 | 145 |
| 25 | 74～80 | 0 | 160～170 |
| 18 | 80～90 | | |

**3. 酸碱度**

酸碱度的变化可严重影响某些消毒剂的杀菌作用，如戊二醛在碱性条件下可使杀菌能力提高，但易聚合失效，酸性溶液较稳定，但杀菌力下降。含氯消毒剂在碱性条件下稳定，pH<4时易分解。溶液在pH 5.5～8.0时具杀菌活性，偏碱更好，但不宜超过pH8.0。季铵盐类最适杀菌pH值为9～10，不宜低于7。酸碱度对甲醛杀菌作用影响不大。

**4. 化学拮抗物质**

化学拮抗物质的存在可影响消毒的效果。例如，蛋白质、油脂类有机物包围在微生物外面可阻碍消毒因子的穿透，并消耗一部分消毒剂，可使杀菌效果下降。因此，应将污染物品清洗后进行消毒，或提高消毒剂浓度，或延长作用时间。受有机物影响较大的消毒剂有含氯消毒剂类、季铵盐类、醇类等。

此外，锰、亚硝酸盐、铁、硫化物可减弱含氯消毒剂的杀菌作用；棉纱布或合成纤维可吸附季铵盐类，减弱杀菌作用，阴离子表面活性剂以及钙、镁、铁、铝等离子也可减弱季铵盐类的活性；含氯消毒剂可被硫代硫酸钠中和；过氧乙酸可被还原剂中和。这些现象在处理过程中都应避免发生。

## 五、穿透条件的影响

消毒因子必须接触到微生物才能起杀灭作用。不同因子，穿透能力不同。穿透能力强的物理因子有：电离辐射、微波、湿热。紫外线穿透能力弱。湿热穿透能力比干热强（表2-9），但饱和蒸汽不能穿透油性液体和固体，油性液体和固体只能用干热法灭菌。穿透能力强的化学因子有：环氧乙烷、戊二醛。环氧乙烷5min可以穿透0.1mm聚氯乙烯薄膜，甲醛气体穿透能力差。消毒时除要保证有足够的穿透时间外，还需为消毒作用的穿透创造条件。例如，热力消毒时，物品不宜包扎太大、太紧；甲醛熏蒸时，消毒对象要充分暴露，不能堆放；消毒粪便、痰液时，应将消毒剂与之搅拌均匀等。

**表 2-9　干热与湿热穿透力及灭菌效果比较**

| 温度/℃ | 时间/h | 透过布层的温度/℃ | | | 灭菌效果 |
|---|---|---|---|---|---|
| | | 20层 | 40层 | 100层 | |
| 干热 130～140 | 4 | 86 | 72 | 70.5 | 不完全 |
| 湿热 105.3 | 3 | 101 | 101 | 101 | 完全 |

## 【本章小结】

自然界微生物种类繁多，其中有许多对人类是有益的，也有一些微生物对人类是有害的，我们需要掌握控制微生物生长的一些技术和方法。

控制微生物，需要明确消毒、灭菌、抑菌、防腐及无菌等基本概念。在工作中要建立无菌意识，能正确地选择合适的物理消毒灭菌方法（如干热灭菌、湿热灭菌、紫外线、巴氏消毒、滤过除菌、干燥、辐射、渗透、低温抑菌等）和化学消毒灭菌方法（消毒剂、防腐剂、治疗剂），进行消毒、灭菌和防腐工作，掌握消毒、灭菌和防腐方法机理和操作技术。同时还要注意影响消毒灭菌效果的一些因素（温度、湿度、酸和碱、穿透力、消毒剂的种类和性质、化学拮抗物质），这样就能做好控制微生物的生长和繁殖工作。

## 【练习与思考】

1. 名词解释：灭菌、消毒、防腐、化疗、抗代谢药物、抗生素。
2. 试举例说明日常生活中防腐、消毒和灭菌的实例及其原理。
3. 高浓度的糖或盐可以用于食品的防腐属于物理防腐还是化学防腐?
4. 简述湿热与干热灭菌方法的比较。
5. 简述紫外线杀灭细菌的弱点。
6. 下列物品各选用什么方法灭菌？试说明理由。

①培养基，②玻璃培养皿；③室内空气；④酶溶液。

7. 医务室常备的红药水、紫药水和碘酒的基本成分是什么？它们为什么能杀菌?
8. 什么是“石炭酸系数”？乙醇和异丙醇对金黄色葡萄球菌的石炭酸系数分别为 0.039 和 0.054，哪个是更有效的杀菌剂?
9. 为什么不能滥用抗生素？试说明理由。

# 第三章

# 微生物分离培养技术

**【学习目标】**

1. 技能：能规范进行微生物纯培养技术操作，具体包括培养基制备、无菌技术、微生物接种、微生物培养、纯种分离等；能利用这些操作技术完成获得目标纯培养物的工作，为后续鉴别、测定、微生物分析检验、育种、菌种保藏等工作打下坚实基础。

2. 知识：能复述微生物的营养物质要求和营养类型，能根据工作目的找到合适培养基，能分析培养基营养构成，能选择合适的温度、湿度、pH 值等培养条件，能理解微生物基本代谢途径的多样性，了解微生物重要代谢产物与发酵工程概念，能够理解微生物代谢调控与发酵生产。

3. 态度：通过学习微生物纯培养技术，强化无菌意识，养成凡动手即考虑防止带入污染和防止污染环境的良好习惯，在熟练操作基础上，培养强烈的责任心和细心稳重的工作作风。

通过学习中回答培养微生物对培养基的选择性、培养基中各成分的作用、操作中的注意事项等问题，养成勤思考的习惯，培养解决问题的基本素质（如思考未培养过的微生物用什么培养基、不同的操作造成培养失败怎么办等）。

通过完成整个工作任务，养成针对工作任务进行资料收集和分析、方案建立和论证、方案预演和反思的解决问题良好习惯，培养综合分析理解能力，培养团队参与精神和能力。

**【概念地图】**

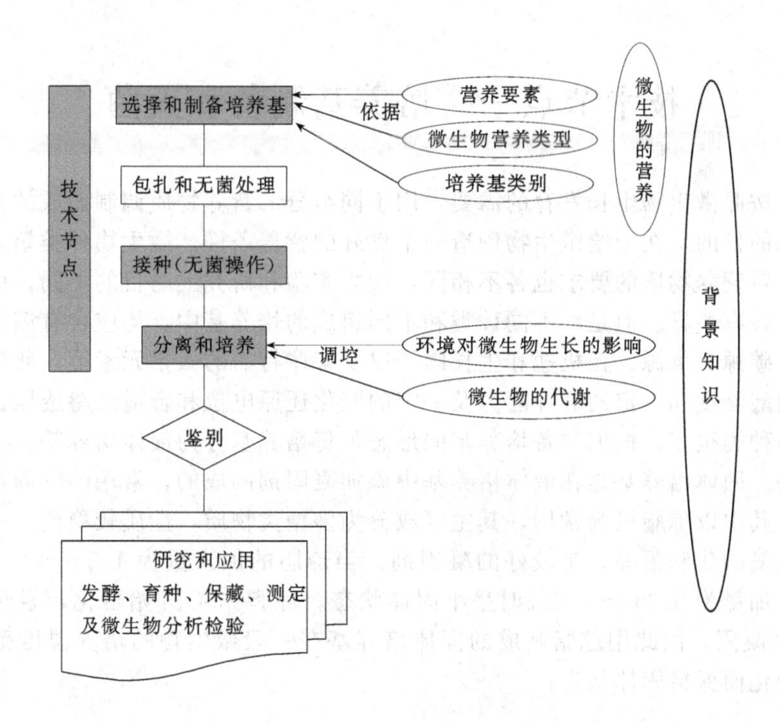

【引入问题】

Q：微生物有什么用途？

A：通过显微镜，人类认识了多种微生物类群。它们与动植物及人类有着极其密切的联系，并为他们和环境改造不断做出重大贡献。在微生物的生长发育和繁殖过程中，都在不断进行着代谢过程。代谢是生命活动的最基本特征。微生物的各种用途来自于它丰富的代谢过程及产物。为了适应环境，微生物需要及时调节自身代谢过程。

Q：人类是怎样利用微生物的？

A：人类利用微生物的历史可以追溯到远古时代。4000 多年前，已经有了酿酒、制酱和制造酸奶的技术。但真正有意识、有控制地利用微生物开始于 19 世纪时建立的纯培养技术，即分离得到一种微生物，再利用这种微生物的代谢过程来实现生产目的或研究目的。人们还需要掌握影响微生物生长的因素和微生物内在的代谢调节机制，实现对微生物的控制。

【技术节点】

自然界中各种微生物是混杂在一起的，要研究和利用某种微生物，首先应得到纯种的数量巨大的该种微生物，称为微生物分离培养技术。分离出的单种微生物培养物称为纯培养物，即在人为规定的条件下培养、繁殖得到的只有一种微生物的培养物。这种对已得到单种微生物进行培养，以便对其进行鉴定、生长测定、育种等各方面的研究和对其进行发酵、制备抗原、菌种保存等，称为纯培养技术。通常情况下，纯培养物能较好地被研究、利用和重复结果。因此，把特定的微生物从自然界混杂存在的状态中分离纯化、培养、鉴别、保藏的技术是进行微生物研究和应用的基础。

微生物的分离与纯培养技术包括培养基的制备、无菌操作接种、微生物培养、纯种分离等。

## 技术节点一　培养基制备和灭菌

培养基是按照微生物生长发育的需要，用不同组分的营养物质调制而成的营养基质。人工制备培养基的目的，在于给微生物创造一个良好的营养条件。微生物种类繁多，具有不同的营养类型，对营养物质的要求也各不相同，加之实验和研究上的目的不同，所以培养基在组成原料上也各有差异。但是，不同种类和不同组成的培养基中，均应含有满足微生物生长发育的水分、碳源、氮源、无机盐和生长因子以及某些特需的微量元素等。此外，培养基还应具有适宜的酸碱度和一定的缓冲能力及一定的氧化还原电位和合适的渗透压。

培养基的种类很多，根据制备培养基的形态可将培养基分为液体培养基、半固体培养基和固体培养基。固体培养基是在液体培养基中添加凝固剂制成的，常用的凝固剂有琼脂、明胶和硅酸钠，其中以琼脂最为常用，其主要成分为多糖类物质，性质较稳定，一般微生物不能分解，可反复融化和凝固，是较好的凝固剂。当琼脂的加入量为 1.5%～2.0%时培养基呈固体状态，加量为 0.3%～0.6%时呈半固体状态。琼脂 95℃开始融化，融化后的琼脂冷却到 45℃重新凝固，因此用琼脂制成的固体培养基在一般微生物的培养温度范围内（25～37℃）不会融化而保持固体状态。

尽管培养基的类型和种类是多种多样的，其配方和配制方法各有差异，但一般培养基的配制程序却大致相同。先根据培养的微生物种类和目的选择适当的培养基类型和配方，然后按照下面的基本流程制备培养基。

配制培养基时应注意避免杂菌感染、光热分解或沉淀反应等造成营养成分的损失。培养基制备流程如下。

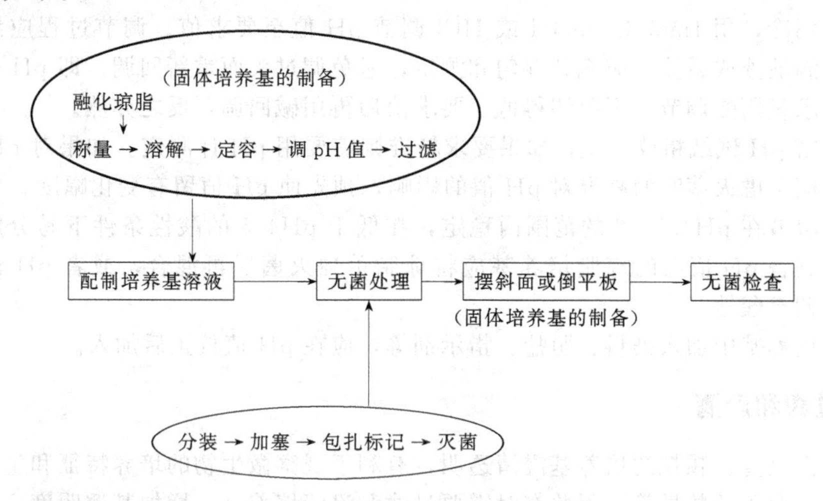


## 一、原料称量及熔化

依据附录二中给出的培养基配方，称取所需量的各种物质置于烧杯或其他容器中，加入所需水量 1/2～2/3 的蒸馏水一起搅拌加热，使各种物质全部溶解。没有特殊要求时可用自来水配制，其中含有多种微量离子，而通常检验用培养基需要用纯水（去离子水）配制，细胞组织培养液则需要用高纯水（超纯水）配制。

加热溶解培养基原料物质时，一般先加无机物后加有机物，将易与其他物质产生沉淀的磷、钙和铁放在最后加入。难溶物质可先分别溶解后再加入。用量很少不易称量的原料，可以先配制成溶液，再按比例换算后取一定体积的溶液加入。可溶性淀粉可置于另一小烧杯中，加入少量冷的蒸馏水将淀粉调为糊状，然后倒入上述装沸水的烧杯中，继续搅拌加热，使淀粉全部溶化。如果各组分之间能够发生反应，或发生光、热分解，则需分别单独配制、灭菌或除菌，使用前混合，防止产生沉淀等反应以及光热分解造成营养成分的损失。

黏稠物质如牛肉膏需用玻璃棒挑取置于另一小烧杯或表面皿中进行称量，然后加入少量蒸馏水于小烧杯中，加热熔化，倒入上述烧杯中。牛肉膏也可以放在称量纸上，称量后直接放入温水中，待牛肉膏与称量纸分离后取出称量纸。

注意：称试剂时严格防止药品混杂污染试剂；称取蛋白胨等易吸湿的药品时动作要迅速；不要用铁器、铜器等金属容器加热培养基，以防单种微量离子浓度过大。

## 二、加琼脂

制备固体和半固体培养基时，加入所需量的琼脂，加热熔化。加热过程中应不断搅拌防止糊底烧焦，还应控制火力，防止培养基暴沸而溢出烧杯。

如果分装到锥形瓶中进行灭菌，也可直接在锥形瓶内加入定容后熔化好的培养基组分，按照固体或半固体培养基所需量的琼脂的比例加入琼脂后，直接高温灭菌，琼脂融化与灭菌同步进行以节省时间。

## 三、定容

将溶液倒入量筒，补充水量至所需体积。

## 四、调节 pH 值

待溶液稍冷，用 1mol/L NaOH 或 HCl 调节 pH 值至要求值。调节过程应细心缓慢操作，每加一滴酸液或碱液都应充分混匀和测定，避免调过头而重新回调。即 pH 值高于要求值时一般要求只用酸调节，不要调得低于要求值后再用碱回调，反之亦然。

可用精密 pH 试纸粗放测试，如果要求精准则需要用 pH 计测定。如果对 pH 值有精准要求时，还应考虑灭菌时的高温对 pH 值的影响，预先使 pH 值留有变化幅度。

琼脂水溶液在 pH4.5～9 的范围内稳定，在低于 pH4.5 的酸性条件下易分解失去凝胶能力，因此制备 pH 值低的琼脂培养基应将琼脂单独灭菌后再混合，或者 pH 值中性时灭菌，然后再调至酸性。

需要在培养基中加入染料、胆盐、指示剂等，应在 pH 值校正后加入。

## 五、过滤和澄清

过滤除去沉渣、颗粒的培养基澄清透明，有利于观察微生物的培养特征和生长情况、生理生化特性、菌落的数量等，因此有时需要过滤和澄清培养基，增加其透明度。液体培养基可用滤纸过滤，固体培养基可用纱布、棉花趁热过滤。

纱布过滤法是用 3～6 层医用辅料纱布或 1～2 层粗平纹白布兜住，直接倾倒培养基过滤，能够滤除较粗渣滓，但不能使培养基透明。

图 3-1 保温漏斗

棉花过滤法是用一小块脱脂棉塞在漏斗管的上口，使不致浮起也不塞得过紧，用少量清水浸湿后即可倾倒培养基过滤。通常开始时过滤速度快但透明度差，待滤渣逐渐填充棉花空隙形成棕滤层后，滤速渐慢但透明度越来越好。如果要求培养基透明度高，可以不换棉花，把培养基重复过滤一次。

加有琼脂的培养基过滤时都要求保持在 60℃以上的情况下进行。一般采用预先加热的办法，趁培养基热时过滤。也可用保温漏斗（图 3-1）保温过滤，保证过滤过程中培养基不凝固。

## 六、按要求分装、加塞、包扎、标记

装入试管和锥形瓶的培养基量，视试管和锥形瓶的大小及用途需要而定。在分装过程中，应注意勿使培养基沾污管口或瓶口，以免弄湿试管塞或瓶塞，造成污染。有的培养基在灭菌后需要补加一定量的其他成分，则应考虑这些成分的添加量，一定要计算准确。

（1）液体培养基的分装量　分装至试管中的量以试管高度 1/4 为宜。分装至锥形瓶中的量以锥形瓶总体积的一半为限。如果是用于振荡培养则根据通气量的要求酌情减少。

（2）固体培养基的分装量　摆斜面的培养基不超过试管高度 1/5，制作深层培养基，每只 20mm×220mm 的试管约装 12～15mL。分装至锥形瓶中的量以不超过锥形瓶总体积的一半为宜。

（3）半固体培养基的分装量　一般以试管高度的 1/3 为宜。

分装的方法有多种，可以用手动或自动培养基分装器（图 3-2）分装至试管或锥形瓶等中，加塞、包扎后灭菌，摆斜面或倒平板。

简易手动分装器通常是一个大漏斗或底部有出口的大铁筒，吊在漏斗架上或墙上，下口连接一段乳胶管，乳胶管下端再连接一小段末端开口处略细的玻璃管，乳胶管上夹一个手控弹簧夹。分装时，将玻璃嘴插入试管内，不要触及管壁，一手捏松弹簧夹，使一定量的培养基流出，放开弹簧夹止住液体，抽出玻璃嘴，仍然不能触及管壁和管口，另一只手握住几支试管或锥形瓶，依次接取培养基。

其他分装器使用方法参见说明书。可以整体进行灭菌的分装器则将培养基倒入分装器中灭菌后再分装，摆斜面或倒平板。

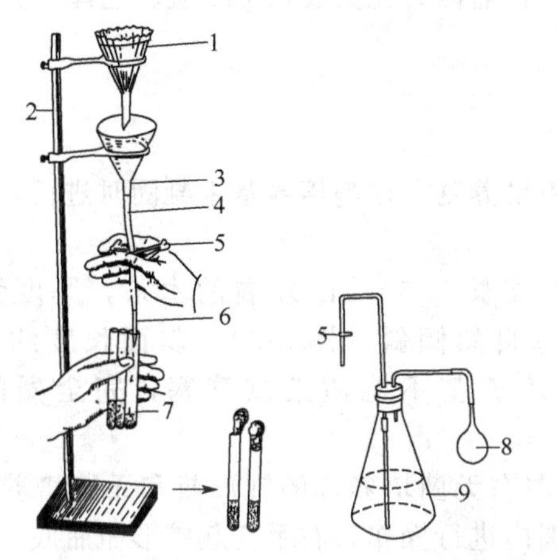


(a) 简易培养基分装器(利用漏斗灌入,利用洗耳球压入)

(b) 手动培养基分装器(可整体灭菌)

(c) 自动培养基分装器

图 3-2　培养基分装装置

1—过滤漏斗；2—铁架；3—漏斗；4—乳胶管；5—弹簧夹；6—玻璃管；7—试管；8—洗耳球；9—培养基

加塞要根据不同目的选用合适的塞子，一般常用棉塞、硅胶塞、多层纱布等。例如振荡培养中，三角烧瓶用 6～8 层医用纱布封口，目的是保证微生物生长繁殖时的氧气供应量充足，而厌氧培养则用密闭橡胶塞。

标记是区分不同培养基、甄别培养基是否在有效期的唯一依据。标记的重要性不言而喻，在后续各环节中都需要加以重视。

## 七、高压蒸汽灭菌

培养基配制之后应立即灭菌，以防杂菌滋生导致培养基变质。若确实不能立即灭菌，短时间内可以放 4℃冰箱或冰柜中，然后尽快灭菌。灭菌可以与包扎好的其他待灭菌材料同时进行。

根据待灭菌物品的性质、污染程度等，选择适合技术参数（压力、温度、时间等）实施灭菌。

高温下发生反应的培养基组分物质需分别灭菌，用前无菌操作混匀。例如磷酸盐与葡萄糖、氨基酸与葡萄糖等。

根据配置培养基的成分，应选择合适的灭菌方法（见第二章消毒与灭菌技术）。通常情况下，含热敏物质如血清等的培养基应将热敏物质单独使用过滤等其他方法除菌，然后将无菌的各部分混合。

灭菌后应对经湿热或过滤灭菌的培养基进行监测，尤其要对 pH 值、色泽、灭菌效果和均匀度等指标进行监测。

## 八、制作斜面培养基和平板培养基

培养基灭菌后，如制作斜面培养基和平板培养基，须趁培养基未凝固时进行，琼脂培养基通常在 48～50℃左右进行。

（1）制作斜面培养基　在实验台上放 1 支长 0.5～1m 左右的木条，厚度为 1cm 左右。将试管头部枕在木条上，使管内培养基自然倾斜（图 3-3），斜面长度约为试管长度的 1/3，凝固后即成斜面培养基。注意培养基不能沾染试管塞，完全凝固后方能移动。

（2）制作平板培养基　将盛有 48～50℃左右无菌培养基的锥形瓶和无菌培养皿放在实验台上，点燃酒精灯，在酒精灯火焰无菌范围内进行操作，右手托起锥形瓶瓶底，用左手小指及掌边拔出棉塞，将瓶口在酒精灯上稍加灼烧，左手打开培养皿盖，右手迅速将 15～20mL 培养基倒入培养皿中，均匀平铺皿底。铺放培养基后水平放置至培养基凝固。倒平板时根据揭皿盖的方式不同可分为皿加法与手持法（图 3-4）。

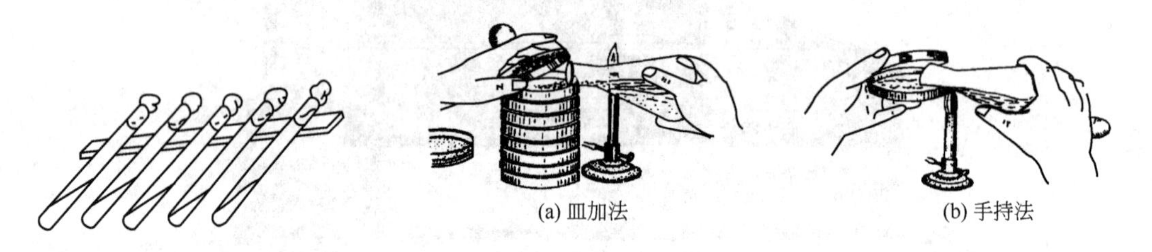

(a) 皿加法　(b) 手持法

图 3-3　斜面的摆放　　图 3-4　倒平板

倾注平皿时，不应将平皿盖全部打开，以免空气中的尘埃及细菌等落入平皿中。培养基营养丰富极易染菌，在无菌室或超净工作台上倒平板能较好地保证培养基无菌。

培养基的温度应当恰当把握。温度过高，冷凝水过多，不易分离细菌；温度过低，部分琼脂凝固，平板表面高低不平。

锥形瓶棉塞拔出后不能触碰任何物品，也绝不允许放置台面上，以免染菌，如果是硅胶塞则可向上放置在超净工作台台面上。

## 九、灭菌效果检验

灭菌后的培养基，应保温培养 2～3d，检查灭菌效果。数量过大时，可抽样检查。如发现有菌生长，应再次灭菌，保证使用前的培养基处于绝对无菌状态。

但应注意培养基不应灭菌次数过多，固体培养基也不应反复融化和凝固，会影响培养基效果。

## 十、贮存

培养基最好现配现用，一时用不完的培养基应灭菌后将棉塞或包扎纸烘干，放在低温、低湿、阴暗而洁净的地方保存，以防止污染、光照、脱水等造成培养基变质。

## 十一、记录

记录的目的是为了更好地追溯、寻查产生不同结果的原因。结果的分析一定要在详细可靠的记录的依据上进行，才是有效的。记录的形式可以是文字、表格、图像等。需要记录的内容根据目的不同而不尽一致，基本原则是要保证可追溯性。例如某企业培养基制备记录表如表 3-1 所示。

**表 3-1 培养基（试剂）配制记录**

培养基名称： 制造商： 批号： 开瓶日期：

| 配制日期 | 培养基成分及含量 | 培养基用量/g | 配制体积/mL | 配制浓度/(g/mL) | pH 值 | | 无菌措施 | | | 配制人 | 复核人 | 备注 |
|---|---|---|---|---|---|---|---|---|---|---|---|---|
| | | | | | 最初 | 最终 | 温度/℃ | 压力/MPa | 时间/min | | | |
| | | | | | | | | | | | | |
| | | | | | | | | | | | | |
| | | | | | | | | | | | | |
| | | | | | | | | | | | | |
| | | | | | | | | | | | | |
| | | | | | | | | | | | | |
| | | | | | | | | | | | | |
| | | | | | | | | | | | | |
| | | | | | | | | | | | | |
| | | | | | | | | | | | | |

溶剂名称：蒸馏水 备注：

# 技术节点二 无菌操作接种技术

微生物接种是将微生物培养物或含微生物样品移植到新鲜培养基的过程。接种技术是微生物研究和应用最基本的技术，无论是微生物的分离、纯化、培养、鉴定、保藏以及有关微生物的形态观察及生理研究都必须进行接种。无菌操作是微生物接种技术的关键，如果操作不慎引起污染，则所得结果就不可靠，下一步工作无法继续进行。无菌操作的要点是必须在一个无杂菌污染的环境中，使用无菌器材，进行严格的无菌操作。

依据不同的目的、培养方式，需要选择不同的接种工具及接种方法。如以获得生长良好的纯种微生物为目的进行斜面接种、平板接种、液体接种和穿刺接种操作，各种方法所采用的接种工具也各不相同，固体斜面培养转接时用接种环、穿刺接种时用接种针、液体转接用移液管等。应该选择活力强的菌作为菌种接种。

无菌接种操作流程如下。

## 一、接种准备

### 1. 工具等的准备

操作前对即将接入培养物的平板、斜面或其他液体和半固体培养基的容器要做好标记，标明即将接入的微生物名称、浓度、培养基名称、接种时间、接种人等所有必要的信息，以便于回溯。

操作前准备好所有需要的物品，包括所有灭菌器材、纯菌种、待分离的含微生物物品、待检测的样品［《中华人民共和国药典》(2015 年版）中称之为“供试品”，我国《食品卫生微生物学检验》国家标准中称之为“检样”］、接种工具、其他器材等。

接种工具有多种，适用于不同的接种方法。常用的接种工具有接种针、接种环、接种铲、接种钩、玻璃刮铲、移液管或移液枪等（图 3-5)。

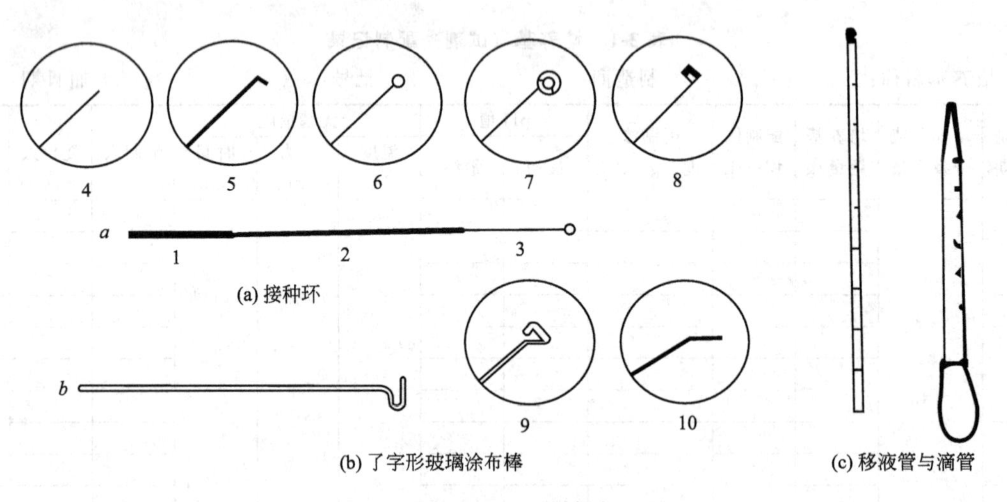


图 3-5 常用的微生物接种工具

1—塑料套；2—铝柄；3—镍铬丝；4—接种针；5—接种钩；6—接种环；7—接种圈；8—接种锄；9—三角形涂布棒；10—平刮铲形涂布棒

最常用的是接种环，一般采用易于迅速加热和冷却的铂丝或镍铬合金等金属，安装在防锈的金属杆上制成，供挑取菌苔或液体培养物接种用，前端的环要求圆而闭合，直径 3mm，否则液体不会在环内形成菌膜。

接种环顶端也可改为其他形状（图 3-5 4～8)。接种环顶端不弯成环状即是接种针，常用于穿刺接种。

涂布棒是进行菌种分离或微生物计数时常用的工具，可以将加入的定量菌悬液在平板表面均匀涂布开。涂布棒是将长约 30cm、直径约 5～6mm 的玻璃棒，在喷灯火焰上将玻璃棒的一端弯成“了”字形或“▽”形，并使柄与“▽”形的平面约呈 30°，要求其平直光滑，既能将菌悬液涂布均匀，又不会刮伤平板的琼脂表面。

移液管、滴管是常用来精确转接定量菌悬液的刻度吸管。移液管可用洗耳球或泵吸液，禁止用口吸液。

### 2. 无菌环境准备

通常应根据操作的目的，按照规定要求选择在不同级别的洁净空间进行操作。例如《中华人民共和国药典》(2015 年版）规定微生物计数试验应在受控洁净环境下的局部洁净度不低于 B 级的单向流空气区域内进行。单向流空气区域、工作方面及环境应定期进行监测。

通常开始操作前必须对无菌室进行喷雾5%石炭酸溶液和紫外照射杀菌。通常的微生物分离纯化的操作在酒精灯火焰直径10cm的无菌空气范围内进行即可，更严格时可在接种箱或超净工作台的无菌环境下进行操作。

操作前还应做好操作人员的体表消毒工作，例如穿无菌工作服、戴口罩、用75%酒精擦手等。待消毒的酒精挥发后，点燃酒精灯，准备在酒精灯火焰旁无菌空气范围内操作。

## 二、无菌接种操作

接种方法很多，有斜面接种、平板接种、液体接种、穿刺接种等。

**1. 斜面接种**

斜面接种是从已长好微生物的菌种斜面试管中挑取少许菌种转接到空白无菌斜面培养基上的过程。试管斜面接种主要用于菌种的活化、扩大及保藏。

(1) 斜面菌种接斜面

① 标记。用标签纸或记号笔在距试管口约2～3cm处做好标记。

② 手持试管。将菌种试管与待接种空白斜面培养基的斜面向上，夹于左手的拇指与其他四指之间，并使中指处于两试管之间，无名指和大拇指分别夹住两试管的边缘，手心向上，管口齐平，稍向上倾呈V状（图3-6）。

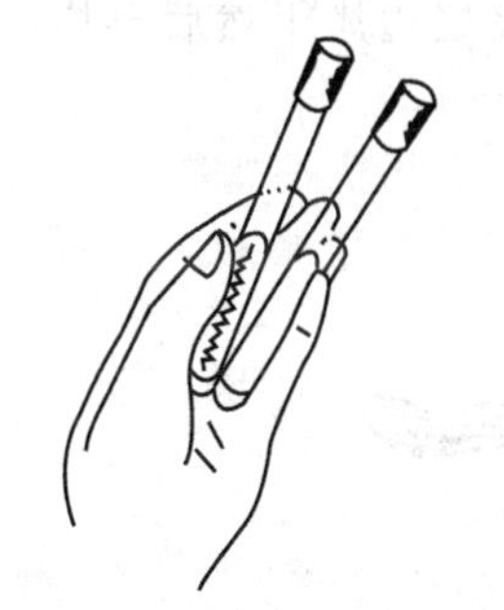

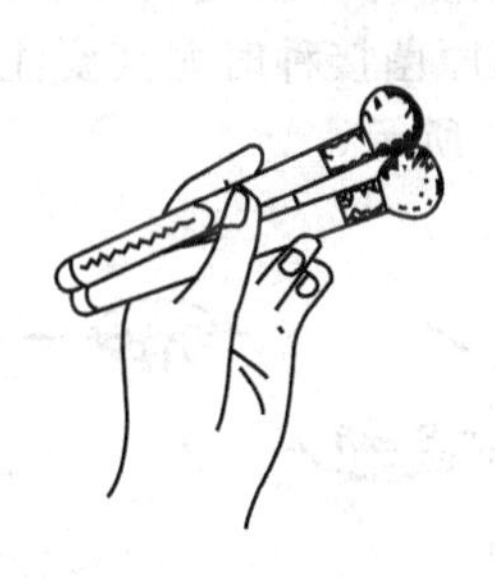

图3-6 斜面接种时试管的两种拿法

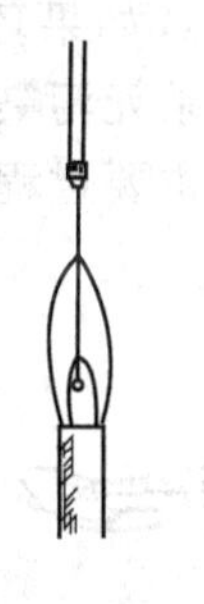

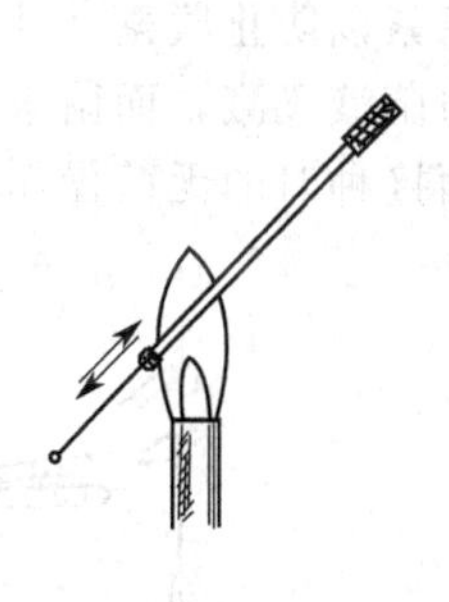

图3-7 接种环灭菌操作

③ 旋松管塞。用右手先将试管帽或试管塞拧转松动，以利接种时拔出。

④ 接种环灭菌。右手如握钢笔一样拿接种环柄，将接种环垂直插入酒精火焰外焰中烧红，再横持接种环，使其金属杆部分来回通过火焰数次。凡接种时要进入试管的部分都要经过这样在酒精灯火焰上充分灼烧灭菌（图3-7）。

如果有电加热灭菌器（图3-8），也可将接种环（或针）伸进电热器中心内几秒，达到灭菌的目的。

图3-8 电加热接种环灭菌器

⑤ 拔管塞。置试管口于酒精灯火焰附近，用右手的无名指与小指和手掌边拔出试管塞并夹住，试管塞下部应露在手外，勿放桌上以免污染。注意动作不宜用力过猛。

⑥ 管口灭菌。将试管口迅速在火焰上微烧一周，切勿烧得过烫。

⑦ 冷却接种环。然后将灼烧过的接种环伸入菌种管内，在管壁上停留片刻（或轻触一下没长菌的培养基部分），使其冷却以免烫死菌体。

⑧ 取菌。用冷却的接种环轻轻刮取少许菌种，慢慢退出，注意不要触碰管壁和管口，也不要接触酒精灯火焰。

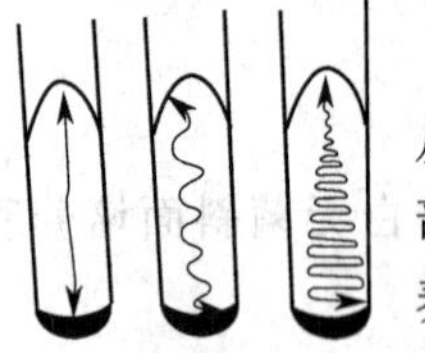

图 3-9 斜面接种划线方式

⑨ 接种。在火焰旁迅速将取有菌种的接种环伸入另一支空白斜面中，从斜面底部开始，在斜面上轻轻波浪形划线或“Z”形密集划线至斜面顶部（图 3-9），将菌种接种于其上。如果斜面培养的目的是观察微生物培养特征，应划笔直线。注意不要将培养基划破，不要使菌体污染管壁和管口。

⑩ 塞管塞。退出接种环，灼烧试管口，试管塞过火，并在火焰旁将试管塞塞于原来的试管上。注意不要移动试管口去迎棉塞，以免在移动试管时侵入杂菌。

⑪ 放接种环。接种完毕，接种工具上的残余菌务必灼烧灭菌后才能放下。同时将棉塞进一步塞紧以防止脱落。注意如果环上菌液较多时，应先将接种环在火焰边烤干然后再灼烧，以防菌液飞溅，而菌未杀死污染环境，病原菌接种时尤其要注意。

斜面接种时的无菌操作主要过程如图 3-10 所示。

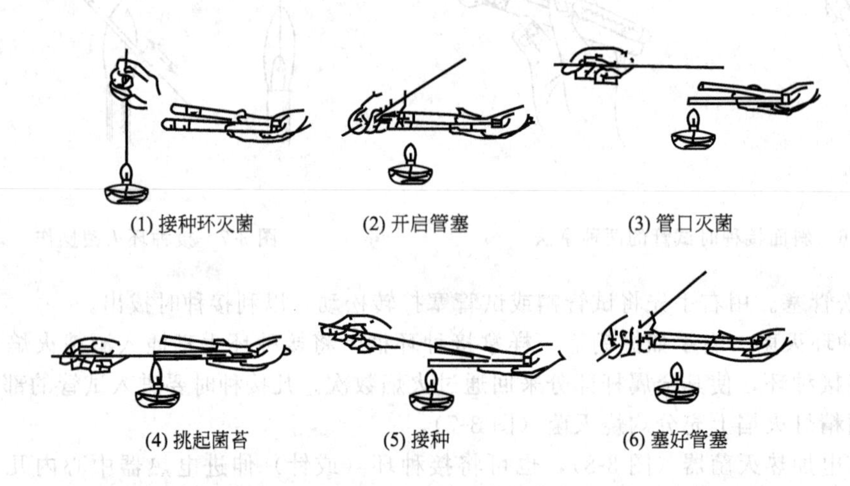


图 3-10 斜面接种时的无菌操作主要过程

（2）平板或液体菌种接斜面　平板接斜面一般是将在平板培养基上分离培养得到的单菌落，在无菌操作下分别接种到斜面培养基上，以便作进一步扩大培养或保存之用。接种前先选择好平板上的单菌落，并做好标记。左手拿平板，右手拿接种环，在火焰旁操作，灼烧接种环后，左手将培养皿盖靠近火焰的一边打开，用接种环挑取选定的单菌落（注意挑菌前接种环要冷却，以免烫死菌体），左手放下培养皿，拿起空白斜面，按斜面接种法接种。

液体接斜面一般是使培养的菌接种于斜面上便于保存。左手拿液体培养物，右手拿接种环，在火焰旁操作，灼烧接种环后，拔下塞子或盖子，用接种环取一环菌液，盖上塞子或盖子，左手放下液体培养物，拿起空白斜面，按斜面接种法接种。

**2. 平板接种**

平板接种即将菌种转接到平板培养基上，然后培养。主要用于观察菌落形态、菌种的分离纯化、活菌计数以及在平板上进行各种试验。平板标记应在皿底的一边，字应尽量小，以免影响结果的观察。培养皿面积较大，有时可以分区使用，分区同样在皿底画分区线并标记。平板接种的方法有多种，根据不同的微生物培养目的常用以下几种方法。

(1) 点种法　一般用于观察或分离霉菌菌落。在无菌操作下，用接种针从斜面或孢子悬液中取少许孢子，轻轻点种于平板培养基上，一般以三点形式“∴”接种（图 3-11）。霉菌的孢子易飞散，用孢子悬液点种效果好。接种针的灭菌方法同接种环。

图 3-11　平板点植接种操作

(2) 划线法　平板分离划线的方法较多，其中以分区划线法与曲线划线法较为常用。其目的都是使细菌呈现单个菌落生长，便于依据菌落进行鉴别或获得纯种单菌落。

无菌操作自斜面或菌悬液菌种中用接种环取少量菌体，接种在平板培养基边缘的一处，烧去多余菌体，从接种有菌的部位在平板表面自左至右轻轻地连续划线或分区划线（图 3-12），划线时接种环与平板表面成 30°～40°，轻轻接触，以腕力在平板表面行轻快地滑移动作，接种环不应划破培养基表面。经培养后沿划线处长出菌落，以便于观察或得到单一的菌落。具体划线方式有很多种（图 3-13）。注意分区划线时已经划过的区域不允许重复划线。各线段起始处是否与前面划线重复、每段线划线前接种环是否灭菌，需要根据不同的目的、条件等做好周密设计。

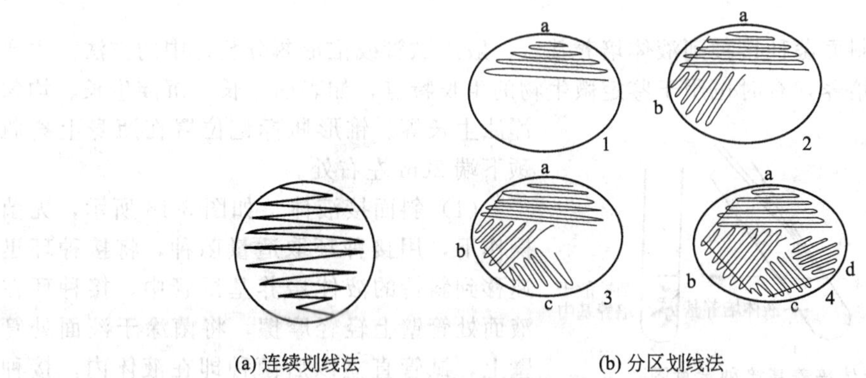


(a) 连续划线法　　(b) 分区划线法

图 3-12　平板划线方法

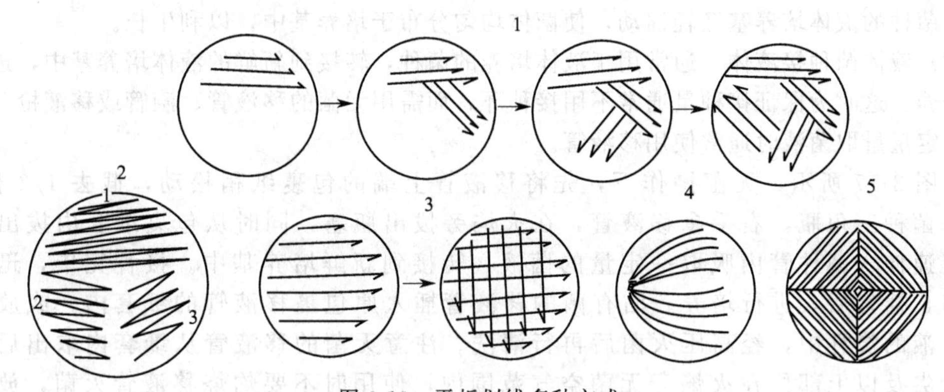


图 3-13　平板划线多种方式

1—斜线法；2—曲线法；3—方格法；4—放射法；5—四格法

(3) 涂布法　无菌操作下，用无菌移液管或滴管吸取一定量的菌液移至平板培养基上（图 3-14），然后用无菌玻璃涂布棒将菌液均匀涂布在整个平板上（图 3-15）。这种方法在稀释分离菌种和检测微生物数量时常用。涂布棒灭菌方式可以是包扎后高压蒸汽灭菌，也可以在酒精中浸泡，使用前过火烧掉涂布棒上附着的酒精，冷却后使用。注意涂布时要求样液均匀涂布整个培养基平板表面，但不能碰平板边缘。

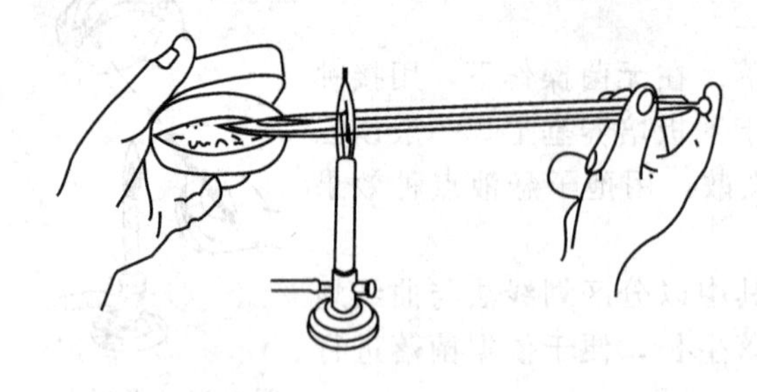

图 3-14　移菌液于平板操作

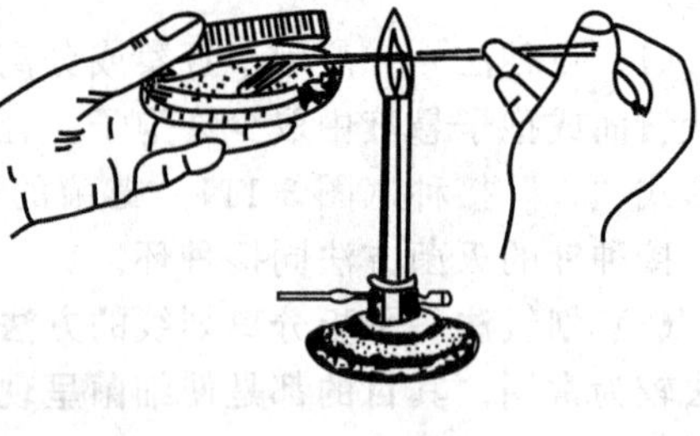

图 3-15　平板涂布操作

(4) 混匀浇注法　混匀浇注法就是在无菌操作下，将菌液先加入空的无菌培养皿中，然后再迅速倾入融化并冷却到 45～50℃的固体培养基，轻轻摇匀，平置，待凝固后倒置培养。这种方法在稀释分离菌种和检测微生物数量时常用。

(5) 其他平板接种法　根据实验的不同要求，可以有不同的平板接种法。如做抗菌谱试验时，可用接种环取菌在平板上与抗生素划垂直线；做噬菌体裂解试验时可在平板上将菌液与噬菌体悬液混合涂布于同一区域等。

**3. 液体接种**

液体接种是将斜面菌种接种到液体培养基（一般用试管或锥形瓶分装）中的方法。主要用于微生物的增殖培养，有时也用于鉴定微生物的生长特点，如表面生长、沉淀生长、均匀浑浊生长等。锥形瓶标记位置在瓶身上离瓶颈下端 2cm 左右处。

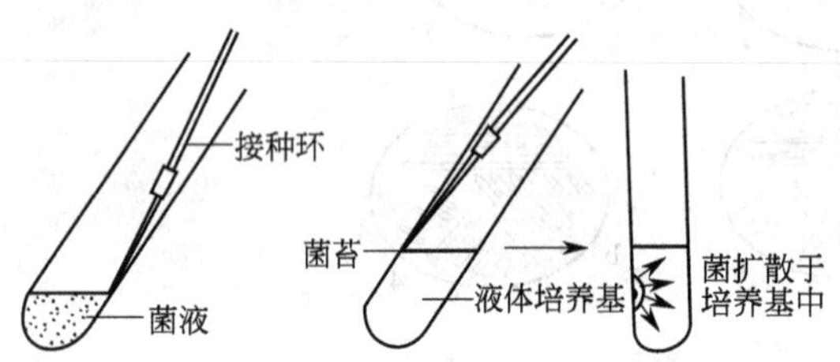


图 3-16　液体培养基接种示意图

(1) 斜面接液体　如图 3-16 所示，无菌操作下，用接种环取适量菌种，将接种环迅速移到斜持的液体培养基试管中，接种环在液面处管壁上轻轻摩擦，将菌涂于液面处管壁上，试管直立以后菌种即在液体内。接种后，塞上塞子，灼烧接种环，放回原处。将接种有菌种的液体培养基轻轻摇动，使菌体均匀分布于培养基中，以利生长。

(2) 液体菌种接液体　通常用于液体培养的菌种，转接到新鲜的液体培养基中，进一步扩大培养。这时为保证接种量通常不用接种环，而需用无菌的移液管、滴管或移液枪，普通实验室定量量取菌液时通常使用移液管。

如图 3-17 所示，无菌操作下，先将移液管上端的包裹纸稍松动，截去 1/3 长度，左手拿菌种三角瓶，右手拿移液管，在火焰旁拔出瓶塞，同时从包裹纸套内拔出移液管，迅速伸入菌种管内吸取一定量的菌液，转接到新鲜培养基中。接种完毕，迅速塞好管口，摇匀后，进行培养。沾有菌的移液管插入原包裹移液管的纸套内，或放入盛有消毒液的烧杯中，经高压灭菌后再行清洗。注意无菌的移液管从纸套内取出后要保证其管尖及以上部位在火焰旁无菌空气范围内，使用时不要灼烧移液管灭菌，放液时管尖不能接触培养基液面，以防取液的体积不精确，也不要将用过的移液管直接放到实验台上，以免污染桌面。

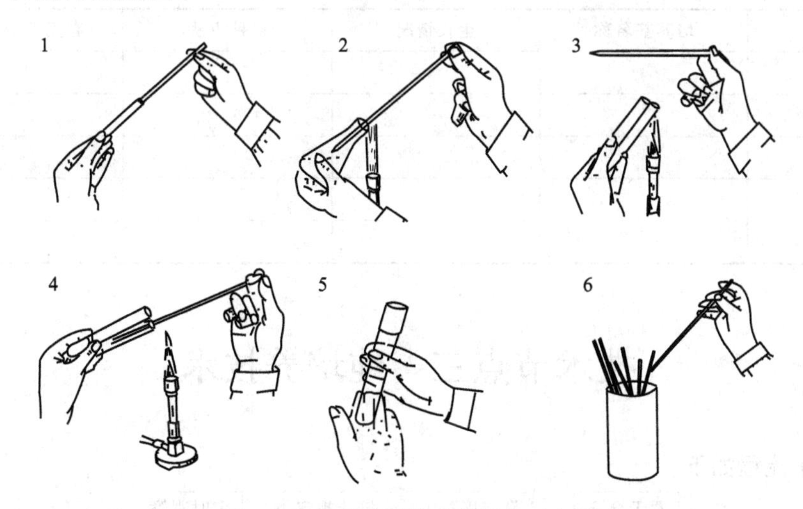


图 3-17 液体菌种接液体操作示意图

1—截去移液管上端包裹纸，安上橡皮头；2—吸取定量的液体菌种；3—灼烧试管口；
4—将定量菌种放入新鲜培养基；5—塞上管口后在掌心敲打混匀；6—用毕的移液管放入消毒液中浸泡

混合均匀的方法有很多，除了掌心敲打外，还可以用洁净的无菌移液管反复吹打，也可以用试管振荡器、磁力搅拌器等仪器混匀，需要注意的是如果培养的是厌氧菌，要防止过多的空气混入培养基，所以采用搓动试管的方式混合均匀（图 3-18）。

**4. 穿刺接种**

这是常用来接种厌氧菌，检查细菌的运动能力或保藏菌种的一种接种方法。具有运动能力的细菌（即有鞭毛的细菌），经穿刺接种于固体或半固体培养基培养后，能沿接种线向外运动生长，故形成较粗且边沿不整齐的生长线，甚至使培养基呈现浑浊样，穿刺线难以看出，不能运动的细菌仅能沿穿刺线生长，故形成细而整齐的生长线。穿刺接种时应用接种针。

无菌操作下，用接种针的针尖从菌种管中挑取少许菌种，从培养基中央垂直穿刺接种到半固体琼脂培养基管中管底 3/4 处，然后原路退出。注意接种针不能在培养基中左右移动，也不要穿透培养基（图 3-19）。

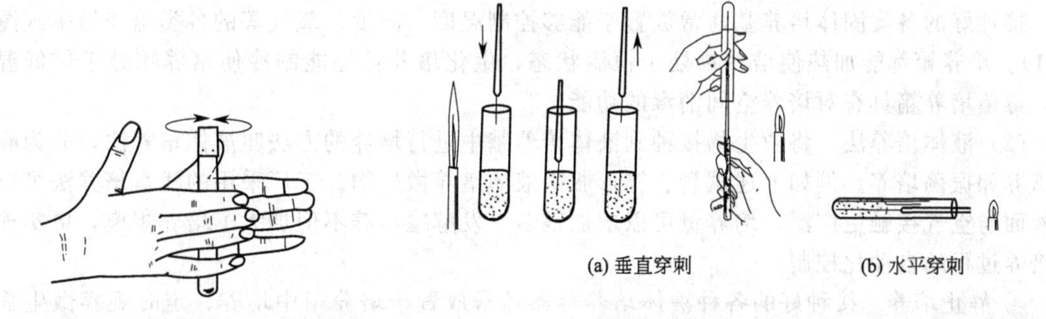


图 3-18 搓动试管示意图

图 3-19 穿刺接种方法示意图

## 三、记录

必要时做好记录（参见表 3-2）。

**表 3-2 接种情况记录**

| 菌　名 | 培养基名称 | 生长情况 | 接种方法 | 有无污染及原因分析 |
|---|---|---|---|---|
| | | | | |
| | | | | |
| | | | | |
| | | | | |
| | | | | |

# 技术节点三　纯培养技术

培养操作流程如下。

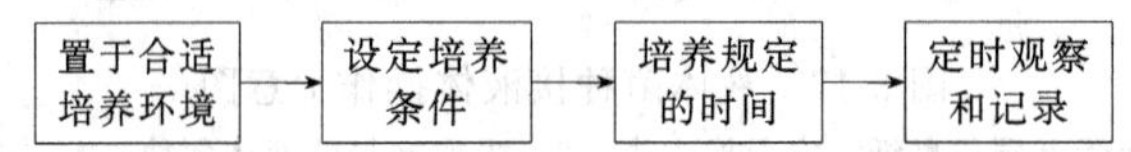


## 一、置于合适环境

接种完毕，即可根据微生物的种类将接种物送至合适环境中培养。

**1. 有氧培养**

通常好氧和需氧菌放入培养箱、培养室中或摇床上，在控制的温度、湿度、振荡强度等条件下进行有氧培养。主要有固体表面培养法和液体培养法。

(1) 固体表面培养法　将微生物接种在固体培养基上进行生长繁殖的方法，称固体培养法。如上所述斜面和平板培养微生物。为了获得较多菌体提高培养效率，可以采用增大培养表面积的办法，如实验室采用克氏瓶（茄形瓶）、罗氏瓶（图 3-20），工厂采用曲盘、帘子，通风制曲池、发酵罐等固态培养规模更大。

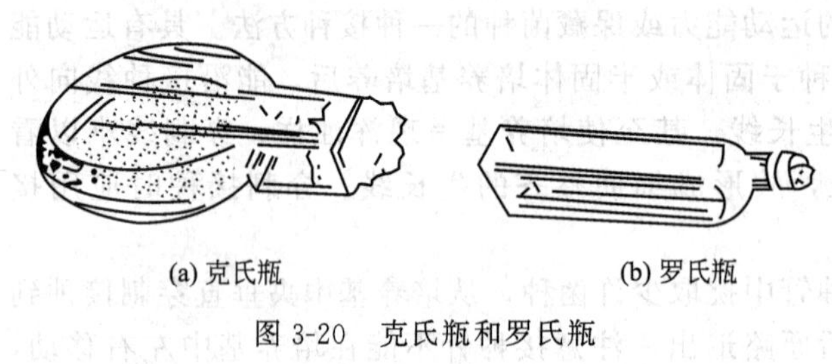

(a) 克氏瓶　(b) 罗氏瓶

图 3-20　克氏瓶和罗氏瓶

接种好的各类固体培养基通常放置于能够控制温度、湿度、氧气等的各类培养箱中（图 3-21）。培养箱都能加热使培养物处于恒温状态，生化培养箱还能制冷使培养物处于较低温度，霉菌培养箱具有对培养空间消毒的功能。

(2) 液体培养法　将微生物接种到液体培养基中进行培养的方法叫液体培养法，分为静止培养和振荡培养。例如上述试管、锥形瓶中液体培养微生物。工厂采用的浅盘培养法可以使液面与空气接触更广泛，培养量可以增加很多。发酵罐培养不但加大了培养规模，更实现了培养过程的自动化控制。

① 静止培养　接种好的各种液体培养容器通常放置于培养箱中培养，定时观察微生物液体培养特征即可。液体培养基静止不动，所以称为静止培养。

② 振荡培养　接种好的液体培养锥形瓶放置于摇床（振荡器）上，摇床可以按照设定的速度往复振荡或旋转，使得液体培养基中溶入更多空气，可以提高氧的传递速度，便于细胞迅速生长。摇床有旋转式和往复式两类（图 3-22），有能自动控温和不带控温功能的，不带控温的摇床通常在恒温室使用。

(a) 立式电热恒温培养箱　(b) 生化培养箱　(c) 霉菌培养箱

图 3-21 微生物常用培养箱

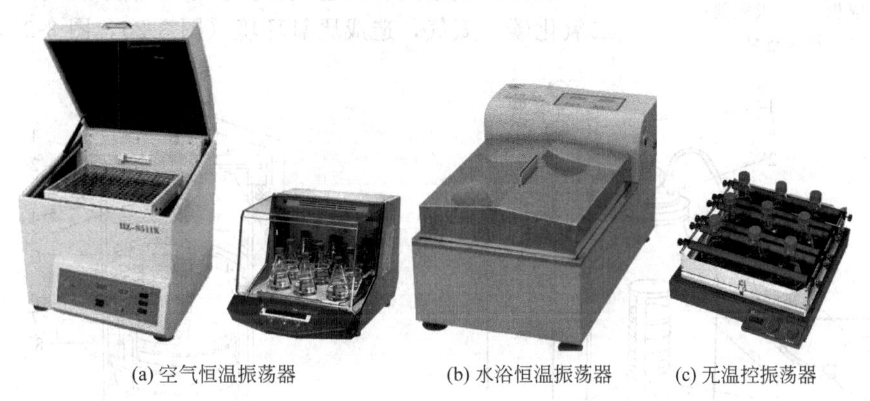

(a) 空气恒温振荡器　(b) 水浴恒温振荡器　(c) 无温控振荡器

图 3-22 微生物常用摇床

**2. 厌氧培养**

厌氧菌的培养最重要的要求是在无氧环境下进行，避免氧气对微生物造成伤害。厌氧培养的基本原理有两方面，一是除去与培养基接触的空气中的氧气；另一种是增强培养基的还原能力，创造一个良好的无氧环境，可在培养基中加还原性化合物例如葡萄糖、半胱氨酸、巯代羟乙酸等或利用动植物组织中的可氧化物质。常用的厌氧培养方法有许多，可根据实际情况选用。

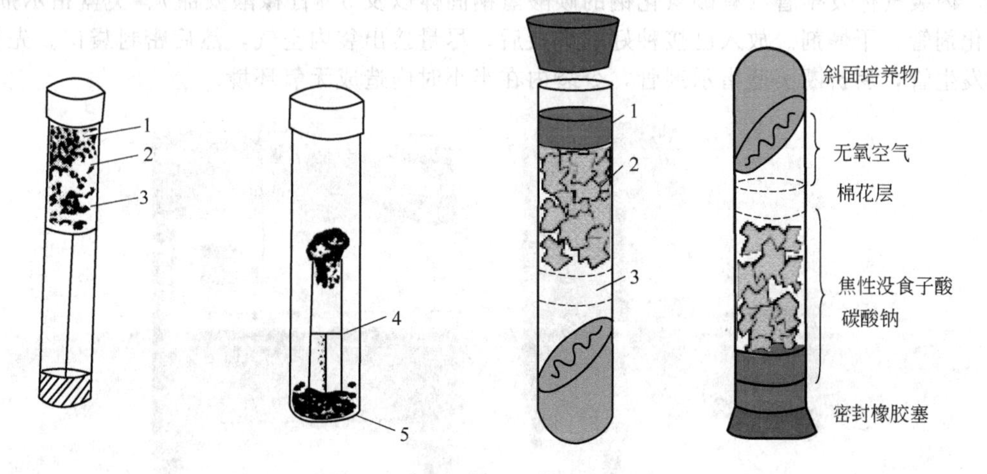


图 3-23 化学吸氧法培养厌氧微生物

1—碳酸钠；2—焦性没食子酸；3—棉花层；4—穿刺培养厌氧小试管；5—大试管底部的焦性没食子酸和碳酸钠

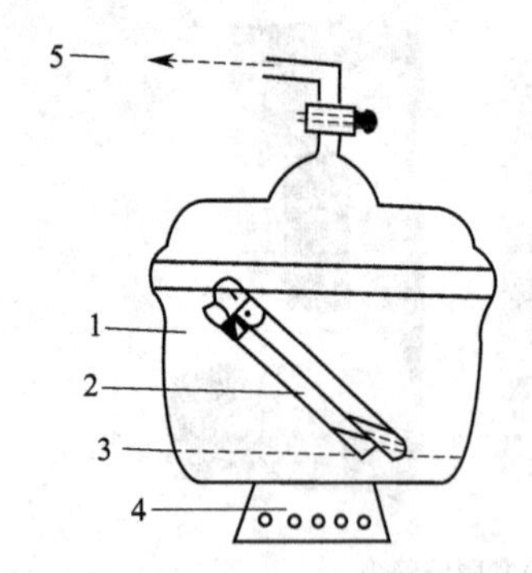

图 3-24　厌氧缸法培养厌氧微生物
1—真空干燥器；2—培养物试管；
3—隔板；4—吸氧剂；
5—接真空泵

（1）庖肉培养基深层培养　该法简单，是一个不需特殊设备的厌氧培养法。庖肉和肉汤装入大试管，接种后液面封凡士林，肌肉中不饱和脂肪酸的氧化即可造成无氧环境。

（2）固体深层穿刺培养　该法简单，不需要专用设备，可用于厌氧微生物分离培养。如果配合利用焦性没食子酸与碱反应后耗氧的原理，效果更好（图 3-23）。化学吸氧法也可配合斜面进行厌氧培养。

（3）厌氧缸法　接种好标本的平板或液体培养基试管，可放入厌氧缸内培养，厌氧缸是普通的干燥缸，用物理化学的方法使缸内造成厌氧环境，从而进行厌氧菌培养（图 3-24）。

（4）厌氧罐法和真空气体交换法　驱除氧气，供应氢气、二氧化碳、氮气，造成厌氧环境（图 3-25，图 3-26）。

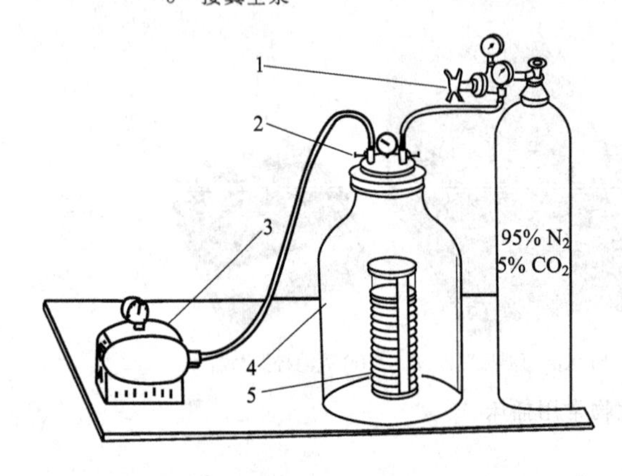

图 3-25　真空及气体交换法
1—压力调节阀；2—真空阀；3—真空泵；
4—罐体；5—培养皿

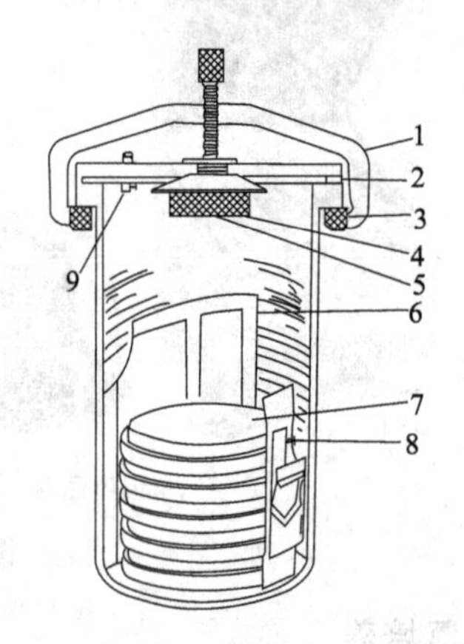

图 3-26　厌氧培养罐
1—螺旋夹；2—密封垫圈；3—橡胶管；4—球状钯催化剂；
5—催化剂放置处；6—$H_2$-$CO_2$ 气体发生袋；7—培养皿；
8—厌氧指示袋；9—气体交换阀

（5）厌氧盒或厌氧袋法　在塑料袋或盒内造成厌氧环境来培养厌氧菌。塑料袋透明而不透气，内装气体发生管（有硼氢化钠的碳酸氢钠固体以及 5%柠檬酸安瓿）、美蓝指示剂管、钯催化剂管、干燥剂。放入已接种好的平板后，尽量挤出袋内空气，然后密封袋口。先折断气体发生管，后折断美蓝指示剂管，令袋内在半小时内造成无氧环境。

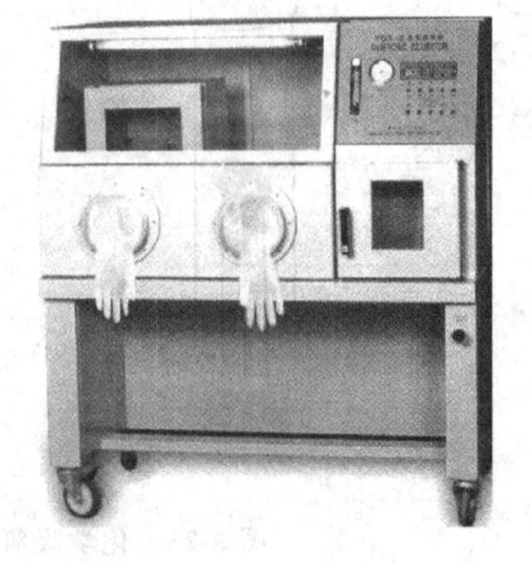
图 3-27　厌氧手套箱

（6）厌氧手套箱法　该法是迄今为止国际上公认的培养厌氧菌最佳仪器之一。它是一个密闭的大型金属箱（图 3-27），箱的前面有一个有机玻璃做的透明面板，板上装有两个手套，可通过手套在箱内进行操作。可调节温度，本身是孵箱或孵箱即附在其内，还可放入解剖显微镜便于观察厌氧菌菌落，这种厌氧箱适于作厌氧细菌的大量培养研究。金属硬壁型厌氧箱的抽气、充气、厌氧环境和温度等均系自动调节。

（7）生物耗氧法　在一密闭的容器内放入生物（多是植物），消耗氧气，同时产生二氧化碳，供细菌生长用。

## 二、设定培养条件

对于能够自动控制的培养设备应根据培养物的需要设定温度、湿度、通气等各种条件。

培养箱使用前通常应设温度值、培养时间值、光照值等，前批次培养过霉菌的培养箱使用前还需要先杀菌处理。

摇床使用前应先设定温度值、振荡频率、振荡时间等。通常锥形瓶所装培养基的量占其容积的比例越小（如在较大的 250～500mL 三角烧瓶中盛装相对较小容积的培养基），摇床振荡速度越高，微生物获得的氧传递速率越高，常见于丝状微生物大量细胞的生产（如食用菌、放线菌）；若要获得较低的氧供应，则采用较慢的振荡速度和相对大的培养体积，常见于需供氧但所需供氧量较小的细菌。另外如果是使用培养室，首先要消毒处理，然后通过一定方式控制培养室内的温度和湿度。

## 三、培养规定的时间

放入设定好控制条件的环境中进行培养。注意平皿在摆放时，应底向上，以免培养基中的凝结水落入培养的菌中，影响分离培养的结果。平板培养基量少时培养物容易干涸，可在保证得到结果的前提下缩短培养时间。

通常培养时间的长短与培养的目的相适应，例如培养时间过长的菌进行革兰染色时，容易出现不正确的染色结果。观察芽孢如果用菌龄短的菌则可能找不到芽孢。工业生产时培养时间确定则遵循产量高而时间短的原则。

## 四、定时观察和记录

培养操作前应该依据培养目标设计好记录内容或表格。记录时应尽量全面和详细，便于进行分析。以微生物形态鉴别为例，需要记录的内容应包括个体形态、染色结果、群体培养特征等。

对于微生物个体形态和结构观察，要画图记录显微镜下看到的典型形态和结构，以及染色方法和结果，注意注明此图所画微生物名称、显微放大倍数、典型结构的名称。

对于微生物菌落（具体概念参见第四章）特征的观察要从大小、形状、色泽、表面干湿度、表面光滑度、边缘、厚薄、透明度、致密度、与培养基结合程度等方面进行描述，菌落特征描写方法如下。

① 大小：大、中、小、针尖状。可先将整个平板上的菌落粗略观察一下，再决定大、中、小的标准。

② 形状：圆形、不规则等（图 3-28）。

③ 颜色：黄色、金黄色、灰色、乳白色、红色、粉

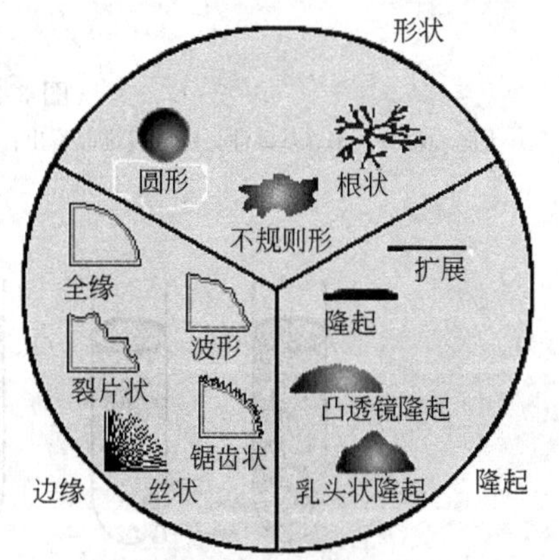


图 3-28　菌落的形状、边缘、高度的几种类型

红色等。

④ 干湿情况：干燥、湿润、黏稠。

⑤ 光滑情况：表面光滑、表面褶皱、表面粉尘状、表面毛绒状、表面絮状。

⑥ 致密程度：致密、疏松。

⑦ 边缘：整齐、不整齐（图 3-28）。可在放大镜下或低倍显微镜下观察。

⑧ 高度：扁平、隆起、凹下（图 3-28）。

⑨ 透明程度：透明、半透明、不透明。

⑩ 与培养基结合程度：易挑取、不易挑取。

对于微生物培养特征还可从斜面上划直线接种的生长情况进行表述，如图 3-29 所述。

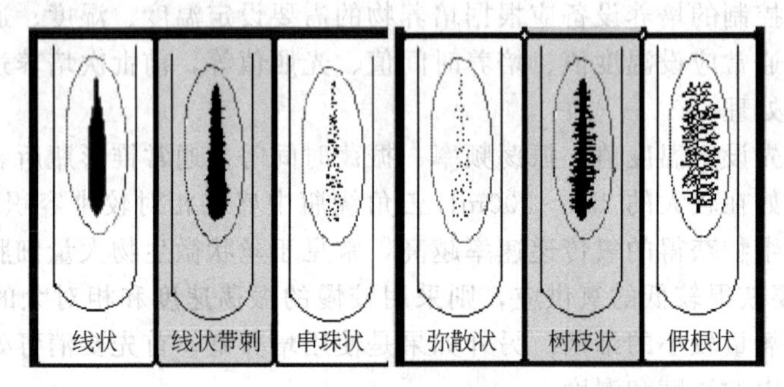


图 3-29　常见的细菌斜面直线接种的培养特征的表述

对于穿刺接种观察微生物运动能力的情况表述如图 3-30 所示。

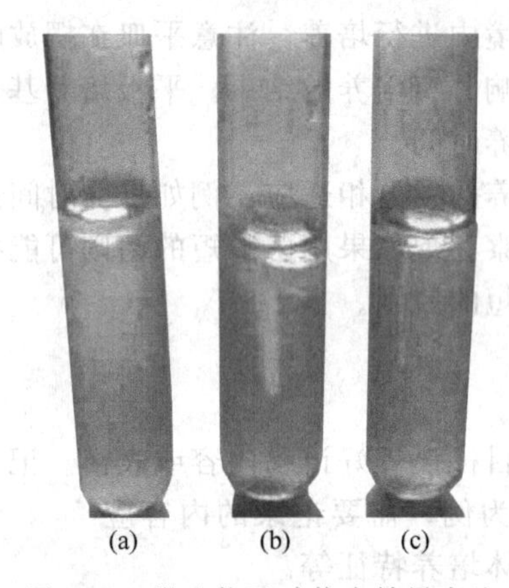


图 3-30　微生物运动能力结果表述

（a）大肠埃希菌：培养基浑浊，穿刺线难以看出；（b）普通变形杆菌：穿刺线粗且边缘不整齐；（c）福氏志贺菌：穿刺线细而整齐

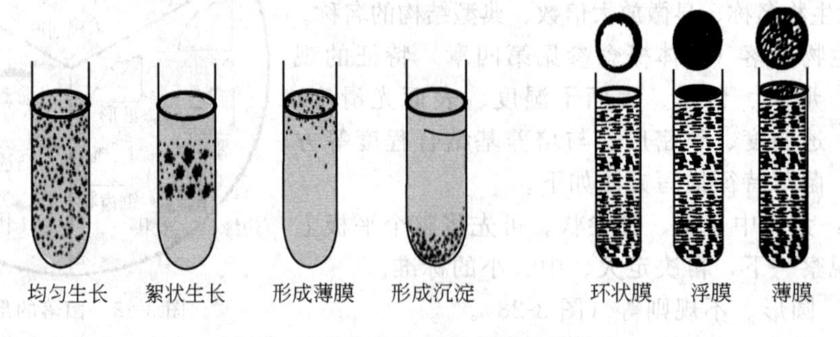


图 3-31　微生物液体培养特征的描述

对于微生物的液体培养特征结果应从培养基变化和表面是否产膜及膜的形态两方面描述，常用表述如图 3-31 所示。注意液体培养观察时不要摇动培养物。

不同种微生物振荡培养结果也不相同，细菌等单细胞微生物呈均一的细胞悬液，而丝状真菌和放线菌，可得到纤维糊状培养物——纸浆状生长，如果振荡不足，则会形成许多球状菌团——颗粒状生长。

以对未知菌的形态鉴别为例，可以设计记录表（见表 3-3）。

**表 3-3　未知菌落形态观察记录表**

| 类别<br>观察特征 | | 细菌 | | 酵母菌 | | 放线菌 | | 霉菌 | | 培养时间 |
|---|---|---|---|---|---|---|---|---|---|---|
| | | 已知菌名称 | 未知菌 | 已知菌名称 | 未知菌 | 已知菌名称 | 未知菌 | 已知菌名称 | 未知菌 | |
| 菌落特征 | 大小 | | | | | | | | | |
| | 表面干湿和光滑度 | | | | | | | | | |
| | 边缘 | | | | | | | | | |
| | 色泽 | | | | | | | | | |
| | 厚薄 | | | | | | | | | |
| | 透明度 | | | | | | | | | |
| | 致密度 | | | | | | | | | |
| | 易挑取度 | | | | | | | | | |
| 斜面特征 | | | | | | | | | | |
| 液体培养特征 | | | | | | | | | | |
| 运动能力 | | | | | | | | | | |
| 其他 | | | | | | | | | | |

# 技术节点四　微生物的分离技术

从混杂的微生物群体中获得只含有某一种或某一株微生物的过程称为微生物的分离与纯化。微生物的分离有多种方法，主要有平皿分离法、液体分离法、单细胞挑取分离法和选择性培养基分离法，其基本原理是选择适合于待分离微生物的生长条件，如营养、酸碱度、温度和氧等要求，或加入某种抑制剂造成只利于该微生物生长，而抑制其他微生物生长的环境，从而淘汰一些不需要的微生物。无论用什么方法分离建立的纯培养，最重要的必须证实其纯度无可置疑，并保持不受污染。

土壤是微生物生活的大本营，在这里生活的微生物无论数量和种类都是极其多样的，因此，土壤是我们开发利用微生物资源的重要基地，可以从中分离、纯化到许多有用的菌株。分离流程如下。

富集培养增菌 → 分离单菌落/单细胞 → 重复分离单菌落/单细胞 → 得到纯培养物 → 鉴定、保存纯培养物 → 应用

富集培养增菌的过程同上述培养过程，即选择适合目标菌生长的培养基和培养条件，使目标菌数目大大增加，以利于得到其单菌落或单细胞。鉴定和保存微生物的方法见第四章和第七章。

分离微生物单菌落/单细胞常用的方法有平皿分离法、液体试管稀释分离法、单细胞分离法和选择培养基分离法，对于寄生型微生物则用二元培养物分离法。

## 一、平皿分离法

大多数细菌、酵母菌、真菌和单细胞藻类微生物在固体培养基上能形成分离的菌落。纯

种可以通过平板方法分离得到，微生物在固体培养基上生长形成的单个菌落可以是由一个细胞繁殖而成的集合体，因此可以通过挑取单菌落而获得纯种。将个体微生物分离和固定于琼脂或其他合适的胶凝试剂固化的营养介质上，每个可观察到的菌落长大后都可用于转接。平板分离用的琼脂浓度通常在1%～2%。注意挑取单菌落时应选择完全分离的单菌落，应从菌落的中央取菌，因为菌落边缘比中间容易混杂杂菌。一般同时从多个完全分离的单菌落转接多份进行培养，以选择最纯粹的培养物。

需要指出的是，从微生物群体中经分离生长在平板上的单个菌落并不一定保证是纯培养。因此，纯培养的确定除观察其菌落特征之外，还要结合显微镜检测个体形态特征后才能确定，有些微生物的纯培养要经过一系列的分离纯化过程和多种特征鉴定才能得到。

**1. 平皿划线法**

一般来说是最简单有效的分离方法。菌种通过连续的划线将混杂的细菌材料在培养基平板表面逐步稀释，最后分散开来，使之孵育培养后出现单一菌落，取单一菌落进一步划线分离，而达到分离纯化的目的。即使在一开始划线的部分产生的菌落相互黏结，在最后的划线部分也能得到较好的分离。

划线分离法快速、方便，划线的方式主要有分段划线（适用于浓度较大的样品）、连续划线（适用于浓度较小的样品）、扇形划线、方格划线等。需要注意的是，无论用哪种方式划线，要事先设计后续的线起始时是否从前面的线上出发、划线前是否需要灭菌接种环。

**2. 倾注分离法**

将逐级稀释到足够稀的菌悬液放在平皿中，与融化并冷却至50℃左右的琼脂培养基混合，摇匀，待培养基凝固后，倒置培养一定时间即可出现菌落。因为菌液足够稀，可以认为每个菌单独分布在培养基中，生长繁殖形成一个菌落。重复以上操作数次，便可以得到纯培养物。操作同混匀浇注法接种技术操作。此法的特点是可定性、定量。

**3. 涂布分离法**

由于将含菌材料先加到仍较烫的培养基中再倒平板容易造成某些热敏感菌的死亡，有时一些严格好氧菌因被固定在琼脂中间缺乏氧气而影响其生长，因此，更常用的纯种分离方法是涂布平板法。将逐级稀释的菌悬液转移到准备好的培养基平皿中，用无菌玻璃刮铲涂抹均匀，将平皿倒置培养。涂布分离过程如图3-32所示。此法的特点是菌落长在培养基表面，简单易行，但易造成机械损伤。

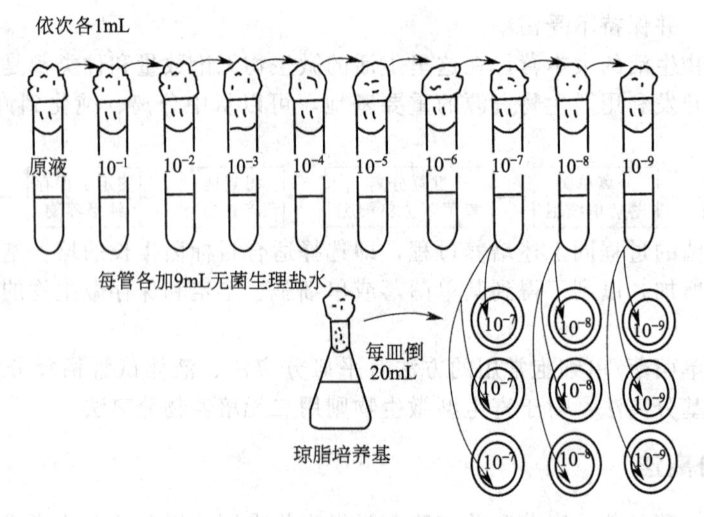


图3-32 涂布分离法

### 二、液体试管稀释分离法

一些细胞较大的细菌、部分原生动物和藻类不能在固体培养基上成功培养，只能在液体培养基中生长。液体培养基分离方法中最简单的是稀释法，菌种用一种液体培养基稀释得到一系列稀释度。如果经稀释后某一浓度级的大多数平行试管中没有微生物生长，那么有微生物生长的试管得到的培养物可能就是单细胞生长形成的纯培养物。如果经稀释后的试管中有微生物生长的比例提高了，得到纯培养物的概率就会急剧下降。因此，采用稀释法进行液体分离，必须将同一稀释度的菌种等份接种多支平行试管，并且那一浓度梯度的大多数（超过95%）的试管中表现为不生长微生物。稀释法最大的缺点是只能用于分离在一混合微生物群落中占绝对优势的微生物。

### 三、单细胞分离法

在自然界，很多微生物在混杂群体中都是少数。此时，可以采用显微分离法从混杂群体中直接分离单个细胞或单个个体进行培养以获得纯培养，称为单细胞（单孢子）分离法。单细胞分离法的难度与细胞或个体的大小成反比，较大的微生物如藻类、原生动物较容易，个体很小的细菌则较难。

对于较大的微生物，可采用毛细管提取单个个体，并在大量的灭菌培养基中转移清洗几次，除去较小微生物的污染。这项操作可在显微镜下进行。

### 四、选择培养基分离法

利用不同微生物间的生命活动特点的不同，通过选择培养基供应特定的营养，制定特定的环境条件，使适应该条件的微生物旺盛生长、其他微生物生长受到抑制，从而分离到特定的微生物。具体操作的方式可以选择上述平皿分离法和液体试管稀释分离法的方式，但使用选择培养基分离法获得的单菌落单一，只有在选择培养基上能够生长的一种或少数几种微生物的菌落。

### 五、二元培养物

在有些情况下，纯培养物是得不到或者很难得到的。如果培养物中只含有两种微生物，而且是有意识地保持二者之间的特定关系的培养物称为二元培养物。二元培养物是保存病毒的最有效途径，因为病毒是严格的细胞内寄生物。有一些具有细胞形态的微生物也是严格的其他生物的细胞内寄生物，或和其他生物有特殊的共生关系，对于这些生物，二元培养物是在实验室控制条件下可能达到的最接近于纯培养的培养方法。

## 技术节点五　微生物发酵

发酵有狭义和广义两种概念。从生物化学概念上，发酵是生物氧化的一种方式。在没有外源最终电子受体的条件下，化能异养型微生物细胞对能源有机化合物的氧化与内源的（已经经过该细胞代谢的）有机化合物的还原相偶合，一般并不发生经包含细胞色素等的电子传递链上的电子传递和电子传递磷酸化，而是通过底物（激酶的底物）水平磷酸化来获得代谢能 ATP；能源有机化合物释放的电子的一级电子载体 NAD，以 NADH 的形式直接将电子交给内源的有机电子受体而再生成 NAD，同时将后者还原成发酵产物（不完全氧化的产物）。

广义发酵则是指通过微生物（或动植物细胞）的生长培养和化学变化，大量产生细胞本身或积累专门的代谢产物的反应过程。工业发酵要依靠微生物的生命活动，生命活动依靠生物氧化提供的代谢能来支撑，因此工业发酵应该覆盖微生物生物氧化的所有方式：有氧呼吸、无氧呼吸和发酵。

发酵的流程简单表示如下。

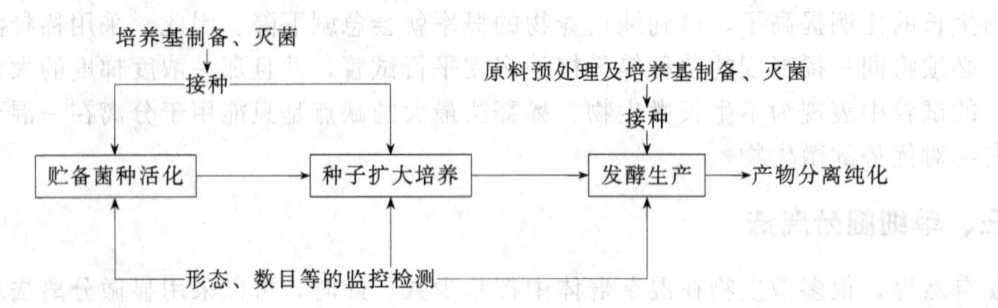


## 一、菌种活化

菌种活化就是使处于生长基本停滞的贮备菌种重新开始生长繁殖活动，以得到纯而壮的培养物，即获得活力旺盛的、接种数量足够的培养物。菌种活化的方法通常是将保存在沙土管、冷冻干燥管中处休眠状态的生产菌种，转接于固体培养基上，然后挑取单菌落。一般需要 2～3 代活化过程，因为保存时的条件通常因为需要抑制微生物生长繁殖和培养时的条件不相同，所以要活化菌种让菌种逐渐适应培养环境。

## 二、种子扩大培养

种子扩大培养是指将处休眠状态的生产菌种活化后，再经摇瓶及种子罐逐级扩大培养而获得一定数量和质量纯种的过程。

菌种的扩大培养是发酵生产的第一道工序，该工序又称之为种子制备。种子制备的任务不仅要使菌体数量增加，更重要的是经过种子制备培养出具有高质量的生产种子供发酵生产使用。

对于不同产品的发酵过程来说，必须根据菌种的性质、生长繁殖速度快慢及发酵设备的合理应用决定种子扩大培养的级数。抗生素生产中，放线菌的细胞生长繁殖较慢，常采用三级种子扩大培养；一般 50t 发酵罐多采用三级发酵，有的也采用四级发酵如链霉素生产；有些酶制剂发酵生产也采用三级发酵；谷氨酸及其他氨基酸的发酵所采用的菌种生长繁殖速度很快，常采用二级发酵。

种子扩大培养流程如图 3-33 所示。

孢子的质量、数量对以后菌丝的生长、繁殖和发酵产量都有明显的影响。不同菌种如放线菌的孢子和霉菌的孢子制备工艺有不同的特点。在液体培基中培养种子菌丝或菌体所使用的培养基和其他工艺条件，都要有利于孢子发芽和菌丝繁殖。菌丝和菌体的数量、菌龄等对后续发酵有很大的影响。

## 三、发酵生产

按工艺不同，发酵生产可分为固态发酵和液态发酵两种类型，液态发酵因容易实现自动化生产，生产效率高，更常使用。液态深层发酵的方式可分为分批发酵（间歇发酵）、补料-分批发酵和连续发酵等。

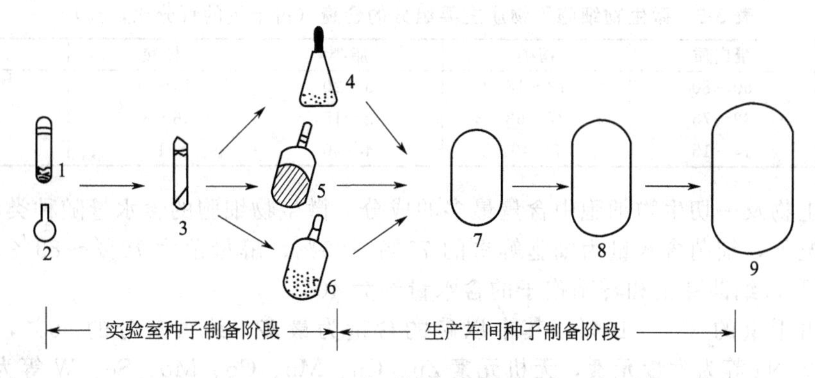


图 3-33　种子扩大培养流程图

1—沙土或斜面菌种；2—冷冻干燥菌种；3—斜面孢子或营养体培养；4—营养体液体培养；5—茄子瓶斜面孢子培养；6—营养体固体培养基培养；7，8—种子罐培养；9—发酵罐

常见的需氧的发酵罐有机械搅拌式、自吸式、鼓泡式和气升式几种。厌氧菌发酵则采用嫌气发酵罐。

**【相关知识】**

# 相关知识一　微生物的营养

同其他生物一样，微生物在自身代谢和生长活动中要合成细胞物质、获得生活能量和形成代谢产物，就必须从外界环境中吸取适当的营养物质。环境中存在的能满足微生物生长、繁殖和完成各种生理活动需要的物质称为营养物质。微生物摄取和利用营养物质的过程称为微生物的营养。

## 一、微生物的化学组成

通过分析微生物细胞的化学组成及其代谢产物的成分，可以了解微生物的营养需要。

微生物细胞的化学组成和其他生物没有本质区别，从元素上讲，都含有碳、氢、氧、氮和各种矿物质元素。其中碳、氢、氧、氮、磷、硫六种元素占细菌细胞干重的 97%（表 3-4），称为主要元素，其他如锌、锰、钠、氯、钼、硒、钴、铜、钨、镍、硼等称为微量元素。

**表 3-4　微生物细胞中几种主要元素的含量**（占干重的百分比，%）

| 元素 | 碳 | 氮 | 氢 | 氧 | 磷 | 硫 |
|---|---|---|---|---|---|---|
| 细菌 | 50 | 15 | 8 | 20 | 3 | 1 |
| 酵母菌 | 50 | 12 | 7 | 31 | — | — |
| 真菌 | 48 | 5 | 7 | 40 | — | — |

这些元素在微生物细胞内以水、有机物和无机物的形式存在，有机物主要是糖类、蛋白质、核酸、脂类、维生素及其降解产物和代谢产物等，无机物主要是参与有机物组成或单独存在于细胞中的无机盐（表 3-5）。

表 3-5 微生物细胞干物质主要组分的含量（占干重的百分比，%）

| 微生物 | 蛋白质 | 糖类 | 脂类 | 核酸 | 灰分 |
|---|---|---|---|---|---|
| 细菌 | 50～80 | 12～18 | 5～20 | 10～20 | 2～30 |
| 酵母菌 | 32～75 | 27～63 | 2～15 | 6～8 | 3.8～7 |
| 霉菌 | 14～15 | 7～40 | 4～40 | 1 | 6～12 |

水是微生物及一切生物细胞中含量最多的成分。微生物细胞的含水量随种类和生长期而异。通常情况下，细菌含水量为细胞鲜重的 75%～85%，酵母菌为 70%～85%，丝状真菌为 85%～90%，细菌芽孢和霉菌孢子的含水量约为 40%。

无机盐占干重的 3%～10%，其中以磷的含量为最多，约占灰分的 50%，其次是 S、Mg、Ca、K、Na 等为大量元素，无机元素 Zn、Cu、Mn、Co、Mo、Se、W 等为微量元素。

细胞还有 20%左右的有机物质。按作用可将细胞内的有机物质分为三类，一是结构物质，构成细胞壁、细胞膜、细胞核、细胞质和细胞器，包括蛋白质、多糖、核酸和类脂等；二是贮藏物质，主要为多糖和脂类，如淀粉、糖原、脂肪和多聚 $\beta$-羟基丁酸等；三是代谢底物和产物，包括存在于细胞内的糖、氨基酸、核苷酸、有机酸和维生素等低分子量化合物。

微生物细胞各组成物质的含量也因微生物种类、生理特征和环境条件不同而异，如硫细菌含 S 多，铁细菌含 Fe 多，幼龄或在氮源丰富的培养基上生长的细胞含 N 多，海洋微生物含 Na、Cl 多。

## 二、微生物的营养物质及其作用

微生物的营养物质种类繁多，有些微生物利用的营养物质非常广泛，连塑料等高分子化合物和一些对其他生物有毒的物质也可以利用，可以用于保护环境。有些微生物对营养要求较严格，需要给以补充，才能很好地生长。微生物有六种营养要素，即碳源、氮源、能源、生长因子、无机盐和水。

### 1. 碳源

凡能构成微生物细胞或代谢产物中碳架来源的营养物质都称为碳源。碳素是构成菌体成分的主要元素，又是产生各种代谢产物和细胞内贮藏物质的重要原料，还是大多数微生物代谢所需的能量来源。微生物体内碳元素含量最多，约占干重的 50%，代谢中消耗的能量多由碳素来提供，所以微生物需碳量最大。

微生物可利用的碳源种类很多，从 $CO_2$ 到复杂的天然有机含碳化合物均能被利用（表 3-6）。碳源分为无机碳源和有机碳源，根据微生物利用碳源的类型可将其分为自养型和异养型微生物。自养型微生物能以 $CO_2$ 作为主要碳源或唯一碳源，合成碳水化合物，进而转化为复杂的多糖、类脂、蛋白质和核酸等细胞物质。异养型微生物以有机碳化合物为碳源，糖类（单糖、寡糖和多糖）是利用最广泛的碳源，有机酸、醇、脂类次之。氨基酸和蛋白质既可提供氮素，也能提供碳素，但用作碳源时不够经济。异养微生物的碳源同时也作为能源。

表 3-6 微生物的碳源

| 种类 | 碳源物质 | 备注 |
|---|---|---|
| 糖 | 葡萄糖、果糖、麦芽糖、蔗糖、淀粉、半乳糖、乳糖、甘露糖、纤维二糖、纤维素、半纤维素、甲壳素、木质素等 | 单糖优于双糖，己糖优于戊糖，淀粉优于纤维素，纯多糖优于杂多糖。发酵工业主要以葡萄糖、甘薯粉、玉米粉、麸皮、废糖蜜和米糠作碳源 |
| 有机酸 | 糖酸、乳酸、柠檬酸、延胡索酸、低级脂肪酸、高级脂肪酸、氨基酸等 | 与糖类比效果较差，有机酸较难进入细胞，进入细胞后会导致 pH 值下降。当环境中缺乏碳源物质时，氨基酸可被微生物作为碳源利用 |

续表

| 种类 | 碳源物质 | 备注 |
| --- | --- | --- |
| 醇 | 乙醇 | 在低浓度条件下被某些酵母菌和醋酸杆菌利用 |
| 脂 | 脂肪、磷脂 | 主要利用脂肪，在特定条件下将磷脂分解为甘油和脂肪酸而加以利用 |
| 烃 | 天然气、石油、石油馏分、石蜡油等 | 利用烃的微生物细胞表面有一种由糖脂组成的特殊吸收系统，可将难溶的烃充分乳化后吸收利用 |
| $CO_2$ | $CO_2$ | 为自养微生物所利用 |
| 碳酸盐 | $NaHCO_3$、$CaCO_3$、白垩等 | 为自养微生物所利用 |
| 其他 | 芳香族化合物、氰化物、蛋白质、核酸等 | 利用这些物质的微生物在环境保护方面有重要作用。当环境中缺乏碳源物质时，可被微生物作为碳源而降解利用 |

一般微生物都能利用糖类作为碳源和能源，但对不同糖类物质的利用也有差异，如大肠埃希菌在葡萄糖和半乳糖同时存在的培养基中生长时，首先利用葡萄糖（称为速效碳源），然后利用半乳糖（称为迟效碳源）。

异养细菌虽然必须以有机碳为碳源，但不少种类，尤其是生长在动物血液、组织和肠道中的有益或致病微生物，还需少量 $CO_2$ 才能正常生长。培养这类微生物时，常需提供体积分数约 10% 的 $CO_2$。

**2. 氮源**

凡能提供微生物生长繁殖所需氮素的营养物质，称为氮源。氮素在细胞干物质的含量仅次于碳和氧，是核酸和蛋白质的重要组成元素。N 对微生物生长发育有重要作用。

**拓展链接**

以无机氮化合物为唯一氮源培养微生物时，培养基的 pH 值会出现生理酸性或碱性的波动。如果氮源是 $(NH_4)_2SO_4$，$NH_4^+$ 被利用后培养基的 pH 值下降，因此这类氮源称作“生理酸性盐”；如果氮源是 $KNO_3$，$NO_3^-$ 被利用后培养基的 pH 值升高，此类氮源称作“生理碱性盐”；如果以 $NH_4NO_3$ 为氮源，$NH_4^+$ 和 $NO_3^-$ 都可以作为氮源被利用，pH 值不会大幅度变化，但由于两者被利用的速度不一致，培养基的 pH 值还是会出现波动。为避免培养基 pH 值变化对微生物的不利影响，通常在培养基中加入缓冲物质。

微生物能利用的氮源种类很多，从 $N_2$、无机氮化合物到复杂的有机氮化合物均能被利用（表 3-7）。但不同微生物能利用的氮源各异。有些氮源还能在氧化过程中放出能量，为微生物提供能源（$NH_3$、硝酸盐等氧化）。如土霉素生产菌利用玉米浆速度比利用黄豆饼粉和花生饼粉快，玉米浆是速效氮源，能促进菌体生长，黄豆饼粉和花生饼粉作为迟效氮源有利于代谢产物的形成。

**表 3-7 微生物的氮源**

| 种类 | 氮源物质 | 备注 |
| --- | --- | --- |
| 蛋白质类 | 蛋白质及其不同程度的降解产物（胨、肽、氨基酸等） | 大分子蛋白质难进入细胞，一些真菌和少数细菌能分泌胞外蛋白酶，将大分子蛋白质降解利用，而多数细菌只能利用相对分子质量较小的降解产物。胰酪蛋白、牛肉膏、酵母膏、蛋白胨常用作实验室氮源，生产上常用氮源主要有豆饼粉、花生饼粉、鱼粉、蚕蛹粉、玉米浆、麸皮等 |
| 氨及铵盐 | $NH_3$、$(NH_4)_2SO_4$ 等 | 容易被微生物吸收利用，是实验室常用氮源 |

续表

| 种类 | 氮源物质 | 备注 |
|---|---|---|
| 硝酸盐 | $KNO_3$等 | 容易被微生物吸收利用，是实验室常用氮源 |
| 分子氮 | $N_2$ | 固氮微生物可利用，但当环境中有化合态氮源时，固氮微生物就失去固氮能力 |
| 其他 | 嘌呤、嘧啶、脲、胺、酰胺、氰化物 | 大肠埃希菌不能以嘧啶作为唯一氮源，在氮限量的葡萄糖培养基上生长时，可通过诱导作用先合成分解嘧啶的酶，然后再分解并利用，嘧啶可不同程度地被微生物作为氮源加以利用 |

## 拓展链接

根据微生物对氮源利用的差异将其分为3个类型：一是固氮微生物，能以空气中的分子态氮（$N_2$）为唯一氮源，通过固氮酶系统将其还原成$NH_3$，进一步合成所需的各种有机氮化物。二是氨基酸自养型，能以无机氮（铵盐、硝酸盐等）为唯一氮源，合成氨基酸，进而转化为蛋白质及其他含氮有机物。这是数量最大、种类最多的一个类群。三是氨基酸异养型，不能合成某些必需的氨基酸，必须从外源提供这些氨基酸才能生长。绿色植物和很多微生物均为氨基酸自养型生物，动物和部分异养微生物为氨基酸异养型生物。如乳酸细菌需要谷氨酸、天冬氨酸、半胱氨酸、组氨酸、亮氨酸和脯氨酸等外源氨基酸才能生长。

人和动物都需外界提供现成的氨基酸或蛋白质，这些蛋白质和氨基酸来自绿色植物。植物蛋白质生产受气候、时间等因素制约，产量不能满足人类和养殖业对蛋白质食物和蛋白质饲料的需要。利用固氮微生物和氨基酸自养型微生物将空气中的$N_2$或廉价的铵盐和硝酸盐等无机氮转化为菌体蛋白（单细胞蛋白、食用菌）或各种氨基酸，是解决人类食物和其他动物饲料蛋白质不足的一个重要途径。

**3. 能源**

能源是指能为微生物的生命活动提供最初能量来源的营养物质或辐射能。微生物的能源种类如下。

能源谱
- 化学物质
  - 有机物：化能异养微生物的能源（同碳源）
  - 无机物：化能自养微生物的能源（不同于碳源）
- 辐射能：光能自养和光能异养微生物的能源

可作为化能自养型微生物的能源的都是还原态的无机物，如$NH_4^+$、$NO_2^-$、S、$H_2S$、$H_2$、$Fe^{2+}$等，能氧化利用这些物质的主要是一些原核微生物，如亚硝酸细菌、硝酸细菌、硫化细菌、硫细菌、氢细菌和铁细菌等。

辐射能是单功能营养物（作为能源），实际上一种营养物质常有一种以上营养要素功能，即双功能、三功能营养物。还原态的无机物常是双功能营养物，如$NH_4^+$是硝酸细菌的氮源和能源，有机物常是双功能或三功能营养物，如一些氨基酸、蛋白质可以作化能异养微生物的碳源、氮源和能源。

**4. 无机盐**

无机盐是微生物生长必不可少的一类营养物质。微生物生长所需的磷、硫、钾、钙、镁、铁等元素的浓度一般为$10^{-4}\sim10^{-3}$ mol/L，称为大量元素。微生物的生长所需的钴、锌、钼、铜、锰、镍等元素的浓度较低，一般为$10^{-8}\sim10^{-6}$ mol/L，称为微量元素，它们在微生物生长过程中起重要作用（表3-8），参与酶的组成或使酶活化。如果微生物在生长过程中缺乏微量元素，会导致细胞生理活性降低甚至停止生长。不同微生物所需的微量元素不同。

微量元素通常混杂在天然有机营养物、无机化学试剂、自来水、蒸馏水、普通玻璃器皿中，如果没有特殊原因，在配制培养基时没有必要另外加入微量元素。值得注意的是，许多微量元素是重金属，过量会对机体产生毒害作用，而且单独一种微量元素过量产生的毒害作用更大，因此有必要将培养基中微量元素的量控制在正常范围内，并注意各种微量元素之间保持恰当比例。

表 3-8 无机盐及其生理功能

| 元素 | 供给形式 | 生理功能 |
|---|---|---|
| 磷 | $KH_2PO_4$,$K_2HPO_4$ | 核酸、核蛋白、磷脂、辅酶及 ATP 等高能分子的成分，作为缓冲系统调节培养基 pH 值 |
| 硫 | $(NH_4)_2SO_4$,$MgSO_4$ | 含硫氨基酸(半胱氨酸、甲硫氨酸等)、维生素(生物素、辅酶 A、硫胺素)的成分，谷胱甘肽可调节胞内氧化还原电位 |
| 镁 | $MgSO_4$ | 己糖磷酸化酶、异柠檬酸脱氢酶、核酸聚合酶等活性中心组分，叶绿素和细菌叶绿素成分 |
| 钙 | $CaCl_2$,$Ca(NO_3)_2$ | 某些酶的辅因子，维持酶(如蛋白酶)的稳定性，芽孢和某些孢子形成所需，建立细菌感受态所需 |
| 钠 | NaCl | 细胞运输系统组分，维持细胞渗透压，维持某些酶的稳定性 |
| 钾 | $KH_2PO_4$,$K_2HPO_4$ | 某些酶的辅因子，维持细胞渗透压，某些嗜盐细菌核糖体的稳定因子 |
| 铁 | $FeSO_4$ | 细胞色素及某些酶的组分，某些铁细菌的能源物质，合成叶绿素、白喉毒素所需 |

**5. 生长因子**

微生物生长必需的微量有机物质称为生长因子。生长因子也称为生长素，主要包括维生素、氨基酸和碱基（嘧啶和嘌呤）。生长因子不提供能量，它们大多为酶的组成成分，与微生物代谢有密切关系。

（1）维生素　维生素大多是辅酶的组成结构，缺少维生素酶失去其作用。生物对维生素的需要量较低。重要维生素的功能和需要量如表 3-9 所示。

表 3-9 维生素的生理功能及微生物需要量

| 维生素 | 代谢功能 | 微生物的需要量 |
|---|---|---|
| 硫胺素(维生素 $B_1$) | 焦磷酸硫胺素是脱羧酶、转醛酶、转酮酶的辅基，与氧化脱羧和酮基转移有关 | 金黄色葡萄球菌需要 0.5mg/mL |
| 核黄素(维生素 $B_2$) | 黄素核苷酸(FMN 和 FAD)的前体，黄素蛋白的辅基，与氢的转移有关 | 多数微生物能自己合成，少数细菌如乳酸菌、丙酸菌等需要补给 |
| 烟酸 | NAD 和 NADP 的前体，为脱氢酶的辅酶，与氢的转移有关 | 多数微生物需要，弱氧化醋酸杆菌约需 3ng/mL |
| 对氨基苯甲酸 | 叶酸的前体，与一碳基团的转移有关 | 乳酸菌等需要，弱氧化醋酸杆菌约需 0.1ng/mL |
| 吡哆醇(维生素 $B_6$) | 磷酸吡哆醛氨基酸消旋酸，转氨酶与脱羧酶的辅基，与氨基酸消旋、脱羧、转氨有关 | 乳酸菌和几种真菌需要，肠膜状明串珠菌需要 25mg/L |
| 泛酸 | 辅酶 A 的前体，乙酰载体的辅基，与酰基转移有关 | 乳酸菌等多种细菌和酵母菌需要，多数丝状真菌能合成 |
| 叶酸 | 辅酶 F(四氢叶酸)与核酸合成有关 | 乳酸菌、丙酸细菌等需要 |
| 生物素(维生素 H) | 多种羧化酶的辅基，在 $CO_2$ 固定、氨基酸和脂肪酸合成及糖代谢中起作用，油酸可部分代替生物素的作用 | 乳酸菌等多种细菌需要，干酪乳杆菌约需 1ng/mL |
| 维生素 $B_{12}$ | 钴酰胺辅酶，与甲硫氨酸和胸腺嘧啶核苷酸的合成和异构化有关 | 细菌普遍需要，真菌、放线菌大多能自己合成 |

有的微生物自己不能合成维生素，需要外加，主要是 B 族维生素、硫胺素、叶酸、泛酸、核黄素等，如生产味精需加生物素。培养基中通常能够提供生长因子的天然物质有酵母

膏、蛋白胨、麦芽汁、玉米浆、动植物组织或细胞浸液等，如有需要也可以加入各种配制的复合维生素液（表 3-10）。

**表 3-10 用于培养土壤和水生细菌的复合维生素液**

| 维生素种类 | 含量 | 维生素种类 | 含量 |
|---|---|---|---|
| 生物碱 | 0.2mg | 泛酸 | 0.5mg |
| 烟碱酸 | 2.0mg | 维生素 $B_6$（吡哆胺） | 5.0mg |
| 维生素 $B_1$ | 1.0mg | 维生素 $B_{12}$ | 2.0mg |
| 对氨基苯甲酸 | 1.0mg | 水 | 100mL |

（2）氨基酸　不同微生物合成氨基酸的能力差异很大。有的细菌能自己合成所需的全部氨基酸，不需从外界补充；有的细菌合成能力极弱，如肠膜状明串珠菌需要从外界补充 19 种氨基酸和维生素才能生长。微生物需要的氨基酸量为 20～50mg/L。培养基中提供的氨基酸的含量应在合适的浓度范围内，并且各种氨基酸应均衡，如果一种氨基酸含量过高，会抑制其他氨基酸的摄取。

（3）碱基　嘧啶和嘌呤是核酸和辅酶的重要组分，是许多微生物必需的生长因子。有些微生物不仅不能合成嘧啶和嘌呤，而且不能将补充的嘧啶和嘌呤结合在核苷酸上，还必须供给核苷酸。有的菌需补充卟啉或其衍生物，还有的菌需供给（低碳）脂肪酸等。

当微生物丧失合成某种生长因子的能力时，必须从培养基中取得才能生长。利用微生物的这种特性可以分析食物、药品等物质中的微量生长因子含量。其原理是：微生物的生长量与它必需的生长因子的浓度在一定范围内成正比。该方法灵敏度高，简便易行。

生长因子虽是一种重要的营养要素，但它与碳源、氮源和能源物质不同，并非所有微生物都需从外界吸收，有些微生物可以自身合成。

**拓展链接**

按微生物与生长因子间的关系将微生物分为三种类型：一是生长因子自养型微生物，能自身合成各种生长因子，不需外界供给。通常把这种不需生长因子而能在基础培养基上生长的菌株称为野生型或原养型菌株。多数真菌、放线菌和部分细菌属于这种类型。二是生长因子异养型微生物，它们自身缺乏合成一种或多种生长因子的能力，需外源提供所需生长因子才能生长。通常将由于自发或诱变等原因从野生型菌株产生的需要特定生长因子才能生长的菌株称为营养缺陷型菌。乳酸菌、各种动物病原菌和支原体等属于生长因子异养型微生物。三是生长因子过量合成微生物，它们在代谢活动中向细胞外分泌大量的维生素等生长因子，可用于维生素的生产。如阿舒假囊酵母的维生素 $B_2$ 产量可达 2.5g/L 发酵液，谢氏丙酸杆菌、某些链霉菌、甲烷菌可产生维生素 $B_{12}$。

**6. 水**

水是一切生物生存的基本条件。除休眠体（如芽孢、孢子和孢囊等）外，无论是水生还是陆生生物的生命活动都离不开水。水是微生物细胞的重要组成成分。水是许多营养物质的溶剂，营养物质进入细胞和代谢废物排出细胞均以水为媒介。水能维持生物大分子结构稳定和酶活性。细胞内的一切生化反应均在水介质系统中进行。水是蓝细菌等少数微生物还原 $CO_2$ 时的供氢体。一定量的水分是维持细胞膨胀压的必要条件。水的比热容高，又是热的良导体，能有效地吸收代谢过程中产生的热量，使细胞温度不至于骤然升高，能有效调节细胞内的温度。

微生物细胞内的水分有游离态和结合态两种形式，两者的生理功能不同。结合水不流动，不易蒸发，不冻结，不能作为溶剂，也不渗透，难以被利用。游离水则与之相反。微生物细胞内游离水与结合水的比例大约为4∶1。不同微生物中游离水的含量不同，可用水分活度$A_w$表示。

**拓展链接**

微生物和动植物营养要素的比较见表3-11。

表3-11 微生物和动植物营养要素的比较

| 生物类型<br>营养要素 | 动物<br>（异养） | 微生物 | | 绿色植物<br>（自养） |
|---|---|---|---|---|
| | | 异养 | 自养 | |
| 碳源 | 糖类、脂肪 | 糖、醇、有机酸等 | $CO_2$、碳酸盐等 | $CO_2$、碳酸盐 |
| 氮源 | 蛋白质及其降解物 | 蛋白质或其降解物、有机氮化物、无机氮化物、氮 | 无机氮化物、氮 | 无机氮化物 |
| 能源 | 与碳源相同 | 与碳源相同 | 日光能或氧化无机物 | 日光能 |
| 生长因子 | 维生素 | 有些需要维生素等 | 不需要 | 不需要 |
| 无机元素 | 无机盐 | 无机盐 | 无机盐 | 无机盐 |
| 水分 | 水 | 水 | 水 | 水 |

## 三、微生物的营养类型

依据微生物获取能源、碳源、氢或电子供体不同将微生物分为4种营养类型：光能无机营养型、光能有机营养型、化能无机营养型和化能有机营养型。仅根据碳源可将微生物分为自养型和异养型两类。自养微生物能在完全无机的环境中繁殖、生长，具有完备的酶系，能利用$CO_2$或以碳酸盐为碳源，以氨或硝酸盐为氮源，合成细胞有机物质。异养型微生物合成能力较差，需要较为复杂的有机化合物才能生长，主要以有机碳化物为碳源，氮源为有机或无机物（表3-12）。

表3-12 微生物的营养类型

| 营养类型 | 能源 | 供氢体 | 基本碳源 | 实 例 |
|---|---|---|---|---|
| 光能无机营养型（光能自养型） | 光 | 无机物 | $CO_2$ | 蓝细菌，紫硫细菌，绿硫细菌，藻类 |
| 光能有机营养型（光能异养型） | 光 | 有机物 | $CO_2$及简单有机物 | 红螺菌科的细菌（紫色无硫细菌） |
| 化能无机营养型（化能自养型） | 无机物① | 无机物 | $CO_2$ | 硝化细菌，硫化细菌，铁细菌，氢细菌，硫黄细菌 |
| 化能有机营养型（化能异养型） | 有机物 | 有机物 | 有机物 | 绝大多数细菌和全部真核微生物 |

① 包括$NH_4^+$、$NO_2^-$、S、$H_2S$、$Fe^{2+}$、$H_2$等。

### 1. 光能自养型

光能自养型微生物，是一类具有光合色素、能利用光能、以$CO_2$为唯一或主要碳源，并以水或还原态无机物（$H_2S$、$Na_2S_2O_3$等）为供氢体的微生物。光合色素主要有叶绿素（或菌绿素）、类胡萝卜素和藻胆素3大类，其中叶绿素（或菌绿素）为主要的光合色素，类胡萝卜素和藻胆素的主要功能为捕获光能并在强光照射时保护叶绿素。光能自养型微生物的光合作用分为产氧光合作用和不产氧光合作用两种类型。

（1）产氧光合作用　藻类和蓝细菌细胞内含有叶绿素，能与高等植物一样利用光能分解水产生氧气并还原$CO_2$为有机碳化物，其反应通式为：

$$H_2O+CO_2 \xrightarrow[\text{叶绿素}]{\text{光能}} (CH_2O)+O_2\uparrow$$

（2）不产氧光合作用　光合细菌（绿硫细菌、紫硫细菌）与蓝细菌不同，它们的细胞内虽然含有类似于叶绿素的菌绿素，但不能进行以 $H_2O$ 为供氢体的非环式光合磷酸化作用，也不产生氧气。光合细菌吸收光能，以 $H_2S$ 和硫酸盐为供氢体，同化 $CO_2$，产生元素 S，代表性反应为：

$$2H_2S+CO_2 \longrightarrow (CH_2O)+H_2O+2S$$

$$Na_2S_2O_3+2CO_2+3H_2O \longrightarrow 2(CH_2O)+Na_2SO_4+H_2SO_4$$

**2. 光能异养型**

凡能利用光能、以简单有机物（有机酸、醇等）为碳源和供氢体同化 $CO_2$ 的微生物类群称为光能有机营养型微生物。

$$2(H_3C)_2CHOH + CO_2 \xrightarrow[\text{光合色素}]{\text{光能}} 2CH_3COCH_3+[CH_2O]+H_2O$$

光能异养微生物能利用 $CO_2$，但必须在有机物存在的条件下才能生长，人工培养还需供给生长因子。目前已用这类微生物处理污水、净化环境，如利用红螺菌来净化高浓度有机废水，前景广阔。

**3. 化能自养型**

在完全无机的环境中生长发育，以无机化合物氧化时释放的能量为能源，以 $CO_2$ 或碳盐为碳源，合成细胞物质的微生物叫化能自养型微生物。由于受无机物氧化产生能量不足的制约，这类微生物一般生长迟缓，某些类群（如硝化细菌）甚至只能在严格的无机环境中生长，有机物（甚至琼脂）的存在对其生长有毒害作用。

这类细菌包括硫细菌、硝化细菌、氢细菌、铁细菌等，硫细菌和硝化细菌与生产密切相关。

如氧化亚铁硫杆菌可把 FeO 氧化成 $Fe^{3+}$，氧化率达 95%～100%并放出能量：

$$Fe^{2+} \longrightarrow Fe^{3+}+e+Q$$

**拓展链接**

用氧化亚铁硫杆菌氧化黄铁矿时，可以生成硫酸和硫酸高铁。硫酸高铁是强氧化剂和溶剂，可以溶解矿物，如溶解铜矿析出铜元素。用这类微生物来开矿冶金称为细菌冶金，是开采贫矿和尾矿的有效办法，用细菌浸出 Fe 的速度比完全氧化快 56～60 倍。

**4. 化能异养型**

凡以有机物为碳源、能源和供氢体的微生物称为化能有机营养型微生物，也称化能异养型微生物。该类型包括的微生物种类最多，作用也最强。已知的绝大多数细菌、放线菌、全部真菌和原生动物均属于此类型。

微生物的四种营养类型的划分不是绝对的，实际上存在许多中间过渡和兼性类型。如红螺菌、铁细菌和氢细菌等具有复杂的营养特点，它们在某一特定环境下表现为特定的营养型，而在另一种特定环境条件下则表现为另一种营养类型。自养与异养的区别不在于能否利用 $CO_2$，而在于是否以 $CO_2$ 或碳酸盐为唯一的碳源。

## 四、微生物营养物质的运输

微生物从外界摄取营养物质的方式随微生物类群和营养物质种类而异，可归纳为吞噬和渗透吸收两种类型。绝大多数微生物以渗透方式吸收营养物质。环境中营养物质进入细胞的第一道屏障是细胞壁。普通细胞壁的网状结构允许分子质量低于 800Da 的小分子物质自由出入，但能阻挡高分子物质进入。所以复杂的高分子化合物如多糖、蛋白质、纤维素和果胶等在进入微生物细胞之前必须先经过胞外酶的初步分解后才能进入。细胞质膜为半透膜，由磷脂双分子层和嵌合蛋白质分子组成，是控制营养物质进入和代谢产物排泄出细胞的主要屏

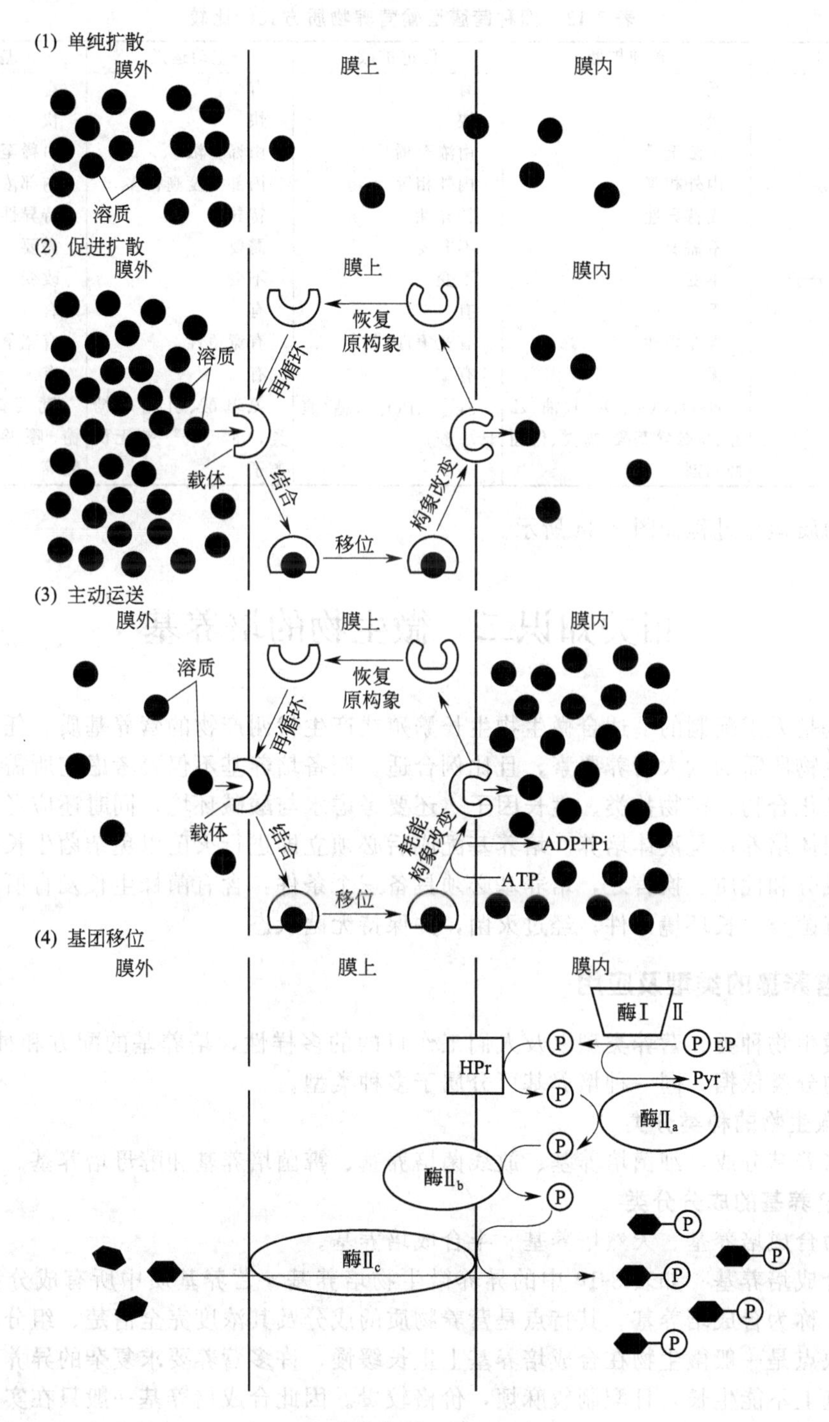


图 3-34 营养物质运输过程示意图

障，具有选择性吸收功能，是细胞内外物质交换的主要界面。

营养物质通过质膜的方式有4种：单纯扩散、促进扩散、主动运送和基团移位，其中主动运送最为广泛。由于主动运送和基团移位可从外界稀溶液中不断吸取自身所需要的重要营养物，因此对微生物的生命活动更为重要。四种跨膜运输营养物质方式的比较如表3-13所示。

表3-13 四种跨膜运输营养物质方式的比较

| 比较项目 | 单纯扩散 | 促进扩散 | 主动运送 | 基团移位 |
| --- | --- | --- | --- | --- |
| 特异载体蛋白 | 无 | 有 | 有 | 有 |
| 运送速度 | 慢 | 快 | 快 | 快 |
| 溶质运送方向 | 由浓至稀 | 由浓至稀 | 由稀至浓 | 由稀至浓 |
| 平衡时内外浓度 | 内外相等 | 内外相等 | 内部浓度高得多 | 内部浓度高得多 |
| 运送分子 | 无特异性 | 特异性 | 特异性 | 特异性 |
| 能量消耗 | 不需要 | 不需要 | 需要 | 需要 |
| 运送前后溶质分子 | 不变 | 不变 | 不变 | 改变 |
| 载体饱和效应 | 无 | 有 | 有 | 有 |
| 与溶质类似物 | 无竞争性 | 有竞争性 | 有竞争性 | 有竞争性 |
| 运送抑制剂 | 无 | 有 | 有 | 有 |
| 运送对象举例 | $H_2O$、$CO_2$、$O_2$、甘油、乙醇、少数氨基酸、盐类、代谢抑制剂 | $SO_4^{2-}$、$PO_4^{3-}$，糖（真核生物） | 氨基酸、乳糖等糖类，$Na^+$、$Ca^{2+}$等无机离子 | 葡萄糖、果糖、甘露糖、嘌呤、核苷、脂肪酸等 |

营养物质运输过程如图3-34所示。

# 相关知识二 微生物的培养基

培养基是人工配制的、适合微生物生长繁殖或产生代谢产物的营养基质。任何培养基都应具备微生物所需的六大营养要素，且比例合适。制备培养基不仅要考虑它所需要的含碳化合物、含氮化合物、矿物盐类、生长因子，还要考虑水与酸碱环境，同时还应考虑它们的培养方式是固体培养还是液体培养。培养基配成后必须立即进行灭菌以免杂菌生长并破坏培养基的固有成分和性质。换言之，培养基必须具备三个条件：含有菌株生长发育所需要的营养物质；具有菌类生长环境条件；经过灭菌，并保持无菌状态。

## 一、培养基的类型及应用

由于微生物种类、营养类型以及人们工作目的的多样性，培养基的配方和种类也很多。根据不同的分类依据，同一种培养基可分属于多种类型。

### 1. 按微生物的种类分类

可将培养基分成：细菌培养基、放线菌培养基、霉菌培养基和酵母培养基。

### 2. 按培养基的成分分类

可分为合成培养基、天然培养基、半合成培养基。

（1）合成培养基　如表3-14中的异养微生物培养基，营养基质中所有成分都是已知的化学物质，称为合成培养基。其特点是营养物质的成分及其浓度完全清楚、组分精确、重复性强。其缺点是一般微生物在合成培养基上生长缓慢，许多营养要求复杂的异养型微生物在合成培养基上不能生长，且配制较麻烦，价格较贵。因此合成培养基一般只在实验室里用于微生物分类鉴定、营养需求、代谢、生物量测定、菌种选育及遗传分析等研究。常用于放线菌培养的高氏一号培养基和常用于培养霉菌的查氏培养基就属于此类。

表 3-14 各类培养基成分

| 细菌 | 放线菌 | 酵母菌和霉菌 | 自养微生物 | 异养微生物 |
|---|---|---|---|---|
| 牛肉膏(3) | 可溶性淀粉(20) | 蔗糖(30) | 粉状硫(10) | 葡萄糖(0.5) |
| 蛋白胨(5) | $K_2HPO_4$(1) | $K_2HPO_4$(1) | $MgSO_4$(0.5) | $NH_4H_2PO_4$(1) |
| NaCl(5) | NaCl(1) | $MgSO_4$(0.5) | $(NH_4)_2SO_4$(0.4) | $MgSO_4$(0.2) |
| pH 7.2～7.4 | $FeSO_4$(0.01) | $NaNO_3$(3) | $FeSO_4$(0.01) | $K_2HPO_4$(1) |
| | $KNO_3$(1) | KCl(0.5) | $KH_2PO_4$(4) | NaCl(5) |
| | $MgSO_4$(0.5) | $FeSO_4$(0.01) | $CaCl_2$(0.25) | pH 7.2～7.4 |
| | pH 7.2～7.4 | pH 6.0 | pH 7.0～7.2 | |

注：表中数字为每升培养基中该成分的质量（g）。自养微生物以氧化硫杆菌为例，异养微生物以大肠埃希菌为例。

（2）天然培养基　用各种动物、植物和微生物材料制作的成分含量不完全清楚且变化不定的营养基质称为天然培养基（表 3-15）。配制这种培养基常用牛肉膏、酵母膏、米曲汁、麦芽汁、蛋白胨、牛乳、血清、马铃薯、玉米粉、麸皮、花生饼粉、土壤浸液、稻草浸汁、羽毛浸汁、胡萝卜汁、椰子汁等天然有机物。该培养基的优点是取材广泛方便，营养丰富，经济简便，微生物生长迅速，适合各种异养微生物生长，其缺点是成分不完全清楚，成分和含量不稳定，重复性差。仅适用于实验室的一般粗放性实验和工业生产中制作种子和发酵培养基。

表 3-15 几种天然培养基原料物质的来源及主要成分

| 营养物质 | 来　源 | 主 要 成 分 |
|---|---|---|
| 牛肉浸膏 | 瘦牛肉组织浸出汁浓缩而成的膏状物质 | 富含水溶性糖类、有机酸、有机氮化物（氨基酸、嘌呤、胍类）、无机盐（钾、磷等）、维生素（B 族） |
| 蛋白胨 | 将各种肉、酪素或明胶用酸或蛋白酶水解后干燥而成的粉末状物质 | 富含有机氮化物，也含一些维生素和糖类 |
| 酵母浸膏/酵母粉 | 酵母细胞的水溶性抽提物浓缩而成的膏状（或粉状）物质 | 富含 B 族维生素，也含有机氮化物和糖类 |
| 玉米浆 | 用亚硫酸浸泡玉米淀粉时的废水，经减压浓缩而成的浓缩液，棕黄色，其干物质占 50%，久置沉淀 | 含有可溶性蛋白质、多肽、小肽、氨基酸、还原糖和 B 族维生素 |
| 甘蔗糖蜜和甜菜糖蜜 | 制糖厂除去糖结晶后的废液，棕黑色 | 富含蔗糖和其他糖，也含氨基酸、有机酸、少量的维生素等 |

（3）半合成培养基　在天然有机物基础上加入某种已知的无机盐类或在合成培养基基础上加入某些天然有机成分。这种培养基能更有效地满足微生物的营养要求，微生物生长良好，配制方便，成本低廉。半合成培养基应用极其广泛，大多数微生物都能在此类培养基上生长，发酵工业和实验室中应用的大多都属于此类，如表 3-14 中的细菌培养基以及培养真菌用的马铃薯蔗糖培养基。

**3. 按培养基用途分类**

（1）基础培养基　按大多数自然界微生物的基本营养需要配制的培养基，称为基本培养基（MM）。基本培养基中再根据各种微生物的不同需要加入少数几种特殊成分就能满足某一具体微生物生长需要，例如培养某种营养缺陷型菌株，先配制基本培养基，之后再加入缺陷型菌株需要的营养成分即可，这种培养基称为补充培养基。凡可满足一切营养缺陷型菌株营养需要的天然或者半天然培养基，称为完全培养基（CM）。完全培养基营养丰富、全面，一般可在基本培养基中加入富含氨基酸、维生素和碱基之类的天然物质如蛋白胨、酵母浸膏等配制而成。

（2）富集培养基　又称增殖培养基、加富培养基。根据待分离微生物的特殊营养要求配制的适合该类微生物快速生长的营养基质。利用富集培养基能培养营养要求比较苛刻的异养型微生物，还能从混杂有多种微生物的材料中分离出所需微生物。此培养基一般是在普通培养基中加入特殊的营养物质，使某种微生物能在其中生长得比其他微生物更快，逐渐淘汰掉其他微生物。例如筛选纤维素酶生产菌菌种用的、以纤维素粉为唯一碳源的增殖培养基为：$K_2HPO_4$ 2g，$(NH_4)_2SO_4$ 1.4g，$MgSO_4 \cdot 7H_2O$ 0.3g，$MnSO_4$ 1.6mg，$FeSO_4 \cdot 7H_2O$ 5mg，$CaCl_2$ 0.3g，$ZnCl_2$ 1.7mg，$CoCl_2$ 2mg，纤维素粉 20g，琼脂 20g，水 1000mL，pH5.0。

除营养要求外，不同微生物对环境条件的要求也不相同，如厌气与好气、高温与低温及耐高渗压与不耐高渗压等。因此，利用富集培养基分离和培养所需的某种微生物时，必须同时考虑培养基营养成分和培养环境两个因素，才能达到预期目的。

(3) 选择培养基　利用分离对象对某些化学物质的抗性或生理特长设计的、能抑制或限制其他微生物生长而使分离对象正常生长的营养基质称为选择性培养基。不含氮源的培养基用于分离固氮微生物。加入抑制剂（如染料和抗生素）的培养基抑制杂菌生长繁殖，用于分离对该抑制剂有抗性的微生物。如培养基中含有 200～500mg/L 结晶紫，能抑制大多数革兰阳性细菌生长，得到革兰阴性菌；在培养基中加入一定量氯霉素对酵母菌生长无影响，但能抑制细菌生长，分离到所需酵母菌。除了化学抑制剂外，温度、pH 值、氧化还原电位和渗透压也可用于某些微生物的选择培养。

(4) 鉴别培养基　通过微生物代谢产物与指示剂的显色反应将该种微生物与其他微生物区分开的营养基质为鉴别培养基。鉴别培养基中含有能与某一无色代谢产物发生显色反应的指示剂，使待鉴别微生物菌落产生特定的颜色，以便与外形相似的其他菌落区分开。常用的鉴别培养基如表 3-16 所示。

**表 3-16　一些鉴别培养基**

| 培养基名称 | 加入化学物质 | 微生物代谢产物 | 培养基特征性变化 | 主要用途 |
|---|---|---|---|---|
| 酪素培养基 | 酪素 | 胞外蛋白酶 | 蛋白水解圈 | 鉴别产蛋白酶菌株 |
| 明胶培养基 | 明胶 | 胞外蛋白酶 | 明胶液化 | 鉴别产蛋白酶菌株 |
| 油脂培养基 | 食用油、土温、中性红指示剂 | 胞外脂肪酶 | 由淡红色变成深红色 | 鉴别产脂肪酶菌株 |
| 淀粉培养基 | 可溶性淀粉 | 胞外淀粉酶 | 淀粉水解圈 | 鉴别产淀粉酶菌株 |
| $H_2S$ 试验培养基 | 乙酸铅 | $H_2S$ | 产生黑色沉淀 | 鉴别产 $H_2S$ 菌株 |
| 糖发酵培养基 | 溴甲酚紫 | 乳酸、乙酸、丙酸等 | 由紫色变成黄色 | 鉴别肠道细菌 |
| 远藤培养基 | 碱性复红、亚硫酸钠 | 酸、乙醛 | 带金属光泽深红色菌落 | 鉴别水中大肠菌群 |
| 伊红美蓝培养基 | 伊红、美蓝 | 酸 | 带金属光泽深紫色菌落 | 鉴别水中大肠菌群 |

伊红美蓝培养基是最常见的鉴别培养基，用于乳品和饮用水中大肠埃希菌等细菌的检验。其成分为：蛋白胨 10g；乳糖 10g；$K_2HPO_4$ 2g；20%伊红水溶液 20mL；0.33%美蓝水溶液 20mL；琼脂 25g；水 1000mL，最终 pH 值为 7.2。

伊红美蓝两种苯胺染料可抑制革兰阳性细菌生长。伊红为酸性染料，美蓝为碱性染料。大肠埃希菌能强烈地分解乳糖产生大量的有机酸，结果与两种染料结合成深紫色带金属光泽菌落，产酸力弱的沙雷菌等属细菌菌落为棕色；不发酵乳糖不产酸的沙门菌等菌属细菌呈无色透明菌落。可将无害的大肠埃希菌与致病的沙门菌区别开来。

其他用途的培养基还有很多，如专门培养厌氧微生物的还原性培养基、培养某些病毒的组织培养物培养基、发酵工业中培养菌种的种子培养基和大规模生产的发酵培养基等。

**4. 按培养基的物理状态分类**

(1) 液体培养基　呈液体状态的培养基称为液体培养基。通过振荡或搅拌，培养基中通气量增加，营养物质分布均匀，微生物能与营养物质充分接触，适合积累代谢产物。多用于微生物生理实验研究和工业发酵生产中。

(2) 固体培养基 外观呈固体状态的培养基称为固体培养基。固体培养基主要用于微生物纯种分离、鉴定、活菌计数、菌种保藏等方面。固体培养基分为4种类型。

① 凝固培养基。向液体培养基中加入1.5%～2.0%琼脂或5%～12%明胶加热到100℃，冷却后成为固体培养基。该类培养基在微生物学实验中用途极为广泛。常用凝固剂为琼脂（表3-17）。

**表3-17 琼脂与明胶性质**

| 种类 | 成分 | 来源 | 常用浓度/% | 熔点/℃ | 凝固点/℃ | pH值 | 微生物利用能力 | 特点 |
|---|---|---|---|---|---|---|---|---|
| 琼脂 | 胶质多糖(琼脂糖和琼脂胶) | 石花菜等红藻 | 1.5～2 | 96 | 40 | 微酸 | 绝大多数微生物不能利用 | 能反复凝融，可加压灭菌；能被酸水解 |
| 明胶 | 蛋白质 | 兽骨 | 5～12 | 25 | 20 | 酸性 | 许多微生物能作为氮源利用 | 能被胰蛋白酶水解 |

② 非可逆性凝固培养基。由血液或无机硅胶凝固形成的固体培养基凝固后不能再熔化。无机硅胶平板专门用于化能自养微生物的分离与纯化。

③ 天然固体培养基。直接用某些天然固体状物质制成的培养基为天然固体培养基。例如麸皮、米糠、木屑、大米、麦粒、马铃薯片及胡萝卜条等天然材料均属天然固体培养基。

④ 滤膜。将有无数微孔的醋酸纤维薄膜等制成圆片浸在含培养液的纤维素衬垫上，就形成了具有固体培养基性质的营养滤膜。这类培养基用于特殊目的，如滤纸条培养基专门用于纤维素分解细菌的培养。

(3) 半固体培养基 液体培养基中加入少量琼脂（0.2%～0.7%）制成半固体状态的培养基。常用于微生物的运动性观察、趋化性研究、分类鉴定及测定噬菌体效价等，有时也用于厌氧菌增菌。

另外，病毒、立克次体等专性寄生微生物不能在一般培养基上生长，常用鸡胚、活细胞和动物培养。

## 二、培养基选用的方法和原则

虽然培养基的配方和种类很多，但是培养基的选用遵循以下原则。

### 1. 适合目标微生物的营养特点和培养目的

各种微生物营养类型不同，对营养物质需求各不相同，培养基成分应针对微生物的需求。现有培养基配方超过万种，可根据所培养的微生物查找相应培养基，并可以根据具体微生物的需要和培养目的调整配方。附录二列出了多种培养基的配方，表3-18对几种典型培养基配方进行了分析。

**表3-18 几种典型微生物的培养基配方**

| 培养基名称 | 成分/% | | | | pH值 | 适用微生物种类 |
|---|---|---|---|---|---|---|
| | 碳源 | 氮源 | 无机盐 | 生长因子 | | |
| 牛肉膏蛋白胨琼脂 | 牛肉膏0.3 | 蛋白胨0.5 | NaCl 0.5 | 已有 | 7.2～7.4 | 好氧细菌 |
| 高泽有机氮琼脂 | 葡萄糖1.0<br>牛肉膏0.3 | 蛋白胨0.5 | NaCl 0.5 | 已有 | 7.0～7.2 | 厌氧细菌 |

续表

| 培养基名称 | 成分/% | | | | pH 值 | 适用微生物种类 |
|---|---|---|---|---|---|---|
| | 碳源 | 氮源 | 无机盐 | 生长因子 | | |
| 高氏一号改良 | 淀粉 2.0 | $KNO_3$ 0.1 | $K_2HPO_4$ 0.05<br>$MgSO_4 \cdot 7H_2O$ 0.05<br>NaCl 0.05<br>$FeSO_4 \cdot 7H_2O$ 0.001 | — | 7.0～7.2 | 放线菌(每 300mL 加 3%重铬酸钾 1mL 以抑制细菌和霉菌) |
| 马铃薯蔗糖琼脂(PDA) | 蔗糖 2.0<br>马铃薯浸出液 2.0 | | | 已有 | 自然 pH 值 | 放线菌、真菌 |
| 马丁培养基 | 葡萄糖 1.0 | 蛋白胨 0.5 | $K_2HPO_4$ 0.1<br>$MgSO_4 \cdot 7H_2O$ 0.05 | 已有 | 5.5～5.7 | 真菌(每 100mL 加 1%链霉素 0.3mL) |
| 查氏培养基 | 蔗糖 3.0 | $NaNO_3$ 0.2 | $K_2HPO_4$ 0.1<br>$MgSO_4 \cdot 7H_2O$ 0.05<br>$FeSO_4 \cdot 7H_2O$ 0.001<br>KCl 0.05 | — | 6.0 | 霉菌 |
| 麦芽汁培养基 | 大麦芽 1kg 加水 3L 保温 60℃，使自然糖化至无淀粉反应为止，过滤，加 2～3 个鸡蛋清(有助于麦芽汁澄清)搅匀，煮沸再过滤。加水调糖液浓度至 10～15°Bé | | | 已有 | 自然 pH 值 | 酵母 |
| 豆芽汁培养基 | 新鲜豆芽 100g 加水 1L 煮沸 0.5h，过滤，加糖 5% | | | 已有 | 自然 pH 值 | 霉菌 |
| 米曲汁培养基 | 把米曲霉接种在大米饭上制成米曲，取干米曲 1kg 依麦芽汁制作方法制备 | | | 已有 | 自然 pH 值 | 代替麦芽汁培养基 |

培养微生物的工作目的不同，对原料的选择和配比也不尽相同。以枯草芽孢杆菌的培养为例，一般增殖培养选择肉汤培养基或 LB 培养基，如果要进行自然转化应选择基础培养基，如果需要观察其芽孢则选择生孢子培养基，如果利用其生产蛋白酶，则使用以玉米粉、黄豆饼粉为主的产酶培养基。

**2. 按微生物需要量调好营养物浓度和配比**

培养基中营养物质浓度适合目标微生物时，该微生物才能生长良好；营养物质浓度过低，不能满足微生物正常生长需要，过高则可能抑制微生物生长。如高浓度糖类物质、无机盐、重金属离子等不仅不能维持和促进微生物生长，反而起到抑菌或杀菌作用。

培养基中各营养物之间的浓度配比也直接影响微生物的生长繁殖和代谢产物的形成和积累。对于大多数异养微生物来说，它们所需各种营养要素的比例大体为：水＞碳源＞氮源＞P、S＞K、Mg＞生长因子。

在各种营养要素间的比例中，C/N 最为重要。C/N 指培养基中 C、N 原子的物质的量(mol) 之比。在异养微生物中，碳源还兼作能源，一般情况下，微生物每同化 1 份碳，大约需 4 份碳作能源，故碳源需要量较大。不同微生物要求不同的 C/N 比，如细菌和酵母菌约为 5∶1，霉菌约为 10∶1。细菌培养基的 C/N 较小，要求有较丰富的含氮物。碳源不足，菌体易早衰；氮源过量，菌体生长过旺，代谢产物积累少；氮源不足，菌体生长过慢。因此，设计种子培养基中氮的比例要高，即 C/N 要小，以利于菌数大量增加；在发酵培养以获得代谢产物为目的时，C/N 确定较为复杂，如所要代谢产物中含碳量较高，则 C/N 要高些；如所要代谢产物中含氮较高，则 C/N 要低些。如谷氨酸发酵种子培养基 C/N 为 4∶1，发酵培养基 C/N 为 3∶1。

**3. 控制微生物的培养条件**

除营养因素影响外，pH 值、氮与二氧化碳含量和渗透压等条件也影响微生物生长。

(1) pH 值　不同微生物要求不同的初始 pH 值，霉菌为 4.0～5.8，酵母为 3.8～6.0，细菌为 7.0～8.0，放线菌为 7.5～8.5，其他特殊微生物所需 pH 值差异很大。配制培养基时，应根据培养基的特点调好 pH 值。

调节培养基 pH 值可以通过加入碱性或酸性化合物 NaOH 和 HCl，但是微生物在生长过程中会产生能引起培养基 pH 值改变的代谢产物。例如在含糖培养基上，有的微生物有很强的产酸能力，使培养基的 pH 值下降，会抑制甚至杀死自身。微生物分解蛋白质和氨基酸会产生氨，引起 pH 值上升。微生物分解和利用培养基中的阴离子化合物（如琥珀酸钠），也会使 pH 值上升，而利用硫酸铵作氮源时，$NH_4^+$ 的吸收利用使 $SO_4^{2-}$ 过剩，导致 pH 值下降。通常加入缓冲液或微溶性碳酸盐可维持培养基 pH 值相对稳定。$K_2HPO_4$ 和 $KH_2PO_4$ 是常用的缓冲剂，两者等量混合液的 pH 值为 6.8，当微生物代谢使培养基 pH 值变化时，$K_2HPO_4$ 或 $KH_2PO_4$ 能使其中和。

$K_2HPO_4/KH_2PO_4$ 缓冲系统只能在一定的 pH 值范围（6.4～7.2）内起调节作用。大量产酸的微生物培养基中可加入难溶的碳酸盐进行调节。如 $CaCO_3$ 不会使培养基 pH 值升高很多，但可以中和代谢产生的酸，阻止 pH 值的降低。

(2) 氧和 $CO_2$ 的浓度　需氧微生物的氧气一般可从空气中获得，发酵罐培养时常通入无菌空气，使发酵液中含有充分的溶解氧，保证微生物需氧量。培养厌氧微生物（紫硫细菌和绿硫细菌等）时，可在培养基中加入 $NaHCO_3$ 来提高 $CO_2$ 的含量。培养厌氧菌时除了在配制培养基、灭菌、接种和培养一系列操作中采用严格的厌氧技术除去氧气外，还要在培养基中加入还原剂，降低其氧化还原电位。常用的还原剂为巯基乙酸（0.01%）、抗坏血酸（0.1%）、硫化钠（0.025%）、半胱氨酸（<0.05%）、葡萄糖（0.1%～1.0%）、铁屑、谷胱甘肽、氧化高铁血红素、二硫苏糖醇或庖肉（小块瘦牛肉）等。

(3) 其他条件　渗透压、水分活度和氧化还原电位（Eh）等因素也对微生物生长有影响。在发酵生产中，为了提高生产产量，趋向于采用较高浓度的培养基，但不能超过微生物的最适渗透压。培养基浓度过高，除影响渗透压外还降低培养基中的溶氧量。在特殊微生物（如耐盐微生物）的培养中，需向培养基中加入适量 NaCl，提高渗透压。不同类型微生物生长对 Eh 值的要求不一样，可通过增加通气量（如振荡培养、搅拌）提高培养基的氧分压，或加入氧化剂，从而增加 Eh 值；可通过在培养基中加入还原性物质降低 Eh 值。

**4. 经济节约原则**

设计配制大规模发酵培养基时，在保证微生物生长与积累代谢产物的需要的前提下，经济和节约也是很重要的。通用原则是"以粗代精、以野代家、以废代好、以简代繁、以烃代粮、以纤代糖、以氮代朊、以国产代进口"。

## 相关知识三　环境对微生物生长的影响

生长是微生物与外界环境因子共同作用的结果。在一定限度内环境因子的变化可以引起微生物形态、生理或遗传特性的变化，但超过一定限度的环境因子变化，常常导致微生物的死亡。反之，微生物在一定程度上也能通过自身或其他微生物的活动，改变环境条件以适合于它们的生存和发展。

影响微生物生长的外界因素很多，主要有物理、化学和生物因子三大方面，其中最主要的是营养物质、水、温度、pH 值和 $O_2$，它们对微生物生长影响显著，所以在设计培养基时控制微生物的培养条件是一条基本原则。

### 一、营养物质

微生物生长需要的全部营养因素有很多，需要量各不相同，营养不足导致微生物生长所需要的能量、碳氮源、无机盐等成分不足，此时机体一方面降低或停止细胞物质合成，或诱导合成特定的运输系统以充分吸收环境中的营养物质，另一方面机体对细胞内的某些成分进行降解以重新利用。

在分批培养中，营养物浓度较低时，微生物的生长速度和菌体产量常受到某种营养物质浓度的影响。在微生物连续培养、高密度培养中，常常利用限制性营养物的浓度控制生长速度、菌体和相应代谢物的产量。限制性营养物浓度对微生物生长速度和最大收获量的影响见图 3-35。由图可见，增加养料浓度在低浓度（<2mg/mL）下，可同时提高生长速度和最大收获量，在中等浓度（2～8mg/mL）下则只提高最大收获量，在高养料浓度（>8mg/mL）时，已不能对其生长速度和收获量起促进作用。

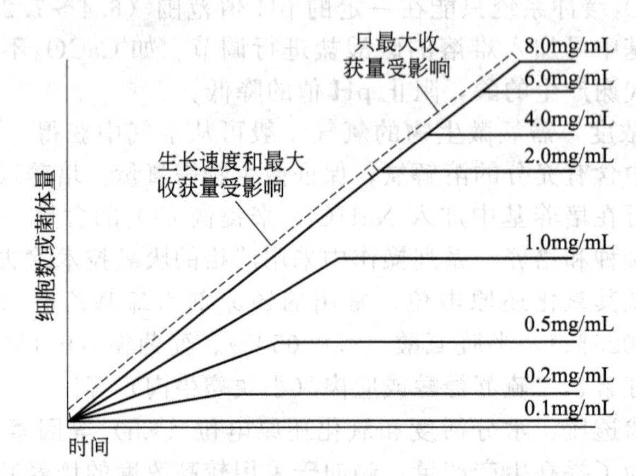


图 3-35　营养物浓度对微生物生长速度和菌体产量的影响

**拓展链接**

养料在低浓度下能影响微生物生长的原因与吸收有关。由于在低浓度下细胞膜上转运养料的载体蛋白尚未饱和，因而提高养料浓度能促使养料更多地进入细胞以加快其生长速度。在中浓度下由于载体蛋白已达到饱和状态，提高养料浓度已不能加快养料进入细胞的速度，因而也不能提高细胞的生长速度。但是它能延长细胞快速生长的持续时间，所以能提高细胞的最大收获量。

在其他许多情况下，过高的养料浓度反而会抑制生长并造成毒害作用，例如酵母菌在碳源浓度过高（高葡萄糖）的情况下，即使溶解氧充足，还是会进行有氧发酵，产生乙醇。盐渍或蜜饯食品中的高盐和高糖环境已足以抑制绝大多数微生物的生长。

## 二、水的活性和渗透压

水是一切生物进行正常生命活动的必要条件，是生物体重要的组成成分。水参与体内生化反应，并能维持蛋白质等大分子物质的稳定状态。生物体内大部分的水主要起溶剂和运输介质的作用。水生微生物在水溶液中生活，陆生微生物则从培养基质、固体表面附着的水膜或潮湿的空气中吸收水分。缺水的干燥环境不适于微生物生活，长期失水将导致死亡。渗透压主要影响溶液中水的可给性，若环境溶液中的溶质过高，渗透压过大，也将抑制微生物的生长繁殖，这也是高糖高盐环境抑制微生物生长的重要原因之一。

另外，液体表面的表面张力对微生物生长也有一定的影响。

1. 水分活度

水分活度是用于表示环境中水对微生物生长可给性高低的指标，用 $A_w$ 表示。$A_w$ 值实质上是以小数来表示与溶液或含水物质平衡时的空气相对湿度。即：

$$A_w=\frac{p_s}{p_w}=RH/100$$

式中　$P_s$——溶液或含水物质的蒸气压；

$P_w$——纯水的蒸气压；

RH——空气的相对湿度。

纯水的 $A_w$ 为 1.00，当含有溶质后，$A_w<1.00$。已知溶液的 $A_w$ 值取决于溶质的种类及其离解度。如在 25℃下，饱和 NaCl（约 30%）的 $A_w$ 值为 0.80；饱和蔗糖（20.5%）为 0.85；饱和甘油（202.4%）为 0.65。含有水分越多的物质 $A_w$ 越大。在培养基中添加的溶质造成水分活度即水的可给性的下降，至一定程度后会导致微生物生长速率下降。

一般微生物能够生长的 $A_w$ 在 0.60～0.99，不同微生物的最适 $A_w$ 不同（表 3-19）。

表 3-19　几类微生物生长最适 $A_w$

| 微生物 | $A_w$ | 微生物 | $A_w$ |
|---|---|---|---|
| 一般细菌 | 0.91 | 嗜盐细菌 | 0.76 |
| 酵母菌 | 0.88 | 嗜盐真菌 | 0.65 |
| 霉菌 | 0.80 | 嗜高渗酵母 | 0.60 |

干燥环境条件下，即 $A_w<0.60$～0.70 时，多数微生物代谢停止，处于休眠状态，严重时引起脱水，蛋白质变性，甚至死亡，所以干燥条件能保存食品和物品，防止腐败和霉变，这也是微生物菌种保藏技术的依据之一。

不同生长时期的微生物对干燥的抵抗能力也不同。微生物的营养细胞一般不耐干燥，几小时便会死去，但放线菌的分生孢子和细菌芽孢可以在干燥条件下保存数年。若在微生物营养细胞中加入少量保护剂（如脱脂牛奶、血清、蔗糖等）于低温冷冻的条件下真空干燥，微生物不仅可以长期保持其活力，而且能保持原有的遗传特性，是一种较理想的菌种保藏方法。

2. 渗透压

微生物通常具有比环境高的渗透压，因而很容易从环境中吸收水分。在微生物培养时应使培养基基本维持等渗。在低渗溶液中，去壁的细胞原生质体不稳定，细胞壁不牢固的 $G^-$ 菌细胞会破裂，这就是低渗破碎细胞法的原理。低渗溶液一般不对 $G^+$ 微生物的生存带来威胁。高渗环境会使细胞原生质脱水而发生质壁分离，因而能抑制大多数微生物的生长。这一原则也使我们可以在食品加工和日常生活中用高浓度的盐或糖来加工蔬菜、肉类和水果等，常用的食盐浓度为 10%～15%、蔗糖为 50%～70%。

除极端的生态条件以外，适合于微生物生长的渗透压范围较广。某些微生物能在高渗透压环境中生活，称为耐渗性微生物，如海洋微生物需要培养基中有 3.5%的 NaCl，某些极端嗜盐细菌能耐 15%～30%的高盐环境。虽然自然界没有高糖的天然环境，但少数霉菌和酵母菌能在 60%～80%的糖液或蜜饯食品上生长。

## 三、温度

微生物的生命活动都是由一系列在酶催化下进行的生物化学反应组成的，这些反应受温度影响极其明显，随着温度的升高，这些酶促反应的速度加快，代谢和生长也相应地加快。温度还影响微生物细胞膜的流动性和生物大分子的活性，如果温度继续升高，生物大分子变性，细胞功能下降，直至死亡。

尽管从总体上看微生物生长和适应的温度范围从－12～100℃或更高，但具体到对某一种微生物而言，则只能在有限的温度范围内生长，并具有最低、最适和最高三个临界值。这就是生长温度三基点。

生长温度三基点
- 最低：一般为－10～－5℃，极端为－30℃
- 最适
  - 嗜冷菌：<20℃（一般为 15℃）
  - 中温菌（20～45℃）
    - 室温菌：约 25℃
    - 体温菌：约 37℃
  - 嗜热菌：>45℃（一般为 50～60℃）
- 最高：一般为 80～95℃，极端为 105～150℃

**1. 温度对微生物的作用**

温度对微生物生长速率的影响如图 3-36 所示。在从最低到最适温度的范围内，生长速率随温度上升而加快，但超过最适温度以后，生长速率随温度升高而迅速下降。

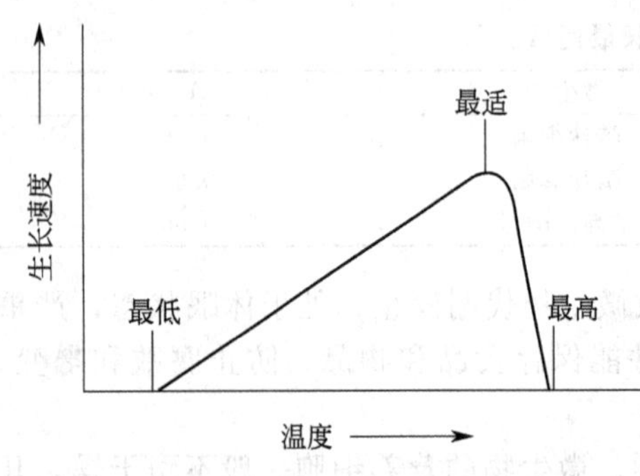


图 3-36　温度对生长速率的影响

低温一般不易导致微生物的死亡，微生物可以在低温下较长期地保存其生活能力，因此可以用低温来保藏微生物。但冰点以下的低温就会使细胞内水分转化为冰晶，引起细胞脱水，并对细胞结构尤其是细胞膜造成机械损伤，细胞因而破裂死亡。这时可加入甘油、血清或脱脂牛奶等保护剂，防止冰晶过大，降低水的有害作用，保护细胞膜结构，使微生物菌种在极低温度下长时期保存。有时实验室中常利用冰点以下温度反复冻融以达到破碎细胞的目的。

最适温度是微生物生长速率最快时的温度，即其分裂代时最短时的培养温度。但它不一定就是微生物积累代谢产物最多的温度，不一定就是获得细胞量最多的温度，也不一定就是发酵速率最高的温度。表 3-20 列出了几种微生物各生理过程的不同最适温度。乳酸链球菌虽然在 34℃下生长最快，但获得细胞总量最高的温度是 25～30℃，发酵速度最快的温度则为 40℃，乳酸产量最高的温度是 30℃。又如，黏质赛氏杆菌的生长最适温度为 37℃，而其合成灵杆菌素的最适温度为 20～25℃；黑曲霉（*Aspergillus niger*）生长最适温度为 37℃，而产糖化酶的最适温度则为 32～34℃。这一规律对指导发酵生产有着重要的意义。国外有报道，在产黄青霉总共 165h 的青霉素发酵过程中，根据其不同生理代谢过程有不同最适温度的特点，分成 4 段进行不同温度培养，即：

$$0h \xrightarrow{30℃} 5h \xrightarrow{25℃} 40h \xrightarrow{20℃} 125h \xrightarrow{25℃} 165h$$

结果，所得到的青霉素产量比常规的自始至终进行 30℃恒温培养的对照组提高了 14.7%。

**表 3-20　微生物各生理过程的不同最适温度**

| 菌　名 | 生长温度/℃ | 发酵温度/℃ | 累积产物温度/℃ |
|---|---|---|---|
| 嗜热链球菌 | 37 | 47 | 37 |
| 乳酸链球菌 | 34 | 40 | 产细胞 25～30<br>产乳酸 30 |
| 灰色链霉菌 | 37 | 28 | — |
| 北京棒杆菌 | 32 | 33～35 | — |
| 丙酮丁醇梭菌 | 37 | 33 | — |
| 产黄青霉 | 30 | 25 | 20 |

真菌也有类似情况，其生长最适温度往往也不一定是产生子实体的最适温度，如香菇进行菌丝体生长时最适温度为22～26℃，而发育和形成子实体的最适温度为20℃。

微生物在最高生长温度下仅有微弱的生长，一旦温度超过此限，将停止生长并导致死亡。

**2. 微生物的温度类型**

根据不同微生物对温度的要求和适应能力，可以把它们区分为低温、中温和高温三种不同的类型，各类微生物对温度的适应范围和分布见表3-21，温度对三种类型微生物的影响如图3-37所示。就耐热性而言，各主要微生物类群表现为：原核生物＞真核生物；非光合生物＞光合生物；简单的生物＞复杂的生物等一般规律。能耐100℃以上高温的细菌已经从海底的局部高温环境中分离出来。

**表3-21　微生物的生长温度类型**

| 微生物类型 | | 生长温度范围/℃ | | | 分布的主要地方 |
|---|---|---|---|---|---|
| | | 最低 | 最适 | 最高 | |
| 低温型 | 专性嗜冷 | −12 | 5～15 | 15～20 | 两极地区 |
| | 兼性嗜冷 | −5～0 | 10～20 | 25～30 | 海水及冷藏食品上 |
| 中温型 | 室温 | 10～20 | 20～35 | 40～45 | 腐生菌 |
| | 体温 | 10～20 | 35～40 | 40～45 | 寄生菌 |
| 高温型 | | 25～45 | 50～60 | 70～95 | 温泉、堆肥堆、土壤表层、热水加热器等 |

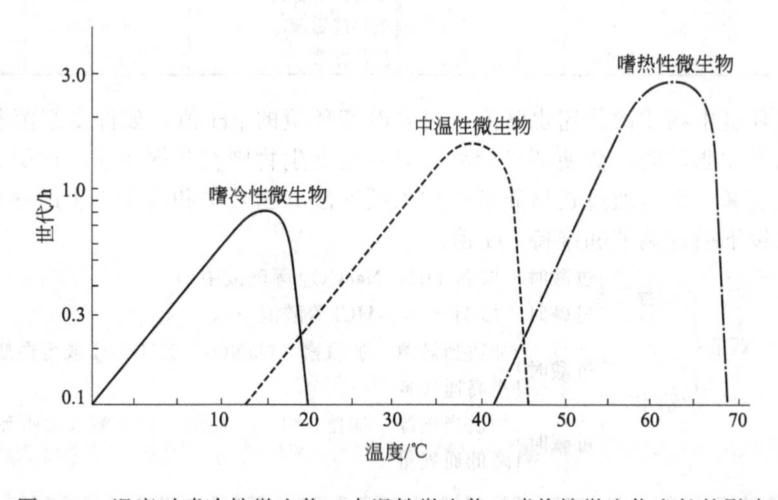


图3-37　温度对嗜冷性微生物、中温性微生物、嗜热性微生物生长的影响

## 四、pH值

环境的酸碱度对微生物生长也有重要影响。就总体而言，微生物能在pH 1～11的范围内生长，但不同种类微生物的适应能力各异，嗜酸性微生物的最适pH值在0.0～5.5之间、嗜中性微生物的最适pH值在5.5～8.0之间、嗜碱性微生物的最适pH值在8.5～11.5之间。

每一种微生物都有其最适pH值和能适应的pH值范围（最低值至最高值）。如表3-22所示。

**表3-22　不同微生物对pH值的适应范围**

| 微　生　物 | pH值 | | | 微　生　物 | pH值 | | |
|---|---|---|---|---|---|---|---|
| | 最低 | 最适 | 最高 | | 最低 | 最适 | 最高 |
| 氧化硫杆菌 | 1.0 | 2.0～2.8 | 4.0～6.0 | 亚硝酸细菌 | 7.0 | 7.8～8.6 | 9.4 |
| 嗜酸乳杆菌 | 4.0～4.6 | 5.8～6.6 | 6.8 | 一般放线菌 | 5.0 | 7.0～8.0 | 10.0 |
| 大豆根瘤菌 | 4.2 | 6.8～7.0 | 11.0 | 一般酵母菌 | 2.5 | 4.0～5.8 | 8.0 |
| 褐球固氮菌 | 4.5 | 7.4～7.6 | 9.0 | 一般霉菌 | 1.5 | 3.8～6.0 | 7.0～11.0 |

大多数细菌和原生动物是嗜中性的，多数霉菌和酵母菌微嗜酸，在pH4～6之间，藻类也微嗜酸。

不管微生物对环境pH值的适应性多么不同，任何生物细胞内的pH值都近于中性。这样就保证了细胞内DNA、ATP、叶绿素、RNA、磷脂等重要成分不被破坏。

同一种微生物在不同的生长阶段和不同的生理生化过程中，有不同的最适pH值要求。丙酮丁醇梭菌在pH值为5.5～7.0时，以菌体生长为主；在pH值为4.3～5.3时才进行丙酮和丁醇发酵。

同一种微生物在不同pH值的培养环境中所积累的代谢产物不同。pH值的变化常可以改变微生物的代谢途径并产生不同的代谢产物，例如酵母菌在pH 4.5～6.0时发酵糖产生酒精，当pH值大于7.6时则可同时产生酒精、甘油和乙酸。又如黑曲霉在pH 2.0～2.5时发酵蔗糖产生柠檬酸，在pH2.5～6.5时以菌体生长为主，当pH值升至中性时，则产生草酸。许多抗生素的生产菌也有同样的情况（表3-23），因此在发酵工业中调节和控制发酵液pH值可以改变微生物的代谢方向以提高生产效率。

**表3-23 几种抗生素产生菌的生长与发酵的最适pH值**

| 抗生素产生菌 | 生长最适pH值 | 合成抗生素最适pH值 | 抗生素产生菌 | 生长最适pH值 | 合成抗生素最适pH值 |
|---|---|---|---|---|---|
| 灰色链霉菌 | 6.3～6.9 | 6.7～7.3 | 金霉素链霉菌 | 6.1～6.6 | 5.9～6.3 |
| 红霉素链霉菌 | 6.6～7.0 | 6.8～7.3 | 龟裂链霉菌 | 6.0～6.6 | 5.8～6.1 |
| 产黄青霉 | 6.5～7.6 | 6.2～6.8 | 灰黄青霉 | 6.4～7.0 | 6.2～6.5 |

微生物对环境中物质的代谢也常能反过来改变环境的pH值，如许多细菌和真菌在分解培养基中的糖类和脂肪时产酸使环境变酸，另一些微生物则在分解尿素时产氨、蛋白质脱羧产胺而使环境变碱，可以通过在培养基中加入缓冲液（物）中和代谢产生的酸和碱。在发酵生产中可采取以下措施调节和维持pH值。

pH值调节
- “治标”
  - 过酸时：加NaOH、$Na_2CO_3$ 等碱液中和
  - 过碱时：加 $H_2SO_4$、HCl等酸液中和
- “治本”
  - 过酸时
    - 加适当氮源：加尿素、$NaNO_3$、$NH_4OH$ 或蛋白质等
    - 提高通气量
  - 过碱时
    - 加适当碳源：加糖、乳酸、醋酸、柠檬酸或油脂等
    - 降低通气量

## 拓展链接

温度对微生物生长产生影响的原因主要是：影响酶活性、细胞膜流动性和物质的溶解度。嗜冷微生物含有较多的能在低温下保持活性的酶，细胞质膜类脂中的不饱和脂肪酸也比较多，因而能在低温下仍然保持其半流动性和生理功能。高温型微生物因为具有耐热的酶和蛋白质及其合成系统，而其细胞质膜富含饱和脂肪酸，具有更强的疏水键以利于膜结构在高温下保持稳定。中温型微生物在低温下蛋白质合成受阻，物质溶解度降低，影响吸收和分泌，生长受抑制；高温下酶变性，气体物质溶解度降低，影响生长，甚至死亡。

pH值对微生物生长产生影响的原因是：pH值影响细胞质膜电荷变化，影响营养物质的离子化而改变微生物的吸收，影响酶等生物活性物质的活性，改变环境中有害物质的毒性。

## 五、氧和 Eh 值

Eh 值是环境的氧化还原电位，环境 Eh 值主要与氧分压有关，环境中氧气越多，Eh 值越高。Eh 值也受 pH 值影响，pH 值低时，Eh 值高，反之则 Eh 值低。改善通气状况和加入氧化性物质等能提高环境的 Eh 值，反之则可以使 Eh 值下降。

根据微生物适合生长的环境 Eh 值可将其分成好氧微生物（好氧菌）和厌氧微生物（厌氧菌）。一般在环境 Eh 值大于 0.1V 时才生长，并以 0.3～0.4V 为适宜的微生物称为好氧菌。一般要求环境 Eh 值小于 0.1V 才生长的称为厌氧菌。两种条件均可生长但代谢方式各异的称为兼性厌氧菌，此类微生物在 Eh 值小于 0.1V 时进行发酵作用、大于 0.1V 时则进行呼吸作用。

### 拓展链接

厌氧微生物不能利用氧是因为它们无法进行以分子氧为终受体的电子传递；而氧气对厌氧微生物的损害是因为没有 SOD，不能使氧气所产生的化学活动性极强的超氧阴离子自由基（$\cdot O_2^-$）转化为低毒害的过氧化氢，以致微生物细胞受毒害；不能利用的氧气会引起较高的 Eh 值，同样对它们的生存不利。

各类微生物中超氧化物歧化酶（SOD）和过氧化氢酶分布情况、微生物与氧的关系总结于表3-24，氧对其中三类微生物生长的影响见图 3-38。

**表 3-24 微生物与氧的关系**

| 微生物类型 | 最适生长的 $O_2$ 分压/Pa | 酶的分布情况 | | 举 例 |
|---|---|---|---|---|
| | | SOD 和细胞色素氧化酶 | 过氧化氢酶 | |
| 专性好氧菌 | 等于或大于 0.2 | 含量相对多 | 含量相对多 | 醋杆菌属、固氮菌属、铜绿假单胞菌、白喉棒杆菌 |
| 兼性厌氧菌 | 有氧或无氧 | 含量相对多 | 含量相对多 | 酿酒酵母、*E. coli*、产气肠杆菌、普通变形杆菌 |
| 微好氧菌 | 0.01～0.03 | 含量相对少 | 含量相对少 | 霍乱弧菌、氢单胞菌属、发酵单胞菌属和弯曲菌属 |
| 耐氧性厌氧菌 | 小于 0.02 | 含量相对少 | 无 | 乳酸菌、少数非乳酸菌 |
| 专性厌氧菌 | 不需要氧、有氧时死亡 | 无 | 无 | 梭菌属、拟杆菌属、梭杆菌属、双歧杆菌属、光合细菌和产甲烷菌 |

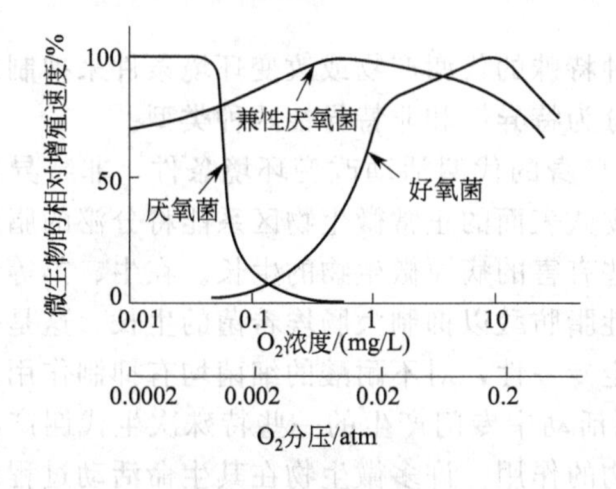


图 3-38 分子氧浓度和分压对三类微生物生长的影响

1atm＝101325Pa

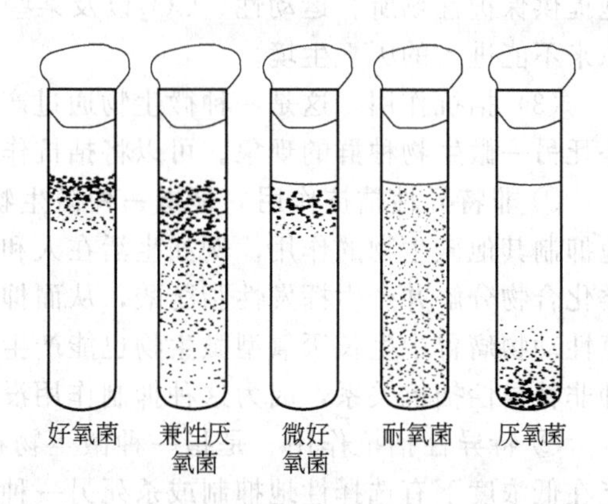


图 3-39 5 类对氧关系不同的微生物在半固体琼脂柱中的生长状态模式图

表 3-24 中的 5 类微生物在深层半固体琼脂柱中的生长特征有较大的差异，如图 3-39 所示。

在培养不同类型的微生物时就要为它们提供所需的 Eh 环境。培养好氧微生物应通过通气等方式提供充足的氧气使之正常生长；培养专性厌氧微生物则应排除环境中的氧，同时通过在培养基中添加还原剂以降低环境的 Eh；培养兼性厌氧或耐氧微生物则可以用深层静止培养的方式。实践中为了满足厌氧性微生物的生长而在培养基中添加半胱氨酸、硫代乙醇或硫代硫酸钠等还原性物质的目的就是为了进一步降低 Eh 值。

微生物的生命活动也会反过来影响和改变环境的 Eh 值。在一个 Eh 值高的氧化型环境中，常能观察到由于好氧性微生物的大量繁殖，一方面耗掉了分子氧，另一方面也会因其代谢活动而产生某些还原态中间产物（如半胱氨酸、$H_2S$ 等），从而可以造成局部的厌氧环境并为厌氧性微生物的生长创造了条件。

## 六、其他

微生物与微生物之间存在着相对复杂的相互作用，如拮抗、互生、中立、栖生、助生、偏生、寄生和吞噬等作用，微生物之间会相互促进或制约，其他微生物的存在可能促进微生物生长，如互生和共生关系的微生物，也可能抑制微生物生长，如有拮抗作用和寄生关系的微生物。

**1. 微生物相互关系**

（1）互生关系　互生关系指两种生物都可以单独生活，当生活在一起时，比单独生活的好，但二者不形成共生组织（生命整体）的关系。

例如，土壤中的纤维素分解菌分解纤维素成葡萄糖和有机酸，为自生固氮菌提供了碳源和能源，后者从空气中固定的氮素又能为纤维素分解菌提供氮素营养，一方面消除了有机酸对纤维素分解菌自身所造成的不利影响，另一方面加强了对纤维素的分解能力；阿拉伯糖乳杆菌能产生叶酸但需要苯丙氨酸，而粪链球菌能产生苯丙氨酸却需要叶酸，它们均不能在基本培养基上单独生长，但混合接种后却能正常生长。

（2）共生关系　共生关系指两种生物在一起生活，互相提供必要的生活条件，彼此依赖，形成一个在形态上具有共同结构，而在生理上却相互分工，互换生命活动产物的生存关系。如将二者分开，各自都生活不好。此可视为互生关系的高度发展。

例如草履虫和藻类（淡水中多为绿藻、海水中多为甲藻和金藻）的共生。每一个草履虫细菌可以含有 50～100 个藻细胞，藻细胞可为原生动物提供有机养料和氧气，后者则为藻细胞提供保护性场所、运动性、$CO_2$以及某些生长因子。藻类的共生使原生动物得以进入它们原来不能进入的厌氧生境。

（3）拮抗作用　这是一种微生物通过产生某种特殊的代谢产物或改变环境条件来抑制或杀死另一微生物种群的现象。可以将拮抗作用区分为特异性和非特异性两种类型。

① 非特异性拮抗作用　是指一种微生物通过自身的代谢活动改变环境条件，非特异性地抑制其他微生物的作用。例如生活在人和动物皮肤表面的正常微生物区系能将分泌的脂肪类化合物分解并产生挥发性脂肪酸，从而抑制一些有害的病原微生物的生长。在牛、羊等食草性动物瘤胃中生长厌氧型微生物也能产生挥发性脂肪酸以抑制大肠埃希菌的生长。这是一种非特异性拮抗关系，因为这种抑制作用没有特定专一性，对不耐酸的细菌均有抑制作用。

② 特异性拮抗作用　是指一种微生物在代谢活动中专门产生的一些特殊次生代谢产物能在低浓度下有选择性地抑制或杀死另一种微生物的作用。许多微生物在其生命活动过程中产生抗菌物质（抗生素和杀菌素），能抑制对它分泌物敏感的微生物，这是一种特异性拮抗关系。如青霉菌产生的青霉素能抑制革兰阳性菌和部分革兰阴性菌，链霉菌产生的制霉菌素主要抑制酵母菌和霉菌等。

微生物之间的这种关系，已被广泛用在卫生保健事业、食品保藏、食品发酵和动、植物病害防治等方面。

(4) 寄生关系 寄生关系是一种生物生活在另一种生物的表面或体内，从后者的细胞、组织或体液中取得营养，前者称为寄生物，后者称为寄主。在寄生关系中，寄生物对寄主一般是有害的，常使寄主发生病害或死亡。

寄生关系可以分为专性寄生和兼性寄生两大类。寄生物离开寄主不能生活的为专性寄生，如病毒、衣原体、立克次体、孢子虫和大多数的其他病原微生物是专性寄生的，它们只能在适宜的寄主动物或介体生物细胞内生活。寄生物可离开寄主营腐生生活为兼性寄生，如引起破伤风的破伤风芽孢梭菌和引起气性坏疽的产气荚膜梭菌属通常就生活在土壤中。

在微生物中，噬菌体寄生于细菌是常见的寄生现象。如噬菌蛭弧菌能在假单胞菌、大肠埃希菌等细胞内寄生。它们首先在特定部位侵袭寄主细胞，然后穿入寄主细胞壁，最后导致寄主细胞溶解。

有些真菌寄生在另外真菌的菌丝、分生孢子、厚垣孢子、卵孢子、游动孢子、菌核和其他结构上，如木霉寄生于马铃薯的丝核菌内，盘菌菌丝寄生在毛霉菌丝上，寄主常大量地或全部地遭到破坏。

**2. 微生物相互关系的应用**

近几十年来，合理利用微生物相互促进生长的关系在畜牧生产、医药、环境等各个领域的应用研究取得了很好的效果，微生态制剂/复合微生物菌剂种类增加迅速，应用广泛，无污染，效果显著。

(1) 微生态制剂（益生菌） 微生态制剂是用于提高人类、畜禽宿主或植物寄主的健康水平的人工培养菌群及其代谢产物，或促进宿主或寄主体内正常菌群生长的物质制剂总称。也就是说，一切能促进正常微生物群生长繁殖的及抑制致病菌生长繁殖的制剂都称为“微生态制剂”。它们可调整宿主体内的微生态失调，保持微生态平衡。微生态制剂有其他药品不可替代的优点，即“患病治病，未病防病，无病保健”的效果。即使健康人也可以服用，以提高健康水平，而且腹泻病人可以服用，便秘病人也可以服用。

微生态制剂在20世纪70年代兴起。抗生素滥用造成乳、蛋、肉中抗生素残留问题进入广大消费者视野后，美国和西欧一些国家相继禁用或限用抗生素作为饲料添加剂，美国从20世纪70年代开始使用饲用微生物代替抗生素，日本、西欧一些发达国家也相继开发研制新型的抗生素替代品，使微生态制剂得到较快的发展。我国动物微生态制剂的研究起步较晚，但发展很快，目前国内已有一批科研单位和生产厂家研制生产出饲用微生态产品。

复合微生物菌剂在污水和污物处理方面广为应用，在种植、养殖、水产上应用有显著的促进增收效果，也作为生物肥料和生物农药广泛使用。

(2) EM技术 EM技术即复苏型（effective microorganisms）的微生物群，就是收集5科10属80余种“厌氧性微生物”和“需氧性微生物”，把它们在贮缸中共存进行培养之后，加以利用的技术。因此，EM菌群是比较特别的复合微生物菌剂。

“厌氧性微生物”和“需氧性微生物”是在完全相反的生殖条件下生存，因而以往两者的共存被认为不可能，也就是在传统微生物学中，认为这两种类型差异的微生物一起处理便产生矛盾，因此，必须只处理特定的一种类型的微生物。“厌氧性微生物”有发酵菌、硫酸还原菌、绿色硫黄菌、拟杆菌、褐绿色光合细菌、双尾菌等肠内细菌；“需氧性微生物”有蓝藻、枯草菌、醋酸杆菌、甲烷单胞菌、硫黄细菌、固氮菌等。在目前地球条件下，“需氧性微生物”占绝对多数。

但是，EM技术则利用“抗酸性物质”存在，使得“厌氧性微生物”与“需氧性微生物”的共存变得可能。“厌氧性微生物”与“需氧性微生物”互相交换食饵，并且互相交换厌氧条件和需氧条件，在方向性相同的情况下，“厌氧性微生物”和“需氧性微生物”都能够相互帮助而共存。

EM技术培养一种多功能生物制剂，在各个领域均有着广泛的应用空间和发展空间，尤其在环保领域，EM技术可用于污水处理、净化空气和垃圾再利用等，尤其在污水处理中，对污水中的有机物、氮磷的去除效果较为明显。EM技术在环保领域的地位正在逐渐增强，并有广阔的应用前景。

EM净化污水是有益的发酵分解微生物与合成微生物共存，并通过其中发酵分解微生物的发酵分解，有机物溶解于水，并被混合的其他合成微生物急速地消化，生成大量的抗氧化物质，因此，一天仅需通气数小时，就可以产生自身消化作用，具有消耗自身形体的特性。例如EM对厕所等污水的净化具有惊人的效果，使用有益微生物的“EM净化法”，一个月后污水能够净化到饮用水程度，相当清洁。

EM技术在种植、畜牧、水产等生产中也有广泛的应用，甚至在医药上的应用前景也日益显现。

# 扩展阅读一 微生物的同步培养、连续培养和高密度培养

## 一、微生物的同步培养

在批量培养中，即使细菌在对数期以近于几何级数的速度裂殖时，群体中每一个细胞的分裂时刻并不相同，也就是说不同细胞在生长阶段、代谢活性及生理特性等方面存在着差异。在生理生化研究中为了了解微小的单个细胞生长过程及其复杂的生理和遗传等的变化规律，在发酵工业上为了选取全部处于指数期的种子，常常需要采用生长阶段和分裂时间一致的群体细胞，即同步细胞。在控制的实验条件下使群体中不同步的细胞转变成处于相同的生长阶段并保持同时分裂的同步细胞群体的培养方法称同步培养。实现同步生长的关键是分离处于相同生长阶段的细胞，常用的方法有以下三种。

### 1. 机械分离法

机械分离法是根据微生物细胞在不同生长阶段的细胞体积与质量或同某种材料结合能力不同的原理，选择相同的细胞体积或质量的培养物以达到同步的方法。

（1）离心法 根据不同生长阶段的细胞在离心力上的差异来分离处于同一阶段的细胞，以获得同步培养物（图 3-40）。

（2）过滤法 用一定孔径的微孔滤膜过滤，可以将大小不同的细胞分开，获得在形状和大小上一致的细胞用于同步培养。

（3）洗脱法 这是当前常用而且效果也较好的一种方法，根据细菌能紧紧结合到硝酸纤维素滤膜上的特点，将细菌悬液先经微孔滤膜过滤，让细胞贴附在膜上，然后将滤膜反转并在上部加入新的营养液，以洗去未结合的细菌，然后将滤器放入适宜条件下培养一段时间，再将新的培养基营养液加入，附于膜上的细胞已进行了分裂，所产生的子细胞因无法与滤膜接触而随着滤液落入下部的收集器中。收集器在短时间洗脱时获得的细胞均是刚分裂产生的子细胞，因而是同步分离物。

**2. 诱导法**

诱导法也称为环境条件控制技术，是根据微生物生长与分裂对环境因子要求不同的原理，通过改变养料、温度等环境条件来诱使不同步的培养物实现同步化的方法，主要有以下几种方法。

（1）温度法　先让培养物在稍低于最适温度的条件下培养，以控制生长延迟分裂，然后再转移到最适温度下培养，能使多数细胞同步化。

（2）养料法　也称培养基成分控制法。先让培养物在限制性养料缺乏的培养基中限制其生长的分裂，然后转入正常的生长培养基中，可以使多数细胞同步化。也可以将不同步的细胞转接到含有一定浓度抑制蛋白质等生物大分子合成的化学物质（如抗生素等）的培养基里，培养一段时间后，再转接到完全培养基里培养，获得同步细胞。

（3）其他方法　如对芽孢细菌可以先用加热或紫外线杀死营养细胞，然后再诱导存活芽孢的同期萌发。对于光合细菌可以将不同步的细菌经光照培养后再转到黑暗中培养，这样通过光照和黑暗交替培养的方式可获得同步细胞。

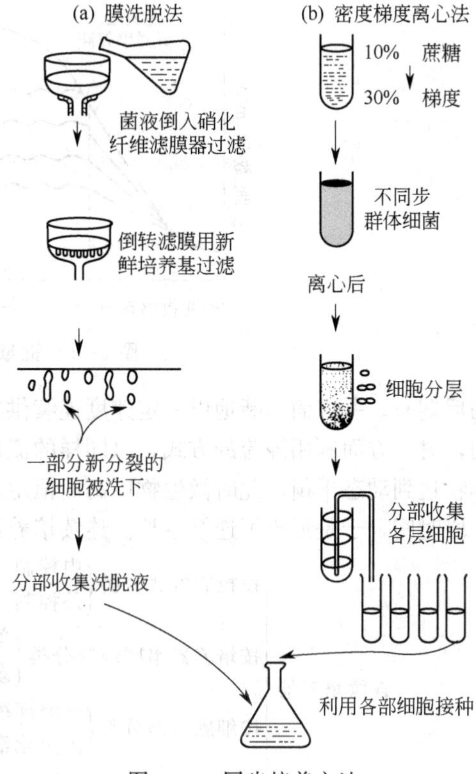


图 3-40　同步培养方法

**3. 解除抑制法**

采用蝶呤等代谢抑制剂阻断细胞 DNA 的合成，或用氯霉素等来抑制细胞蛋白质合成等方法来使细胞停留在较为一致的生长阶段，然后用大量稀释等方法突然解除抑制，也可在一定程度上实现同步生长。

应当指出，在上述几种不同的方法中，机械法不影响细胞的正常生理代谢，但要求不同发育阶段的细胞在形态大小上有差异。诱导法和解除抑制法虽然也能使多数细胞同步，但对细胞的正常代谢活动有一定的影响。具体实践中应根据培养同步细胞的目的而选择培养方法。还应当指出，不论采用以上哪一种方法获得的同步培养物，其同步时间也很有限，一般经过 2～4 代的同步分裂之后又会转入非同步生长。

## 二、微生物的连续培养

批量培养过程中，随着微生物生长和繁殖，培养基中营养物质不断减少，代谢产物的量不断增加，导致其由延滞期，经指数生长期、稳定期，走向衰亡期。在一定的条件下微生物只能完成一个生长周期。连续培养则是在微生物的整个培养期间，通过一定的方式使微生物能以恒定的生长速率生长并能持续生长下去的培养方法。从批量培养的稳定期产生的原因可知，在微生物培养过程中不断地补充营养物质并且以同样的速率移出培养物，就可以消除营养物质的不足及代谢产物的积累对生长的抑制作用，在理论上通常可以长期维持细胞处于指数生长期生长，实现微生物的连续培养。连续培养中菌体生长的重要特征是细胞浓度、生长速率和培养环境（如营养物和产物的浓度）将不随时间的变化而变化（图3-41）。

图 3-42 所示的是连续培养装置的基本结构示意图。在微生物以单批培养的方式培养到指数期

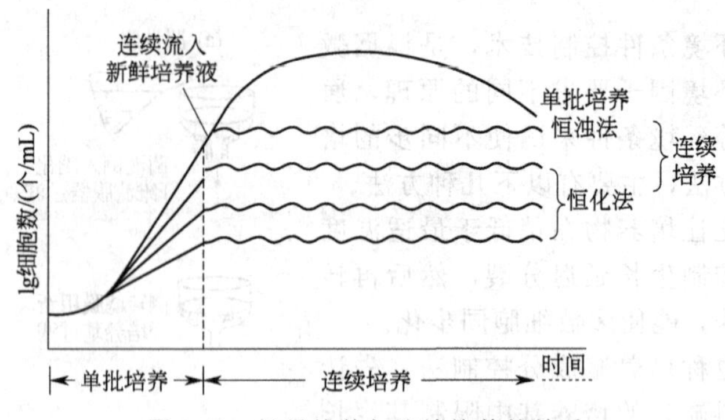


图 3-41　批量培养与连续培养的关系

的后期时，一方面不断地以一定速度连续供给培养器新鲜培养液和通入无菌空气，并立即搅拌均匀，另一方面利用溢流的方式，以同样的流速不断流出多余的培养物和代谢产物，使容器内的培养物达到动态平衡，此时微生物以高而恒定的生长速率生长并能维持该动态平衡持续生长较长的一段时间，于是形成了连续生长。连续培养器的类型很多，分类如下。

连续培养器
- 按控制方式分类
  - 内控制（控制菌体密度）：恒浊器
  - 外控制（控制培养液流速及生长速率常数值 $R$）：恒化器
- 按培养器串联级数分类
  - 单级连续培养器
  - 多级连续培养器
- 按细胞状态分类
  - 一般连续培养器
  - 固定化细胞连续培养器
- 按用途分类
  - 实验室科研用：连续培养器
  - 发酵生产用：大型连续发酵罐

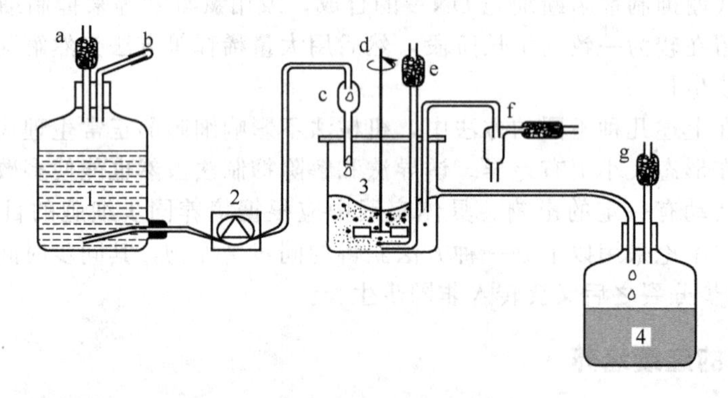


图 3-42　连续培养装置结构示意图

1—新鲜培养液贮备瓶，其上有过滤器 a 和培养基进口 b；2—流速控制阀；3—培养器，其上有培养基入口 c、搅拌器 d、空气过滤装置 e 和取样口 f；4—收集瓶，其上有过滤器 g

以下简单介绍控制方式和培养器级数不同的两种连续培养器的原理及应用范围。

**1. 按控制方式分类**

（1）恒浊培养系统（恒浊器）　这是一种根据培养器内微生物的生长密度，通过光电装置自动测定并通过调节加入培养液的流速来保持培养物浊度恒定，以取得菌体密度高、生长速度恒定的微生物细胞的连续培养器［图 3-43(b)］。恒浊连续培养的目的是控制并获得菌数恒定的培养物，它一般采用养料浓度较高的完全培养基，没有限制性养料成分，因而能让培养物以最高的速率增长，当菌数过高时，光电装置测得培养器内微生物的浊度增加并能调节和加快培养液的进入速度以使浊度降低；反之，当菌数过低时，又能调节使加入培养液的流速降低，让浊度回升。因此，这类培养器的工作精度是由光电控制系统的灵敏度决定的。在恒浊器中的微生物始终能以最高生长速率进行生长，并可在允许范围内控制不同的菌体密度。

恒浊连续培养既能实现微生物的高速增长又能提供大量形态与生理特征基本相同的细胞，以及与菌体生长平行的代谢产物，因而在微生物代谢等研究和发酵工业实践等方面有着广泛的应用。在生产实践上，为了获得大量菌体或与菌体生长相平行的某些代谢产物（如乳酸、乙醇）时，都可以利用恒浊器类型的连续发酵器。

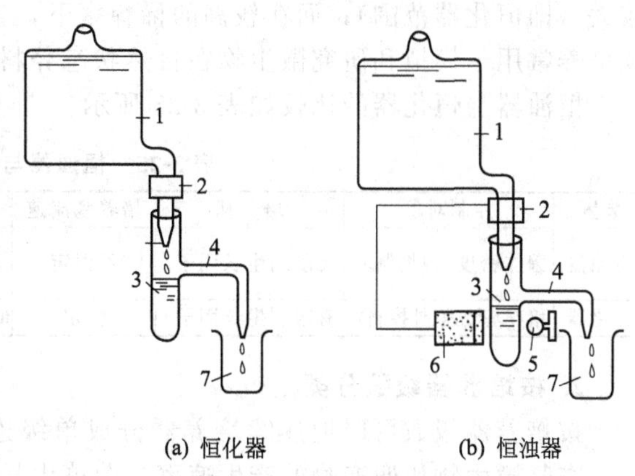


图 3-43　恒化和恒浊培养装置结构异同示意图

1—新鲜培养基贮备瓶；2—流速控制阀；3—培养器；4—排出管；5—光源；6—光电池；7—流出物

（2）恒化培养系统（恒化器）　与恒浊器相反，恒化器是一种通过控制培养液以某一固定流速流入来保持某一养料成分的浓度，并使微生物始终在低于其最高生长速率的条件下进行生长繁殖的连续培养装置［图 3-43(a)］。在恒化连续培养中使用的培养液中需要有一种低浓度的限制生长因子，因而可以通过调节其浓度的方法来获得具有不同生长速度的培养物。控制细菌生长速率的限制因子可以是氨基酸、氨和铵盐等氮源，或是葡萄糖、麦芽糖等碳源，或者是无机盐、生长因子等物质。在恒化器中，一方面菌体密度会随时间的增长而增高，另一方面，限制因子的浓度又会随时间的增长而降低，两者相互作用的结果，出现微生物的生长速率正好与恒速流入的新鲜培养基流速相平衡。这样，既可获得一定生长速率的均一菌体，又可获得虽低于最高菌体产量，却能保持稳定菌体密度的菌体。

恒化培养的关键是调节好培养液的加入速度或稀释率。在连续培养中稀释率与培养物细胞密度和限制性养料浓度的关系见图 3-44。由图可见，在高倍稀释条件下，总菌数迅速下降而培养液养料浓度升至最大。在低于以上条件的一个很大稀释率范围内，菌数能保持恒定而基质养料浓度也较低，唯有培养物的生长速率变化范围较大。在低稀释率下生长速度变化

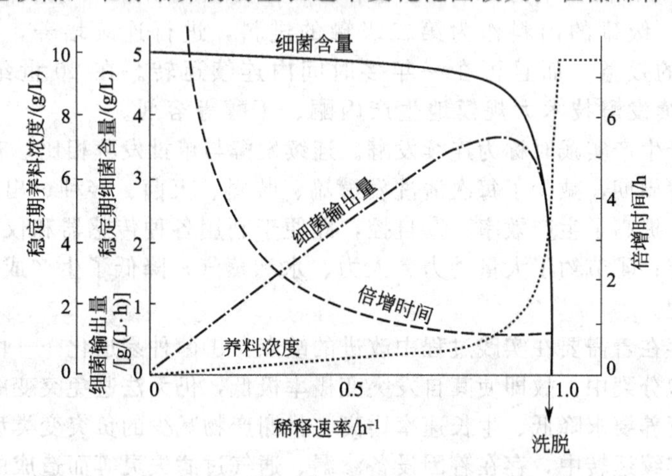


图 3-44　连续培养中稀释率与培养物细胞浓度、限制性养料浓度和生长速率的关系

较大（即恒化器范围）；而在较高的稀释率下，生长速度变化较小（即恒浊器范围）。恒化连续培养常用于模拟和研究微生物在自然状态养料稀薄状态下的生长规律。

恒浊器与恒化器的比较如表 3-25 所示。

**表 3-25 恒浊器与恒化器的比较**

| 装置 | 控制对象 | 培养基 | 培养基流速 | 生长速率 | 产物 | 用途 |
|---|---|---|---|---|---|---|
| 恒浊器 | 菌体密度(内控制) | 无限制生长因子 | 不恒定 | 最高速率 | 大量菌体或与菌体相平行的代谢产物 | 生产为主 |
| 恒化器 | 培养基流速(外控制) | 有限制生长因子 | 恒定 | 低于最高速率 | 不同生长速率的菌体 | 实验室为主 |

**2. 按培养器级数分类**

按培养器级数可以把连续培养器分成单级连续培养器和多级连续培养器两类。如上所述，在某微生物代谢产物的产生速率与菌体生长速率相平行的情况下，可采用单级恒浊式连续发酵器。而在要生产的产物与菌体生长不平行的情况下，例如丙酮、丁醇或某些次生代谢产物时，就应根据其产生规律，设计与之相适应的多级连续培养装置（图 3-45）。

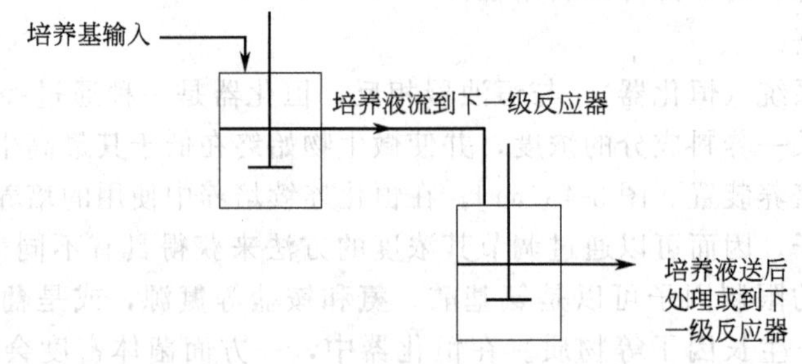


图 3-45 多级连续培养示意图

以丙酮、丁醇发酵为例，丙酮丁醇梭菌的产物合成与菌体生长是先后相继进行的，前期是菌体生长期，持续时间较短，以生产菌体为主，生长在 37℃时较快，后期是产物合成期，持续时间较长，以产溶剂（丙酮、丁醇）为主，温度 33℃时产量较高。根据这种特点，国外首先发明了一个两级连续发酵罐：第一级罐保持 37℃、pH4.3、培养液的稀释率为 0.125/h（即控制在 8h 可以对容器内培养液更换一次的流速），第二级罐为 33℃、pH4.3、稀释率为 0.04/h（即 25h 才更换培养液一次），并把第一、二级罐串联起来，第一级罐的出料作为第二级罐的进料，进行连续培养，达到了更高的产量，产生了更好的效益，而且可在一年多时间内连续运转。在 20 世纪 60 年代我国上海也采用多级连续发酵技术大规模地生产丙酮、丁醇等溶剂。

连续培养用于生产实践时称为连续发酵。连续发酵与单批发酵相比，有许多优点：①高效，它缩短了发酵周期，减少了每次清洗发酵罐、装料、灭菌、接种、出料等的操作时间，提高设备利用率，提高了生产效率；②自控，即便于利用各种传感器和仪表进行自动控制；③产品质量较稳定；④节约了大量动力、人力、水和蒸气，降低了生产成本，且使水、气、电的负荷均衡合理。

连续培养也存在着需要在实践过程中改进的缺点：①菌种易退化——由于长期让微生物处于高速率的细胞分裂中，故即使其自发突变概率极低，仍无法避免突变的发生，尤其当发生比原生产菌株营养要求降低、生长速率增高、代谢产物减少的负突变类型时；②易污染杂菌——在长时期连续运转中，存在着因设备渗漏、通气过滤失灵等而造成的污染；③营养物的利用率一般低于单批培养。因此，连续发酵中达不到理论上的无限“连续”，一般可达数月至一两年。

在生产实践中，连续培养技术已较广泛地应用于酵母菌单细胞蛋白（SCP）的生产，乙醇、乳酸、丙酮和丁醇的发酵，用解脂假丝酵母等进行石油脱蜡，以及用自然菌种或混合菌种进行污水处理等各领域中。国外已将微生物连续培养的原理运用于提高浮游生物饵料产量的实践中，并收到了良好的效果。随着固定化细胞和固定化酶技术的深入发展，连续发酵技术将有更广泛的应用前途。

## 三、微生物的高密度培养

微生物的高密度培养一般是指微生物在液体培养中细胞群体密度超过常规培养10倍以上时的生长状态或培养技术，其目的一是希望减少培养容器的体积、培养基的消耗和提高“下游工程”中分离、提取的效率，二是希望缩短生产周期、减少设备投入和降低生产成本。尤其对于利用基因工程菌生产多肽类药物等贵重药品（例如*E. coli*生产人生长激素、胰岛素、白细胞介素类和人干扰素等），若能提高菌体培养密度，提高产物的比生产率（单位体积单位时间内产物的产量），则有极大的经济效益和重要的社会意义。

不同菌种和同种不同菌株间，在达到高密度的水平上差别极大。在理想条件下，*E. coli*的理论计算出的高密度值可达200g（湿重）/L，甚至可达400g/L。但实践中能实现的高密度生长的实际最高纪录为：*E. coli* W3110可达174g（湿重）/L，*E. coli*用于生产PHB的“工程菌”可达175.4g（湿重）/L。不能实现理论值的高密度培养主要是由于高密度造成了培养液的高黏度，从而在实践上难以解决培养菌的养料供应和产物危害等问题。在理论密度200g（湿重）/L的情况下，*E. coli*细胞几乎占发酵液的1/4，引起培养液的高黏度，其流动性也几近丧失，极易造成氧气供应不足、养料不足和比例失当等问题。

进行高密度培养的具体方法很多，无论选择什么方法都应解决这些问题，以获最佳效果。为了尽量接近高密度的理论值，应从下面几个方面着手。

（1）选取最佳培养基成分和各成分含量

例如，*E. coli*产1g（菌体）/L所需无机盐量为：

$NH_4Cl$ 770mg/L，$KH_2PO_4$ 125mg/L，$MgSO_4 \cdot 7H_2O$ 17.5mg/L，$CaCl_2$ 0.4mg/L，$K_2SO_4$ 7.5mg/L，$FeSO_4 \cdot 7H_2O$ 0.64mg/L。

而在*E. coli*培养基中一些主要营养物的抑制浓度则为：

葡萄糖50g/L，$Mg^{2+}$ 8.7g/L，$Fe^{2+}$ 1.15g/L，氨3g/L，$PO_4^{3-}$ 10g/L，$Zn^{2+}$ 0.038g/L。

此外，合适的C/N比也是*E. coli*高密度培养的基础。

（2）提高溶解氧的浓度　提高好氧菌和兼性厌氧菌培养时的溶解氧量也是进行高密度培养的重要手段之一。提高氧浓度甚至用纯氧或加压氧替代含21%氧的空气去培养微生物，可大大提高高密度培养的水平。例如，用纯氧培养酵母菌，可使菌体湿重达到100g/L。

（3）补料　是*E. coli*工程菌高密度培养的重要手段之一。补料一般采用逐量流加的方式进行。因为供氧不足，过量葡萄糖将引起“葡萄糖效应”，并导致有机酸过量积累，抑制生长。

（4）防止有害代谢产物的生成　乙酸是*E. coli*产生的对自身的生长代谢有抑制作用的产物。可采用诸如选用天然培养基，降低培养基的pH值，以甘油代替葡萄糖作碳源，加入甘氨酸、甲硫氨酸，降低培养温度（从37℃下降至26～30℃）来防止乙酸的生成，以及采用透析培养法去除乙酸等。

微生物高密度生长的研究时间尚短，被研究过的微生物种类还很有限，主要局限

于 *E. coli* 和酿酒酵母（*Saccharomyces cerevisiae*）等少数兼性厌氧菌上。对其他好氧菌和厌氧菌高密度生长研究的深入，将对微生物学基础理论和有关生产实践产生重大意义。

# 扩展阅读二　微生物的代谢

新陈代谢简称代谢，是指发生在活细胞中的各种分解代谢与合成代谢的总和。

分解代谢，又称异化作用，是指营养物质在分解酶类催化下，由结构复杂的大分子变成简单的小分子物质的反应。所经历的过程为分解途径，产物包括简单分子、能量（一般用腺苷三磷酸即ATP形式存在）和还原力（或称还原当量，一般用［H］来表示）。合成代谢又称同化作用，是指在合成酶系催化下，由简单小分子、ATP形式的能量和［H］形式的还原力一起合成复杂的生物大分子的过程。

分解代谢与合成代谢间有着极其密切的关系，分解代谢为合成代谢提供能量及各种中间代谢物，而合成代谢又反过来为分解代谢创造了更好的条件，两者相互联系、共同促进了生物个体的生长繁殖和种族的繁荣。分解代谢和合成代谢可简单表示如下：

$$\text{复杂分子}\underset{\text{合成酶类}}{\overset{\text{分解酶类}}{\rightleftharpoons}}\text{简单分子}+\text{ATP}+[\text{H}]$$

一切生物的新陈代谢过程在本质上既有着高度统一性，又存在着明显的多样性。微生物代谢的多样性或称特殊性问题，使微生物在生产和生活中有着多种用途。

代谢
- 分解代谢
  - 生物大分子分解成生物小分子（物质代谢）
  - 释放能量—产能代谢（能量代谢）
- 合成代谢
  - 需要能量—耗能代谢（能量代谢）
  - 生物小分子合成为生物大分子（物质代谢）

## 一、微生物的产能代谢

对微生物而言，它们可利用的最初能源包括有机物、日光和还原态无机物三大类，研究微生物产能代谢就是研究微生物如何把外界环境中的最初能源转变成生命活动的通用能源——ATP。

最初能源
- 有机物 →（化能异养菌）→ 通用能源 ATP
- 日光 →（光能自养菌）→ 通用能源 ATP
- 还原态无机物 →（化能自养菌）→ 通用能源 ATP

### 1. 化能异养微生物的生物氧化

化能异养微生物产能代谢的实质就是有机物的生物氧化。有机物生物氧化的形式是脱氢或失去电子，过程包括脱氢（电子）、递氢（电子）和受氢（电子）三个阶段；生物氧化的功能有产能［ATP］、产还原力［H］和产小分子中间代谢物；依据最终氢受体性质不同，化解异养微生物的生物氧化分为发酵和呼吸两种类型。下面以葡萄糖为例来说明有机物的氧化过程。

(1) 底物脱氢的途径　底物脱氢主要有四条途径，每条途径都有脱氢、产能和产生小分子中间代谢物的功能。

① EMP途径（embden-meyerhof-parnas pathway）　又称糖酵解途径或己糖二磷酸途径，是绝大多数生物所共有的一条主流代谢途径。以1分子葡萄糖为底物，经过约10步反应产生2分子丙酮酸、2分子ATP和2分子还原力NADH＋$H^+$（又称还原性辅酶Ⅰ，有

时用 $NADH_2$表示）（图 3-46）。在此途径中，葡萄糖只是部分被氧化，产生较少的 ATP 和 [H]。在有氧条件下，EMP 途径与三羧酸循环（TCA）途径连接，并通过后者把丙酮酸彻底氧化成 $CO_2$和 $H_2O$。在无氧条件下，丙酮酸或其进一步代谢后所产生的乙醛等产物被还原，从而形成乳酸或乙醇等产物。

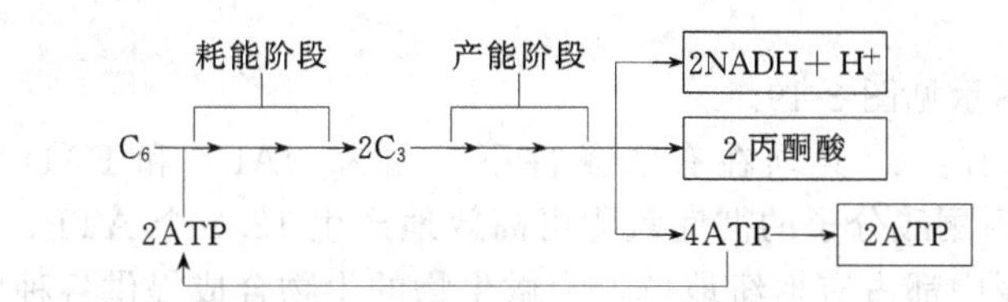


图 3-46 EMP 途径示意图（$C_6$ 为葡萄糖，$C_3$ 为 3-磷酸甘油醛，方框表示终产物）

EMP 途径产能虽少，但是生理功能极其重要：a. 供应 ATP 形式的能量和 $NADH+H^+$形式的还原力；b. 连接其他几个重要代谢途径；c. 为生物合成提供多种中间代谢产物；d. 通过逆向反应可进行多糖的合成。EMP 途径与乙醇、乳酸、甘油、丙酮和丁醇等物质的发酵生产关系密切。

② HMP 途径（hexose monophosphate pathway） 又称磷酸戊糖途径。其特点是葡萄糖不经 EMP 途径和 TCA 途径而得到彻底氧化，并能产生大量的 $NADPH+H^+$形式的还原力和多种中间代谢物（图 3-47）。

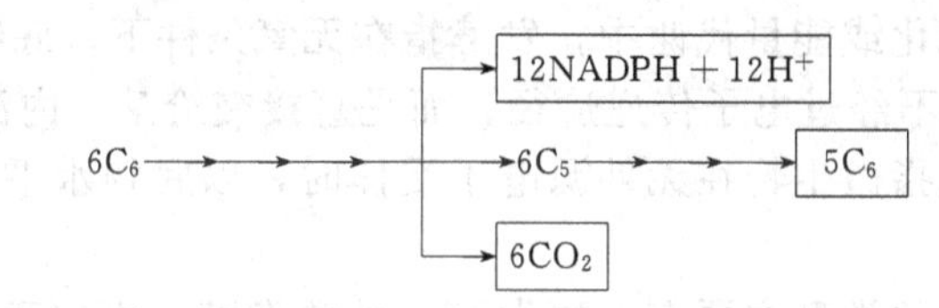


图 3-47 HMP 途径示意图（$C_6$为已糖，$C_5$为核酮糖-5-磷酸，有方框的为终产物）

HMP 途径在微生物生命活动中意义重大，主要有：a. 供应合成原料；b. 产生还原力；c. 作为固定 $CO_2$的中介；d. 扩大碳源的利用范围，为微生物利用 $C_3$～$C_7$ 多种碳源提供了必要的代谢途径；e. 连接 EMP 途径，可为生物合成提供更多的戊糖。

通过 HMP 途径，可以提供核苷酸、氨基酸、辅酶和乳酸等重要的发酵产物。

③ ED 途径（entner-doudoroff pathway） 又称 2-酮-3-脱氧-6-磷酸葡萄糖酸（KDPG）裂解途径，只存在于某些缺乏完整 EMP 途径的微生物中，为微生物所特有的一种代谢方式。其过程可简单表示如图 3-48 所示。

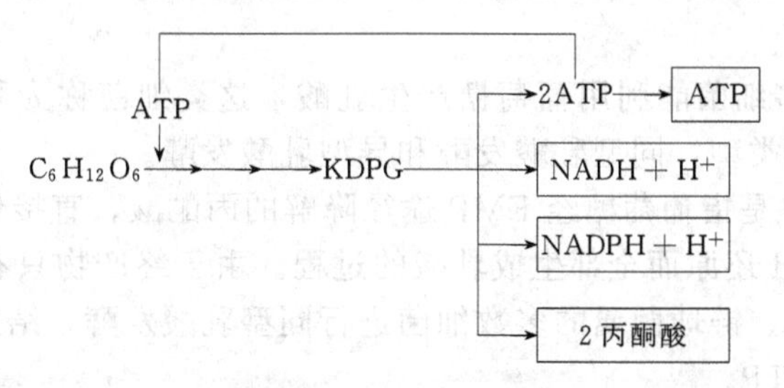


图 3-48 ED 途径示意图

ED 途径最主要的特点是：a. 1 分子葡萄糖只经 4 步反应即得 2 分子丙酮酸，但这 2 分子丙酮酸来源不同，1 分子由 KDPG 裂解产生，另一分子则由 3-磷酸甘油醛经 EMP 途径转化而来；b. ED 途径产能效率低，1 分子葡萄糖经 ED 途径分解只产生 1 分子 ATP。

④ 三羧酸循环（tricarboxylic acid cycle） 又称 TCA 循环、Krabs 循环或柠檬酸循环，

是指丙酮酸经过一系列循环式的反应而彻底氧化、脱羧，形成 $CO_2$、$H_2O$ 和 $NADH_2$ 的过程。这是一个广泛存在于各种生物体中的重要生物化学反应，在各种耗氧微生物中普遍存在。在真核生物中，TCA 循环的反应在线粒体内进行，其中的大多数酶定位于线粒体基质中；在原核生物中，大多数酶定位于细胞质内，只有琥珀脱氢酶例外，它在线粒体或细菌中都是结合在膜上。

三羧酸循环简单图示见图 3-49。

TCA 循环的特点有：a. 必须在有氧条件下，因为 $NAD^+$ 和 FAD 的再生需要氧气；b. 产能效率高，每个丙酮酸分子的彻底氧化可高效地产生 12.5 个 ATP；c. TCA 循环在一切分解代谢和合成代谢中都占有枢纽地位，为微生物的生物合成提供各种碳架原料。在工业上，TCA 循环与柠檬酸、苹果酸、延胡索酸、琥珀酸和谷氨酸等的发酵生产密切相关。

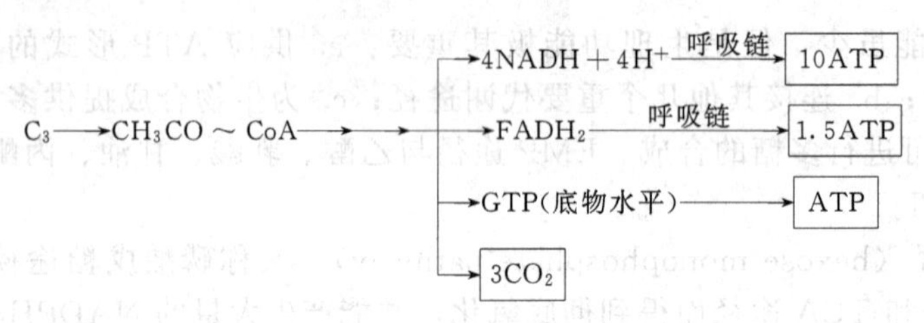


图 3-49 TCA 循环示意图

(2) 发酵 在生物氧化或能量代谢中，发酵指在无氧条件下，底物经过上述常规途径脱氢所产生的还原力 [H] 不经过电子传递途径，而是直接交给某一内源氧化性中间代谢产物的一类低效产能反应，或指微生物在无外源电子受体时，以底物水平磷酸化产生 ATP 的生物学过程。

根据发酵产物，发酵的类型主要有乙醇发酵、乳酸发酵、丙酮丁醇发酵、混合酸发酵、斯提克兰反应（Stickland 反应）等。

① 乙醇发酵 乙醇发酵是指丙酮酸在无氧条件下生成乙醇的过程。能进行乙醇发酵的微生物主要是酵母菌，某些生长在极端酸性条件下的严格厌氧菌，如胃八叠球菌（*Sarcina ventriculi*）等也可以进行酵母型乙醇发酵。此类发酵的过程是葡萄糖经 EMP 途径降解产生的丙酮酸在丙酮酸脱羧酶的作用下生成乙醛和 $CO_2$，乙醛接受糖酵解中产生的 NADH 中的氢，在乙醇脱氢酶的作用下还原成乙醇。

还有一些细菌，如运动发酵单胞菌和厌氧发酵单胞菌也可进行乙醇发酵（细菌型乙醇发酵），其发酵产物也是乙醇和 $CO_2$，但它的丙酮酸是经 ED 途径产生的，因此产生的能量是酵母菌乙醇发酵的一半。

② 乳酸发酵 许多细菌能利用葡萄糖产生乳酸，这类细菌称为乳酸细菌。根据产物的不同，乳酸发酵有两种类型：同型乳酸发酵和异型乳酸发酵。

a. 同型乳酸发酵 是指葡萄糖经 EMP 途径降解的丙酮酸，直接作为氢受体，在乳酸脱氢酶的作用下被 NADH 还原而全部生成乳酸的过程。由于终产物只有乳酸一种，故称为同型乳酸发酵。乳杆菌属、链球菌属的多数细菌进行同型乳酸发酵，结果是 1 分子葡萄糖产生 2 分子乳酸和 2 分子 ATP。

b. 异型乳酸发酵 是指发酵终产物除乳酸以外还有一部分乙醇或乙酸。肠膜状明串珠菌利用 PK 途径（指戊糖磷酸酮醇酶途径）进行异型乳酸发酵。葡萄糖经 PK 途径分解产生 3-磷酸甘油醛和乙酰磷酸。3-磷酸甘油醛转变为丙酮酸后通过还原丙酮酸生成乳酸，乙酰磷酸经两次还原变为乙醇，终产物是乳酸和乙醇。

③ 丙酸发酵 许多厌氧菌可进行丙酸发酵。葡萄糖经 EMP 途径分解为丙酮酸后，再被

转化为丙酸。

④ 丁酸发酵 某些专性厌氧的梭状芽孢杆菌，如丁酸梭菌能进行丁酸发酵。在发酵过程中，葡萄糖经 EMP 途径降解为丙酮酸，接着将丙酮酸转化为乙酰辅酶 A，乙酰辅酶 A 再经一系列反应生成丁酸。发酵产物中除了有丁酸外，还有乙酸、$CO_2$和 $H_2$。

⑤ 混合酸发酵 某些肠杆菌，如埃希菌属、沙门菌属和志贺菌属中的一些菌，先通过 EMP 途径将葡萄糖分解为丙酮酸，然后由不同的酶系将丙酮酸转化成不同的产物，生成的产物中有甲酸、乙酸、乳酸、琥珀酸、乙醇、$CO_2$和 $H_2$。由于产物中含有多种有机酸，所以称为混合酸发酵。

⑥ 丁二醇发酵 肠杆菌属、欧文菌属、沙雷菌属中的一些细菌，能将丙酮酸转变成乙酰乳酸，乙酰乳酸经一系列反应生成 2,3-丁二醇。在此发酵中产生的中间产物——3-羟基丁酮在碱性条件下被空气中的氧气氧化成二乙酰，二乙酰能与精氨酸的胍基发生反应，生成红色物质，此反应称为 V-P 反应。大肠埃希菌无此反应，故可与产气杆菌进行区别。

⑦ 氨基酸的发酵产能——Stickland 反应 Stickland 反应是两个氨基酸之间的反应，其中一个作为氢（电子）供体，另一个作为氢（电子）受体。它是微生物在厌氧条件下将一个氨基酸氧化脱氨与另一个氨基酸的还原脱氨相偶联的特殊发酵，产能效率很低，每分子氨基酸仅产生 1 个 ATP。反应中作为氢供体的氨基酸主要有丙氨酸、亮氨酸、异亮氨酸、苯丙氨酸、丝氨酸、组氨酸和色氨酸等，作为氢（电子）受体的主要有甘氨酸、脯氨酸、羟脯氨酸、鸟氨酸、羟氨酸和色氨酸等。

(3) 呼吸作用 如果还原力［H］经呼吸链传递，最终被外源分子氧或其他氧化型化合物接受并产生较多 ATP，则此过程为呼吸作用。若最终氢（电子）受体为分子氧，则称有氧呼吸，最终氢（电子）受体为其他氧化型化合物，则为无氧呼吸。由于葡萄糖在有氧呼吸中产生的能量要比在发酵中产生的多得多，所以在有氧条件下，兼性厌氧微生物终止厌氧发酵而转向有氧呼吸，这种呼吸抑制发酵的现象称为巴斯德效应。

① 有氧呼吸 在有氧条件下，微生物以分子氧作为呼吸链最终氢（电子）受体。进行有氧呼吸，1 分子葡萄糖彻底氧化为 $CO_2$和 $H_2O$ 共产生 32 分子 ATP，比发酵过程多得多。葡萄糖的彻底氧化共分三个阶段：

a. 1 葡萄糖→→→2 丙酮酸（EMP 途径）$+2ATP+2(NADH+H^+)$；

b. 2 丙酮酸→→→2 乙酰辅酶 A$+2(NADH+H^+)$；

c. 2 乙酰辅酶 A 分别进入 TCA 循环，共产生 6 分子（$NADH+H^+$）和 2 分子 $FADH_2$ 形式的还原力，同时底物水平磷酸化产生 2 分子 GTP 转变为 2 分子 ATP。

在以上过程产生的还原力共有 10 分子（$NADH+H^+$）和 2 分子 $FADH_2$，还原力全部进入呼吸传递，可产生 $10\times2.5+2\times1.5=28$ 分子 ATP，加上底物水平磷酸化产生 4 分子 ATP，总共产生 32 分子 ATP。

真核微生物的呼吸链位于线粒体内膜，在细胞质基质中（EMP 途径）产生的 2 分子（$NADH+H^+$）需跨线粒体膜进入线粒体，消耗 2 分子 ATP，因此真核微生物有氧分解 1 分子葡萄糖实际净得 30 分子 ATP。

② 无氧呼吸 无氧呼吸是指以无机氧化物代替分子氧作为最终电子受体的生物氧化过程，其受体可以是 $NO_3^-$、$NO_2^-$、$SO_4^{2-}$、$S_2O_3^{2-}$、$CO_2$等。

a. 硝酸盐呼吸 是指在无氧条件下，某些兼性厌氧微生物以硝酸盐作为最终电子受体，把 $NO_3^-$ 还原成 $NO_2^-$、NO、$N_2O$、$N_2$ 等的过程。硝酸盐呼吸又称反硝化作用或硝酸盐还原，能进行硝酸盐呼吸的都是一些兼性厌氧菌——反硝化细菌，如地衣芽孢杆菌、脱氮副球菌、铜绿假单胞菌和脱氮硫杆菌等。

在通气不良的土壤中，反硝化作用会造成氮肥的损失，其中间产物 NO 和 $N_2O$ 还会污染环境；但如果没有反硝化作用，氮素循环将会中断。此外，水生性反硝化细菌能除去水体中的硝酸盐，以减少水体污染和富营养化，同时还可用于高浓度硝酸盐废水的处理，对环境保护有重大意义。

b. 硫酸盐呼吸　是指反硫化细菌以 $SO_4^{2-}$ 为最终电子受体，把 $SO_4^{2-}$ 还原成 $H_2S$ 的过程，又称反硫化作用或硫酸盐还原，属于异化性硫酸盐还原过程。能进行硫酸盐呼吸的细菌称为反硫化细菌或硫酸盐还原细菌，它们为严格厌氧菌，包括脱硫弧菌属、脱硫单胞菌属、脱硫球菌属等。

许多硫酸盐还原细菌喜欢以乳酸作为氧化基质，$SO_4^{2-}$ 为最终电子受体，乳酸经丙酮酸被氧化为乙酸和 $CO_2$，$SO_4^{2-}$ 还原成 $H_2S$。

硫酸盐呼吸发生在富含硫酸盐的厌氧环境，可导致土壤、水体硫素的损失；硫酸盐呼吸的产物是 $H_2S$，不仅造成水体和大气的污染，引起埋于土壤或水底的金属管道与建筑构件的腐蚀，而且由于 $H_2S$ 的毒害，还能发生水稻秧苗烂根现象。但硫酸盐还原细菌有清除重金属离子和有机物污染的作用，此外它还参与了自然界的硫素循环。作为一类耗氢细菌，硫酸盐还原细菌还有促进厌氧环境有机物质循环的作用。

c. 硫呼吸　是指以元素硫作为最终电子受体并产生 $H_2S$ 的无氧呼吸过程，又称硫还原。能进行硫呼吸的是一些兼性或专性厌氧菌，如乙酸氧化脱硫单胞菌能在厌氧条件下通过氧化乙酸为 $CO_2$ 和还原元素硫为 $H_2S$ 的偶联反应而生长。

d. 碳酸盐呼吸　是一类以 $CO_2$ 或碳酸氢盐（$HCO_3^-$）作为最终电子受体的无氧呼吸，又称碳酸盐还原。能进行碳酸盐呼吸的细菌称为碳酸盐还原细菌。碳酸盐还原细菌根据其进行碳酸盐呼吸时还原产物的不同而分为两个类群。大多数产甲烷菌组成一个类群，它们在厌氧条件下，利用 $H_2$ 作为电子供体（能源），以 $CO_2$ 作为最终电子受体，产物为 $CH_4$。另外一个类群由产乙酸菌中的同型产乙酸菌组成，它们利用 $H_2$ 作为电子供体，以 $CO_2$ 作为最终电子受体，产物几乎全部是乙酸。

上述两个类群的碳酸盐还原细菌都是专性厌氧菌，在厌氧生境系统中起着重要的作用，特别是其中的产甲烷菌，在自然界的沼气形成以及环境保护的厌氧消化中担负着重要的角色。

e. 铁呼吸　是指以 $Fe^{3+}$ 为最终电子受体的无氧呼吸方式。

f. 延胡索酸呼吸　能进行延胡索酸呼吸的微生物都是一些兼性厌氧菌，如埃希菌属、变形杆菌属、沙门菌属等肠杆菌；一些厌氧菌如拟杆菌属、丙酸杆菌属、产琥珀酸弧菌等也能进行延胡索酸呼吸，将延胡索酸还原成琥珀酸。在延胡索酸呼吸中，延胡索酸是最终电子受体，而琥珀酸是还原产物。

**2. 化能自养微生物的生物氧化**

化能自养微生物以 $CO_2$ 或碳酸盐作为主要或唯一碳源，从无机物氧化中获得能量和还原力 [H]，所产生的氢（电子）直接进入呼吸链氧化磷酸化，因而产能效率低。绝大多数化能自养微生物是好氧菌，根据用于能源的无机物种类，分为氢细菌、硝化细菌、硫细菌和铁细菌等生理类群。化能自养微生物和化能异养微生物在生物氧化的本质上是相同的，即都包括脱氢、递氢和受氢，其间通过氧化磷酸化产生 ATP。但二者进行生物氧化所利用的物质是不同的，化能异养微生物通过氧化有机物来获得能量，而化能自养微生物则通过氧化无机物来获得能量，并同化 $CO_2$ 合成细胞物质。

（1）硝化细菌　硝化细菌为专性好氧的 $G^+$ 细菌，大多数是专性无机营养型，它们能以铵盐（$NH_4^+$）和亚硝酸盐（$NO_2^-$）作为能源。硝化细菌可分为两类：一类称为亚硝化细菌或氨氧化细菌，可将铵盐氧化为亚硝酸盐并获得能量；另一类称为亚硝酸氧化细菌，能将亚硝酸盐氧化为硝酸盐并获得能量。这两类细菌往往伴生在一起，在它们的共同作用下将铵盐氧化成硝酸盐，避免亚硝酸积累所产生的毒害作用。

(2) 硫细菌 进行化能自养的硫细菌通过氧化无机硫化合物（包括硫化物、元素硫、硫代硫酸盐、多硫酸盐和亚硫酸盐）获得能量，进行生长。

(3) 铁细菌 能氧化 $Fe^{2+}$ 成为 $Fe^{3+}$ 并产能的细菌称为铁细菌。大多数铁细菌为专性化能自养，但也有些铁细菌为兼性化能自养，如氧化亚铁硫杆菌在缺乏可被氧化的铁时，也能利用葡萄糖进行异养生长。此外，氧化亚铁硫杆菌的一些成员除了能氧化亚铁离子，也能氧化无机硫化物，所以它们既是铁细菌也是硫细菌。

(4) 氢细菌 氢细菌都是一些呈革兰阴性的兼性化能自养菌。它们能利用分子氢作为能源同化 $CO_2$，也能利用其他有机物进行生长。

**3. 光能自养微生物的氧化和产能**

光能是一种辐射能，它不能被生物直接利用，只有通过光合生物的光合色素吸收并转化成化学能——ATP 以后，才能用于生物的生长。利用光能进行磷酸化生成 ATP 的过程称为光合磷酸化。光合磷酸化的实质是将光能转变成化学能，在这种转变过程中，光合色素起着重要的作用。自然界中存在的光能微生物如蓝细菌、光合细菌和嗜盐菌，由于其光合色素不同，它们光合磷酸化的特点也各不相同。

(1) 蓝细菌的光合磷酸化过程 蓝细菌依靠叶绿素进行光合作用，其光合反应由光合系统Ⅰ和光合系统Ⅱ组成。蓝细菌含有的叶绿素 a 包含 $P_{680}$ 和 $P_{700}$ 两种，$P_{700}$ 位于光合系统Ⅰ，因吸收 700nm 的光量子而得名；$P_{680}$ 位于光合系统Ⅱ，它吸收靠近 680nm 的光量子。$P_{680}$ 和 $P_{700}$ 的作用是将叶绿素吸收的光能转变成化学能。蓝细菌在光合作用中以 $H_2O$ 作为氢供体，由于水的光解，有氧气的产生，因此这类光合作用称为放氧性光合作用。

在蓝细菌的光合作用中，光合系统Ⅰ和光合系统Ⅱ受光驱动所释放的电子都不流回到原来各自的系统中，两个系统是靠由其他途径得到的电子还原的，因此称为非环式光合磷酸化。在此过程中，不仅产生了 ATP，而且产生了 NADPH 和 $O_2$。

(2) 光合细菌的光合磷酸化过程 光合细菌只有一个光合系统，在厌氧条件下依靠菌绿素进行光合作用，以还原型的无机硫、氢或有机物作为氢供体，没有氧气的释放，称为非放氧性光合作用。进行非放氧性光合作用的光合细菌主要是紫色细菌和绿色细菌，它们的菌绿素吸收了光能而被激活释放出高能电子，电子经过一系列传递体后，重新回到了原来的起点，故称环式光合磷酸化。在此过程中，产物只有 ATP，无 NADPH，也不产生分子氧。

(3) 嗜盐菌的光合磷酸化过程 嗜盐菌不含菌绿素或叶绿素，也不存在电子传递链，它们通过其特有的位于质膜中的细菌视紫红质进行光合作用。细菌视紫红质为一种色素蛋白，其分子中有紫色的视黄醛作为辅基，它插入在细菌的质膜中。细菌视紫红质强烈吸收 560nm 处的光，在光驱动下，具有质子泵的作用。当受光照时，视黄醛放出 $H^+$ 到细胞膜外，失去 $H^+$ 的视黄醛又从细胞质内获得 $H^+$，在光照下又被排出。如此反复进行，就形成了膜内外的质子梯度，当膜外的 $H^+$ 通过膜中 $H^+$-ATP 酶返回时，合成 ATP。

## 二、微生物的耗能代谢

微生物的耗能代谢主要指微生物的合成代谢，本节主要介绍微生物所特有的一些合成过程。

**1. 二氧化碳的固定**

将空气中的$CO_2$同化成细胞有机物的过程，称为$CO_2$的固定，也叫做$CO_2$的同化作用。微生物有两种同化$CO_2$的方式：一类是自养式，$CO_2$加在一个特殊的受体上，经过循环反应，使之合成糖并重新生成该受体；另一类为异养式，$CO_2$被固定在某种有机酸上，因此异养微生物即使能同化$CO_2$，最终却必须靠吸收有机碳化物生存。

（1）自养微生物对$CO_2$的固定　自养微生物同化$CO_2$所需要的能量来自光能或无机物氧化所得的化学能，固定$CO_2$的途径主要有以下三种。

① 卡尔文循环　卡尔文循环存在于所有化能自养微生物和大部分光合细菌中。它循环同化$CO_2$的途径可划分为以下三个阶段。

a. 羧化反应　在核酮糖-1,5-二磷酸（RuBP）羧化酶的催化下，RuBP和$CO_2$结合生成2分子3-磷酸甘油酸（PGA），PGA是$CO_2$固定的最初产物，因为含有三个碳原子，所以卡尔文循环也叫做$C_3$循环。

b. 还原反应　指通过逆EMP途径，PGA上的羧基还原成醛基的反应。首先是在磷酸甘油酸激酶催化下，PGA被ATP磷酸化，形成1,3-二磷酸甘油酸；然后，1,3-二磷酸甘油酸又在丙酮磷酸脱氢酶催化下，被NADPH还原为3-磷酸甘油醛（GAP）。

c. $CO_2$受体再生　指核酮糖-5-磷酸在磷酸核酮糖激酶的催化作用下转变成核酮糖-1,5二磷酸的生化反应。包括二氧化碳受体RuBP的再生和光合产物的形成。

经以上三步反应，由6分子$CO_2$实际产生了2分子甘油醛-3-磷酸，然后可根据生物合成的需要进一步生成细胞的各种其他成分。

卡尔文循环每循环一次，可将6分子$CO_2$同化成1分子葡萄糖，其总反应式为：

6双磷酸核酮糖 $+ 6CO_2 + 18ATP + 12NADPH + 12H^+ \longrightarrow C_6H_{12}O_6 + 18ADP + 18Pi + 12NADP^+$

或　$6CO_2 + 18ATP + 12NADPH + 12H^+ \longrightarrow C_6H_{12}O_6 + 18ADP + 18Pi + 12NADP^+$

② 厌氧乙酰辅酶A途径　又称活性乙酸途径。这种非循环式的$CO_2$固定机制主要存在于一些产乙酸菌、硫酸盐还原菌和产甲烷菌等化能自养细菌中。

反应过程可以简单表示为：

$$\left.\begin{array}{l} 1CO_2 \rightarrow \text{甲醇} \\ 1CO_2 \rightarrow 1CO \end{array}\right\} \longrightarrow \text{乙酰辅酶A} + 1CO_2 \longrightarrow \text{丙酮酸}$$

③ 还原性三羧酸循环　少数光合细菌能够利用还原性三羧酸循环以柠檬酸（6C化合物）的裂解产物$\alpha$-酮戊二酸为$CO_2$受体，每循环一周掺入2个$CO_2$，并还原成可供各种生物合成用的乙酰辅酶A（2C），由它再固定1分子$CO_2$后，就可进一步合成各种细胞物质。

（2）异养微生物对$CO_2$的固定　$CO_2$是自养微生物的唯一碳源，异养微生物也能利用$CO_2$作为辅助碳源。异养微生物通过对$CO_2$的固定补充关键性中间物质，在添补反应中起重要作用。如在TCA循环中，$\alpha$-酮戊二酸和草酰乙酸可以不断排出用以合成一些有机物的碳架，如果没有草酰乙酸的补充，则TCA循环就会中断。所以许多异养微生物具有磷酸烯醇式丙酮酸（PEP）羧化酶，固定$CO_2$，形成草酰乙酸。在脂肪酸的合成中，$CO_2$可由乙酰辅酶A羧化酶催化形成丙二酰辅酶A而被同化。

**2. 生物固氮**

生物固氮是指分子氮通过微生物固氮酶系的催化而形成氮的过程。

（1）固氮微生物与固氮体系　迄今所研究的固氮微生物都是原核生物，共有50多属的100多个种。可以分成以下三种类型。

① 自生固氮菌　在土壤或培养基中独立生活时都能固氮的微生物。

② 共生固氮菌　必须与它种生物共生在一起时才能固氮，并形成彼此单独生活时所没有的形态结构（如根瘤），或者由于稳定共生而生成一类独特的生物（如地衣由蓝细菌与真菌共生形成）。

③ 联合固氮菌　必须生活在植物的根际、叶面或动物肠道等处才能进行固氮的微生物，此类微生物的固氮作用对植物有专一性。

(2) 固氮的生化机制　生物固氮的总反应式为：

$$N_2 + 8e + 8H^+ + nATP \xrightarrow[Mg^{2+}]{固氮酶} 2NH_3 + H_2 + nADP + nPi(18 \leqslant n \leqslant 24)$$

固氮反应需消耗大量能量和还原力。能量是由ATP来供应的，来自呼吸、发酵或光合作用，且固氮酶对ATP有专一性，作用时ATP还须与$Mg^{2+}$结合成Mg·ATP复合物。固氮所需还原力是由$NAD(P)H^+$提供的，此外$H_2$、丙酮酸、甲酸、连二亚硫酸盐或异柠檬酸等也可在不同微生物中作为氢供体，其特点是强还原性。还原力提供的氢（电子）其载体是铁氧还蛋白或黄素氧还蛋白。

(3) 固氮作用的抑制

① 氨“关闭”效应　当在富氨环境时，固氮酶受到抑制。

② 某些物质作用于电子的活化与传递，也能抑制固氮作用，如硫基化合物、氧化磷酸化和光合磷酸化的解偶联剂等。

③ 竞争性抑制　除$N_2$外，还有多种底物能与固氮酶结合。

(4) 好氧性固氮菌固氮酶的抗氧机制　固氮酶对氧特别敏感，因此，一些好氧性固氮菌的好氧与其固氮酶的厌氧就出现了矛盾，在长期的进化过程中，各种微生物发展出各种不同的抗氧机制。

好氧性自生固氮菌以较强的呼吸作用迅速地将周围环境中的氧消耗掉，使细胞周围微环境处于低氧状态，并以此保护固氮酶不受氧的损伤；或者固氮酶能形成一个无固氮活性但能防止氧损伤的特殊构象（称为构象保护）。蓝细菌能分化出具有高SOD活性的异形细胞，在其中进行固氮，高活性的SOD可以解除氧的毒害。没有异形细胞分化的蓝细菌有的将固氮与光合作用分开，有的在束状群体中央失去光合系统Ⅱ的细胞中进行固氮作用，有的提高SOD的活力来解除氧毒害。许多与豆科植物共生的根瘤菌（类菌体）被包在一层类菌体膜中，维持了一个良好的氧、氮和营养环境。最重要的是这层膜的内外都存在着一种独特的豆血红蛋白，是一种氧结合蛋白，与氧亲和力极强，可防止局部氧浓度过高。非豆科植物共生根瘤菌中未发现豆血红蛋白，却含有能可逆地与氧结合的植物血红蛋白，它在菌体内起着氧载体的作用。

**3. 肽聚糖的合成**

肽聚糖是细菌细胞壁所特有的成分，是重要的结构分子，同时也是青霉素、万古霉素、环丝氨酸（噁唑霉素）与杆菌肽等许多抗生素作用的靶物质。下面以金黄色葡萄球菌肽聚糖的合成为例加以说明，肽聚糖的合成分为三个阶段。

第一阶段是：在细胞质中进行的反应，此阶段在细胞质中合成了三种物质即UDP-*N*-乙酰葡糖胺（UDP-NAG）、UDP-*N*-乙酰胞壁酸（UDP-N AMA）和UDP-NAMA-五肽。

第二阶段是：在细胞膜上进行的反应。此阶段主要是合成双糖肽单位，过程中的组装与运输都与一种叫做细菌萜醇的糖的糖基载体脂有关。UDP-NAG与UDP-NAMA-五肽由糖基载体介导形成双糖，后在L-Lys上连上五肽Gly形成双糖肽。

第三阶段是：已合成的双糖肽插在细胞膜外的细胞壁生长点中并交联形成肽聚糖。此阶段反应分两步进行，第一步为双糖肽插入引物肽聚糖骨架中，使其延伸一个双糖单位；第二步为转肽作用，使相邻多糖链交联，转肽作用为青霉素所抑制，因其是D-丙氨酸-D-丙氨酸的结构类似物，两者竞争转肽酶的活性中心。此过程中会释放一个D-丙氨酸残基，形成的是四肽桥。

## 三、微生物的代谢调节

各种代谢途径都是由一系列酶促反应构成的，因此，微生物细胞的代谢调节主要是通过控制酶的作用来实现。微生物代谢调节主要有两种方式：酶合成的调节和酶活力的调节。

**1. 酶合成的调节**

酶合成的调节是一种通过调节酶的合成量进而调节代谢速率的调节机制，是一种在基因水平上的代谢调节，包括酶合成的诱导和酶合成的阻遏。凡促进酶生物合成的现象，称为诱导，而能阻碍酶生物合成的现象，称为阻遏。

(1) 酶合成的诱导

① 组成酶　组成酶是细胞固有的酶类，其合成是在相应的基因控制下进行，不因分解底物或其结构类似物的存在而受影响，例如，EMP途径中的酶都是组成酶。

② 诱导酶　诱导酶的合成依赖于底物或底物结构类似物，诱使诱导酶合成的物质叫诱导剂。诱导酶只在有诱导剂时才生成。酶诱导生成的调节，使微生物在需要时才合成某些酶，不需要时便不生成，这样就避免了能量和代谢物的浪费。据统计，诱导酶的总量约占细胞总蛋白量的10%。

(2) 酶合成的阻遏　酶合成阻遏有两种类型：终产物阻遏和分解代谢物阻遏。

① 终产物阻遏　终产物阻遏是由某代谢途径末端产物的过量积累而引起的阻遏。如蛋氨酸可同时阻遏*E. coli*由高丝氨酸合成蛋氨酸的三种酶的生成；鼠伤寒沙门菌合成组氨酸需要十种酶，这十种酶的生成都同时被组氨酸所阻止。由于微生物具有终点产物阻遏的调节系统，使微生物在已合成其足够需要的物质时，或由外源加入该物质时，就停止生成与其合成有关的酶类；当该物质缺乏时，又开始生成这些酶。这样，就节约了大量的能量和原料。

② 分解代谢物阻遏　当微生物在含有两种能够分解底物的培养基中生长时，利用快的那种分解底物会阻遏利用慢的底物的有关酶的合成。最早发现于大肠埃希菌生长在含葡萄糖和乳糖的培养基时，故又称葡萄糖效应。

(3) 酶合成调节的机制　普遍认为T. Monod和F. Jacob于1967年提出的操纵子学说可以较好地解释酶合成的诱导和阻遏现象（图3-50）。诱导时，阻遏物蛋白与诱导物结合，因而失去了封闭操纵基因的能力，在酶阻遏时，原先无活性的调节蛋白与辅阻遏物（即合成途径终产物）相结合被活化，从而封闭了操纵基因。

**2. 酶活力的调节**

酶活性调节是在酶分子水平上的一种调节，它是通过改变现成的酶分子活性来调节代谢速率的，包括激活和反馈抑制两个方面。

(1) 激活　多在分解途径中，在激活剂作用下，使原来无活性的酶变成有活性，或使原来活性低的酶提高了活性，这种现象称为激活。例如，在糖分解的EMP途径中，1,6-二磷酸果糖积累可以激活丙酮酸激酶和磷酸烯醇式丙酮酸羧化酶，促进葡萄糖的分解。

(2) 反馈抑制　反馈抑制是指生物合成途径的终产物反过来对该途径的第一个酶（调节酶）活力的抑制作用，使整个过程减慢或停止，从而避免了末端产物的过多积累。生物合成途径中的第一个酶通常是调节酶，具有两个或两个以上的结合位点，一个是与底物结合的活性中心，另一个是与效应物结合的调节中心。酶与效应物结合可以引起酶结构的变化，从而

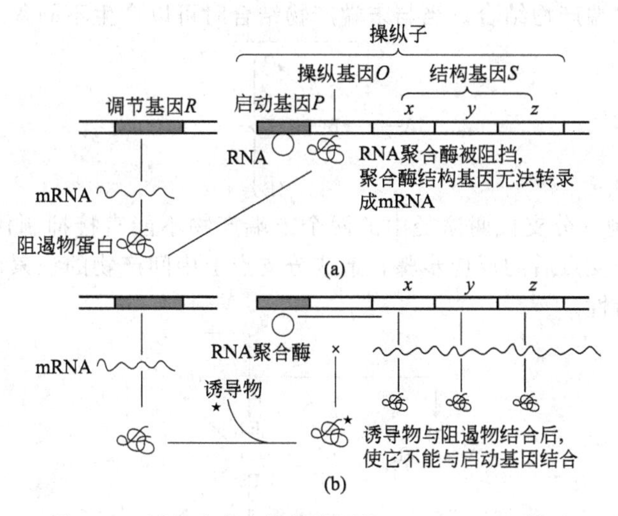


图 3-50　诱导酶表达控制作用的 Jacob-Monod 模型

改变酶活性中心对底物的亲和力，调节酶的活性。

① 直线式代谢途径的反馈抑制　在直链反应 A→B…→P 中，当产物 P 积累过量时，产物 P 对顺序反应中的第一个酶 E1 的活性产生抑制作用。例如，大肠埃希菌在从苏氨酸合成异亮氨酸的途径中，合成途径中的第一个酶——苏氨酸脱氨酶就被末端产物异亮氨酸所抑制。

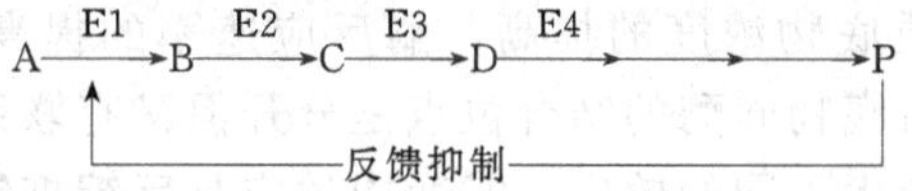

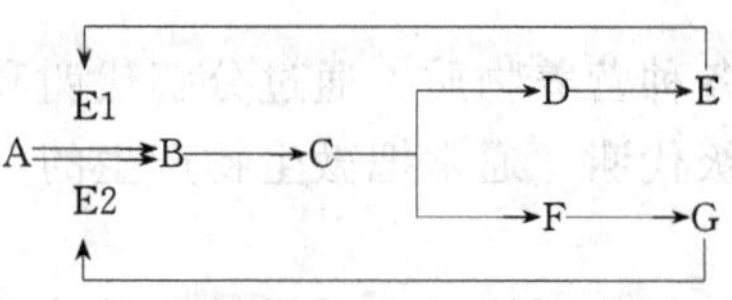


② 分支代谢途径的反馈抑制　在两种或两种以上的末端产物的分支代谢途径中，调节方式要复杂得多。

a. 同工酶调节　在分支代谢中，在分支点之前的一个较早反应（关键反应）是由几个同工酶催化时，分支代谢的几个终产物分别对这几个同工酶产生抑制作用，从而起到协同调节的功效。一个终产物控制一种同工酶，只有在所有终产物都过量时，几个同工酶才全部被抑制，反应完全终止。



b. 协同反馈抑制　分支代谢途径中催化第一步反应的酶有多个与末端产物结合的位点，可以分别与相应的末端产物结合。当酶上的每个结合位点都同各自过量的末端产物结合以后，才能抑制该酶活性。

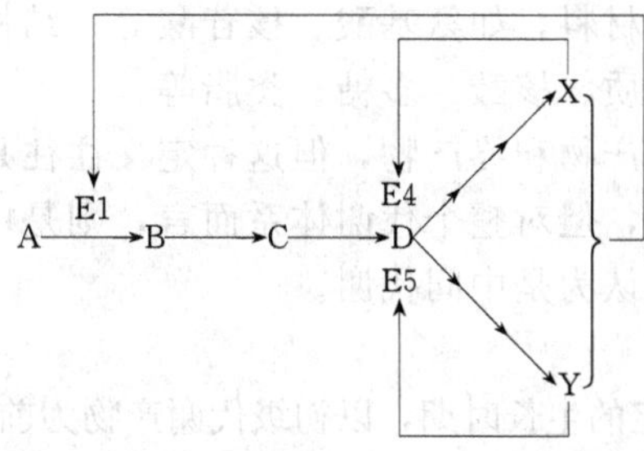


c. 积累反馈抑制　分支代谢途径中催化第一步反应的酶有多个与末端产物结合的位点，

可以分别与相应的末端产物结合。当与末端产物结合时可以产生不同程度的抑制作用。

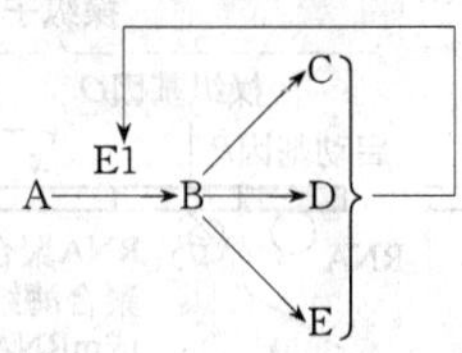


d. 顺序反馈抑制　分支代谢途径中的两个末端产物不能直接抑制代谢途径中的第一个酶，而是分别抑制分支点后的反应步骤，造成分支点上中间产物的积累，由高浓度的中间产物抑制第一个酶的活性。

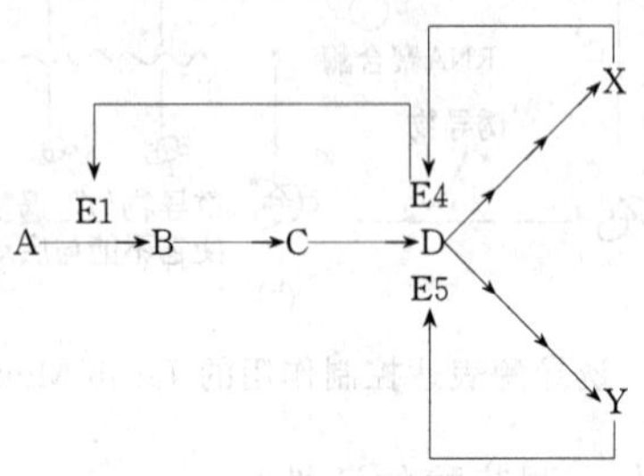


(3) 酶活力调节的机制　目前解释酶活力调节机制的是变构调节理论，主要有以下的特征：①参与酶活性调节的变构因子是一类能与变构蛋白分子互补结合的小分子化合物（又称为效应物或调节性分子）；大多数情况下，效应物引起的抑制作用是混合型的，不同于竞争性、非竞争性或无竞争性的抑制作用；②许多变构酶的反应动力曲线是S形曲线（S形表示在低基质浓度下，随着基质底物浓度的提高，酶反应速率的提高加快），称为正协同作用；③效应物同调节酶的结合与底物同酶的结合位点是分开但又有联系的；④酶的活性中心及调节性位点可同时被结合，产生不同的效应；⑤变构效应是反馈抑制的基础，是调节代谢的有效方法。

## 四、初级代谢及次级代谢

根据微生物代谢过程中产生的代谢产物在活性机体内的作用不同，可将代谢分成初级代谢和次级代谢两种类型。

### 1. 初级代谢

一般将微生物从外界吸收各种营养物质，通过分解代谢和合成代谢，生成维持生命活动的物质和能量的过程，称为初级代谢。通常把微生物产生的对自身生长和繁殖必需的物质称为初级代谢产物。

初级代谢体系具体可分为分解代谢体系、素材性生物合成体系和结构性生物合成体系。分解代谢体系通过糖类、脂类、蛋白质等物质的降解，获得能量并产生5-磷酸核糖、丙酮酸等物质，这些物质是分解代谢途径的终产物，也是整个代谢体系的中间产物；素材性生物合成体系主要合成某些小分子材料，如氨基酸、核苷酸等；结构性生物合成体系是用小分子合成产物装配大分子，如蛋白质、核酸、多糖、类脂等。

初级代谢产物可分为中间产物和终产物，但这种定义往往是相对的。对每一代谢途径来说，途径的最后产物是终产物，但对整个代谢体系而言，则是中间产物。因而分解代谢体系和素材性生物合成体系也可以认为是中间代谢。

### 2. 次级代谢

次级代谢是指微生物在一定的生长时期，以初级代谢产物为前体，合成一些对微生物的生命活动无明确功能的物质的过程。这一过程的代谢产物，称为次级代谢产物，是一些对微生物生长、增殖没有特别关系的蛋白质、酶以及由这些酶催化生成的物质。次级代谢的特点如下。

（1）次级代谢以初级代谢产物为前体，并受初级代谢调节。

次级代谢与初级代谢关系密切。初级代谢的关键性中间产物，多半是次级代谢的前体，例如糖降解产生的乙酰辅酶A是合成四环素及$\beta$-胡萝卜素的前体；缬氨酸、半胱氨酸是合成青霉素、头孢霉素的前体；色氨酸是合成麦角碱的前体等。

（2）次级代谢产物一般在菌体生长后期合成。

（3）次级代谢产物的合成具有菌株特异性。

初级代谢产物是普遍存在于所有微生物体内，代谢生物生成的途径基本相似。但是，次级代谢的某物质的合成，仅存在于个别菌种中。

**拓展链接**

次级代谢产物的合成与速效碳源（主要是葡萄糖）的消耗有密切关系。因为葡萄糖的分解代谢物阻遏着次级代谢所需要酶的合成，所以只有当葡萄糖被消耗到一定浓度，使分解代谢物水平降低，才会解除这种阻遏而大量合成次级代谢产物。在发酵工业中为了提高次级代谢产物的产量，常采用混合碳源培养基或在后期限制流加葡萄糖的方法。例如早期生产青霉素时，采用混合碳源由葡萄糖和乳糖组成。葡萄糖可被快速分解利用以满足青霉菌生长的需要，当葡萄糖耗尽后才利用乳糖，合成青霉素。乳糖并不是青霉素合成的直接前体，它之所以有利于青霉素的合成，是因为它利用缓慢，从而使分解代谢物处于较低水平，不至于阻遏青霉素的合成。后期限量流加葡萄糖液是为了达到同样的目的。

**【分离培养技术应用实例】**

## 实例一　乳酸发酵与酸乳的制作

微生物在厌氧条件下，分解己糖产生乳酸的作用称为乳酸发酵。能够引起乳酸发酵的微生物种类很多，其中主要是一些乳酸细菌，它们包括链球菌属、乳杆菌属、双歧杆菌属和明串珠菌属的一些细菌。乳酸细菌多是耐氧菌，只有在厌氧条件下才进行乳酸发酵，所以筛选乳酸细菌或进行乳酸发酵时，都应提供厌氧条件。

酸乳是以全脂牛乳等为原料，接种乳酸菌进行发酵而成的一种浓饮料，具有较高的营养价值和一定的保健作用。其基本原理是通过乳酸细菌发酵牛乳中的乳糖产生乳酸，乳酸使牛乳中的酪蛋白变性凝固而使整个奶液呈凝乳状态。按凝固状态可将酸奶分为搅拌型和凝固型两类，两者工艺过程基本相似。

乳酸发酵与凝固型酸乳的制作使用的菌种为嗜热乳酸链球菌和保加利亚乳酸杆菌，乳酸菌种也可以从市场销售的各种新鲜酸乳或酸乳饮料中分离。

乳酸发酵与凝固型酸乳的制作使用的培养基有BCG牛乳培养基、乳酸菌培养基、脱脂乳试管（见附注），主要原料为：脱脂乳粉或全脂乳粉、鲜牛乳、蔗糖、碳酸钙。配方见附录二。

乳酸发酵与凝固型酸乳的制作使用的仪器与器皿主要有：恒温水浴锅、酸度计、高压蒸汽灭菌锅、超净工作台、培养箱、酸乳瓶（200～280mL）、培养皿、试管、300mL 三角瓶。

## 一、乳酸发酵及检测

### 1. 对乳酸菌进行分离纯化

（1）分离　取市售新鲜酸乳或泡制酸菜的酸液稀释至 $10^{-5}$，取其中的 $10^{-4}$、$10^{-5}$ 两个稀释度的稀释液各 0.1～0.2mL，分别接入 BCG 牛乳培养基琼脂平板上，用无菌涂布器依次涂布；或者直接用接种环蘸取原液平板划线分离，置 40℃培养 48h，如出现圆形稍扁平的黄色菌落及其周围培养基变为黄色者，结合镜检观察，初步定为乳酸菌。

（2）鉴别　选取乳酸菌典型菌落转至脱脂乳试管中，40℃培养 8～24h。若牛乳出现凝固，无气泡，呈酸性，涂片镜检细胞呈杆状或链球状（两种形状的菌种均分别选入），革兰染色呈阳性，则可将其连续传代 4～6 次，最终选择出在 3～6h 能凝固的牛乳管，作菌种待用。

### 2. 进行乳酸发酵及检测

（1）发酵　在无菌操作下将分离的 1 株乳酸菌接种于装有 300mL 乳酸菌培养液的 500mL 三角瓶中，40～42℃静止培养。

（2）检测　为了便于测定乳酸发酵情况，通常分 2 组。一组在接种培养后，每 6～8h 取样分析，测定 pH 值。另一组在接种培养 24h 后每瓶加入 $CaCO_3$ 3g（以防止发酵液过酸使菌种死亡），每 6～8h 取样，测定乳酸含量（方法见附注）。

## 二、凝固型酸乳的制作

（1）将脱脂乳和水以 1∶(7～10)（质量比）的比例混匀（或用新鲜牛乳），同时加入 5%～6%蔗糖，充分混合，于 80～85℃灭菌 10～15min，然后冷却至 35～40℃，作为制作酸乳的培养基质。牛乳的消毒应掌握适宜温度和时间，防止长时间采用过高温度消毒而破坏酸乳风味。

（2）将筛选出来的优良的纯种嗜热乳酸链球菌、保加利亚乳酸杆菌及两种菌的等量混合菌液作为发酵剂（也可以市售鲜酸乳为发酵剂），均以 2%～5%的接种量分别接入以上培养基质中。接种后摇匀，分装到已灭菌的酸乳瓶中，随后将瓶盖拧紧密封。

（3）把接种后的酸乳瓶置于 40～42℃恒温箱中培养 3～4h。培养时注意观察，在出现凝乳后停止培养。然后转入 4～5℃的低温下冷藏 24h 以上。经此后熟阶段，达到酸乳酸度适中（pH4～4.5）、凝块均匀致密、无乳清析出、无气泡，获得较好的口感和特有风味。

（4）以品尝为标准评定酸乳质量　将采用乳酸球菌和乳酸杆菌等量混合发酵的酸乳与单菌株发酵的酸乳的凝乳情况、口感、香味、异味、pH 值进行比较，前者的香味和口感更佳，具有独特风味和良好口感。品尝时若出现异味，表明酸乳污染了杂菌。

作为卫生合格标准还应按卫生部规定进行检测，如大肠菌群检测等。经品尝和检验，合格的酸乳应在 4℃条件下冷藏，可保存 6～7d。

**附注：**

### 1. 脱脂乳试管

直接选用脱脂乳液或按脱脂乳粉与 5%蔗糖水为 1∶10 的比例配制，装量以试管的 1/3 为宜，115℃灭菌 15min。

### 2. 乳酸检测方法

（1）定性测定　取酸乳上清液 10mL 于试管中，加入 10% $H_2SO_4$ 1mL，再加 2% $KMnO_4$ 1mL，此时乳酸转化为乙醛，把事先在含氨的硝酸溶液中浸泡的滤纸条搭在试管口上，微火加热试管至沸，若滤纸变黑，则说明有乳酸存在，这是因为加热使乙醛挥发的结果。

（2）定量测定

① 测定方法　取稀释 10 倍的酸乳上清液 0.2mL，加至 3mL pH9.0 的缓冲液中，再加入 0.2mL NAD 溶液，混匀后测定 $OD_{340nm}$ 值为 $A_1$，然后加入 0.02mL L-(+)-LDH，0.02 D-(−)-LDH，25℃保温 1h 后测定 $OD_{340nm}$ 值为 $A_2$。同时用蒸馏水代替酸乳上清液作对照，测定步骤及条件完全相同，测出的相应值为 $B_1$ 和 $B_2$。

② 计算公式

$$乳酸(g/100mL)=(V\times M\times \Delta\varepsilon\times D)\div(1000\times\varepsilon\times1\times V_s)$$

式中　$V$——比色液最终体积（3.44mL）；

$M$——乳酸的摩尔质量（90g/mol）；

$\Delta\varepsilon$——$(A_2-A_1)-(B_2-B_1)$；

$D$——稀释倍数（10）；

$\varepsilon$——NADH 在 340nm 处的吸收系数 $6.3\times10^3$ L/(mol·cm)；

1——比色皿的厚度（0.1cm）；

$V_s$——取样体积（0.2mL）。

③ 测定乳酸试剂的配制（见附录）。

**3. 酸乳的检查指标**

依据 GB 19302—2010。

（1）感官指标　酸乳组织均匀细腻，色泽均匀无气泡，有乳酸特有的悦味。

（2）合格的理化指标　如脂肪≥3.1g/100g（仅适用于全脂产品），非脂乳固体≥8.1g/100g，酸度≥70.0°T，Hg<$0.01\times10^{-6}$ mg/mL 等。

（3）微生物限量　无致病菌，大肠菌群 $n=5$，$c=2$，$m=$1CFU/g(mL)，$M=$5CFU/g(mL)。即每批 5 个检样中，允许全部样品的大肠埃希菌检验值≤1CFU/g(mL)；允许有≤2 个样品的大肠埃希菌检验值在 1～5CFU/g(mL) 之间；不允许有样品的大肠埃希菌检验值超过 5CFU/g(mL)。

（4）乳酸菌数≥$1\times10^6$ CFU/g(mL)。

## 实例二　酒精发酵及糯米甜酒的酿制

酒精发酵是在厌氧条件下，己糖分解为乙醇并放出二氧化碳。酒精发酵的类型有 3 种，即通过 EMP 途径的酵母菌酒精发酵、通过 HMP 途径的细菌酒精发酵（即异型乳酸发酵）和通过 ED 途径的细菌酒精发酵。在工业酒精和各种酒类的生产中，酒精发酵作用主要是由酵母菌完成的。酵母菌通过 EMP 途径分解己糖（如葡萄糖）生成丙酮酸，在厌氧条件和微酸性条件下，丙酮酸则继续分解为乙醇。而如果在碱性条件下或在培养基中加有亚硫酸盐时，则产物主要是甘油，这也就是工业上的甘油发酵。因此，如果要用酵母菌进行酒精发酵，就必须控制发酵液在微酸性条件下。

以糯米或大米经甜酒药发酵制成的甜酒酿是我国的传统发酵食品。它是将糯米经过蒸煮糊化，利用酒药中的根霉和米曲霉等微生物将原料中糊化后的淀粉糖化，将蛋白质水解成氨基酸，然后酒药中的酵母菌利用糖化产物生长繁殖，并通过酵解途径将糖转化成酒精，从而赋予甜酒酿特有的香气、风味和丰富的营养。随着发酵时间延长，甜酒酿中的糖分逐渐转化成酒精，因而糖度下降，酒度提高，故适时结束发酵是保持甜酒酿口味的关键。我国酿酒工业中的小曲酒和黄酒生产中的淋饭酒在某种程度上就是由甜酒酿发展而来的。

酒精发酵使用的菌种为酿酒酵母斜面菌种，培养基按配方配制：红糖 100g，$KH_2PO_4$ 1.0g，$(NH_4)_2SO_4$ 2.0g，自来水 1000mL，pH 值自然。150mL 三角瓶装 50mL 作种子液，250mL 三角瓶装 100mL 作发酵液，121℃高压灭菌 20～30min。糯米甜酒使用甜酒曲酿制。

使用的器材主要有：铝锅、电炉、三角瓶、牛皮纸、棉绳、蒸馏装置、水浴锅、振荡器、酒精密度计。

## 一、酵母菌的酒精发酵

**1. 液体种子的制备**

于培养 24h 的酿酒酵母斜面中加入无菌水 5mL，制成菌悬液。吸取 1mL，接种于装有 50mL 培养基的 150mL 小三角瓶中，置 30℃恒温振荡培养 24h。此即为酿酒酵母液体种子。

**2. 发酵液接种培养**

(1) 将培养好的液体种子接入 250mL 三角瓶装的发酵液中，接种量为 5%（体积分数）。

(2) 放入 28～30℃恒温箱静止培养 24～36h 后检查结果。

**3. $CO_2$ 生成的检验**

(1) 先观察三角瓶中的发酵液有无泡沫或气泡逸出，再观察试管发酵液中的杜氏小管里有无气体聚集。

(2) 如杜氏小管里有气体聚集，在试管发酵液中加入 10% 的 NaOH 1mL，轻轻搓动发酵管，观察杜氏小管里气体是否逐渐消失。如果消失，则证明其中的气体是发酵过程中生成的 $CO_2$。其化学反应式为：

$$CO_2 + NaOH \longrightarrow NaHCO_3$$

**4. 酒精生成检验**

(1) 取三角瓶发酵液 5mL，注入一支空试管，再加入 10% 的 $H_2SO_4$ 溶液 2mL。

(2) 向试管内滴加 1% 的 $K_2Cr_2O_7$ 溶液 10～20 滴。如有酒精生成，则酒精与 $K_2Cr_2O_7$ 溶液发生反应，管内溶液由橙黄色变为黄绿色，此化学反应式为：

$$2K_2Cr_2O_7 + 8H_2SO_4 + 3CH_3CH_2OH \longrightarrow 3CH_3COOH + 2K_2SO_4 + 2Cr_2(SO_4)_3 + 11H_2O$$

**5. 酒精蒸馏及酒精度的测定**

取 60mL 已发酵培养 3d 的发酵液加至蒸馏装置的圆底烧瓶中，在水浴锅中 85～95℃下蒸馏。当开始流出液体时，准确收集 40mL 于量筒中，用酒精密度计测量酒精度。取少量一定浓度（30°～40°）的酒品尝，体会口感。

## 二、糯米甜酒的配制

**1. 洗米蒸饭**

称取一定量优质糯米（糙糯米更好），用水淘洗干净后，加水量为米水比 1∶1，加热煮熟成饭。或者糯米洗净后，用水浸透，沥干水后，加热蒸熟成饭。

**2. 淋水降温**

用凉开水淋洗蒸熟的糯米饭，使其温度降至 35℃左右，同时使饭粒松散。

**3. 落缸搭窝**

饭内加入适量的甜酒曲（用量按产品说明书）并喷洒一些清水拌匀，然后装入到干净的容器中（如三角瓶、烧杯、小铝锅、聚丙烯塑料袋等），装入前在容器里洒少许甜酒曲，装饭量为容器的 1/3～2/3，搭成凹形圆窝，饭面上再撒一些酒曲，盖上盖子，置 25～30℃下培养发酵。

**4. 保温发酵**

发酵 2d 便可闻到酒香味，开始渗出清液，3～4d 渗出液越来越多，此时，把凹形窝填平，让其继续发酵 1d 即可。

**5. 产品处理**

培养发酵至第 7 天取出，把酒糟滤去，汁液即为糯米甜酒原液，加入一定量的水。加热煮沸便是糯米甜酒。

**6. 检验**

（1）定期用无菌吸管吸取汁液测定 $CO_2$ 和酒精生成的结果。

（2）作为卫生合格标准还应依据 GB 2758—2012 食品安全国家标准发酵酒及其配制酒的规定进行检测。

## 实例三　糖化曲的制备及酶活力的测定

糖化曲包括大曲、小曲、麦曲和麸曲等，是发酵工业中普遍使用的淀粉糖化剂。曲中菌类复杂，曲霉菌是其中常用的糖化菌，它含有许多活性强的糖化酶，能把原料中的淀粉转变成可发酵性糖。在酒精和白酒生产中应用最广的是黑曲霉。黑曲霉是好气性菌，因此，在制备固体曲时，除供给其生长繁殖必需的营养、温度和湿度外，还必须进行适当的通风，以供给曲霉呼吸用氧。

固体曲糖化酶活力的测定，采用可溶性淀粉为底物，在一定的 pH 值与温度条件下，使之水解为葡萄糖，以斐林试剂快速法测定。

斐林试剂由甲、乙液组成，甲液为硫酸铜溶液，乙液为氢氧化钠与酒石酸钾钠溶液。平时甲、乙液分别贮存，测定时，二者等体积混合。混合时硫酸铜与氢氧化钠反应，生成氢氧化铜沉淀，沉淀与酒石酸钾钠反应，生成酒石酸钾钠铜络合物，使氢氧化铜溶解。酒石酸钾钠铜络合物中二价铜是一个氧化剂，能使还原糖中的羰基氧化，而二价铜被还原成一价的氧化亚铜沉淀。反应终点用次甲基蓝指示剂显示。由于次甲基蓝氧化能力较二价铜弱，故待二价铜全部被还原后，过量一滴还原糖被次甲基蓝氧化，次甲基蓝本身被还原，溶液蓝色消失以示终点。

温度对糖化酶活力影响甚大，糖化温度一定要严格控制。反应是在强碱性溶液中沸腾情况下进行，产物极为复杂，为得到正确的结果，必须严格按如下操作规程进行。

① 斐林试剂甲、乙液平时应分别贮存，用时混合。

② 反应液的酸碱度要一致，要严格控制反应液的体积。

③ 反应时温度需一致，温度恒定后才加热，并控制在 2min 内沸腾。

④ 滴定速度需一致（按 1 滴/4～5s 的速度进行）。

⑤ 反应产物中氧化亚铜极不稳定，易被空气所氧化而增加耗糖量，故滴定时不能随意摇动三角瓶，更不能从电炉上取下后再行滴定。

制备糖化曲的菌种为 AS3.4309 黑曲霉斜面试管菌。

培养基与培养料为察氏培养基斜面（见附录二），麸皮，稻皮。

使用的试剂有斐林试剂，0.1%标准葡萄糖溶液，pH4.6 的乙酸-乙酸钠缓冲液，可溶性淀粉溶液，0.1mol/L NaOH 溶液（见附录四）。

使用的仪器和器具主要有恒温水浴箱、恒温培养箱、高压锅、瓷盘、试管、三角瓶、50mL 比色管或容量瓶、酸式滴定管等。

操作流程如下。

（1）麸曲制备

斜面试管菌→活化
↓
麸皮＋水→拌料→蒸料→装瓶→灭菌→冷却→接种→培养→三角瓶种曲
↓
麸皮＋水→拌料→蒸料→冷却→接种→装盘→培养→晾干→麸曲

（2）糖化酶活力测定

麸曲浸出液→固体糖化液→定糖→糖化液测定→计算结果→记录

## 一、用浅盘麸曲法制备糖化曲

**1. 菌种的活化**

无菌操作取原试管菌一环接入察氏培养基斜面，或用无菌水稀释法接种，31℃保温培养4～7d。

**2. 三角瓶种曲培养**

称取一定量的麸皮，加入70%～80%（质量分数）水，搅拌均匀，润料1h，装瓶，料厚约1.0～1.5cm，包扎，在118℃灭菌40min。冷却后接种，31～32℃培养，待瓶内麸皮已结成饼时，进行扣瓶，继续培养3～4d即成熟。要求成熟种曲孢子稠密、整齐。

**3. 糖化曲制备**

（1）配料　称取一定量的麸皮，加入5%稻皮，加入原料量70%的水，搅拌均匀。

（2）蒸料　圆汽后蒸煮40～60min。蒸料时间过短，料蒸不透，对曲质量有影响；过长，麸皮易发黏。

（3）接种　将蒸料冷却，打散结块，当料冷至40℃时，接入0.25%～0.35%（按干料计）三角瓶种曲，搅拌均匀，将其平摊在灭过菌的瓷盘中，料厚约1～2cm。

（4）前期管理　将接种好的料放入培养箱中培养，为防止水分蒸发过快，可在料面上覆盖灭菌纱布。这段时间为孢子膨胀发芽期，料醅不发热，控制温度在30℃左右。约8～10h，孢子已发芽，开始蔓延菌丝，控制品温32～35℃。若温度过高，则水分蒸发过快，影响菌丝生长。

（5）中期管理　这时菌丝生长旺盛，呼吸作用较强，放热量大，品温迅速上升。应控制品温不超过35～37℃。

（6）后期管理　这阶段菌丝生长缓慢，故放出热量少，品温开始下降，应降低湿度，提高培养温度，将品温提高到37～38℃，以利于水分排除。这是制曲很重要的排潮阶段，对酶的形成和成品曲的保存都很重要。出曲水分应控制在25%以下。总培养时间约24h。

（7）糖化曲感官鉴定　要求菌丝粗壮浓密，无干皮或“夹心”，没有怪味或酸味，曲呈米黄色，孢子尚未形成，有曲清香味，曲块结实。

## 二、糖化酶活力测定

**1. 浸出液的制备**

称取5.0g固体曲（干重），置于250mL烧杯中，加90mL水和10mL pH4.6乙酸-乙酸钠缓冲液，摇匀，于40℃水浴中保温1h，每隔15min搅拌一次。用脱脂棉过滤，滤液即为5%固体曲浸出液。

**2. 2%可溶性淀粉溶液制备**

称取可溶性淀粉2.00g，然后用少量蒸馏水调匀，缓慢倾入已沸的蒸馏水中，煮沸至透明，冷却，用蒸馏水定容至100mL。此溶液需当天配制。

**3. 糖化液的制备**

吸取2%可溶性淀粉溶液25mL，置于50mL比色管中，于40℃水浴预热5min。准确加入5mL固体曲浸出液，摇匀，立即记下时间。于40℃水浴准确保温糖化1h。然后迅速加入0.1mol/L氢氧化钠溶液15mL，终止酶解反应。冷却至室温，用水定容至刻度。

同时作一空白液：吸取2%可溶性淀粉25mL，置于50mL比色管中，先加入0.1mol/L氢氧化钠溶液15mL，然后准确加入5%固体曲浸出液5mL，40℃水浴中准确保温1h后用水定容至刻度。

**4. 葡萄糖测定**

空白液测定：吸取斐林试剂甲、乙液各5mL，置于150mL三角瓶中，加空白液5mL，并用滴定管预先加入适量的0.1%标准葡萄糖溶液，使后滴定时消耗0.1%标准葡萄糖溶液在1mL以内，加热至沸，立即用0.1%标准葡萄糖溶液滴定至蓝色消失。此滴定操作要求在1min内完成。

糖化液测定：准确吸取5mL糖化液代替5mL空白液，其余操作同上。

**5. 计算**

固体曲糖化酶活力定义：1g干重固体曲，40℃、pH4.6、1h内水解可溶性淀粉为葡萄糖的质量（mg）。

$$糖化酶活力=(V_0-V)\times c\times(50/5)\times(100/5)\times(1/W)\times1000$$

式中 $V_0$——5mL空白液消耗0.1%标准葡萄糖溶液的体积，mL；

$V$——5mL糖化液消耗0.1%标准葡萄糖溶液的体积，mL；

$c$——标准葡萄糖溶液的浓度，g/mL；

50/5——5mL糖化液换算成50mL糖化液中的糖量，g；

100/5——5mL浸出液换算成100mL浸出液中的糖量，g；

$W$——干曲称取量，g；

1000——g换算成mg的换算系数。

# 实例四 食用菌栽培

食用菌是大型高等真菌中能形成胶质或肉质子实体，供人们食用或药用的真菌。食用菌不是分类学上的名词，它们分属于真菌门的子囊菌纲和担子菌纲。在食用菌中担子菌纲的真菌约占90%，只有极小部分属于子囊菌纲。人们熟知的木耳、灵芝、香菇、猴头菇和金针菇等都是食用菌。

食用菌能直接利用工业、农业副产品中的主要成分——纤维素、半纤维素和木质素，因此在自然界的物质循环中起着重要作用。本实例介绍平菇的菌种分离，母种、原种和栽培种的制作，及其栽培技术。

从形态学上讲，平菇包含有菌丝体和子实体两部分。其菌丝呈粗壮的管状，浓密，白色。子实体由菌盖和菌柄组成。当平菇的子实体成熟时，在其子实层部位会产生有性担孢子，光滑、无色、近柱形。平菇抗逆性强，可用木屑、棉籽壳、玉米芯、稻草、甘蔗渣和花生壳等为原料进行栽培。

食用菌培养菌种可以是平菇、金针菇等较成熟的子实体，平菇（糙皮侧耳）斜面菌种。

食用菌培养使用的培养基有以下几种。

(1) PDA试管斜面培养基（见附录二）。

(2) 原种培养基：玉米粒98%，石膏1%，碳酸钙1%。

(3) 栽培种培养基：棉籽壳99%，石膏1%。

(4) 栽培培养基：棉籽壳培养料，或稻草培养料，或玉米芯培养料，或锯木屑培养料，或甘蔗渣培养料等。

可因地制宜选用。

食用菌培养使用的试剂与溶剂是75%酒精、甲醛、0.25%的新洁尔灭、高锰酸钾等。

食用菌培养使用的仪器与器皿有：温箱、冰箱、孢子收集器、培养皿、酒精灯、接种针等。

## 一、食用菌菌种分离

食用菌生产中繁殖母种一般采用组织分离法和孢子分离法。

组织分离法是大多数食用菌类繁殖母种普遍采用的方法。组织分离成功与否与种菇子实体的选择、分离过程中的操作方法等是分不开的，这直接关系到所繁菌种的优劣。组织分离是食用菌生产中的重要环节之一。

孢子分离法是利用成熟子实体的有性担孢子能自动从子实体层中弹射出来的特征，在无菌条件下和适宜的培养基上，使孢子萌发成菌丝，获得纯种的一种方法。其特点是：菌丝菌龄短，因是有性繁殖产物，其菌丝生命力强；侵染病毒的菌类可用孢子分离法脱毒。孢子分离法可分为单孢分离法和多孢分离法两种。在一般菌种分离中，为了避免异宗接合的菌类（如香菇、平菇）产生单孢子不孕现象，一般都采用多孢分离法。单孢分离法主要应用于食用菌的杂交育种，但双孢蘑菇、草菇等同宗接合菌类可采用单孢分离法。

### 1. 组织分离法

(1) 种菇选择　在未感染病虫和杂菌的菇瓶或菇床上选择种菇，各类食用菌种菇均须选具有本品种特征特性的、较成熟的第一、第二批菇作种菇。平菇选朵大肉厚的作种菇。金针菇则选择朵大、菇柄长的且黄白色部分较长的菇作种菇。蘑菇选择菇形圆整、洁白、肉厚较成熟未开伞的作种菇。

(2) 消毒接种　将选好的种菇剪去过长的菌柄，放入接种箱内进行消毒，种菇均用75%的酒精擦洗菌盖、菌柄。然后用无菌小刀从菌柄中部纵向切开，或把种菇撕开，在菌盖与菌柄交界处或菌盖带菌褶部分挑取一小块组织，移接到试管培养基上。平菇也可不用酒精擦洗直接将种菇撕开，挑取一小块组织移接到培养基上。

(3) 培养保藏　置于22～26℃左右温度下培养，3～5d后就可看到组织上产生白色绒毛状菌丝，并向培养基上生长。菌丝长满斜面后，管口用塑料薄膜或防潮纸包扎，即可放入5℃冰箱中保藏。

一部分参与者采用菌盖与菌柄交界处组织进行分离，另一部分参与者采用菌盖带菌褶部分进行组织分离。并比较两种方法的优劣。

### 2. 孢子分离法

孢子分离主要分为两个步骤，首先是采集孢子，其次进行单孢或多孢子分离。

(1) 种菇选择　选择菇形完整、个体健壮、特征典型的单生菇，在菌膜将开未开时采摘。

(2) 孢子采集

① 孢子弹射分离法　它是利用孢子能自动弹射出子实体层的特性来收集孢子。收集有几种不同的方法。

a. 整菇插种法 将选好的子实体切去带泥根部，浸入0.1%升汞溶液中消毒约1min，用镊子取出后经无菌水冲洗数次，再用无菌滤纸把表面水吸干，或直接用75% 酒精棉球轻轻擦拭菌盖及菌柄进行表面消毒。随后用无菌刀切掉多余菌柄（约留下1.5～2cm 即可），把菇直立，菇柄朝下插入孢子收集器的三角架上，放入先准备好铺有无菌滤纸条的平皿上，盖上钟罩。这套孢子收集装置需事先进行高压灭菌消毒。把装好子实体的孢子弹射收集器放在温度为15～20℃的室内，2～3d 后孢子散落在培养皿中，加入无菌水，用针筒吸取孢子液，接种在斜面培养基中央，置于22～26℃恒温箱中培养即可。

b. 钩悬法 采集木耳、银耳孢子常用此法，伞菌也可采用此法。先将新鲜成熟的耳片用无菌水冲洗，然后用无菌纱布将水吸干，取一小片挂在灭菌的钩子上（伞菌需表面消毒后挂上），钩子的另一端挂在三角瓶口，瓶内装有培养基，在25℃下培养24h。孢子落到培养基上后，取出耳片，塞上棉塞继续培养。待长出菌丝后，取无污染的培养物转入试管中培养。

② 菌褶上涂抹法 将伞菌子实体用75%酒精表面消毒，按无菌操作，用接种环直接插入两片菌褶之间，轻轻地抹过褶片表面，然后用划线法涂抹于试管培养基上。

(3) 孢子印分离法 取成熟子实体经表面消毒后，切去菌柄，将菌褶向下放置于灭过菌的有色纸上，在20～24℃静置1d，大量孢子落下形成孢子印，然后移少量孢子在试管培养基上培养。

(4) 单孢子分离法 进行单孢子分离后，在人工控制的条件下，使两个优良品系的单孢子进行杂交，从而培育出新品种。

① 平板稀释法 挑取少许孢子在无菌水中形成孢子悬浮液，取几滴涂于培养基上，用无菌玻璃涂棒涂匀。经48～72h 后，镜检孢子萌发情况。在单个孢子旁做好标记，然后将其转接到斜面培养基上，待菌落长到1cm 左右时进行镜检，观察有无锁状联合，若无，即可初步确定是单核菌丝。

② 连续稀释法 挑取一定量孢子，经连续稀释后，直到每滴稀释液中只有一个孢子，然后滴入试管中保温培养。当发现单个菌落时，转到新试管中继续培养，并通过镜检以确定是否为单孢菌落。

## 二、食用菌一级种制作

### 1. 一级种常用培养基的配制

(1) 马铃薯葡萄糖琼脂培养基 PDA 培养基（见附录二）。

(2) 马铃薯硫酸铵培养基

马铃薯200g，硫酸铵2g，蛋白胨1g，葡萄糖20g，磷酸二氢钾1g，硫酸镁1g，琼脂20g，水1000mL。

(3) 马铃薯葡萄糖蛋白胨培养基

马铃薯200g，葡萄糖20g，蛋白胨2g，硫酸镁0.5g，磷酸氢二钾1g，维生素 $B_1$ 0.5mg，琼脂20g，水1000mL。

### 2. 培养基的配制、分装、灭菌

按常规方法进行，一级种培养基通常为试管培养基，灭菌后趁热摆成斜面，冷凝备用。

### 3. 一级种的接种培养

在无菌操作条件下，挑取黄豆大小的菌丝琼脂块，迅速移接到空白斜面中央，塞好试管塞，放入恒温培养箱，在22～26℃下培养，长满试管即可作为一级种（母种）使用。

## 三、原种及栽培种的制作

**1. 原种（二级种）制作**

（1）原种培养基的制作　原种选用玉米粒、石膏和碳酸钙等作原料，其配方为：玉米粒98%、石膏1%、碳酸钙1%；以750mL广口玻璃瓶或250mL三角瓶作容器，按每瓶装干玉米100～300g计算，称取所需量。将干玉米粒浸泡数小时，煮软（但不能过软，即玉米粒中央还留有一白点），然后捞出晾干，按配比加入石膏和碳酸钙，装瓶。装瓶时，先装入瓶容积的2/3，用手握住瓶颈在料堆上蹾实，然后继续装到瓶颈，用手指压实至瓶肩处，做到上部压平实、中下部稍松，以利通气培养。装料完毕，用直径1.5cm的圆锥形捣木钻一个圆洞，直达瓶底，以利菌丝生长繁殖。擦净瓶口和瓶身，塞上棉塞，包上牛皮纸。

（2）原种培养基的灭菌　126.2℃高压灭菌1.5～2h。

（3）原种的接种和培养　灭菌结束后将培养瓶取出，贴上标签，写明所接品种名称、接种日期、接种人姓名。然后放入接种箱内，在无菌操作下，用接种铲切取一小块平菇斜面菌种菌丝块迅速放入原种培养基瓶中央的洞穴里，在25～28℃培养。一般一支试管斜面可接3～4瓶原种。约一周后可见菌丝生长，约1个月后菌丝可长满瓶。选取菌丝洁白、密集粗壮，并有小原基产生的种瓶作种子。

**2. 栽培种（三级种）制作**

（1）栽培种培养基的制作　栽培种以棉籽壳、石膏为培养料，其配方为：棉籽壳99%、石膏1%。

以聚丙烯塑料袋（17cm×35cm）为容器，以每袋300g干棉籽壳计算配料。棉籽壳按1∶(1.1～1.2)的料水比加入清水，使之用手捏料，指缝间见水但不滴下为宜，此时约为65%的含水量。然后按比例加入石膏粉，拌匀，装袋。袋内装料至2/3处，压平实，用直径1.5cm的圆锥形捣木在中间钻一个通气孔洞，装袋后将袋口套上直径3.5cm、高3cm的塑料环，并加棉塞，环口用牛皮纸覆盖，用胶圈或绳子将牛皮纸捆紧。

（2）栽培种培养基的灭菌　126.2℃高压灭菌1.5～2h。

若用常压灭菌，可用聚乙烯塑料袋作为容器，消毒时间为圆汽后（即灶内水开有蒸汽冒出）10～12h。

（3）栽培种的接种和培养　灭菌结束后将装料袋取出，冷却后放入接种箱内消毒接种。用灭菌的镊子或接种铲挖一小块蚕豆大小的原种，放入袋料中央的洞口处，塞上棉塞，扎紧袋口。每瓶玉米原种接种30袋左右。接种后放入22～26℃条件下进行培养。

## 四、平菇的栽培

平菇可以室内栽培，也可以在室外阳畦栽培。

平菇室内栽培技术的房间要有一定的散射光，能保温保湿，可通风换气，地面平整光滑，周围环境清洁卫生，门窗装有防虫的尼龙纱。

**1. 品种选择**

应根据接种季节、栽培场所、培养料种类、栽培方式及市场要求等选择适宜品种。秋冬宜用中低温型品种，早春宜用中温型品种，春末夏初宜用中、高温型品种，夏秋宜用高温型品种。

**2. 生产季节**

利用自然气温生产平菇，一般中、低温型品种在7月下旬至8月上中旬制原种，8月中下旬至9月上中旬制生产种；中温型品种在11～12月制原种，次年1～2月制生产种；高温型品种在3～4月制原种，4～5月制生产种。平菇可利用不同温型的品种，实现周年生产。

**3. 培养料的选择、配方与处理**

（1）培养料的选择　培养料可以就地取材，采用棉籽壳、玉米芯、豆秆粉、锯木屑、稻草、麦秆等，其中以棉籽壳最好。使用前，棉籽壳应在日光下晒1～2d，不能使用霉烂变质的原料。

（2）培养料的配方　由于平菇培养料的来源很广，因此，主料与辅料的配法也多种多样，可因地制宜选用。常用的培养料有以下几种。

① 棉籽壳培养料

a. 棉籽壳100%；b. 棉籽壳95%，豆饼粉（菜饼粉）5%；c. 棉籽壳95%，过磷酸钙2%，石膏3%；d. 棉籽壳80%，麸皮或米糠20%。培养料含水量为65%～70%。

② 稻草培养料

a. 稻草粉80%～90%，米糠或麦麸10%～20%；b. 稻草粉98%，糖1%，石膏1%；c. 稻草95%，豆饼粉（菜籽饼）5%。

稻草中含有很多鬼伞菌等杂菌，可用开水煮20～30min，也可用1%～3%石灰水浸泡1～2d，然后用清水冲洗使其pH值为8，沥干，再加入其他材料。

③ 玉米芯培养料　玉米芯碎块60%，米糠或麦麸36%，石膏2%，尿素0.2%，过磷酸钙2%。

④ 锯木屑培养料　锯木屑78%，麦麸或米糠20%，蔗糖1%，石膏1%。

⑤ 甘蔗渣培养料　甘蔗渣70%，麦麸或米糠28%，石膏2%。

**4. 上料、播种**

（1）床栽　一般床架式栽培可采用生料栽培，将配制好的培养料铺上菇床，逐层铺料，料厚10～15cm，可采用穴播，穴距为8～12cm，在料表面层应撒一层菌种，然后弄平料面，加盖薄膜。

（2）块栽　菌砖用长方形的木模制成，砖大小为90cm×50cm×12cm。具体操作方法为：在模子下铺塑料薄膜，在模子内铺入培养料和菌种，可采用层播法，一层料再铺上一层菌种，可铺多层。也可混播，将料与菌种混合后铺入模子。通常用种量常为干料质量的10%～15%。每个菌砖之间应留有5～8cm的距离，以利于通风透气，使菌丝易萌发并吃料生长。

（3）塑料袋栽　适于熟料栽培。若采用高压灭菌可采用聚丙烯塑料袋，常压灭菌可用聚乙烯薄膜。塑料袋长49cm、宽15～16cm，装料可采用装袋机。袋两头开口的，应套塑料环，用棉花塞封口，然后用牛皮纸、防水纸或塑料薄膜包扎系紧，灭菌后接种，在菌丝培养室培养。用塑料袋进行生料栽培，以两头开口为好，便于通风透气，定点出菇。

装袋先从一端开始，封口后先放一层菌种，再放一层培养料并压实。装料达袋的一半时，再放一层菌种，再装满培养料，再播一层菌种压实，用木棒在料中央插一空洞，袋口用塑料环套好，封口。

接种后的袋料在气温高时呈松散直立放置，切勿堆积，以防发热高温烧坏菌种。待袋温稳定后，再多层叠放呈墙形。

平菇袋栽可采用覆土栽培，覆土可减少虫害，提高产量和品质。土质可选择微酸性的沙壤土，土壤要求疏松、肥沃、通气，使用前可用甲醛消毒，闷一天后再用。当菌丝长满菌袋，培养料变紧实后脱袋覆土，或在菌袋出2～3批菇后脱袋覆土。

（4）箱栽　可采用清洁的塑料箱、旧木箱、包装纸箱、竹箱或其他材料编制的筐子来栽培。先在箱内铺塑料薄膜，再装入调配好的培养料并播种，采用穴播或分层播种，播后用薄膜保湿。采用此法栽培，便于搬动，可放到菌丝体或子实体生长适宜的温湿度场所。

工厂化生产宜用箱式栽培，可先将箱子放入温度适宜的房间进行菌丝培养，然后再移入湿度较高、温度较低的人防地道或岩洞中，让子实体发育。

箱筐在菌丝生长阶段可在地面上重叠放置，也可放在床架上，以充分利用空间。

（5）瓶栽　可采用 750mL 的玻璃菌种瓶或 500mL 的玻璃罐头瓶栽培。采用此法出菇快，出菇前可拔去棉塞，子实体从瓶口长出。此法所用玻璃瓶的成本高，生产工艺比较繁琐，适用于菌种场的少量生产试验或家庭小规模栽培。

**5. 发菌管理**

接种后料温持续上升，超过 30℃，应加强通风降温，同时要抖动盖在菌床和菌砖上的薄膜散热或将菌袋翻堆降温。还要经常检查培养料有无杂菌虫害，若发现有杂菌虫害，要及时处理；严重者，应将其移出培养室，喷施药剂，隔离培养。

发菌后期，若温度过低，应保温、升温，以保证菌丝的正常生长。经过 20～30d 培养后，菌丝长满培养料，提供适宜的外界环境条件，以刺激菌丝体扭结形成子实体原基。

**6. 出菇管理**

平菇现蕾后，应注意通风换气和增加湿度。

采用菌砖、菌床等栽培的要掀开薄膜，采用菌袋的则要敞开两头，以利通风换气。可向地面、墙壁、空间喷水或采用增湿机以增加湿度，保持相对湿度 80%～90%（注意：切勿直接向幼小菌蕾喷水）。随着子实体的长大，应增加菇房湿度，喷水应勤喷、轻喷并加强通风换气，保持空气新鲜、湿润。

**7. 采收**

当平菇菌盖充分展开，颜色由深逐渐变浅，但孢子尚未弹射时，即可采收。适时采收，则菇体柔嫩，品质好，味道佳，产量也高；采收过早，菇体发育不足，产量低；采收过迟，菌盖干缩，菇柄坚硬，质量下降。采收后的平菇要去除菌柄基部的草屑或棉渣，分装、销售。

## 【本章小结】

通过分离和纯培养技术将混杂微生物分离，可以对自然界中的各种微生物进行研究，可以更好地利用微生物的特点为人类服务。微生物的分离与纯培养技术主要包括培养基的制备、无菌操作接种、微生物培养、纯种分离等几个过程。

微生物摄取和利用营养物质的过程称为营养。微生物的营养要素有 6 类，即碳源、氮源、能源、无机盐、生长因子和水。除水外，碳源所需的量最大，其次是氮源。微生物的营养类型是以其所需碳源和能源的性质来划分的，共分四大类，分别是光能自养微生物、光能异养微生物、化能自养微生物和化能异养微生物。

人工配制的适合微生物生长繁殖或积累代谢产物的营养基质称为培养基。设计和配制培养基是微生物学实验室和有关生产实践中的基本环节。应努力遵循目的明确、营养协调、理化适宜和经济节约 4 个原则。

培养基的种类很多，若以对其中营养成分的了解程度来分，有天然培养基、合成培养基和半合成培养基 3 类；若以其物理外观来分，有液体培养基、半固体培养基和固体培养基 3 类；若以培养基的功能来分，则可分为选择性培养基和鉴别性培养基等多种类型。除了选用现成配方外，可运用微生物生理、生化等理论知识自行设计。

营养物质的种类和浓度、温度、pH 值、氧气、水活性或渗透压等理化因素和其他微生物对微生物的生长都有影响。不同类群的微生物能够适应不同的生长环境，并对环境产生影响。

微生物的代谢是生命的基本特征，可以分为物质代谢和能量代谢。产能代谢的实质是生物氧化，可以分解为脱氢、递氢和受氢三个步骤。微生物的耗能代谢主要指微生物的合成代谢。其特有的合成代谢途径主要是$CO_2$的固定、生物固氮、肽聚糖合成等。

代谢的调节主要是酶的调节，包括酶合成即酶量的调节和酶活性的调节。

根据微生物代谢过程中产生的代谢产物在活性机体内的作用不同，可将代谢分为初级代谢和次级代谢。各种代谢产物可以作为药物或药物前体、食品或食品添加剂、化工产品等为人类造福。

## 【练习与思考】

一、名词理解与辨析

1. 碳源、氮源、能源、生长因子
2. 营养、营养物质
3. 光能自养型、光能异养型、化能自养型、化能异养型
4. 培养基、鉴别培养基、合成培养基、选择培养基
5. 发酵、呼吸、有氧呼吸、无氧呼吸
6. 巴斯德效应、巴氏消毒法

二、问答题

1. 常用的纯培养方法有哪几种?
2. 配制培养基的原则和方法是什么? 通常培养细菌、放线菌、酵母菌和霉菌常用什么培养基?
3. 以 EBM（伊红美蓝乳糖琼脂培养基）为例，分析鉴别培养基的作用原理。
4. 主要有哪些因素对微生物的生长产生影响? 产生什么影响?
5. 什么是微生物的最适生长温度? 温度对同一微生物的生长速度、生长量、代谢速度及各代谢产物的累积量的影响是否相同?
6. 试设计一个实验，测定微生物生长的最适 pH 值。
7. 代谢的分类方式有哪几种? 各自依据是什么?
8. 化能异养微生物生物氧化过程中，其基质脱氢主要有哪几条途径?
9. 二氧化碳固定主要有哪几条途径?
10. 青霉素为什么只抑制代谢旺盛的细菌?
11. 代谢调控包括哪两个方面?
12. 初级代谢产物和次级代谢产物有什么不同?

# 第四章

# 微生物形态鉴别技术

**【学习目标】**

1. 技能：初步掌握微生物的形态鉴别方法，包括肉眼观察群体形态以及染色和显微观察个体形态、结构和繁殖特点；能运用这些技术对微生物进行鉴别和类别判定。

2. 知识：能分辨细菌、放线菌、酵母菌、霉菌、病毒的大小的不同，以及个体与群体特征的区分；认识细菌细胞的特殊构造及其作用；能复述细菌、放线菌、酵母菌、霉菌、病毒的常见的繁殖方式。

3. 态度：在了解基本微生物类型的个体和群体特点的基础上，培养敏锐的观察能力和综合思维能力，为合理利用微生物奠定基础。

**【概念地图】**

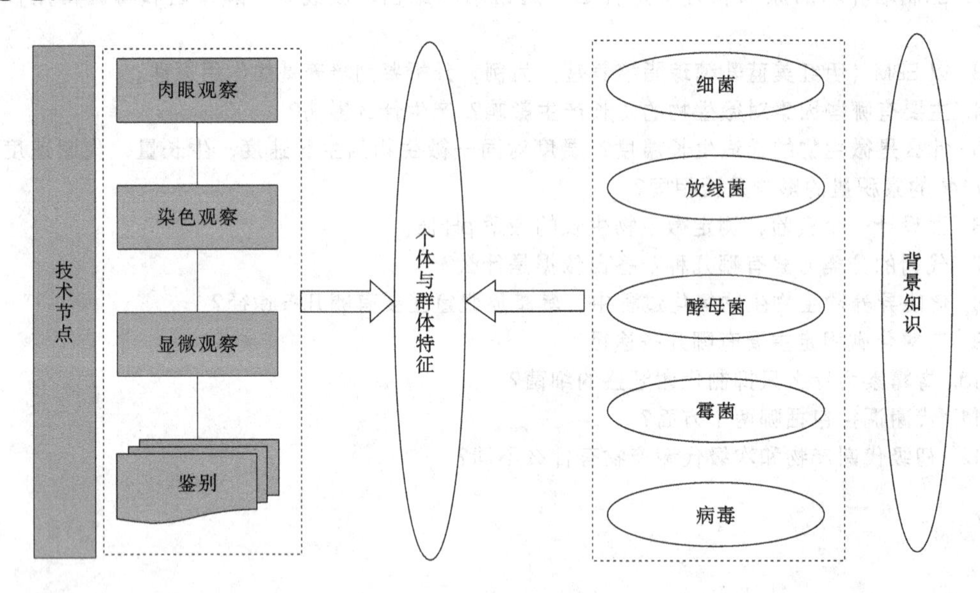


**【引入问题】**

Q：已发现的数十万种微生物可以进行归纳分类吗？

A：可以根据微生物个体的形态、微生物菌落形态、生理生化性质、染色性质等进行分类。同类微生物具有一些相似的性质。

Q：细菌的基本形态和构造有哪些？

A：细菌的基本形态有球状、杆状和螺旋状三种，分别称为球菌、杆菌和螺旋菌。细菌的构造分为基本结构和特殊结构，分别是：

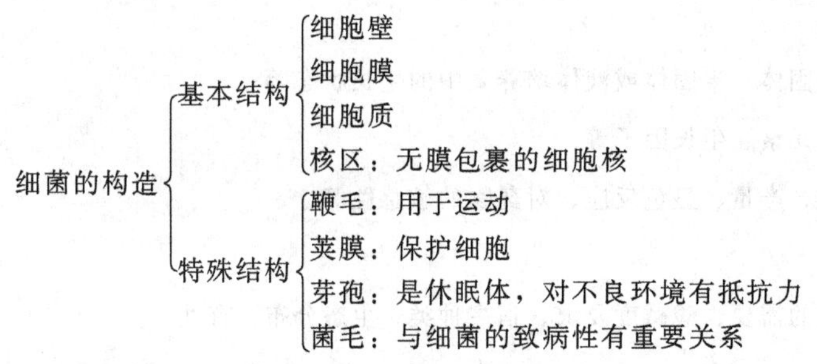


Q：细菌、放线菌、酵母菌、霉菌、病毒各有何特点？

A：细菌的特点：细菌细胞细短、结构简单、具有细胞壁，多以二分裂方式繁殖，水生性较强，根据其细胞壁的成分和结构不同，经革兰染色反应几乎所有的细菌能被分成革兰阳性菌或革兰阴性菌。

放线菌的特点：放线菌由菌丝与孢子组成，是介于细菌与真菌之间而又接近于细菌的单细胞分枝状微生物，其基本结构与细菌相似，主要通过无性孢子的方式进行繁殖。

酵母菌的特点：酵母菌是一类单细胞真核微生物的总称，酵母菌通常是以单细胞形式存在；基本形态为球形、卵圆形、圆柱形或香肠形；多数以出芽方式进行繁殖；能利用糖类发酵产生能量。

霉菌的特点：霉菌具有菌丝和孢子结构，菌体均由分枝或不分枝的菌丝构成；霉菌的繁殖能力一般都很强，而且方式多样，主要靠形成无性和（或）有性孢子。

病毒的特点：病毒不具有细胞结构，只含有蛋白质和DNA或RNA，甚至不含有核酸，自身不能进行新陈代谢，只能寄生在活的细胞内增殖复制。病毒的种类繁多，形态各异，有球状、杆状或丝状、砖形、弹状、蝌蚪状等。

**拓展链接**

微生物的种类繁多，其形态结构是微生物鉴别的基本依据。

按照微生物不同的进化水平和性状的明显差别，可将其分为无细胞结构的真病毒、亚病毒（类病毒、拟病毒、朊病毒）；具有原核细胞结构的真细菌（细菌、放线菌、蓝细菌、立克次体、支原体、衣原体、螺旋体）、古细菌；具有真核细胞结构的真菌（霉菌、酵母菌、蕈类）、单细胞藻类、原生动物等。

真核微生物，是指既有核膜又有核仁存在，遗传物质以染色体形式存在，且具有细胞器的一类微生物。

原核微生物，是指一大类细胞核既无核膜包裹，也不存在核仁，遗传物质只是裸露的DNA，且无细胞器存在的原始单细胞生物。

## 【技术节点】

获得纯化的微生物分离菌株后，首先需判定是原核微生物还是真核微生物。实际上在分离过程中所使用的方法和选择性培养基已经决定了分离菌株的大类的归属，从平板菌落的特征和液体培养的性状都可加以基本判断。然后测定一系列必要的鉴定指标，如是原核微生物，便可根据经典分类鉴定指标进行鉴定，如条件允许，可做碳源利用的BIOLOG-GN分析和16S rRNA序列分析。结合多项结果，查找权威性的菌种鉴定手册，可确定分离菌株的属和种。

微生物经典分类鉴定方法的指标依据：

- 个体形态特征：细胞形态、大小、排列方式，染色反应，有无运动，各种特殊构造特征等
- 群体形态特征：菌落形态，在固体、半固体或液体培养基中的生长状态等
- 营养要求：碳源、氮源、矿质元素、生长因子等
- 生理生化特征：代谢产物种类、产量、显色反应、对药物的敏感性等
- 酶：产酶种类和反应特征等
- 生态学特性：生长温度、对氧的需要、酸碱度要求、宿主种类、生态分布、有性生殖情况等
- 血清学反应
- 噬菌体的敏感性
- 其他

形态学是鉴别微生物的重要依据之一，这是因为形态易于观察和比较，尤其是真核微生物和具有特殊形态结构的细菌；而且许多形态学特征依赖于多基因的表达，具有相对的稳定性。形态学特征包括培养特征、细胞形态、特殊细胞结构、染色特性及运动性等。

在实验室和工厂里，一般都是用肉眼直接观察微生物的群体形态。通过肉眼观察，可以看到菌落或菌苔的外表特征，如颜色、大小、厚薄、松紧、质地、水溶性色素、透明度以及边缘的情况。在一般情况下，还可判断出生产的菌种是否发生污染。

肉眼观察的好处是直观、快速，能够分辨出微生物的大类，在检测杂菌污染时尤为适用，但是肉眼观察一般只能看到群体的外表，而无法观察到群体中微生物的个体以及内部结构。

要观察微生物个体的形态和细胞结构，必须借助于显微镜。使用显微镜主要观察细胞的形状，如球形、杆状、弧形、螺旋形、丝状、分枝及特殊形状；细胞的大小，其中最重要的是细胞的宽度或直径；细胞的排列，如单个、成对、成链或其他特殊排列方式；特殊的细胞结构，如鞭毛（有无鞭毛、着生位置及其数量）、芽孢（有无芽孢、形状、着生位置、孢囊是否膨大）、孢子（孢子形状、着生位置、数量及排列）、其他（荚膜、细胞附属物，如柄、丝状物、鞘、蓝细菌的异形胞、静止细胞和连丝体等）、超微结构（细胞壁、细胞内膜系统、放线菌孢子表面特征等）；细胞内含物（异染颗粒、聚$\beta$-羟丁酸等类脂颗粒、硫粒、气泡、伴孢晶体等）；染色反应（革兰染色、抗酸性染色等）；运动性（鞭毛泳动、滑行、螺旋体运动方式）。

微生物个体很小，细胞又较透明，在显微镜下与背景色差相差不大，通常观察效果不够理想。如果将微生物个体固定，染上颜色，增加与背景的色差，就可以提高观察效果。因而在微生物的形态结构观察中，染色是一种非常重要的实验手段。

目前，国内已经有很多公司推出便于观察细菌、放线菌、酵母菌和霉菌不同结构的玻片标本，不同公司所采用的方法也会略有不同，本节就常用的方法做简要介绍。

## 技术节点一　细菌形态鉴别技术

### 一、细菌的形态结构观察（简单染色、革兰染色）

#### 1. 原理简介

用于生物染色的染料主要有碱性染料、酸性染料和中性染料三大类。碱性染料的离子带正电荷，能和带负电荷的物质结合。因细菌蛋白质等电点较低，当它生长于中性、碱性或弱

酸性的溶液中时常带负电荷，所以通常采用碱性染料（如美蓝、结晶紫、碱性复红或孔雀绿等）使其着色。酸性染料的离子带负电荷，能与带正电荷的物质结合。当细菌分解糖类产酸使培养基 pH 值下降时，细菌所带正电荷增加，因此易被伊红、酸性复红或刚果红等酸性染料着色。中性染料是前两者的结合物，又称复合染料，如伊红美蓝、伊红天青等。

简单染色法只用一种染料使细菌着色，以显示其形态，简单染色不能辨别细菌细胞的构造。

革兰染色法是细菌学上最常用的鉴别染色法。该染色法能将细菌分为 $G^+$ 菌和 $G^-$ 菌。$G^-$ 菌的细胞壁中含有较多易被乙醇溶解的类脂质，而且肽聚糖层较薄、交联度低，故用乙醇或丙酮脱色时溶解了类脂质，增加了细胞壁的通透性，使初染的结晶紫和碘的复合物易于渗出，结果细菌就被脱色，再经番红复染后就成红色。$G^+$ 菌细胞壁中肽聚糖层厚，且交联度高，类脂质含量少，经脱色剂处理后反而使肽聚糖层的孔径缩小，通透性降低，因此细菌仍保留初染时的颜色。

**2. 常用材料**

（1）菌种　培养 12～16h 的苏云金芽孢杆菌或枯草芽孢杆菌，培养 24h 的大肠埃希菌。

（2）染色液和试剂　结晶紫、卢戈碘液、95%酒精、番红、复红（均见附录三）、二甲苯、香柏油。

（3）器材　洗瓶、载玻片、接种杯、酒精灯、擦镜纸、显微镜、废液缸。

**3. 简单染色操作流程**

（1）涂片　取干净载玻片一块，在载玻片的左、右各加一滴蒸馏水，按无菌操作法取菌涂片，左边涂苏云金杆菌，右边涂大肠埃希菌，做成浓菌液。再取干净载玻片一块将刚制成的苏云金杆菌浓菌液挑 2～3 环涂在左边制成薄的涂面，将大肠埃希菌的浓菌液取 2～3 环涂在右边制成薄涂面。也可直接在载玻片上制薄的涂面，注意取菌不要太多。

（2）晾干　让涂片自然晾干或者在酒精灯火焰上方文火烘干。

（3）固定　手执玻片一端，让菌膜朝上，通过火焰 2～3 次固定（以不烫手为宜）。

（4）染色　将固定过的涂片放在废液缸上的搁架上，加复红染色 1～2min。

（5）水洗　用水洗去涂片上的染色液。

（6）干燥　将洗过的涂片放在空气中晾干或用吸水纸吸干。

（7）镜检　先低倍镜观察，再高倍镜观察，找出适当的视野后，将高倍镜转出，在涂片上加香柏油一滴，将油镜镜头浸入油滴中仔细调焦观察细菌的形态。

（8）实验完毕后的处理。

**4. 革兰染色操作流程**

（1）涂片、晾干、固定　与简单染色法相同。

（2）结晶紫染色（初染）　将玻片置于废液缸玻片搁架上，加适量（以盖满细菌涂面）的结晶紫染色液染色 1min。

（3）水洗　倾去染色液，用水小心地冲洗。

（4）媒染　滴加卢戈氏碘液，媒染 1min。

（5）水洗　用水洗去碘液。

（6）脱色　将玻片倾斜，连续滴加 95%乙醇，脱色 20～25s 至流出液无色，立即水洗。

（7）复染　滴加番红复染 5min。

（8）水洗　用水洗去涂片上的番红染色液。

（9）晾干　将染好的涂片放在空气中晾干或者用吸水纸吸干。

（10）镜检　镜检时先用低倍镜，再用高倍镜，最后用油镜观察，并判断菌体的革兰染色反应性。

(11) 实验完毕后的处理

① 清理镜头：先用擦镜纸将油镜头上的油擦去；然后用擦镜纸蘸少许二甲苯将镜头擦2～3次；再用干净的擦镜纸将镜头擦2～3次。注意擦镜头时向一个方向擦拭。

② 观察后的染色玻片以同样的方式将香柏油擦干净。

**5. 注意事项**

(1) 染色过程中勿使染色液干涸　用水冲洗后，应吸去玻片上的残水，以免染色液被稀释而影响染色效果。

(2) 革兰染色成败的关键步骤是酒精脱色　如脱色过度，革兰阳性菌也可被脱色而染成阴性菌；如脱色时间过短，革兰阴性菌也会被染成革兰阳性菌。脱色时间的长短还受涂片厚薄及乙醇用量多少等因素的影响，难以严格规定。

(3) 选用幼龄的细菌　$G^+$菌培养12～16h，*E.coli* 培养24h。若菌龄太老，由于菌体死亡或自溶常使革兰阳性菌转呈阴性反应。

## 二、细菌的形态结构观察

**1. 原理简介**

(1) 芽孢染色原理　细菌的芽孢具有厚而致密的壁，透性低，不易着色，若用一般染色法只能使菌体着色而芽孢不着色（芽孢呈无色透明状）。芽孢染色法就是根据芽孢难以染色而一旦染上色后又难以脱色这一特点而设计的。所有的芽孢染色法都基于同一个原则：除了用着色力强的染料外，还需要加热，以促进芽孢着色。当染芽孢时，菌体也会着色，然后水洗，芽孢染上的颜色难以渗出，而菌体会脱色。然后用对比度强的染料对菌体复染，使菌体和芽孢呈现出不同的颜色，因而能更明显地衬托出芽孢，便于观察。

(2) 荚膜染色原理　细菌荚膜与染料间的亲和力弱，不易着色，通常采用负染色法染荚膜，即设法使菌体和背景着色而荚膜不着色，从而使荚膜在菌体周围呈一透明圈。由于荚膜的含水量在90%以上，故染色时一般不加热固定，以免荚膜皱缩变形。

(3) 鞭毛染色原理　细菌的鞭毛极细，直径一般为10～20nm，只有用电子显微镜才能观察到。但是，如采用特殊的染色法，则在普通光学显微镜下也能看到它。鞭毛染色方法很多，但其基本原理相同，即在染色前先用媒染剂处理，让它沉积在鞭毛上，使鞭毛直径加粗，然后再进行染色。常用的媒染剂由单宁酸和氯化高铁或钾明矾等配制而成。

**2. 常用材料**

(1) 菌种　苏云金芽孢杆菌，枯草芽孢杆菌，胶质芽孢杆菌（俗称“钾细菌”）。

(2) 染色液和试剂

① 芽孢染液　5%孔雀绿水溶液、0.5%番红水溶液（见附录三）。

② 荚膜染液　用滤纸过滤后的绘图墨水、复红染色液、黑素、6%葡萄糖水溶液、1%结晶紫水溶液（见附录三）、无水乙醇。

③ 鞭毛染液　利夫森（Leifson）染色液，染料配好后要过滤15～20次，染色效果才好（见附录三）。

④ 试剂　香柏油、二甲苯。

(3) 器材　小试管（75mm×10mm）、烧杯（300mL）、滴管、镊子、吸水纸、记号笔、酒精灯、接种环、载玻片、玻片搁架、废液缸、擦镜纸、显微镜等。

**3. 操作流程**

(1) 芽孢染色（改良的Schaeffer和Fulton染色法）　细菌芽孢染色方法中常用的有Schaeffer和Fulton染色法（孔雀绿染色法）；改良的Schaeffer和Fulton染色法（孔雀绿染

色法）；石炭酸复红和碱性美蓝染色法，本节以改良的 Schaeffer 和 Fulton 染色法为例进行介绍。

① 制备菌液 加 1～2 滴无菌水于小试管中，用接种环从培养 36h 的苏云金杆菌或者枯草杆菌的斜面上挑取 2～3 环菌体于试管中，并充分打匀，制成浓稠的菌液。

② 加染色液 加 5%孔雀绿水溶液 2～3 滴于小试管中，用接种环搅拌使染料与菌液充分混合。

③ 加热 将此试管浸于沸水浴（烧杯），加热 15～20min。

④ 涂片 用接种环从试管底部挑数环菌液于洁净的载玻片上，做成涂片，晾干。

⑤ 固定 将涂片通过酒精灯火焰 3 次。

⑥ 脱色 用水洗直至流出的水中无孔雀绿颜色为止。

⑦ 复染 加番红水溶液染色 5min 后，倾去染色液，不用水洗，直接用吸水纸吸干。

⑧ 镜检 先低倍镜，再高倍镜，最后用油镜观察。

⑨ 结果 芽孢呈绿色，芽孢囊和菌体为红色。

(2) 荚膜染色（湿墨水法） 细菌的荚膜染色方法主要有负染色法、湿墨水法和干墨水法三种染色法，其中以湿墨水方法较简便，并且适用于各种有荚膜的细菌。如用相差显微镜检查则效果更佳。本节以湿墨水方法为例进行介绍。

① 制菌液 加 1 滴墨水于洁净的载玻片上，挑少量培养 3～5 天的胶质芽孢杆菌菌体与其充分混合均匀。

② 加盖玻片 放一清洁盖玻片于混合液上，然后在盖玻片上放一张滤纸，向下轻压，吸去多余的菌液。

③ 镜检 先用低倍镜、再用高倍镜观察。

④ 结果 背景灰色，菌体较暗，在其周围呈现一明亮的透明圈即为荚膜。

(3) 鞭毛染色（改良 Leifson 染色法） 细菌的鞭毛染色方法可分为镀银染色法和改良 Leifson 染色法。本节以湿改良 Leifson 染色法为例进行介绍。

① 清洗玻片 选择光滑无裂痕的玻片，最好选用新的。为了避免玻片相互重叠，应将玻片插在专用金属架上，然后将玻片置洗衣粉过滤液中（洗衣粉煮沸后用滤纸过滤，以除去粗颗粒），煮沸 20min。取出稍冷后用自来水冲洗、晾干，再放入浓洗液中浸泡 5～6d，使用前取出玻片，用自来水冲去残酸，再用蒸馏水洗。将水沥干后，放入 95%乙醇中脱水。

② 菌液的制备及制片 菌龄较老的细菌容易失落鞭毛，所以在染色前应将枯草杆菌在新配制的牛肉膏蛋白胨培养基斜面上（培养基表面湿润，斜面基部含有冷凝水）连续移接 3～5代，每次培养 12～18h，最后一代培养 12～16h，以增强细菌的运动力。然后，用接种环挑取斜面与冷凝水交接处的菌液数环，移至盛有 1～2mL 无菌水的试管中，使菌液呈轻度浑浊。将该试管放在 37℃恒温箱中静置 10min（放置时间不宜太长，否则鞭毛会脱落），让幼龄菌的鞭毛松展开。然后，吸取少量菌液滴在洁净玻片的一端，立即将玻片倾斜，使菌液缓慢地流向另一端，用吸水纸吸去多余的菌液。涂片放空气中自然干燥。

用于鞭毛染色的菌体也可用半固体培养基培养。方法是将 0.3%～0.4%的琼脂肉膏培养基熔化后倒入无菌平皿中，待凝固后在平板中央点接活化了 3～4 代的细菌，恒温培养 12～16h后，取扩散菌落的边缘制作涂片。

③ 染色

a. 用记号笔在洁净的玻片上划分 3～4 个相等的区域。放 1 滴菌液于第一个小区的一端，将玻片倾斜，让菌液流向另一端，并用滤纸吸去多余的菌液，在空气中自然干燥。

b. 加染色液于第一区，使染料覆盖涂片。隔数分钟后再将染料加入第二区，依此类推（相隔时间可自行决定），其目的是确定最合适的染色时间，而且节约材料。

c. 水洗：在没有倾去染料的情况下，就用蒸馏水轻轻地冲去染料，否则会增加背景的沉淀。自然干燥。

d. 镜检：先低倍镜观察，再高倍镜观察，最后再用油镜观察，观察时要多找一些视野，不要试图在1～2个视野中就能看到细菌的鞭毛。

e. 结果：菌体和鞭毛均染成红色。

**4. 注意事项**

(1) 供芽孢染色用的菌种应控制菌龄。

(2) 芽孢的改良染色法在节约染料、简化操作及提高标本质量等方面都较常规涂片法优越，可优先使用。用改良法时，欲得到好的涂片，首先要制备浓稠的菌液，其次是从小试管中取染色的菌液时，应先用接种环充分搅拌，然后再挑取菌液，否则菌体沉于管底，涂片时菌体太少。

(3) 荚膜的含水量很高，而且很薄，易变形，因此通常不用火焰固定，而是用甲醇或无水乙醇固定。

(4) 鞭毛染色用的玻片干净、无油污是鞭毛染色成功的先决条件。挑选处于活跃生长期的菌种，是鞭毛染色成功的基本条件。

(5) 鞭毛镀银法染色比较容易掌握，但染色液必须每次现配现用，不能存放，否则，鞭毛颜色浅，观察效果差。Leifson染色法受菌种、菌龄和室温等因素的影响，且染色液须经15～20次过滤，要掌握好染色条件必须经过一些摸索。

(6) 细菌鞭毛极细，很易脱落，在整个操作过程中，必须仔细小心，以防鞭毛脱落。

## 三、细菌的运动性观察

**1. 原理简介**

细菌是否具有鞭毛是细菌分类鉴定的重要特征之一。采用鞭毛染色法虽能观察到鞭毛的形态、着生位置和数目，但此法既费时又麻烦。如果仅须了解某菌是否有鞭毛，可采用悬滴法或水封片法（即压滴法）直接在光学显微镜下检查活细菌是否具有运动能力，以此来判断细菌是否有鞭毛。此法较快速、简便。

悬滴法就是将菌液滴加在洁净的盖玻片中央，在其周边涂上凡士林，然后将它倒盖在有凹槽的载玻片中央，即可放置在普通光学显微镜下观察。水封片法是将菌液滴在普通的载玻片上，然后盖上盖玻片，置显微镜下观察。

大多数球菌不生鞭毛，杆菌中有的有鞭毛、有的无鞭毛，弧菌和螺菌几乎都有鞭毛。有鞭毛的细菌在幼龄时具有较强的运动力，衰老的细胞鞭毛易脱落，故观察时宜选用幼龄菌体。

**2. 常用材料**

(1) 菌种　培养12～16h的枯草杆菌、金黄色葡萄球菌、假单胞菌。

(2) 试剂　香柏油、二甲苯、凡士林等。

(3) 器材　凹载玻片、盖玻片、镊子、接种环、滴管、擦镜纸、显微镜。

**3. 操作流程**

(1) 制备菌液　在幼龄菌斜面上，滴加3～4mL无菌水，制成轻度浑浊的菌悬液。

(2) 涂凡士林　取洁净无油的盖玻片1块，在其四周涂少量的凡士林。或在凹玻片凹槽周围涂上凡士林。

（3）滴加菌液　加1滴菌液于盖玻片的中央，并用记号笔在菌液的边缘做一记号，以便在显微镜观察时，易于寻找菌液的位置。

（4）盖凹玻片　将凹玻片的凹槽对准盖玻片中央的菌液，并轻轻地盖在盖玻片上，使两者粘在一起，然后翻转凹玻片，使菌液正好悬在凹槽的中央，再用铅笔或火柴棒轻压盖玻片，使玻片四周边缘闭合，以防菌液干燥。

如图4-1所示为悬滴法制片步骤。

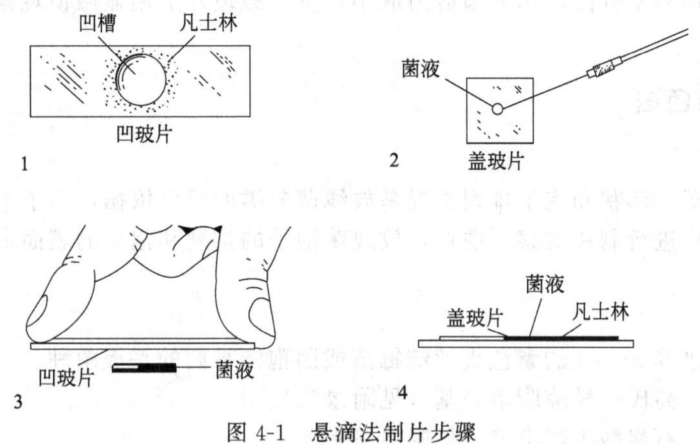


图4-1　悬滴法制片步骤

# 技术节点二　放线菌的形态结构观察

观察放线菌的形态结构可采用玻璃纸琼脂平板透析培养法、插片或搭片培养法、载片培养法和印片染色法。其中玻璃纸琼脂平板透析培养法、插片培养法可见到放线菌的基内菌丝、气生菌丝和孢子丝，得到清晰、完整、保持自然状态的放线菌形态；印片染色法可见孢子丝、孢子的形态及孢子排列情况。

## 一、玻璃纸琼脂平板透析培养法

**1. 原理简介**

放线菌自然生长的个体形态的观察现多用玻璃纸琼脂透析培养法。玻璃纸具有半透膜特性，其透光性与载玻片基本相同，采用玻璃纸琼脂平板透析培养，能使放线菌生长在玻璃纸上，然后将长菌的玻璃纸剪取小片，贴放在载玻片上，用显微镜镜检可见到放线菌自然生长的个体形态。

**2. 常用材料**

（1）菌种　培养5～7d的紫色直丝链霉菌的斜面菌种或吸水链霉菌(5102)斜面菌种。

（2）培养基　高氏一号琼脂培养基（见附录二）。

（3）器材　无菌平皿、玻璃纸、9mL无菌水若干支、酒精灯、火柴、接种环、镊子、玻璃刮铲、1mL无菌吸管、剪刀、载玻片、显微镜。

**3. 操作方法**

（1）将玻璃纸剪成培养皿大小，用旧报纸隔层叠好后灭菌。

（2）将放线菌斜面菌种制成$10^{-3}$的孢子悬液。

(3) 将高氏一号琼脂培养基熔化后在火焰旁倒入无菌培养皿内，每皿倒15mL左右，待培养基凝固后，在无菌操作下用镊子将无菌玻璃纸覆盖在琼脂平板上即制成玻璃纸琼脂平板培养基。

(4) 分别用1mL无菌吸管取0.2mL吸水链霉菌（5102）孢子悬液、紫色直丝链霉菌孢子悬液滴加在两个玻璃纸琼脂平板培养基上，并用无菌玻璃刮铲涂抹均匀。

(5) 将接种的玻璃纸琼脂平板置28～30℃下培养。

(6) 在培养至3d、5d、7d时，从温室中取出平皿。在无菌环境下打开培养皿，用无菌镊子将玻璃纸与培养基分离，用无菌剪刀取小片置于载玻片上用显微镜观察自然生长的个体形态。

## 二、印片染色法

**1. 原理简介**

放线菌的孢子丝形状和孢子排列情况是放线菌分类的重要依据，为了不打乱孢子的排列情况，常用印片法进行制片观察。现在，放线菌孢子的排列和孢子的表面形状是用电子显微镜来进行观察的。

**2. 常用材料**

(1) 菌种　培养5～7d的紫色直丝链霉菌或团孢链霉菌的平板菌种。

(2) 培养基　高氏一号琼脂培养基（见附录二）。

(3) 染色液　石炭酸番红染液（见附录三）。

(4) 器材　无菌平皿、酒精灯、载玻片、盖玻片、小刀或接种铲、显微镜。

**3. 操作流程**

(1) 用接种铲将平板上的菌苔连同培养基切下一小方块（宽2～3mm），菌面朝上放在载玻片上。

(2) 另取一洁净载玻片置火焰上微热后，对准菌块的气生菌丝轻轻按压，使培养物（气生菌丝、孢子丝和孢子）黏附（“印”）在载玻片的中央，然后将载玻片垂直拿起。注意不要使培养体在玻片上滑动，否则会打乱孢子丝的自然形态。

(3) 微热固定　印有放线菌的涂面朝上，将载玻片通过酒精灯火焰2～3次加热固定。

(4) 染色　石炭酸复红染色1min。

(5) 水洗。

(6) 干燥　晾干（不能用吸水纸吸干）。

(7) 镜检　先用低倍镜、后用高倍镜，最后用油镜观察孢子丝、孢子的形态及孢子排列情况。

**4. 注意事项**

(1) 放线菌的生长速度较慢，培养期较长，在操作中应特别注意无菌操作，严防杂菌污染。

(2) 观察时，要注意放线菌的基内菌丝、气生菌丝的粗细和色泽差异。

# 技术节点三　酵母菌的形态观察

**1. 原理简介**

酵母菌是单细胞的真核微生物，其细胞核和细胞质有明显分化，个体比细菌大得多。酵母菌的形态通常有球状、椭圆状、柱状或香肠状等多种。酵母菌的无性繁殖包括芽殖、裂殖和产生掷孢子；酵母菌的有性繁殖形成子囊和子囊孢子。酵母菌母细胞在一系列的芽殖后，如果长大的子细胞与母细胞并不分离，就会形成藕节状的假菌丝。

美蓝是一种无毒性的染料，它的氧化型呈蓝色、还原型无色。用美蓝对酵母的活细胞进行染色时，由于细胞的新陈代谢作用，细胞内具有较强的还原能力，能使美蓝由蓝色的氧化型变为无色的还原型。因此，具有还原能力的酵母细胞是无色的，而死细胞或代谢作用微弱的衰老细胞则呈蓝色或淡蓝色。

**2. 实验材料**

（1）菌种　啤酒酵母、假丝酵母斜面菌种。

（2）培养基与染液　麦芽汁培养基（液体、固体）、牛肉膏蛋白胨培养基（液体）（见附录二），孔雀绿染液、0.1%美蓝染液（见附录三）。

（3）器械　接种针、接种环、酒精灯、载玻片、盖玻片、吸管、显微镜、镊子、恒温培养箱。

**3. 操作流程**

（1）啤酒酵母形态观察　取一洁净载玻片，在载玻片上滴一滴无菌水，用接种环挑取少许啤酒酵母菌苔置于无菌水中，用接种环轻轻划动，使其分散成云雾状薄层；取一盖玻片，小心覆盖菌液。在显微镜下观察酵母细胞的形状、大小及出芽方式。

（2）假丝酵母观察　用划线法将假丝酵母接种在麦芽汁平板上，在划线部分加无菌盖玻片，于28～30℃培养3d，取下盖玻片，放到洁净载玻片上，在显微镜下观察呈树枝状分枝的假菌丝细胞的形状，或打开皿盖，在显微镜下直接观察。

（3）酵母菌死活细胞的检查　载玻片上加一滴0.1%的美蓝，用接种环挑取少许酵母菌苔置于美蓝染液液滴中，用接种环划动，使其分散均匀，加盖玻片，在显微镜下观察。死细胞为蓝色，活细胞无色。

（4）子囊孢子的观察　将啤酒酵母接种于麦芽汁液体培养基中，于28～30℃恒温箱中培养24h，连续转接培养3～4次；再转接到牛肉膏蛋白胨培养基中，在25～28℃的恒温箱中培养3d左右，最后经过涂片染色后（按芽孢染色法），观察子囊孢子形状，注意每个子囊内的子囊孢子数。

**4. 注意事项**

（1）美蓝染液不宜过多或过少，否则，在盖上盖玻片时，菌液溢出或出现大量气泡。

（2）用镊子取一块盖玻片，先将一侧与菌液接触，然后慢慢将盖玻片放下，使其盖在菌液上，盖玻片不宜平着放下，避免气泡产生。

## 技术节点四　霉菌的形态结构观察

霉菌的形态结构观察中常采用水浸制片观察法、载片培养法、玻璃纸透析培养观察法、插片或搭片培养法和印片染色法。其中玻璃纸透析培养观察法可见到基内菌丝、气生菌丝和孢子丝，得到清晰、完整、保持自然状态的霉菌形态；水浸制片观察法可见到气生菌丝和孢子的形态。本节以玻璃纸透析培养观察法为例进行介绍。

**1. 原理简介**

霉菌的营养体是分枝的丝状体，其个体比细菌和放线菌大得多，分为基内菌丝和气生菌丝。基内菌丝除基本结构外，有的霉菌还有一些特化形态，如假根、匍匐菌丝、吸器等；气生菌丝中又可分化出繁殖菌丝，不同霉菌的繁殖菌丝可以形成不同的无性和有性孢子。观察时要注意细胞的大小、菌丝构造和繁殖方式。

霉菌菌丝较粗大，细胞易收缩变形，且孢子容易飞散，所以制标本时常用乳酸石炭酸棉蓝染色液。此染色液制成的霉菌标本片的特点是：细胞不变形，具有杀菌防腐作用，且不易干燥，能保持较长时间，溶液本身呈蓝色，有一定染色效果。

玻璃纸具有半透膜特性，其透光性与载玻片基本相同，采用玻璃纸琼脂平板透析培养，能使霉菌生长在玻璃纸上，然后将长菌的玻璃纸剪取小片，贴放在载玻片上，用显微镜镜检可见到霉菌自然生长的个体形态。利用培养在玻璃纸上的霉菌作为观察材料，可以得到清晰、完整、保持自然状态的霉菌形态；也可以直接挑取生长在平板中的霉菌菌体制水浸片观察。

**2. 实验材料**

(1) 菌种　黑根霉、产黄青霉、黑曲霉、总状毛霉。

(2) 培养基　PDA 培养基（见附录二）。

(3) 染色液和试剂　乳酸石炭酸棉蓝染色液（见附录三）、50%（体积分数）乙醇。

(4) 器材　剪刀、镊子、载玻片、盖玻片、解剖针、显微镜等。

**3. 操作流程**

(1) 玻璃纸的选择与处理　要选择能够允许营养物质透过的玻璃纸。也可收集商品包装用的玻璃纸，加水煮沸，然后用冷水冲洗。经此处理后的玻璃纸若变硬，必定是不可用的，只有那些软的可用。将那些可用的玻璃纸剪成培养皿大小，用水浸湿后，用旧报纸隔层叠好，然后一起放入平皿内 121℃灭菌 30min 备用。

(2) 菌种的培养　按无菌操作法倒平板，冷凝后用灭菌的镊子夹取无菌玻璃纸贴附于平板上，再用接种环蘸取少许霉菌孢子，在玻璃纸上方轻轻抖落于纸上。然后将平板置 28～30℃下培养 3～5d，曲霉菌和青霉菌即可在玻璃纸上长出单个菌落（根霉菌的气生性强，形成的菌落铺满整个平板）。

(3) 制片与观察　玻璃纸透析法培养 3～4d 后打开培养皿，用无菌镊子将玻璃纸与培养基分离，用无菌剪刀取小片长有菌丝和孢子的玻璃纸一小块，先放在 50%乙醇中浸一下，洗掉脱落下来的孢子，并赶走菌体上的气泡，然后正面向上贴附于干净载玻片上，滴加 1～2 滴乳酸石炭酸棉蓝染液，小心地盖上盖玻片（注意不要产生气泡），且不要移动盖玻片，以免弄乱菌丝。

标本片制好后，先用低倍镜观察，必要时再换高倍镜。

**4. 注意事项**

(1) 玻璃纸法培养接种时注意玻璃纸与平板琼脂培养基间不宜有气泡，以免影响其表面霉菌的生长。

(2) 青霉注意观察菌丝有无隔膜，分生孢子梗及其分枝方式、梗基、小梗及分生孢子的形状。

(3) 曲霉注意观察菌丝有无隔膜、足细胞，分生孢子梗、顶囊、小梗及分生孢子的着生状况和形状。

(4) 根霉注意观察其无隔膜菌丝、匍匐枝、假根、孢子囊柄、孢子囊及孢囊孢子，孢子囊破裂后可观察到囊托和囊轴。

(5) 毛霉注意观察其无隔膜菌丝、假根、孢子囊柄、孢子囊及孢囊孢子等。

【相关知识】

# 相关知识一　细　菌

细菌是一类细胞细短、结构简单、具有细胞壁、多以二分裂方式繁殖和水生性较强的单细胞原核微生物。在一定的条件下，细菌有相对恒定的形态结构，并可用光学显微镜或电子显微镜观察与识别。

## 一、细菌的形态与大小

细菌的形态结构与其在机体内外的致病、繁殖、免疫、抗药、发酵等特性有关。

**1. 细菌的大小**

细菌个体微小，测量单位是微米（μm），需用光学显微镜放大数百至上千倍才能看到。各种细菌大小不一，同种细菌也可因菌龄和环境影响而有所差异。多数球菌的直径为1.0μm左右，中等大小的杆菌长为2.0～3.0μm、宽为0.3～0.5μm。

**2. 细菌的形态**

细菌的基本形态有球状、杆状和螺旋状三种，分别称为球菌、杆菌和螺旋菌（图4-2）；有的细菌为丝状、三角形、方形、星形等。

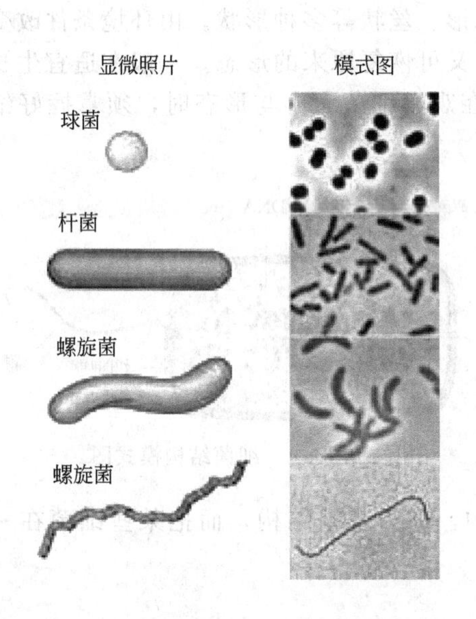


图4-2　常见的三种典型细菌形态

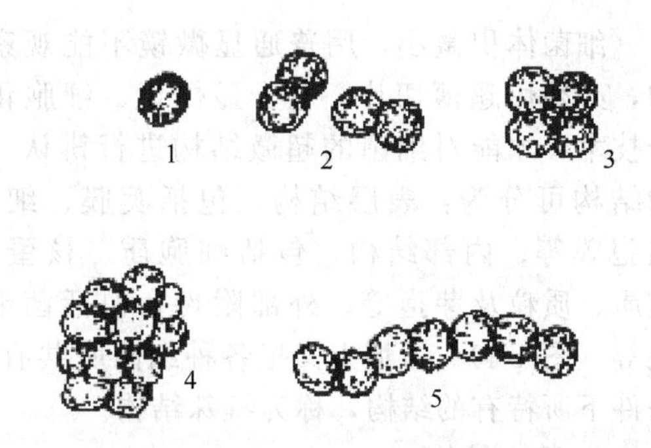


图4-3　各种球菌

1—单球菌；2—双球菌；3—四联球菌；4—葡萄球菌；5—链球菌

(1) 球菌　球菌呈球形或近似球形（如豆形、肾形、矛头形等），直径为0.8～1.2μm。

根据其分裂方向、分裂后细菌分离粘连程度及排列方式的不同，又分为：

① 双球菌　在一个平面上分裂，分裂后的两个菌体成双排列，如脑膜炎球菌、淋球菌。

② 链球菌　在一个平面上分裂，分裂后的菌体粘连成链状，如对人有较强致病作用的溶血性链球菌。

③ 葡萄球菌　在多个平面上不规则分裂，分裂后的细菌堆积呈葡萄串形，如金黄色葡萄球菌。

此外，有的球菌在两个相互垂直的平面上分裂，使菌体排列成正方形，称为四联球菌，还有的球菌在三个相互垂直的平面上，沿上下、左右、前后方向分裂，使菌体排列成立方体形，称为八叠球菌（图 4-3）。这两种均为非致病菌。

除上述典型排列的球菌外，由于受环境和培养因素的影响，在标本和培养物中还经常能看到单个分散的菌体。

（2）杆菌　杆菌呈杆状或球杆状。在细菌中杆菌种类最多。各种杆菌的长短、大小、弯度、粗细差异较大，一般长 2～10μm、宽 0.5～1.5μm。同种杆菌的粗细比较稳定，长短常因环境条件不同而有较大变化。多数杆菌菌体两端呈钝圆形，少数为平齐、尖细或膨大状。多数杆菌分裂后无特殊排列，成散状；有的杆菌可排列成链状，如炭疽杆菌；也有的呈分枝状，如结核杆菌；还有的呈八字或栅栏状，如白喉杆菌。

（3）螺旋菌　螺旋菌菌体弯曲呈螺形。可分为两类。

① 弧菌　菌体有一个弯曲，呈弧状或逗点状，如霍乱弧菌。

② 螺菌　菌体有数个弯曲，如鼠蛟热螺菌。

细菌的形态受环境因素的影响很大，培养细菌时的温度、培养基成分和浓度、酸碱度、气体等均可引起细菌形态的变化。一般认为幼龄细菌形体较长，细菌衰老或在陈旧培养物中，或者环境中含有不适于细菌生长的物质时，如含有抗生素、药物、抗体、过高浓度的氯化钠等，细菌可出现不规则形态，或出现梨形、球形、丝状等多种形状。由环境条件改变而引起的多形性是暂时的，细菌如果获得适宜环境，又可恢复原来的形态。一般在适宜生长条件下，细菌经培养 8～18h，其形态比较典型，故在观察细菌大小与形态时，须掌握好细菌培养的时间。

## 二、细菌的细胞结构

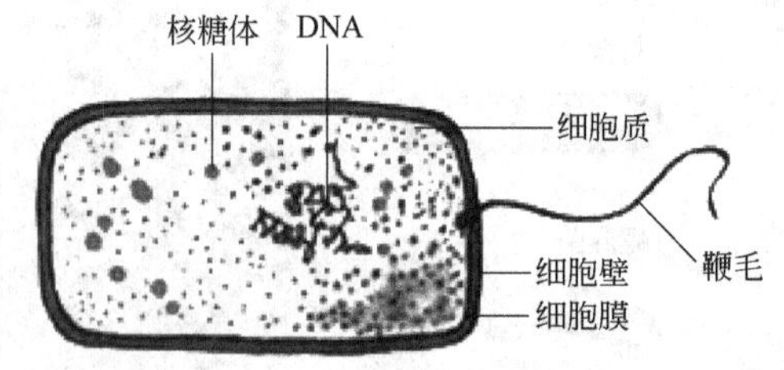

图 4-4　细菌结构模式图

细菌体积微小，用普通显微镜不能观察其结构，必须用超薄切片、电子显微镜、细胞化学等新技术，才能对细菌的超微结构进行辨认。细菌的结构可分为：表层结构，包括荚膜、细胞壁、细胞膜等；内部结构，包括细胞质、核蛋白体、核质、质粒及芽孢等；外部附件，包括菌毛、鞭毛等（图 4-4）。习惯上又把各种细菌所共有的结构，称为基本结构，而把某些细菌在一定条件下所特有的结构，称为特殊结构。

**1. 基本结构**

细菌的基本结构有细胞壁、细胞膜、细胞质和核质。

（1）细胞壁　细胞壁是细菌细胞最外一层坚韧而有弹性的外被，主要成分为肽聚糖，其主要功能是维持菌体固有形态并起保护作用。厚度因菌种不同而异，平均为 15～30nm，占菌体干重的 10 %～25%。

**拓展链接**

## 最小和最大的细菌

一般细菌的直径通常都在1μm以上。而最近芬兰科学家E. O. Kajander等发现一种能引起尿结石的纳米细菌，其细胞直径最小仅为50nm，甚至比最大的病毒更小一些。这种细菌分裂缓慢，三天才分裂一次，是目前所知最小的具有细胞壁的细菌。纳米细菌的发现，引起了科学界就独立生命个体到底能有多小的讨论，因为人们一般认为维持一个独立细胞生活的生物大分子所需的基本空间至少需要140nm，如果低于250nm的范围就没有足够的空间进行生命必需的生化活动了。病毒可以更小，但病毒是依赖寄主细胞进行复制的，通常并不把它们视为独立的生命个体。所以纳米细菌很可能是以一种特殊的生活规律维持生命的。

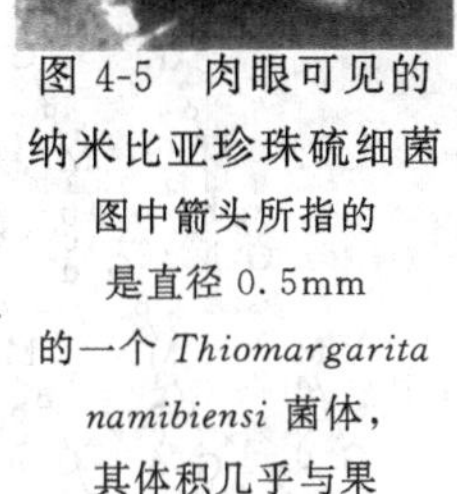

图4-5 肉眼可见的纳米比亚珍珠硫细菌
图中箭头所指的是直径0.5mm的一个*Thiomargarita namibiensi*菌体，其体积几乎与果蝇头部的大小相当

有人认为，1996年在火星陨石中发现的一种直径为10nm的微小化石成分，可能就是一种纳米细菌。而20世纪90年代初期，从地下数千米发现的超微型细菌，则被认为是由于在地下深处营养的长期极度贫乏导致细菌细胞的萎缩所致，这些细菌的大小通常仅为正常细菌大小的千分之一，也是纳米级的细菌。用代谢产生的$CO_2$作指标，计算出这些超微菌的代谢速率仅为地上正常细菌的$10^{-15}$，有人认为它们需要100年才能分裂一次。

迄今为止所知的个体最大的细菌，则是德国科学家H. N. Schulz等最近在纳米比亚海岸的海底沉积物中发现的一种硫细菌，其大小一般在0.1～0.3mm，但有些可达0.75mm，能够清楚地用肉眼看到（图4-5）。这些细菌生活在几乎没有氧气的海底环境，细胞基本上全部由液体组成，利用吸收到体内的硝酸盐和硫化物获得维持生命的能量。这些积累在细胞内的硫化物使细菌呈现出白色，甚至像珍珠一样，因此科学家将这种细菌命名为“纳米比亚硫黄珍珠”。

正常情况下，细菌细胞内的盐类、糖类、氨基酸和其他小分子物质的浓度要比外界环境中的高得多，由此产生的胞内渗透压也比外界高得多，细胞壁可支持细胞膜使其能承受胞内强大的渗透压大约为505～2020kPa，使细菌避免破裂和变形。细胞壁有许多微孔，水和小于1nm的可溶性分子可自由通过，与细胞膜共同参与菌体内外的物质交换。

① 细菌的革兰染色 细菌的形体太小给研究者带来很大困难。1884年由丹麦医生革兰（C. Gram）创建了一种极为方便的方法，可把几乎所有的细菌分成革兰阳性菌（$G^+$菌）和革兰阴性菌（$G^-$菌）两大类，此法称为革兰染色法。

革兰染色法的意义在于：a. 通过染色可将细菌分为革兰阳性菌和革兰阴性菌两大类，从而有助于细菌的鉴别；b. 革兰染色性的差异，在一定程度上反映出细菌某些生物学性状的差异，如许多革兰阳性菌能产生外毒素，而革兰阴性菌多数能产生内毒素，两者致病的物质基础不同，又如大多数革兰阳性菌对青霉素敏感，革兰阴性菌（除脑膜炎球菌、淋球菌外）对青霉素不敏感而对链霉素较敏感，这些特性对临床治疗指导用药有一定参考意义。

② 革兰阳性菌和革兰阴性菌细胞壁的共同成分——肽聚糖 两种细菌细胞壁中都含有

肽聚糖，又称黏肽、糖肽，但含量却不同，革兰阳性菌的肽聚糖含量可占细胞壁干重的50%～80%，革兰阴性菌只占10%左右。另外，在肽聚糖的生物合成过程和具体组成上，革兰阳性菌和革兰阴性菌也有差异。以革兰阳性菌金黄色葡萄球菌和革兰阴性菌大肠埃希菌为例，首先它们都要合成*N*-乙酰葡糖胺和*N*-乙酰胞壁酸两种基本成分，两者交替排列，并由β-1,4-糖苷键连接成聚糖支架。然后，在聚糖支架的*N*-乙酰胞壁酸上形成四肽侧链，四肽侧链上的氨基酸种类、数量和连接方式，两类细菌不完全相同。革兰阳性菌四肽侧链的氨基酸依次为L-丙氨酸、D-谷氨酸、L-赖氨酸、D-丙氨酸；革兰阴性菌的四肽链中第三位氨基酸则被二氨基庚二酸（diaminopimelic acid，DAP）所取代，并与相邻肽链末端的D-丙氨酸直接相连。最后，革兰阳性菌的两条四肽侧链之间，通过由五个甘氨酸组成的五肽桥，交联成肽聚糖层框架（图4-6），呈三维空间结构，机械强度很大。而革兰阴性菌两条四肽侧链之间没有五肽桥交联，因此，仅形成单层平面网络的二维结构，故结构较为疏松(图4-7)。

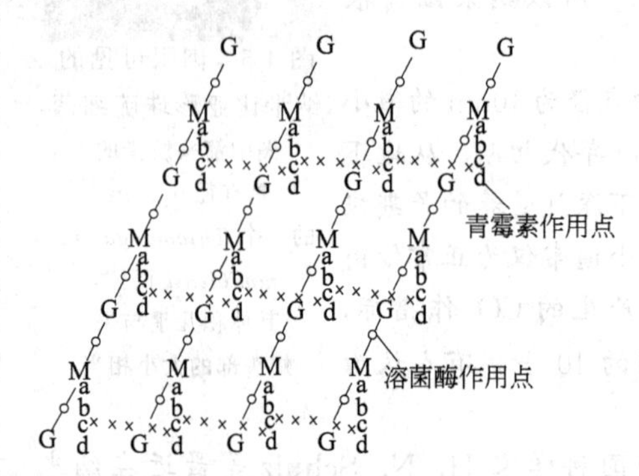


图4-6 金黄色葡萄球菌细胞壁肽聚糖结构示意图
M—*N*-乙酰胞壁酸；
G—*N*-乙酰葡糖胺；b—*D*-谷氨酸；
c—L-赖氨酸

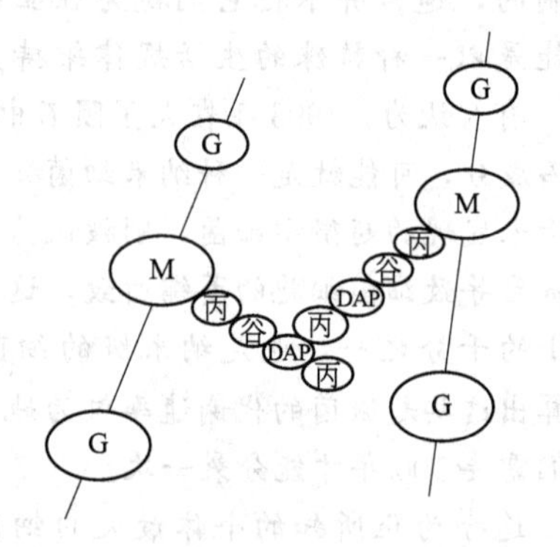


图4-7 大肠埃希菌细胞壁肽结构示意图
M—*N*-乙酰胞壁酸；
G—*N*-乙酰葡糖胺

所以，凡能破坏肽聚糖结构或抑制其合成的物质，都能损伤细胞壁使细菌破裂或变形。如溶菌酶能水解肽聚糖中*N*-乙酰葡糖胺和*N*-乙酰胞壁酸之间的β-1,4-糖苷键，致使细菌裂解。许多抗生素抑菌或杀菌的原因，也是由于它们作用于肽聚糖合成的某个阶段所致，如环丝氨酸、磷霉素作用于聚糖支架合成阶段；万古霉素、杆菌肽作用于四肽侧链形成阶段；青霉素、头孢菌素则主要作用于五肽桥形成阶段。由于人和动物细胞无细胞壁结构和肽聚糖，故这类抗生素对人和动物细胞均无毒性。

③ 革兰阳性菌的特有成分——磷壁酸 磷壁酸约占细胞壁干重的50%以上，由几十个分子组成长链穿插于肽聚糖中。按其结合部位不同，分壁磷壁酸和膜磷壁酸两种，前一种与肽聚糖的*N*-乙酰胞壁酸相连，后一种与细胞膜中的磷脂相连，两种磷壁酸的另一端均伸到肽聚糖的表面（图4-8）。磷壁酸与细菌的表面抗原和致病性有关。

④ 革兰阴性菌的特有成分——外膜层 外膜层位于细胞壁肽聚糖的外侧，由脂多糖、脂质双层及脂蛋白三部分组成。脂多糖在最外层，并伸展至细胞外膜表面，是细菌内毒素的主要成分。脂质双层类似细胞膜的结构。脂蛋白的脂质部分连接在脂质双层的磷脂上，蛋白质部分连接在肽聚糖的侧链上，使外膜和肽聚糖构成一个整体。革兰阴性菌外膜层很厚，约占细菌细胞壁干重的80%，而细胞壁中肽聚糖的层次及含量均很少。溶菌酶、青霉素等药物，对革兰阴性菌无明显抗菌作用，就是因为肽聚糖外

侧有外膜层的存在并起保护作用。

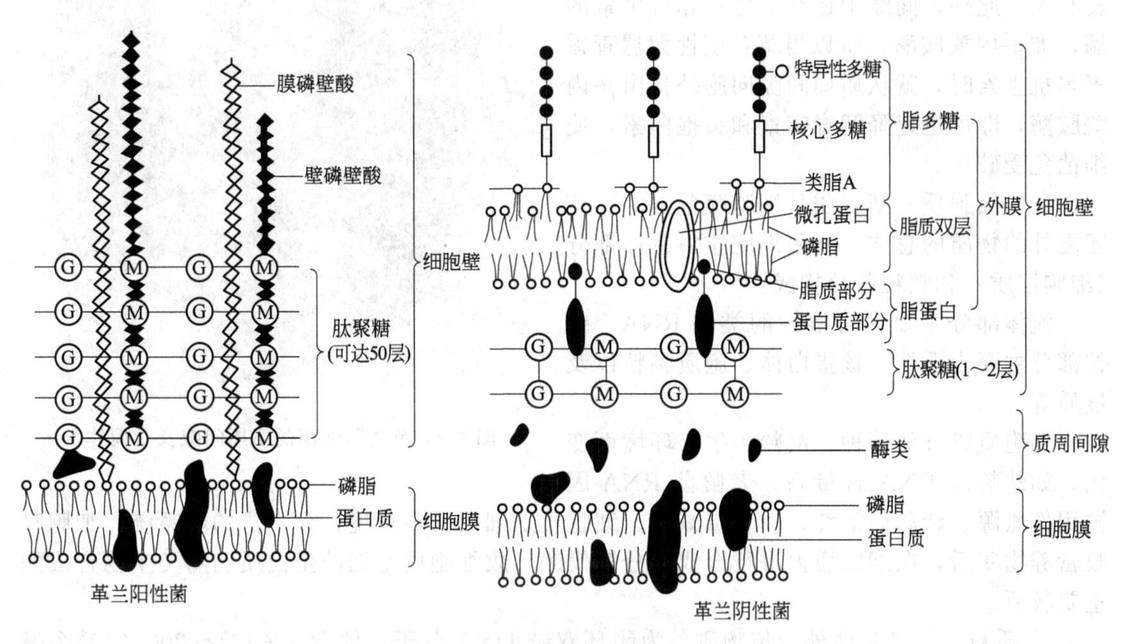


图 4-8　细菌细胞壁结构模式图

革兰阳性菌和革兰阴性菌细胞壁的差异见表 4-1。

**表 4-1　革兰阳性菌和革兰阴性菌细胞壁的差异**

| 结构 | 革兰阳性菌 | 革兰阴性菌 |
|---|---|---|
| 坚韧度 | 较坚韧 | 较疏松 |
| 厚度 | 较厚,20～80nm | 较薄,5～10nm |
| 肽聚糖层数 | 多,可达 50 层 | 少,仅 1～2 层 |
| 肽聚糖及含量 | 多,占细胞壁干重的 50%～80% | 少,占细胞壁干重的 10%～20% |
| 磷壁酸 | 有 | 无 |
| 外膜(含脂多糖、脂质双层、脂蛋白) | 无 | 有 |

(2) 细胞膜　细胞膜是位于细胞壁内侧紧包在细胞质外面的一层具有半渗透性的生物膜。其厚度约为 5～10nm，结构与其他生物细胞膜基本相同，是平行的脂质双层，其间镶嵌多种蛋白质。蛋白质结合于膜的表面，或一侧嵌在膜内，也有的穿透脂质双层而露于膜的两侧，并可在一定范围内发生移动变化。蛋白质多数是酶及载体蛋白。

① 细胞膜的功能

a. 细胞膜有选择性渗透作用，与细胞壁共同完成菌体内外的物质交换。

b. 膜上有多种呼吸酶，如细胞色素酶和脱氢酶，可以转运电子，完成氧化磷酸化作用，参与细胞呼吸过程。所以，又与能量的产生、储存及利用有关。

c. 膜上有多种合成酶，参与细胞的生物合成，如肽聚糖、磷壁酸、磷脂、脂多糖等均可在细胞膜合成。用电子显微镜观察，可见到细胞膜向胞浆内凹陷、折叠形成囊状物，内含管状、板状或泡状结构，称为中介体。中介体是细胞膜的延伸，多见于革兰阴性菌，参与细菌的呼吸、分裂和细胞壁的合成，并与芽孢的形成有关。

② 质周间隙　为革兰阴性菌细胞膜和细胞壁之间的空隙，其中可见有一个或多个质周体（图 4-9），其性质与功能尚未确定。质周间隙含有丰富的蛋白质和酶类，如碱性蛋白酶、

磷脂酶等。这些酶与营养物的分解、吸收、运转有关。此外，间隙中还有某些破坏抗生素的酶，如$\beta$-内酰胺酶。所以当革兰阴性菌遇青霉素等抗生素时，就从质周间隙向胞外释出$\beta$-内酰胺酶，即可迅速降解青霉素和头孢菌素，使细菌免受破坏。

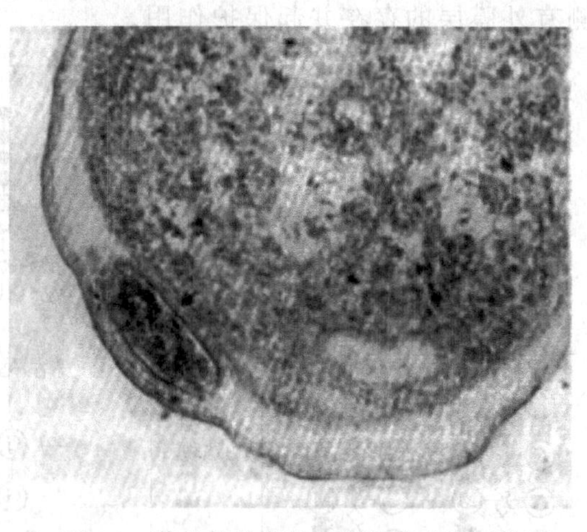

图 4-9　革兰阴性菌的质周间隙及质周体

(3) 细胞质　细胞质是细胞膜包围的除核区之外的物质的总称。细菌细胞质由流体部分（细胞溶质）和颗粒部分构成。

流体部分主要含可溶性酶类和 RNA。颗粒部分主要为质粒、核蛋白体、胞质颗粒以及核质等。

细胞质成分随菌种、菌龄、生长环境而变化，如幼龄菌 RNA 含量高，老龄菌 RNA 因被用作氮源、磷源而消耗，故含量减少。细胞质是细菌的内环境，含丰富的酶系统。细胞吸收营养物质后，在细胞质内进行合成、分解代谢，故细胞质是细菌蛋白质和酶类生物合成的重要场所。

① 质粒　是染色体外遗传物质，为闭环双链 DNA 分子，约含 $1\times10^3\sim200\times10^3$ 个碱基对。质粒主要分散在细胞质中，分子量比染色体小得多。质粒携带某些特殊的遗传基因，控制多种遗传性状，而且具有自身复制能力，因此与细菌的遗传变异有关。质粒在遗传工程中常被用作目的基因的载体。

② 核蛋白体　细菌核蛋白体又称核糖体，为 70S 核糖体，它由 30S 和 50S 两个亚基组成。在细菌中，80%～90%核糖体串连在 mRNA 上以多聚核糖体的形式存在，核糖体是合成蛋白质的场所。细菌的核蛋白体是许多抗菌药物选择作用的靶位。链霉素可与细菌核糖体的 30S 亚基结合，红霉素可与 50S 亚基结合，从而抑制细菌蛋白质的合成而导致细菌死亡，但对人体细胞的 80S 核糖体不起作用，故可用其治疗细菌引起的疾病，而对人体无害。

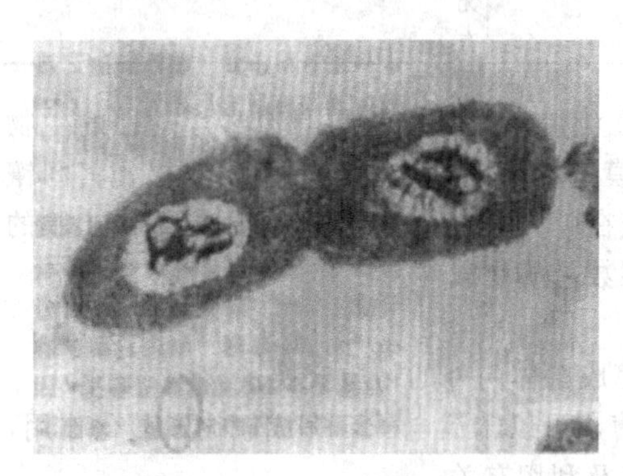

图 4-10　细菌的核质

③ 胞质颗粒　细胞质中含有多种颗粒，多数为细菌储存的营养物质，包括多糖（如糖原、淀粉）、脂类、多偏磷酸盐等。胞质颗粒又称内含物，较为常见的是异染颗粒，其成分是 RNA 和多偏磷酸盐，嗜碱性强，用美蓝染色着色较深，与菌体其他部分不同，故称异染颗粒，白喉杆菌、鼠疫杆菌均具此类结构。异染颗粒对于鉴别细菌具有一定意义。

④ 核质　细菌是原核细胞，无成型的核，也无核膜和核仁，故称核质或拟核。细菌的核质是由一条细长的环状双链 DNA 反复盘绕卷曲而成的块状物，呈球状、棒状或哑铃状。在电子显微镜下观察，核质呈 1～2 团透明的网状结构（图 4-10）。核质与细胞核的功能相同，能控制细菌的生命活动，也是细菌遗传变异的物质基础。

**2. 特殊结构**

细菌的特殊结构有芽孢、荚膜、鞭毛和菌毛。

（1）芽孢　某些细菌（主要是革兰阳性杆菌）在一定环境条件下，细胞质、核质逐渐脱水浓缩、凝聚，在菌体内形成圆形或椭圆形的小体，称为芽孢。芽孢在菌体内成熟后，菌体崩溃，芽孢游离。芽孢折光性强，用普通染色法不能着染，在普通光学显微镜下只能看到发亮的小体，必须用芽孢染色法才能着染。芽孢具有菌体的酶、核质等各种成分，故能保持细菌的生命活性。但芽孢代谢缓慢，对营养物质需求降低，不能分裂繁殖，是细菌的休眠体，也是细菌维持生命的特殊形式。芽孢多形成于细菌代谢旺盛的末期，与营养物消耗、代谢产物堆积等因素有关。若芽孢遇适宜的环境条件，又可吸水膨大，酶恢复活性，萌发形成新的菌体。产芽孢细菌可形成一个芽孢，一个芽孢也只能生成一个菌体。因此，芽孢不是细菌的繁殖方式。因菌体能分裂繁殖，故通常把菌体称为繁殖体。

芽孢在菌体中的位置、大小和形状随菌种不同而异，这对产芽孢菌的鉴别有一定意义。如破伤风杆菌的芽孢为正圆形，位于菌体顶端，芽孢比菌体宽，细菌呈鼓槌状；枯草杆菌的芽孢比菌体窄，呈椭圆形，位于菌体中央（图 4-11）。

芽孢在自然界中可存活几年至几十年，对高热、干燥、化学消毒剂和辐射等有强大抵抗力。如破伤风杆菌的芽孢在土壤中可存活数十年不死，能耐煮沸 1h。芽孢对理化因素抵抗力强的原因与其结构及成分有关。成熟的芽孢具有多层结构，由外到内依次为：①芽孢外壁，主要由蛋白质、脂质和糖类组成；②一层或几层芽孢衣，主要成分为蛋白质，非常致密，通透性差，能抗酶和化学物质的透入；③皮层很厚，约占芽孢总体积的一半，主要由一种为芽孢所特有的肽聚糖组成（图 4-12）。此外，芽孢内含有一种特殊成分，即 2,6-吡啶二羧酸（dipicolinic acid，DPA），此成分与 $Ca^{2+}$ 结合成吡啶二羧酸钙（DPA-Ca），与芽孢的耐热性有关，芽孢萌发后，DPA 减少，耐热性也随之降低。

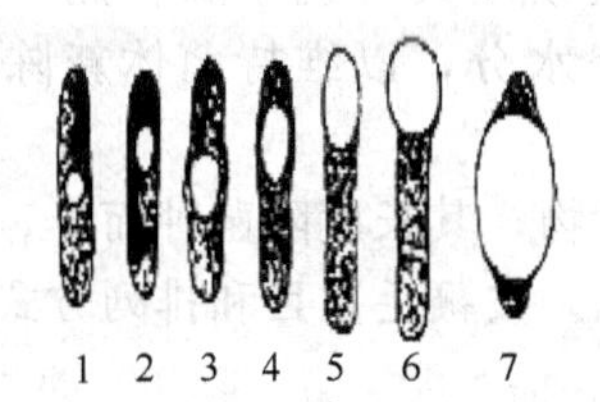


图 4-11　各种芽孢形态和位置

1—芽孢球形，在菌体中心；2—卵形，偏离中心不膨大；
3—卵形，近中心，膨大；4—卵形，偏离中心，稍膨大；
5—卵形，在菌体极端，不膨大；6—球形，在极端，膨大；
7—球形，在中心，特别膨大

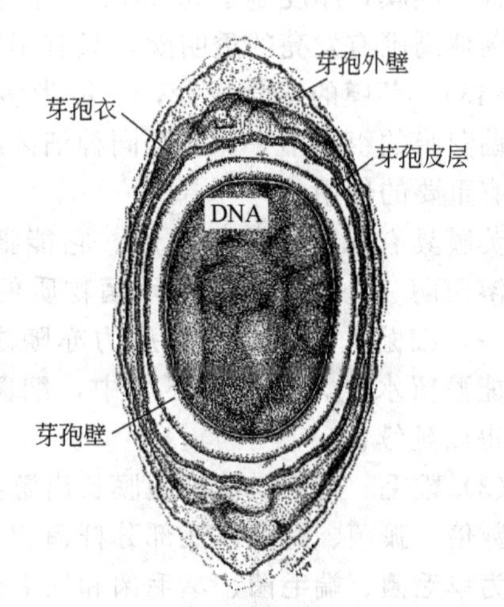


图 4-12　芽孢的结构

芽孢在自然界中分布广泛，如泥土中常有破伤风杆菌的芽孢存在，一旦进入伤口，在一定条件下可萌发成繁殖体，继而产生外毒素引起破伤风，因此要严防芽孢污染伤口和医疗器具。在制药过程中要防止芽孢进入制剂，医疗用具及药物制剂进行灭菌时，应以杀灭芽孢为标准。

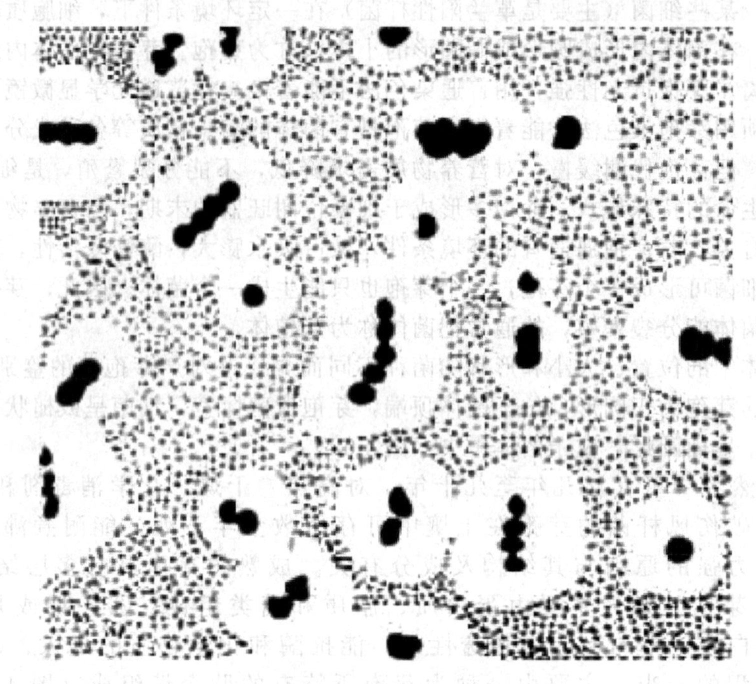

图 4-13 细菌的荚膜

(2) 荚膜 许多细菌在细胞壁外包绕一层黏液性物质，其厚度超过 0.2μm 且边界明显者，称为荚膜，厚度小于 0.2μm 的称为微荚膜，两者作用相似。在显微镜下观察，只能发现在菌体周围有发亮的透明圈，只有用墨汁作负染色或作特殊的荚膜染色时，才能看到荚膜(图 4-13)。荚膜的化学成分，一般为多糖，如肺炎球菌，个别细菌如炭疽杆菌为多肽。不同细菌荚膜的组成不一，甚至同种细菌的不同菌株亦有差异，因此荚膜对于细菌的鉴别和分型具有重要的作用。

荚膜具有保护细菌的作用。它能抵抗体内吞噬细胞的吞噬作用，还能保护细菌免受体内溶菌酶、补体以及其他杀菌物质的杀伤作用，所以荚膜是构成细菌致病力的重要因素之一，细菌失去荚膜其致病力亦随之减弱或消失。荚膜还具有抗干燥作用。荚膜中的多糖能贮留水分，在干燥环境中，细菌能从荚膜中取得水分，以维持菌体新陈代谢，使生命得以延续。

(3) 鞭毛 鞭毛是从细胞膜长出游离于菌体外的丝状物，其长度随菌种而异，通常超过菌体数倍。弧菌、螺菌以及部分杆菌和个别球菌具有鞭毛。按鞭毛数目和排列方式，可将细菌分为单毛菌、端毛菌、丛毛菌和周毛菌四种（图 4-14）。

鞭毛是细菌的运动器官。鞭毛呈逆时针方向转动，把菌体推向前进；也可通过鞭毛蛋白分子的伸缩，产生波浪式运动，使细菌向前移动。鞭毛的运动具有方向性，可使菌体向目标物移动，也可改变方向逃离有害物质，以保存自身。

在医学上可以根据细菌鞭毛的有无帮助鉴定细菌的种类。没有鞭毛的细菌，只能因水分子的撞击而产生原地颤动。如伤寒杆菌和痢疾杆菌，两者在形态和染色性等方面均相似，但前者有鞭毛运动，后者则无，借此可区别两菌。鞭毛蛋白质具有很强的抗原性，因此在细菌的分类、分型、鉴定上具有一定意义。此外，某些细菌如霍乱弧菌、空肠弯曲菌等，因鞭毛运动活泼，可帮助细菌穿透小肠黏膜表层，使细菌黏附于小肠上皮细胞并产生毒性物质，导致病变的发生。所以，这些细菌的鞭毛与致病性有一定的关系。

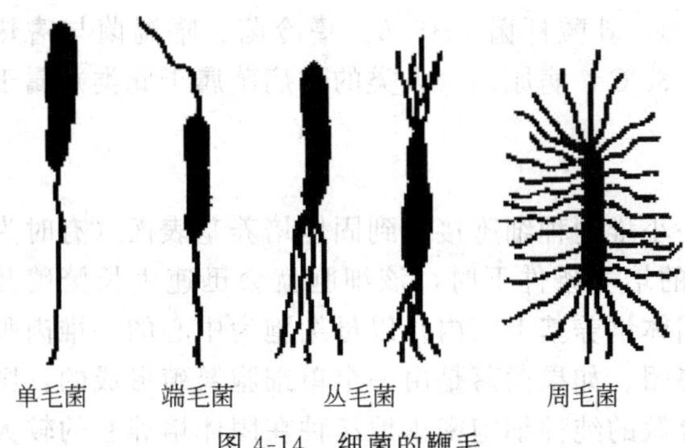


图 4-14　细菌的鞭毛

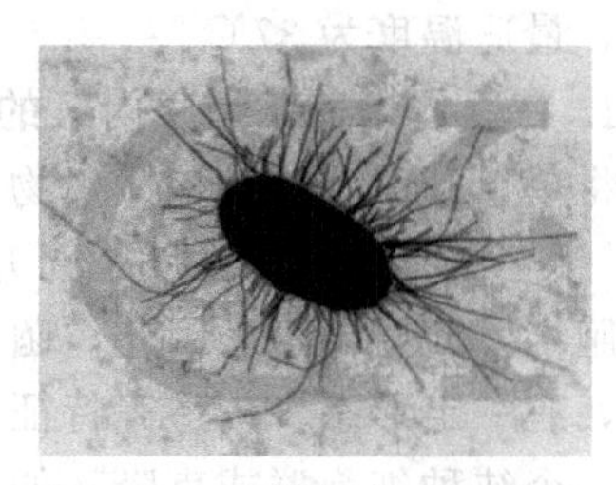

图 4-15　大肠埃希菌的菌毛

（4）菌毛　某些细菌表面遍布着比鞭毛纤细、短而直的丝状物，称为菌毛或纤毛。菌毛必须用电子显微镜才能看到（图 4-15）。菌毛与细菌的运动无关。其化学成分主要是蛋白质。根据形态、功能不同，菌毛可分为普通菌毛和性菌毛两类。

① 普通菌毛　普通菌毛短而直，且周身分布，约为 100～1000 根。许多革兰阴性菌和少数革兰阳性菌如大肠埃希菌、霍乱弧菌、铜绿假单胞菌、淋球菌菌体表面均有这类菌毛。普通菌毛能与宿主黏膜细胞表面的受体相互作用，使细菌牢固黏附在细胞上，并在细胞表面定居，进而侵入细胞内，无此菌毛的细菌则易因黏膜细胞的纤毛运动、肠蠕动或尿液冲洗而被清除。因此，菌毛与细菌的致病性有重要关系，细菌一旦失去菌毛，其致病力即随之丧失。

② 性菌毛　又称 F 菌毛。性菌毛比普通菌毛长而粗，中空呈管状，仅有 1～10 根。性菌毛存在于大肠埃希菌和其他肠道杆菌雄性株（通常将有性菌毛的细菌称为雄性菌或 $F^+$ 菌，无性菌毛的细菌称为雌性菌或 $F^-$ 菌）的表面。性菌毛能将 $F^+$ 菌的某些遗传物质转移给 $F^-$ 菌，使后者也获得 $F^+$ 菌的某些遗传特性，如细菌的抗药性和某些细菌的毒力因子都可通过此种方式转移。

## 三、细菌的繁殖方式

细菌的繁殖方式比较简单，一般为无性繁殖，主要方式为裂殖。

细菌的裂殖分三个阶段：核分裂、形成隔膜、子细胞分离（图 4-16）。

核分裂是在细菌染色体复制后开始的，经过复制的核物质随着细胞的生长而向细胞两极移动，与此同时，细胞赤道附近的质膜从外向内环状推进，然后形成一个垂直于长轴的细胞质隔膜，将细胞质和两个“细胞核”分开，形成隔膜，随着细胞膜的内陷，母细胞的细胞壁也向内生长，将细胞质膈膜分成两层，每层分别成为子细胞的细胞膜，随后细胞壁隔膜也分成两层，这时每个细胞都具有了完整的细胞结构。

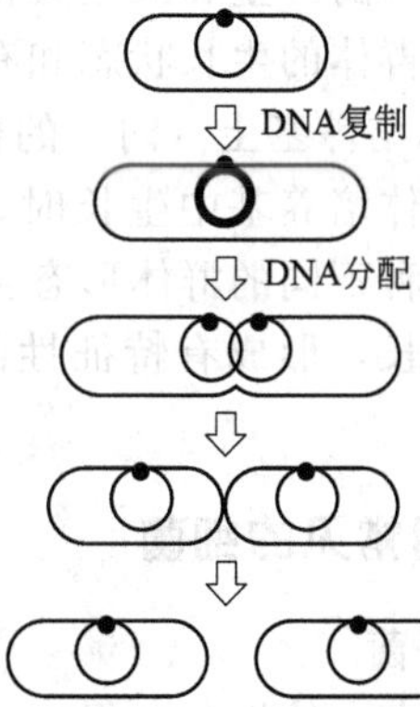

母细胞
DNA复制
细胞伸长
DNA分配
隔膜开始形成
隔膜完全形成
子细胞分离

图 4-16　细菌细胞裂殖过程

有些细菌形成完整横隔后不久便相互分离，呈单个菌体游离存在；有些则暂不分离，形成双球菌、双杆菌、链球菌、链杆菌等，有些还形成四联球菌、八叠球菌等。

## 四、细菌的群体形态

在合适的条件下，细菌生长繁殖迅速，能在较短时间内形成数目巨大的群体，以致肉眼可见。大多数细菌合适的 pH 值为 7.2～7.6，少数细菌对 pH 值的需要明显不同，如霍乱弧菌 pH8.4～9.2，结核分枝杆菌 pH6.5～6.8，乳酸杆菌 pH5.5。嗜冷菌、嗜温菌与嗜热菌最适温度依次为 0～20℃、30～37℃和 50～60℃，病原菌（人类的致病菌属于此类）属于嗜温菌，最适温度为 37℃。

**1. 在固体培养基上（内）的群体形态**

将单个细菌（或其他微生物）细胞或一小堆同种细胞接种到固体培养基表面（有时为内层），当它占有一定的发展空间并处于适宜的培养条件下时，该细胞就会迅速生长繁殖并形成细胞堆，此即菌落。因此，菌落就是在固体培养基上（内）以母细胞为中心的一堆肉眼可见的，有一定形态、构造等特征的子细胞集团。如果菌落是由一个单细胞繁殖形成的，则它就是一个纯种细胞群或克隆。如果把大量分散的纯种细胞密集地接种在固体培养基的较大表面上，结果长出的大量"菌落"已相互连成一片，就是菌苔。

细菌的菌落有其自己的特征，一般较小、较薄、致密、细腻，呈现湿润、较光滑、较透明、较黏稠、易挑取、质地均匀以及菌落正反面或边缘与中央部位的颜色一致等。其原因是细菌属单细胞生物，一个菌落内无数细胞并没有形态、功能上的分化，细胞间充满着毛细管状态的水等。细菌菌落颜色多样。当然，不同形态、生理类型的细菌，在其菌落形态、构造等特征上也有许多明显的反映，例如，无鞭毛、不能运动的细菌尤其是球菌通常都形成较小、较厚、边缘圆整的半球状菌落；长有鞭毛、运动能力强的细菌一般形成大而平坦、边缘多缺刻（甚至成树根状）、不规则形的菌落；有糖被的细菌，会长出大型、透明、蛋清状的菌落；有荚膜的细菌菌落更黏稠、光滑、透明，荚膜厚甚至呈透明水珠状。有芽孢的细菌往往长出外观粗糙、较为干燥、不透明且表面多褶的菌落等。

菌落对微生物学工作有很大作用，例如，可用于微生物的分离、纯化、鉴定、计数和选种、育种等一系列工作。

**2. 在半固体培养基上（内）的群体形态**

纯种细菌在半固体培养基上生长时，会出现许多特有的培养性状，因此对菌种鉴定十分重要。半固体培养法通常把培养基灌注在试管中，形成高层直立柱，然后用穿刺接种法接入试验菌种。若用明胶半固体培养基作试验，还可根据明胶柱液化层中呈现的不同形状来判断某细菌有否蛋白酶产生和某些其他特征；若使用的是半固体琼脂培养基，则从直立柱表面和穿刺线上细菌群体的生长状态和有无扩散现象来判断该菌的运动能力和其他特性。

**3. 在液体培养基上（内）的群体形态**

细菌在液体培养基中生长时，会因其细胞特征、密度、运动能力和对氧气等关系的不同，而形成几种不同的群体形态：多数表现为浑浊，部分表现为沉淀，一些好氧性细菌则在液面上大量生长，形成有特征性的、厚薄有差异的菌醭、菌膜或环状、小片状不连续的菌膜等。

## 五、常用常见的细菌

**1. 醋酸杆菌**

醋酸杆菌在自然界分布很广，是重要的工业用菌之一。酿醋工业、维生素 C 和葡萄糖酸的生产都离不开醋酸杆菌。

醋酸杆菌的种类很多，酿醋工业中用的主要是能将酒精转化成乙酸的醋酸杆菌。醋酸杆菌为革兰阴性，属醋酸单胞菌属，细胞形状有椭圆、杆状，单生、成对或成链排列。醋酸杆菌大小为(0.3～1)$\mu$m×(1～2)$\mu$m。在固体培养基上醋酸杆菌菌落特征为：隆起、平滑、呈灰白色；在液体培养基中，呈淡青色的极薄平滑菌膜，液体不太浑浊。

醋酸杆菌对氧气特别敏感，在高酒精和高乙酸的发酵液中，短暂中断供氧会引起醋酸杆菌的死亡。醋酸杆菌繁殖的适宜温度为30℃左右，乙酸发酵的适宜温度为27～33℃，最适pH值为3.5～6.5。

醋酸杆菌没有芽孢，对热抵抗力较弱，在60℃ 10min左右便可死亡。

酿醋工业中常见的醋酸杆菌有奥尔兰醋酸杆菌、许氏醋酸杆菌、恶臭醋酸杆菌、攀膜醋酸杆菌、胶膜醋酸杆菌、沪酿1.01号醋酸杆菌等。

**2. 乳酸菌与双歧杆菌**

凡可使糖类发酵产生乳酸的细菌，都称乳酸菌，包括乳杆菌、嗜乳链球菌等。它们和双歧杆菌一起控制着人体生态菌群的平衡，不断清除人体内有毒物质，抵御外来致病菌的入侵。对常见致病菌（如痢疾杆菌、伤寒杆菌、致病性大肠埃希菌、葡萄球菌等）有拮抗作用。尤其对老人和婴儿，可抑制病原菌和腐败菌的生长，防止便秘、下痢和胃肠障碍等。它们产生大量的乳酸，可促使人体肠壁蠕动、帮助消化、排尽废物，杀灭病原菌，在肠道内合成维生素、氨基酸，可提高人体对钙、磷、铁离子等营养素的吸收。因为乳酸菌群具有抗感染、除毒素、协助营养摄取的独特功能，所以能有效地调节肠道微生态平衡。由于乳酸菌可分解乳糖，产生半乳糖，所以有助于儿童大脑及神经系统的发育。

乳酸菌可广义地分为嗜温菌和嗜热菌。嗜温菌包括乳球菌和明串珠菌，其最适生长温度为30～50℃，它们在乳制品中的应用温度为20～40℃；嗜热菌最适生长温度为40～45℃，实际应用温度为30～50℃，最重要的嗜热菌是保加利亚乳杆菌、瑞士乳杆菌和乳酸乳杆菌。

双歧杆菌对促进人体的发育、维持和提高免疫力、延缓机体衰老等方面起着重要的作用。近百年的研究证明，双歧杆菌是人类肠道内的优势菌群。人体在成长过程中，由于疾病、衰老等原因，体内双歧杆菌在数量上和总菌占有率上均逐渐下降。因此，有人将体内双歧杆菌的数量作为健康的标志之一。新生儿肠道中双歧杆菌占细菌总数的92%，其随年龄增长而减少，至老年临终前完全消失。双歧杆菌在生长发育过程中随时被消耗，又随时增长，以达到一定的平衡。

**3. 大肠埃希杆菌**

大肠埃希杆菌简称为大肠埃希菌，是最为著名的原核微生物。大肠埃希菌归埃希杆菌属，细胞呈杆状，0.5μm×(1.0～3.0)μm，有的近球形，有的为长杆状；有的能运动，有的不能运动，能运动者周身鞭毛，为革兰阴性菌。大肠埃希菌一般无荚膜，无芽孢，在普通营养培养基上菌落为白色或黄色，边缘圆形或波形，表面光滑，有光泽。

尽管埃希属的菌株和大多数大肠埃希菌是无害的，但有时，有些大肠埃希菌是致病的，会引起腹泻和尿路感染。如O157本身对人体无害，但借助于一种新基因会产生一种叫“贝洛毒素”的有害物质，破坏人体的红细胞、血小板和肾脏组织。在食品行业中经常用“大肠菌群的数量”作为检测食品被粪便污染程度的指标。

工业上利用大肠埃希菌制取谷氨酸脱羧酶、天冬氨酸、苏氨酸和缬氨酸等产品。在生命科学领域，大肠埃希菌常作为重组质粒受体，在这个热门领域中扮演着重要角色。

**4. 黄杆菌**

黄杆菌为短肥杆菌，大小为(0.8～1.2)μm×(1.5～4.0)μm，单个或呈链状，形态多变。菌落为黄色、红色及褐色。不具鞭毛，不运动，属革兰阴性菌。

该菌为氧化型而非发酵型，能产色素，其色素不溶于培养基。能在接近0℃的条件下生长，为嗜冷细菌，pH4.4以下就不再生长。

黄杆菌经常存在于水和土壤中，能污染蔬菜、乳、乳制品。在啤酒业中，很少有不被此菌污染的厂家，在酵母发酵不旺盛时，此菌生长很快，能使啤酒产生轻微的胡萝卜味。

**5. 枯草芽孢杆菌**

枯草芽孢杆菌是芽孢杆菌属的一种，其菌落形态变化很大。细胞大小为(0.7～0.8)μm×(2～

3)μm，单个，着色均匀，无荚膜，运动。革兰染色阳性。芽孢大小为(0.6～0.9)μm×(1.0～1.5)μm，椭圆或柱状，中生或近中生，壁薄。芽孢囊不明显膨大，常为两极染色。菌落粗糙、不透明，不闪光，扩张，好氧，污白色或微黄色。可液化明胶、胨化牛乳、还原硝酸盐、水解淀粉、分解色氨酸生成吲哚。具有强烈地降解核苷酸的酶系，常作选育核苷生产菌的亲株或制取5′-核苷酸酶的菌种，是生产α-淀粉酶和中性蛋白酶的主要菌种，可以产生一些对革兰阳性菌有效的抗生素如杆菌肽。杆菌肽主要对革兰阳性菌如溶血性链球菌、肺炎球菌、白喉杆菌、破伤风芽孢梭菌等有强大的抑制作用，对淋病奈氏球菌和脑膜炎奈氏球菌也有抗菌活性。医疗上主要用于耐药金黄色葡萄球菌、链球菌感染的治疗，但由于其对肾脏的毒害作用较大，一般为局部应用。

**6. 简单节杆菌**

简单节杆菌为棒状杆菌科节杆菌属中的一种。其细胞为杆状，大小不一，在(1.0～3.0)μm×(0.4～0.5)μm 之间；当菌体培养到老龄时，细胞变为短小的杆状或球杆。简单节杆菌一般不运动，革兰染色阳性细胞占优势。在琼脂培养基上菌落呈圆形，微隆起，奶油色，光滑，闪光。简单节杆菌可以液化明胶，使石蕊牛乳变碱性、变清、不凝固；它不产生吲哚，产硫化氢，不能水解淀粉，但可以还原硝酸盐，还可以产生过氧化氢酶。简单节杆菌最适生长温度 26～37℃，存在于土壤中。这种细菌能转化多种甾族化合物，例如简单节杆菌可以以皮质醇为底物转化成氢化可的松，其产率可达 97%。简单节杆菌分解胆固醇能力也很强，此菌为 DNA 发酵菌，可以以葡萄糖为碳源，发酵积累 DNA。

**7. 短小芽孢杆菌**

短小芽孢杆菌属于芽孢杆菌科芽孢杆菌属的一个种。细胞呈杆状，大小在(2.0～3.0) μm×(0.6～0.7) μm，以链状排列，革兰染色阳性，运动；芽孢从椭圆形到柱形，大小为 1.0μm×0.5μm，从中生到次端生，壁薄，易形成；固体菌落光滑、薄、扁平、蔓延、树枝状、半透明。但变异株细胞呈链状和丝状，可形成荚膜；芽孢形成慢；固体菌落小到针尖大，不蔓延，致密。该菌可缓慢液化明胶，使石蕊牛奶胨化，不水解淀粉，不还原硝酸盐，V-P 试验呈阳性，能以铵盐为氮源，能利用柠檬酸盐作为唯一碳源，生长时需要生物素，最适生长温度为 28～40℃。广泛存在于土壤、尘埃、干酪以及实验室的污染物中。该菌降解核苷酸的酶系比较强，常作为选育核苷酸生产菌的出发菌株，育成核苷酸发酵的高产菌株。短小芽孢杆菌还可生产多肽混合物类抗生素，如短杆霉素，其抗病原菌的作用主要是破坏病原菌细胞膜的功能。

**拓展链接**

古细菌，是 Carl Woese 和 George Fox 在 1977 年对代表细菌类群的 16S RNA 碱基序列进行比较后发现产甲烷菌、极端嗜盐菌和嗜热嗜酸细菌的 16S RNA 谱既不同于真细菌，也不同于真核生物后提出的。由于这些细菌的生活条件与地球上生命出现的初期的环境相似，因此他们建议把这些细菌从细菌中独立出来并命名为古细菌。

在细胞结构和代谢上，古细菌在很多方面接近其他原核生物。然而在基因转录和翻译这两个分子生物学的中心过程上，它们并不明显表现出细菌的特征，反而非常接近真核生物。比如，古细菌的翻译使用真核生物的启动子和延伸因子，且翻译过程需要真核生物中的 TATA 框结合蛋白和 TFIIB。

古细菌还具有一些其他特征。与大多数细菌不同，它们只有一层细胞膜而缺少肽聚糖细胞壁。而且，绝大多数细菌和真核生物的细胞膜中的脂类主要由甘油酯组成，而古细菌的膜脂由甘油醚构成。这些区别也许是对超高温环境的适应。古细菌鞭毛的成分和形成过程也与细菌不同。

# 相关知识二 放线菌

放线菌是一类呈分枝状生长的、主要以孢子繁殖、陆生性强的原核细胞型微生物。因其菌落呈放射状，故称为放线菌。放线菌具有菌丝和孢子结构，革兰染色呈阳性。其细胞壁含有胞壁酸，对抗生素敏感，仅有无性繁殖。放线菌广泛分布于自然界，主要存在于中性或偏碱性的土壤中。大多数放线菌是需氧性腐生菌，只有少数为寄生菌，可使人和动植物致病。

放线菌是抗生素的主要产生菌，迄今报道的8000多种抗生素中，约80%是由放线菌产生的。此外，放线菌还可用于制造维生素、酶制剂（蛋白酶、淀粉酶、纤维素酶等）及有机酸等。故放线菌与人类有密切关系，在医药工业上有重要意义。

## 一、放线菌的基本形态

放线菌由菌丝与孢子组成，是介于细菌与真菌之间而又接近于细菌的单细胞分枝状微生物。其基本结构与细菌相似，细胞壁由肽聚糖组成，并含有二氨基庚二酸（DAP），而不含真菌细胞壁所具有的纤维素或几丁质。由于放线菌更接近于细菌，故在进化上现已把它列入广义的细菌中。

**1. 菌丝**

菌丝是由放线菌孢子在适宜环境下吸收水分，萌发出芽，芽管伸长，呈放射状分枝状的丝状物。大量菌丝交织成团，形成菌丝体。放线菌的菌丝基本为无隔的多核菌丝，其直径细小，通常为0.2～1.2μm。

按菌丝着生部位及其功能不同可将菌丝分为基内菌丝、气生菌丝和孢子丝三种(图4-17)。

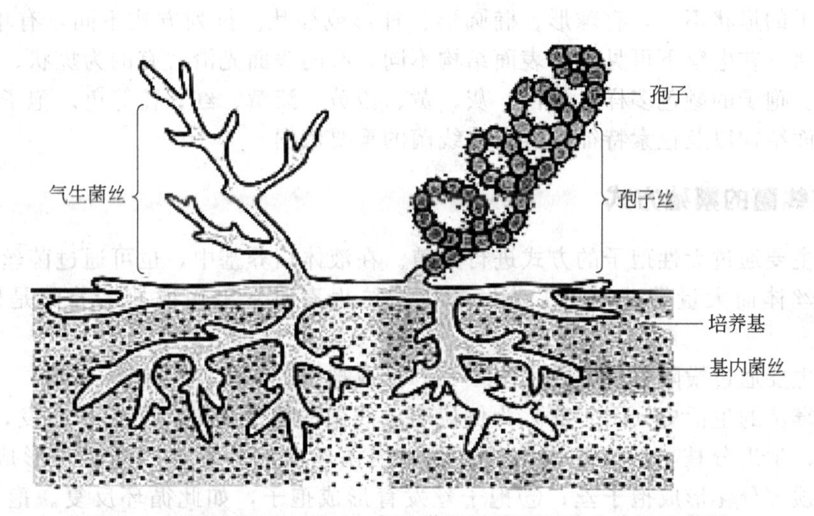


图4-17 放线菌基内菌丝、气生菌丝及孢子丝着生位置示意图

（1）基内菌丝 是伸入培养基内的菌丝，具有吸收营养的功能，故又称营养菌丝。基内菌丝无隔，直径较细，有的无色，有的产生色素，呈现不同的颜色。如为水溶性色素可向培养基内扩散而使培养基呈现一定颜色。

（2）气生菌丝 是基内菌丝向空间生长的菌丝。直径较基内菌丝粗，呈直形或弯曲形，产生的色素较深。

（3）孢子丝　气生菌丝发育到一定阶段，其顶端可分化形成孢子。这种形成孢子的菌丝称为孢子丝。孢子成熟后，可从孢子丝中逸出飞散。

孢子丝的形状、着生方式，螺旋的方向（左旋或右旋）、数目、疏密程度以及形态特征是鉴定放线菌的重要依据（图 4-18）。

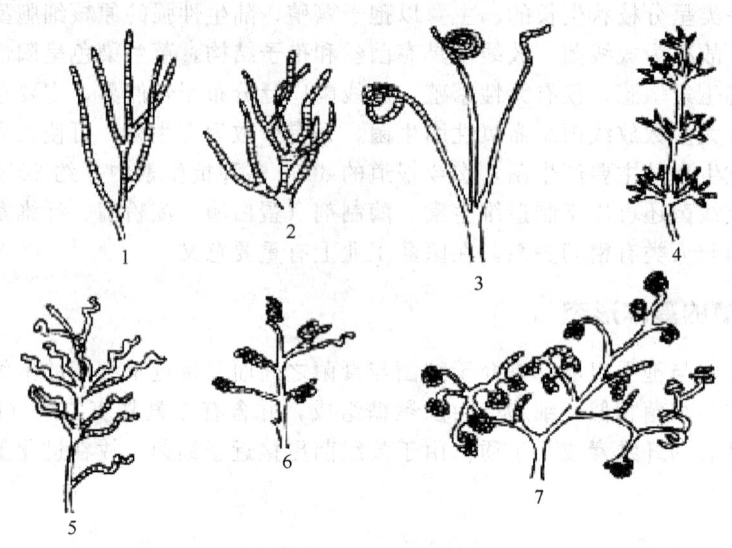

图 4-18　不同类型的孢子丝

1—孢子丝直；2—孢子丝从生，波曲；3—孢子丝顶端大螺旋；4—孢子丝轮生；5—孢子丝螺旋；6—孢子丝紧螺旋；7—孢子丝紧螺旋呈团

**2. 孢子**

气生菌丝发育到一定阶段即分化形成孢子。放线菌的孢子属无性孢子，它是放线菌的繁殖器官。孢子的形状不一，有球形、椭圆形、杆形或柱状。排列方式不同，有单个、双个、短链或长链状。在电镜下可见孢子表面结构不同，有的表面光滑，有的为疣状、鳞片状、刺状或毛发状。孢子的颜色多样，呈白、灰、黄、橙黄、淡黄、红、蓝等色。孢子的形态、排列方式和表面结构以及色素特征是鉴定放线菌的重要依据。

## 二、放线菌的繁殖方式

放线菌主要通过无性孢子的方式进行繁殖。在液体培养基中，也可通过菌丝断裂的片段形成新的菌丝体而大量繁殖，在工业发酵生产抗生素时常采用搅拌培养即是以此原理进行的。

放线菌主要通过横隔分裂方式（图 4-19）形成孢子。

现以链霉菌的生活史（图 4-20）为例说明放线菌的生活周期：①孢子萌发，长出芽管；②芽管延长，生出分枝，形成基内菌丝；③基内菌丝向培养基外空间生长形成气生菌丝；④气生菌丝顶部分化形成孢子丝；⑤孢子丝发育形成孢子，如此循环反复。孢子是繁殖器官，一个孢子可长成许多菌丝，然后再分化形成许多孢子。

## 三、放线菌的群体形态

绝大多数放线菌为异养菌，营养要求不高，能在简单培养基上生长。由于多数放线菌分解淀粉的能力较强，故培养基中大多含有一定量的淀粉。同时，放线菌对无机盐的要求较高，故培养基中常加入多种元素如钾、钠、硫、磷、镁、铁、锰等。放线菌大多为需氧菌，所以在抗生素生产中，需进行通气搅拌培养，以增加发酵液中的溶解氧量。

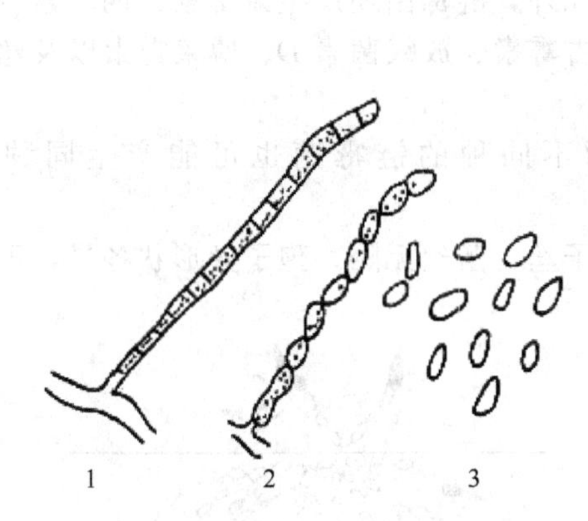


图 4-19 横隔分裂方式形成孢子

1—孢子丝形成横隔；2—沿横隔断裂而成杆状孢子；3—成熟的孢子

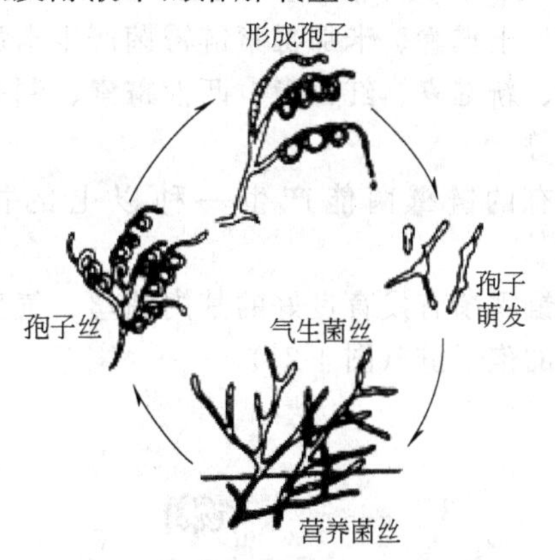


图 4-20 链霉菌的生活史

放线菌生长最适温度为28～30℃，对酸敏感，最适pH值为中性偏碱，在pH7.2～7.6环境中生长良好。放线菌生长缓慢，一般需培养3～7d才能长成典型菌落。

**1. 在固体培养基上**

多数放线菌有基内菌丝和气生菌丝的分化，气生菌丝成熟时又会进一步分化成孢子丝并产生成串的干粉状孢子，它们伸展在空间，菌丝间没有毛细管水存积，于是就使放线菌产生与细菌有明显差别的菌落：小、干燥、不透明、表面呈致密的丝绒状，上有一薄层彩色的“干粉”；菌落和培养基连接紧密，难以挑取；菌落的正反面颜色常不一致；呈放射状，以及在菌落边缘的琼脂平面有变形的现象等。

少数原始的放线菌如诺卡菌属等缺乏气生菌丝或气生菌丝不发达，因此其菌落外形与细菌接近。

**2. 在液体培养基上**（内）

在实验室对放线菌进行摇瓶培养时，常可见到在液面与瓶壁交界处粘贴着一圈菌苔，培养液清而不浑，其中悬浮着许多珠状菌丝团，一些大型菌丝团则沉在瓶底等现象。产生这些特征的原因，都可从放线菌细胞所特有的形态构造上找到答案。

## 四、常用常见的放线菌

放线菌在医药上主要用于生产抗生素、维生素和酶类等，少数寄生性的放线菌对人和动植物具有致病性。

放线菌是抗生素的主要产生菌，除产生抗生素最多的链霉菌属外，其他各属中产生抗生素较多的依次为小单孢菌属、游动放线菌属、诺卡菌属、链孢囊菌属和马杜拉放线菌属。

由于抗生素在医疗上的应用，许多传染性疾病特别是传播广泛的严重传染病已得到很好的治疗和控制。此外，放线菌也应用于维生素和酶类的生产、皮革脱毛、污水处理、石油脱蜡、甾体转化等方面。

**1. 链霉菌属**

链霉菌属是放线菌中最大的一个属，该属产生的抗生素种类最多。现有的抗生素约80%由放线菌产生，而其中90%又是由链霉菌属产生的。根据该菌属不同菌的形态和培养特征，特别是根据气生菌丝、孢子堆和基内菌丝的颜色及孢子丝的形态，可把链霉菌属分为

14 个类群，其中有许多种类是重要抗生素的产生菌，如灰色链霉菌产生链霉素、龟裂链霉菌产生土霉素、卡那霉素链霉菌产生卡那霉素等，此外，链霉菌还产生氯霉素、四环素、金霉素、新霉素、红霉素、两性霉素、制霉菌素、万古霉素、放线菌素 D、博莱霉素以及丝裂霉素等。

有的链霉菌能产生一种以上的抗生素，而不同种的链霉菌也可能产生同种抗生素。

链霉菌有发育良好的基内菌丝、气生菌丝和孢子丝，菌丝无隔，孢子丝形状各异，可形成长的孢子链（图 4-21）。

图 4-21　链霉菌的形态

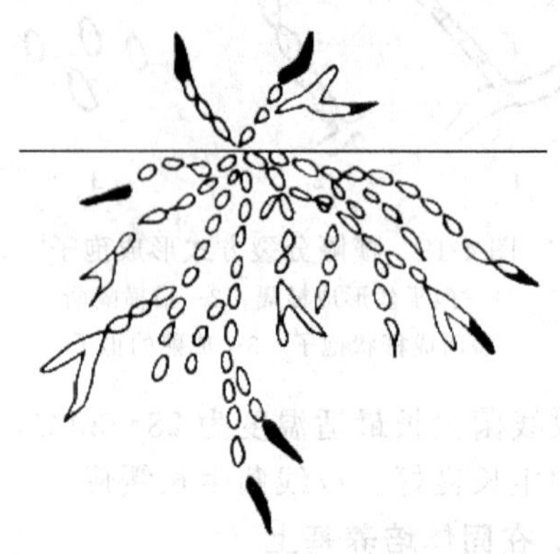

图 4-22　诺卡菌的形态

**2. 诺卡菌属**

诺卡菌属的放线菌主要形成基内菌丝，菌丝纤细，一般无气生菌丝（图 4-22）。少数菌产生一薄层气生菌丝，成为孢子丝。基内菌丝和孢子丝均有横隔，断裂后形成不同长度的杆形，这是该属菌的重要特征（图 4-23）。

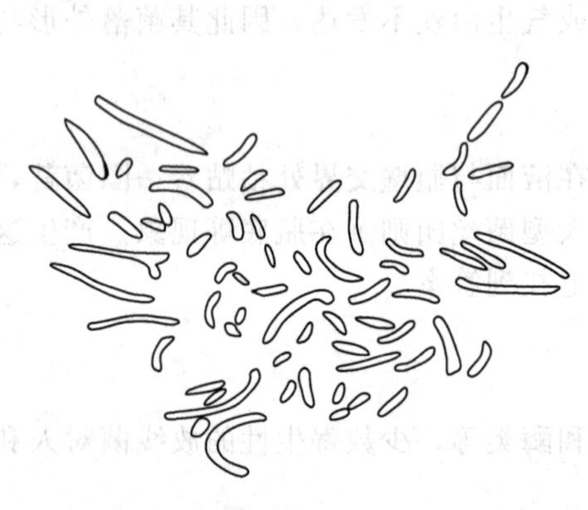

图 4-23　诺卡菌菌丝断裂后形态

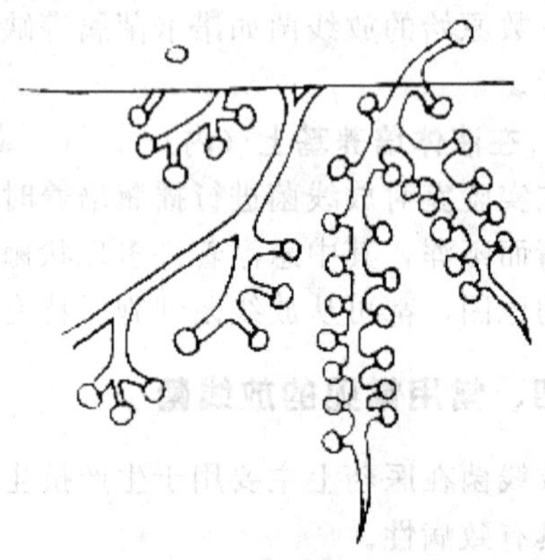

图 4-24　小单孢菌的形态

菌落表面多皱、致密、干燥或湿润，呈黄、黄绿、橙红等色。用接种环一触即碎。诺卡菌产生 30 多种抗生素，如治疗结核和麻风的利福霉素，对原虫、病毒有作用的间型霉素以及对革兰阳性菌有作用的瑞斯托菌素等。此外，该属菌还可用于石油脱蜡、烃类发酵及污水处理。

**3. 小单孢菌属**

小单孢菌属放线菌的基内菌丝纤细，无横隔，不断裂，也不形成气生菌丝，只在基内菌丝上长出孢子梗，顶端只生成一个球形或椭圆形的孢子，其表面为棘状或疣状（图 4-24）。菌落凸起，多皱或光滑，常呈橙黄、红、深褐或黑色。本属约有 40 多种，也是产生抗生素较多的属，可产生庆大霉素、利福霉素、创新霉素等50多种抗生素。

**4. 链孢囊菌属**

链孢囊菌属的特点是孢囊由气生菌丝上的孢子丝盘卷而成（图4-25）。孢囊孢子无鞭毛，不能运动。有氧环境中生长发育良好。菌落与链霉菌属相似。能产生对革兰阳性菌、革兰阴性菌、病毒和肿瘤有作用的抗生素，如多霉素。

**5. 游动放线菌属**

游动放线菌属的放线菌一般不形成气生菌丝，基内菌丝有分枝并形成各种形状的球形孢囊，这是该属菌的主要特征（图4-26）。囊内有孢子囊孢子，孢子有鞭毛，可运动。菌落湿润发亮。生长缓慢，2～3周才形成菌落。

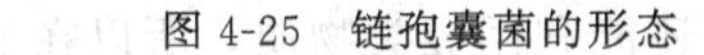

图4-25　链孢囊菌的形态

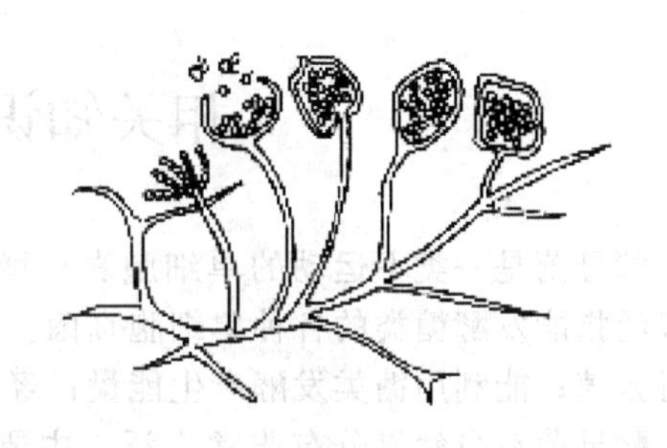

图4-26　游动放线菌的形态

本属菌至今已报道14种，产生的抗生素有创新霉素、萘醌类的绛红霉素等，后者对肿瘤、细菌、真菌均有一定的作用。

**6. 高温放线菌属**

高温放线菌属的基内菌丝和气生菌丝发育良好，单个孢子侧生在基内菌丝和气生菌丝上（图4-27）。孢子是内生的，其结构和性质与细菌芽孢类似，孢子外面有多层外壁，内含吡啶二羧酸，能抵抗高温、化学药物和环境中的其他不利因素。该属菌产生高温红霉素，对革兰阳性菌和革兰阴性菌均有作用。

此外，该属菌常存在于自然界高温场所如堆肥、牧草中，可引起人呼吸系统疾病。

**7. 病原性放线菌**

病原性放线菌主要是厌氧放线菌属和需氧诺卡菌属中的少数放线菌。厌氧放线菌属的基内菌丝有横隔，断裂为“V”、“Y”、“T”形，不形成气生菌丝和孢子（图4-28）。对人致病的主要是衣氏放线菌。它存在于正常人口腔、齿龈、扁桃体与咽部，为条件致病菌。近年来临床大量使用广谱抗生素、皮质激素、免疫抑制剂或进行大剂量放疗，造成机体菌群失调，使放线菌条件致病菌引起的二重感染发病率急剧上升，有时也因机体抵抗力减弱或拔牙、口腔黏膜损伤而引起内源性感染，导致软组织的慢性化脓性炎症，疾病多发于面颈部、胸、腹部。病变部位常形成许多瘘管。在排出的脓汁中，可查见有硫黄样颗粒，肉眼可见，将可疑颗粒压片、镜检，可见放射状排列的菌丝。

牛型放线菌首先自母牛体内分离出，对人无致病能力，可引起牛的颚肿病。

星形诺卡菌主要由呼吸道或创口侵入人体，引起肺部感染，其症状类似脓肿的急性感染或伴发脓肿的急性肺炎。也可播散至全身如肾、肝、脾及肾上腺等器官，引起脓肿及多发性瘘管。

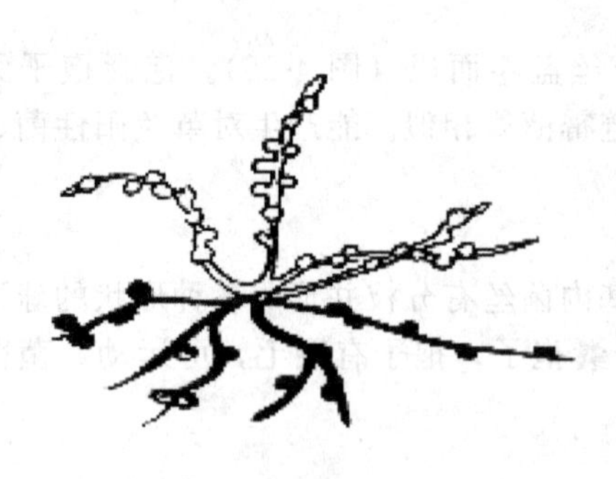

图 4-27　高温放线菌的形态

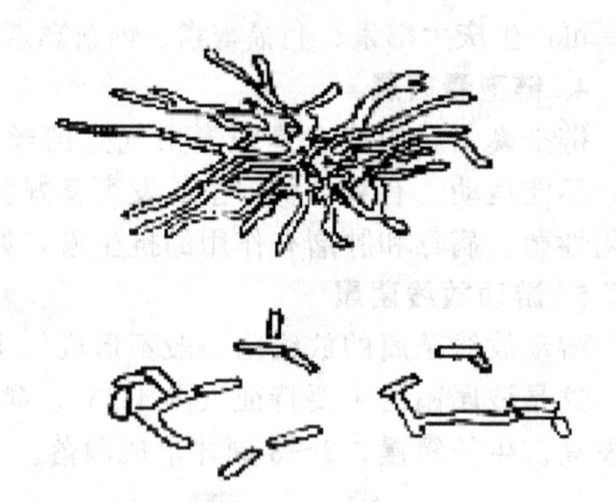

图 4-28　病原性放线菌的形态

# 相关知识三　酵　　母

酵母菌是一类不运动的单细胞真核微生物，“酵母菌”这个词无分类学意义，是俗称，一般泛指能发酵糖类的各种单细胞真菌。酵母菌通常是以单细胞形式存在；多数以出芽方式进行繁殖；能利用糖类发酵产生能量；经常生活在高糖、高酸度环境中。

酵母菌在自然界分布非常广泛，主要生长在偏酸的含糖环境中，在水果、糖制品的表面，以及在果园的土壤中都可分离到酵母菌；有些酵母菌还能利用烃类物质，所以在油田、炼油厂附近的土壤中也可以分离到酵母菌。

酵母菌的种类很多。据 Kreger Van Rij（1982 年）的资料，当时已知的酵母有 56 属 500 多种。酵母菌与人类的关系极其密切，在食品工业以及医药工业等方面占有举足轻重的地位。另外，酵母菌细胞中蛋白质的含量占细胞干重的 50%以上，菌体蛋白与牛肉等蛋白质的氨基酸组成基本接近，含有人体所必需的氨基酸，所以人们以酵母菌为原料制造营养价值极高的食用或饲料用单细胞蛋白（SCP）。酵母菌的传代周期为 2～9h，一个占地面积为 $20m^2$ 的发酵罐一天生产的 SCP 量相当于一头牛的蛋白质量，因此，它是另一类重要的为人类和动物提供营养的蛋白质来源。近年来，在基因工程中酵母菌还因为是最好的模式真核微生物而被用作表达外源蛋白的优良受体菌。当然，酵母菌也会给人类带来危害。例如，腐生型的酵母菌能使食品、纺织品和其他原料发生腐败变质；少数嗜高渗透压的酵母菌可使蜂蜜、果酱等食品发生酸败，如鲁氏酵母、蜂蜜酵母；有些酵母菌还可引起人和植物的病害，其中最常见的是白假丝酵母（又称“白色念珠菌”）和新型隐球菌，它们一般属于条件性致病菌，常可引起人体一些表层（皮肤、黏膜）或深层（各内脏、器官）的疾病，例如鹅口疮、阴道炎、轻度肺炎或慢性脑膜炎等。

酵母菌的特点：①个体多以单细胞状态存在；②多数出芽生殖，也有裂殖；③能发酵糖类产能；④细胞壁常含甘露聚糖；⑤宜含糖量较高的偏酸性环境中生长。

## 一、酵母菌的形态与大小

大多数酵母菌为单细胞，形状因种而异。基本形态为球形、卵圆形、圆柱形或香肠形。有些酵母菌（热带假丝酵母）进行一连串的芽殖后，长大的子细胞与母细胞并不立即分离，其间仅以极狭小的接触面相连，这种藕节状的细胞串称为“假菌丝”。如果细胞相连，且其间的横截面积与细胞直径一致，这种竹节状的细胞串称真菌丝。少数酵母菌为柠檬形、尖顶形等。

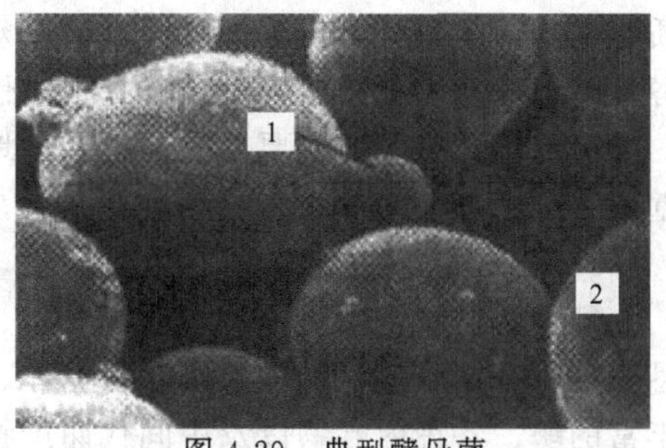

图 4-29　典型酵母菌
1—子细胞；2—出芽痕

酵母菌细胞大小因种类而异。其细胞直径一般约为细菌的10倍，其直径一般为2～50μm，长度为5～30μm，最长可达100μm。最典型和最重要的酵母菌为酿酒酵母，其细胞大小为(2.5～10)μm×(4.5～21)μm，如图4-29所示。

酵母菌的大小和形态与菌龄、环境有关，一般成熟的细胞大于幼龄的细胞；液体培养的细胞大于固体培养的细胞。有些种的细胞大小、形态极不均匀，而有些种的细胞则较为均一。

## 二、酵母菌的细胞结构

酵母菌属于真核微生物，其细胞结构已经接近于高等生物的细胞结构，它的典型构造如图4-30所示，一般具有细胞壁、细胞膜、细胞质、细胞核、一个或多个液泡、线粒体、核糖体、内质网、微体、微丝及内含物等。

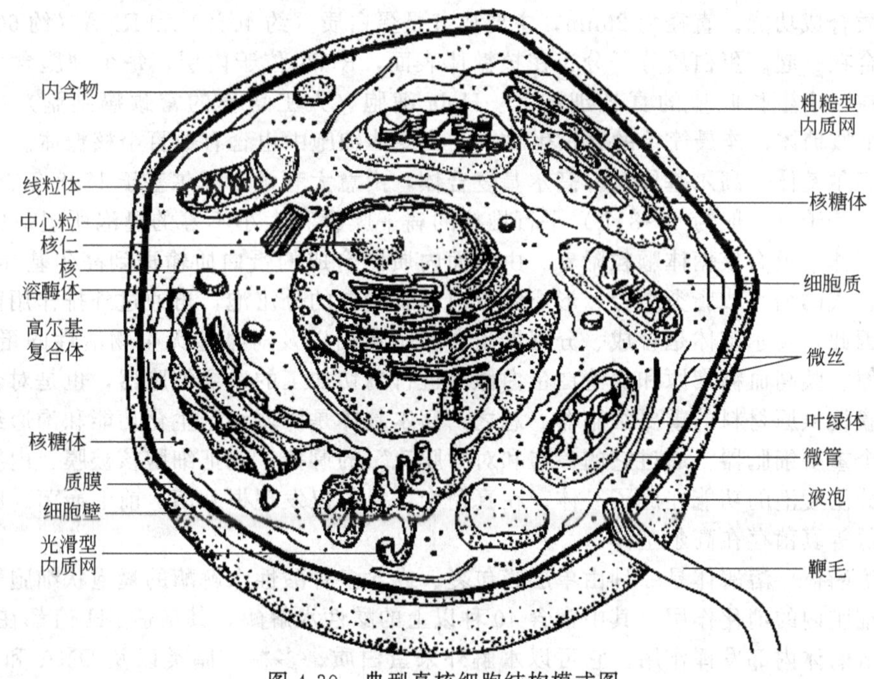

图 4-30　典型真核细胞结构模式图

**1. 细胞壁**

酵母菌的细胞壁厚为0.1～0.3μm，有的酵母菌细胞壁会随着菌龄加厚，质量为细胞干重的18%～25%。构成细胞壁的主要成分为“酵母纤维素”。在电镜下，细胞壁呈“三明治”结构：外层为甘露糖，内层为葡聚糖，中间夹着一层蛋白质。葡聚糖是赋予细胞壁机械强度的主要成分，在出芽痕周围还含有几丁质。

用玛瑙螺胃液制成的蜗牛消化酶可以水解酵母菌的细胞壁，从而制得酵母菌的原生质体；此外，蜗牛消化酶还可以用于水解酵母菌的子囊，使其中的子囊孢子得以释放。

**2. 细胞膜**

酵母菌的细胞膜与细菌的细胞膜基本相同，也是由磷脂双分子层构成，其间镶嵌着蛋白质。所不同的是，酵母菌细胞膜的磷脂双分子层上还镶嵌着原核生物所不具备的物质——甾醇。酵母菌的细胞膜也是一种选择透过性膜，即半透膜。

酵母菌细胞膜的主要功能是选择性地运入营养物质，排出代谢废物；同时，它还是细胞壁等大分子物质的生物合成和装配基地，也是部分酶合成和作用的场所。

**3. 细胞质**

酵母菌的细胞质是一种透明、黏稠、不流动并充满整个细胞的溶胶状物质。在细胞质中悬浮着所有细胞器，如内质网、核糖体、溶酶体、微体、线粒体、叶绿体等。细胞质中含有丰富的酶、各种内含物以及中间代谢产物等，所以细胞质是细胞代谢活动的重要场所；同时细胞质还赋予细胞一定的机械强度。

（1）内质网　内质网是细胞质中一个与细胞基质相隔离、但彼此相通的囊腔和细管系统，由脂质双分子层围成。其内侧与核被膜的外膜相通，核周间隙也是内质网腔的一部分。内质网分两类，它们之间相互连通，其中之一是在膜上附有核糖体颗粒，称糙面内质网，具有合成和运送胞外分泌蛋白的功能；另一类为膜上不含核糖体的光面内质网，它与脂类代谢和钙代谢等密切相关，主要存在于某些动物细胞中。

（2）核糖体　核糖体又称核蛋白体，是存在于一切细胞中的无膜包裹的颗粒状细胞器，具有蛋白质合成功能。直径为25nm，主要成分是蛋白质（约40%）和RNA（约60%），两者共价结合在一起。蛋白质分子分布在核糖体表面，RNA位于内层，每个细胞含大量核糖体。例如在一个生长旺盛的真核细胞——Hela细胞（人工培养的宫颈癌细胞）中，就含$10^6$～$10^7$个核糖体，连最简单的原核生物——支原体细胞中也含有数百个核糖体。

（3）高尔基体　高尔基体又称高尔基复合体，由意大利学者高尔基于1898年首先发现。这是一种由若干（一般为4～8个）平行堆叠的扁平膜囊和大小不等的囊泡所组成的膜聚合体，高尔基体上没有核糖体颗粒附着。由糙面内质网合成的蛋白质输送到高尔基体中浓缩，并与其中合成的糖类或脂类结合，形成糖蛋白和脂蛋白的分泌泡，再通过外排作用而分泌到细胞外。因此，高尔基体是合成、分泌糖蛋白和脂蛋白以及对某些无生物活性的蛋白质原，如胰岛素原、胰高血糖素原和血清白蛋白原等进行酶切加工的重要细胞器，也是对合成新细胞壁和质膜提供原材料的重要细胞器。总之，高尔基体是协调细胞生化功能和沟通细胞内外环境的一个重要细胞器。通过它的参与和对“膜流”的调控，就把细胞核被膜、内质网、高尔基体和分泌囊泡的功能连成了一体。在真菌中，目前仅发现根肿菌、前毛壶菌、卵菌和腐霉等少数低等真菌存在高尔基体。

（4）溶酶体　溶酶体是一种由单层膜包裹、内含多种酸性水解酶的囊泡状细胞器，其主要功能是细胞内的消化作用。其中常含40种以上的酸性水解酶，其最适pH值都在5左右，因此只在溶酶体内部发挥作用。它可以水解外来蛋白质、多糖、脂类以及DNA和RNA等大分子。溶酶体的功能是进行细胞内消化，它可消化颗粒状或水溶性有机物，也可消化自身细胞产生的碎渣，因而具有维持细胞营养及防止外来微生物或异体物质侵袭的作用。当细胞坏死时，溶酶体膜破裂，其中的酶会导致细胞自溶。

（5）微体　微体是单层膜包裹的、与溶酶体相似的球形细胞器，微体中所含的酶与溶酶体不同。其中主要有两种酶，一是依赖于黄素（FAD）的氧化酶，另一是过氧化氢酶，它们共同作用可使细胞免受$H_2O_2$的毒害。细胞中约有20%脂肪酸是在过氧化物酶体中被氧化分解的。

（6）线粒体　线粒体是一种进行氧化磷酸化反应的重要细胞器，其功能是把蕴藏在有机物中的化学能转化为生命活动所需能量（ATP），所以线粒体是细胞的“动力车间”。在光学显微镜下，典型线粒体的外形和大小酷似一个杆菌，一般其直径为0.5～1.0μm、长度为1.5～3.0μm。不同细胞种类或在不同生理状态下，其形态和长度变化很大。线粒体的构造较为复杂，外形囊状，由内外两层膜包裹，囊内充满液态的基质。外膜平整，内膜则向基质内伸展，从而形成了大量由双层内膜构成的嵴。在氧气充足的环境中，细胞内会形成许多线粒体，若在缺氧环境中，则只能形成无嵴的线粒体。

(7) 液泡 在成熟的酵母菌细胞中有一个大的液泡，是由单层膜围绕的电子密度特别低的结构。液泡中含有水解酶、聚磷酸、类脂中间代谢物和金属离子等，液泡可能具有水解酶储存库的功能，并起着提供营养物和调节渗透压的作用。

**4. 细胞核**

酵母菌的细胞中有明显的细胞核存在，并且具有完整的核结构：核膜、核基质、核仁。

酵母菌的细胞核是细胞内遗传信息（DNA）储存、复制和转录的主要场所，每个细胞通常有一个核或多个核。

核膜是将细胞质与核液分开的双层膜。膜上有许多小孔，称为核孔，核孔是核与细胞质间物质交换的通道（与细胞膜一样具有选择透过性）。

核基质旧称“核液”，是充满于细胞核空间由蛋白纤维组成的网状结构，具有支撑细胞核和提供染色质附着点的功能。

核仁是比较稠密的球形构造，其主要成分是核酸与蛋白质，是细胞核中染色最深的部分，它依附于染色体的一定位置上，在细胞有丝分裂前期消失，后期又重新出现。每个核内有一个至数个核仁。

## 三、酵母菌的繁殖方式

酵母菌的繁殖方式可分为两大类：无性繁殖和有性繁殖。无性繁殖包括芽殖、裂殖和产生无性孢子，有性繁殖主要是产生子囊孢子。有人认为进行无性繁殖的酵母菌为假酵母，可以进行有性繁殖的酵母菌为真酵母。在实际生产中常见的酵母菌是以无性繁殖中的芽殖为主的繁殖方式。

**1. 无性繁殖**

(1) 芽殖 出芽繁殖是酵母菌进行无性繁殖的主要方式。成熟的酵母菌细胞，先长出一个小芽，芽细胞长到一定程度，脱离母细胞继续生长，而后出芽又形成新个体。如此循环往复。一个成熟的酵母菌一生中通过出芽繁殖平均可产生24个子细胞。芽殖发生在细胞壁的预定点上，这个点可由细胞脱落后遗留的芽痕来识别。每个酵母细胞有数个至多个芽痕，只有在芽痕的位置上才能进行芽殖。

酵母菌出芽的方式因种不同，形成的子细胞形状也随之而异。

① 多边出芽 即在母细胞的各个方向出芽。形成的子细胞为圆形、椭圆形或柱状，多数酵母菌以此方式繁殖。

② 两端出芽 芽细胞产生于母细胞的两端。细胞通常呈柠檬状。

③ 三边出芽 即在母细胞的三个方向产生芽细胞，细胞通常呈三角形。但三边出芽的情况很少。

(2) 芽裂 母细胞总在一端出芽，并在芽基处形成隔膜，子细胞呈瓶状。这种在出芽的同时又产生横隔膜的情况称为芽裂或半裂殖。有的甚至两端芽殖中均产生横隔膜，此称两端芽裂。这种方式很少出现。

(3) 裂殖 少数种类的酵母菌与细菌一样，借细胞横分裂而繁殖。如裂殖酵母属，圆形或卵圆形细胞，长到一定大小后，细胞进一步增大或伸长，核分裂，然后在细胞中产生一隔膜，将两个细胞分开，末端变圆。两个新细胞形成后又长大而重复此循环。在快速生长中，细胞可以没有形成隔膜而核分裂，或者形成隔膜而子细胞暂时分不开，类似于菌丝，但最后仍会分开。

梗孢酵母属中的酵母菌，往往在母细胞上生出一个或几个小梗，梗的顶端再生一细胞，成熟后可在小梗上断裂或暂不断裂再继续生一小梗。

有的酵母菌可产生掷孢子。有的酵母如白假丝酵母可形成厚垣孢子和节孢子。

在这些无性繁殖方式中，只简单介绍一下酵母菌的出芽过程。首先，邻近细胞核的中心体产生一个小的突起，同时细胞表面向外突出，出现小芽；然后，母细胞部分核物质、染色体、细胞质进入芽内；芽体逐渐增大；最后，芽细胞从母细胞得到一套完整的核结构、线粒体、核糖体等而与母细胞分离，成为独立生活的细胞。

当环境条件适宜而生长繁殖迅速时，酵母菌出芽形成的子细胞尚未与母细胞分开，又长出新芽，于是形成了成串的细胞，犹如假丝状，故称假丝酵母。热带假丝酵母、解脂假丝酵母等均以此方式繁殖。有的酵母菌在液体培养基中或缺氧情况下，也可形成像藕一样的节及可分枝的假丝。

**2. 有性繁殖**

酵母菌以形成子囊和子囊孢子的形式进行有性繁殖。当酵母发育到一定阶段，两个性别不同的细胞（单倍体核）接近，各伸出一个小的突起而相接触，使两个细胞结合起来。然后，接触处细胞壁溶解，两个细胞的细胞质通过所形成的融合管道进行质配，两个单倍体的核也移至融合管道中发生核配形成二倍体核的接合子。接合子可在融合管道的垂直方向形成芽细胞，然后二倍体核移入芽细胞内。此二倍体芽细胞可以从融合管道上脱离下来，再开始进行多代的营养繁殖，因而酵母菌的单倍体、双倍体细胞都可独立存在。在合适的条件下，接合子经减数分裂，双倍体核分裂为4～8个单倍体核，逐渐形成子囊孢子，包含在由酵母细胞壁演变来的子囊（即原来的二倍体细胞）中。子囊孢子又萌发生长成单倍体营养细胞。子囊孢子的数目及形状是酵母菌鉴定的依据。

**3. 生活史**

酵母菌的生活史，可分为三种类型。

第一种：在生活史中单倍体营养阶段较长，二倍体阶段很短（图4-31）。例如八孢裂殖酵母单倍体营养细胞借裂殖繁殖；当两个营养细胞接触，形成融合管，质配后立即核配，两个细胞合成一个二倍体，二倍体连续分裂三次（其中第一次为减数分裂），形成8个单倍体子囊孢子，子囊破裂后释放出来。在适宜条件下，每个子囊孢子萌发为单倍体营养细胞，又以裂殖方式进行无性繁殖。如此循环往复，周而复始。

第二种：在其生活史中，二倍体营养阶段较长，单倍体阶段较短（图4-32）。例如路德类酵母相对接合型的邻近单倍体子囊孢子在子囊内就成对结合，发生质配和核配，形成二倍体的细胞；该细胞萌发，芽管穿过子囊壁而成为芽生菌丝，酵母细胞从此处出芽。芽细胞以一横隔与母细胞隔离，后即分开；这些二倍体核营养细胞经减数分裂转变为子囊，每个子囊内产生4个单倍体的子囊孢子。

第三种：在其生活史中，单倍体营养阶段和二倍体营养阶段都可以出芽方式继续繁衍，所以两个阶段是同等重要的，这就使生活史形成了世代交替。现以酿酒酵母为例（如图4-33所示）来加以介绍，单倍体营养细胞借出芽繁殖；两个单倍体营养细胞结合，质配和核配，形成二倍体核；二倍体细胞并不立即进行核分裂，而是以出芽方式进行无性繁殖，成为二倍体营养细胞；二倍体营养细胞在适宜条件下转变为子囊，二倍体核经减数分裂形成四个子囊孢子；单倍体子囊孢子作为营养细胞也可进行芽殖。二倍体营养细胞较大而且生活力强，因此广泛应用于工业生产、科学研究或是遗传工程实践中。

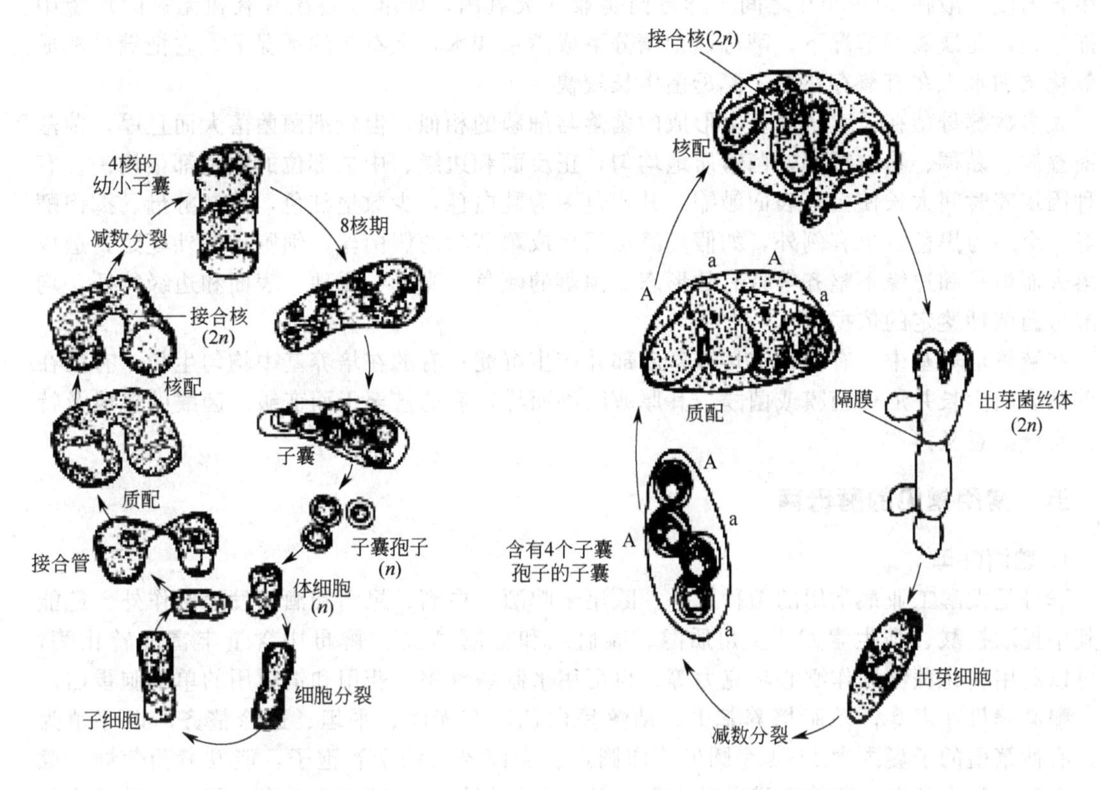


图 4-31　八孢裂殖酵母生活史　　　图 4-32　路德类酵母生活史

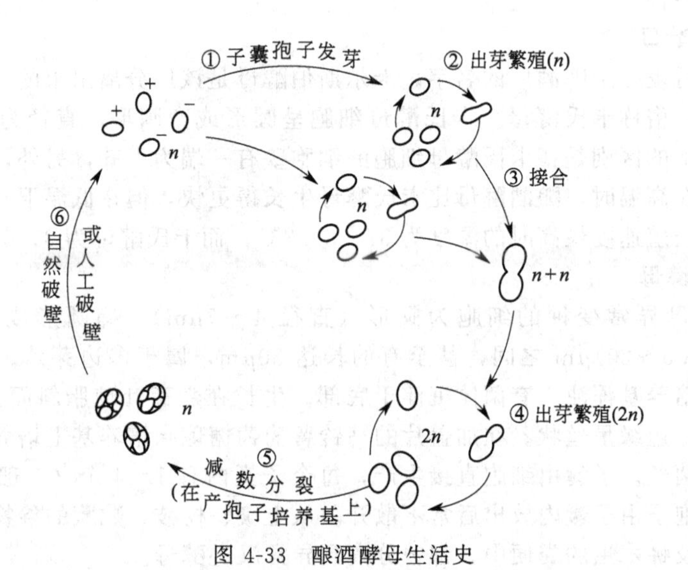


图 4-33　酿酒酵母生活史

## 四、酵母菌的群体形态

酵母生长需要的水分比细菌少，某些酵母能在水分极少的环境中生长，如蜂蜜和果酱，这表明它们对渗透压有相当高的耐受性。酵母菌能在 pH 值为 3～7.5 的范围内生长，最适 pH 值为 4.5～5.0。在低于水的冰点或者高于 47℃的温度下，酵母细胞一般不能生长，最适生长温度一般在20～30℃之间。酵母菌是兼性厌氧菌，即酵母菌在有氧和无氧的环境中都能生长，在缺氧的情况下，酵母菌把糖分解成酒精和水，在有氧的情况下，它把糖分解成二氧化碳和水。在有氧存在时，酵母菌生长较快。

大多数酵母菌在适宜培养基上形成的菌落与细菌的相似，但较细菌菌落大而且厚，菌落表面湿润、黏稠、易被挑起，菌落质地均匀，正反面和边缘、中央部位的颜色都很均一。有些种因培养时间太长使菌落表面皱缩。其颜色多为乳白色，少数呈红色，如红酵母、掷孢酵母等，个别为黑色。也有例外，如假丝酵母因形成藕节状的假菌丝，细胞易向外蔓延，造成菌落大而扁平和边缘不整齐等特有的形态。菌落的颜色、光泽、质地、表面和边缘特征，均为酵母菌菌种鉴定的依据。

在液体培养基中，有的长在培养基底部并产生沉淀；有的在培养基中均匀生长；有的在培养基表面生长并形成菌膜或菌醭，其厚薄因种而异，有的甚至干而变皱。菌醭的形成及特征具有分类意义。

## 五、常用常见的酵母菌

### 1. 酿酒酵母

酵母是发酵工业最常用的菌种之一。除用于啤酒、白酒、果酒和酒精发酵制作外，还能从其中提取核酸、维生素C、麦角质醇、凝血质和辅酶A等。酵母中含量丰富的转化酶，它可以利用转化蔗糖制作酒心巧克力等；也可用来制备食用、药用和饲料用的单细胞蛋白。

酿酒酵母在麦芽汁琼脂培养基上，菌落呈白色，有光泽、平坦、边缘整齐。以芽殖为主。有性繁殖的子囊内含1～4个圆形或卵圆形、表面光滑的子囊孢子，能发酵葡萄糖、蔗糖、麦芽糖和半乳糖，不能发酵乳糖和蜜二糖，对棉籽糖能发酵1/3左右，能以硫酸铵为氮源，不能利用硝酸钾。

### 2. 卡尔斯伯酵母

卡尔斯伯是丹麦一个啤酒厂的名字，卡尔斯伯酵母是该厂分离出来的，它是啤酒酿造中典型的下面酵母，俗称卡氏酵母。卡氏酵母细胞呈圆形或卵圆形，直径为5～10μm。它与酿酒酵母在外形上的区别是：卡氏酵母细胞的细胞壁有一端为平齐，另外，温度对两类酵母的影响也不同。在高温时，酿酒酵母比卡氏酵母生长得更快，但在低温下，卡氏酵母生长得较快，酿酒酵母繁殖速度最高时的温度为37～39.8℃，而卡氏酵母为31.6～34℃。

### 3. 异常汉逊酵母

异常汉逊酵母异常变种的细胞为圆形（直径4～7μm)、椭圆形或腊肠形，大小在(2.5～6)μm×(4.5～20)μm之间，甚至有的长达30μm，属于多边芽殖。液体培养时，液面有白色菌醭，培养基浑浊，有菌体沉淀于底部。生长在麦芽汁琼脂斜面上的菌落为平坦，乳白色，无光泽，边缘呈丝状。在加盖片的马铃薯葡萄糖琼脂培养基上培养时，能生成发达的树状分枝的假菌丝。子囊由细胞直接生产，每个子囊内有1～4个（一般为2个）礼帽形子囊孢子，子囊孢子由子囊内放出后常不散开。从土壤、树枝、贮藏的谷物、青贮饲料、湖水或溪流、污水及蛀木虫的粪便中，都曾分离到异常汉逊酵母。

由于异常汉逊酵母能产生乙酸乙酯，所以它在调节食品风味中起一定作用。如将其用于发酵生产酱油，可增加香味；有的厂将其参与以薯干为原料的白酒酿造，采用浸香和串香法可酿造出比一般薯干白酒味道更为醇厚的白酒。但它能以酒精为碳源，在饮料表面形成干皱的菌醭，所以它又是酒精生产中的有害菌。因此人们应该根据生产需要，对其加以控制利用。它氧化烃类的能力较强，可以利用煤油、甘油，它还能积累L-色氨酸。它不能发酵乳糖和蜜二糖。对麦芽糖和半乳糖或弱发酵或不能发酵。

**4. 产朊假丝酵母**

产朊假丝酵母细胞呈圆形、椭圆形和圆柱形，大小为(3.5～4.5)μm ×(7～13)μm。液体培养不产醭，有菌体沉淀，能发酵。麦芽汁培养基上的菌落为乳白色，平滑、有光泽或无光泽，边缘整齐或呈菌丝状。在加盖片的玉米粉琼脂培养基上，仅能生成一些原始的假菌丝或不发达的假菌丝，或无假菌丝。从酒坊的酵母沉淀物、牛的消化道、花、人的唾液中曾分离到产朊假丝酵母，它也是人们研究最多的微生物单细胞蛋白之一。产朊假丝酵母的蛋白质和B族维生素含量均比啤酒酵母高。它能以尿素和硝酸作氮源，在培养基中不需要加任何生长因子即可生长。特别重要的是它能利用五碳糖和六碳糖，既能利用造纸工业的亚硫酸纸浆废液，也能利用糖蜜、马铃薯淀粉废料、木材水解液等生产出人畜可食用的单细胞蛋白。

**5. 解脂假丝酵母解脂变种**

解脂假丝酵母解脂变种的细胞呈卵形或长形，卵形细胞大小为(3～5)μm×(5～11)μm，长细胞长度可达20μm。液体培养时有菌醭产生，有菌体沉淀，不能发酵。麦芽汁斜面上的菌落呈乳白色、黏湿、无光泽。有些菌株的菌落有皱或有表面菌丝，边缘不整齐。在加盖片的玉米粉琼脂培养基上可见假菌丝和具横隔的真菌丝。在真、假菌丝的顶端或中间可见单个或成双的芽生孢子，有的芽生孢子轮生，有的呈假丝形。从黄油、人造黄油、石油井口的油墨土和炼油厂等处均可分离出解脂假丝酵母。它不能发酵，能同化的糖和醇也很少，但是，它分解脂肪和蛋白质的能力很强，这是它与其他酵母的重要区别，它是石油发酵生产单细胞蛋白的优良菌种之一。英国、法国等国家都用烃类培养解脂假丝酵母生产单细胞蛋白。解脂假丝酵母的柠檬酸产量也较高，有人在含4%～6%的正十烷、十二烷、十四烷、十六烷的培养基中，26℃振荡培养解脂假丝酵母6～8d，柠檬酸的转化可达13%～53%，产量为5～34mg/mL。

## 相关知识四　霉　　菌

霉菌是一些“丝状真菌”（除大型真菌外）的统称，和酵母一样也不是分类学上的名词。在分类学中分别属于担子菌、子囊菌和半知菌。

霉菌、酵母菌以至大型真菌如蘑菇等皆为真菌，均属真核微生物。它们种类繁多、形态各异、大小悬殊，细胞结构多样，因此，微生物学家们对真菌这类微生物的界限认识并不一致。

霉菌在自然界分布极广，土壤、水域、空气、动植物体内外均有它们的踪迹。它们同人类的生产、生活关系密切，是人类实践活动中最早认识和利用的一类微生物。早在远古时期，我国劳动人民便用于做米曲制酱。现在，发酵工业上广泛用来生产酒精、抗生素（青霉素、灰黄霉素）、有机酸（柠檬酸、葡萄糖酸、延胡索酸等）、酶制剂（淀粉酶、果胶酶、纤维素酶等）、维生素、甾体激素等；农业上用于饲料发酵、植物生长刺激素（赤霉素）、杀虫农药（白僵菌剂）、除莠剂（鲁保1号菌剂）等。腐生型霉菌在自然界物质转化中也有十分重要的作用。

但是，霉菌对人类的危害和威胁也应予以高度重视。霉菌的营养来源主要是糖类和少量氮、矿物盐类等，极易在含糖的食品和各种谷物、水果上生长。据统计，全世界平均每年由于霉变而不能食用（含饲用）的谷物约占2%，这是一笔相当惊人的经济损失。尤其谷物收割季节，若遇上阴雨袭击，往往造成毁灭性的灾害。近年还不断发现霉菌能产生多种毒素，严重威胁人畜健康。到目前为止，已知霉菌毒素达100种以上，可大致分为肝脏毒、神经毒、肾脏毒、光过敏性皮炎物及其他五类。其中毒性最强者是由黄曲霉菌产生的黄曲霉毒素，如黄曲霉毒素（$B_1$、G）、黄米毒素、杂色曲霉素和展青霉素，均可引起实验动物致癌。这类霉菌在大米和花生中最多。有些毒素虽尚未发现是否致癌，但曾多次酿成严重事件，危及人畜安全。如日本的黄变米中毒、英国的火鸡X病、俄罗斯的醉谷病和食物中毒性白细胞缺乏症等。除此，有的霉菌还能引起衣物、器材、工具、仪器以及工业原料霉变。因此，进一步研究、发现和测定霉菌毒素，采取有效措施防止或控制有害霉菌的活动，是保证人民健康、发展农牧事业、防治环境污染、提高经济效益的重要课题。目前，国内外都对此高度重视，并做了大量的工作。

## 一、霉菌的形态与大小

霉菌菌体均由分枝或不分枝的菌丝构成。许多菌丝交织在一起，称为菌丝体。菌丝在光学显微镜下呈管状，直径约3～10μm，比一般的细菌和放线菌菌丝大几倍到几十倍，与酵母菌的相似。霉菌具有菌丝和孢子结构，菌丝和孢子的特征是真菌分类和鉴别的重要标志。

### 1. 菌丝

在适宜的环境条件下，真菌的孢子以出芽方式萌发，由孢子长出芽管，逐渐延长呈丝状，此结构即菌丝。菌丝继续生长、分枝、交织成团，形成菌丝体。菌丝的直径比细菌、放线菌的菌体横径宽，在普通显微镜下放大50～400倍即可看清。霉菌的菌丝有两类：①无隔膜菌丝，整个菌丝为长管状单细胞，细胞质内含有多个核。其生长过程只表现为菌丝的延长和细胞核的裂殖增多以及细胞质的增加。如根霉、毛霉、犁头霉等。②多数为有隔膜菌丝，菌丝由横隔膜分隔成成串多细胞，每个细胞内含有一个或多个细胞核。有些菌丝，从外观看虽然像多细胞，但横隔膜上具有小孔，使细胞质和细胞核可以自由流通，而且每个细胞的功能也都相同。如青霉菌、曲霉菌、白地霉等绝大多数霉菌菌丝均属此类。

根据菌丝的分化程度可将其分为：

（1）基内菌丝　菌丝向培养基或被寄生的组织内生长，其作用为吸取和合成营养以供生长，故又称为营养菌丝。

（2）气生菌丝　菌丝向空气生长。产生孢子的气生菌丝又称为繁殖菌丝。

真菌的菌丝有多种形态，如鹿角状、结节状、球拍状、螺旋状、梳状等（图4-34）。不同种类的真菌可有不同形态的菌丝，故有助于真菌的鉴别，但不同种类的真菌也可有相似的菌丝。

### 2. 孢子

孢子是真菌的繁殖器官。孢子萌发出芽，发育成菌丝体或形成新的孢子。一条菌丝可长出多个孢子。真菌的孢子与细菌的芽孢不同（表4-2），它的抵抗力不强，加热至60～70℃短时间内即死亡。

表4-2　真菌孢子与细菌芽孢的不同点

| 区别点 | 真菌孢子 | 细菌芽孢 |
|---|---|---|
| 热抵抗力 | 不强，60～70℃短时间内即死 | 强，短时间煮沸常不死 |
| 数　　目 | 一条菌丝可产生多个孢子 | 一个菌细胞只产生一个芽孢 |
| 作　　用 | 为繁殖方式之一 | 为休眠状态 |
| 形态位置 | 可在细胞内外，形态多种 | 在细胞内，圆形或椭圆形 |

真菌孢子分无性孢子和有性孢子两大类（具体内容在霉菌的繁殖方式中详述）。

## 二、霉菌的细胞结构

菌丝的细胞构造如图4-35所示。

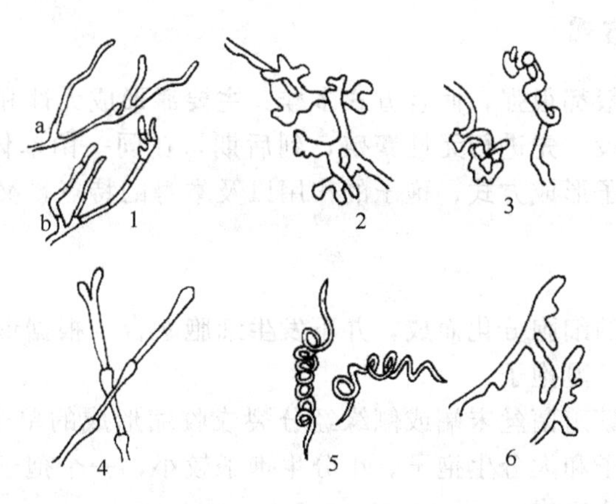


图 4-34 真菌的各种菌丝

1—普通菌丝（a—无隔菌丝；b—有隔菌丝）；

2—鹿角菌丝；3—结节菌丝；4—球拍菌丝；

5—螺旋菌丝；6—梳状菌丝

霉菌菌丝细胞均由细胞壁、细胞膜、细胞质、细胞核、线粒体、核糖体以及内含物质组成。幼龄时，细胞质充满整个细胞，老龄的细胞则出现大的液泡，其中含有多种贮藏物质，如肝糖、脂肪滴及异染颗粒等。

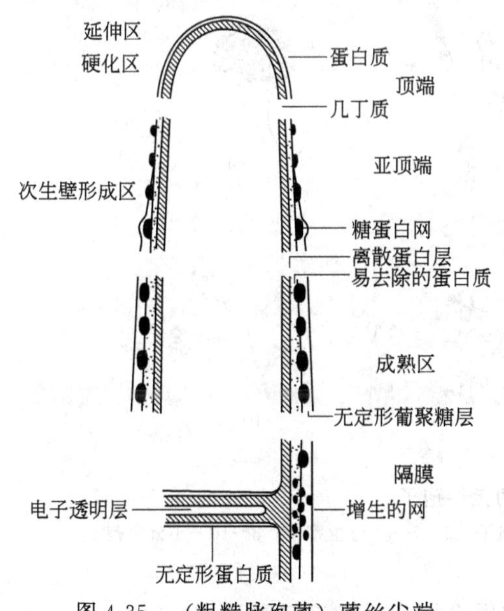


图 4-35 （粗糙脉孢菌）菌丝尖端的成熟过程及细胞壁成分的变化

**1. 细胞壁**

厚约 100～250nm，主要由多糖组成（约 80%～90%）。除少数水生低等霉菌的细胞壁中含纤维素外，大部分霉菌细胞壁由几丁质组成。几丁质是由数百个 *N*-乙酰葡糖胺分子以 $\beta$-1,4-糖苷键连接而成的多聚糖。它与纤维素结构很相似，只是每个葡萄糖上的第二个碳原子和乙酰胺相连，而纤维素的每个葡萄糖上的第二个碳原子却与羟基相连。

几丁质和纤维素分别构成了高等和低等霉菌细胞壁的网状结构——微纤丝，包埋于一种基质之中。实验证明，根据细胞壁组分的不同，可将霉菌分为许多类别，这些类别与常规的分类学指标有密切关系。因此在真菌分类中，细胞壁成分分析是重要的鉴定依据之一。

真菌的细胞壁可被蜗牛（如大蜗牛）消化液中的酶（包括葡聚糖酶、几丁质酶、甘露聚糖酶等）所消化。土壤中一些细菌也具有分解真菌细胞壁的酶。酵母菌和霉菌细胞壁被溶解后，可得到原生质体。

**2. 细胞膜**

厚约 7～10nm。其组成结构与其他真核细胞相似。细胞核如同高等生物一样，由核膜、核仁组成，核内有染色体。核的直径为 0.7～3.0μm，核膜上有直径为 40～70nm 的小孔，核仁的直径约 3nm。

另一些结构成分与其他真核细胞基本相同，故不一一介绍。

## 三、霉菌的繁殖方式

霉菌的繁殖能力一般都很强，而且方式多样，主要靠形成无性和（或）有性孢子。一般霉菌菌丝生长到一定阶段，先进行无性繁殖，到后期，在同一菌丝体上产生有性繁殖结构，形成有性孢子。根据孢子形成方式、孢子的作用以及本身的特点，又可分为各种类型，在分类上具有重要意义。

### 1. 无性孢子

无性孢子由菌丝中的细胞分化而成，并不发生细胞融合。根据形态主要可分为三种：分生孢子、叶状孢子和孢子囊孢子。

（1）分生孢子　由繁殖菌丝末端或侧缘经分裂或收缩形成的单个、链状或成簇的孢子。它们又可分为小分生孢子和大分生孢子。小分生孢子较小，一个孢子即为一个细胞；大分生孢子体积大，由多个细胞组成。

（2）叶状孢子　由菌丝内细胞直接形成。如芽生孢子是由菌体细胞出芽形成；厚膜孢子则由菌丝顶端或中间部分细胞质浓缩变圆，胞壁变厚形成；而关节孢子是菌丝生长到一定阶段，长出许多隔膜，隔膜断裂成短柱状而形成。

（3）孢子囊孢子　菌丝末端膨大呈囊状，此为孢子囊，囊内含有许多孢子，孢子成熟后破壳而出（图 4-36）。

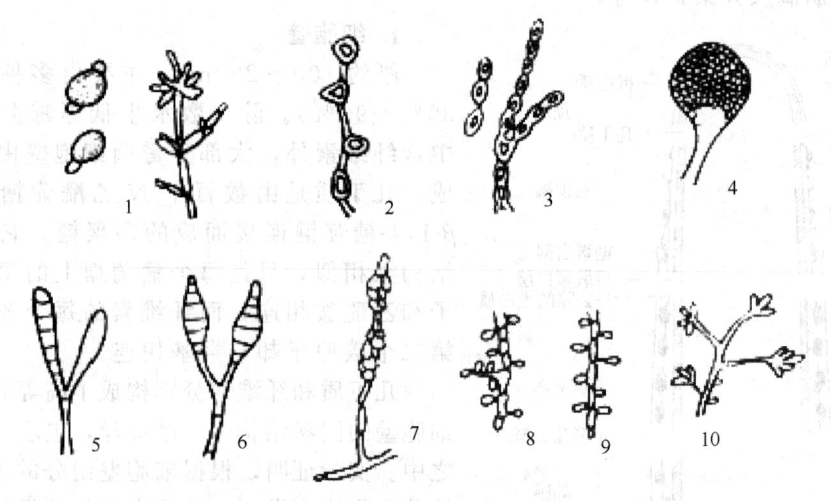


图 4-36　各种类型的无性孢子

1—芽生孢子；2—厚膜孢子；3—关节孢子；4—孢子囊孢子；5～7—大分生孢子；8～10—小分生孢子

### 2. 有性孢子

有性孢子由同一菌体或不同菌体上的两个细胞融合而成。它有三种形式。

（1）接合孢子　是由菌丝生成形态相同或略有不同的配子囊接合形成的壁厚、色深的大孢子。

（2）子囊孢子　子囊是一种囊状结构，其形状不一。最简单的方式是由两个细胞结合后形成子囊，每个子囊内可包含 4～6 个孢子。通常几个子囊外围以外壳组成子囊果。子囊孢子的形状、大小、颜色差别很大。

（3）担孢子　它是一种外生孢子，它着生在由两性细胞核配后形成的双核菌丝的顶细胞上。一个顶细胞上一般着生四个担孢子（图 4-37）。

真菌孢子的形态、结构、形成方式，在不同种类的真菌中是不同的，故常作为真菌分类

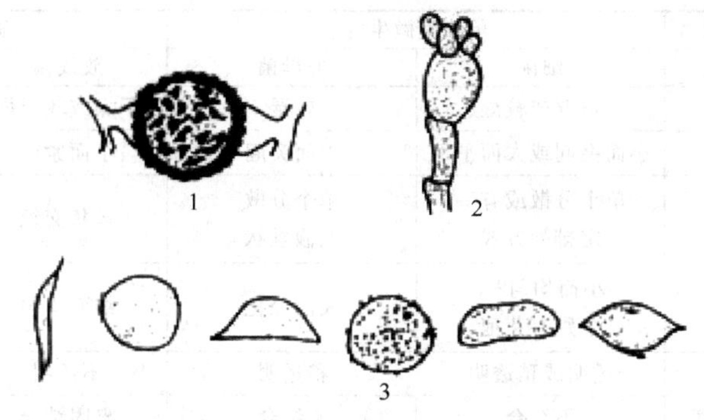

图 4-37　各种类型的有性孢子

1—接合孢子；2—担孢子；3—子囊孢子

和鉴定的依据。

## 四、霉菌的群体形态

霉菌生长需要潮湿的环境，例如，食品中的水分活度 $A_w$ 为 0.98 时，微生物最易生长繁殖，当 $A_w$ 降为 0.93 以下时，微生物繁殖受到抑制，但霉菌仍能生长，当 $A_w$ 在 0.7 以下时，霉菌的繁殖才受到抑制。霉菌好氧，适宜生长温度 25～30℃，霉菌培养基的 pH 值一般在 6.5～6.7。

和放线菌一样，霉菌的菌落也是由分枝状菌丝组成。因菌丝较粗而长，生长速度比放线菌快，形成的菌落大而紧密或大而较疏松，呈绒毛状、絮状或蜘蛛网状，一般比细菌菌落大几倍到几十倍。有些霉菌，如根霉、毛霉、链孢霉生长很快，菌丝在固体培养基表面蔓延，以至菌落没有固定大小。在固体发酵过程中污染了这类霉菌，如不及早采取措施，往往造成经济损失。菌落表面常呈现出肉眼可见的不同结构和色泽特征，这是因为霉菌形成的孢子有不同的形状、构造和颜色，有的水溶性色素可分泌到培养基中，使菌落背面呈现不同颜色；一些生长较快的霉菌菌落，处于菌落中心的菌丝菌龄较大，位于边缘的则较年幼。同一种霉菌，在不同成分的培养基上形成的菌落特征可能有变化。但各种霉菌，在一定培养基上形成的菌落大小、形状、颜色等却相对稳定。故菌落特征也是鉴定霉菌的重要依据之一。

根据上述特征，可将四大类微生物菌落识别要点（可参见表 4-3）归纳如下。

菌落
- 细润或较干燥，光滑或粗糙，正反面颜色一致
  - 小而扁平、大而隆起、大而扁平 → 细菌
  - 大而隆起 → 酵母菌
- 干燥，绒毛或皮革状，正反面及中央和边缘颜色不一致
  - 大而致密、大而疏松，易挑起 → 霉菌
  - 小而致密，不易挑起 → 放线菌

据上述要点可基本识别大部分未知菌落。但由于菌落特征往往还受培养基成分、培养时间及菌落在平板上分布的疏密等因素的影响，观察时要注意这些条件，选择分布较稀疏处的单菌落观察。对难以区别的菌落可借鉴显微镜观察其细胞形态等来做正确的判断。

表 4-3　四大类微生物细胞形态和菌落特征的比较

| 菌落特征 \ 微生物类别 | | | 单细胞微生物 | | 菌丝状微生物 | |
|---|---|---|---|---|---|---|
| | | | 细菌 | 酵母菌 | 放线菌 | 霉　菌 |
| 主要特征 | 菌落 | 含水状态 | 很湿或较湿 | 较湿 | 干燥或较干燥 | 干燥 |
| | | 外观形态 | 小而突起或大而平坦 | 大而突起 | 小而紧密 | 大而疏松或大而致密 |
| | 细胞 | 相互关系 | 单个分散或有一定排列方式 | 单个分散或假丝状 | 丝状交织 | 丝状交织 |
| | | 形态特征 | 小而均匀①，个别有芽孢 | 大而分化 | 细而均匀 | 粗而分化 |
| 参考特征 | 菌落透明度 | | 透明或稍透明 | 稍透明 | 不透明 | 不透明 |
| | 菌落与培养基结合程度 | | 不结合 | 不结合 | 牢固结合 | 较牢固结合 |
| | 菌落颜色 | | 多样 | 单调，一般呈乳脂或矿烛色，少数红色或黑色 | 十分多样 | 十分多样 |
| | 菌落正反面颜色的差别 | | 相同 | 相同 | 一般不同 | 一般不同 |
| | 菌落边缘② | | 一般看不到细胞 | 可见球状、卵圆状或假丝状细胞 | 有时可见细丝状细胞 | 可见粗丝状细胞 |
| | 细胞生长速度 | | 一般很快 | 较快 | 慢 | 一般较快 |
| | 气味 | | 一般有臭味 | 多带酒香味 | 常有泥腥味 | 往往有霉味 |

① “均匀”指在高倍镜下看到的细胞只是均匀一团；而“分化”指可看到细胞内部的一些模糊结构。

② 用低倍镜观察。

## 五、常用常见的霉菌

### 1. 毛霉菌属

毛霉菌属是接合菌亚门毛霉菌目中的一个大属。它的外形呈毛发状，菌丝一般呈白色，为管状分枝的无隔菌丝。有性孢子为接合孢子，无性孢子为孢子囊孢子。

毛霉菌广泛存在于土壤、蔬菜、水果和富含淀粉的食品中。毛霉菌菌丝发达、生长迅速，是引起食物、药物、药材霉变的常见污染菌。有的菌株有分解蛋白质的能力，可用于豆豉、豆腐乳的酿造，使蛋白质分解产生鲜味和芳香物质。有的菌株有较强的糖化能力，可用于淀粉类原料的糖化和发酵。

### 2. 根霉菌属

根霉菌属与毛霉菌属同属毛霉菌目，形态与毛霉菌相似，菌丝无隔，形成孢子囊孢子。但与毛霉菌不同的是，根霉菌在培养基上生长时，菌丝伸入培养基内，生长为有分枝的假根，靠假根吸收营养。连接假根的弧形气生菌丝贴靠培养基表面匍匐生长，称为匍匐菌丝。有性繁殖产生接合孢子。

根霉菌能产生高活性的淀粉酶，是工业上重要的发酵菌种，有的是甾体化合物转化的重要菌株。根霉菌分布广泛，也是淀粉类食物、药品等霉变的主要污染菌。

### 3. 曲霉菌属

曲霉菌属中大多数为半知菌类，未发现有性繁殖阶段。曲霉菌丝为有隔菌丝。它的分生孢子梗常由营养菌丝分化的足细胞长出，在其顶端形成膨大的顶囊，在顶囊表面以辐射状长出一层或两层小梗，小梗顶端产生一串圆形的分生孢子（图 4-38）。曲霉菌属各菌的菌丝和孢子常呈不同的颜色，故菌落的颜色各不相同，有黑、棕、黄、绿、红等颜色，且较稳定，是分类鉴定的主要依据。此外，分生孢子头和顶囊的形状、大小、小梗的构成、分生孢子梗的长度等特点也是鉴定的依据。

曲霉菌分解有机物质能力极强，是发酵工业的重要菌种，可应用曲霉菌的糖化作用和分解蛋白质的能力制曲酿酒造酱。医药工业上利用曲霉菌生产柠檬酸、葡萄糖酸等有机酸，以及酶制剂、抗生素等。曲霉菌也是引起食物、药品霉变的常见污染菌，本属代表菌有黑曲霉、黄曲霉、米曲霉等。黄曲霉中个别菌株能产生黄曲霉毒素。

**4. 青霉菌属**

青霉菌属中的真菌与曲霉菌形态相似，菌丝有隔，但无足细胞，孢子结构与曲霉菌不同，分生孢子梗顶端不膨大，无顶囊，但有多次分枝，产生一轮至数轮分叉，在最后分枝的小梗上长出成串的分生孢子，形似扫帚状（图 4-39）。不同种的分生孢子可产生青、灰绿、黄褐等不同颜色。扫帚状的分枝也可作分类的依据。

青霉菌分布极广，几乎在一切潮湿的物品上均能生长。它分解有机物质的能力也很强，有的菌株可生产柠檬酸、延胡索酸、草酸等有机酸。产黄青霉菌是青霉素的产生菌，灰黄青霉菌是灰黄霉素的产生菌。青霉菌可使工农业产品、生物制剂、药物制品霉败变质，其危害性不亚于曲霉菌。有的菌株产生的真菌毒素对人和畜类的健康也有很大危害。

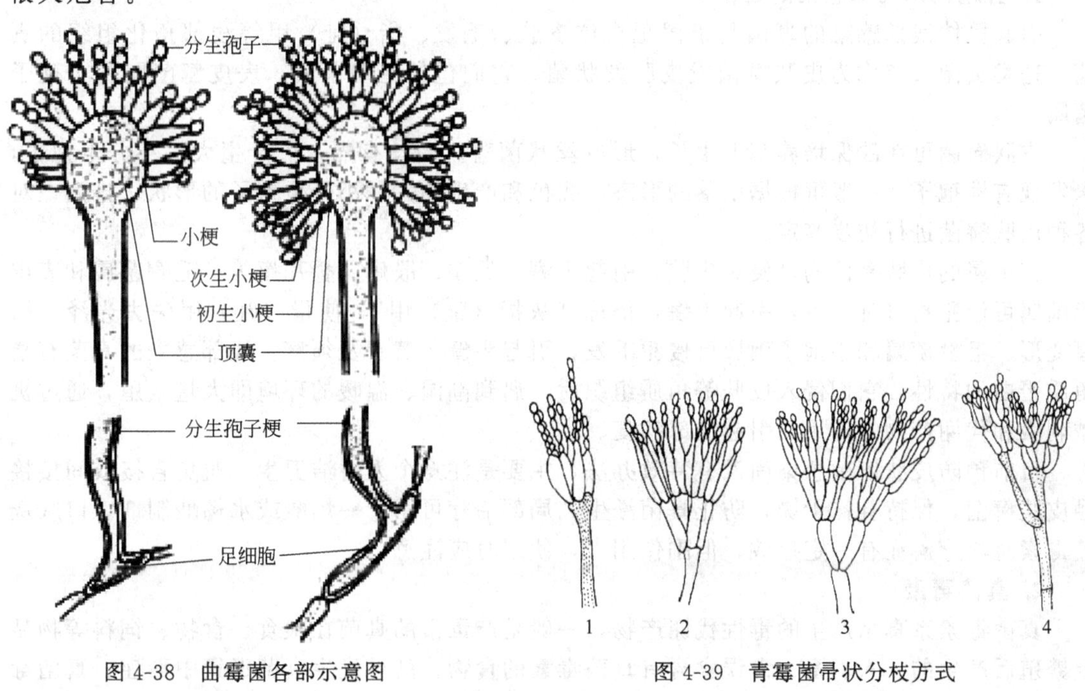


图 4-38 曲霉菌各部示意图

图 4-39 青霉菌帚状分枝方式

1—单轮生；2—对称二轮生；3—多轮生；4—不对称生

**5. 头孢霉菌属**

头孢霉菌属菌其菌丝有隔、分枝、常结成绳束状。分生孢子梗直立、不分枝，中央较粗而向末端逐渐变细，分生孢子从梗顶端生出后，靠黏液聚成圆头状，遇水即散。可从土壤、植物残体中分离出头孢霉菌菌种。有的菌株可产生抗癌物质及重要抗生素，如顶孢头孢霉菌可产生头孢菌素 C。

**6. 白地霉**

白地霉在 28～30℃的麦芽汁中培养 1d，会产生白色的、呈毛绒状或粉状的膜。具有真菌丝，有的分枝，横隔或多或少，菌丝宽为 2.5～9μm，一般为 3～7μm，繁殖方式为裂殖，形成的节孢子单个或连接成链，孢子呈长筒形、方形，也有呈椭圆形或圆形，末端圆钝。节孢子绝大多数为（4.9～7.6）μm×16.6μm，在28～30℃的麦芽汁琼脂斜面划线培养3d，菌落白色，毛状或粉状，菌丝和节孢子的形态与其在麦芽汁中的相似。

白地霉能水解蛋白质，其中多数能液化明胶、胨化牛乳，少数只能胨化牛乳，不能液化明胶。此菌最高生长温度为33～37℃。从动物粪便、有机肥料、烂菜、泡菜、树叶、青贮饲料和垃圾中都能分离到白地霉，其中以烂菜中最多，肥料和动物粪便中次之。白地霉的营养价值并不比产朊假丝酵母差，因此可供食用或作饲料，也可用于提取核酸。白地霉还能合成脂肪，但其产量不及红酵母和脂肪酵母等。

## 六、霉菌的防治原则

绝大多数真菌对人类是有益的，但也有少数真菌能引起人类疾病，如可引起机体浅部和深部真菌感染；真菌产生的毒素也可使机体致病。这些引起人类疾病的真菌称为病原性真菌。

**1. 引起机体浅部感染的霉菌**

引起机体浅部感染的真菌是指侵犯机体皮肤、毛发、指（趾）甲等浅部角化组织的真菌。这类真菌又统称为皮肤癣菌或皮肤丝状菌。它们包括毛癣菌属、表皮癣菌属和小孢子菌属。

皮肤癣菌可在沙保培养基上生长，形成丝状菌落。菌丝有隔，可产生大、小分生孢子，未发现有性孢子。一般可根据菌落的形态、颜色和产生的大、小分生孢子的形状、排列，对各种皮肤癣菌进行初步鉴定。

三个属的皮肤癣菌均可侵犯皮肤，引起手癣、足癣、股癣、叠瓦癣等。毛癣菌属和表皮癣菌属可侵犯指（趾）甲，引起甲癣，俗称“灰指（趾）甲”，使指（趾）甲失去光泽、增厚变形。毛癣菌属和小孢子菌属可侵犯毛发，引起头癣、黄癣及须癣。浅部感染的真菌有嗜角质蛋白的特性，它们侵入皮肤等角质组织后，遇到潮湿、温暖的环境即大量繁殖，通过机械刺激和代谢产物的作用而引起局部病变。

目前预防皮肤癣菌感染尚没有特效办法，主要是注意个人清洁卫生，避免直接或间接接触皮肤癣菌，保持鞋袜干燥，防止真菌滋生。局部治疗可用十一烯酸或水杨酸制剂。口服灰黄霉素对治疗癣症有一定疗效，但副作用大，使用时应注意。

**2. 真菌毒素**

真菌毒素系真菌产生的毒性代谢产物，一般是产毒素的真菌在粮食、食物、饲料等物品上繁殖后产生的。人、畜、禽误食含有真菌毒素的食物，就可发生真菌毒素中毒症。真菌毒素中毒症不同于一般细菌性和病毒性疾病，它没有传染性，用一般的药物和抗生素治疗无效。它的发病与特定的食物和饲料有关，并有一定的地区性和季节性。根据毒素的性质和摄入量及机体的敏感性，病人可表现不同的症状。

目前已发现的真菌毒素达一百多种，按毒素损害机体的主要部位及病变特征不同，可分为肝脏毒素、肾脏毒素、神经毒素、造血组织毒素等，但一些真菌毒素的作用部位是多器官的。黄曲霉菌产生的黄曲霉毒素是毒性最强的真菌毒素，它可致人和动物的肝脏变性、坏死或肝硬化，甚至诱发肝癌。黄曲霉毒素毒性稳定，耐热性强，加热至280℃以上才被破坏，因此用一般烹调方法不能去除毒性。黄曲霉毒素主要污染粮油制品，尤其是花生、玉米、棉籽及其制品。由于黄曲霉毒素的毒性大，致癌力强，对人、畜的健康威胁大，世界各国（包括我国）都制定了在各类食品和饲料中的最高允许量标准。我国卫生部规定在婴儿食品和药品中不得检出黄曲霉毒素。

预防真菌毒素中毒症，主要是避免或减少真菌污染食物，根据食物不同采取晾晒、烘干、吸湿等措施降低水分，尽可能低温保藏食物，防止霉变。对被真菌毒素污染的食物必须经过去毒处理达到卫生标准才能食用。

# 相关知识五 病 毒

生命的最小单位是细胞。单细胞微生物按其大小和结构复杂性分为原虫、细菌、某些真菌、支原体、立克次体和衣原体。这些微生物虽小，但均有细胞结构和自身的代谢系统，并以DNA作为遗传物质。病毒（virus）则不然，它不具有细胞结构，只含有DNA或RNA，甚至不含有核酸，自身不能进行新陈代谢，只能寄生在活的细胞内增殖复制，它是所有生命形式中最小的一种复制性非细胞型微生物。

病毒最初是作为一种能通过细菌滤器的因子而被发现的（Ivanovsky，1892）。根据其宿主种类将病毒分为微生物病毒、植物病毒和动物病毒（图4-40）。20世纪70年代以来，陆续发现了比病毒更小、结构更简单的亚病毒因子如类病毒、卫星病毒、卫星RNA、朊病毒等。

**拓展链接**

病毒比细菌小得多，只有用能把物体放大到上百万倍的电子显微镜才能看到它们。一般病毒，只有一根头发直径的万分之一那么大。病毒比细菌简单得多，整个身体仅由核酸和蛋白质外壳构成，连细胞壁也没有。蛋白质外壳决定病毒的形状。它们中有的呈杆状、线状，有的像小球、鸭蛋、炮弹，还有的像蝌蚪。病毒不能单独生存，必须在活细胞中过寄生生活，因此各种生物的细胞便成为病毒的“家”。寄生在人或其他动物身上的病毒称为动物病毒，人类的天花、肝炎、流行性感冒、麻疹等疾病，动物的鸡瘟、猪丹毒、口蹄疫等，都是因为病毒寄生于人体及畜禽细胞而引起的。寄生在植物体上的叫植物病毒，烟草花叶病、大白菜的孤丁病、马铃薯的退化病等都是由植物病毒引起的。寄生在昆虫体上的病毒是昆虫病毒，由于这种病毒可以有效地杀死害虫，所以近年来被当作生物农药广泛使用。病毒所依赖的活细胞叫寄主，一般每种病毒都有特定的寄主，例如脑炎病毒只能在脑神经细胞内寄生。寄主养活了病毒，而病毒却“恩将仇报”，反过来危害寄主。以人体为寄主的脊髓灰质炎病毒可以导致小儿麻痹症的发生；由流行性腮腺炎病毒引起的腮腺炎，至今还使许多儿童深受其害。1902年才查明：引起“黄热病”的元凶是黄热病毒。

## 一、病毒的形态与结构

### 1. 病毒的形态

病毒个体极其微小，只有借助电子显微镜才能观察到。不同类型的病毒大小差异很大，成熟的病毒其大小通常用纳米（nm）表示，较大的病毒直径在（300～450）nm×（170～260）nm（如痘病毒）、较小的病毒直径仅18～20nm（如植物病毒或昆虫病毒）。

病毒的种类繁多，形态各异。有球状，如流感病毒；杆状或丝状，如植物病毒、副流感病毒；砖形，如痘病毒；弹状，如狂犬病病毒；蝌蚪状，如噬菌体。

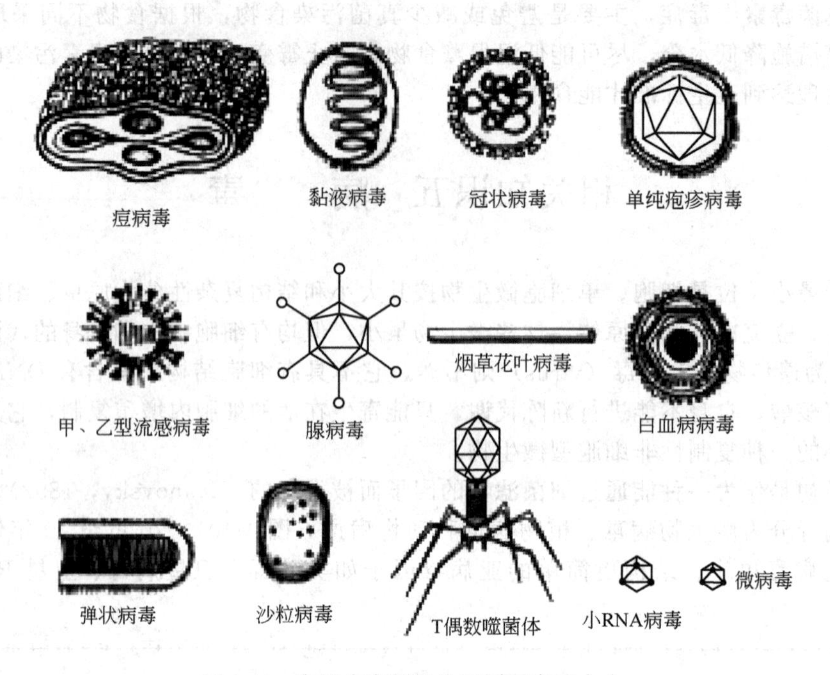


图 4-40　常见病毒颗粒的不同形态和大小

**2. 病毒的结构**

（1）病毒的基本结构　具有侵染力、成熟的、位于细胞外环境中的单个病毒颗粒常称为毒粒或病毒粒子。除亚病毒外病毒粒子由核酸、蛋白质和少量其他成分组成（图 4-41）。核心为核酸，核酸的外层是蛋白质外壳，称为衣壳。衣壳由大量的壳粒组成。衣壳与核酸核心共同组成核衣壳。无包膜的病毒，核衣壳即是毒粒。有些病毒如流感病毒，在核衣壳外还具有称为包膜的结构，有些包膜上还具有刺突。包膜与病毒的致病性和免疫性有关，亦是病毒分类的依据。

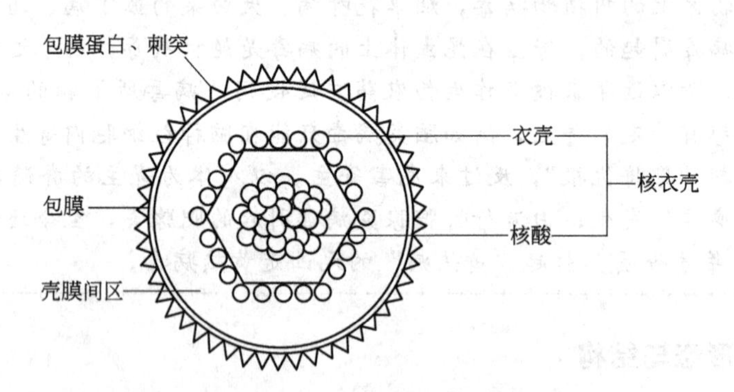


图 4-41　病毒的基本结构

（2）病毒壳体的对称性　由于病毒核酸与衣壳蛋白质结构的不同，在形态上显示不同的对称形式，已明确的有二十面体立体对称、螺旋对称和复合对称三种形式。

① 二十面体立体对称　壳粒按立体对称排列成规则的二十面体，一个二十面体有 12 个顶、20 个面和 30 个棱，呈 2∶3∶5 重旋转对称，每个面都是等边三角形，由许多壳粒镶嵌组成，面和棱上的壳粒与 6 个相邻壳粒相连，称为六邻体，顶上的壳粒与 5 个相邻的壳粒相连，称为五邻体。大多数病毒呈这种对称性排列（图 4-42）。

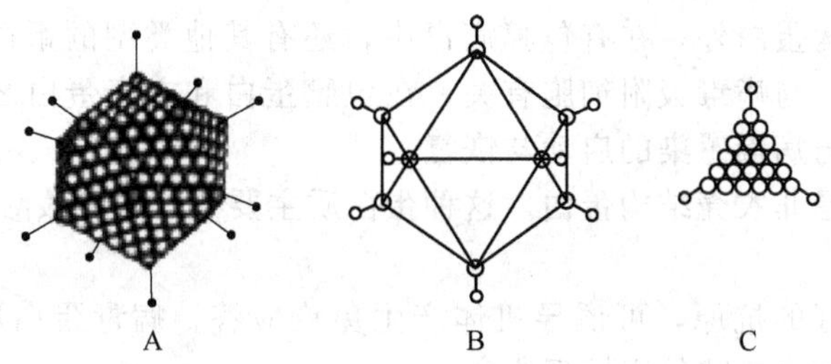


图 4-42 腺病毒二十面体对称性壳体的衣壳粒排列

A—腺病毒的形态；B—二十面体的形态；C—单个等边三角形（示衣壳粒）

② 螺旋对称 壳粒沿着螺旋形的病毒核酸链盘绕成丝状、杆状或球形的对称排列，见于大多数杆状病毒、弹状病毒、正黏病毒等。

③ 复合对称 病毒粒子壳粒的排列既有立体对称，又有螺旋对称，这见于噬菌体、痘病毒。

（3）病毒的核酸和蛋白质

① 病毒的核酸 病毒含有RNA或DNA，一种病毒只有一种特定类型的核酸（即RNA或DNA），这与某种特定类型的病毒起源有关。

病毒核酸类型极其多样，有单链DNA（ssDNA）、双链DNA（dsDNA）、单链RNA（ssRNA）和双链RNA（dsRNA）四种类型。除双链RNA外，其他各类核酸，均有线状和环状形式，表4-4中列出了代表性病毒的核酸类型，病毒核酸有正链（+）和负链（-）之分，将碱基序列与mRNA一致的核酸单链定为正链（+）、碱基序列与mRNA互补的核酸单链定为负链（-），已发现部分病毒的RNA为双义即部分为正极性、部分为负极性。

不同种类的病毒其核酸含量有较大的差别。由于核酸是病毒的遗传物质，每种病毒颗粒中核酸种类并不一致。核酸的结构与功能也有一定关系，结构复杂的病毒含有较多的核酸（多基因），结构简单的病毒只需较少的核酸（几个基因）。

**表 4-4 病毒核酸类型的多样化**

| | | | |
|---|---|---|---|
| DNA | 单链 | 线状单链 | 细小病毒 |
| | | 环状单链 | ΦX174、M13、fd噬菌体 |
| | 双链 | 线状双链 | 疱疹病毒、腺病毒、T系大肠埃希菌噬菌体、$\lambda$噬菌体 |
| | | 有单链裂口的线状双链 | T5噬菌体 |
| | | 有交联末端的线状双链 | 痘病毒 |
| | | 闭合环状双链 | 乳多空病毒、PM2噬菌体、花椰菜花椰病毒、杆状病毒 |
| | | 不完全环状双链 | 嗜肝DNA病毒 |
| RNA | 线状单链 | 线状、单链、正链 | 小RNA病毒、披膜病毒、RNA噬菌体、烟草花叶病毒和大多植物病毒 |
| | | 线状、单链、负链 | 弹状病毒、副黏病毒 |
| | | 线状、单链、分段、正链 | 雀麦花叶病毒(多分体病毒) |
| | | 线状、单链、二倍体、正链 | 反转录病毒 |
| | | 线状、单链、分段、负链 | 正黏病毒、步尼亚病毒、沙粒病毒(步尼亚病毒和沙粒病毒有的RNA节段为双义) |
| | 双链 | 线状、双链、分段 | 呼肠孤病毒、噬菌体Φ6、许多真菌病毒 |

② 病毒的蛋白质 蛋白质是病毒颗粒的主要成分，约占病毒总量的70%，少数为30%～40%。所有病毒都含有一种或几种蛋白质，衣壳蛋白是病毒的结构成分，因此也称为结构蛋白，由病毒基因编码，具有保护病毒核酸的功能，并可促使病毒进入细胞，决定病毒

对宿主的嗜性。除结构蛋白外，在有包膜病毒中，还有其他类型的蛋白质，称为包膜蛋白，这种蛋白质是糖蛋白，与病毒吸附细胞有关。在包膜蛋白和衣壳蛋白之间还有一种蛋白质，称为基质蛋白，它参与病毒感染的启动与恢复。

第二大类蛋白质是非衣壳结构蛋白，这种蛋白质主要参与病毒核酸的复制，也有诱导机体免疫应答作用。

病毒蛋白质是很好的抗原，可诱导机体产生免疫应答，病毒蛋白质也引起机体出现发热、血压下降或其他全身症状等毒性反应。

一些结构复杂的病毒还含有脂类、糖类等。

## 二、病毒的群体形态

病毒粒子无法用光学显微镜观察，但当它们大量聚集在一起并使宿主细胞发生病变时，就可用光学显微镜观察。如动物、植物细胞中的病毒包涵体，有的还可用肉眼看到，例如噬菌体的噬菌斑。

### 1. 包涵体

在某些感染病毒的宿主细胞内，出现光学显微镜可见的大小、形态和数量不等的个体，称包涵体，有的在细胞质内，有的在细胞核内，有的在细胞质、细胞核中都存在。根据包涵体的特点，可把它们分成以下四种类型：①病毒的聚集体；②病毒的合成部位；③病毒蛋白和与病毒感染有关的蛋白质；④非病毒性包涵体，由化学因子或细菌感染形成。

在实践上，病毒包涵体主要有两类应用：①病毒诊断；②生物防治。

### 2. 噬菌斑

将少量噬菌体与大量宿主细胞混合后，将此混合液与45℃左右的琼脂培养基在培养皿中充分混匀，铺平后培养，经数小时至10余小时后，在平板表面布满宿主细胞的菌苔上，可以用肉眼看到一个个透亮不长菌的小圆斑，这就是噬菌斑。每一个噬菌斑一般由一个噬菌体粒子形成，噬菌斑的形成可用于检出、分离、纯化噬菌体和进行噬菌体的计数。

### 3. 空斑和病斑

在动物细胞培养物上的与噬菌斑类似的空斑，称为病斑。病斑的形成是因为受肿瘤病毒感染。

### 4. 枯斑

枯斑是植物叶片上的植物病毒群体。

## 三、病毒的培养与增殖

### 1. 病毒的培养

病毒的培养方法取决于病毒的宿主范围、嗜组织性等因素。噬菌体一般接种于生长的细菌培养物。动物病毒可接种于实验动物或鸡胚，如嗜神经病毒可接种于动物脑内；嗜呼吸道病毒可接种于动物鼻腔、鸡胚尿囊或羊膜腔。从机体中取出细胞或组织，模拟体内的生理条件在体外进行培养，使之生存和生长，称为细胞组织培养。组织细胞在体外培养的成功，使病毒研究产生了突破性进展，由于细胞培养方法简单，条件易控制，细胞对病毒的敏感性较体内细胞高，无抗体等病毒抑制物的影响，所以现在多数动物病毒利用细胞培养进行分离。植物病毒可直接接种于敏感植物叶片或采用细胞培养等方法进行培养。

### 2. 病毒的增殖

病毒作为一种细胞内寄生物，其增殖与其他微生物不同，它是以自身基因组为模板，借助宿主的细胞器和酶系统先合成核酸或 mRNA，再经过聚合酶以核酸为模板，合成原来的模板，这种以病毒核酸分子为模板进行增殖的方式称为自我复制。因此，病毒的增殖也称为病毒的复制，不同的病毒复制机制并不完全相同，但均需经过吸附、穿入、脱壳、大分子的合成、装配与释放。从病毒进入细胞，经过基因表达与复制到子代病毒从感染细胞中释放，称为一个复制周期，如图 4-43 所示。

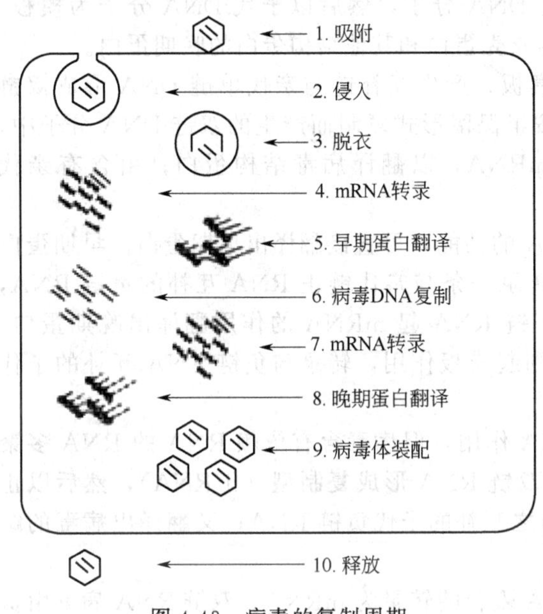


图 4-43　病毒的复制周期

(1) 吸附与穿入　吸附是指病毒通过其表面结构与宿主细胞的病毒受体特异性结合，导致病毒附着于细胞表面的过程。病毒吸附蛋白（VAP）是指能特异性识别寄主细胞上的病毒受体并与之结合的病毒表面结合性蛋白，如流感病毒包膜表面的血凝素、T 偶数噬菌体的尾丝蛋白。病毒受体是指能被病毒吸附蛋白特异性识别并与之结合，介导病毒侵入的细胞表面成分，如狂犬病病毒的受体是细胞表面的乙酰胆碱受体。当病毒颗粒与细胞受体结合后，病毒吸附蛋白与细胞表面受体发生一系列变化，特别是分子构型改变，这种变化有利于病毒进入细胞，也有利于增加病毒与细胞结合的牢固性。

病毒结合细胞表面受体后，必须越过细胞质膜进入细胞内复制，这个过程称为穿入。它包括两种途径，一是病毒包膜与细胞质膜间的融合，病毒核衣壳直接进入细胞内；二是病毒表面的吸附蛋白与细胞膜上受体结合后，由细胞表面酶协助脱壳，病毒核酸直接进入细胞内。无包膜病毒通过吞饮作用进入细胞，也有人认为受体参与病毒的吞饮作用。目前认为病毒还可通过其他途径进入细胞。

(2) 脱壳　病毒核酸从衣壳释放的过程称为脱壳。不同病毒脱壳方式不一，大多数病毒在侵入宿主细胞时已在溶酶体酶的作用下使衣壳裂解释放出病毒基因组，有包膜病毒的包膜与细胞膜融合时即已脱去外衣壳，然后再进一步脱去内衣壳。如痘病毒就需经过 2 次脱衣壳过程。脱壳可发生在细胞的表面、核膜或核内。RNA 病毒在吸附细胞时，其衣壳蛋白构型发生改变，即激发了脱衣过程，而且这种改变有利于稳定病毒核酸构型，保护其免受核酸酶破坏。

(3) 病毒大分子的合成　病毒基因组从衣壳中释放后，一般能在感染细胞中产生新的病毒颗粒。在这个过程中，需合成更多的病毒核酸、结构蛋白与病毒特异性酶类以及一些控制蛋白，用以封闭正常细胞代谢与指导病毒成分的合成。病毒在复制即生物合成阶段所需的大部分酶类是由宿主细胞供应的，在此阶段已不能自细胞内检出感染性病毒颗粒，这一时期称隐蔽期。

病毒蛋白质合成包括转录和翻译两个步骤。在病毒核酸复制之前所进行的转录为早期转录，翻译出的蛋白质为早期蛋白，早期蛋白是功能性蛋白，主要是病毒复制所需要的酶和抑制宿主细胞正常代谢调节性蛋白。以子代病毒核酸为模板所进行的转录为晚期转录，翻译出晚期蛋白，即病毒的结构蛋白。

在病毒基因控制下，蛋白质与核酸的合成部位，因病毒种类不同而异。多数 DNA 病毒在宿主细胞核内合成核酸，但痘病毒类则例外（此类病毒的所有成分均在宿主细胞质中合成)。多数RNA病毒在细胞质合成病毒成分，但正黏病毒基因组的复制在细胞核内进行，反转录病毒基因组的复制在细胞质和细胞核中进行。

根据病毒基因组的复制与表达特征，病毒的大分子合成可归为6类。

① 双链DNA病毒　利用宿主细胞核内依赖DNA的RNA多聚酶，转录早期mRNA，再在细胞质内翻译成早期蛋白。早期蛋白主要是依赖DNA的RNA多聚酶和脱氧胸腺嘧啶激酶，亲代DNA以半保留复制方式复制子代DNA分子，然后以子代DNA分子为模板，转录大量晚期mRNA，继而翻译出主要是病毒衣壳蛋白和其他结构蛋白的晚期蛋白。

② 单链DNA病毒　以亲代DNA作为模板，产生互补链与亲代单链DNA形成双链DNA作为复制中间型或称复制型。由复制型按半保留形式复制而产生的双链DNA分子中，不含亲代DNA的DNA分子作为模板转录mRNA，以翻译病毒结构蛋白；由含有亲代DNA的DNA分子转录完整的子代DNA。

③ 单正链RNA病毒　其本身具有mRNA的功能，可直接翻译出早期蛋白。早期蛋白主要是依赖RNA的RNA多聚酶，后者催化转录一条与亲代链正RNA互补的负链RNA，形成双链RNA（±RNA)，即复制型。其中正链RNA起mRNA的作用翻译出晚期蛋白，包括衣壳蛋白和其他结构蛋白。而负链RNA则起模板作用，转录与负链RNA互补的子代病毒RNA。

④ 单负链RNA病毒　本身不能起mRNA作用，但病毒含有依赖RNA的RNA多聚酶，因此，病毒首先依赖多聚酶转录出互补的双链RNA形成复制型（±RNA)，然后以正链RNA为模板起mRNA作用，即可转录出与之互补的子代负链RNA；又翻译出病毒的结构蛋白和酶蛋白。

⑤ 双链RNA病毒　由结合于病毒的RNA聚合酶转录为mRNA。双链RNA病毒由负链复制出正链，正链再复制出新负链，因而子代RNA全部为新合成的RNA。

⑥ 反转录病毒　在反转录酶的作用下合成互补的负链DNA形成RNA-DNA杂交体，再由反转录酶将杂交体中的亲代正链RNA降解除去，再以负链DNA为模板产生双链DNA，并整合到宿主细胞DNA上形成前病毒，前病毒可转录子代RNA和mRNA，后者再翻译成病毒结构蛋白。

(4) 装配与释放　病毒的核酸与蛋白质分子合成后，DNA病毒（除痘病毒外）均在细胞核内组装；RNA病毒与痘病毒类则在细胞质内组装。不同病毒组装的方式也不相同，有的病毒以核酸为支架，将壳粒结构亚单位聚在上面，按立体对称或螺旋对称进行排列，核酸包埋在其中互相连接构成核衣壳；有的病毒先形成核衣壳，病毒核酸通过衣壳上留有的裂缝进入壳内，最后封闭裂口而构成核衣壳。在此阶段，无包膜的病毒已在细胞内发育成为病毒体。有包膜的病毒，合成核衣壳后，其包膜须于病毒穿过宿主的细胞质膜或核膜时才能获得，宿主细胞膜的某些成分已整合至由病毒编码的特异性蛋白中，使宿主细胞膜的成分发生改变，当病毒核衣壳从此部位以“出芽”方式释放时，即由细胞膜或核膜形成包膜与突起。成熟病毒在细胞中出现，即表示隐蔽期结束。

**3. 病毒的异常增殖**

(1) 顿挫感染　病毒在宿主细胞中复制增殖的速度很快，平均不需要1min就可增殖一倍，但病毒体装配的速率并不高，约有半数以上的病毒成分未被用于装配，在某种细胞中有时甚至完全不能装配，这就产生了没有传染性的病毒体成分，这种情形称为顿挫感染或流产感染。如将这种病毒传入另一种合适的细胞中，则又能正常装配成熟，生成有传染性的病毒体。由此可见，发生顿挫感染的原因不在于病毒本身，而在于宿主细胞。

(2) 缺损病毒　指病毒核酸基因有遗传缺陷，这种病毒单独在宿主细胞内不能单独合成病毒所需的全部成分，故不能增殖或形成有传染性的病毒体，称为缺损病毒。但当它与某一种病毒（又称辅病毒）共同感染同一细胞时，则其缺陷被辅助，可生成有传染性的病毒体。

（3）病毒干扰　两种病毒感染同一个细胞时，可能有两种结果：①两者共同增殖，加重感染；②一种病毒被抑制而另一种病毒大量增殖。此后一种情况为病毒的干扰现象，病毒干扰有自身干扰、同种干扰、异种干扰三种类型。

## 四、病毒感染的诊断和防治原则

病毒的感染和诊断是对临床医学而言的。当某人可疑被病毒感染时，医生、家属都希望知道何种病毒、如何感染、有无传染性、如何预防等。要回答这些问题，就需要进行实验室诊断，要检测病原、检测病毒成分和检验免疫反应。

**1. 病毒的检测**

（1）病毒的形态学检查

① 光学显微镜　有些病毒生长增殖时，可在细胞内形成一种异常染色斑块称为包涵体。包涵体多为圆形或卵圆形，位于胞质（如狂犬病病毒）、胞核（如疱疹病毒）或核内。

② 电子显微镜　借助电子显微镜技术，可在感染细胞内观察到体积微小的病毒颗粒，根据颗粒大小及形态可初步判断病毒属哪一种。如可用电镜区别能引起皮肤水泡的疱疹病毒和痘病毒，还可对具有特殊形态的轮状病毒、乙肝病毒等做出诊断。

（2）病毒成分检测　病毒感染后可在体内合成自身成分如各种抗原、结构或功能蛋白质、核酸等，即使病毒已经死亡或失活，这些成分仍可存在。因此，用敏感的方法检测病毒成分，其诊断价值能达到或超过病毒的分离培养。

① 病毒抗原检测　常用的方法有免疫荧光检测、免疫组织化学检测、反向被动血凝试验、对流免疫电泳、放射免疫测定法、酶联免疫吸附试验、时间分辨荧光测量技术等。

② 病毒核酸检测　包括各种核酸分子杂交、聚合酶链式反应扩增及基因芯片等。

③ 病毒酶类检测　对病毒基因编码的酶类，可以进行病毒感染的辅助诊断。乙肝病毒具有自身的DNA多聚酶，此酶阳性可作为患者体内乙肝病毒复制的指标之一；反转录病毒含有反转录酶，通过检测血清中反转录酶活性可诊断艾滋病。

④ 病毒抗体检测　抗原与抗体在体外结合时，可因抗原的生物性状不同或参与反应的成分不同而出现各种反应，例如凝集、沉淀、补体结合及中和反应等，又衍生出间接凝集反应、反向间接凝集反应、凝集抑制实验、协同凝集实验、免疫电泳等。此外，还有各种免疫标记技术，如免疫荧光、酶免疫测定、放射免疫等。

**2. 抗病毒治疗**

目前，尚缺少特效的病毒性疾病治疗药物，原因是病毒在细胞内增殖侵害，药物在抗病毒的同时也对宿主细胞有损害作用。近年来对病毒的复制过程已有较深入地研究，对抑制病毒增殖药物制剂的设计也具有比较明显的策略。除可使用干扰素、细胞因子等生物制剂和抗病毒中草药外，还可使用化学药物和基因治疗，根据抗病毒作用的环节不同归纳如下：抑制病毒吸附与穿入药物，如以基因工程方法表达的可溶性CD4分子，能阻断病毒与靶细胞结合，目前已试用于HIV的试验治疗；抑制病毒脱衣壳，如金刚烷胺是一种三边对称的人工合成胺，可阻断病毒包膜与内吞时形成的核内体的膜融合的机会，常用于流感的防治；抑制病毒的转录，对于RNA病毒，可通过抑制病毒RNA聚合酶抑制病毒的增殖，对反转录病毒，可采用抑制反转录酶的策略；抑制病毒 mRNA 的加工；抑制病毒 mRNA 翻译成蛋白质；抑制 DNA 多聚酶或用 dNTP 类似物；抑制病毒蛋白的翻译加工；反义 RNA 或异常寡核苷酸；治疗性疫苗与治疗性单克隆抗体等。

**3. 病毒感染的预防**

多数人在患过某种感染性疾病或隐性感染后，可获得对该病的免疫力。通过使用预防免疫疫苗，1980 年世界卫生组织（WHO）正式宣布全球消灭了天花，现又提出实现全球消灭脊髓灰质炎。因此进行人工主动免疫已成为特异性预防病毒性疾病的主要措施。人工主动免疫接种减毒、灭活或基因工程等疫苗，使机体产生特异性免疫，以预防病毒性传染病。

（1）灭活疫苗　目前常用的灭活疫苗有流行性乙型脑炎疫苗、狂犬病疫苗、流感灭活疫苗。

（2）减毒活疫苗　用自然或人工选择法所筛选的对人毒力低的病毒变异株制成疫苗。常用的有牛痘疫苗、脊髓灰质炎疫苗（糖丸）、麻疹疫苗等。

（3）亚单位疫苗　是用化学试剂裂解病毒、除去核酸，提取病毒包膜或衣壳蛋白亚单位制成的疫苗。常用的有乙肝病毒、腺病毒等亚单位疫苗等。

（4）合成肽疫苗　通过克隆病毒结构蛋白基因，根据核苷酸排列推测氨基酸序列，继而合成肽段。目前已有 H3 流感病毒血凝素、狂犬病病毒刺突糖蛋白等。

（5）基因工程疫苗　使用 DNA 重组技术，将病毒结构抗原基因或诱导保护性免疫应答的基因导入细菌、酵母菌或哺乳动物细胞中表达，表达产物经纯化制成疫苗。

（6）DNA 疫苗　又称基因疫苗或核酸疫苗，是近年来从基因治疗研究领域发展起来的一种全新疫苗，被誉为是继颗粒性疫苗和可溶性疫苗之后的第三代疫苗。DNA 疫苗本质是哺乳动物细胞内表达重组蛋白抗原的质粒 DNA，该疫苗通过肌内注射等途径接种动物或人体后，其携带的外源基因能在宿主细胞内表达目的蛋白并诱导免疫应答。

## 五、噬菌体

噬菌体是感染细菌、真菌、放线菌或螺旋体等微生物的病毒。噬菌体具有病毒的一些特征：个体微小，可以通过滤菌器；没有完整的细胞结构，主要由蛋白质构成的衣壳和包含于其中的核酸组成；只能在活的微生物细胞内复制增殖，是一种专性细胞内寄生的微生物。噬菌体分布极广，凡是有细菌活动的场所，就可能有相应噬菌体的存在。在人和动物的排泄物或污染的井水、河水中，常含有肠道菌的噬菌体。在土壤中，可找到土壤微生物的噬菌体。可以肯定，噬菌体的种类远远比细菌种类多得多，因为一种宿主中往往可以分离到多种噬菌体种。

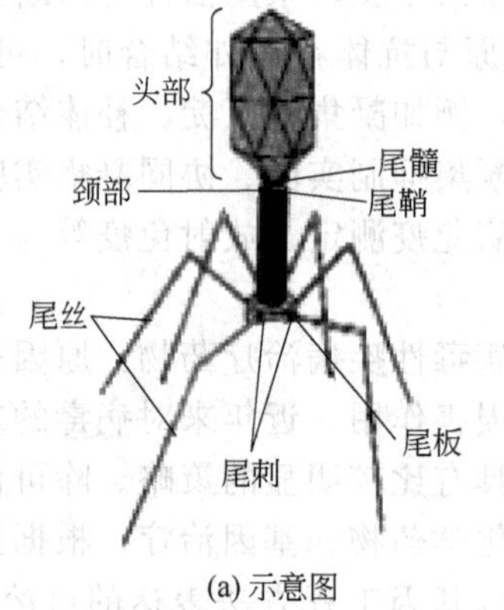

(a) 示意图

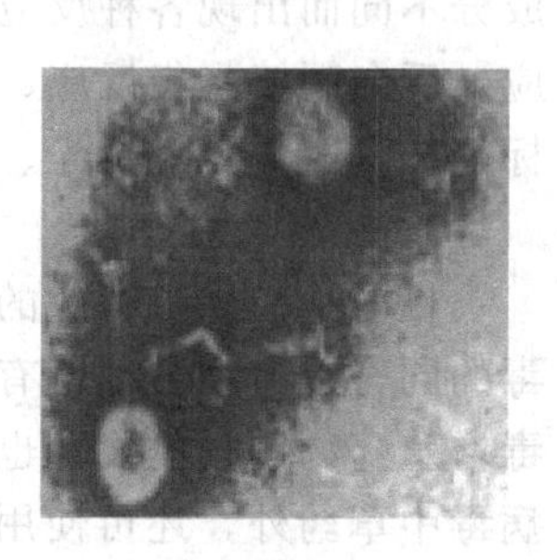
(b) 电镜图

图 4-44　T4 噬菌体

**1. 形态与结构**

噬菌体结构简单，个体微小，在光学显微镜下看不见，需用电子显微镜观察。不同的噬菌体在电子显微镜下表现为三种形态，即蝌蚪形、微球形和丝形。大多数噬菌体呈蝌蚪形，由头部和尾部两部分组成，如图 4-44 所示。

**拓展链接**

## 艾滋病简介

获得性免疫缺陷综合征（acquired immune deficiency syndrome，AIDS），是人体感染了人类免疫缺陷病毒（HIV）（图 4-45），又称艾滋病病毒所导致的传染病。通俗地讲，艾滋病就是人体的免疫系统被艾滋病病毒破坏，使人体对威胁生命的各种病原体丧失了抵抗能力，从而发生多种感染或肿瘤，最后导致死亡的一种严重传染病。这种病毒终生传染，破坏人的免疫系统，使人体丧失抵抗各种疾病的能力。当艾滋病病毒感染者的免疫功能受到病毒的严重破坏以致不能维持最低的抗病能力时，感染者便发展为艾滋病病人。随着人体免疫力的降低，人会越来越频繁地感染上各种致病微生物，而且感染的程度也会变得越来越严重，最终会因各种复合感染而导致死亡。艾滋病主要通过血液、不正当的性行为、吸毒和母婴遗传四种途径传播。国际医学界至今尚无防治艾滋病的有效药物和疗法。因此，艾滋病也被称为“超级癌症”和“世纪杀手”。

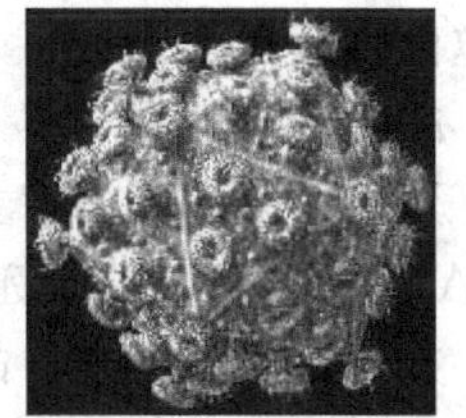

图 4-45 HIV 模式图

艾滋病病毒把人体免疫系统中最重要的 T 淋巴细胞作为攻击目标，大量吞噬、破坏 T 淋巴细胞，从而破坏人的免疫系统，最终使免疫系统崩溃，使人体因丧失对各种疾病的抵抗能力而发病并死亡。艾滋病病毒在人体内的潜伏期平均为 12～13 年。在发展成艾滋病病人以前外表看上去正常，他们可以没有任何症状地生活和工作很多年，便能够将病毒传染给其他人。

艾滋病病毒对外界环境的抵抗力较弱，离开人体后，常温下只可生存数小时至数天。高温、干燥以及常用消毒剂都可以杀灭这种病毒。虽然目前还没有能够有效预防艾滋病的疫苗，但已经有用于临床治疗的多种抗病毒药物能有效地抑制人体内 HIV 病毒的复制，在很大程度上缓解了艾滋病病人的症状和延长了患者的生命。

**2. 化学组成**

噬菌体主要由核酸和蛋白质组成。核酸是噬菌体的遗传物质，常见噬菌体的基因组大小为 2～200kb，蛋白质构成噬菌体头部及尾部的衣壳，尾部包括尾髓、尾鞘、尾板、尾刺和尾丝。衣壳起着保护核酸的作用，并决定噬菌体外形和表面特征。

噬菌体的核酸为 DNA 或 RNA，并由此将噬菌体分成 DNA 噬菌体和 RNA 噬菌体。大多数 DNA 噬菌体的 DNA 为线状双链，但少数 DNA 噬菌体的 DNA 为环状单链。多数 RNA 噬菌体的 RNA 为线状单链，少数为线状双链，且可分成几个节段。噬菌体 DNA 同样由核苷酸组成，某些噬菌体的基因组含有异常碱基，如某些枯草芽孢杆菌噬菌体的 DNA 无胸腺嘧啶，而代以 5-羟甲基尿嘧啶等。因宿主细胞内没有这种碱基，所以这种异常碱基可成为噬菌体 DNA 的天然标记。

**3. 抗原性**

噬菌体的衣壳蛋白具有抗原性，可刺激机体产生特异性抗体，该抗体能抑制相应噬菌体感染敏感细菌，但对已吸附或已进入宿主菌的噬菌体不起作用，噬菌体仍能复制增殖。

**4. 抵抗力**

噬菌体对理化因素与多数化学消毒剂的抵抗力比一般细菌的繁殖体强；能抵抗乙醚、氯仿和乙醇，一般经75℃ 30min或更久才能被灭活；对紫外线和X射线敏感，一般经紫外线照射10～15min即失去活性。噬菌体在室温、4～8℃冰箱能保存6个月以上，但在普通冰箱冻存室中的保存时间远不如室温长久；在液氮中和冻干状态下能长时间保存。

根据噬菌体在宿主菌体中的复制过程和生存状态的差异，噬菌体可分为烈性噬菌体和温和噬菌体两大类。

**5. 烈性噬菌体**

烈性噬菌体感染宿主菌后，能在宿主菌细胞内独立复制增殖，但复制周期与宿主菌的DNA复制不同步，繁殖的结果是产生许多子代噬菌体，并最终裂解细菌，故称为烈性噬菌体或裂菌性噬菌体。烈性噬菌体在敏感菌内的增殖过程包括吸附、穿入、生物合成、成熟和释放几个阶段。定量描述烈性噬菌体生长规律的实验曲线称为一步生长曲线（图4-46）。

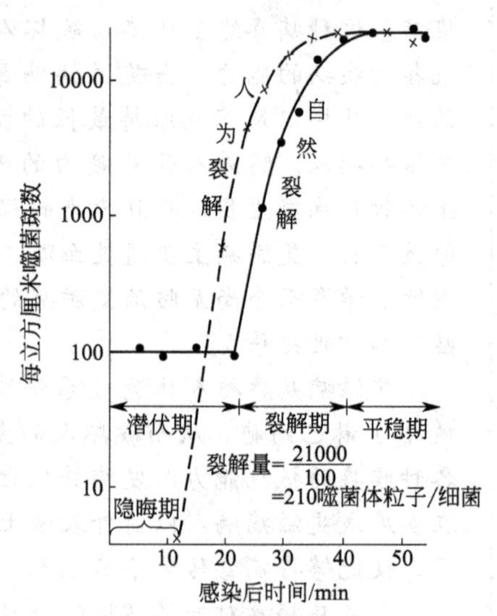


图4-46 烈性噬菌体一步生长曲线

测量一步生长曲线的步骤为：用噬菌体的稀悬液去感染高浓度的宿主细胞，以保证每个细胞至多不超过一个噬菌体吸附。经数分钟吸附后，混合液中加入一定量该噬菌体的抗血清，以中和尚未吸附的噬菌体。然后用保温的培养液稀释此混合液，同时中止抗血清作用。适当温度培养后定时取样，在平板上培养，计算噬菌斑数。结果可见：在吸附开始后的一段时间内，噬菌斑数不见增加，这段时期称为潜伏期，潜伏期又可具体分为隐晦期和胞内累积期，如果人为裂解潜伏期的细菌细胞，仍然找不到成熟的噬菌体粒子，这段时期就为隐晦期；隐晦期之后，人为裂解细胞能够找到完整的噬菌体粒子，这段时期就是胞内累积期。紧接着在潜伏期后的一段时间，噬菌斑数突然直线上升，表示噬菌体已开始裂解释放了，这段时间称为裂解期。当全部宿主被裂解后，噬菌斑数达到最大时称为平稳期。由一步生长曲线可计算出噬菌体的裂解量。

$$裂解量=\frac{平稳期平均噬菌斑数}{潜伏期平均噬菌斑数}$$

**6. 温和噬菌体**

温和噬菌体感染细菌后，可将其基因组整合到宿主菌染色体中，不独立复制，而随细菌DNA复制而复制并随细菌的分裂而传代，细菌并不裂解，故称为温和噬菌体或溶源性噬菌体。整合在细菌基因组中的噬菌体基因组称为前噬菌体，带有前噬菌体基因组的细菌称为溶源性细菌。

溶源性细菌具有抵抗同种或有亲缘关系的噬菌体重复感染的能力，即使宿主处在一种噬菌体免疫状态。

前噬菌体在细菌染色体中的整合改变了细菌的基因型，如果前噬菌体所带基因得以表达，就会使宿主菌出现新的生物学性状，这称为溶源性转换。

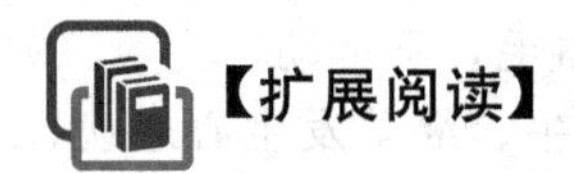


# 扩展阅读一　其他原核微生物简介

## 一、支原体

支原体是一类没有细胞壁的原核微生物，也是目前所知能在无生命培养基中繁殖的最小微生物。支原体是 E. Nocard 于 1898 年首次从患传染性胸膜肺炎的病牛中分离出来，当时称为胸膜肺炎微生物（简称 PPO），直到 1955 年支原体这个名词才正式代替以前的胸膜肺炎微生物。

支原体具有以下特点：①直径较小，一般为 250nm 左右，在光学显微镜下勉强可见，能通过 0.45μm 滤菌器；②菌落小并呈特有的“油煎蛋”状；③以二分裂方式繁殖后代；④缺乏细胞壁，故形态多变；⑤革兰染色阴性；⑥对青霉素、溶菌酶不敏感，而对四环素、土霉素敏感；⑦可在人工培养基上生长繁殖，但营养要求高，须在培养中加入血清、酵母膏等营养丰富的物质。

支原体能引起人和畜禽呼吸道、肺部、生殖系统的炎症。植物支原体（又称类支原体）是黄化病、矮化病等植物病的病原体，同时还是组织培养的污染菌。

## 二、衣原体

衣原体是一类能通过细菌滤器、代谢活性丧失、专性活细胞寄生的致病性原核微生物。衣原体是由我国著名微生物学家汤飞凡及其助手首次分离到沙眼的病原体，由于它们具有滤过性、专性细胞内寄生和能形成包涵体，而被认为是大型病毒，直到 1970 年才正式命名为衣原体。

衣原体具有以下特点：①有细胞构造，衣原体的细胞多呈球形或椭圆形；②个体小，直径为 0.2～0.3μm，能够通过细菌过滤器；③革兰染色阴性；④是已知细胞型微生物中生活能力最简单的，没有产生 ATP 的系统；⑤有特殊的细胞生活周期，即有原体和始体两种形态。原体是非生长型细胞，球状，直径为 0.3μm，壁厚且硬，具感染性，中央有致密的类核结构，RNA/DNA=1。始体是生长型细胞，多形，直径约 1μm，壁薄而脆，不具感染性，无致密类核结构，RNA/DNA=3。

已发现的衣原体有：沙眼衣原体、鹦鹉热衣原体、肺炎衣原体和猫心衣原体等。沙眼衣原体能引起沙眼、小儿肺炎、附件炎和淋巴肉芽肿等。鹦鹉热衣原体引起鹦鹉、鸽、鸡、鹅以及牛、羊等多种疾病。

## 三、立克次体

立克次体是一类形体微小的杆状或球杆状、绝大多数只能在宿主细胞内繁殖的原核微生物。美国医生 Ricketts 首先提出了立克次体存在的证据，他在研究斑疹伤寒热的病原时，不幸感染，死于墨西哥城。为表示纪念，1916 年，人们将斑疹伤寒等这类病原体命名为立克次体。

立克次体具有以下特点：①细胞大小为(0.3～0.6)μm×(0.8～2.0)μm，在光学显微镜下清晰可见，不能通过细菌过滤器；②细胞形态多变，常呈类球状、杆状或丝状等；③革兰染色阴性，但着色不明显，常用Gimenza或Giemsa法染色；④没有鞭毛，不运动。

立克次体可引起人患斑疹伤寒、恙虫热、Q热等疾病，也可引起牛、绵羊发生心水病，患畜发热，甚至可导致死亡。通过虱、蚤、螨等节肢动物传播。

### 四、螺旋体

螺旋体是一类细长、柔软、螺旋状、运动活泼的原核微生物。其基本结构与细菌相似，例如有细胞壁、原始核质，以二分裂方式繁殖和对抗生素等药物敏感等。因此，分类学上划归广义的细菌范畴。

螺旋体的细胞主要有3个组成部分：原生质柱、轴丝和外鞘。原生质柱呈螺旋状卷曲，外包细胞膜与细胞壁，为螺旋体细胞的主要部分。轴丝连于细胞的原生质柱、外包有外鞘，外鞘通常只能在负染标本或超薄切片的电镜照片中观察到。每个细胞的轴丝数为2～100条以上，视螺旋体种类而定。螺旋体是靠轴丝的旋转或收缩运动的，螺旋体的运动取决于所处环境。如果游离生活，细胞沿着纵轴游动；如果固着在固体表面，细胞就向前爬行。

螺旋体在自然界和动物体内广泛存在，种类很多。根据螺旋体的大小，螺旋数目、规则程度及螺旋间距等，螺旋体目可分为两个科：螺旋体科和钩端螺旋体科。螺旋体科又分5个属：脊膜螺旋体属、蛇形螺旋体属、螺旋体属、密螺旋体属和疏螺旋体属；钩端螺旋体科分2个属：细丝体属和钩端螺旋体属。在这7个菌属中，只有密螺旋体、疏螺旋体和钩端螺旋体3个菌属能引起人类的有关疾病。

## 扩展阅读二　微生物鉴定方法

根据微生物分类学中使用的技术和方法，微生物鉴定技术可分成四个不同的水平：①细胞形态和行为水平；②细胞组分水平；③蛋白质水平；④基因组水平。

在微生物分类学发展的早期，主要的分类鉴定指标是以细胞形态和习性为主，可称为经典的分类鉴定法。其他三种实验技术主要是20世纪60年代以后采用的，称为化学分类和遗传学分类法，这些方法再加上数值分类鉴定法，可称为现代的分类鉴定方法。

### 一、微生物经典分类鉴定方法

经典分类法是一百多年来进行微生物分类的传统方法。其特点是人为地选择几种形态、生理生化特征进行分类，并在分类中将表型特征分为主要的和次要的。一般在科以上分类单位以形态特征、科以下分类单位以形态结合生理生化特征加以区分。最后，采用双歧法整理实验结果，排列一个个的分类单元，形成双歧检索表。例如：

A. 能在60℃以上生长

　B. 细胞大，宽度1.3～1.8μm……………………1. 热微菌属

　BB. 细胞小，宽度0.4～0.8μm

　　C. 能以葡萄糖为碳源生长

　　　D. 能在pH4.5生长……………………………2. 热酸菌属

　　　DD. 不能在pH4.5生长………………………3. 栖热菌属

　　CC. 不能以葡萄糖为唯一碳源生长……………4. 栖热嗜油菌属（栖热嗜狮菌）

AA. 不能在60℃以上生长

《伯杰氏鉴定细菌学手册》是目前进行细菌分类、鉴定的最重要依据，其特点是描述非常详细，包括对细菌各个属种的特征及进行鉴定所需做的实验的具体方法。《伯杰氏鉴定细菌学手册》(Bergey's Manual of Determinative Bacteriology) 由美国宾夕法尼亚大学的细菌学教授伯杰编著。1957 年第七版后，由于越来越广泛地吸收了国际上细菌分类学家参加编写（如 1974 年第八版，撰稿人多达 130 多位，涉及 15 个国家；现行版本撰稿人多达 300 多人，涉及近 20 个国家），所以它的近代版本反映了出版年代细菌分类学的最新成果，因而逐渐确立了在国际上对细菌进行全面分类的权威地位。从 20 世纪 80 年代末期，该手册改名为《伯杰氏系统细菌学手册》(Bergey's Manual of Systematic Bacteriology)。

## 二、微生物鉴定的现代方法

### 1. 通过核酸分析鉴定微生物遗传型

其特点是与形态及生理生化特性的比较不同，对 DNA 碱基组成的比较和进行核酸分子杂交是直接比较不同微生物之间基因组的差异，因此结果更加可信。主要方法如下。

(1) DNA 的碱基组成　分类学上，用 G+C 占全部碱基的克摩尔分数[(G+C)含量(%)]来表示各类生物的 DNA 碱基组成特征，简称 GC 比。

①每个生物种都有特定的 (G+C) 含量范围，因此后者可以作为分类鉴定的指标。②(G+C) 含量测定主要用于对表型特征难区分的细菌作出鉴定，并可检验表型特征分类的合理性，从分子水平上判断物种的亲缘关系。③使用原则：(G+C) 含量的比较主要用于分类鉴定中的否定，每一种生物都有一定的碱基组成，亲缘关系近的生物，它们应该具有相似的 (G+C) 含量，若不同生物之间 (G+C) 含量差别大表明它们关系远。但具有相似 (G+C) 含量的生物并不一定表明它们之间具有近的亲缘关系。同一个种内的不同菌株 (G+C) 含量差别应在 4%～5%以下；同属不同种的差别应低于 10%～15%；(G+C)含量已经作为建立新的微生物分类单元的一项基本特征，它对于种、属甚至科的分类鉴定有重要意义。若两个在形态及生理生化特性方面极其相似的菌株，如果其 (G+C) 含量的差别大于 5%，则肯定不是同一个种，大于 15%则肯定不是同一个属。

(2) 核酸的分子杂交　不同生物 DNA 碱基排列顺序的异同直接反映生物之间亲缘关系的远近，碱基排列顺序差异越小，它们之间的亲缘关系就越近，反之亦然。直接分析比较 DNA 的碱基排列顺序目前尚难以普遍地进行，核酸分子杂交可间接比较不同微生物 DNA 碱基排列顺序的相似性。

核酸分子杂交的基本原理是具有一定同源性的两条核酸单链在一定条件下（适宜的温度及离子强度等）可按碱基互补原则形成双链，此杂交过程是高度特异的。杂交分子的形成并不要求两条单链的碱基顺序完全互补，所以不同来源的核酸单链只要彼此之间有一定程度的互补顺序（即某种程度的同源性）就可以形成杂交双链。分子杂交可在 DNA 与 DNA、RNA 与 RNA 或 RNA 与 DNA 的两条单链之间进行。由于 DNA 一般都以双链形式存在，因此在进行分子杂交时，应先将双链 DNA 分子解聚成为单链，这一过程称为变性，一般通过加热或提高 pH 值来实现。使单链聚合为双链的过程称为退火或复性。

用分子杂交进行定性或定量分析的最有效方法是将一种核酸单链用同位素或非同位素标记成为探针，再与另一种核酸单链进行分子杂交。

随着微生物基因信息，特别是全基因组完全测序的不断增加，人们可以通过各种计算机软件对不同物种的遗传信息进行直接比较，从而分析不同微生物间的亲缘关系。

(3) rRNA 寡核苷酸编目分析　16S rRNA 普遍存在于原核生物中，参与蛋白质的合成过程，在生物进化的漫长历程中保持不变，可看作为生物演变的时间钟。在 16S rRNA 分子中，既含有高度保守的序列区域，又有中度保守和高度变化的序列区域，因而它适用于进化距离不同的各类生物亲缘关系的研究。16S rRNA 的相对分子质量大小适中，约为 1540 个核苷酸，便于序列分析。

应用 16S rRNA 核苷酸序列分析法进行微生物分类鉴定，首先要将微生物进行培养，然后提取并纯化 16S rRNA，进行 16S rRNA 序列测定，获得各相关微生物的序列资料，再输入计算机进行分析比较，由计算机分析微生物之间系统发育关系并确定其地位。

16S rRNA 核苷酸序列测定和分析方法可分两类：16S rRNA 寡核苷酸编目分析法和 16S rRNA 全序列分析法。

16S rRNA 寡核苷酸编目分析法的流程如下：从培养的微生物中提取并纯化 16S rRNA，再将纯化的 16S rRNA 用核糖核酸酶（如 T1 核酸酶）处理，水解成片段，并用同位素体外标记（也可以在培养微生物时进行活体标记），然后用双向电泳色谱法，分离这些片段，用放射自显影技术确定不同长度的寡核苷酸斑点在电泳图谱中的位置，根据寡核苷酸在图谱中的位置，小片段的寡核苷酸分子序列即可确定。对于不能确定序列的较大片段核苷酸，还需要把斑点切下，再用不同的核糖核酸酶或碱水解，进行二级分析，有的可能还要进行三级分析，编好微生物的序列目录，采用相似性系数法比较各微生物之间的亲缘关系。相似性系数法是通过计算相似性系数 SAB 值来确定微生物之间的关系。如果 SAB 等于 1，说明所比较的两菌株 rRNA 序列相同，两菌株亲缘关系相近，若 SAB 值小于 0.1，则表明亲缘关系很远。

寡核苷酸编目分析法只获得了 16S rRNA 分子的大约 30%的序列资料，加上采用的是一种简单相似性的计算方法，所以其结果有可能出现误差，应用上受到一定限制。随着核酸序列分析技术的发展，20 世纪 80 年代末又陆续发展了一些 rRNA 全序列分析方法，其中最常用的是直接序列分析法。这种方法用反转录酶和双脱氧序列分析，可以对未经纯化的 rRNA 抽提物进行直接的序列测定。

（4）微生物全基因组序列的测定　测定微生物全基因组序列通常使用随机测序法，又称为鸟枪法，是首先将一条完整的目标序列随机打断成小的片段，分别测序，然后利用这些小片段的重叠关系将它们拼接成一条一致序列。

基于鸟枪法的全基因组测序策略主要有两种：以克隆为基础的鸟枪法测序和全基因组鸟枪测序法。

以克隆为基础的鸟枪法测序是构建微生物基因组物理图谱和随机测序相结合的方法，首先构建微生物的随机 BAC 文库，文库覆盖整个基因组，从中挑选出 1 组重叠效率较高的克隆群，再对每一个选定的克隆进行鸟枪法测序。这种方法在对基因组较大的物种进行测序时有优势，因为每个克隆的测定序列在克隆内独立组装，这样计算机的拼接和缺口填充都相对简单得多；同时可以在不同的实验室之间开展合作，每个合作单位可以单独完成一部分克隆的全部工作。

全基因组鸟枪测序法是直接将全基因组随机打断成小片段 DNA，构建质粒文库，然后对质粒两端进行随机测序。这种方法的优点是省去了复杂的构建物理图谱这一限制基因组测序进程的步骤，使整个基因组的测序简单化，速度加快，因而用这种方法对微生物全基因组进行测序已经越来越普遍。

**2. 细胞化学成分用作鉴定**

使用气相色谱、液相色谱等技术对细胞组分进行分析，主要包括：①细胞壁的化学成分；②全细胞水解液的糖型；③磷酸类脂成分的分析；④枝菌酸的分析；⑤醌类的分析；⑥光合色素分析。

### 3. 数值分类法

该方法是通过广泛比较分类单位的性状特征，然后计算它们之间的相似性，再根据相似性的数值划分类群的一种分类方法。

## 三、几种微生物快速检测测量仪（表 4-5）

表 4-5　几种微生物快速检测仪的测量原理及主要用途

| 名　称 | 测量原理 | 主要用途 |
| --- | --- | --- |
| 阻抗测定仪 | 微生物代谢中将培养基的电惰性底物代谢成电活性产物，从而导电性增大，电阻抗降低。不同微生物代谢活性各不相同，因而阻抗变化也不相同 | 微生物的快速鉴定，尤其是菌血症、菌尿症诊检，细菌的快速计数，药敏感性的快速测定 |
| 放射测量仪 | 微生物生长繁殖过程中可利用培养基中加有$^{14}C$标记的底物，代谢产生$^{14}CO_2$，测量$^{14}CO_2$的含量，确定微生物的状况 | 食物和水中微生物的快速检测，微生物代谢的研究，菌种鉴定 |
| 微量量热计 | 微生物生命活动过程中均能产生代谢热，不同的微生物或不同的底物产生可重复的特征性热 | 微生物的快速鉴定，临床标本的诊检，培养基最适成分的评价 |
| 生物发光测量仪 | 荧光素酶与还原荧光素，在一定条件下，与微生物的 ATP 作用，则会产生光。光量的多少与各微生物的特性和数量有关 | 微生物数量的快速测定，环境污染生物量的测定，药敏检测 |
| 药敏自动测定仪 | 微生物悬液中所含菌量与照射光产生的光散射值成正比，它可作为微生物群体对药物敏感性的特征指数 | 抗菌药物敏感性的快速测定，微生物的快速鉴定 |
| 自动微生物检测仪 | 利用光电扫描装置测量微生物生理生化反应特性和药敏状况。根据数码分类鉴定法的原理，进行计算机处理，迅速全自动打印出检测的结果 | 快速、全自动对微生物同时或分别进行鉴定、计数和药敏试验，而且可以直接用样品检测，不需分离出微生物再用来鉴定 |

## 【微生物生化反应鉴别技术实例】

# 实例一　微生物对生物大分子的分解利用

除了可以通过形态鉴别微生物外，某些微生物特有的生理生化反应也常常用于鉴别微生物和验证微生物的存在。

## 一、原理简介

微生物生化反应是指用化学反应来测定微生物的代谢产物，生化反应常用来鉴别一些在形态和其他方面不易区别的微生物，因此，微生物生化反应是微生物分类鉴定中的重要依据之一。

微生物在生长繁殖过程中，需从外界吸收营养物质。小分子的有机物可以被微生物直接吸收，而大分子有机物必须靠产生的胞外酶将大分子物质降解为小分子的化合物，才能被吸收利用。如微生物对大分子物质淀粉、蛋白质和脂肪等不能直接利用，须经微生物分泌的胞外酶，如淀粉酶、蛋白酶、脂肪酶分别分解为糖、肽、氨基酸、脂肪酸等之后才能被微生物吸收而进入细胞。水解过程可通过底物的变化来证明，如细菌水解淀粉的区域，用碘液测定不再显蓝色；水解明胶可观察到明胶被液化；脂肪水解后产生脂肪酸改变培养基的 pH 值，可使事先加有中性红的培养基从淡红色变为深红色。

各种微生物对生物大分子的分解能力以及最终代谢产物的不同，反映出它们具有不同的酶系。

## 二、常用材料

（1）菌种　枯草芽孢杆菌、大肠埃希菌、金黄色葡萄球菌。

（2）培养基　固体油脂培养基、固体淀粉培养基、明胶液化培养基（见附录二）。

（3）溶液或试剂　碘液（见附录四）。

（4）仪器及其他用具　无菌平板、无菌试管、接种环、接种针、试管架。

## 三、操作流程

**1. 淀粉水解实验**

（1）将淀粉培养基熔化后，冷却至45℃左右，以无菌操作制成平板。

（2）用记号笔在平板背面的玻璃上做记号，将平板分成两半，一半接种大肠埃希菌作为实验菌，另一半接种枯草芽孢杆菌作为阳性对照菌，均用无菌操作划线接种。

（3）于（36±1）℃培养24～48h。

（4）打开皿盖，滴加少量碘液于培养基表面，轻轻旋转平皿，使碘液铺满整个平板。立即检视结果，阳性反应（淀粉被分解）为琼脂培养基呈深蓝色、菌落周围出现无色透明环。阴性反应则无透明环。透明环的大小还能说明该菌水解淀粉能力的强弱。

淀粉水解是逐步进行的过程，因而试验结果与菌种产生淀粉酶的能力、培养时间、培养基含有的淀粉量及pH值等均有一定的关系。培养基pH值必须为中性或微酸性，以pH7.2最适。淀粉琼脂平板不宜保存于冰箱，因而以临用时制备为妥。

**2. 明胶水解试验**

（1）用接种针挑取待试验菌培养物，以较大量穿刺接种于明胶高层约2/3深度。

（2）于20～22℃培养2～5d后观察明胶液化情况。

明胶高层也可培养于（36±1）℃。每天观察结果，若因培养温度高而使明胶本身液化时不应摇动，静置冰箱中待其凝固，再观察其是否被细菌液化，如确被液化，即为试验阳性。

**3. 油脂水解试验**

（1）将熔化的油脂培养基冷却至50℃左右时，充分振荡，使油脂均匀分布，无菌操作倒入平板，冷却凝固。

（2）用记号笔在平板底部画成两部分，一半接种枯草芽孢杆菌作为试验菌，另一半接种金黄色葡萄球菌作为阳性对照菌。均用无菌操作划十字接种。

（3）将平板倒置，于37℃温箱中培养24h。

（4）培养结束后，观察菌苔颜色，如出现红色斑点，说明脂肪水解，为阳性反应。

# 实例二　微生物对含碳化合物的分解利用

## 一、原理简介

不同细菌对含碳化合物的分解利用能力、代谢途径、代谢产物不完全相同，也就是说，不同微生物具有不同的酶系统。此外，即使在分子生物学技术和手段不断发展的今天，细菌的生理生化反应在菌株的分类鉴定中仍有很大作用。

本实验包括糖或醇发酵试验、甲基红（MR）试验、乙酰甲基甲醇（V-P）试验、柠檬酸盐利用试验及过氧化氢酶试验，现分述其原理。

**1. 糖或醇发酵试验**

糖发酵试验是最常用的生化反应，在肠道细菌的鉴定上尤为重要。不同细菌分解糖、醇的能力不同，有的细菌分解糖产酸产气，有的产酸而不产气，有的根本不能利用某些糖。酸的产生可以利用指示剂来证明，在配制培养基时可预先加入溴甲酚紫（变色范围pH5～7， pH5 时呈黄色，pH7 时呈紫色)，当发酵产酸时，可使培养基由紫色变为黄色。有无气体的产生，可从培养液中倒置的杜氏小管的上端有无气泡判断。

**2. 甲基红（MR）试验**

某些细菌在糖代谢过程中，分解培养基中的糖产生丙酮酸，丙酮酸再被分解为甲酸、乙酸、乳酸等，使培养基的 pH 值降到 4.5 以下。酸的产生可由在培养液中加入甲基红指示剂的变色来指示。甲基红的变色范围 pH4.2～6.3，pH4.2 时呈红色，pH6.3 时呈黄色。若培养基由原来的橘黄色变为红色，即为甲基红试验阳性。

**3. 乙酰甲基甲醇（V-P）试验**

V-P 试验又称为伏-普试验。某些细菌可分解葡萄糖产生丙酮酸，丙酮酸通过缩合和脱羧反应产生乙酰甲基甲醇，此物在碱性条件下能被空气中的氧气氧化成二乙酰。二乙酰可以与培养基中的蛋白胨含有的精氨酸的胍基作用，生成红色的化合物。所以，培养液中有红色化合物产生即为 V-P 试验阳性，无红色化合物产生即为 V-P 试验阴性。

**4. 柠檬酸盐利用试验**

不同细菌利用柠檬酸盐的能力不同，有的细菌能利用柠檬酸盐作为碳源，有的则不能。某些细菌利用柠檬酸盐将其分解为 $CO_2$，随后形成碳酸盐使培养基碱性增加，可根据培养基中添加的指示剂的变色来判断结果。指示剂可用溴麝香草酚蓝（pH＜6 时呈黄色，pH6～7.6 时呈绿色，pH＞7.6 时呈蓝色）；也可用酚红作为指示剂（pH6.3 呈黄色，pH8.0 呈红色）。

**5. 过氧化氢酶试验**

某些细菌在有氧条件下生长，其呼吸链以氧为最终氢受体，形成 $H_2O_2$，$H_2O_2$ 的形成可以看作是糖需氧分解的氧化末端产物。由于其细胞内有过氧化氢酶，可将有毒的 $H_2O_2$ 分解成无毒的 $H_2O$，并放出氧气，出现气泡。

## 二、常用材料

**1. 菌种**

大肠埃希菌、产气肠杆菌、普通变形杆菌的斜面菌种。

**2. 培养基**

葡萄糖蛋白胨培养基、各种糖或醇发酵微量发酵管（管内倒置杜氏小管）、柠檬酸钠微量发酵管（见附录二）。

**3. 试剂**

V-P 试剂、MR 试剂（见附录四）、3%～10% $H_2O_2$ 溶液等。

**4. 器具**

超净工作台、恒温培养箱、高压灭菌锅、试管、移液管、载玻片等。

## 三、操作流程

**1. 糖或醇发酵试验**

（1）接种　分别接种大肠埃希菌、产气肠杆菌、普通变形杆菌于各类糖发酵培养基中，每种糖发酵培养液的空白对照均不接菌，做好标记。置 37℃ 恒温箱中培养，分别在培养 24h、48h 和 72h 观察结果。

（2）观察记录　与对照管比较，若接种培养液保持原有颜色，其反应结果为阴性，表明该菌不能利用该种糖，记录用“－”表示；如培养液呈黄色，反应结果为阳性，表明该菌能分解该种糖产酸，同时观察培养液中的杜氏小管内有无气泡，若有，表明该菌分解糖能产酸并产气，记录用“⊕”表示；如杜氏小管内没有气泡，表明该菌分解糖能产酸但不产气，记录用“+”表示。

**2. 乙酰甲基甲醇试验**（V-P 试验）

（1）接种　以无菌操作分别接种大肠埃希菌、产气肠杆菌、普通变形杆菌至葡萄糖蛋白胨培养液试管中，空白对照管不接菌，做好标记，置37℃恒温箱中，培养48～72h。

（2）观察记录　取出以上试管，在培养液中先加入V-P试剂甲液0.6mL，再加乙液0.2mL，振荡2min充分混匀，以使空气中的氧溶入，置37℃恒温箱中保温15～30min后，若培养液呈红色，记录为V-P试验阳性反应（用“+”表示）；若不呈红色，记录为V-P试验阴性反应（用“-”表示）。

注意：结果要在加入V-P试剂后1h内观察，1h后可出现假阳性。

**3. 甲基红试验**（MR 试验）

（1）接种　以无菌操作分别接种大肠埃希菌、产气肠杆菌、普通变形杆菌至葡萄糖蛋白胨培养液试管中，空白对照管不接菌，做好标记，置37℃恒温箱中，培养48～72h。

（2）观察记录　取出以上试管，沿管壁各加入2～3滴甲基红指示剂。仔细观察培养液上层，若培养液上层变成红色，记录为MR试验阳性反应（用“+”表示）；若仍呈黄色，记录为MR试验阴性反应（用“-”表示）。

**4. 柠檬酸盐利用试验**

（1）接种　以无菌操作分别接种大肠埃希菌、产气肠杆菌、普通变形杆菌至柠檬酸钠发酵管中，空白对照管不接菌，做好标记，置37℃恒温箱中，培养24～48h。

（2）观察记录　取出以上试管观察，培养基呈蓝色者为柠檬酸盐试验阳性反应（用“+”表示）；培养基呈绿色者为柠檬酸盐试验阴性反应（用“-”表示）。

**5. 过氧化氢酶试验**

（1）将试验菌接种于合适的培养基斜面上，适温培养18～24h。

（2）取一片干净的载玻片，在上面滴一滴3%～10% $H_2O_2$溶液。挑一环培养好的试验菌菌苔，在$H_2O_2$溶液中涂抹。若产生气泡（氧气）为过氧化氢酶阳性反应（用“+”表示），不产生气泡者为阴性反应（用“-”表示）。

注意：培养试验菌的斜面培养基中不能含有血红素或红细胞，因为它们也会促使$H_2O_2$分解，从而产生假阳性。

# 实例三　微生物对含氮化合物的分解利用

## 一、原理简介

不同细菌对含氮化合物的分解利用能力、代谢途径、代谢产物不完全相同，也就是说，不同微生物具有不同的酶系统。此外，微生物对含氮化合物的分解利用的生理生化反应也是菌种分类鉴定的重要依据。

本实验包括吲哚试验、硫化氢产生试验、产氨试验、硝酸盐还原试验及苯丙氨酸脱氢酶试验，现分述其原理。

**1. 吲哚试验**

有些细菌可分解培养基内蛋白胨中的色氨酸产生吲哚，有些则不能。分解色氨酸产生的吲哚可与对二甲基氨基苯甲醛结合，形成红色的玫瑰吲哚。

**2. 硫化氢产生试验**

有些细菌能分解蛋白质中含硫的氨基酸（如胱氨酸、半胱氨酸、甲硫氨酸）产生硫化氢，硫化氢遇到培养基中的铅盐或铁盐，可产生黑色的硫化铅或硫化铁沉淀，从而可以确定硫化氢的产生。

**3. 产氨试验**

某些细菌能使蛋白质中的氨基酸在各种条件下脱去氨基，生成各种有机酸和氨，氨的产生可通过与氨试剂（如奈氏试剂）起反应而加以鉴定。

**4. 硝酸盐还原试验**

有些细菌能将硝酸盐还原为亚硝酸盐（另一些细菌还能进一步将亚硝酸盐还原为一氧化氮、二氧化氮和氮等）。如果向培养基中加入对氨基苯磺酸和 α-萘胺（亚硝酸试剂的主要成分），会形成红色的重氮染料对磺胺苯-偶氮-α-萘胺。

**5. 苯丙氨酸脱氢酶试验**

有些细菌能分解苯丙氨酸，苯丙氨酸脱氨后产生苯丙酮酸，苯丙酮酸与 $FeCl_3$ 反应形成绿色化合物。

## 二、常用材料

**1. 菌种**

大肠埃希菌、产气肠杆菌、普通变形杆菌的斜面菌种。

**2. 培养基**

蛋白胨水培养基，$H_2S$ 微量发酵管，牛肉膏蛋白胨液体培养基，硝酸盐还原实验培养基，苯丙氨酸斜面培养基等（见附录二）。

**3. 试剂**

乙醚，吲哚试剂，氨试剂（奈氏试剂），亚硝酸盐试剂（格里斯试剂），10％三氯化铁溶液（见附录四）。

**4. 其他物品**

试管，接种环，酒精灯，锌粉等。

## 三、操作流程

**1. 吲哚试验**

（1）接种供试菌于蛋白胨水培养基中，空白对照管不接菌，做好标记，置 37℃恒温箱中培养 24～48h。

（2）在培养液中加入乙醚 1mL 充分振荡，使产生的吲哚溶于乙醚中，静置几分钟，待乙醚层浮于培养液上面时，沿管壁加入吲哚试剂 10 滴。如吲哚存在，则乙醚层呈玫瑰红色。

注意：加入吲哚试剂后，不可再摇动，否则，红色不明显。

吲哚试验（Indol test）与前述的甲基红试验（Methylred test，MR 试验）、乙酰甲基甲醇试验（Voges-Proskauer test，V-P 试验）和柠檬酸盐试验（Citrate test）合称为 IMViC 试验，是四个主要用来鉴别大肠埃希菌和产气肠杆菌等肠道杆菌的试验。典型的大肠埃希菌 IMViC 试验的结果依次是“＋＋－－”，不典型的也可以是“＋－－－”，而产气肠杆菌是“－－＋＋”。

**2. $H_2S$ 试验**

（1）取供试菌接种于 $H_2S$ 微量发酵管，空白对照管不接菌，做好标记，置 37℃恒温箱中培养 24h。

（2）观察结果。培养液出现黑色为阳性反应，以“＋”表示；无色为阴性，以“－”表示。

**3. 产氨试验**

（1）以无菌操作分别接种供试菌至牛肉膏蛋白胨培养液试管中，空白对照管不接菌，做好标记，置37℃恒温箱中，培养24h。

（2）观察记录　取出以上试管，向培养液内各加入3～5滴氨试剂。若培养液中出现黄色（或棕红色）沉淀者为阳性反应（用“+”表示）；不出现上述沉淀的为阴性反应（用“-”表示）。

**4. 硝酸盐还原试验**

（1）接种供试菌于硝酸盐还原试验培养基中，空白对照管不接菌，做好标记，置37℃恒温箱中，培养18～24h。

（2）结果观察

① 把对照管分成两半，一半直接加入格里斯试剂，应不显红色；另一半加入少量锌粉，加热，再加入格里斯试剂，出现红色，说明培养基中存在硝酸盐。

② 把接过种的培养液也各分成两半，其中一半加入格里斯试剂，如出现红色，则为硝酸盐还原阳性反应（用“+”表示）。如不出现红色，则在另一半中加入少量锌粉，加热，再加入格里斯试剂，这时如果出现红色，则证明硝酸盐仍然存在，应为硝酸盐还原阴性反应（用“-”表示）；如仍不出现红色，则说明硝酸盐已被还原，应为硝酸盐还原阳性反应（用“+”表示）。

**5. 苯丙氨酸脱氢酶试验**

（1）将供试菌分别接种到苯丙氨酸斜面培养基上（接种量要大），置37℃恒温箱中，培养18～24h。

（2）在培养好了的菌种斜面上滴加2～3滴10%的$FeCl_3$溶液，从培养物上方流到下方，呈现绿色的为阳性反应（用“+”表示），否则为阴性反应（用“-”表示）。

**【病毒基本操作技术实例】**

# 实例一　噬菌体的分离与纯化

## 一、原理简介

噬菌体是专性寄生物，所以自然界中凡有细菌分布的地方，均可发现其特异的噬菌体的存在，即噬菌体是伴随着宿主细菌的分布而分布的，例如粪便与阴沟污水中含有大量的大肠埃希菌，故能很容易地分离到大肠埃希菌噬菌体；牛乳场有较多的乳酸杆菌，也容易分离到乳酸杆菌噬菌体等。

噬菌体对宿主细胞的寄生具有高度的专一性，因此可利用此寄主作为敏感菌株来培养分离特异的噬菌体；在宿主细菌生长的固体琼脂平板上，噬菌体可裂解细菌而形成透明的空斑，称噬菌斑，而且在一定稀释度的情况下，一个噬菌体产生一个噬菌斑，利用这一现象可将分离到的噬菌体进行纯化，以及进行效价测定。

## 二、常用材料

**1. 菌种**

大肠埃希菌斜面（37℃培养18h），阴沟污水。

**2. 培养基**（见附录二）

三倍浓缩的牛肉膏蛋白胨液体培养基（500mL三角瓶分装，每瓶100mL）；牛肉膏蛋白胨液体培养基（试管分装，每管4.5mL）；牛肉膏蛋白胨琼脂培养基平板；上层牛肉膏蛋白胨琼脂培养基（含琼脂0.7%，试管分装，每管4mL）；底层牛肉膏蛋白胨琼脂平板（含琼脂2%，每皿10mL）。

**3. 仪器与用品**

灭菌吸管，灭菌玻璃涂棒，灭菌蔡氏细菌滤器，灭菌三角瓶，无菌水，恒温水浴箱，真空泵等。

## 三、操作流程

**1. 噬菌体的分离**

（1）制备菌悬液　取大肠埃希菌斜面一支，加4mL无菌水洗下菌苔，制成菌悬液。

（2）增殖噬菌体　于100mL三倍浓缩的牛肉膏蛋白胨液体培养基的三角烧瓶中，加入污水样品200mL与大肠埃希菌菌悬液2mL，37℃培养12～24h。

（3）制备噬菌体裂解液　将以上混合培养液离心（2500r/min，15min）。将离心上清液用灭菌的蔡氏过滤器过滤除菌，所得滤液倒入灭菌三角瓶内，37℃培养过夜，以作无菌检查。

（4）确证试验　经无菌检查没有细菌生长的滤液作进一步证明噬菌体的存在。

① 于牛肉膏蛋白胨琼脂平板上加一滴大肠埃希菌菌悬液，再用灭菌玻璃涂棒将菌液涂布成均匀的一薄层。

② 待平板菌液干后，分散滴加数小滴滤液于平板菌层上面，置37℃ 培养过夜。如果在滴加滤液处形成无菌生长的透明噬菌斑，便证明滤液中有大肠埃希菌噬菌体。

**2. 噬菌体的纯化**

（1）稀释　如果已证明确有噬菌体的存在，将含大肠埃希菌噬菌体的滤液用牛肉膏蛋白胨液体试管培养基按10倍稀释法稀释成$10^{-5}$～$10^{-1}$等5个稀释度。

（2）标记底层平板　取5个底层平板，依次标记$10^{-5}$～$10^{-1}$。

（3）倒上层平板　取5支上层琼脂培养基试管，依次标记$10^{-5}$～$10^{-1}$，融化并冷至48℃（可预先融化、冷却，放48℃ 水浴锅内备用），对应加入以上各稀释度的噬菌体与大肠埃希菌菌悬液各0.1mL，混匀，立即倒入对应标记的底层培养基上，摇匀。

（4）培养　置37℃培养12h。

（5）纯化　此时长出的分离的单个噬菌斑，其形态、大小常不一致，需要进一步纯化。方法是用接种针在单个噬菌斑中刺一下，小心采取噬菌体，接入含有大肠埃希菌的液体培养基内，于37℃培养18～24h。再用上述方法稀释、倒双层平板进行纯化，直到平板上出现的噬菌斑形态、大小一致，即表明已获得纯的大肠埃希菌噬菌体。

# 实例二　噬菌体效价的测定

## 一、原理简介

噬菌体的效价是指1mL培养液所含活噬菌体的数量。噬菌体对其宿主的裂解作用，可在含有敏感菌株的平板上形成肉眼可见的噬菌斑，一般一个噬菌体形成一个噬菌斑。故可根据一定体积的噬菌体培养液所形成的噬菌斑数，计算出噬菌体的效价。其测定方法较多，一般采用双层平板法。

## 二、常用材料

**1. 菌种**

大肠埃希菌18h培养液，大肠埃希菌噬菌体$10^{-2}$稀释液（用牛肉膏蛋白胨液体培养基稀释）。

**2. 培养基**

含 0.9mL 牛肉膏蛋白胨液体培养基的小试管 4 支，上层牛肉膏蛋白胨琼脂培养基（含琼脂 0.7%，试管分装，每管 4mL），底层牛肉膏蛋白胨琼脂平板（含琼脂 2%，每皿 10mL）。

**3. 仪器与用品**

灭菌小试管，灭菌 1mL 吸管，恒温水浴锅等。

## 三、操作流程

**1. 稀释噬菌体**

（1）将 4 管含有 0.9mL 液体培养基的试管分别标写“$10^{-3}$”、“$10^{-4}$”、“$10^{-5}$”和“$10^{-6}$”。

（2）用 1mL 无菌吸管吸 0.1mL $10^{-2}$ 大肠埃希菌噬菌体，注入“$10^{-3}$”的试管中，摇匀。

（3）用另一支无菌吸管从 $10^{-3}$ 试管吸 0.1mL，注入“$10^{-4}$”的试管中，旋摇试管，使混匀。以此类推，稀释到“$10^{-6}$”管中，混匀。

**2. 噬菌体与菌液的混合**

（1）将 5 支灭菌空试管分别标写“$10^{-4}$”、“$10^{-5}$”、“$10^{-6}$”、“$10^{-7}$”和“对照”。

（2）用吸管从“$10^{-3}$”噬菌体稀释管吸 0.1mL 加入“$10^{-4}$”的空试管内，用另一支吸管从“$10^{-4}$”稀释管内吸 0.1mL 加入“$10^{-5}$”空试管内，依此类推直至“$10^{-7}$”空试管。

（3）将大肠埃希菌培养液摇匀，用 1 支无菌吸管取菌液 0.9mL 加入对照试管内，再吸 0.9mL 加入“$10^{-7}$”试管，如此从最后一管加起，直至“$10^{-4}$”管，各管均加 0.9mL 大肠埃希菌培养液。

（4）将以上试管旋摇混匀。

**3. 混合液加入上层培养基**

（1）将 5 管上层培养基融化，标写“$10^{-4}$”、“$10^{-5}$”、“$10^{-6}$”、“$10^{-7}$”和“对照”，使冷却至 48℃，并放入 48℃水浴锅内保温。

（2）分别将 4 管混合液和对照管对号加入上层培养基试管内。每一管加入混合液后，立即摇匀。

**4. 接种后的上层培养基倒入底层平板上**

（1）将接种摇匀的上层培养基迅速对号倒入底层平板上，放在台面上摇匀，使上层培养基铺满平板。

（2）凝固后，放置 37℃培养。

**5. 观察记录**

观察平板中的噬菌斑，将每个稀释度的噬菌斑数目记录于实验报告表格内，并选取噬菌斑在 30～300 个之间的平板，计算出每毫升未稀释的原液的噬菌体数（效价）。

$$噬菌体效价=噬菌斑数\times稀释倍数\times10$$

# 实例三　溶源性细菌的检查与鉴定

## 一、原理简介

温和噬菌体感染宿主细胞后，噬菌体基因组整合到宿主菌的基因组内，随宿主菌的增殖而复制，不使宿主菌裂解。这种在染色体上整合有前噬菌体的细菌，称为溶源性细菌。溶源性细菌可自发裂解，释放出温和噬菌体，但频率较低（$10^{-5}$～$10^{-2}$）。用物理（如紫外线和高温）和化学方法（如丝裂霉素C）可诱导大部分溶源菌裂解和释放温和噬菌体。溶源性细菌对同一种或近缘的噬菌体具有免疫性，可把从溶源菌释放出来的噬菌体涂在与溶源菌相近的敏感菌株上来检测。

本试验介绍用诱导的方法使待检溶源菌株裂解，再与敏感菌株混合，用双层平板法来检测待检菌是否为溶源菌。

## 二、常用材料

**1. 菌种**

待检菌：大肠埃希菌225（λ）；敏感菌：大肠埃希菌226。

**2. 培养基**

LB培养基（固体、半固体、液体）、1%蛋白胨培养基（见附录二）。

**3. 试剂**

0.3mg/mL丝裂霉素C、氯仿、0.2%柠檬酸钠溶液（见附录四）。

**4. 仪器及用品**

试管、培养皿、移液管、离心管、滤膜、滤膜滤菌器等均灭菌备用，恒温水浴锅、台式离心机、电炉、摇床、恒温箱等。

## 三、操作流程

本试验采用丝裂霉素C、高温诱导两种方式诱导溶源菌裂解，可任选其中一种。取未经诱导处理的溶源菌菌悬液为对照。

**1. 溶源菌培养**

取经LB斜面培养基活化的*E. coli* 225（λ）接种于盛有20mL LB培养液的250mL三角瓶中，37℃振荡培养16h，再从中取2mL菌悬液接种于另一瓶盛有20mL LB培养液的250mL三角瓶中，37℃振荡培养2h至对数期。

**2. 排除游离噬菌体**

为了排除溶源菌表面可能存在的游离噬菌体，若待检菌株为芽孢杆菌，可先制成孢子悬液，80℃处理10min，杀死游离的噬菌体，然后进行诱导处理；若待检菌株为非芽孢杆菌，可以利用0.2%柠檬酸钠溶液洗涤对数期溶源菌细胞，除去游离噬菌体，本实验即是如此。

离心收集上述培养至对数期的*E. coli*225（λ）细胞，离心后的上清液测定其中噬菌体效价，菌体沉淀用灭菌的0.2%柠檬酸钠溶液洗涤，再离心收集上清液，测定其中噬菌体的效价。比较柠檬酸钠处理前后的上清液中噬菌体的效价。

**3. 诱导溶源菌**

（1）丝裂霉素C处理　采用上述被活化至对数期的菌悬液（约$10^7$～$10^9$个/mL）20mL，加0.2mL丝裂霉素C（0.3g/L），使其终浓度为3μg/mL。37℃振荡培养6h后，3000r/min离心5min，收集菌体，加入等量LB培养液，每隔一定时间取样测定噬菌体效价。

（2）高温处理　采用上述被活化至对数期的菌悬液（约$10^7$～$10^9$个/mL）20mL，置43℃水浴中保温20min。保温过程不断摇动三角瓶，切忌水温超过45℃，否则，噬菌体失活。经热诱导后的菌悬液置37℃继续振荡培养6h。

**4. 溶源性菌株检查**

先取经过上述两种方法诱导处理后的菌悬液0.5mL，以10倍稀释法适当稀释，按平板菌落计数法进行活菌计数。

将上述两种方法诱导处理后的菌悬液加几滴氯仿，再以10倍稀释法适当稀释，每个稀释度取0.3mL噬菌体悬液和0.2mL对数期敏感*E. coli*菌悬液混匀，加入半固体LB培养基，按双层平板法倒双层平板，37℃培养6h，观察噬菌斑，测定噬菌体效价。

## 【本章小结】

细菌个体微小，根据其外形可分为：球菌、杆菌与螺旋菌；细菌结构简单，包括一般结构和特殊结构。细菌繁殖主要是通过裂殖方式进行。根据其细胞壁的成分和结构不同，经革兰染色反应几乎所有的细菌分成革兰阳性菌和革兰阴性菌两大类。

放线菌由菌丝与孢子组成，菌丝可分为营养菌丝、气生菌丝和孢子丝三种，菌丝无隔。繁殖主要是通过产生无性孢子的方式来进行。

酵母菌为单细胞真核微生物，细胞结构包括细胞壁、细胞膜、细胞质、细胞核以及细胞器等。繁殖方式可分为两大类：无性繁殖和有性繁殖。

霉菌具有菌丝和孢子结构，菌体均由分枝或不分枝的菌丝构成；霉菌的繁殖能力一般都很强，而且方式多样，主要靠形成无性和（或）有性孢子。

病毒的基本特征是：个体极微小，无细胞结构，专性活体寄生，病毒的基本形态有球状、杆状或丝状、砖形、弹状、蝌蚪状等。主要化学成分是核酸和蛋白质。繁殖过程可分为吸附与穿入、脱壳、大分子的合成、装配与释放5个阶段。根据噬菌体在宿主菌体中的复制过程和生存状态的差异，噬菌体可分为烈性噬菌体和温和噬菌体两大类。

对微生物的形态结构和培养特征进行鉴别，常采用肉眼观察、显微镜观察和染色等方法。

## 【练习与思考】

1. 细菌的基本形态有哪几种？它的一般结构和特殊结构是什么？
2. 简述革兰染色的方法和意义。
3. 细菌在什么条件下形成芽孢？芽孢的形成对细菌本身有何意义？对实际生产又有何意义？
4. 请从个体形态、细胞结构、菌落形态与繁殖方式等方面比较细菌、酵母菌、放线菌、霉菌。
5. 举例说明细菌、放线菌、酵母菌、霉菌与人类的关系。
6. 试述病毒的主要化学组成及功能。

# 第五章

# 微生物生长测定技术

【学习目标】

1. 技能：能够测定微生物细胞大小；能够选择合适的方法进行微生物生长测定；能够绘制微生物的生长曲线；能够测定抗生素的效价。

2. 知识：能够解释显微直接计数法、稀释平板法、最大或然法的优劣势，能够根据不同的目的选择使用不同的方法；了解微生物细胞生物量的测定方法；理解微生物生长规律对工业化生产的指导意义；了解食品、药品的卫生要求和微生物学的标准。

3. 态度：培养灵活处理实际工作中遇到的问题的能力；养成资料收集和分析、方案建立和论证、方案预演和反思的良好习惯；培养综合分析理解的能力及团队合作精神。

【概念地图】

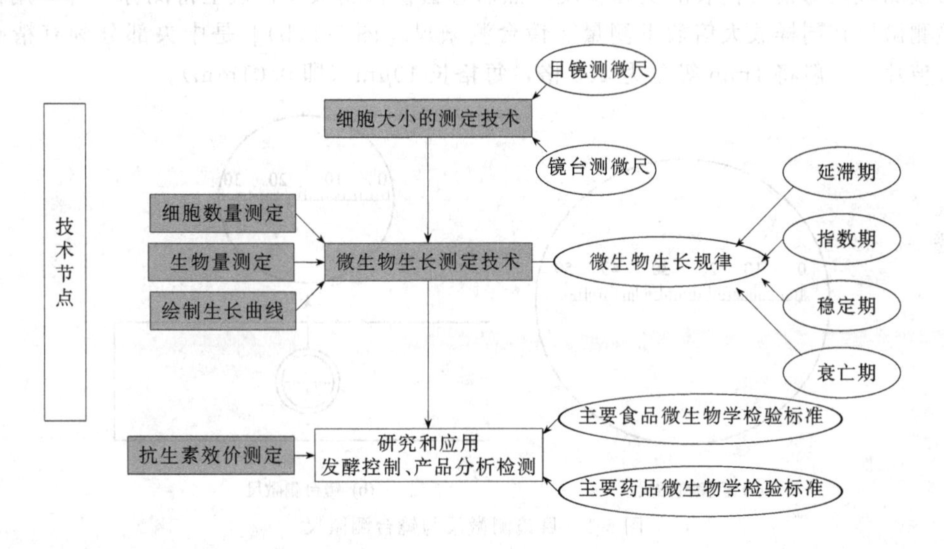


【引入问题】

Q：微生物细胞的大小能直接测量吗？

A：微生物细胞的大小是微生物重要的形态特征之一。由于菌体很小，不能直接测量，只能在显微镜下来测量。用于测量微生物细胞大小的工具有目镜测微尺和镜台测微尺。

Q：怎么知道微生物“长大”了？

A：从微生物个体体积增大和微生物个体数量增多两个方面衡量微生物的生长。微生物的生长有一定的规律可循，即生长曲线。

Q：对于微生物的控制，有具体标准吗？

A：国家食品药品管理机构对于微生物的控制标准有严格规定。产品在制造和销售的过程中需要对微生物指标进行检测。

【技术节点】

# 技术节点　微生物生长繁殖的测定技术

## 一、微生物细胞大小的测定

微生物细胞的大小是微生物重要的形态特征之一。微生物的大小可用显微镜目镜测微尺测量。目镜测微尺［图 5-1(a)］是一种可放入目镜内的特制圆玻璃片，其中央是一个带刻度的尺，等分成 50 小格或 100 小格，有的是带刻度的十字架，有的是均分的方格框。目镜测微尺不是直接测量细胞而是测量显微放大的物像，故目镜测微尺的刻度实际代表的长度随显微镜放大倍数不同而发生改变，因此目镜测微尺测量微生物大小时须先用置于镜台上的镜台测微尺校正，校正时，将镜台测微尺放在载物台上，由于镜台测微尺与细胞标本是处于同一位置，都要经过物镜和目镜的两次放大成像进入视野，因此从镜台测微尺上得到的读数就是细胞的真实大小，所以用镜台测微尺的已知长度在一定放大倍数下校正目镜测微尺，即可求出目镜测微尺每格所代表的实际长度，然后移去镜台测微尺，换上待测标本片，用校正好的目镜测微尺在同样放大倍数下测量。镜台测微尺［图 5-1(b)］是中央部分刻有精确等分线的载玻片，一般将 1mm 等分为 100 格，每格长 10$\mu$m（即 0.01mm）。

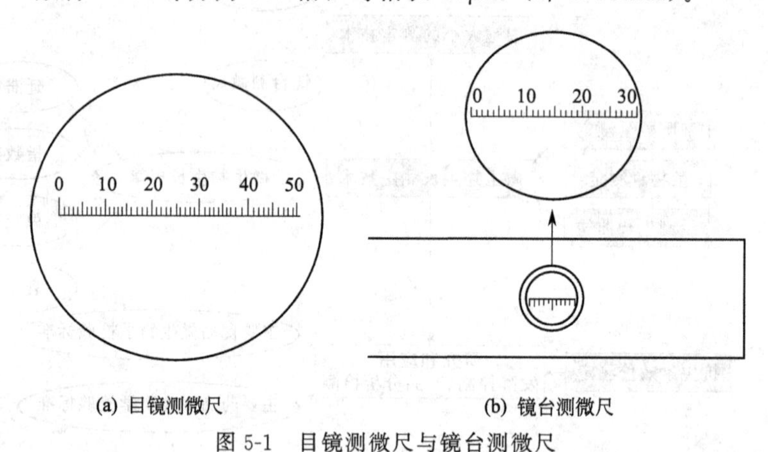

(a) 目镜测微尺　　(b) 镜台测微尺

图 5-1　目镜测微尺与镜台测微尺

微生物细胞大小的测定流程如下：

放置目镜测微尺 → 放置镜台测微尺 → 校正目镜测微尺 → 放置待测标本 → 观察记录数据 → 结果处理

具体操作过程如下。

**1. 目镜测微尺的校正**

（1）将目镜测微尺刻度朝下，置于目镜内。

（2）将镜台测微尺刻度朝上，置于载物台上。

（3）先用低倍镜观察到清晰的镜台测微尺。

(4) 旋转目镜测微尺与移动镜台测微尺，使二者的刻度平行，移动推动器，使两尺重叠且两尺的"0"刻度完全重合，然后再寻找第二个完全重合的刻度（图 5-2），计数两重合刻度之间目镜测微尺的格数和镜台测微尺的格数。

(5) 用同法分别校正在高倍镜下和油镜下目镜测微尺每小格实际所代表的长度。

因为镜台测微尺的刻度每格长 10μm，所以由下列公式可以算出目镜测微尺每格所代表的长度。

$$目镜测微尺每格长度（\mu m）=\frac{两条重合线间镜台测微尺的格数\times 10}{两条重合线间目镜测微尺的格数}$$

如果目镜测微尺 20 小格正好与镜台测微尺 2 小格重叠，已知镜台测微尺每小格为 10μm，则目镜测微尺上每小格长度为 $=2\times10\mu m/20=1\mu m$。

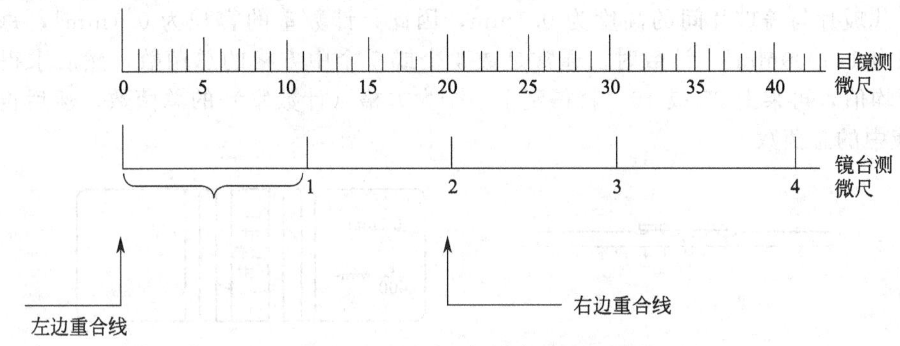


图 5-2　目镜测微尺与镜台测微尺校准

**2．细胞大小的测定**

(1) 将待测微生物（如酵母菌）制成一定浓度的菌悬液（$10^{-2}$稀释液）。

(2) 取一滴酵母菌菌悬液制成水浸片。

(3) 移去镜台测微尺，换上酵母菌水浸片，先在低倍镜下找到酵母菌，后在高倍镜下用目镜测微尺来测量酵母菌长、宽各占几格（不足一格的部分估计到小数点后一位数），在同一个标本片上测定 10～20 个，求出平均值，求出的格数平均值乘上目镜测微尺每格的校正值，即等于该菌的长和宽。

(4) 用同法在油镜下测定枯草杆菌染色标本的长和宽。

## 二、微生物生长繁殖的测定

微生物群体的生长可用其细胞数量、重量、体积、个体浓度或密度等指标来测定。对单细胞微生物，既可测定细胞数量，也可称量细胞重量；对多细胞微生物（尤其是丝状真菌），则常测定菌丝长度或称量菌丝的重量。微生物生长测定的方法分为细胞数量的测定和生物量的测定两类。

**1. 细胞数量的测定**

(1) 显微镜直接计数　显微镜直接计数是将少量待测样品的悬浮液置于细菌计数板或血细胞计数板（见图 5-3）上，由于此法计得的是样品中活菌体和死菌体的总和，故又称总菌计数法，此法适用于酵母菌、细菌、霉菌孢子等悬液的计数，不适用于多细胞微生物。细菌计数板较薄，可以用油镜进行观察和计数。而血细胞计数板较厚，不能使用油镜，计数板下部的细菌不易看清。

采用血细胞计数板进行计数，将一定稀释度的细胞悬液加到固定体积的计数板小室内，在显微镜下观测并记录小室内细胞的个数，计算出样品中细胞的浓度。其优点是快捷简便、容易操作；缺点是难于区分活菌与死菌以及细胞悬液中形状与微生物类似的其他颗粒。用于直接测数的菌悬液浓度一般不宜过低或过高，活跃运动的细菌应先用甲醛杀死或适度加热以停止其运动。

血细胞计数板是一块特制的载玻片，其上由四条槽构成三个平台。中间较宽的平台又被一短槽隔成两半，每一边的平台上各有一个方格网，每个方格网共分九个大方格，中间的大方格即为计数室，微生物的计数就在计数室中进行。计数室的刻度有两种：一种是计数室分成16个中方格，每个中方格又分成25个小方格；另一种是计数室分成25个中方格，每个中方格又分成16个小方格。无论哪一种规格的计数板，计数室的小方格数都是相同的，即都是16×25=400个。

计数室的边长为1mm，则其面积为$1mm^2$，每个小方格的面积为$1/400mm^2$。盖上盖玻片后，载玻片与盖玻片间的高度为0.1mm，因此，计数室的容积为$0.1mm^3$，每个小方格的体积为$1/4000mm^3$。计数时，通常是数4个或5个中方格的总菌数，然后求得每个中方格的平均值，再乘上25或16，就得到了一个大方格（计数室）的总菌数，然后再换算成1mL菌液中的总菌数。

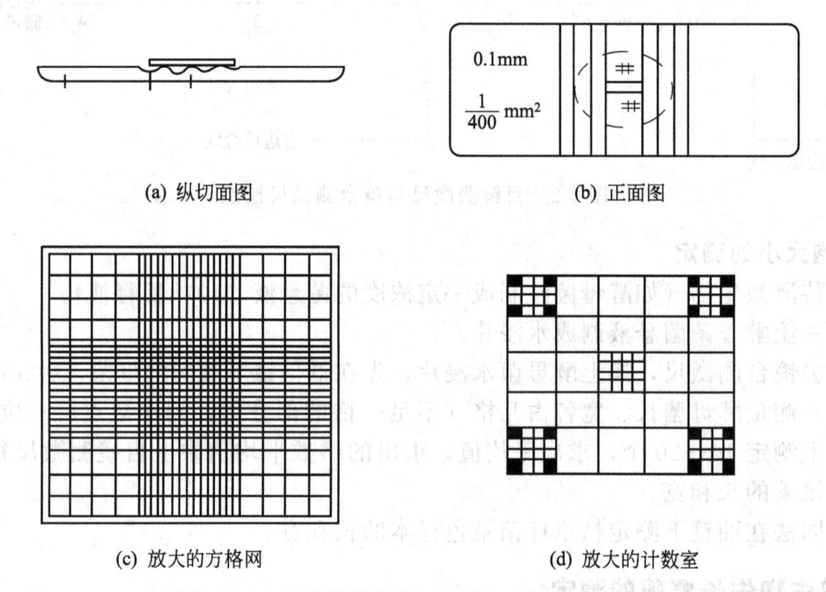


(a) 纵切面图　(b) 正面图

(c) 放大的方格网　(d) 放大的计数室

图5-3　血细胞计数板切面图与正面图及计数室

显微镜直接计数流程如下：

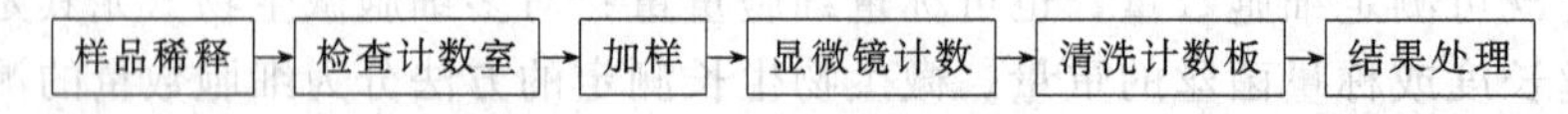


显微镜直接计数测定细胞数量（图5-4）步骤如下。

① 稀释样品　视待测菌悬液浓度，加无菌水适当稀释，以每小格的菌数为5～10个为宜。

② 检查计数室　加样前，镜检清洗后的计数板，直至计数室无污物和菌体后才可使用。

③ 加样　取洁净干燥的血细胞计数板一块，在计数区上盖上一块盖玻片，注意盖玻片两条边平搭在计数平台两侧的小梗上。将酵母菌悬液摇匀，用滴管吸取少许，从计数板中间平台两侧的沟槽内沿盖玻片的下边缘向平台上滴入一小滴（不宜过多），让菌悬液利用液体的表面张力充满计数区，勿使气泡产生，并用吸水纸吸去沟槽中流出的多余菌悬液。

④ 显微镜计数　静置片刻，将血细胞计数板置载物台上，先在低倍镜下找到计数室方格后，再转换高倍镜观察并计数。观察时应减弱光照的强度，以既可以看清菌体又可以看清

方格的线条为宜。

若计数室是由16个中方格组成，按对角线方位，数左上、左下、右上、右下的4个中方格（即100小格）的菌数。若计数室有25个中方格，除数上述四个中方格外，还需数中央1个中方格的菌数（即80个小格）。如菌体位于中方格的双线上，计数时则按“计上不计下，计左不计右”的原则，以减少误差。对于出芽的酵母菌，芽体达到母细胞大小一半时，即可作为两个菌体计算。每个样品重复计数2～3次（每次数值不应相差过大，否则应重新操作）。

⑤ 清洗计数板　测数完毕，取下盖玻片，用水将血细胞计数板冲洗干净，切勿用硬物洗刷或抹擦，以免损坏网格刻度。洗净后自行晾干或用吹风机吹干，放入盒内保存。

⑥ 计算　按下列公式计算出每毫升菌悬液所含酵母菌细胞数量。

25（中方格）×16（小方格）的计数板：细胞总数/mL＝$N$/5×25×10000×稀释度

16（中方格）×25（小方格）的计数板：细胞总数/mL＝$N$/4×16×10000×稀释度

式中，$N$ 表示测得的5个或4个中方格的总菌数；稀释度表示样品的稀释倍数。

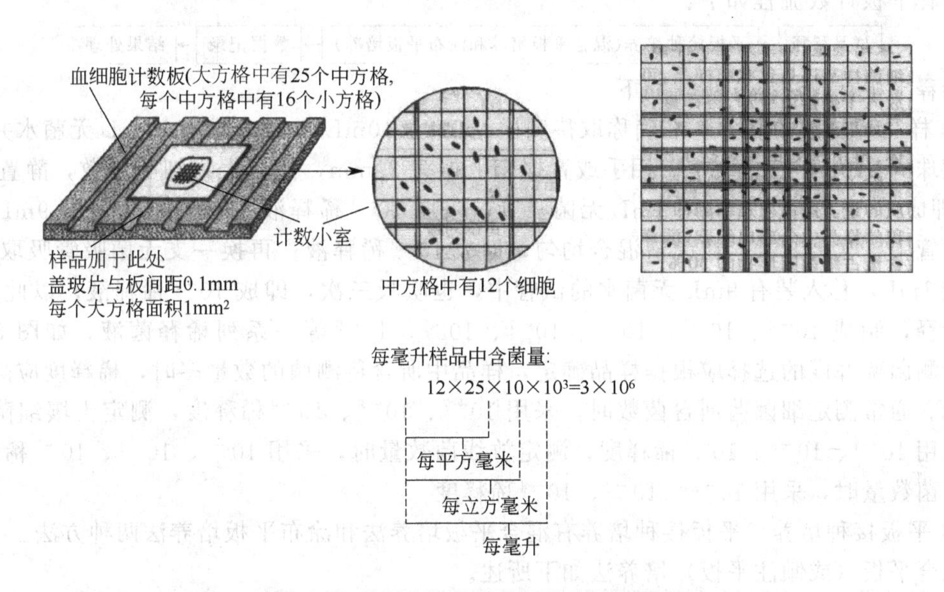


图5-4　采用血细胞计数板测定细胞数量

（2）稀释平板计数　在混合微生物样品中占优势的、并能在供试培养基上生长的类群适合采用稀释平板计数法，迄今仍被广泛用于生物制品检验（如活菌制剂）、土壤含菌量测定以及食品、饮料和水（包括水源水）等的含菌指数或污染程度检验。理论上可以认为在高度稀释条件下的每一个活的单细胞均能繁殖成一个菌落，因而可以用培养的方法使每个活细胞生长成一个单独的菌落，并通过长出的菌落数去推算菌悬液中的活菌数。计数时，先将待测样品制成均匀的系列稀释液，再取一定稀释度、一定量的稀释液接种到平板中，每个稀释度在三个平皿中培养生成菌落形成单位（CFU），统计菌落形成单位并取其平均值，根据合适稀释度的平皿菌落数进行含菌量计算。

接种可用涂布平板或浇注平板等方法进行（见图5-5）。将培养液稀释后涂布在固体培养基表面（即涂布法），也可将经过灭菌后冷却至45～50℃的固体培养基与一定稀释度和体积的菌悬液在培养皿中混匀或混匀后再倒入培养皿（即混匀浇注法），凝固后培养适当时间，就可按下面的计算公式推算出菌液的含菌数：

每毫升原菌液活菌数＝同一稀释度三个重复平皿菌落数（CFU）的平均值×稀释倍数

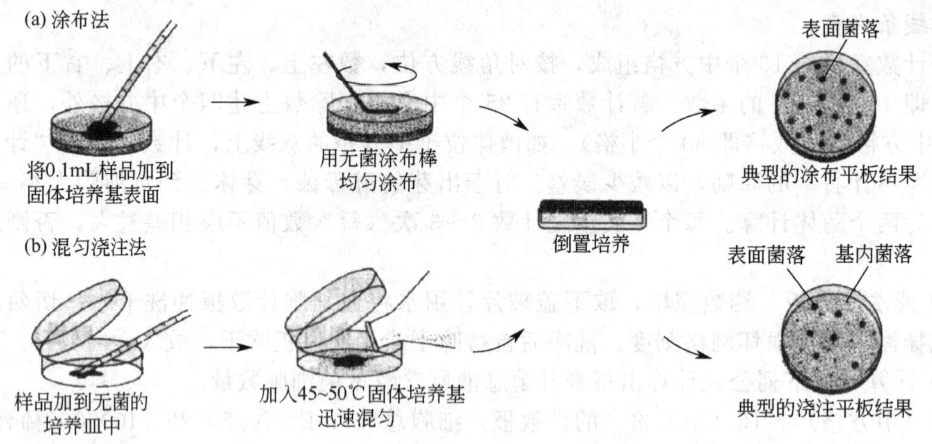


图 5-5　两种常用的平板计数接种方法

稀释平板计数流程如下：

样品稀释 → 平板接种培养(混合平板培养和涂布平板培养) → 数据记录 → 结果处理

稀释平板计数法操作步骤如下。

① 样品稀释液的制备　准确称取待测样品 10g (10mL)，放入装有 90mL 无菌水并放有小玻璃珠的 250mL 三角瓶中，用手或置摇床上振荡 20min，使微生物细胞分散，静置 20～30s，即成 $10^{-1}$稀释液；再用 1mL 无菌吸管，吸取 $10^{-1}$稀释液 1mL，移入装有 9mL 无菌水的试管中，吹吸 3 次，让菌液混合均匀，即成 $10^{-2}$稀释液；再换一支无菌吸管吸取 $10^{-2}$稀释液 1mL，移入装有 9mL 无菌水的试管中，也吹吸三次，即成 $10^{-3}$稀释液；以此类推，连续稀释，制成 $10^{-4}$、$10^{-5}$、$10^{-6}$、$10^{-7}$、$10^{-8}$、$10^{-9}$等一系列稀释菌液，如图 5-6 所示。待测菌稀释度的选择应根据样品确定，样品中所含待测菌的数量多时，稀释度应高，反之则低。通常测定细菌菌剂含菌数时，采用 $10^{-7}$、$10^{-8}$、$10^{-9}$稀释度，测定土壤细菌数量时，采用 $10^{-4}$、$10^{-5}$、$10^{-6}$稀释度，测定放线菌数量时，采用 $10^{-3}$、$10^{-4}$、$10^{-5}$稀释度，测定真菌数量时，采用 $10^{-2}$、$10^{-3}$、$10^{-4}$稀释度。

② 平板接种培养　平板接种培养有混合平板培养法和涂布平板培养法两种方法。

混合平板（或倾注平板）培养法如下所述。

a. 将无菌平板分别标写“$10^{-7}$”、“$10^{-8}$”、“$10^{-9}$”，每一编号设置三个重复。

b. 用无菌吸管按无菌操作要求吸取 $10^{-9}$稀释液各 1mL 放入编号“$10^{-9}$”的 3 个平板中，同法吸取 $10^{-8}$稀释液各 1mL 放入编号“$10^{-8}$”的 3 个平板中，再吸取 $10^{-7}$稀释液各 1mL 放入编号“$10^{-7}$”的 3 个平板中（由低浓度向高浓度时，吸管可不必更换）。

c. 在 9 个平板中分别倒入已融化并冷却至 45～50℃的细菌培养基，轻轻转动平板，使菌液与培养基混合均匀，冷凝后倒置，32℃培养。

d. 至长出菌落后即可计数。

涂布平板培养法如下所述。

涂布平板法与混合法基本相同，不同的是先将培养基熔化后趁热倒入无菌平板中，待凝固后编号，然后用无菌吸管吸取 0.1mL 菌液对号接种在不同稀释度编号的平板上（每个编号设三个重复）。再用无菌刮铲将菌液在平板上涂抹均匀，更换稀释度时需将刮铲灼烧灭菌。将涂抹好的平板平放于桌上 20～30min，使菌液渗透入培养基内，然后将平板倒转，保温培养，至长出菌落后即可计数。

③ 结果记录　将计数结果记录于表 5-1。

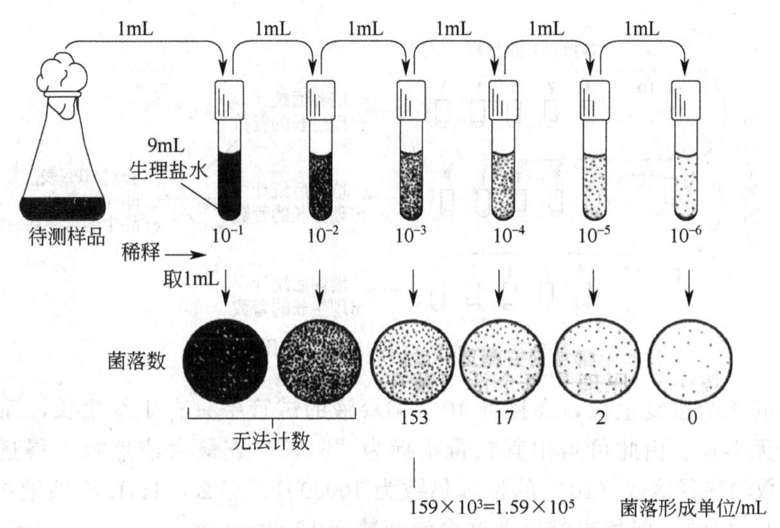


图 5-6 菌落计数的操作流程

**表 5-1 含菌样品平板菌落计数结果**

| 稀释度 | $10^{-7}$ | | | | $10^{-8}$ | | | | $10^{-9}$ | | | |
|---|---|---|---|---|---|---|---|---|---|---|---|---|
| 菌落数 | 1 | 2 | 3 | 平均 | 1 | 2 | 3 | 平均 | 1 | 2 | 3 | 平均 |
| | | | | | | | | | | | | |
| 1g 样品活菌数 | | | | | | | | | | | | |

计算结果时，常按下列标准从接种后的三个稀释度中选择一个合适的稀释度，求出每克菌剂中的含菌数。

a. 同一稀释度各个重复的菌数相差不太悬殊。

b. 细菌、放线菌、酵母菌以每皿 30～300 个菌落为宜，霉菌以每皿 10～100 个菌落为宜。

选择好计数的稀释度后，即可统计在平板上长出的菌落数，统计结果按下式计算。

混合平板计数法：

每克样品的菌数＝同一稀释度几次重复的菌落平均数×稀释倍数

涂布平板计数法：

每克样品的菌数＝同一稀释度几次重复的菌落平均数×10×稀释倍数

(3) 最大或然数计数法 适用于测定在微生物群中虽不占优势，却具有特殊生理功能的类群，如土壤微生物中特定生理群、污水、牛奶及其他食品中特殊微生物类群。最大或然数（most probable number，MPN）计数法对未知菌样作连续的 10 倍系列稀释，根据估计数从最适宜的 3 个连续的 10 倍稀释液中各取 5mL 试样，分别接种到 3 组共 15 支装有培养液的试管中（每管接入 1mL）。经培养后，将有菌液生长的最后 3 个稀释度中出现细菌生长的管数作为数量指标，数量指标都是 3 位数字，第一位数字必须是所有试管都生长微生物的某一稀释度的培养试管数，后两位数字依次为以下两个稀释度的生长管数。如果再往下的稀释仍有生长管数，则可将此数加到前面相邻的第三位数上即可（图 5-7）。由最大或然数表（见附录五）中查出近似值，再乘以数量指标第一位数的稀释倍数，即为原菌液中的含菌数。

如某一细菌在稀释法中的生长情况如下：

| 稀释度 | $10^{-3}$ | $10^{-4}$ | $10^{-5}$ | $10^{-6}$ | $10^{-7}$ | $10^{-8}$ |
|---|---|---|---|---|---|---|
| 重复数 | 5 | 5 | 5 | 5 | 5 | 5 |
| 出现生长的管数 | 5 | 5 | 5 | 4 | 1 | 0 |

根据以上结果，在接种 $10^{-3}$～$10^{-5}$稀释液的试管中 5 个重复都有生长，在接种 $10^{-6}$稀

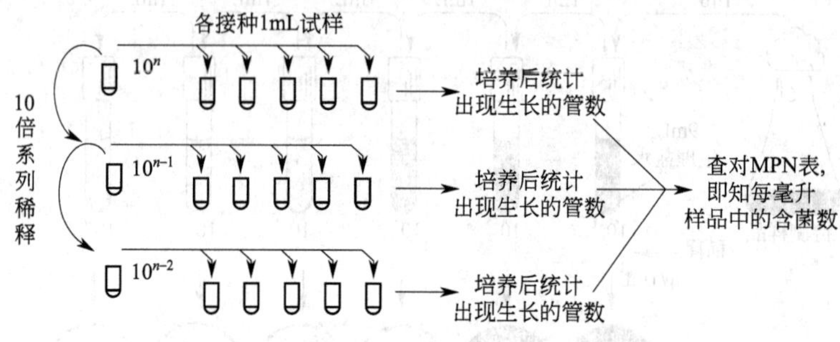


图 5-7　最大或然数计数法操作流程

释液的试管中有 4 个重复生长，在接种 $10^{-7}$ 稀释液的试管中只有 1 个生长，而接种 $10^{-8}$ 稀释液的试管全无生长。由此可得出其数量指标为“541”，查最大或然数表得近似值 17，然后乘以第一位数的稀释倍数（$10^{-5}$ 的稀释倍数为 100000）。那么，1mL 原菌液中的活菌数＝$17\times100000=17\times10^{5}$。即每毫升原菌液含活菌数为 1700000 个。

按照重复次数的不同，最大或然数表又分为三管最大或然数表、四管最大或然数表和五管最大或然数表（见附录五）。应用 MPN 计数，应注意两点，一是菌液稀释度的选择要合适，其原则是最低稀释度的所有重复都应有菌生长，而最高稀释度的所有重复无菌生长；二是每个接种稀释度必须有重复，重复次数可根据需要和条件而定，一般重复 3～5 次。

最大或然数计数法流程如下：

样品稀释 → 接种 → 培养 → 判断计数 → 结果处理

最大或然数计数法操作步骤如下。

① 样品稀释液的制备　采用系列稀释，与稀释平板计数法中的样品稀释方法一样。

② 接种　分别接种到 3 组共 15（或 9）支装有培养液的试管中（每管接入 1mL）。

③ 培养　将接种的试管置于合适温度下培养。

④ 判断计数　根据不同指标判断接种试管中是否有微生物生长，并记录每一梯度中有微生物生长的试管数。

⑤ 数据处理　根据记录数据组成的三位数（如“532”或“331”）查 MPN 表。

（4）浓缩法　本法适用于检测微生物数量很少的水和空气等样品。测定时让定量的水或空气通过特殊的微生物收集装置（如微孔滤膜等），富集其中的微生物，然后处理滤膜使之透明，显微计数，或者将收集的微生物洗脱后按上面各法测数，再换算成原来水或空气中的数量。

（5）比色法　根据在一定的浓度范围内，菌悬液中的微生物细胞浓度与液体的光密度成正比、与透光度呈反比的原理，可使用分光光度计测定各种微生物悬液中细胞的数量。一般选用 450～650nm 波长。待测菌悬液的细胞浓度不应过低或过高，培养液的色调也不宜过深。本法用于观察和控制培养过程中的微生物菌数消长情况，如细菌生长曲线的测定和发酵罐中的细菌生长量控制等，不适用于多细胞生物的生长测定。

**2. 生物量的测定**

（1）细胞干重法　将单位体积的微生物培养液经离心或过滤后收集，并用水反复洗涤菌体除去培养基成分，再转移到适当的容器中，置 100～105℃ 干燥箱烘干，或真空干燥（60～80℃）至恒重后，精确称重，即可计算出培养物的总生物量。一般细胞干重为细胞湿重的 10%～20%，每 1mg 干重的细菌大约含有 $4\times10^{9}$～$5\times10^{9}$ 个细胞，可以以此作标准从干重进行需要的转换。若是固体培养物，可先加热融解琼脂，然后过滤出菌体，洗涤、干燥后再称重。

(2) 总氮量测定法　蛋白质是生物细胞的主要成分，含量也比较稳定，氮是其重要的组成元素，所以可以测定蛋白质含量以便间接地确定菌体含量。蛋白质的含氮量为16%，细菌中蛋白质含量占其固形物的50%～80%，一般以65%为代表。因此，只要用化学分析方法测出待测样品的含氮量，就能推算出细胞的生物量。

(3) DNA含量测定法　微生物细胞中的DNA含量虽然不高，但由于其含量相当稳定，据估算，每一个细菌细胞平均含DNA $8.4\times10^{-5}$ng，因而也可以根据一定量的微生物样品中所提取的DNA含量来计算微生物的生物量。

(4) 代谢活性法　根据微生物的生命活动强度来估算活菌的生物量。能在一定程度上反映微生物生物量的生理指标有很多，如营养消耗、氧的消耗、产酸、产气、产热和培养液黏度等。

## 三、生长曲线的绘制

微生物生长繁殖的测定技术可用于测定水、土壤、食品、化妆品、发酵液中的活菌数。发酵工业中常常测定微生物生长曲线，作为控制发酵的理论依据。

生长曲线是以菌量的对数作纵坐标，以培养时间作横坐标绘制的曲线，它反映了单细胞微生物在一定环境条件下于液体培养时所表现出的群体生长规律。生长曲线一般可分为延缓期、对数期、稳定期和衰亡期四个阶段。每个阶段微生物群体均表现出一定的特点。因此，通过测定微生物的生长曲线，了解其群体生长规律，对于人们根据需要，有效地利用和控制微生物的生长具有重要的意义。

多采用比浊法测定生长曲线。微生物在一定条件下生长繁殖可引起液体培养基浑浊度的增高，在一定范围内，微生物个体细胞浓度与透光度呈反比、与光密度（OD值）成正比。因此可利用分光光度计测定菌悬液的光密度来推知菌液的浓度，并将所测的OD值与其对应的培养时间作图，即可绘出该菌在一定条件下的生长曲线。

微生物生长曲线绘制流程如下：

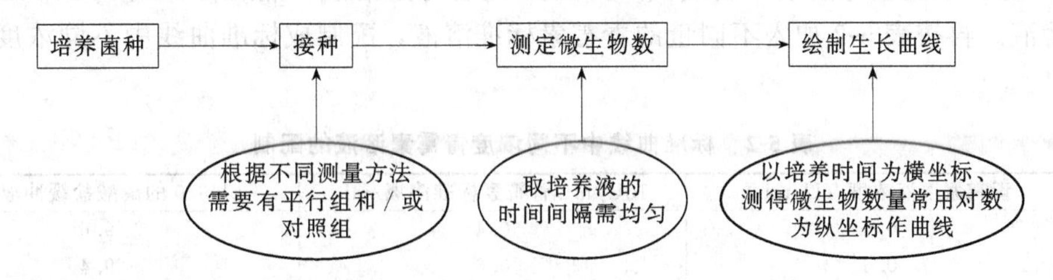


以大肠埃希菌为例采用比浊法测定其生长曲线。

(1) 种子液制备　取大肠埃希菌斜面菌种1支，以无菌操作挑取1环菌苔，接入牛肉膏蛋白胨培养液中，静置培养18h作种子培养液。

(2) 标记编号　取盛有50mL无菌牛肉膏蛋白胨培养液的250mL三角瓶12个，分别编号为0h、1.5h、3h、4h、6h、8h、10h、12h、14h、16h、18h、20h。

(3) 接种培养　用2mL无菌吸管分别准确吸取2mL种子液加入已编号的12个三角瓶中，于37℃下振荡培养。然后分别按对应时间将三角瓶取出，立即放冰箱中贮存，待培养结束时一同测定OD值。

(4) 生长量测定　以未接种的牛肉膏蛋白胨培养液作为空白对照，选用600nm波长，用721分光光度计对不同时间培养液从0h起依次进行测定$OD_{600nm}$，对浓度大的菌悬液用未接种的牛肉膏蛋白胨液体培养基适当稀释后测定，使其OD值在0.10～0.65以内，经稀释后测得的OD值乘以稀释倍数，即培养液实际的OD值。

(5) 绘制生长曲线　以测定的OD值为纵坐标，以培养时间为横坐标，绘制大肠埃希菌生长曲线。

## 四、抗生素效价的测定

抗生素药品在我国广泛使用，其效价直接关系到人民用药安全有效。抗生素效价的生物测定方法有稀释法、比浊法和琼脂平板扩散法等三大类。管碟法是琼脂扩散法中的一种，已被各国药典广泛采用，作为法定的抗生素生物检定方法。

管碟法是将已知浓度的标准抗生素溶液与未知浓度的样品溶液分别加到一种标准的不锈钢小管（即牛津小杯）中，当抗生素在菌层培养基中扩散时，会形成抗生素浓度由高到低的自然梯度，即扩散中心浓度高而边缘浓度低。因此，当抗生素浓度达到或高于MIC（最低抑制浓度）时，试验菌就被抑制而不能繁殖，从而呈现透明的抑菌圈。测量出抑菌圈的大小，在一定范围内，抗生素浓度的对数值与抑菌圈直径成线性关系。因此，根据抑菌圈的大小，可以求出相应抗菌物质的效价。测定流程如下：

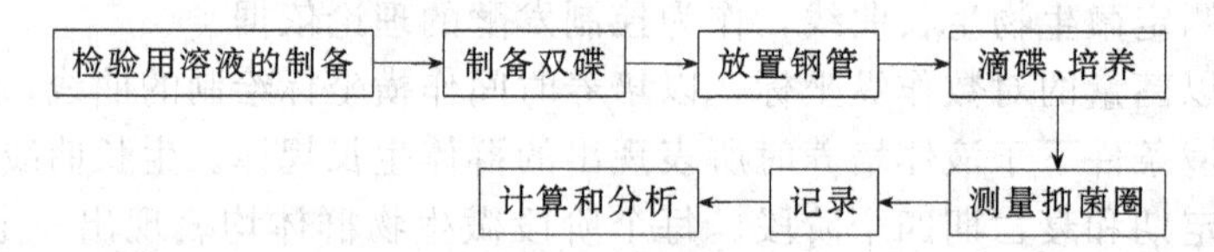


以金黄色葡萄球菌或产黄青霉为试验菌进行青霉素发酵液效价的测定。

(1) 金黄色葡萄球菌菌悬液的制备　将金黄色葡萄球菌在传代培养基上连续培养3～4代（37℃，16～18h/代），用0.85%无菌生理盐水洗下，离心去上清液，菌体沉淀再用无菌生理盐水离心洗涤2～3次。最后将菌液稀释到$2\times10^8$个/mL左右，或稀释后用光电比色计在650nm波长处测定，透光率为20%左右。

(2) 青霉素标准品溶液的配制　精确称取氨苄青霉素标准品15～20mg，溶解于一定量的pH6.0的磷酸盐缓冲液中，制成2000U/mL的青霉素溶液，然后稀释成10U/mL的青霉素标准溶液。再按表5-2加入不同量的青霉素标准溶液，配制成标准曲线中不同浓度的青霉素溶液。

**表5-2　标准曲线中不同浓度青霉素溶液的配制**

| 试管号 | 青霉素溶液浓度/(U/mL) | 10U/mL青霉素标准溶液/mL | pH6.0的磷酸盐缓冲液/mL |
|---|---|---|---|
| 1 | 0.4 | 0.4 | 9.6 |
| 2 | 0.6 | 0.6 | 9.4 |
| 3 | 0.8 | 0.8 | 9.2 |
| 4 | 1.0 | 1.0 | 9.0 |
| 5 | 1.2 | 1.2 | 8.8 |
| 6 | 1.4 | 1.4 | 8.6 |

(3) 抗生素扩散平板的制备

① 取21瓶底层培养基，融化并冷却到45～50℃，分别倒入21套无菌培养皿中，每皿倒一瓶（即20mL），置水平玻璃板上凝固，作为底层。

② 另取融化并冷却至50℃左右的100mL上层培养基，加入3～5mL试验菌悬液，迅速摇匀后，在上述底层平板内用10mL无菌破口吸管分别加入此混菌上层培养基5mL，使其在底层上均匀分布，放置在水平玻璃板上凝固。

③ 在每个双层平板上以等距离均匀放置6个已灭菌的牛津杯，用无菌瓦盖覆盖备用。

（4）青霉素标准曲线的制作

① 取上述制备的扩散平板 18 个，在每个平板上 6 个牛津杯间隔的 3 个中各加入 1U/mL 的标准品溶液，将每 3 个平板组成一组，共分 6 组，在第一组的每个平板的 3 个空牛津杯中加入 0.4U/mL 的标准品溶液，如此依次将 6 种不同浓度的标准溶液分别加入 6 组平板中。

② 青霉素标准溶液加毕后，全部盖上陶瓦盖。37℃培养 16～18h 后，移去牛津杯，用游标卡尺精确测量各抑菌圈直径。

③ 结果记录与处理。记录并求得每组 3 个平板中 1U/mL 标准品的抑菌圈直径的平均值及其 6 组的总平均值，以及各组 3 个平板中其他各浓度标准品抑菌圈直径的平均值。1U/mL 标准品抑菌圈直径的总平均值与每组平均值的差，即为各组的校正值。各浓度标准品抑菌圈直径的实际值等于其平均值加上该组的校正值。

例如：如果 6 组 1U/mL 标准品抑菌圈直径的总平均值为 22.5mm，而在 0.4U/mL 标准品一组中 9 个 1U/mL 标准品抑菌圈直径的平均值为 22.3mm，那么，0.4U/mL 标准品组的校正系数应为 22.5－22.3＝0.2mm。如果 9 个 0.4U/mL 标准品抑菌圈直径的平均值为 18.2mm，则校正后的实际值为 18.2＋0.2＝18.4mm。

④ 绘制标准曲线。以浓度的对数值为纵坐标，以校正后的抑菌圈直径为横坐标，在双周半对数图纸上绘制标准曲线。

（5）青霉素发酵液效价测定

① 取上述制备的扩散平板 3 个，在每个平板上 6 个牛津杯间隔的 3 个中各加入 1U/mL 的标准品溶液，其余 3 个空牛津杯中加入适当稀释的样品发酵液。

② 加毕后，盖上陶瓦盖。37℃培养 16～18h 后，移去牛津杯，用游标卡尺精确测量各抑菌圈直径。

③ 分别求出标准溶液和样品溶液抑菌圈直径的平均值，按标准曲线所述方法求得校正数，将样品溶液抑菌圈直径的平均值校正，再从标准曲线中查出该直径下标准品溶液的效价，并换算成每毫升样品所含的单位数。

注意事项如下。

① 抑菌圈的大小与上层培养基中菌液的浓度密切相关，增加细菌浓度，抑菌圈就缩小。一般使培养基中细菌数量达到 $10^9$ 个/mL 为宜。

② 往牛津杯中加样时，每一样品应更换一支吸管，加样量以杯口水平为准。

（6）结果记录

① 记录结果，作出青霉素生物测定标准曲线。见表 5-3。

**表 5-3　青霉素生物测定标准曲线记录**

| 皿号 | 青霉素标准溶液浓度/(U/mL) | 抑菌圈直径/mm | 平均值/mm | 校正数/mm | 1U/mL 青霉素抑菌圈直径/mm | 平均值/mm | 校正数/mm |
|---|---|---|---|---|---|---|---|
| 1<br>2<br>3 | 0.4 | | | | | | |
| 4<br>5<br>6 | 0.6 | | | | | | |
| 7<br>8<br>9 | 0.8 | | | | | | |

续表

| 皿号 | 青霉素标准溶液浓度/(U/mL) | 抑菌圈直径/mm | 平均值/mm | 校正数/mm | 1U/mL青霉素抑菌圈直径/mm | 平均值/mm | 校正数/mm |
|---|---|---|---|---|---|---|---|
| 10<br>11<br>12 | 1.0 | | | | | | |
| 13<br>14<br>15 | 1.2 | | | | | | |
| 16<br>17<br>18 | 1.4 | | | | | | |
| 1U/mL青霉素抑菌圈直径总平均值=　　　mm | | | | | | | |

② 青霉素发酵液效价生物测定结果见表5-4。

表5-4　青霉素发酵液效价生物测定结果记录

| 皿号 | 稀释倍数 | 样品稀释液抑菌直径/mm | 平均值/mm | 校正数/mm | 效价/(U/mL) | 发酵液效价/(U/mL) | 1U/mL青霉素抑菌圈直径/mm | 平均值/mm | 校正数/mm |
|---|---|---|---|---|---|---|---|---|---|
| 1<br>2<br>3 | | | | | | | | | |

【相关知识】

# 相关知识一　微生物的生长规律

微生物不论其在自然条件下还是在人为条件下，都必须大量存在才能产生作用。生长和繁殖就是保证微生物获得巨大数量的必要前提。

微生物群体生长＝个体生长＋个体繁殖

所以在微生物学中，凡提到“生长”时，一般均指群体生长。

研究微生物的生长规律的目的：①微生物的生长繁殖是其在内外各种环境因素相互作用下的生理、代谢等状态的综合反映，因此，有关生长繁殖的数据就可作为研究多种生理、生化和遗传等问题的重要指标；②微生物在生产实践上的各种应用需要加速它们的生长繁殖，人类对致病、霉腐等有害微生物的防治则需要抑制它们的生长繁殖。

## 一、单细胞微生物的生长曲线

微生物繁殖方式有多种，无性繁殖方式有裂殖、芽殖、菌丝断裂和产生各种无性孢子等，有性繁殖方式有产生有性孢子和菌丝结合等。多数细菌细胞通过二分裂方式增殖，酿酒酵母细胞以芽殖方式增殖，丝状真菌细胞以顶端伸长方式生长。各种微生物生长繁殖和死亡的规律也不完全相同。

把少量纯种单细胞微生物接种到均匀的恒容积液体培养基，在适宜的温度、通气等条件下，细胞数目的对数随培养时间变化的曲线即为生长曲线（图5-8）。单细胞微生物（如细菌、酵母菌）的典型生长曲线包含延滞期、指数期、稳定期和衰亡期4个阶段。

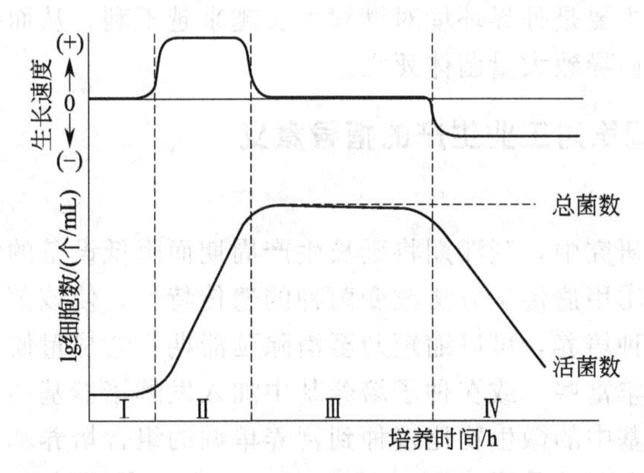


图 5-8　微生物的典型生长曲线

Ⅰ—延滞期；Ⅱ—指数期；Ⅲ—稳定期；Ⅳ—衰亡期

对丝状生长的真菌或放线菌而言，其生长规律与此生长曲线则有所不同，例如，真菌的生长曲线大致可分三个时期，即生长延滞期、快速生长期和生长衰退期。

**1. 延滞期**

接种到新鲜培养液中的细菌一般不立即开始繁殖，它们的代谢系统往往需要一些时间来调整酶和细胞结构成分以适应新环境，细胞数目恒定或增加很少，因而又称停滞期、调整期或适应期。此阶段细菌细胞生长旺盛，表现为个体变长，体积增大，菌体内含物质量显著增加，对外界理化因素（如抗生素、盐、热、紫外线和 X 射线等）影响的抵抗能力较弱。

细菌延滞期的长短取决于菌种的遗传特性、菌龄、菌种的接种量及接种前后培养条件的差异等，从几分钟到几小时不等。

**2. 指数期**

在延滞期末，细菌已适应了环境，细菌在这个时期内生长迅速，菌体各部分的成分按比例有规律地增长，各种酶活性高而稳定，代谢活力强，分裂速度快，菌数以几何级数增加，其生长曲线表现为一条上升的直线。在微生物发酵工业中需要选取此时的细胞作为转种或扩大培养的种子，以便缩短发酵周期和提高设备利用率。该阶段细菌生长繁殖速度易受培养温度的影响，应该尽量接近最适生长温度。

**3. 稳定期**

在指数末期，由于营养物质的耗尽，细菌的繁殖速率下降而死亡率逐渐上升，当两者趋于平衡就转入稳定期。细胞分裂速度下降，细胞个体较小并开始在细胞内累积糖原、异染颗粒和脂肪等贮藏物，芽孢细菌则开始形成芽孢。有的微生物在这时开始以初级代谢产物作前体，通过复杂的次级代谢途径合成抗生素等对人类有用的各种特殊的次级代谢产物，因而又将次级代谢产物称为稳定期产物，该阶段也是收获次级代谢产物的最佳时机。

**4. 衰亡期**

细菌经过稳定期以后，由于营养和环境条件的进一步恶化使死亡率迅速增加，这时尽管群体的总菌数仍然可能较高，但活菌数急剧下降，微生物的个体死亡速度超过新生速度，整个群体呈现负生长状态，活菌数的对数与时间成反比，表现为按几何级数下降以至有人将其称为对数死亡期。这个时期的细胞常表现为多形态，产生许多在大小或形状上变异的畸形或退化型，其革兰染色性亦不稳定，许多 $G^+$ 细菌的衰老细胞可能表现为 $G^-$；在这一时期有的微生物因蛋白水解酶活力的增强而发生自溶；有的微生物在此期会进一步合成或释放对人类有益的抗生素等次生代谢产物；而在芽孢杆菌中，往往在此期释放芽孢等。

产生衰亡期的原因主要是外界环境对继续生长越来越不利，从而引起细胞内的分解代谢明显超过合成代谢，继而导致大量菌体死亡。

## 二、微生物生长规律对工业生产的指导意义

### 1. 缩短延滞期

在工业发酵和科学研究中，延滞期将延长生产周期而降低设备的利用率，通常采用一定的措施来缩短延滞期：①用遗传学方法改变菌种的遗传特性，使该菌延滞期缩短；②采用指数生长期的健壮菌种接种培养，可以缩短乃至消除延滞期；③尽量使发酵培养基的组成接近种子培养基，并且适当丰富些，或在种子培养基中加入发酵培养基的成分，实验证实，接种到营养丰富的天然培养基中的微生物比接种到营养单调的组合培养基中的延滞期短；④适当增加接种量，发酵工业上通常采用$V_{种子}:V_{培养基}=1:20$，最多达到1：10这样较大的接种量以缩短甚至消除延滞期。

### 2. 把握指数期

指数期期间，菌数增加最快，生长速率最大，在发酵工业中通过连续流加或补加发酵原料，使菌体随着营养浓度增加而提高生长速率，可以获得更多的菌体。

### 3. 延长稳定期

微生物处于稳定期的长短与菌种特性和环境条件有关，在发酵工业中为了获得更多的菌体或代谢产物，还可以通过补料以及调节pH值、温度或通气量等措施来延长稳定期。向发酵体系中连续流加营养物、移走代谢产物的培养方式即为连续培养。

微生物发酵形成产物的过程与微生物细胞生长的过程并不总是一致的。一般认为微生物的初级代谢是释放生物能量和生成中间产物的过程，初级代谢生成的中间产物称为初级代谢产物，如氨基酸、核苷酸、乙醇等，它们对微生物的生存是必需的，各种微生物产生种类相似的初级代谢产物，并且这些产物的形成往往与微生物细胞的形成过程同步，在微生物分批培养过程中，微生物生长的稳定期是这些产物的最佳收获时机。另有一些代谢产物与微生物的生存、生长和繁殖无关，称为次级代谢产物，如抗生素、生长激素、生物碱、维生素、色素和毒素等。这些代谢产物的形成过程往往与微生物细胞生长过程不同步，如在分批培养中，它们形成的高峰往往在微生物生长的稳定期后期或衰亡期。通过连续培养等方式，可以延长稳定期，提高次级代谢产物的产量。

### 4. 监控衰亡期

工业发酵中尽量阻止衰亡期的到来，但出现衰亡期是不可避免的，一旦进入衰亡期，积累的微生物代谢毒物可能与代谢产物发生反应或影响提纯，必须在合适时候结束发酵。

# 相关知识二　食品、药品的卫生要求和微生物学标准

## 一、食品的卫生要求和微生物学标准

由于食品的特殊安全性要求，各国对许多类型的食品都制订了微生物学卫生的国家标准，包括原粮、食用油、调味品、肉与肉制品、水产品、乳与乳制品、蛋与蛋制品、酒类、冷饮食品、食品添加剂等。此外还有一些特定的食品卫生标准，例如食品进出口的卫生标准、婴儿食品卫生标准和功能性食品卫生标准等。

食品卫生的微生物学标准，就是根据食品卫生的要求，从微生物学的角度，对不同食品、

药品所提出的与食品、药品卫生质量有关的具体指标要求。

**1. 部分食品微生物学卫生指标**

（1）蛋制品 GB 2749—2015

| 项目 | 采样方案①及限量 | | | | 检验方法 |
|---|---|---|---|---|---|
| | *n* | *c* | *m* | *M* | |
| 菌落总数②/(CFU/g) | | | | | |
| 液蛋制品、干蛋制品、冰蛋制品 | 5 | 2 | $5\times10^4$ | $10^6$ | GB 4789.2 |
| 再制蛋(不含糟蛋) | 5 | 2 | $10^4$ | $10^5$ | |
| 大肠菌群②/(CFU/g) | 5 | 2 | 10 | $10^2$ | GB 4789.3 平板计数法 |

① 样品的采样及处理按 GB/T 4789.19 执行。

② 不适用于鲜蛋和非即食的再制蛋制品。

（2）生乳 GB 19301—2010

| 项目 | 限量/[CFU/g(mL)] | 检验方法 |
|---|---|---|
| 菌落总数 ≤ | $2\times10^6$ | GB 4789.2 |

（3）发酵乳 GB 19302—2010

| 项目 | 采样方案①及限量(若非指定,均以 CFU/g 或 CFU/mL 表示) | | | | 检验方法 |
|---|---|---|---|---|---|
| | *n* | *c* | *m* | *M* | |
| 大肠菌群 | 5 | 2 | 1 | 5 | GB 4789.3 平板计数法 |
| 金黄色葡萄球菌 | 5 | 0 | 0/25g(mL) | — | GB 4789.10 定性检验 |
| 沙门菌 | 5 | 0 | 0/25g(mL) | — | GB 4789.4 |
| 酵母 ≤ | 100 | | | | GB 4789.15 |
| 霉菌 ≤ | 30 | | | | |

① 样品的分析及处理按 GB 4789.1 和 GB 4789.18 执行。

（4）乳粉 GB 19644—2010

| 项目 | 采样方案①及限量(若非指定,均以 CFU/g 表示) | | | |
|---|---|---|---|---|
| | *n* | *c* | *m* | *M* |
| 菌落总数② | 5 | 2 | 50000 | 200000 |
| 大肠菌群 | 5 | 1 | 10 | 100 |
| 金黄色葡萄球菌 | 5 | 2 | 10 | 100 |
| 沙门菌 | 5 | 0 | 0/25g | — |

① 样品的分析及处理按 GB 4789.1 和 GB 4789.18 执行。

② 不适用于添加活性菌种（好氧和兼性厌氧益生菌）。

（5）酱油 GB 2717—2003

| 项目 | 指标 |
|---|---|
| 菌落总数①/(CFU/mL) ≤ | 30000 |
| 大肠菌群/(MPN/100mL) ≤ | 30 |
| 致病菌(沙门菌、志贺菌、金黄色葡萄球菌) | 不得检出 |

① 仅适用于餐桌酱油。

（6）食醋 GB 2719—2003

| 项 目 | | 指 标 |
|---|---|---|
| 菌落总数/(CFU/mL) | ≤ | 10000 |
| 大肠菌群/(MPN/100mL) | ≤ | 3 |
| 致病菌(沙门菌、志贺菌、金黄色葡萄球菌) | | 不得检出 |

(7) 饮料 GB 7101—2015

| 项 目 | | 采样方案①及限量 | | | | 检验方法 |
|---|---|---|---|---|---|---|
| | | *n* | *c* | *m* | *M* | |
| 菌落总数②/(CFU/g 或 CFU/mL) | | 5 | 2 | $10^2(10^3)$ | $10^4(5\times10^4)$ | GB 4789.2 |
| 大肠菌群/(CFU/g 或 CFU/mL) | | 5 | 2 | 1(10) | $10(10^2)$ | GB 4789.3 中的平板计数法 |
| 酵母③/(CFU/g 或 CFU/mL) | ≤ | 20(50) | | | | GB 4789.15 |
| 霉菌/(CFU/g 或 CFU/mL) | ≤ | 20 | | | | GB 4789.15 |

① 样品的采样及处理按 GB 4789.1 和 GB/T 4789.21 执行。

② 不适用于活菌（未杀菌）型乳酸菌饮料。

③ 不适用于固体饮料。

注：括号中的限值仅适用固体饮料，且奶茶、豆奶粉、可可固体饮料菌落总数的 $m=10^4$CFU/g。

(8) 发酵酒类 GB 2758—2012

| 项 目 | 采样方案及限量① | | | 检验方法 |
|---|---|---|---|---|
| | *n* | *c* | *m* | |
| 沙门菌 | 5 | 0 | 0/25mL | GB/T 4789.25 |
| 金黄色葡萄球菌 | 5 | 0 | 0/25mL | |

① 样品的分析及处理按 GB 4789.1 执行。

**2. 微生物污染食品的来源、途径**

微生物污染食品的主要来源有土壤、空气、水、人及动物体、加工机械及设备、包装材料、原辅料等。

食品在生产加工、运输、贮藏、销售以及食用过程中都可能遭受到微生物的污染，其污染的途径可分为两大类。

(1) 内源性污染　凡是作为食品原料的动植物体在生活过程中，由于本身内外带有的微生物而造成食品污染称为内源性污染，也称第一次污染。

(2) 外源性污染　食品和药品在生产加工、运输、贮藏、销售、食用过程中，通过水、空气、人、动物、机械设备及用具等而使食品和药品发生微生物污染称外源性污染，也称第二次污染。包装材料未经过无菌处理，则会造成食品和药品的重新污染。

食品受到微生物的污染后，其中的微生物种类和数量会随着食品所处环境和食品性质的变化而不断地变化。

## 二、药品的卫生要求和微生物学标准

按照《中华人民共和国药典》(2015 年版) 规定，药典要求无菌的药品、生物制品、医疗器具、原料、辅料及其他品种进行无菌检查。无菌检查应在无菌条件下进行，试验环境必须达到无菌检查的要求，其全过程必须严格遵守无菌操作，防止微生物污染，但防止污染的措施不得影响被检样品中微生物的检出。单向流空气区、工作台面及环境应定期按照医药工业洁净室（区）悬浮粒子、浮游菌和沉降菌的测试方法的现行国家标准进行洁净度确认。隔离系统按相关的要求进行验证，其内部环境的洁净度须符合无菌检查的要求。日常检验还需对试验环境进行监控。

非无菌制剂及其原料、辅料等受微生物污染程度是否在允许范围，需要进行微生物限度检查，检查项目包括需氧菌总数、霉菌总数、酵母菌总数及控制菌的检查。试验环境应符合微生物限度检查的要求，全过程必须严格遵守无菌操作，防止微生物污染，且防污染的措施不得影响被检样品中微生物的检出。单向流空气区、工作台面及环境应定期进行监测。

《中华人民共和国药典》(2015 年版) 通则规定的非无菌药品微生物限度标准如下。

(1) 制剂通则、品种项下要求无菌的制剂及标示无菌的制剂和原辅料应符合无菌检查法规定。

(2) 用于手术、严重烧伤或严重创伤的局部给药制剂应符合无菌检查法规定。

(3) 非无菌化学药品制剂、生物制品制剂、不含药材原粉的中药制剂的微生物限度标准见表 5-5。

**表 5-5 非无菌不含药材原粉的中药制剂微生物限度标准**

| 给药途径 | 需氧菌总数/(CFU/g, CFU/mL 或 CFU/10cm²) | 霉菌及酵母菌总数/(CFU/g, CFU/mL 或 CFU/10cm²) | 控制菌 |
|---|---|---|---|
| 口服给药<br>固体制剂<br>液体制剂 | <br>$10^3$<br>$10^2$ | <br>$10^2$<br>$10^1$ | 不得检出大肠埃希菌(1g 或 1mL)；含脏器提取物的制剂还不得检出沙门菌(10g 或 10mL) |
| 口腔黏膜给药制剂<br>齿龈给药制剂<br>鼻用制剂 | $10^2$ | $10^1$ | 不得检出大肠埃希菌、金黄色葡萄球菌、铜绿假单胞菌(1g, 1mL 或 10cm²) |
| 耳用制剂<br>皮肤给药制剂 | $10^2$ | $10^1$ | 不得检出金黄色葡萄球菌、铜绿假单胞菌(1g, 1mL 或 10cm²) |
| 呼吸道吸入给药制剂 | $10^2$ | $10^1$ | 不得检出大肠埃希菌、金黄色葡萄球菌、铜绿假单胞菌、耐胆盐革兰阴性菌(1g 或 1mL) |
| 阴道、尿道给药制剂 | $10^2$ | $10^1$ | 不得检出金黄色葡萄球菌、铜绿假单胞菌、白色念珠菌，中药制剂还不得检出梭菌(1g,1mL 或 10cm²) |
| 直肠给药<br>固体制剂<br>液体制剂 | <br>$10^3$<br>$10^2$ | <br>$10^2$<br>$10^2$ | 不得检出金黄色葡萄球菌、铜绿假单胞菌(1g 或 1mL) |
| 其他局部给药制剂 | $10^2$ | $10^2$ | 不得检出金黄色葡萄球菌、铜绿假单胞菌(1g, 1mL 或 10cm²) |

注：化学药品制剂和生物制品制剂若含有未经提取的动植物来源的成分以及矿物质，还不得检出沙门菌 (10g 或 10mL)。

(4) 非无菌含药材原粉的中药制剂微生物限度标准见表 5-6。

**表 5-6 非无菌含药材原粉的中药制剂微生物限度标准**

| 给药途径 | 需氧菌总数/(CFU/g, CFU/mL 或 CFU/10cm²) | 霉菌及酵母菌总数/(CFU/g, CFU/mL 或 CFU/10cm²) | 控制菌 |
|---|---|---|---|
| 固体口服给药制剂<br>不含豆豉、神曲等发酵原粉<br>含豆豉、神曲等发酵原粉 | <br>$10^4$(丸剂 $3\times10^4$)<br>$10^5$ | <br>$10^2$<br>$5\times10^2$ | 不得检出大肠埃希菌(1g)；不得检出沙门菌(10g)；耐胆盐革兰阴性菌应小于 $10^2$(1g) |
| 液体口服给药制剂<br>不含豆豉、神曲等发酵原粉<br>含豆豉、神曲等发酵原粉 | <br>$5\times10^2$<br>$10^3$ | <br>$10^2$<br>$10^2$ | 不得检出大肠埃希菌(1mL)；不得检出沙门菌(10mL)；耐胆盐革兰阴性菌应小于 $10^1$CFU(1mL) |

续表

| 给药途径 | 需氧菌总数/(CFU/g, CFU/mL 或 CFU/10cm²) | 霉菌及酵母菌总数/(CFU/g, CFU/mL 或 CFU/10cm²) | 控制菌 |
|---|---|---|---|
| 固体局部给药制剂<br>用于表皮或黏膜不完整<br>用于表皮或黏膜完整 | <br>$10^3$<br>$10^4$ | <br>$10^2$<br>$10^2$ | 不得检出金黄色葡萄球菌、铜绿假单胞菌(1g 或 10cm²)；阴道、尿道给药制剂还不得检出白色念珠菌、梭菌(1g 或 10cm²) |
| 液体局部给药制剂<br>用于表皮或黏膜不完整<br>用于表皮或黏膜完整 | <br>$10^2$<br>$10^2$ | <br>$10^2$<br>$10^2$ | 不得检出金黄色葡萄球菌、铜绿假单胞菌(1mL)；阴道、尿道给药制剂还不得检出白色念珠菌、梭菌(1mL) |

(5) 非无菌的药用原料及辅料微生物限度标准见表 5-7。

**表 5-7 非无菌的药用原料及辅料微生物限度标准**

| 项目 | 需氧菌总数/(CFU/g 或 CFU/mL) | 霉菌及酵母菌总数/(CFU/g 或 CFU/mL) | 控制菌 |
|---|---|---|---|
| 药用原料及辅料 | $10^3$ | $10^2$ | 限度未做统一规定 |

(6) 中药提取物及中药饮片的微生物限度标准见表 5-8。

**表 5-8 中药提取物及中药饮片的微生物限度标准**

| 项目 | 需氧菌总数/(CFU/g 或 CFU/mL) | 霉菌及酵母菌总数/(CFU/g 或 CFU/mL) | 控制菌 |
|---|---|---|---|
| 中药提取物 | $10^3$ | $10^2$ | 限度未做统一规定 |
| 中药饮片 | 限度未做统一规定 | 限度未做统一规定 | 不得检出沙门菌(10g)；耐胆盐革兰阴性菌应小于 $10^4$(1g) |

(7) 有兼用途径的制剂应符合各给药途径的标准。

(8) 霉变、长螨者以不合格论。

**【微生物生长繁殖测定技术应用实例】**

# 实例一 饮料中菌落总数测定

2015 年国家卫计委新发布了 GB 7101—2015《食品安全国家标准 饮料》。此标准代替 GB 2759.2—2003《碳酸饮料卫生标准》、GB 7101—2003《固体饮料卫生标准》、GB 11673—2003《含乳饮料卫生标准》、GB 16321—2003《乳酸菌饮料卫生标准》、GB 16322—2003《植物蛋白饮料卫生标准》(含第 1 号修改单)、GB 19296—2003《茶饮料卫生标准》、GB 19297—2003《果、蔬汁饮料卫生标准》、GB 19642—2005《可可粉固体饮料卫生标准》。此标准的发布对于规范饮料行业的有序发展起到了很大的推动作用。

首先进行菌落总数测定操作。

**1. 取检样梯度稀释**

用吸管取待检测饮料 25mL，加入到 225mL 无菌生理盐水中，混匀，制成 1∶10 的待检液；在试管中，用无菌生理盐水做连续的 10 倍系列稀释，制成 1∶100、1∶1000 的稀释液。

**2. 用稀释平板计数法制平板**

分别取原样、1∶10、1∶100、1∶1000 的稀释液各 1mL 加到无菌培养皿中，再注入平板计数琼脂培养基 15mL，混匀，静置、冷却。每个稀释度重复 2 次。同时分别吸取 1mL 空白稀释液加到两个无菌培养皿中作空白对照。

**3. 培养**

倒置于 35～37℃恒温箱中培养 46～50h 后计数。然后对结果判断。

平板上的菌落形成单位（CFU）应选择生长 30～300 菌落的平板计算，求出平均菌落形成单位，再乘以稀释倍数，就可得到每毫升饮料中所含菌落总数。将结果与国家标准的规定对比，判断是否合格。

注意操作过程应该严格按照无菌操作进行；若平板中有片状或斑状菌落，该平板无效。

推荐阅读材料：

1. 食品安全国家标准　饮料（GB 7101—2015）；
2. 食品安全国家标准　食品微生物学检测　总则（GB 4789.1—2010）；
3. 食品安全国家标准　食品微生物学检测　菌落总数测定（GB 4789.2—2010）；
4. 食品安全国家标准　食品微生物学检测　大肠菌群测定（GB 4789.3—2010）；
5. 食品安全国家标准　食品微生物学检测　霉菌和酵母计数（GB 4789.15—2010）。

## 实例二　川贝枇杷糖浆微生物限度检查

微生物限度检测是为药品生产提供一个标准或指导，以确保药品使用的安全。川贝枇杷糖浆微生物限度检查内容主要包括需氧菌、霉菌及酵母菌总数的测定，判断药品被细菌、真菌污染的程度，从而检测口服液的药品质量。霉菌及酵母菌总数的测定方法如下。

**1. 试验方法**

① 无菌操作　用吸管取待检测川贝枇杷糖浆 10mL，加入到 90mL 无菌生理盐水中，混匀，制成 1∶10 的待检液；在试管中，用无菌生理盐水做连续的 10 倍递增稀释，制成 1∶100 、1∶1000 的稀释液。

② 用稀释平板计数法，分别取 1∶10、1∶100、1∶1000 的稀释液各 1mL 加到无菌培养皿中，再注入玫瑰红钠培养基 15mL，混匀，静置、冷却。每个稀释度重复 3 次。

③ 置于 25～28℃恒温箱中培养 72h 后计数。

**2. 结果判断**

平板上的菌落形成单位（CFU）应选择 5～50 的平板计算，求出平均菌落形成单位，再乘以稀释倍数，就可得到每毫升川贝枇杷糖浆中所含霉菌及酵母菌总数。将结果与《中华人民共和国药典》（2015 年版）微生物限度检测的规定对比，判断是否合格。

**3. 注意事项**

① 严格按照无菌操作进行。

② 若平板中有片状或斑状菌落，该平板无效。

推荐阅读材料：

1.《中华人民共和国药典》（2015 年版）四部通则 1107 非无菌药品微生物限度标准；

2.《中华人民共和国药典》（2015 年版）四部通则 1105 非无菌产品微生物限度检查：微生物计数法；

3.《中华人民共和国药典》（2015 年版）四部通则 1106 非无菌产品微生物限度检查：

控制菌检查法；

4.《中华人民共和国药典》（2015 年版）第一部 第二增补本 附录ⅩⅧF 非无菌药品微生物限度检查指导原则。

## 【本章小结】

微生物群体生长是建立在个体细胞生长基础上的，微生物特别是细菌生长与繁殖两个过程很难决然分开。单细胞微生物在适宜的液体培养基中，在适宜的温度、通气等条件下分批培养，微生物群体生长过程中经历 4 个主要时期：延滞期、指数期、稳定期和衰亡期。营养物质的种类和浓度、温度、pH 值、氧气、水活性或渗透压等理化因素对微生物的生长都有影响。不同类群的微生物能够适应不同的生长环境。

个体细胞的大小可由显微测微尺进行测定，群体生长是细胞质量和细胞数量的增加，因此对微生物群体生长情况的测定可以从数量和生物量的变化两方面进行，测定方法主要有细胞计数法、称重法和代谢产物分析法等多种。

微生物广泛地应用于生产和生活中，可以通过工业化规模培养微生物获得许多重要的食品（如酸奶、啤酒等）和药品（如抗生素、疫苗等)。由于食品与药品的特殊安全性要求，必须注意其他种类微生物对产品造成的污染，对于有害的微生物，应该采取有效的控制手段。国家食品和药品的管理机构对于微生物的控制标准有严格规定，必须按照规定对产品、生产过程和生产环境进行总菌数、大肠埃希菌、霉菌、酵母菌等的检测。所生产的抗生素也可用微生物法对其效价进行检测。

## 【练习与思考】

1. 微生物细胞的大小如何进行测定？有哪些步骤？
2. 细菌的生长繁殖典型生长曲线可分几期？各有什么特点？
3. 细菌群体生长规律在生长实践中有哪些应用？
4. 测定微生物细胞数量的方法有哪些？各有何特点？
5. 测定生物量的方法有哪些？怎样运用？
6. 抗生素效价如何测定？
7. 举例说明食品、药品对卫生的要求及微生物标准。

# 第六章

# 微生物育种技术

【学习目标】

1. 技能：根据生产需要进行微生物的简单育种操作。

2. 知识：能复述微生物遗传发生变异的物质基础、微生物基因重组的过程及影响因素，说明微生物育种的途径和主要过程。理解微生物育种过程中筛选方案的设计原理。

3. 态度：通过学习、理解微生物育种，培养发酵工业人员必备的基本职业素质——细心和耐心。

【概念地图】

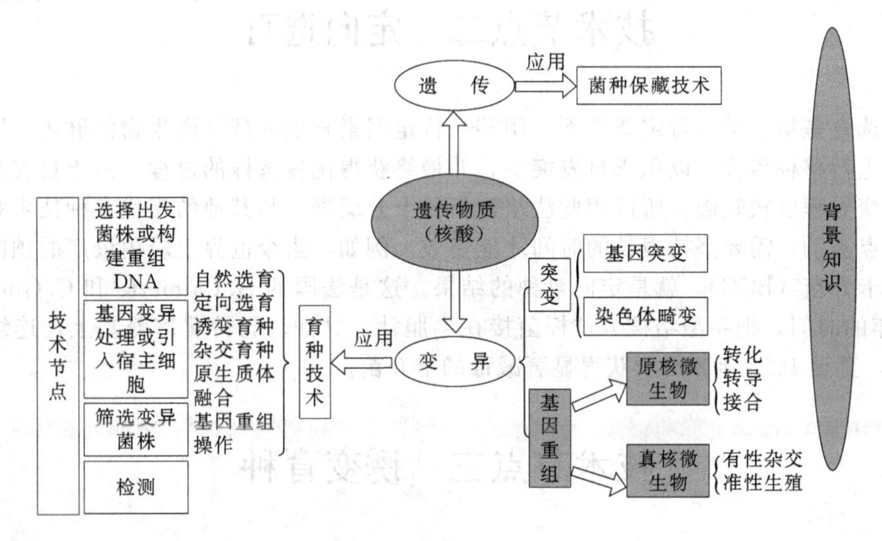


【引入问题】

Q：得到的纯种微生物是否都可以直接用于工业生产？

A：从自然界中分离得到的微生物通常不能直接用于生产，可能因为目标产物的产量低，也可能因为微生物的某些特性不适合于工业大生产。所以，得到的微生物需要进行加工（即育种）。当然，通过育种，也可以更加清楚地了解微生物的遗传背景。

Q：对微生物的加工改造是在哪个部位进行的？

A：改造后的微生物必须将新的特征遗传给后代，所以，对微生物的改造集中在遗传物质上。

【技术节点】

微生物的菌种选育是指应用微生物遗传变异的理论，采用一定的手段，在已经变异的群

体中选出符合人们需要的优良品种。常用的菌种选育途径有自然选育、定向选育、诱变育种、杂交育种等。

## 技术节点一　自然选育

利用菌种的自发突变，通过分离，筛选出优良菌株的过程称为自然选育。生物体可以在自然界中（没有人工参与的情况下）以一定的频率（约 $10^{-9}$～$10^{-6}$）发生自发突变，它是生物进化的根源。称它为"自发"，并不意味着这种突变是没有原因的，环境因素、DNA 复制过程中的偶然错误以及微生物自身产生的诱变物质，都能引起微生物自发突变。

菌种自发突变的结果往往存在两种可能性：一种是菌种衰退，生产性能下降；另一种是代谢更加旺盛，生产性能提高。具有实践经验和善于观察的工作人员，能利用自发突变而出现的菌种性状的变化，选育出优良菌种。例如，在谷氨酸发酵过程中，人们从被噬菌体污染的发酵液中分离出了抗噬菌体的菌种。又如，在抗生素发酵生产中，从某一批次高产的发酵液取样进行分离，往往能够得到较稳定的高产菌株。但自发突变的频率较低，出现优良性状的可能较小，需坚持相当长的时间才能收到效果。

## 技术节点二　定向选育

定向选育是指在某一特定条件下，用某一特定因素长期处理某微生物的群体，同时不断地对它们进行移种传代，以积累自发突变，并最终获得优良菌株的过程。由于自发突变的频率较低，变异程度较轻微，所以用此法培育新种十分缓慢。与其他的现代育种技术相比，定向育种有点被动，需要坚持很长的时间才能奏效。例如，当今世界上应用最广的预防结核病制剂——卡介苗（BCG），就是定向育种的结果。这是法国的 A. Calmette 和 C. Guerin 两人经历 13 年的时间，把牛型结核分枝杆菌接在牛胆汁、甘油、马铃薯培养基上，连续移种了 230 多代，直至 1923 年才终于获得显著减毒的卡介苗。

## 技术节点三　诱变育种

诱变育种是指用人工的方法处理均匀而分散的微生物细胞群，在促进其突变率显著提高的基础上，采用简便、快速和高效的筛选方法，从中挑选出少数符合目的的突变株，以供科学实验或生产实践使用。诱变育种与其他育种方法相比，具有操作简便、速度快和收效大的优点，至今仍是一种重要的、广泛应用的微生物育种方法。当前很多发酵所用的高产菌株几乎都是通过诱变育种提高其生产性能的。

### 一、诱变剂

基因突变可以自发产生，也可以通过诱导而加速产生。凡能提高突变率的任何因素，都可称为诱变剂。诱变剂的种类很多，主要包括物理因素和化学因素，以下做一简略介绍。

**1. 物理因素的诱变**

(1) 紫外线　DNA 具有强烈的紫外线吸收能力，尤其是核酸链上的碱基对，其中嘧啶比嘌呤更敏感。大剂量的紫外线可导致菌体死亡，小剂量可以引起突变。紫外线的主要生物学效应是对DNA的作用，包括使DNA链断裂、DNA分子内部和分子之间交换、核酸和蛋白质交联以及胸腺嘧啶二聚体的形成等。紫外线诱变的主要机制是胸腺嘧啶二聚体的形成，它可在同一条链发生，使双链的解开和复制受阻，也可在两条链上发生，破坏腺嘌呤的正常掺入和碱基正常配对，从而导致产生突变。

(2) X射线和γ射线　X射线和γ射线是不带电子的光量子，不直接引起物质电离，但它们可以产生次级电子，这些次级电子具有很高的能量，可使体内物质产生电离作用，从而直接或间接地改变DNA的结构。其直接效应是使碱基间、DNA间、糖与磷酸间相接的化学键断裂；间接效应是电离作用引起水或有机分子产生自由基作用于DNA分子，导致缺失或损伤。

此外，还有很多因素可作为诱变剂，如热和激光等。

**2. 化学因素的诱变**

(1) 碱基结构类似物　这是一类与正常碱基相似的物质，如5-溴尿嘧啶（5-BU）、5-氨基尿嘧啶（5-AU）、8-氮鸟嘌呤（8-NG）、2-氨基嘌呤（2-AP）和6-氯嘌呤（6-CP）等，它们能掺入DNA分子中而不妨碍DNA的正常复制，但其发生的错误配对可引起碱基对的置换，出现突变。

(2) 与核酸上碱基起化学反应的诱变剂　有些化合物能与DNA分子的某些基团起化学反应，如亚硝酸可使碱基脱氨，脱去的氨基被羟基取代，从而使A、G、C分别转化为H（次黄嘌呤）、X（黄嘌呤）、U（尿嘧啶），复制时它们便与C、G、A配对，造成DNA的损伤。

(3) 移码突变　诱变剂使DNA分子中的一个或少数几个核苷酸增添（插入）或缺失，从而使该部位后面的全部遗传密码发生转录和转译错误的一类突变。与染色体畸变相比，移码突变也只能算是DNA分子的微小损伤。吖啶类染料，包括原黄素、吖啶黄、吖啶橙和α-氨基吖啶等，以及一系列称为ICR类的化合物，都是移码突变的有效诱变剂。

## 二、诱变育种的过程

在诱变育种过程中，诱变和筛选是两个主要环节，由于诱变是随机的，而筛选是定向的，故相比之下，筛选更为重要。

诱变育种的基本过程如图6-1所示。

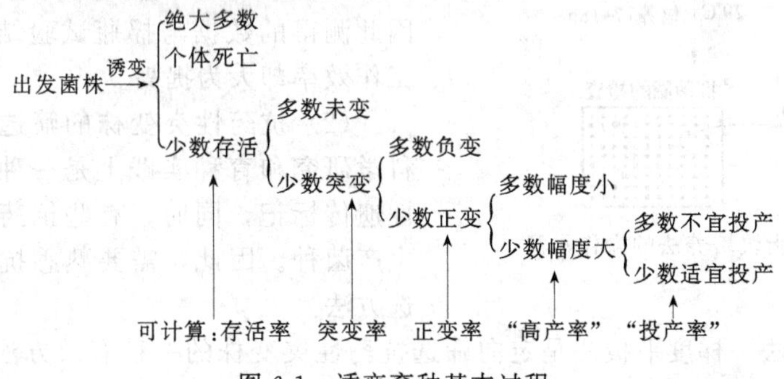


图6-1　诱变育种基本过程

诱变育种关键步骤如下。

**1. 出发菌株的筛选**

出发菌株是指用于诱变的原始菌种。出发菌种可以是从自然界的土样或水样中分离出来的野生型菌种；也可以是生产中正在使用的菌种；还可以从菌种保藏机构中购买。选用合适的出发菌株，就有可能提高育种的效率。选择的原则是菌种要对诱变剂的敏感性强、变异幅度大、产量高。

**2. 诱变处理**

使菌体与诱变剂均匀接触，通常要将出发菌种制成细胞（或孢子）悬浮液，再进行诱变处理。诱变剂有物理诱变剂（如紫外线、X射线、γ射线、快中子）、化学诱变剂（如亚硝酸、硫酸二乙酯、氮芥）等。在生产实践中，选用哪种诱变剂、剂量大小、处理时间等，都要视具体的情况和条件，并经过预备实验后才能确定。

UV照射是最简单的诱变方法。一般用15W的紫外灯，照射距离为30cm，在无可见光（只有红光）的接种室或箱体内进行。由于UV的绝对物理剂量很难测定，故通常选用杀菌率或照射时间作为相对剂量。在上述条件下，照射时间一般不短于10～20s，也不会长于10～20min。通常取5mL单细胞悬液放在直径为6cm的小培养皿中，在无盖的条件下，直接照射，同时用电磁搅拌棒或其他方法均匀旋转并搅动悬液。

**3. 筛选突变株**

菌种经诱变处理后，会产生各种各样的突变类型。对生产和科研工作比较重要的突变株类型有产量突变株、抗药性突变株和营养缺陷型突变株。

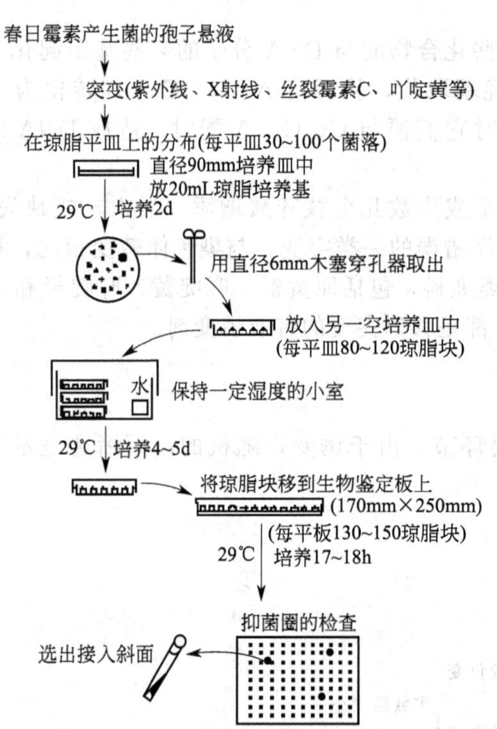


图 6-2　琼脂块培养法的操作示意

（1）产量突变株的筛选　1971年，报道过一个例子筛选春日霉素生产菌时所采用的琼脂块培养，一年内曾使抗生素产量提高了10倍，具有一定的参考价值（图6-2）。其要点是：把诱变后的 *Streptomyces kasugaensis* 的分生孢子悬浮均匀涂布在营养琼脂平板上，待长出稀疏的小菌落后，用打孔器一一取出长有单菌落的琼脂小块，并分别把它们整齐地移入到已混有供试菌种的大块琼脂平板上，分别测定各小块的抑菌圈并判断其抗生素效价，然后择优选取。此法的关键是用打孔器取出含有一个小菌落的琼脂块并对它们作分别培养。在这种条件下，各琼脂块所含养料和接触空气面积基本相同，且产生的抗生素等代谢产物不致扩散出琼脂块，因此测得的数据与摇瓶试验结果十分相似，而工作效率却大为提高。

（2）抗药性突变株的筛选　抗药性基因在科学研究和育种实践上是一种十分重要的选择性遗传标记，同时，有些抗药菌株还是重要的生产菌种。因此，需要熟悉抗药性突变株的筛选方法。

① 梯度平板法　梯度平板法是定向筛选抗药性突变株的一种有效方法，通过制备琼脂表面存在药物浓度梯度的平板、在其上涂布诱变处理后的细胞悬液、经培养后再从其上选取抗药性菌落等步骤，就可定向筛选到相应的抗药性突变株。

以筛选抗异烟肼的吡哆醇高产突变株为例，介绍梯度平板法定向筛选抗性突变株。

先在培养皿中加入10mL融化的普通琼脂培养基，培养皿底部斜放，待凝。再将培养皿放平，倒上第二层含适当浓度的异烟肼的琼脂培养基10mL，待凝固后，在这一具有药物浓度梯度的平板上涂布大量经诱变处理后的酵母细胞，经培养后，即可出现如图6-3(右）所示的结果。根据微生物产生抗药性的原理，可以推测其中有可能是产生了能分解异烟肼酶类的突变株，也有可能是产生了能合成更高浓度的吡哆醇，以克服异烟肼的竞争性抑制的突变株。结果发现，多数突变株属于后者。这就说明，利用梯度平板法筛选抗代谢类似物突变株的手段，可以达到定向培育某代谢高产突变株的目的。据报道，用此法曾获得了吡哆醇产量比出发菌株高 7 倍的高产酵母菌。

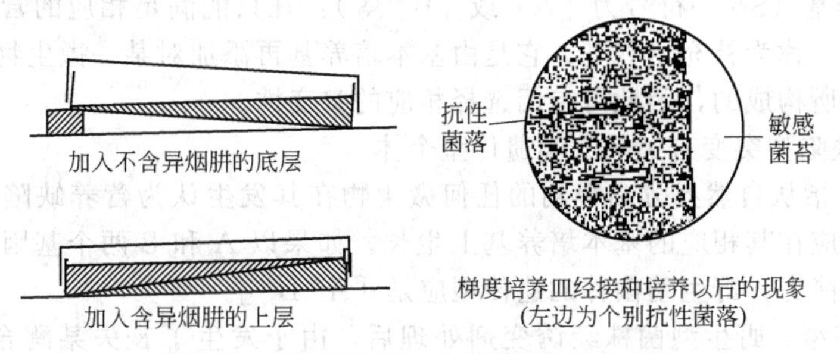


图 6-3　用梯度平板法定向筛选抗性突变株

② 影印平板培养法　影印平板培养法是一种通过盖印章的方式，达到在一系列培养皿平板的相同位置上出现相同遗传型菌落的接种和培养方法。实验的基本过程如图 6-4 所示。把长有数百个菌落的母种培养皿倒置于包有一层灭菌丝绒布的木质圆柱体（直径应略小于培养皿平板）上，使其上均匀地沾满来自母培养皿平板的菌落，然后通过这一“印章”将母培养皿上的菌落“忠实”地一一接种到不同的选择性培养基上，经过培养，对比各平板相同位置上的菌落，就可以选出适当的突变性菌株。

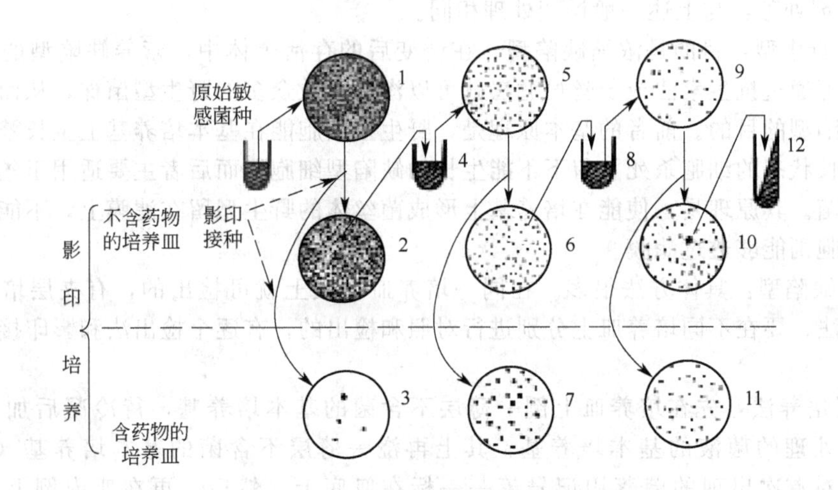


图 6-4　影印平板培养法

（3）营养缺陷型突变株的筛选　营养缺陷型是指野生型菌株经诱变处理后，丧失了合成某种营养成分的能力，主要是指合成维生素、氨基酸及嘌呤、嘧啶的能力，使其在基本培养基上不能正常生长，而必须在此培养基中加入相应的物质才能生长的突变株。营养缺陷型菌株不论在基本理论和应用研究上，还是在生产实践工作中都有极其重要的意义。例如，它们可作为研究代谢途径和杂交、转化、转导、原生质体融合等遗传规律所必不可少的标记菌种；在生产实践中，它们可直接用作发酵生产核苷酸、氨基酸等代谢产物的生产菌株。

① 与筛选营养缺陷型突变株有关的三类培养基

a. 基本培养基（MM，符号为［－］）：仅能满足某微生物的野生型菌株生长需要的最低成分组合培养基，称基本培养基。不同微生物的基本培养基是很不相同的，有的很简单，有的极其复杂。切不能认为凡基本培养基者都必然是不含生长因子的培养基。

b. 完全培养基（CM，符号为［+］）：凡可满足一切营养缺陷型菌株营养需要的天然或半组合培养基，可称为完全培养基。一般可在基本培养基中加入一些富含氨基酸、维生素和碱基之类的天然物质（如蛋白胨或酵母膏等）配制而成。

c. 补充培养基（SM，符号为［A］或［B］等）：凡只能满足相应的营养缺陷型生长需要的组合培养基，称为补充培养基。它是由基本培养基再添加对某一微生物营养缺陷型所不能合成的代谢物所构成的，因此可专门选择相应的突变株。

② 与营养缺陷型突变有关的三类遗传型个体

a. 野生型：指从自然界分离得到的任何微生物在其发生认为营养缺陷突变前的原始菌株。野生型菌株应在其相应的基本培养基上生长。如果以 A 和 B 两个基因来表示其对这两种营养物的合成能力，野生型菌株的遗传型应是［$A^+B^+$］。

b. 营养缺陷型：野生型菌株经诱变剂处理后，由于发生了丧失某酶合成能力的突变，因而只能在加有该酶合成产物的培养基上生长。它不能在基本培养基上生长，而只能在完全培养基或相应的补充培养基上生长。A 营养缺陷型的遗传型用［$A^-B^+$］表示，B 营养缺陷型则可用［$A^+B^-$］表示。

c. 原养型：一般指营养缺陷型突变株经回复突变或重组后产生的菌株，其营养要求在表型上与野生型相同，遗传型均用［$A^+B^+$］表示。

③ 营养缺陷型的筛选方法　筛选营养缺陷型突变株一般要经过诱变、淘汰野生型、检出和鉴定营养缺陷型四个环节。

a. 诱变剂处理：与上述一般诱变处理相同。

b. 淘汰野生型：目的是浓缩缺陷型。在诱变后的存活个体中，营养缺陷型的比例一般较低，通常可通过抗生素法或菌丝过滤法就可以淘汰为数众多的野生型菌株，从而达到“浓缩”营养缺陷型的目的。前者的基本原理是，野生型细胞能在基本培养基上生长繁殖，可用抗生素将生长状态的细胞杀死，留下不能生长的缺陷型细胞。而后者主要适用于丝状生长的真菌或放线菌。其原理是，使能在培养基上形成菌丝体的野生型留在滤膜上，不能生长的营养缺陷型细胞则能够透过滤膜。

c. 检出缺陷型：具体方法很多。在同一培养皿平板上就可检出的，有夹层培养法和限量补充培养法；要在不同培养皿上分别进行对照和检出的，有逐个检出法和影印接种法。现分别介绍如下。

ⓐ 夹层培养法：先在培养皿上倒一薄层不含菌的基本培养基，待冷凝后加上一层混有经过诱变处理的菌液的基本培养基，其上再浇一薄层不含菌的基本培养基（图 6-5）。经培养后，对首次出现的菌落用记号笔一一标在皿底上。然后，再在皿内倒上一薄层第四层培养基——完全培养基。再经培养后所出现的形态较小的新菌落，多数是营养缺陷型。

ⓑ 限量补充培养法：把诱变处理后的细胞接种在含有微量（0.01%以下）蛋白胨的基本培养基上，野生型细胞就迅速长成较大的菌落，而营养缺陷型则生长缓慢，故长成小菌落而得以检出。

ⓒ 点种法：把经诱变处理后的细胞涂布在平板上，待长成单个菌落后，用接种针把这些单个菌落逐个依次地分别接种到基本培养基和完全培养基上。经培养后，如果在完全培养基的某一部位上长出菌落，而在基本培养基的相应位置上却不长，说明这是一个营养缺陷型突变株。

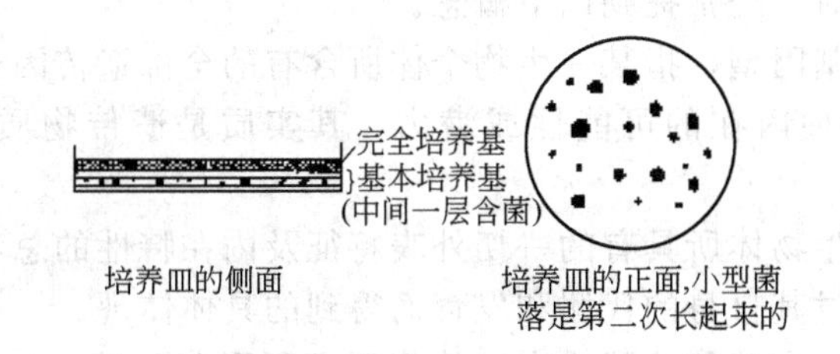


图 6-5 夹层培养法及其结果

ⓓ 影印接种法：将诱变处理后的细胞涂布在一完全培养基的表面上，经培养后使其长出许多菌落。然后用已经制成的印章，将此皿上的全部菌落转印到另一基本培养基平板上（图 6-6）。经培养后，比较这两个平板上长出的菌落。如果发现在前一培养皿平板上的某一部位长有菌落，而在后一平板的相应部位上却不长，说明这就是一个营养缺陷型菌株。

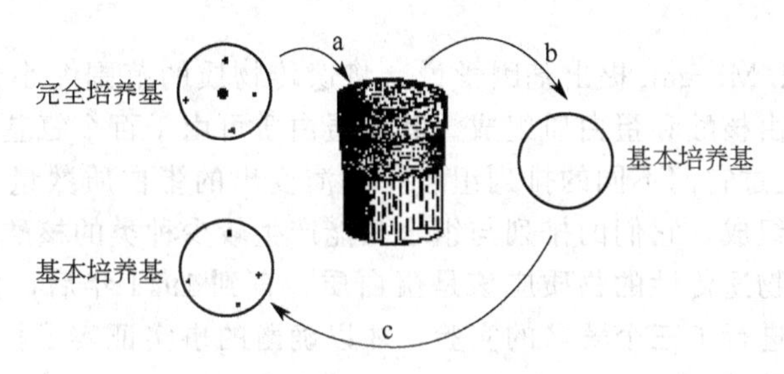


图 6-6 用影印接种法检出营养缺陷型突变菌株
a—将完全培养基上的菌落转移到影印用丝绒布上；
b—将丝绒布上的菌落转接到基本培养基上；
c—适温培养

d. 鉴定缺陷型：可用生长谱法来进行。即在培养基中加入某种物质时，能生长的菌便是某种物质的缺陷型。其步骤是，首先是鉴定需要哪一大类生长因子，可用天然产物的混合物检测，其次是鉴定具体因子。

【相关知识】

# 相关知识一 遗传变异的物质基础

## 一、基本概念

自然界中繁多的微生物种类之间有着明显的差异。就某种微生物而言，其亲代与子代之间有相似的性状，这种子代与亲代相似的现象通称为遗传。遗传现象保证了微生物物种的相对稳定性。而子代也常表现出与亲代的某些差异，并可以再遗传给后代，这种子代与亲代之间的差异被称为变异。变异推动了物种的进化和发展。变异后的新性状是稳定的、可遗传的。

在学习遗传、变异时，经常提到以下概念。

(1) 遗传型　又称基因型，指某一生物个体所含有的全部遗传因子，即基因组所携带的遗传信息。遗传型是一种内在的可能性或潜力，其实质是遗传物质上所负载的特定遗传信息。

(2) 表型　指某一生物体所具有的一切外表特征及内在特性的总和，是有某遗传型的生物，在合适环境下，通过其自身的代谢和发育而得到的具体体现。

(3) 变异　指生物体在某种外因或内因的作用下所引起的遗传物质结构或数量的改变，即遗传型的改变。其特点是在群体中只以极低的概率（一般为 $10^{-10}$～$10^{-5}$）出现，性状变化幅度大，且变化后的新性状是稳定的、可遗传的。

生物的遗传变异有无物质基础以及何种物质可执行遗传变异功能，是生命科学中的一个重大的基础理论问题。

19 世纪末，德国科学家 A. Weismann 认为生物体的物质可分体质和种质两部分，首次提出了种质（遗传物质）具有稳定性和连续性，还认为种质是一种有特定分子结构的化合物。

20 世纪初，T. H. Morgan 提出基因学说，将遗传物质的范围缩小到染色体上。通过化学分析，发现染色体由核酸和蛋白质组成。其中蛋白质可由千百个氨基酸单位组成，氨基酸的种类有 20 多种，经过它们不同的排列组合，可演变出的蛋白质数量不可估计；而核酸只有四种不同的核苷酸组成，它们的排列与组合只能产生较少种类的核酸。因此，当时的学术界普遍认为，决定生物遗传性的物质应该是蛋白质。直到 1944 年后，由于连续利用微生物这一有利的实验对象进行了三个著名的实验，才以确凿的事实证实了核酸尤其是 DNA 才是遗传变异的真正物质基础。

1953 年，Watson 和 Crick 提出了脱氧核糖核酸的双螺旋结构模型，从此揭开了分子遗传学和分子生物学的序幕。

## 二、遗传物质在细胞内的存在部位和方式

除部分病毒的遗传物质是 RNA 外，其余病毒及具有典型细胞结构的生物体的遗传物质都是 DNA。可以从七个水平来阐述遗传物质在细胞中存在的部位和方式。

**1. 细胞水平**

从细胞水平上看，真核微生物和原核微生物的大部分 DNA 都集中在细胞核或核区中。在不同的微生物细胞或者是在同种微生物的不同类型细胞中，细胞核的数目是不同的。

**2. 细胞核水平**

真核生物的 DNA 与蛋白质结合在一起构成了染色体，在全部染色体外还有一层核膜包裹着，从而构成了在光学显微镜下清晰可辨的完整细胞核。原核细胞最大的细胞学特点就是没有核膜与核仁的分化，只有一个核区称拟核。染色体 DNA 位于拟核区，没有组蛋白。

除核基因外，在真核生物和原核生物的细胞质中，也有一些 DNA 含量少、能自主复制的核外染色体。比较重要的是原核生物中的核外染色体（质粒）。

**3. 染色体水平**

每一种细胞核内染色体的数目不等。真核微生物的每个细胞核中染色体的数目总是较多，而且数目随着种类的不同而不同；原核生物中，核区只有一个由裸露的 DNA 构成的、光学显微镜下看不到的、一般呈环状的染色体。

除染色体的数目外，染色体的套数也有不同。如果在一个细胞中只有一套相同功能的染色体，它就是一个单倍体。在自然界中所发现的微生物，多数都是单倍体，高等动植物的生

殖细胞也都是单倍体。包含着两套相同功能染色体的细胞，就称为双倍体，如高等动植物的体细胞、少数微生物（如啤酒酵母）的营养细胞以及由两个单倍体的性细胞结合活体细胞融合后所形成的合子等都是双倍体。

**4. 核酸水平**

在细胞核中，生物的遗传物质是核酸。绝大多数生物的遗传物质是DNA，只有少数病毒的遗传物质是RNA。从核酸的结构看，有双链和单链之分。绝大多数微生物的DNA是双链的，只有少数微生物的DNA是单链的，如微球形噬菌体ΦX174的DNA就是单链的（直径约1～4nm，长度为1.3μm）。DNA分子是极长的，如大肠埃希菌的DNA分子就有1.4mm长。在这样长的DNA分子中所包含的基因数也多。在原核生物中，双链DNA可以呈环状或链状，有的（如细菌细胞内的质粒）还可以呈超螺旋状。

**5. 基因水平**

基因是指生物体内有自我复制能力的遗传功能单位，是具有特定核苷酸顺序的核酸片段。原核生物与真核生物的基因有许多不同之处。

**6. 密码子水平**

遗传密码是指DNA链上决定各具体氨基酸的特定核苷酸序列。遗传密码的信息单位是密码子，每一密码子由三个核苷酸序列（三联体）所组成。密码子一般都用mRNA上的三个连续核苷酸序列来表示。

**7. 核苷酸水平**

核苷酸单位（碱基）是一个最低突变单位或成交单位。从碱基对的数目来看，多数细菌的基因组为1～9Mb。

## 三、质粒

具有独立复制能力的共价闭合环状DNA分子，即cccDNA，称为质粒。质粒上携带着某些染色体上所没有的基因，使细菌等原核生物具有了某些对其生存并非必不可少的特殊功能，如结合、产毒、抗药、固氮、产特殊酶或降解毒物等功能。质粒是一种复制子，如果其复制与核染色体同步，称为严紧型质粒，在这类细胞中，一般只含有1～2个质粒；另一类质粒的复制与核染色体的复制不同步，称为松弛型质粒，在这类细胞中，一般含有10～15个或者更多的质粒。少数质粒可在不同菌株间转移。

质粒具有一些特点，例如：①相对分子质量小，便于DNA的分离和操作；②呈环状，使其在化学分离过程中能保持性能稳定；③有不受核基因组控制的独立复制起始点；④拷贝数多，使外源DNA很快扩增；⑤存在抗药性基因等选择性标记，便于含质粒克隆的筛选等，因此质粒被广泛应用于各种基因工程领域。

**1. 致育因子**

致育因子又称F因子或性因子，是小分子DNA，能以自身复制的环状分子存在于细菌染色体之外，也能整合到细菌染色体上，是*E. coli*等细菌中决定性别并有转移能力的质粒。F因子除在大肠埃希菌等肠道细菌中存在外，还存在于假单胞菌属、嗜血杆菌属、奈瑟球菌属和链球菌属等的细菌中（详见本章的“接合”）。

**2. 抗性因子**

抗性因子又称R质粒，是分布最广、研究最充分的质粒，主要包括抗药性和抗重金属两大类。带有抗药性因子的细菌有时对于几种抗生素或其他药物呈现抗性。例如$R_1$质粒能使宿主对氯霉素、链霉素、磺胺、氨苄青霉素和卡那霉素具有抗性，而且负责这些抗性的基因是成簇地存在于$R_1$抗性质粒上。许多R质粒能使宿主对一些金属离子呈现抗性，包括碲

（$Te^{6+}$）、砷（$As^{3+}$）、汞（$Hg^{2+}$）、镍（$Ni^{2+}$）、钴（$Co^{2+}$）、银（$Ag^{+}$）、镉（$Cd^{2+}$）等。在肠道细菌中发现的R质粒，约有25%是抗$Hg^{2+}$，而铜绿假单胞菌中约占75%。

R因子可分为两部分，一部分称为抗性转移因子（RFT），包括质粒的复制和转移基因；另一部分称为抗性决定子，含有抗性基因，其本身不能移动，只有在RFT推动下才能转移。R因子可作为筛选时的理想标记，也可用作基因载体。

**3. Col质粒**

因这类质粒首先发现于大肠埃希菌中而得名。该质粒含有编码大肠埃希菌素的基因。大肠埃希菌素是一种细菌蛋白，只杀死近缘且不含Col质粒的菌株，而宿主不受其产生的细菌素影响。由$G^{+}$细菌产生的细菌素通常是由质粒基因编码，有些甚至有商业价值，例如一种乳酸菌产生的细菌素Nasin A能强烈抑制某些$G^{+}$细菌的生长，而被用于食品工业的保藏。

**4. 诱癌质粒**（Ti质粒）

根癌土壤杆菌侵入植物细胞并在其中溶解后，把细菌的DNA释入植物细胞中，含有复制基因的Ti质粒的小片段即与植物细胞中的核染色体组发生整合，破坏控制细胞分裂的激素调节系统，使之转变成癌细胞。当前Ti质粒已成为植物遗传工程研究中的重要载体。一些具有重要性状的外源基因可借DNA重组技术插入到Ti质粒中，进一步整合到植物染色体上，以改变该植物的遗传性，培育优良品种。

**5. 巨大质粒**（Mega质粒）

巨大质粒是近年来在根瘤菌属中发现的一种质粒，比一般质粒大几十倍到几百倍，其上有一系列固氮基因。

**6. 降解性质粒**

在假单胞菌属和黄杆菌属等细菌中发现。降解性质粒可编码一系列能降解复杂物质的酶，从而能利用一般细菌难以分解的物质作为碳源。这些质粒以其所分解的底物命名，例如能分解樟脑的质粒CAM、辛烷质粒OCT、二甲苯质粒XYL、水杨酸质粒SAL、扁桃酸质粒MDL、萘质粒NAP和甲苯质粒TOL等。

细菌通常含有一种或多种稳定遗传的质粒，这些质粒可认为是彼此亲和的。但是，如果将一种类型的质粒通过结合或者其他方式导入某一合适的，但是已含一种质粒的宿主细胞，传少数几代后，大多数子细胞只含有其中一种质粒，那么这两种质粒便是不亲和的，它们不能共存于同一细胞中。质粒的这种特性称为不亲和性。这种不亲和性主要与复制和分配有关，只有那些具有不同的复制因子或不同分配系统的质粒才能共存于同一细胞中。

## 四、育种的理论基础概述

变异有两类，即可遗传的变异与不遗传的变异。现代遗传学表明，与进化有关的是可遗传的变异，是由于遗传物质的改变所致，其方式有突变与重组。

生物突变可分为基因突变与染色体畸变。发生在生殖细胞中的基因突变所产生的子代将出现遗传性改变。发生在体细胞的基因突变，只在体细胞上发生效应，而在有性生殖的有机体中不会造成遗传后果。染色体畸变包括染色体数目的变化和染色体结构的改变，前者的后果是形成多倍体，后者有缺失、重复、倒立和易位等方式。突变在自然状态下可以产生（自发突变），也可以人为地实现（诱发突变）。自发突变频率通常很低，每10万个或1亿个生殖细胞在每一世代才发生一次基因突变。诱发突变是指用诱变剂所产生的人工突变。诱发突变实验始于1927年，美国遗传学家H.J.马勒用X射线处理果蝇精子，获得比自发突变高9～15倍的突变率。此后，除X射线外，γ射线、中子流及其他高能射线，5-溴尿嘧啶、2-氨基嘌呤、亚硝酸等化学物质，以及超高温、超低温，都可被用作诱变剂，以提高突变率。

突变的分子基础是核酸分子的变化。基因突变只是一对或几对碱基发生变化。其形式有碱基对的置换，如DNA分子中A-T碱基对变为T-A碱基对；另一种形式是移码突变。由于DNA分子中一个或少数几个核苷酸的增加或缺失，使突变之后的全部遗传密码发生位移，变为不是原有的密码子，结果改变了基因的信息成分，最终影响到有机体的表现型。同样，染色体畸变也在分子水平上得到说明。自发突变频率低的原因是由于生物机体内存在比较完善的修复系统。修复系统有多种形式，如光修复、切补修复、重组修复以及SOS修复等。修复是有条件的，同时也并非每个机体都存在这些修复系统。修复系统的存在有利于保持遗传物质的稳定性，提高信息传递的精确度。

基因重组也是变异的一个重要来源。G.J.孟德尔的遗传定律重新被发现之后，人们逐步认识到二倍体生物体型变异很大一部分来源于遗传因子的重组。以后对噬菌体与原核生物的大量研究表明，重组也是原核生物变异的一个重要来源。其方式有细胞接合、转化、转导及溶源转变等。它们的共同特点是受体细胞通过特定的过程将供体细胞的DNA片段整合到自己的基因组上，从而获得供体细胞的部分遗传特性。20世纪70年代以来，借助于DNA重组即遗传工程技术，可以用人工方法有计划地把人们所需要的某一供体生物的DNA取出，在离体条件下切割后，并入载体DNA分子，然后导入受体细胞，使来自供体的DNA在其中正常复制与表达，从而获得具有新遗传特性的个体。

**拓展链接**

**疯牛病与朊病毒**

疯牛病于1985年在英国发现，20世纪90年代初发展成为高潮，之后逐渐扩展到西欧，目前已经变成世界性问题。疯牛病是一种新型早老性痴呆症即新型克雅症。这是一种从未见过的疾病，是一种慢性、致死性、退化性神经系统的疾病。它由一种目前尚未完全了解其本质的病原——朊病毒所引起。

朊病毒能使正常的蛋白质由良性转为恶性，由没有感染性转化为感染性。它没有病毒的形态，是纤维状的东西；对所有杀灭病毒的物理化学因素均有抵抗力，现在的常规消毒方法都不能除去朊病毒，只有在136℃高温下持续2h才能灭活。朊病毒潜伏期长，从感染到发病平均28年，一旦出现症状半年到一年100%死亡。而且诊断困难，正常的人与动物细胞内都有朊蛋白存在，不明原因作用下它的立体结构发生变化，变成有传染性的蛋白质，患者体内不产生免疫反应和抗体，因此无法监测。

已知的传染性疾病的传播因子必须含有核酸（DNA或RNA）组成的遗传物质，才能感染宿主并在宿主体内自然繁殖。但是朊病毒没有核酸，仅由蛋白质组成，对“蛋白质不是遗传物质”的定论也带来了一些怀疑。那么朊病毒是生命界的一个特例，还是由于目前人们的认识和技术有限而未能揭示的生命之谜呢？

## 相关知识二　原核微生物的基因重组

将两个不同性状个体细胞内的遗传基因移到一个个体细胞内，经过遗传分子间的重新组合，形成新的遗传性个体的过程，称为基因重组。在原核微生物中，基因重组的方式主要有转化、转导、接合等几种形式。它们之间的共同之处在于基因转移导致遗传重组；差异之处在于获取外源DNA的方式不同：接合是通过细菌之间的接触；转化是通过裸露的DNA；转导则需要噬菌体作媒介。

## 一、转化

### 1. 基本概念

受体细胞从外界直接吸收来自供体细胞的DNA片段，并与其染色体同源片段进行遗传物质交换，从而使受体细胞获得新的遗传特性，这种现象称为转化。转化后出现了供体性状的受体细胞称为转化子。具有转化活性的外来DNA片段就称为转化因子。细菌能够从环境中吸收DNA分子进行转化的生理状态称感受态。感受态是由受体细胞的遗传性所决定的，但同时也受细胞生理状态的影响。

转化是细菌中最早发现的遗传物质转移的形式。在原核生物中，转化是一个较普遍的现象，在肺炎链球菌、嗜血杆菌属、芽孢杆菌属、奈瑟球菌属、根瘤菌属、葡萄球菌属、假单胞菌属和黄单胞菌属中尤为多见。在真核微生物中也存在转化现象。

### 2. 转化过程

转化过程可分以下几个阶段：①双链DNA片段与感受态受体菌细胞表面的特定位点结合。在吸附过程的前期阶段，如外界加入DNA酶，就会减少转化子的产生。稍后，DNA酶即无影响，说明此时该转化因子已进入细胞。②在吸附位点上的DNA被核酸内切酶分解，形成平均分子量为$4\times10^6\sim5\times10^6$的DNA片段。③DNA双链中的一条单链被膜上的另一种核酸酶切除，另一条单链逐步进入细胞。相对分子质量小于$5\times10^5$的DNA片段不能进入细胞。此时如用低浓度溶菌酶处理，提高了细胞壁的通透性，最终可提高转化频率。④来自供体的单链DNA片段在细胞内与受体细胞核染色体组上的同源区段配对，受体染色体组上的相应单链片段被切除，并被外来的单链DNA交换、整合和取代，形成了一个杂合DNA区段。此过程有核酸酶、DNA聚合酶和DNA连接酶的参与。⑤受体菌的染色体组进行复制，杂合区段分离成两个，其中之一获得了供体菌的转化基因、另一个未获得供体菌的转化基因，故当细胞发生分裂后，一个子细胞是转化子；另一细胞与原始受体菌一样，仍是敏感型（图6-7）。

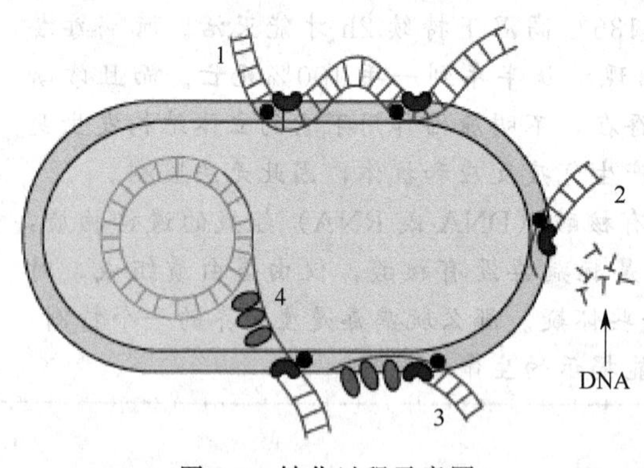


图6-7　转化过程示意图

如果把噬菌体或其他病毒的DNA（或RNA）抽提出来，让它去感染感受态的宿主细胞，并进而产生正常的噬菌体或病毒后代，这种现象称为转染。它与转化不同之处是病毒或噬菌体并非遗传基因的供体菌，中间也不发生任何遗传因子的交换或整合，最后也不产生具有杂种性质的转化子。

转化的效率决定于下列三个内在因素：①受体细胞的感受态，决定转化DNA能否进入细胞；②受体细胞的限制系统，决定转化DNA在整合前是否被分解；③供体和受体DNA的同源性，决定转化DNA的整合。由于转化DNA总是与顺序相同或相似的受体DNA配合，所以亲缘关系越近的其同源性也越强，转化效率也越高。细菌感受态细胞的形成是细菌细胞许多基因产物共同作用的结果，细菌从周围环境中吸收DNA对自身是有益的。转化为相同或相近物种之间的同源重组提供了可能性，是自然界中基因交换的一条重要途径，在生物变异和进化中起着重要作用。

**3. 人工转化**

1970年，Mandel和Higa首先发现DNA在含有高浓度$Ca^{2+}$的条件下能够被受体细胞摄入和转化，随后的实验证明由$Ca^{2+}$诱导的人工转化的大肠埃希菌中，其转化DNA必须是一种独立DNA复制子。例如质粒DNA和完整的病毒染色体具有高的转化效率，而线性的DNA片段则难以转化，其原因可能是线性DNA在进入细胞质之前被细胞周质内的DNA酶消化，缺乏这种DNA酶的大肠埃希菌菌株能够高效地被外源线性DNA片段转化的事实证实了这一点。随着研究技术的改进和经验的积累，人们已经建立了用$Ca^{2+}$、$Mg^{2+}$等诱导转化的标准程序，能对大肠埃希菌菌株C600、JM101、JM109、DH5α等进行有效的转化。

不能自然形成感受态的$G^+$细菌如枯草芽孢杆菌和放线菌，可通过聚乙二醇（PEG，一般用PEG 6000）的作用实现转化。这类细菌必须首先用细胞壁降解酶完全除去它们的肽聚糖层，然后使其维持在等渗的培养基中，在PEG存在下，质粒或噬菌体DNA可被高效地导入原生质体。在已建立的成熟的转化系统中，例如枯草芽孢杆菌，利用PEG技术可使80%的细胞被转化，每微克质粒DNA可获得$10^7$个转化子。其他微生物，包括那些缺乏细胞壁的类型，如支原体和L-型细菌，现在也能用PEG进行转化。

在许多细菌和真核系统中，它们既无自然的感受态呈现，也不能用上述的方法建立感受态，因此人们发展了一种新的将核酸分子导入细胞的方法，最突出的是电穿孔法和基因枪转化法。

用高压脉冲电流击破细胞膜或将细胞膜击成小孔，使各种大分子（包括DNA）能通过这些小孔进入细胞，称为电穿孔法（又称电转化）。

电穿孔法对真核生物和原核生物都适用。现在已用这种技术对许多用其他方法不能导入DNA的$G^-$细菌和$G^+$细菌成功地实现了转化。该方法最初用于将DNA导入真核细胞，后来也逐渐用于转化包括大肠埃希菌在内的原核细胞。在大肠埃希菌中，通过优化各个参数，每微克DNA可以得到$10^9$～$10^{10}$个转化子。这些参数包括电场强度、电脉冲的长度和DNA浓度。电压更高或电脉冲更长，转化效率将会有所提高，但由于细胞生存率的降低，转化效率的提高将被抵消。

基因枪转化法是将包裹有DNA的钨颗粒像子弹一样用高压射进细胞并使DNA留在细胞内，特别是留在细胞器中。用这种方法首次成功地将DNA导入酵母线粒体并引起线粒体遗传变化。基因枪转化现在被广泛地应用于植物的转化中。

## 二、转导

J. Lederberg等（1952年）在鼠伤寒沙门菌中发现了转导现象，转导是利用噬菌体为媒介，将供体菌的部分DNA转移到受体菌内的现象。因为绝大多数细菌都有噬菌体，所以转导作用较普遍。另外，转导DNA位于噬菌体蛋白外壳内，不易被外界的DNA水解酶所破坏，所以比较稳定。获得新遗传性状的受体细胞，就称转导子。携带供体部分遗传物质的噬菌体称为转导噬菌体或转导颗粒。在噬菌体内仅含有供体DNA的称为完全缺陷噬菌体；在噬菌体内同时含有供体DNA和噬菌体DNA的称为部分缺陷噬菌体（部分噬菌体DNA被供体DNA所替换）。根据噬菌体和转导DNA产生途径的不同，可将转导分为普遍性转导和局限性转导。

**1. 普遍转导**

通过完全缺陷噬菌体对供体菌任何DNA小片段的“误包”，而实现其遗传性状传递至受体菌的转导现象，称为普遍转导。普遍转导又可分为以下两种。

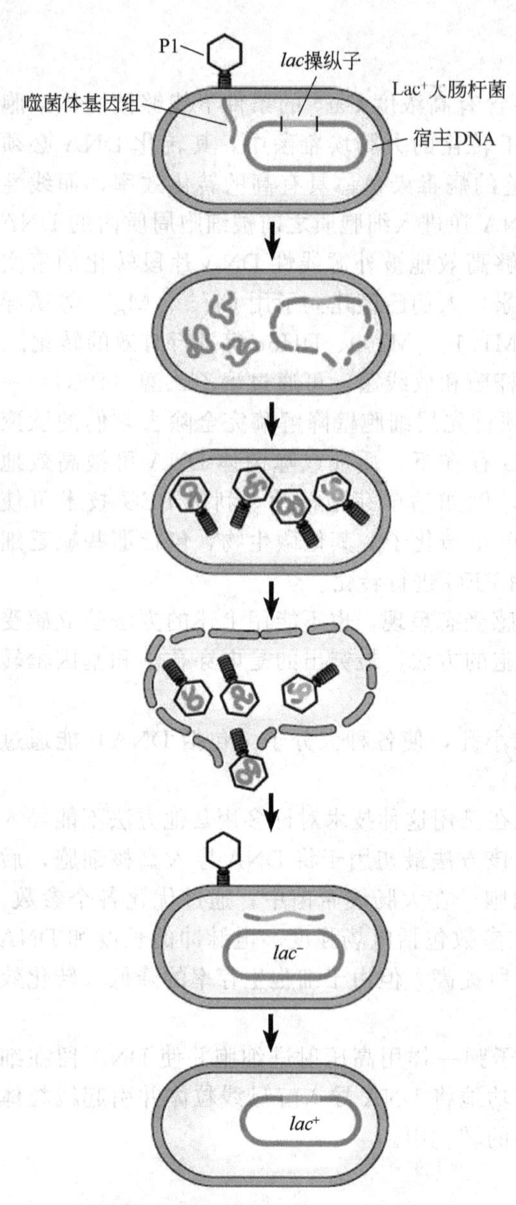

图 6-8　完全普遍性转导过程示意

（1）完全普遍转导　简称完全转导。在大肠埃希菌的完全普遍转导实验中，以其野生型菌株作供体菌、营养缺陷型突变株作受体菌，P1 噬菌体作为转导媒介。当 P1 在供体菌内增殖时，宿主的核染色体组断裂，待噬菌体成熟与包装之际，极少数（$10^{-8}$～$10^{-6}$）噬菌体的衣壳将与噬菌体头部 DNA 相仿的一小段供体菌 DNA 片段误包入其中，因此，形成了一个完全缺陷噬菌体。当供体菌裂解时，如把少量裂解物与大量的受体菌群体相混，这种完全缺陷噬菌体就可将这一外源 DNA 片段导入受体细胞内。在这种情况下，由于一个受体细胞只感染了一个完全缺陷噬菌体，故受体细胞不会发生往常的溶源化，也不显示其免疫性，更不会裂解和产生正常的噬菌体；还由于导入的外源 DNA 片段可与受体细胞核染色体组上的同源区段配对，再通过双交换而整合到受体菌染色体组上，使后者成为一个遗传性状稳定的转导子，实现完全普遍转导（图 6-8）。

（2）流产转导　经转导而获得了供体菌 DNA 片段的受体菌，如果外源 DNA 在其内既不进行交换、整合和复制，也不迅速消失，而仅进行转录、转译和性状表达，这种现象就称流产转导。发生流产转导的细胞在其进行分裂后，只能将这段外源 DNA 分配给一个子细胞，在数代细胞中表达，故能在选择性培养基平板上形成微小菌落（图 6-9）。

**2. 局限转导**

局限转导最初于 1954 年在 *E. coli* K12 中发现，指通过部分缺陷的温和噬菌体把供体菌的少数特定基因携带到受体菌中，并获得表达的转导现象。根据转导频率的高低可把局限转导分成两类。

（1）低频转导（low frequency transduction，LFT）　已知当温和噬菌体感染受体菌后，其染色体会开环，并以线状形式整合到宿主染色体的特定位点上，从而使宿主细胞发生溶源化，并获得对相同温和噬菌体的免疫性。如果该溶源菌因诱导而发生裂解时，就有极其少数（约 $10^{-5}$）的前噬菌体发生不正常切离，其结果会将插入位点两侧之一的少数宿主基因（如 *E. coli* λ 前噬菌体的两侧分别为发酵半乳糖的 *gal* 基因或合成生物素的 *bio* 基因）连接到噬菌体 DNA 上，而噬菌体也将相应的一段 DNA 遗留在宿主的染色体组上，通过衣壳的“误包”，就形成了一种部分缺陷噬菌体（图 6-10）。在 *E. coli* K12 中，可形成 $\lambda_{dgal}$ 或 $\lambda_{dg}$（带有供体菌 *gal* 基因的 λ 缺陷噬菌体，其中的“d”表示缺陷）或 $\lambda_{dbio}$（带有供体菌 *bio* 基因的 λ 缺陷噬菌体），它们没有正常 λ 噬菌体所具有的使宿主发生溶源化的能力。当它感染宿主细

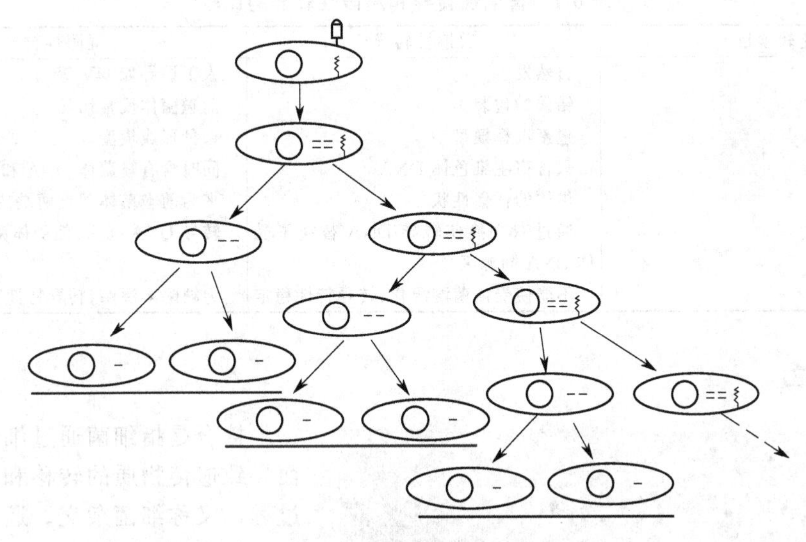

图 6-9 流产转导示意

胞并整合在宿主的核基因组上时，可使宿主细胞成为一个局限转导子（即获得了供体菌的 *gal* 或 *bio* 基因），而不是一个溶源菌，因而对 λ 噬菌体不具有免疫性。

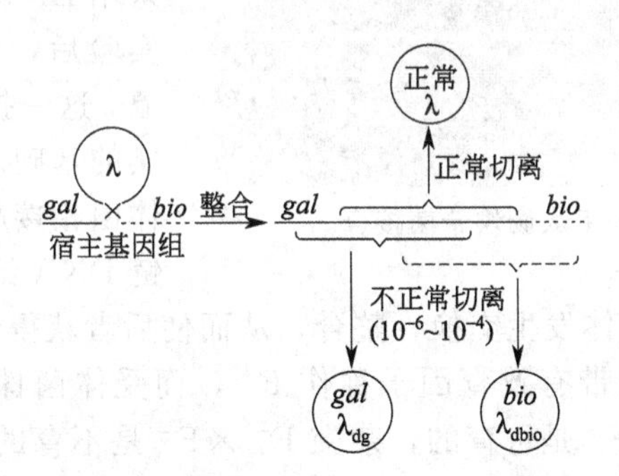


图 6-10 低频转导（LFT）裂解物的形成

由于宿主染色体上进行不正常切离的频率极低，因此在裂解物中所含的部分缺陷噬菌体的比例是极低（$10^{-6}$～$10^{-4}$）的，这种裂解物称 LFT（低频转导）裂解物。LFT 裂解物在低感染复数情况下感染宿主，就可获得极少量的局限转导子，这就是低频转导。

（2）高频转导（high frequency transduction，HFT） 当 *E. coli* $gal^-$（不发酵半乳糖的营养缺陷型）这种受体菌用高 m. o. i［感染复数（multiplicity of infection)］的 LFT 裂解物进行感染时，则凡感染有 $\lambda_{dgal}$ 噬菌体的任一细胞，几乎同时都感染有正常的 λ 噬菌体。这时，λ 与 $\lambda_{dgal}$ 两者同时整合在一个受体菌的核染色体组上，从而使它成为一个双重溶源菌。当双重溶源菌被紫外线等诱导时，其中的正常 λ 噬菌体的基因可补偿 $\lambda_{dgal}$ 所缺失的部分基因功能，因而两种噬菌体就同时获得复制的机会。所以，在双重溶源菌中的正常 λ 噬菌体被称为辅助噬菌体。根据以上的特点得知，由双重溶源菌所产生的裂解物中，含有等量的 λ 和 $\lambda_{dgal}$ 粒子，这就称 HFT（高频转导）裂解物。如果用低感染复数的 HFT 裂解物去感染另一个 *E. coli* $gal^-$ 受体菌，则可高频率地把它转化为能发酵半乳糖的 *E. coli* $gal^+$ 转导子。这种方式的转导，就称高频转导。

普遍性转导与局限性转导的比较见表 6-1。

表 6-1 普遍性转导和局限性转导的比较

| 比较项目 | 普遍性转导 | 局限性转导 |
| --- | --- | --- |
| 转导的发生 | 自然发生 | 人工诱导如 UV 等 |
| 噬菌体形成 | 错误的包装 | 前噬菌体反常切除 |
| 形成机制 | 包裹选择模型 | 杂种形成模型 |
| 内含 DNA | 只含宿主染色体 DNA | 同时含有噬菌体 DNA 和宿主 DNA |
| 转导性状 | 供体的任何性状 | 多为前噬菌体邻近两端的 DNA 片段 |
| 转导过程 | 通过双交换使转导 DNA 替换了受体 DNA 同源区 | 转导 DNA 插入，使受体菌为部分二倍体 |
| 转导子 | 不能使受体菌溶源化；转导特性稳定 | 为缺陷溶源菌；转导特性不稳定 |

## 三、接合

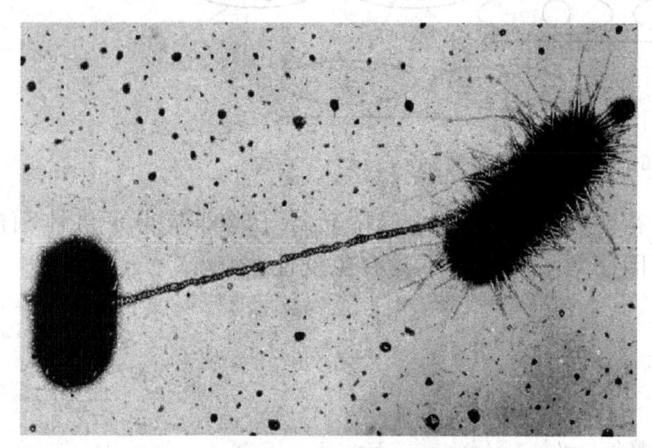

图 6-11 电子显微镜下大肠埃希菌接合

接合是指细菌通过细胞间的接触而导致遗传物质的转移和基因重组的过程，又称细菌杂交。通过接合而获得新性状的受体细胞，就是接合子（图 6-11）。

1946 年，J. Lederberg 和 Tatum 采用 *E. coli* 的两株营养缺陷型进行实验后，证明了原核生物的接合现象，这一技术也在方法学上奠定了坚实的基础。供体菌通过其性菌毛与受体菌相接触，前者传递不同长度的单链 DNA 给后者，并在后者细胞中进行双链化或进一步与核染色体发生交换、整合，从而使后者获得供体菌的遗传性状。

大肠埃希菌的供体菌株带有致育因子称作 $F^+$，而受体菌株不带有致育因子称为 $F^-$。随后的研究证实杂交 $F^+ \times F^-$ 是可育的，杂交 $F^- \times F^-$ 是不育的；F 因子可以传递，从 $F^+$ 到 $F^-$ 细菌，但必须通过细胞接触；F 因子能够自发丧失，一旦丧失就不能再恢复，除非从另一个 $F^+$ 细胞再把它传递过来；F 因子的存在使细菌成为 $F^+$，F 因子的丧失使细菌成为 $F^-$，$F^+$ 细菌分裂仍得到 $F^+$ 细胞。

F 因子类似于染色体，F 因子能自我复制，F 因子一旦消失就不能再出现。F 因子并不是染色体基因，因为染色体基因不那么容易消失，特别是染色体基因转移的频率不超过 $10^{-6}$，而 F 因子转移的频率可高达 70%以上，所以 F 因子是染色体外的一种遗传结构，称为 F 质粒（F plasmid）。

根据细胞中是否存在 F 质粒以及其存在方式的不同，可把 *E. coli* 分成以下四种相互有联系的接合型的菌株（图 6-12）。

$F^+$（“雄性”）菌株：细胞表面着生一条或多条性菌毛的菌株。F 因子以游离状态存在于大肠埃希菌的细胞质中，可独立于染色体进行自主复制。

$F^-$（“雌性”）菌株：细胞中没有 F 质粒，细胞表面也无性菌毛的菌株。但它可通过与 $F^+$ 菌株或 $F'$ 菌株的接合而接受供体菌的 F 因子或 $F'$ 因子，从而使自己转变成“雄性”菌株，也可接受来自 Hfr 菌株的一部分或全部遗传信息。

Hfr（高频重组）菌株：F 因子已从游离状态转变成在核染色体组特定位点上的整合状态，而且发现此种菌株与 $F^-$ 菌株接合后发生重组的频率要比 $F^+$ 与 $F^-$ 接合后的重组频率高

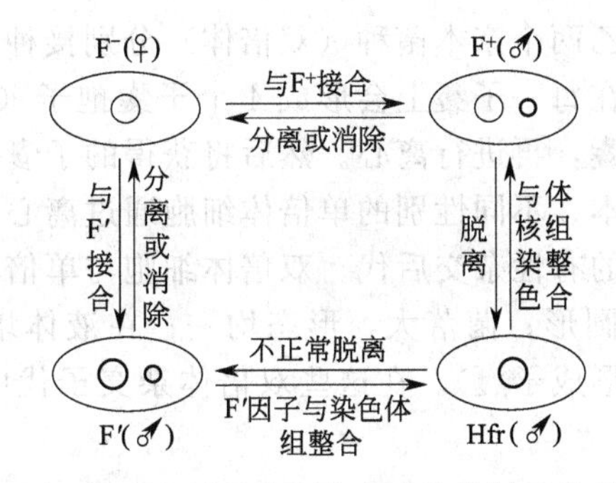


图 6-12　F 因子的存在方式及其相互关系

出数百倍，故得此名。Hfr 菌株仍然保持着 $F^+$ 细胞的特征，具有 F 性菌毛，并能与 $F^-$ 细胞进行接合（图 6-13）。

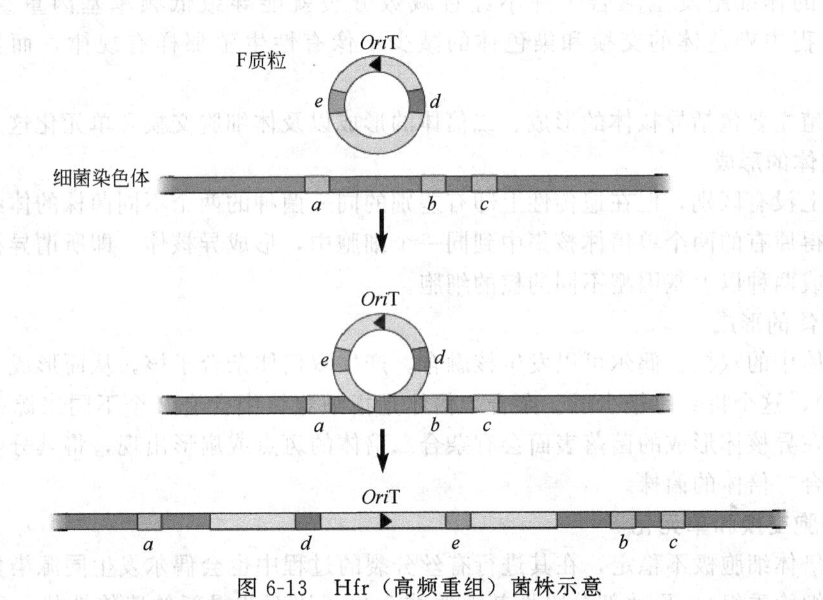


图 6-13　Hfr（高频重组）菌株示意

F′菌株和 F′因子：当 Hfr 菌株内的 F 因子因不正常切离而脱离核染色体组时，可重新形成游离的但携带一小段染色体基因的特殊 F 因子，称 F′因子。具有 F′因子的大肠埃希菌称为 F′菌株。

# 相关知识三　真核微生物的基因重组

真核微生物的基因重组方式主要有有性杂交、准性杂交、遗传转化等。遗传转化的过程与原核生物相似，故本节主要介绍有性杂交和准性生殖。

## 一、有性杂交

杂交是指在细胞水平上进行的一种遗传重组方式。有性杂交，一般指性细胞间的接合和随之发生的染色体重组，并产生新遗传型后代的一种育种技术。凡能产生有性孢子的酵母菌、霉菌和蕈菌，原则上都可应用有性杂交的方式进行育种。现以工业上和基因工程中应用甚广的真核微生物酿酒酵母（*Saccharomyces cerevisiae*）为例加以介绍。

将不同生产性状的甲、乙两个亲本菌种（双倍体）分别接种到产孢子培养基上，使其产生子囊，经过减数分裂后，在每一子囊上会形成4个子囊孢子（单倍体）。用蒸馏水洗下子囊，用机械法或酶法破坏子囊，再进行离心。然后将获得的子囊孢子涂平板，得到由单倍体组成的菌落。把来自不同亲本、不同性别的单倍体细胞通过离心等方式使之密集地接触，有更多的机会出现种种双倍体的有性杂交后代。双倍体细胞与单倍体细胞有明显的差别，易于识别（双倍体细胞大，呈椭圆形；菌落大，形态均一；在液体培养基中繁殖较快，细胞分散；在产孢子培养基上，会形成子囊）。在这些双倍体杂交子代中，通过筛选，可选到优良性状的杂种。

## 二、准性生殖

准性生殖是一种类似于有性生殖，但比有性生殖更为原始的生殖方式，它可使同种而不同菌株的体细胞发生融合，并不经过减数分裂就能导致低频率基因重组的生殖过程。在该过程中染色体的交换和染色体的减少不像有性生殖那样有规律，而且也是不协调的。

准性生殖主要包括异核体的形成、二倍体的形成以及体细胞交换和单元化这三个过程。

**1. 异核体的形成**

在形态上没有区别，但在遗传性上却有差别的同一菌种的两个不同菌株的体细胞，经联结后，就使得原有的两个单倍体核集中到同一个细胞中，形成异核体。即所谓异核体是指同时具有两种或两种以上基因型不同的核的细胞。

**2. 二倍体的形成**

在异核体中的双核，偶尔可以发生核融合，产生双倍体杂合子核，从而形成二倍体（或杂合二倍体），这个机会是极少的。杂合二倍体是指细胞核中含有2个不同来源染色体组的菌体细胞。在异核体形成的菌落表面会有杂合二倍体的斑点或扇形出现，将其分生孢子分离即可得到杂合二倍体的菌株。

**3. 体细胞交换和单元化**

杂合二倍体细胞极不稳定，在其进行有丝分裂的过程中也会偶尔发生同源染色体之间的交换（即体细胞重组），导致部分隐性基因的纯合化，从而获得新的遗传性状。所谓单元化过程是指在一系列有丝分裂过程中一再发生的个别染色体减半，直至最后形成单倍体的过程，不像减数分裂那样染色体的减半一次完成。故准性生殖中单倍体化不是一次有丝分裂的结果，而是要经过若干次的分裂过程，每次分裂都有可能从二倍体核中失去部分染色体，最后才恢复成单倍体核。

从表6-2可以看出，准性生殖对一些没有有性过程但有重要生产价值的半知菌育种工作来说，提供了一个重要的手段，如国内在灰黄霉素生产菌——荨麻青霉的育种中，曾借用准性杂交的方法而取得了较好的成效。

**表6-2 准性生殖和有性生殖的比较**

| 项目 | 准性生殖 | 有性生殖 |
| --- | --- | --- |
| 参与接合的亲本细胞 | 形态相同的体细胞 | 形态或生理上有分化的性细胞 |
| 独立生活的异核体阶段 | 有 | 无 |
| 接合后双倍体的细胞形态 | 与单倍体基本相同 | 与单倍体明显不同 |
| 双倍体变为单倍体的途径 | 通过有丝分裂 | 通过减数分裂 |
| 接合发生的概率 | 偶然发现，概率低 | 正常出现，概率高 |

**拓展链接**

转移遗传物质的手段还包括原生质体融合和基因工程。

原生质体融合是将双亲株的微生物细胞分别通过酶解去壁，使之形成原生质体，然后在高渗条件下混合，并加入物理的、化学的或生物的助融条件，使双亲株的原生质体间发生相互凝集和融合的过程。通过细胞核融合而发生基因组间的交换、重组，在适宜条件下再生出微生物细胞壁，获得重组子。原生质体融合技术打破了微生物的种属界限，可以实现远缘间菌株的基因重组。

基因工程是指用人工方法，通过体外基因重组和载体的作用，使新构建的遗传物质组合进入新个体，并在此新个体中得以稳定地遗传和表达的过程。这项技术，使人类能定向改造基因、编码特定蛋白，从此人类获得了主动改造生命的能力。基因工程的主要操作包括：分离得到目的基因；目的基因与载体的连接，并导入宿主细胞；目的基因的扩增表达，从而获得大量的基因产物，或者令生物表现出新的性状。

**【微生物育种技术应用实例】**

## 实例一 大肠埃希菌营养缺陷型菌株的筛选

以大肠埃希菌（*Escherichia coli*）K12为出发菌株，紫外线作为诱变剂，并用青霉素法淘汰野生型，采用逐个测定法检出缺陷型，最后用生长谱法鉴定缺陷型（图6-14）。

**1. 操作流程**

（1）UV诱变时间的确定 在紫外灯的功率及与诱变对象的距离一定的情况下，UV诱变的剂量主要与照射时间有关。剂量过高，会把菌体全部杀死；剂量过低，起不到诱变的作用。通常以UV照射后细胞存活率在20％～30％的处理时间作为诱变处理时间。

收集新活化的菌体，用生理盐水稀释，各取3mL加入到5个内置大头针的小培养皿内，做好标记（在皿盖上标记为20s、40s、60s、80s、100s，代表不同的UV照射时间）。另取1mL菌悬液用于测定UV照射前的总菌数。

处理前先开紫外灯稳定30min，然后将各培养皿依次放在15W的紫外灯下的磁力搅拌器上，距离紫外灯管约25～30cm。打开磁力搅拌器，让大头针旋转搅拌，然后开盖处理，照射时间为皿盖上标记的时间。照射毕先盖上皿盖，再关紫外灯。避光带出诱变室。

在避光（可用红光照明）条件下，取未经照射和经UV照射20s、40s、60s、80s、100s处理的菌液用无菌生理盐水进行适当稀释后，用倾注法在肉汤固体培养基平板上进行活菌测数，与未经照射的总菌数比较，计算各照射时间的存活率。确定以照射后存活率在20％～30％的时间作为诱变时间。

（2）UV诱变 按上述方法同样制备菌液。取3mL菌液加到培养皿内，照射时间为事先确定的诱变时间（大肠埃希菌大约为60s）。加入等量加倍肉汤培养液，置37℃温箱内，避光培养12h以上。

（3）青霉素法淘汰野生型 吸5mL处理过的菌液于已灭菌的离心管，离心（3500r/min）10min。收集菌体，加入无菌生理盐水，离心洗涤三次，最后加生理盐水到原体积。

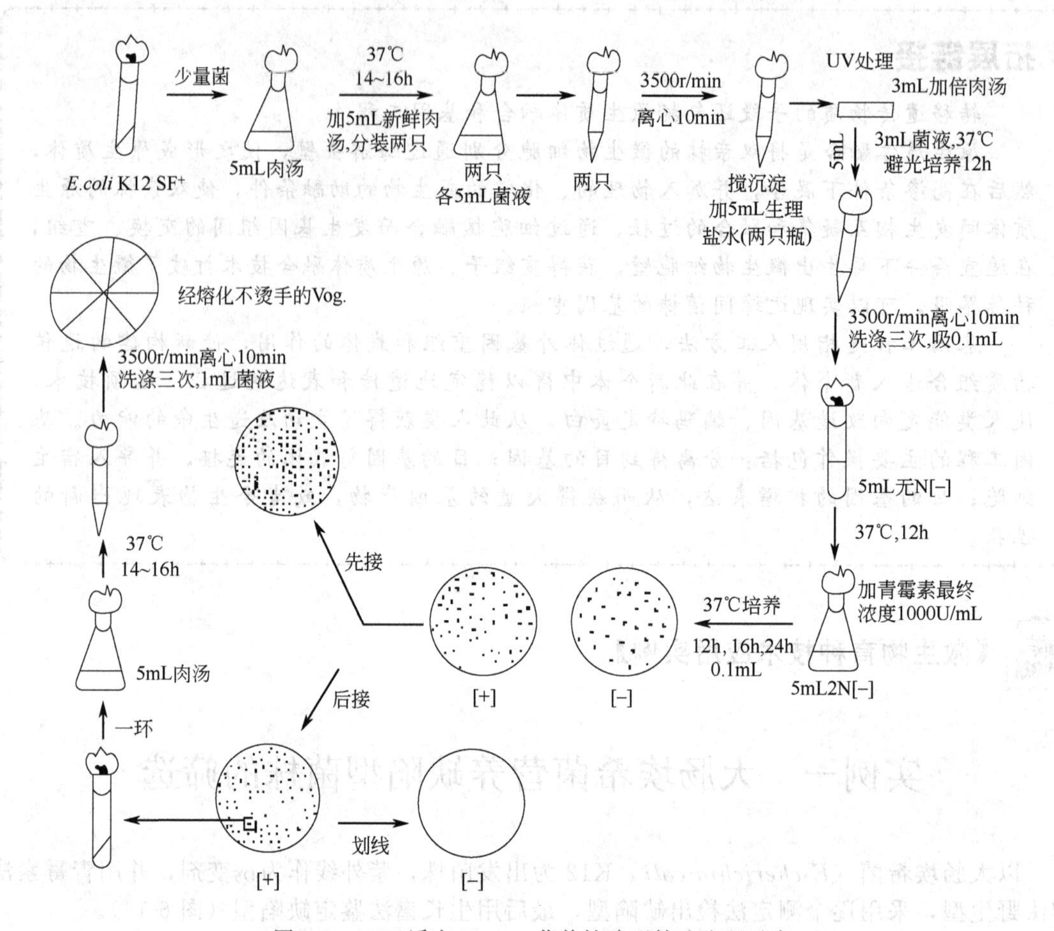


图 6-14 UV 诱变 *E. coli* 营养缺陷型筛选流程示意

吸取经离心洗涤的菌液 0.1mL 于 5mL 无氮基本培养液中，37℃饥饿培养 12h。

培养 12h 后，按 1∶1 加入 2N 基本培养液 5mL，同时加入青霉素钠盐，使青霉素在菌液中的最终浓度约为 1000U/mL，再放入 37℃温箱中培养。

先后从培养 12h、16h、24h 的菌液中各取 0.1mL 菌液到两灭菌培养皿中，再分别倒入经熔化并冷却到 40～50℃的基本培养基和完全培养基，摇匀放平，待凝固后，放入 37℃温箱中培养（培养皿上注明取样时间）。

（4）营养缺陷型的检出　以上平板培养 36～48h 后，进行菌落计数。选用完全培养基上长出的菌落数大大超过基本培养基的那一组，用灭菌牙签挑取完全培养基上长出的菌落 80 个，分别点种于基本培养基与完全培养基平板上，先基本后完全，依次点种，放 37℃温箱培养。

培养 12h 后，选在基本培养基上不生长而在完全培养基上生长的菌落，再在基本培养基的平板上划线，37℃温箱培养，24h 后不生长的可能是营养缺陷型。

（5）生长谱鉴定　将可能是缺陷型的菌落接种于盛有 5mL 肉汤培养液的离心管中，37℃培养 14～16h。收集培养液，离心（3500r/min）10min，倒去上清液，打匀沉淀，然后用无菌生理盐水离心洗涤三次，最后加生理盐水到原体积。

吸取经离心洗涤的菌液 1mL 于一灭菌的培养皿中，然后倒入熔化后冷却至 45～50℃的基本培养基，摇匀放平，待凝，共做两皿。

将 2 只培养皿的皿底等分 7 格，分别放入 5 组混合氨基酸、混合维生素和混合碱基（加量要很少，否则会抑制菌的生长），然后放于37℃温箱培养24～48h，观察生长圈，并确定是哪种营养缺陷型。如果是氨基酸缺陷型，按表6-3所示就可以确定属于哪一种氨基酸缺陷型。若是碱基或维生素缺陷型，则分别挑取单种碱基或维生素加入各小区，培养后就可知道具体属于哪一种缺陷型了。

**表6-3 氨基酸营养缺陷型分析表**

| 菌落生长区 | 缺陷型所需氨基酸 | 菌落生长区 | 缺陷型所需氨基酸 | 菌落生长区 | 缺陷型所需氨基酸 |
|---|---|---|---|---|---|
| A | 组氨酸 | A,B | 苏氨酸 | B,D | 甲硫氨酸 |
| B | 精氨酸 | A,C | 谷氨酸 | B,E | 苯丙氨酸 |
| C | 酪氨酸 | A,D | 天冬氨酸 | C,D | 色氨酸 |
| D | 甘氨酸 | A,E | 亮氨酸 | C,E | 丙氨酸 |
| E | 胱氨酸 | B,C | 赖氨酸 | D,E | 丝氨酸 |

异亮氨酸、羟脯氨酸、脯氨酸、缬氨酸、天冬酰胺等5种氨基酸没包含在测试氨基酸中，如果有些缺陷型用上述15种氨基酸测不出来，可单独用这5种氨基酸测试。

**2. 培养基配方**

（1）肉汤液体培养基　牛肉膏0.5g，蛋白胨1g，NaCl 0.5g，蒸馏水100mL，pH7.2，121℃高压灭菌15min。

（2）加倍肉汤液体培养基　除蒸馏水外，肉汤液体培养基的其他成分加倍。

（3）Vogel 50×（即浓缩50倍）基本培养液　见附录二。

（4）基本液体培养基　Vogel 50×基本培养液2mL，葡萄糖2g，蒸馏水98mL，pH7.0，115℃高压灭菌30min。

（5）基本固体培养基　琼脂2g，基本液体培养基100mL，pH7.0，115℃高压灭菌30min。

（6）无氮（N）基本液体培养基　见附录二。

（7）2N基本液体培养基　每100mL无N基本液体培养基中加入0.2g $(NH_4)_2SO_4$即可。

**3. 试剂**

（1）混合氨基酸的配制　将15种氨基酸各取100mg，烘干研细，按表6-4组合成5组混合氨基酸粉剂，分装入小管在干燥器中避光保存备用。

**表6-4 混合氨基酸分组**

| 组别 | 每组所含氨基酸 | | | | |
|---|---|---|---|---|---|
| A | 组氨酸 | 苏氨酸 | 谷氨酸 | 天冬氨酸 | 亮氨酸 |
| B | 精氨酸 | 苏氨酸 | 赖氨酸 | 甲硫氨酸 | 苯丙氨酸 |
| C | 酪氨酸 | 谷氨酸 | 赖氨酸 | 色氨酸 | 丙氨酸 |
| D | 甘氨酸 | 天冬氨酸 | 甲硫氨酸 | 色氨酸 | 丝氨酸 |
| E | 胱氨酸 | 亮氨酸 | 苯丙氨酸 | 丙氨酸 | 丝氨酸 |

（2）混合维生素的配制　把维生素$B_1$、维生素$B_2$、维生素$B_6$、泛酸、对氨基苯甲酸（PABA）、烟碱酸及生物素各取50mg，混合烘干研细，配成混合维生素，保存备用。

（3）混合碱基的配制　称取腺嘌呤、鸟嘌呤、次黄嘌呤、胞嘧啶和胸腺嘧啶各50mg，混合烘干研细，配成混合碱基，保存备用。

（4）生理盐水　NaCl 0.85g，蒸馏水100mL，121℃高压灭菌15min。

（5）1667U/mg的青霉素钠。

## 实例二 抗药性突变株的分离

抗药性突变株是指野生型菌株产生的对某药物的抗性变异类型，这种变异的发生是由于DNA分子的某一特定位置的结构改变所致，与药物的存在无关，药物的存在只是作为筛选抗药性突变株的一种手段。抗药性突变株是遗传学研究和育种实践中十分重要的遗传标记，有些抗药性菌株还是十分重要的生产菌种。因此，掌握分离抗药性突变株的方法和技能是十分必要的。

本案例以 *E. coli* $Str^S$为出发菌株，采用梯度平板法筛选抗药性突变株。通过制备存在药物浓度梯度的平板，在其上涂布大量敏感菌，极个别的细胞会在平板上药物浓度比较高的部位生长出来，将这些菌落挑取纯化，进一步进行抗性实验，就可以得到所需要的抗药性菌株。

操作流程如下。

（1）制备菌悬液 从已活化的斜面菌种上挑一环 *E. coli* 到装有5mL牛肉膏蛋白胨培养液的无菌离心管中，接两支，置37℃培养16h左右，离心（500r/min，10min），收集菌体，用无菌生理盐水离心洗涤2次，弃上清液，打散菌苔，悬浮于5mL生理盐水中。将两支离心管的菌悬液一并倒入装有玻璃珠的三角瓶中，充分振荡以分散细胞，制成$10^8$个/mL的菌液，然后吸3mL菌悬液于装有两只大头针的小培养皿（直径6cm）中。

（2）紫外线诱变处理 参见实例一。

（3）抗药性突变株的检测

① 制备梯度平板 将熔化好的10mL牛肉膏蛋白胨琼脂培养基倒入培养皿，立即将培养皿斜放（可自制一个约呈30°倾斜的支撑平面），使高处的培养基正好位于皿底与皿边的交接处。待凝固后，将平板平放，再加入含链霉素100μg/mL的牛肉膏蛋白胨琼脂培养基10mL。凝固后，便得到了链霉素浓度从100μg/mL到0μg/mL逐渐递减的梯度平板。在皿底做好标记，指示药物浓度高低的方向。

② 筛选抗药性菌株 吸取0.2mL经诱变后的 *E. coli* 培养液加到梯度平板上，用无菌玻璃涂棒将菌液均匀涂布到整个平板表面。置于37℃培养48h。选择生长在梯度平板链霉素浓度最高处的单个菌落分别接到斜面上，培养后再做抗药浓度测定。

（4）抗药浓度的测定

① 制备含药平板 取链霉素溶液（750μg/mL）0.2mL、0.4mL、0.6mL、0.8mL分别加到无菌培养皿中，再用无菌大口吸管分别加入熔化并冷却到50℃左右的牛肉膏蛋白胨琼脂培养基14.8mL、14.6mL、14.4mL、14.2mL，立即混匀，冷凝后即分别成为含有10μg/mL、20μg/mL、30μg/mL、40μg/mL链霉素的含药平板。另做一个不含药只加15mL培养基的平板作对照用。

② 抗药浓度测定 将上述平板用记号笔分区，将分离到的抗药性菌株分别划线接入上述四种药物浓度的平板和对照平板上。每一皿必须留一格接种出发菌株。将接种后的所有平板放入37℃培养过夜，第二天观察各菌株的生长情况。

## 实例三 艾姆试验检测诱变剂和致癌剂

环境污染物的遗传学效应主要表现在污染物的致突变作用方面。随着工业的发展，世界上大量的化学物质被合成或分解，使得具有突变作用或怀疑具有突变作用的化合物种类和数量巨大。致突变作用是致癌和致畸的根本原因，Ames 等发现 90%以上的致突变物是致癌物质。根据这种相关性，他们创立了一种快速测定法，即利用一系列鼠伤寒沙门菌组氨酸缺陷型（$his^-$）菌株在被检测物质作用下是否能发生回复突变，来判断该化学物质是否具有诱变性和致癌性，并能区别突变的类型（置换或移码突变）。

鼠伤寒沙门菌组氨酸缺陷型（$his^-$）菌株在不含组氨酸（His）的基本培养基上不能生长，如遇到具有诱变性能的物质可发生回复突变（$his^-$ 变为 $his^+$），因而在基本培养基上也能生长，形成肉眼可见的菌落。因此，可以在短时间内，根据回复突变发生的频率来判定该物质是否具有诱变或致癌的性能。

在实验中所用的检测菌株具有以下遗传性能：①组氨酸基因突变（$his^-$），根据选择性培养基上出现 $his^+$ 的回复突变率可测出诱变剂或致癌物的诱变效率。②脂多糖屏障丢失（rfa），该菌株的细胞壁基因有缺陷，使待测物容易进入细胞内。③紫外线修复系统缺失（ΔuvrB），同时其附近的硝基还原酶和生物素基因缺失（$bio^-$），使致癌物引起的遗传损伤的修复降低到最小程度。④具有抗药性标记 R，表示某些菌株具有抗氨苄青霉素的质粒，从而提高了检出的灵敏性。

常用的几株鼠伤寒沙门菌命名为：TA1535、TA1537、TA1538、TA98、TA100、TA97 及 TA102 等。这是一系列特异的营养缺陷型沙门菌株（表 6-5）。检测菌株 TA1535 含有一个碱基置换突变，能检测引起置换突变的诱变剂。TA1537 在重复的 G-C 碱基对序列中有一个移码突变，能检测引起移码的诱变剂。TA100 和 TA98 就是上述菌株分别加上一个抗药性转移因子 pKM101 质粒后的菌株（质粒易丢失，故应尽可能减少传代）。

**表 6-5 检测菌株的遗传特性**

| 特性<br>菌株 | 组氨酸缺陷<br>（$his^-$） | 脂多糖屏障突变<br>（rfa） | UV 修复系统缺失（ΔuvrB） | 生物素基因缺失（$bio^-$） | 抗药性标记<br>（R） | 检测的突变型 |
|---|---|---|---|---|---|---|
| TA1535 | $his^-$ | rfa | uvrB | $bio^-$ | — | 置换 |
| TA100 | $his^-$ | rfa | uvrB | $bio^-$ | R | 置换 |
| TA1537 | $his^-$ | rfa | uvrB | $bio^-$ | — | 移码 |
| TA98 | $his^-$ | rfa | uvrB | $bio^-$ | R | 移码 |
| S-CK 野生型 | $his^+$ | 未突变 | 不缺失 | $bio^+$ | — | — |

有的被检测物的诱变性是被哺乳动物肝细胞中的羟化酶系统活化才显示出来的，而细菌却没有这种酶系统。为了使实验条件更接近于哺乳动物代谢情况，在测试时加入鼠肝匀浆的酶系统（S-9 混合液）作为体外活化系统，能增加检测的灵敏度。

**1. 操作流程**

本案例以鼠伤寒沙门菌 TA100 作测试菌株，S-CK 野生型作为对照菌株。

（1）测试菌株的鉴定

① 组氨酸和生物素标记的鉴定　将测试菌株 TA100 和对照菌株 S-CK 于实验前一天分别挑取一环到 5mL 肉汤液中，37℃培养过夜，离心洗涤 4 次。将底层培养基熔化后倒 4 皿。取 4 支“素琼脂”熔化后在 48℃水浴中保温，分别吸取各菌液 0.1mL 到各试管中，搓匀后立即倾注到底层平板上，每个菌株 2 皿。用记号笔在各培养皿背后标出 A、B、C 3 个点，在 A 点上加微量组氨酸固体颗粒、B 点上加微量组氨酸和生物素混合液一小滴、C 点不加任何物质作空白对照。37℃培养 2d 观察结果。要求除了对照菌株外，检测菌株表现为组氨酸和生物素缺陷型。

② 脂多糖屏障丢失（rfa）的鉴定　倒好肉汤培养基底层平板 4 皿，取 4 支“素琼脂”试

管按上述①的方法倾注带菌的平板，各菌株2皿。在皿中心放一直径为0.6cm的无菌圆形滤纸，滴上10μL结晶紫溶液（1mg/mL），37℃培养过夜后观察结果。若纸片周围出现抑制圈，且直径大于14mm者，说明rfa突变。

③ 抗药性因子（R）鉴定　倒好肉汤培养基平板2皿，冷凝后在平板中心加0.01mL氨苄青霉素，用接种环轻轻涂成一条带，置37℃温箱或室温下待干。用记号笔画好记号，分别挑取一环试验菌株，划过氨苄青霉素带并与之垂直的方向平行划线，每个菌株划两皿，37℃培养过夜，观察结果。含R因子者在划线部分能生长，无R因子者不能生长。R因子的性状易丢失，应经常鉴定。

④ 紫外线修复缺失（ΔuvrB）的鉴定　倒好肉汤培养基平板4皿，冷凝后用记号笔做标记。分别取TA100和S-CK两个菌株在平板上平行划线，各做两个重复。将平皿置15W紫外灯下（距离30cm），揭开皿盖，用灭菌的黑纸遮盖培养皿的1/2，打开紫外灯，照射10～15s。照射完毕，移开黑纸并盖上皿盖，37℃培养过夜，观察结果。紫外线修复缺失的菌株经照射后不能生长，但有黑纸遮盖的部分可生长。

（2）待测样品致突变性检测　检测可用点滴法或掺入法进行，每次实验均应同时设立对照以便比较结果。

① 点滴法　将下层培养基融化后倒入平皿中，冷凝即成底层平板。

将上层培养基融化并冷却到45～50℃放入水浴保温，加入0.1mL（浓度为$10^9$个/mL）的TA100菌悬液、0.5mL S-9混合液，混合均匀，倒入底层平板上铺平冷凝。

取直径为6mm的无菌圆形厚滤纸片若干，各蘸取不同浓度的待测样品液，轻轻放在上层平板上，每皿可放滤纸片1～5片。同一菌株做两皿重复。

37℃培养2d，观察结果。凡在滤纸片周围一圈长出10个以上菌落者，可以认为该样品具有致突变性。菌落数＞10记作“＋”，＞100记作“＋＋”，＞500记作“＋＋＋”。若仅有10个以下的菌落出现，则该样品不具突变型，记作“－”。

此法操作简单，但结果不够精确，可作为样品的定性检测。

② 掺入法　同上法制底层平板。在上层培养基中加入0.1mL已知浓度的待测样品液、0.1mL（浓度为$10^9$个/mL）TA100菌悬液和S-9混合液，混合均匀，倒入底层平板上铺平冷凝。每个浓度两个重复。

37℃培养2d后观察结果。精确记录各皿上出现的回复突变菌落数，并计算出同组两皿的菌落平均数，以$R_t$表示，留待以后计算突变率。

观察结果时，一定要是在长出的菌落下面衬有一层菌苔时，才能确认为回复突变菌落，这层菌苔是由于$his^-$菌株利用了上层培养基内所含的微量组氨酸和生物素而生长出来的。

（3）自发回复突变对照　由于一部分$his^-$菌可以经过自发回复突变为$his^+$菌，并经生长繁殖形成$his^+$菌落，所以在记录的回复突变菌落数中可能就包含有自发回复突变菌落，在实验中有必要设立自发回复突变对照，以保证结果的准确性。

依前述“点滴法”制备底层平板和上层平板。37℃培养2d，观察菌落生长情况。在底层平板上长出的菌落为该菌经自发回复突变后生成。记录并算出每皿的菌落平均数，以$R_c$表示。

$$突变率(MR)=R_t/R_c$$

只有当突变率＞2时，才认为样品属Ames试验阳性；当试验样品浓度达500μg/皿仍未出现阳性结果时，便可报告该样品属Ames试验阴性。

（4）阴性对照　当样品检测结果显示为Ames试验阳性时，为了说明该阳性结果与配制样品液所用的溶剂无关，采用配制样品时用的溶剂，如水、二甲亚砜、乙醇等作阴性对照。

试验方法同上。

(5) 阳性对照 为了考察试验的灵敏度和可靠性，在进行样品测定的同时，可选用一种已知具有突变性能的化学物质（如亚硝基胍和黄曲霉毒素 $B_1$）代替样品作平行试验，将其结果与样品的试验结果比较。

**2. 培养基**

(1) 底层培养基 葡萄糖 20g，柠檬酸 2g，$K_2HPO_4 \cdot 3H_2O$ 3.5g，$MgSO_4 \cdot 7H_2O$ 0.2g，优质琼脂 12g，蒸馏水 1000mL，pH 7.0，115℃灭菌 15min。用量 1000mL。

(2) 组氨酸-生物素混合液 称 31mg L-盐酸组氨酸和 49mg 生物素溶于 40mL 蒸馏水中，备用。

(3) 上层培养基 氯化钠 0.5g，优质琼脂 0.6g，加 90mL 蒸馏水，加热熔化后定容，然后加入 10mL 组氨酸-生物素混合液，摇匀后分装小试管 80 支，每支 3mL，115℃灭菌 15min。用量 250mL。

(4) "素琼脂" 氯化钠 0.5g，优质琼脂 0.6g，加 90mL 蒸馏水，加热熔化后定容。分装小试管 25 支，每支 3mL，115℃灭菌 15min。

(5) 牛肉膏蛋白胨固体培养基 配方见附录二，121℃灭菌 20min。

(6) 牛肉膏蛋白胨液体培养基 配方见附录二，121℃灭菌 20min。分装 10 支试管，每支 5mL。

**3. 鼠肝匀浆（S-9 上清液）的制备**

选成年雄性大白鼠 3 只（每只体重在 300g 左右），称重，按每千克体重腹腔注射诱导物五氯联苯油溶液 2.5mL（五氯联苯用玉米油配制，浓度为 200mg/mL），提高酶活力。注射后第 5 天断颈杀鼠，杀前大鼠禁食 24h，取 3 只大白鼠的肝脏合并后称重，用冷的 0.15mol/L KCl 溶液洗涤 3 次，剪碎，每克（湿重）肝脏加 3mL 0.15mol/L KCl 溶液，制成匀浆，高速冷冻离心（9000r/min）10min，取上清液备用，此即 S-9 上清液。若不马上使用或用不完，可分装小试管，每管 1～2mL，液氮速冻，－20℃冷藏备用。以上操作所用器皿、刀剪、溶液都需保持无菌，并在 0～4℃下（也可在冰浴中）操作。

制备方法如下。

(1) 0.2mol/L pH7.4 磷酸盐缓冲液 $Na_2HPO_4 \cdot 12H_2O$ 7.16g，$KH_2PO_4$ 2.72g，加水至 100mL，灭菌后备用。

(2) Mg-K 盐溶液 $MgCl_2$ 8.1g，KCl 12.3g，加水至 100mL，灭菌后备用。

(3) NADP（辅酶Ⅱ）和 G-6-P（葡萄糖-6-磷酸）使用液 每 100mL 使用液含 NADP 297mg、G-6-P 152mg、0.2mol/L pH7.4 的磷酸盐缓冲液 50mL、盐溶液 2mL，加水至 100mL。以细菌过滤器过滤除菌，经无菌试验后分装成每瓶 10mL 的小瓶，－20℃贮存备用。

(4) S-9 混合液 取 2mL S-9 加入 10mL NADP 和 G-6-P 使用液（将低温贮存 S-9 和使用液室温下融化后现配现用），混合液置冰浴中，用后多余部分弃去。

**4. 试剂**

(1) 亚硝基胍 配成 50μg/mL、250μg/mL、500μg/mL 三种浓度，以甲酰胺 0.05mL 助溶后用 pH6 的 0.1mol/L 磷酸盐缓冲液配制。

(2) 氨苄青霉素 浓度为 8mg/mL，用 0.02mol/L 的 NaOH 配制。

(3) 黄曲霉毒素 $B_1$ 配成 50μg/mL、5μg/mL 两种浓度。

(4) 结晶紫 浓度为 1mg/mL。

(5) 0.85%生理盐水。

(6) 0.15mol/L 氯化钾溶液。

## 【本章小结】

遗传变异的物质基础为核酸。在微生物中，除了核物质的遗传作用外，还发现了染色体之外的遗传因子，主要有质粒，如 F 因子、R 因子、Col 因子、Ti 质粒、巨大质粒等。

微生物具有遗传和变异的特性。原核微生物的基因重组方式有多种，主要有接合、转化、转导。接合是指供体菌通过其性菌毛与受体菌相接触，而进行较大片段 DNA 传递的现象。在大肠埃希菌中发现了 $F^+$ 菌株、$F^-$ 菌株、Hfr 菌株等多种具有不同遗传特性的菌株，在接合中具有不同的作用和产生不同的结果。转化是指受体菌直接接受供体菌的 DNA 片段而获得部分新的遗传性状的现象。转化的过程包括出现感受态细胞、与外源 DNA 结合并摄取、DNA 交换重组并最终形成转化子。转导是以完全缺陷或部分缺陷噬菌体为媒介，把供体细胞的 DNA 小片段携带到受体细胞中，通过交换与整合，从而使后者获得前者部分遗传性状的过程。其中包括有普遍性转导和局限性转导，前者包括完全普遍性转导和流产转导，后者存在高频转导和低频转导现象。真核微生物的基因重组方式主要有有性杂交和准性生殖。

微生物遗传变异的应用范围广泛。通过研究自发突变原因，可获得自然选育和定向育种的依据。突变也可以通过受某些因素诱导而加速发生，比如使用物理方法（如紫外线、X 射线和 γ 射线等）或化学方法等。本章主要介绍了诱变育种的一般原则、如何诱变及如何选育菌株等，并以抗药性突变株、营养缺陷型突变株、Ames 实验为例详细说明。

## 【练习与思考】

一、名词解释和辨析

1. 基因重组
2. 转化、转化子、转化因子
3. 转导、转导子
4. 局限性转导、普遍性转导
5. 完全普遍性转导、流产转导、高频转导、低频转导
6. 完全缺陷噬菌体、部分缺陷噬菌体
7. 有性生殖、准性生殖
8. 野生型、营养缺陷型
9. 基本培养基、完全培养基、补充培养基

二、问答题

1. 历史上证明核酸是遗传物质基础的著名实验有几个？为何均选用微生物作为研究对象？试举例加以说明。
2. 试说明遗传物质在细胞中的存在方式。
3. 什么叫质粒？它有哪些特点？
4. 原核微生物的代表性质粒有哪些？试举例说明其特点。
5. 什么是感受态？什么是转化因子？试述转化的一般过程。
6. 比较普遍性转导和局限性转导的异同。

7. 什么是细菌的接合？什么是F因子（致育因子）？
8. 比较大肠埃希菌的$F^+$、$F^-$、Hfr和$F'$菌株的异同，并图示这四者间的相互关系。
9. 比较大肠埃希菌中F因子存在的几种方式及几种常见的杂交结果。
10. 试述诱变育种的一般过程。
11. 试述抗药性突变株的筛选过程。
12. 如何检出营养缺陷型菌株？

# 第七章

# 菌种保藏技术

**【学习目标】**

1. 技能：能规范进行常规微生物菌种的保藏操作（如斜面低温保藏、液体石蜡覆盖保藏、冷冻干燥保藏等)。能够按要求进行保藏菌种的复活和质量鉴定。

2. 知识：能复述使用微生物保藏的目的；复述常用保藏技术的原理。知道常见的菌种保藏机构的位置及服务内容。

3. 态度：通过学习、操作中的注意事项等问题，养成勤思考的习惯，培养灵活处理实践中所遇问题（能够根据菌种保藏目的和菌种的特点，选择合适的保藏方式等）的能力。通过完整完成工作任务，养成针对工作任务进行资料收集和分析、方案建立和论证、方案预演和反思的良好习惯，培养综合分析理解能力。

**【概念地图】**

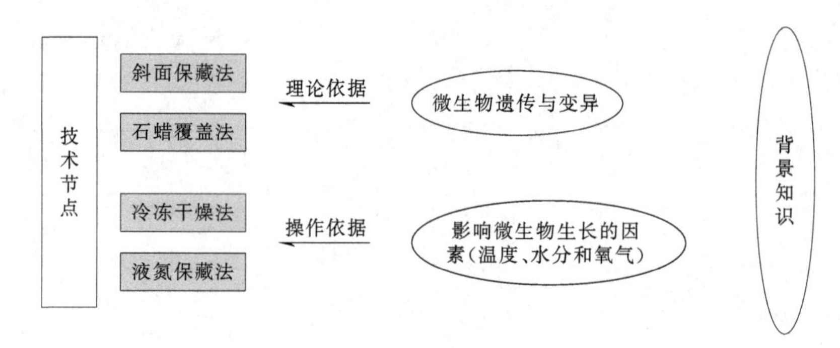


**【引入问题】**

Q：微生物的生命周期很短，可以永远拥有微生物菌种吗？

A：尽管微生物的生命周期很短，但是，它所有的生命信息都可以传递给下一代（遗传）。不过，在遗传的过程中，子代与亲代会表现出一些差异（变异）。所以必须要选择合适的保藏方式，才能永远地拥有我们费尽心思得到的纯种微生物。

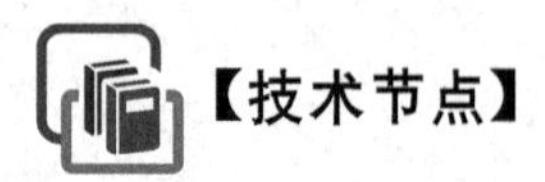**【技术节点】**

## 技术节点　菌种保藏技术

菌种是国家的一项重要资源。在微生物的基础研究和实际应用中，选育一株理想菌株是一项艰苦的工作，而如何保持菌种的优良性状稳定遗传更是艰难，因为在生物的进化过程中，遗传性的变异是绝对的，而它的稳定性是相对的。退化性的变异是大量的，而进化性的变异却是个别的。退化的菌种用于生产会直接影响产品的产量和质量，对研究工作和生产是极为不利的，退化还可能使优良菌种丢失。因此，在筛选优良菌种的过程中，必须随时做好保藏工作，防止衰退。一旦发生衰退，就要进行复壮，以此来恢复菌种的优良性能。

## 一、菌种的退化与复壮

菌株生产性状的劣化或者遗传研究菌株遗传标记的丢失均称为菌种退化。菌种退化是发生在细胞群体中的一个由量变到质变的逐渐演化过程，主要原因是有关基因的负突变。首先，在细胞群体中出现个别发生负突变的菌株，这时如不及时发现并采取有效措施，而一味地移种传代，则群体中这种负突变个体的比例逐渐增大，最后占据了优势，整个群体发生严重的退化。所以，开始时，所谓“纯”的菌株，实际上其中已包含着一定程度的不纯的因素；同样，即使整个菌种都“退化”，但也是不纯的，即其中还会有少数尚未退化的个体存在。菌种退化涉及微生物的形态和生理等多方面的变化，例如产生孢子能力丧失，发酵液中产物组成改变、主产物减少及副产物增加等。

菌种退化的原因可以归纳为内因和外因两个方面，即自身变化和环境影响。菌种的自身突变和回复突变是引起菌种自身变化的主要原因。微生物细胞在每一世代的突变概率一般是$10^{-10}$～$10^{-8}$，保藏在0～4℃时这一突变概率更小，但仍不能排除菌种退化的可能。

根据菌种退化原因的分析，可以制定一些防止退化的措施。

**1. 利用不易退化的细胞进行传代**

在育种及保藏过程中，应尽可能使用孢子或单核菌株，避免对多核细胞进行处理，例如产生芽孢的细菌最好保存芽孢，放线菌和产生孢子的真菌尽量保存孢子。

**2. 选取合适的保藏方法**

微生物都存在着自发突变，而突变都是在繁殖过程中发生或表现出来的，减少传代次数就能减少自发突变和菌种退化的可能性。所以，不论在实验室还是在生产实践上，必须严格控制菌种的传代次数。斜面保藏的时间较短，只能作为转接和短期保藏的种子用，应该在采用斜面保藏的同时，采用沙土管、冻干管和液氮管等能长期保藏的手段。

**3. 创造有利的培养条件**

各种生产菌株对培养条件的要求和敏感性不同，培养条件要有利于生产菌株、不利于退化菌株的生长。如营养缺陷型生长菌株培养时应保证充分的营养成分，尤其是生长因子；对一些抗性菌株应在培养基中适当添加有关药物，抑制其他非抗性的野生菌生长。另外，应控制碳源、氮源、pH值和温度，避免出现对生产菌不利的环境，限制退化菌株在数量上的增加。例如在赤霉素生产菌的培养基中加入糖蜜、天冬酰胺、谷氨酰胺、5′-核苷酸或甘露醇等丰富的营养物后，有防止菌种退化的效果；在栖土曲霉培养中，有人采用改变培养温度的措施，即从28～30℃提高到33～34℃来防止它产孢子能力的退化。由于微生物生长过程产生的有害代谢产物，也会引起菌种退化，因此应避免将陈旧的培养物作为种子。

**4. 定期进行菌种复壮**

防止菌种退化，最有效的方法是定期使菌种复壮。菌种复壮就是在菌种发生退化后，通过纯种分离和性能测定，从退化的群体中找出尚未退化的个体，以达到恢复该菌种原有性状的一种措施。广义的复壮应是一项积极的措施，是在菌种尚未退化之前，定期地进行纯种分离和性能测定，以使菌种的生产性能保持稳定。

常用的复壮方法有以下三种。

(1) 纯种分离 与常规的微生物分离纯化方法一样，在平板表面获得单菌落而纯化菌种，使之恢复原先性状。

(2) 寄主复壮法 对于寄生在动植物体内的微生物，可以采用此法恢复菌株毒力。如用苏云金芽孢杆菌去感染菜青虫，从致死的虫体中重新分离出典型的产毒菌株。

(3) 淘汰退化个体法 利用退化个体不耐不良环境的特点来淘汰已退化的个体。如用低温法（−30～−10℃）处理5406抗生菌的孢子5～7d，使其死亡率达到80%，结果在抗低温的存活个体中许多是未衰退的健壮个体。

## 二、菌种保藏的目的及原理

菌种保藏的目的是保证菌种经过较长时间后仍然保持着生活能力及原来的性状，不被其他杂菌污染，形态特征和生理性状应尽可能不发生变异，以便今后可作为鉴定菌株的对照株，也可随时为生产、科研提供优良菌种，达到方便使用的目的。菌种保藏对研究和利用微生物都具有十分重要的意义。

微生物种子的保藏有多种方法。原理基本是选用优良的纯种，最好是休眠体（分生孢子、芽孢等），根据微生物的生理、生化特征，人工创造一个使微生物代谢不活泼、生长繁殖受抑制、难以突变的环境条件。创造适于微生物休眠的环境，主要是通过干燥、低温、缺氧、营养缺乏以及添加保护剂等手段来达到的。一个较好的菌种保藏方法，首先应能长期地保持菌种原有的特性，同时也应考虑到方法本身的经济和简便。

## 三、菌种保藏的方法

### 1. 斜面低温保藏法

此法也称为定期移植保藏法，是利用低温来减慢微生物的生长和代谢，从而达到保藏的目的。

将菌种接种在不同成分但合适的斜面培养基上，接种的方式应随菌种类型的不同而异。例如，扩散型生长及绒毛状气生菌丝类霉菌（如毛霉、根霉等），可把菌种点接在斜面中部偏下方处。细菌和酵母菌等可采用划线法或穿刺法接种；灵芝等担子菌类真菌可采取挖块接种法，即挖取菌丝体连同少量培养基，转接到新鲜斜面上。待菌种生长健壮后（例如生长为对数期细胞、形成有性孢子或无性孢子），将菌种放置4℃冰箱保藏。细菌、酵母菌、放线菌和霉菌都可以使用这种保藏方法。有孢子的霉菌或放线菌，以及有芽孢的细菌在低温下可保存半年左右，酵母菌可保存三个月左右，无芽孢的细菌营养细胞可保存一个月左右。如果在保存时采用无菌的橡胶塞代替棉塞，可以避免水分散发并且能隔氧，能适当延长保藏期。这种方法不可能很长时间地保藏菌种，每隔一定时间需重新移植培养一次。芽孢杆菌每3～6个月移种一次。其他细菌每月移种一次。如保藏温度高，则间隔的时间要短；放线菌4～6℃保藏，每3个月移种一次；酵母菌在4～6℃保藏，每4～6个月移种一次。某些种类酵母，如芽裂酵母、阿氏假囊酵母等，必须每1～2个月移种一次；丝状真菌在4～6℃保藏，每4个月移种一次。

该方法是最早使用而且至今仍然普遍采用的方法。其优点是简单易行，易于推广，存活率高，具有一定的保藏效果。在实验室和工厂中，即便同时采用几种方法保藏同一菌种，这种方法仍是必不可少的。然而，这种方法的缺点也是非常明显的，即在保藏过程中微生物仍然有一定强度的代谢活动，所以保藏的时间不长；由于传代次数多，菌种容易变异、退化。

### 2. 液体石蜡覆盖保藏法

液体石蜡覆盖保藏法是斜面培养传代的辅助方法，是指将菌种接种在适宜的斜面培养基上，最适条件下培养至菌种长出健壮菌落后注入灭菌的液体石蜡，使其覆盖整个斜面，再直立放置于低温（4～6℃）干燥处进行保存的一种菌种保藏方法。培养物上面覆盖的灭菌液体石蜡，一方面可防止因培养基水分蒸发而引起菌种死亡，另一方面可阻止氧气进入，以减弱代谢作用，因此能够适当延长保藏时间。但应注意，本法不适合那些能够以液体石蜡为碳源的微生物的保藏。操作步骤如下。

(1) 液体石蜡的准备　选用优质化学纯液体石蜡，将液体石蜡分装加塞，用牛皮纸包好，采用以下两种方式灭菌：121℃湿热灭菌 30min，置 40℃恒温箱中蒸发水分；或者160℃干热灭菌 2h，放凉。经无菌检查后备用。

(2) 斜面培养物的制备　将需要保藏的菌种，在最适宜的斜面培养基中培养，使得到健壮的菌体或孢子。

(3) 灌注石蜡　将无菌的液体石蜡在无菌条件下注入培养好的新鲜斜面培养物上，液面高出斜面顶部 1cm 左右，使菌体与空气隔绝。

(4) 保藏　注入液体石蜡的菌种斜面以直立状态置低温（4～6℃）干燥处保藏，保藏时间为 2～10 年。

保藏期间应定期检查，如培养基露出液面，应及时补充无菌的液体石蜡。

此法实用且效果好。霉菌、放线菌、芽孢细菌可保藏 2 年以上不死，酵母菌可保藏1～2年，一般无芽孢细菌也可保藏 1 年左右，甚至用一般方法很难保藏的脑膜炎球菌，在温箱内，也可保藏 3 个月之久。此法的优点是制作简单，不需特殊设备，且不需经常移种。缺点是保存时必须直立放置，所占位置较大，同时也不便携带。从液体石蜡下面取培养物移种后，接种环在火焰上烧灼时，培养物容易与残留的液体石蜡一起飞溅，应特别注意。

**3. 冷冻干燥保藏法**

冷冻干燥保藏是最佳的微生物菌体保存法之一，保存时间长，可达十年以上。除不生孢子、只产菌丝体的丝状真菌不宜用此法外，其他多数微生物，如病毒、细菌、放线菌、酵母菌等都能冻干保藏。该法是将菌液在冻结状态下升华，去除其中水分，最后获得干燥的菌体样品。冷冻干燥法同时具备干燥、低温和缺氧三项保藏条件，在这种条件下，菌种处于休眠状态，故可以保藏较长的时间。冻干的菌种密封在较小的安瓿中，避免了保藏期间的污染，也便于大量保藏。它是目前被广泛推崇的菌种保藏方法。但是，该法操作相对繁琐，对技术要求较高。

冷冻干燥保藏菌种的一般过程如图 7-1 所示。

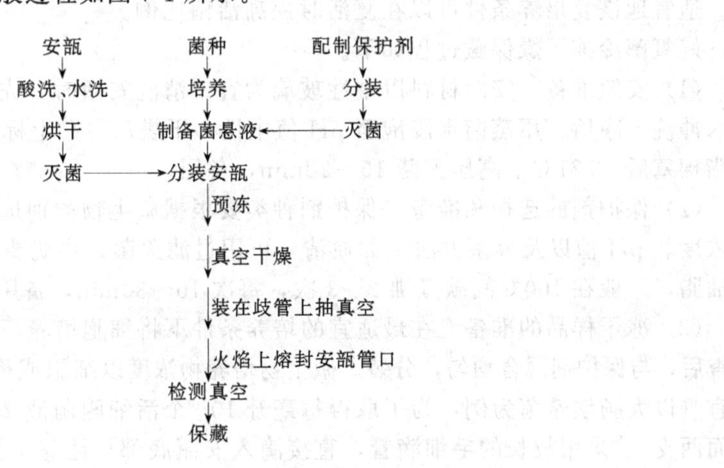


图 7-1　冷冻干燥保藏菌种的一般过程

冷冻干燥过程中需要进行预冻。预冻的目的是使水分在真空干燥时直接由冰晶升华为水蒸气。预冻一定要彻底，否则干燥过程中一部分冰会融化而产生泡沫或氧化等副作用，或使干燥后不能形成易溶的多孔状菌块，而变成不易溶解的干膜状菌体。预冻的温度和时间很重要。预冻温度一般应在－30℃以下。在－10～0℃范围内冻结，所形成的冰晶颗粒较大，易造成细胞损伤。－30℃下冻结，冰晶颗粒细小，对细胞损伤小。待结冰坚硬后，可开始真空干燥。

冷冻真空干燥装置有各种形式，根据需要的工作量选用。一般实验室可采用现成的真空冷冻干燥机（图 7-2），这种装置每次能冻干 10～20 支安瓿，冷冻干燥保藏管如图 7-3 所示。

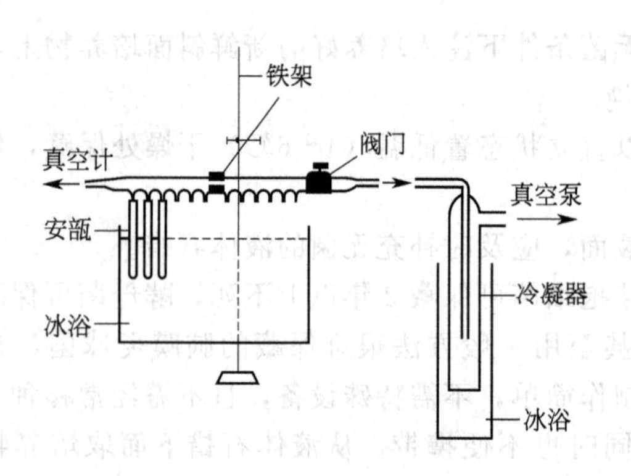


图 7-2　一种简易冷冻干燥装置

图 7-3　冷冻干燥保藏管

研究表明，冻干法保藏菌种的存活率受到多方面的影响。不同的生物承受冻干处理过程的能力不同，所以，有些菌种如霉菌、菇类和藻类就不适合用冻干法保藏。冻干前的培养条件和菌龄也是影响因素，适宜条件下培养至稳定期的细胞和成熟的孢子具有较强的耐受冻干的能力。提倡采用较浓的菌悬液，虽然其存活率低，但绝对量比较高。保护剂对存活的影响很大，保护效果与保护剂化学结构有密切关系，有效的保护剂应对细胞和水有很强的亲和力，脱脂牛奶作为保护剂对多种微生物均有满意的结果。冻结速度慢会损坏细胞，而冻结速度过快（几秒内完成冻结）也会在细胞内形成冰晶，损害细胞膜，影响存活。干燥样品中残留少量水分（0.9%～2.5%）对微生物的生存有利；冻干管应避光保藏，尤其是避免直射光。适宜地恢复培养条件可以在复活时提高活菌比例。

好氧菌冷冻干燥保藏过程如下。

(1) 安瓿准备　安瓿材料以中性玻璃为宜。清洗安瓿时，先用 2%盐酸浸泡过夜，以自来水冲洗干净后，用蒸馏水浸泡至 pH 值中性，干燥后、贴上标签，标上菌号及时间，加入脱脂棉塞后，121℃下高压灭菌 15～20min，备用。

(2) 保护剂的选择和准备　保护剂种类要根据微生物类别选择。配制保护剂时，应注意其浓度和 pH 值以及灭菌方法。如血清，可用过滤灭菌；牛奶要先脱脂，用离心方法去除上层油脂，一般在 100℃间歇煮沸 2～3 次，每次 10～30min，备用。

(3) 冻干样品的准备　在最适宜的培养条件下将细胞培养至静止期或成熟期，进行纯度检查后，与保护剂混合均匀，分装。微生物培养物浓度以细胞或孢子不少于 $10^8$～$10^{10}$个/mL 为宜（以大肠埃希菌为例，为了取得每毫升 $10^{10}$个活细胞菌液 2～2.5mL，只需 10mL 琼脂斜面两支）。采用较长的毛细滴管，直接滴入安瓿底部，注意不要溅污上部管壁，每管分装量约 0.1～0.2mL，若是球形安瓿，装量为半个球部。若是液体培养的微生物，应离心去除培养基，然后将培养物与保护剂混匀，再分装于安瓿中。分装安瓿时间尽量要短，最好在1～2h内分装完毕并预冻。分装时应注意在无菌条件下操作。

(4) 预冻 一般预冻2h以上，温度达到－35～－20℃。

(5) 冷冻干燥 采用冷冻干燥机进行冷冻干燥。将冷冻后的样品安瓿置于冷冻干燥机的干燥箱内，开始冷冻干燥，时间一般为8～20h。

(6) 真空封口及真空检验 将安瓿颈部用强火焰拉细，然后采用真空泵抽真空，在真空条件下将安瓿颈部加热熔封。熔封后的干燥管可采用高频电火花真空测定仪测定真空度。

(7) 保藏 安瓿应低温避光保藏。

(8) 质量检查 冷冻干燥后抽取若干支安瓿进行各项指标检查，如存活率、生产能力、形态变异、杂菌污染等。

厌氧菌冷冻干燥保藏的主要程序与需氧菌操作相同，注意保护剂的选择和准备，保护剂使用前应在100℃的沸水中煮沸15min左右，脱气后放入冷水中急冷，除掉保护剂中的溶解氧。

**4. 液氮超低温保藏法**

在－130℃以下，微生物的新陈代谢趋于停止，处于休眠状态。而液氮是一种超低温液体，温度可达－196℃，因此用此法保藏菌种可减少死亡和变异，是当前公认的最有效的菌种长期保藏技术之一。其应用范围最为广泛，几乎所有的微生物都可采用液氮超低温保藏。

液氮超低温保藏过程是将菌种悬浮液封存于圆底安瓿或塑料的液氮保藏管（材料应能耐受较大温差骤然变化）内，放到－196～－150℃的液氮罐或液氮冰箱内保藏。操作过程中一大原则是“慢冻快融”。因为细胞冷冻损伤主要是细胞内结冰和细胞脱水造成的物理伤害。当细胞冷冻时，细胞内外均会形成冰晶，其冻结的情况因冷冻的速度而异。冷冻速度缓慢时，只有细胞外形成冰晶，细胞内不结冰。而且细胞缓慢冷冻时，主要发生细胞脱水现象。轻度的脱水所产生的质壁分离损伤是可逆的，当脱水严重时，细胞内有些蛋白质、核酸等细胞成分会发生永久性损伤，导致死亡。当冷冻速度较快时，细胞内外均形成冰晶，细胞内结冰，特别是大冰晶，会造成细胞膜损伤而使细胞死亡。对于抗冻性强的微生物，细胞外冻结几乎不会使细胞受损伤，而对于多数细胞来说，不论细胞外或细胞内冻结均易受到损伤。为了减轻冷冻损伤程度，可采用保护剂。液氮保藏一般选用渗透性强的保护剂，如甘油和二甲亚砜。它们能迅速透过细胞膜，吸住水分子，保护细胞不致大量失水，延迟或逆转细胞膜成分的变性并使冰点下降。菌体的生长阶段对液氮保藏的效果也有影响。不同生理状态的微生物对冷冻损伤的抗性不同。一般来说，对数生长期菌体对冷冻损伤的抗性低于稳定期的菌体，对数生长期末期菌体的存活率最低。细胞解冻的速度对冷冻损伤的影响也很大，因为缓慢解冻会使细胞内再生冰晶或冰晶的形态发生变化而损伤细胞，所以，一般采取快速解冻。在恢复培养时，将保藏管从液氮中取出后，立即放到38～40℃的水浴中振荡至菌液完全融化，此步骤应在1min内完成。

因为液氮容易渗透逃逸，所以需要经常补充液氮。这是该法操作费用较大的原因，而且需要液氮冰箱等专门的设备。

液氮超低温保藏的操作步骤如下。

(1) 安瓿或冻存管的准备 用圆底硼硅玻璃制的安瓿，或螺旋口的塑料冻存管。注意玻璃管不能有裂纹。将冻存管或安瓿清洗干净，121℃下高压灭菌15～20min，备用。

(2) 保护剂的准备 保护剂种类要根据微生物类别选择。配制保护剂时，应注意其浓度，一般采用10%～20%甘油。

(3) 微生物保藏物的准备　微生物不同的生理状态对存活率有影响，一般使用静止期或成熟期培养物。分装时注意应在无菌条件下操作。

菌种的准备可采用下列几种方法：刮取培养物斜面上的孢子或菌体，与保护剂混匀后加入冻存管内；接种液体培养基，振荡培养后取菌悬液与保护剂混合分装于冻存管内；将培养物在平皿培养，形成菌落后，用无菌打孔器从平板上切取一些大小均匀的小块（直径约5～10mm），真菌最好取菌落边缘的菌块，与保护剂混匀后加入冻存管内；在安瓿中装1.2～2mm的琼脂培养基，接种菌种，培养2～10d后，加入保护剂，待保藏。

(4) 预冻　预冻时一般冷冻速度控制在以每分钟下降1℃为宜、使样品冻结到－35℃。

目前常用的控温方法有三种。

程序控温降温法：应用电子计算机程序控制降温装置，可以稳定连续降温，能很好地控制降温速率。

分段降温法：将菌体在不同温级的冰箱或液氮罐口分段降温冷却，或悬挂于冰的气雾中逐渐降温。一般采用两步控温，将安瓿或塑料小管先放于－40～－20℃冰箱中1～2h，然后取出放入液氮罐中快速冷冻。这样冷冻速率为大约每分钟下降1～1.5℃。

对耐低温的微生物可以直接放入气相或液相氮中预冻。

(5) 保藏　将安瓿或塑料冻存管置于液氮罐中保藏。一般气相中温度为－150℃、液相中温度为－196℃。

**拓展链接**

**－80℃冰箱冻结法**

将菌种保存在－80℃冰箱中也可以减缓细胞的生理活动，从而进行有效保藏。操作步骤参考前文“冷冻干燥保藏法”相关内容。

## 四、菌种复活及检测

经过保藏的菌种再次使用时，需要进行复活操作（恢复培养）。

斜面保藏法的菌种恢复培养时，挑取少量菌体转接在适宜的新鲜培养基上，生长繁殖后，再重新转接一次。

真空冷冻干燥法保藏的菌种复活时，先用70%酒精棉花擦拭安瓿上部，将安瓿顶部烧热，用无菌棉签蘸冷水，在顶部擦一圈，顶部出现裂纹，用锉刀或镊子于颈部轻叩一下，敲下已开裂的安瓿的顶端，用无菌水或培养液溶解菌块，使用无菌吸管移入新鲜培养基上，进行适温培养。

超低温保藏菌种的安瓿或塑料冻存管（无论是－80℃超低温冰箱保藏，还是液氮保藏），从冰箱中取出后，应立即放置38～40℃水浴中快速复苏并适当快速摇动。直到内部结冰全部溶解为止，约需50～100s。开启安瓿或塑料冻存管，将内容物移至适宜的培养基上进行培养。

对保藏一段时间的菌种，要分别对其残存率、纯度和生产能力进行检验，以确定保藏的效果。

(1) 残存率　在保藏前和保藏一段时间后要采用平板菌落活菌计数法，以得出其残存率。

(2) 纯度　在进行活菌计数的同时，要检查菌落形态。根据其形态变异的比例，来确定保藏前后的纯度变化。

(3) 生产能力　对保藏前后的菌种按照相同接种量和发酵条件进行摇瓶试验，比较前后的生产能力。这项检查必须多次重复进行，然后得出分析结果。

## 扩展阅读　菌种保藏机构简介

菌种保藏机构的任务是广泛收集在科学研究与生产中有价值的菌和菌株；研究它们的生物学特性；研究和采取妥善的保藏方法，使菌种不死、不污染并尽可能少发生变异；编制菌种目录，为掌握和利用微生物资源提供依据。它兼具活标本馆、基因库的作用。国际上很多国家都设立了菌种保藏机构。

菌种保藏可按微生物各分支学科的专业性质分为普通、工业、农业、林业、海洋、医学、兽医等保藏管理中心。此外，也可按微生物类群进行分工，如沙门菌、弧菌、根瘤菌、乳酸杆菌、放线菌、酵母菌、丝状真菌、藻类等保藏中心。目前，世界上约有 550 个菌种保藏机构。

1979 年 7 月，在中华人民共和国国家科学技术委员会和中国科学院的主持下，成立了中国微生物菌种保藏管理委员会，简写为 CCCCM。2011 年 11 月，依托农业部、中国农业科学院农业资源与农业区划研究所，成立了国家微生物资源平台。国家微生物资源平台下设九个菌种保藏管理中心，分别负责相应菌种的收集、鉴定、保藏、评价、供应和国际交流任务。这些中心的名称、所在地和菌种保藏范围见表 7-1。

表 7-1　国内著名的菌种保藏机构

| 中心名称 | 缩写 | 所在地 | 邮编 | 保藏范围 |
|---|---|---|---|---|
| 中国普通微生物菌种保藏管理中心 | CGMCC | 中国科学院微生物研究所 | 北京 100101 | 各类微生物、专利微生物 |
| 中国农业微生物菌种保藏管理中心 | ACCC | 中国农业科学院土壤肥料研究所 | 北京 100081 | 农业微生物 |
| 中国工业微生物菌种保藏管理中心 | CICC | 中国食品发酵工业研究院 | 北京 100027 | 工业微生物 |
| 中国医学微生物菌种保藏管理中心 | CMCC | 中国药品生物制品检定所 | 北京 100050 | 医学微生物菌(毒)种 |
| 中国海洋微生物菌种保藏管理中心 | MCCC | 国家海洋局第三海洋研究所 | 厦门 361005 | 海洋微生物 |
| 中国典型培养物保藏中心 | CCTCC | 武汉大学 | 武汉 430072 | 专利微生物 |
| 中国药用微生物菌种保藏管理中心 | CPCC | 中国医学科学院医药生物技术研究所 | 北京 100050 | 药用微生物 |
| 中国兽医微生物菌种保藏管理中心 | CVCC | 中国兽医药品监察所 | 北京 100081 | 兽医微生物 |
| 中国林业微生物菌种保藏管理中心 | CFCC | 中国林业科学研究院森林生态环境与保护研究所 | 北京 100091 | 林业微生物 |

国外菌种保藏机构中最著名的是美国典型菌种保藏中心（American Type Culture Collection，简称 ATCC，马里兰）：1925 年建立，是世界上最大的、保存微生物种类和数量最多的机构，保存病毒、衣原体、细菌、放线菌、酵母菌、真菌、藻类、原生动物等约 29000 株，都是典型株；荷兰真菌菌种保藏中心（简称 CBS，得福特）：1904 年建立，保存酵母菌、丝状真菌约 8400 种、18000 株，大多是模式株；英国国家菌种保藏中心（简称 NCTC，

伦敦）：保存医用和兽医用病原微生物约 2740 株；英联邦真菌研究所（简称 CMI，萨里郡）：保存真菌模式株、生理生化和有机合成等菌种 2763 种、8000 株；日本大阪发酵研究所（简称 IFO，大阪）：保存普通和工业微生物菌种约 9000 株；美国农业部北方利用研究开发部（北方地区研究室，简称 NRRL，伊利诺伊州皮契里亚）：收藏农业、工业、微生物分类学所涉及的菌种，包括细菌 5000 株、丝状真菌 1700 株、酵母菌 6000 株。

ATCC 只采用冷冻干燥保藏法和液氮保藏法保藏菌种，最大限度减少传代次数，避免菌种退化。当菌种保藏机构收到合适菌种时，先将原种制成若干液氮保藏管作为保藏菌种，然后再制成一批冷冻干燥管作为分发用。经 5 年后，假定第一代（原种）的冷冻干燥保藏菌种已分发完毕，就再打开一瓶液氮保藏原种，这样，至少在 20 年内，凡获得该菌种的用户，至多只是原种的第二代，可以保证所保藏的分发菌种的原有性状（图 7-4）。

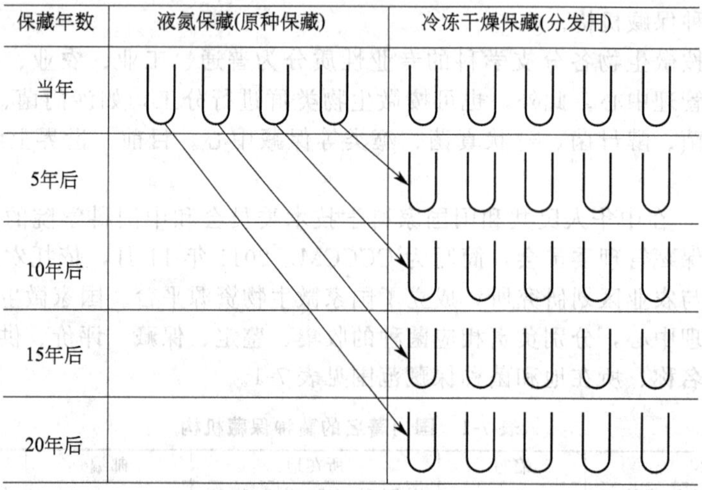

| 保藏年数 | 液氮保藏(原种保藏) | 冷冻干燥保藏(分发用) |
| --- | --- | --- |
| 当年 | | |
| 5年后 | | |
| 10年后 | | |
| 15年后 | | |
| 20年后 | | |

图 7-4　ATCC 两种保藏方法示意图

## 【本章小结】

微生物是一种重要的资源，在理论上和实践上都有重要的作用，应选择合适的方法保藏微生物，保护资源。由于微生物具有容易变异的特性，因此，在保藏过程中，必须使微生物的代谢处于最不活跃或相对静止的状态，才能在一定的时间内使其不发生变异而又保持生活能力。低温、干燥和隔绝空气是使微生物代谢能力降低的重要因素，所以，菌种保藏方法一般是根据这三个因素而设计的。常见的菌种保藏方法有斜面低温保藏法、液体石蜡覆盖法、冷冻干燥法和液氮超低温保藏法。不同的菌种保藏方法有不同的特点和适用范围，应根据保藏目的选择。

## 【练习与思考】

1. 菌种保藏的目的是什么？
2. 简述菌种保藏的一般方法及原理。
3. 菌种复活的操作流程有哪些？
4. 菌种质量检测的指标有哪些？

# 附　　录

## 附录一　玻璃仪器的洗涤及各种洗涤液的配制

实验中所使用的玻璃器皿清洁与否直接影响实验结果。由于器皿的不清洁或被污染，往往造成较大的实验误差，甚至会出现相反的实验结果。因此，玻璃器皿的洗涤清洁工作是非常重要的。

玻璃器皿在使用前必须洗刷干净。将锥形瓶、试管、培养皿、量筒等浸入含有洗涤剂的水中，用毛刷刷洗，然后用自来水及蒸馏水冲洗。移液管先用含有洗涤剂的水浸泡，再用自来水及蒸馏水冲洗。洗刷干净的玻璃器皿置于烘箱中烘干备用。

### 一、初用玻璃器皿的清洗

新购买的玻璃器皿表面常附着有游离的碱性物质，先用肥皂水（或去污粉）洗刷，再用自来水洗净，然后浸泡在1%～2%盐酸溶液中过夜（不少于4h），再用自来水冲洗，最后用蒸馏水冲洗2～3次，在100～130℃烘箱内烘干备用。

### 二、使用过的玻璃器皿的清洗

(1) 一般玻璃器皿　包括试管、烧杯、锥形瓶、量筒等。先用自来水洗刷至无污物，再选用大小合适的毛刷蘸取去污粉（掺入肥皂粉）刷洗或浸入肥皂水内。将器皿内外，特别是内壁，细心刷洗，用自来水冲洗干净后再用蒸馏水洗2～3次，热的肥皂水去污能力更强，可有效地洗去器皿上的油污。洗衣粉与去污粉较难冲洗干净而常在器壁上附有一层微小粒子，故要用水多次甚至10次以上充分冲洗，或可用稀盐酸摇洗一次，再用水冲洗。

用过的载玻片与盖玻片如滴有香柏油，要先用皱纹纸擦去或浸在二甲苯内摇晃几次，使油垢溶解。再在肥皂水中煮5～10min，用软布或脱脂棉擦拭，立即用自来水冲洗，然后在稀洗涤液中浸泡0.5～2h，以自来水冲去洗涤液，最后用蒸馏水换洗数次，待干后，浸于95%乙醇中保存备用。使用时在火焰上烧去乙醇。用此法洗涤和保存的载玻片和盖玻片清洁透亮，没有水珠。检查过活菌的载玻片或盖玻片应先在2%新洁尔灭溶液中浸泡24h，然后以上述方法洗涤与保存。

玻璃器皿经洗涤后，若内壁的水均匀分布成一薄层，表示油垢完全洗净，若挂有水珠，则还需要用洗涤液浸泡数小时，然后用自来水充分冲洗，最后用蒸馏水洗2～3次后，烘干或倒置在清洁处备用。若发现有难以去掉的污迹，应分别使用合适的洗涤剂予以清除，再重新冲洗。

(2) 量器　包括吸量管、滴定管、量瓶等。使用后应立即浸泡于凉水中，勿使物质干涸。工作完毕后用流水冲洗，以除去附着的试剂、蛋白质等物质，晾干后浸泡在铬酸洗液中4～6h（或过夜），再用自来水充分冲洗，最后用蒸馏水冲洗2～4次，风干备用。

（3）其他　具有传染性样品的容器（如分子克隆、病毒沾污过的容器），常规先进行高压灭菌或其他形式的消毒，再进行清洗。

盛过各种毒品（特别是剧毒药品和放射性核素物质）的容器必须经过专门处理，确知没有残余毒物存在时方可进行清洗，否则使用一次性容器。

装有固体培养基的器皿应先将其刮去，然后洗涤。

带菌的器皿在洗涤前先浸在2%煤酚皂溶液（来苏尔）或0.25%新洁尔灭消毒液内24h或煮沸0.5h，再用上述方法洗涤。

## 三、细胞培养用玻璃器皿的洗涤处理

（1）按上述方法对玻璃器皿进行初洗，晾干。

（2）将玻璃器皿浸泡于洗液中24～48h。注意玻璃器皿内应全部充满洗液，操作时小心勿将洗液溅到衣服及身体各部。

（3）取出，沥去多余的洗液。

（4）以自来水充分冲洗。

（5）排列6桶水，前三桶为去离子水，后三桶为去离子双蒸水。

（6）将玻璃器皿依次过6桶水，玻璃器皿在每桶中过6～8次。

（7）倒置，60℃烘干。

（8）用硫酸纸包扎，160℃干烤3h。

## 四、洗涤液的种类和配制方法

（1）铬酸洗液（重铬酸钾-硫酸洗液，简称洗液或清洁液）　广泛用于玻璃器皿的洗涤，常用的配制方法有四种。

① 取100mL工业浓硫酸置于烧杯内，小心加热，然后慢慢地加入重铬酸钾粉末，边加边搅拌，待全部溶解后冷却，贮于带玻璃塞的细口瓶内。

② 称取5g重铬酸钾粉末置于250mL烧杯中，加水5mL，尽量使其溶解。慢慢加入100mL浓硫酸，边加边搅拌，冷却后贮存备用。

③ 称取80g重铬酸钾，溶于1000mL自来水中，慢慢加入工业浓硫酸1000mL，边加边搅拌。

④ 称取200g重铬酸钾，溶于500mL自来水中，慢慢加入工业浓硫酸500mL，边加边搅拌。

（2）浓盐酸（工业用）　可洗去水垢或某些无机盐沉淀。

（3）5%草酸溶液　可洗去高锰酸钾的痕迹。

（4）5%～10%磷酸三钠（$Na_3PO_4 \cdot 12H_2O$）溶液　可洗涤油污物。

（5）30%硝酸溶液　洗涤$CO_2$测定仪器及微量滴管。

（6）5%～10%乙二胺四乙酸（EDTA）二钠溶液　加热煮沸可洗去玻璃器皿内壁的白色沉淀物。

（7）尿素洗涤液　为蛋白质的良好溶剂，适用于洗涤盛蛋白质制剂及血样的容器。

（8）酒精与浓硝酸混合液　最适合于洗净滴定管，在滴定管中加入3mL酒精，然后沿管壁慢慢加入4mL浓硝酸（相对密度1.4），盖住滴定管管口。利用所产生的氧化氮洗净滴定管。

（9）有机溶液　如丙酮、乙醇、乙醚等可用于洗脱油脂、脂溶性染料等污痕。二甲苯可洗去油漆污垢。

（10）氢氧化钾-乙醇溶液和含有高锰酸钾的氢氧化钠溶液　它们是两种强碱性的洗涤液，对玻璃器皿的侵蚀性很强，清除容器内壁污垢，洗涤时间不宜过长。使用时应小心谨慎。

上述洗涤液可多次使用，但使用前必须将待洗涤的玻璃器皿先用水冲洗多次，除去肥皂液、去污粉或各种废液。若仪器上有凡士林或羊毛脂时，应先用软纸擦去，然后再用乙醇或乙醚擦净，否则会使洗涤液迅速失效，例如肥皂水、有机溶剂（乙醇、甲醛等）及少量油污物均会使重铬酸钾-硫酸液变绿，降低洗涤能力。

# 附录二　常用培养基配方

## 一、细菌、放线菌、酵母菌、霉菌常用培养基

**1. 牛肉膏蛋白胨培养基**（培养细菌用）

| | | | | | |
|---|---|---|---|---|---|
| 牛肉膏 | 3g | 蛋白胨 | 10g | NaCl | 5g |
| 琼脂 | 15～20g | 水 | 1000mL | | |

调 pH7.0～7.2，121℃灭菌 20min。

如配制半固体培养基则加入琼脂 0.6%～0.7%，配制液体培养基不加琼脂（下同）。

**2. LB**（Luria-Bertani）**培养基**（培养细菌用）

| | | | |
|---|---|---|---|
| 胰蛋白胨 | 10g | NaCl | 10g |
| 酵母提取物 | 5g | 水 | 1000mL |

需要时也可加入 0.1%葡萄糖。调 pH7.0～7.2，121℃灭菌 20min。

**3. 高氏**（Gause）**一号培养基**（培养放线菌用）

| | | | | | |
|---|---|---|---|---|---|
| 可溶性淀粉 | 20g | $KNO_3$ | 1g | NaCl | 0.5g |
| $K_2HPO_4$ | 0.5g | $MgSO_4$ | 0.5g | $FeSO_4$ | 0.01g |
| 琼脂 | 15～20g | 水 | 1000mL | | |

配制时，先用少量冷水将淀粉调成糊状，倒入煮沸的水中，在火上加热，边搅拌边加入其他成分，溶化后，补足水分至1000mL。

调 pH7.2～7.4，121℃灭菌 20min。

**4. 察氏**（Czapack）**培养基**（培养霉菌用）

| | | | | | |
|---|---|---|---|---|---|
| 蔗糖 | 30g | $NaNO_3$ | 3g | $K_2HPO_4$ | 1g |
| KCl | 0.5g | $MgSO_4 \cdot 7H_2O$ | 0.5g | $FeSO_4$ | 0.01g |
| 琼脂 | 15～20g | 水 | 1000mL | | |

pH 自然，121℃灭菌 20min。

**5. 马丁**（Martin）**琼脂培养基**（分离真菌用）

| | | | | | |
|---|---|---|---|---|---|
| 葡萄糖 | 10g | 蛋白胨 | 5g | $KH_2PO_4 \cdot 3H_2O$ | 1g |
| $MgSO_4 \cdot 7H_2O$ | 0.5g | 1/3000 孟加拉红（rosebengal，玫瑰红，虎红）水溶液 | 100mL | | |
| 琼脂 | 15～20g | 蒸馏水 | 800mL | | |

pH 自然，115℃灭菌 20min。临用前加入 0.03%链霉素稀释液 10mL，使每毫升培养基

中含链霉素 30μg。

**6. 改良马丁琼脂培养基**

葡萄糖 20g　蛋白胨 5g　$KH_2PO_4$ 1g

$MgSO_4$ 0.5g　酵母浸粉 2g　琼脂 13.5～20g

蒸馏水 1000mL

调 pH6.4，121℃灭菌 15min。

**7. 马铃薯葡萄糖（或蔗糖）培养基**（简称 PDA）（培养真菌用）

马铃薯 200g　葡萄糖（或蔗糖） 20g　琼脂 15～20g

水 1000mL

马铃薯去皮，切成块煮沸 30min，或在 80℃的热水中浸泡 1h，用 4～6 层纱布过滤，再加糖及琼脂，融化后补足水至 1000mL。

pH 自然，115℃灭菌 20min（用蔗糖可在 121℃灭菌 20min）。

**8. 麦芽汁琼脂培养基**（培养酵母菌、霉菌用）

(1) 取大麦或小麦若干，用水洗净，浸水 6～12h，置于 15℃阴暗处发芽，上盖纱布一块，每日早、中、晚淋水一次，麦根伸长至麦粒的 2 倍时，停止发芽，摊开晒干或烘干，贮存备用。

(2) 将干麦芽磨碎，一份麦芽粉加四份水，在 60～65℃水浴锅中糖化 3～4h 至糖化完全，糖化程度可用碘滴定（检查方法是：取 0.5mL 糖化液，加 2 滴碘液，如无蓝色出现，即表示糖化完全）。

(3) 将糖化液用 4～6 层纱布过滤，滤液倒在糖化液中搅拌煮沸后再过滤。也可用鸡蛋清澄清（具体做法是：用一个鸡蛋清，加水 20mL，调匀至生泡沫，倒入糖化液中，搅拌煮沸，再过滤）。

(4) 将滤液稀释到 5～6°Bé，pH 值约为 6.4，加入 2%琼脂即成。

121℃灭菌 20min。

**9. 豆芽汁葡萄糖（或蔗糖）培养基**（培养真菌用）

黄豆芽 100g　葡萄糖（或蔗糖） 50g

琼脂 15～20g　水 1000mL

配置时，称新鲜黄豆芽 100g，放入烧杯中，加水 1000mL，煮沸约 30min，用纱布过滤。用水补足原量，再加入琼脂和蔗糖（或葡萄糖），煮沸融化。

pH 自然，115℃灭菌 20min（用蔗糖可在 121℃灭菌 20min）。

**10. 葡萄糖乙酸盐培养基**［麦氏（Meclary）培养基］（观察酵母菌子囊孢子）

葡萄糖 1g　酵母浸膏 2.5g　KCl 1.8g

乙酸钠 8.2g　琼脂 15～20g　水 1000mL

调 pH4.8，115℃灭菌 20min。

**11. 酵母蛋白胨葡萄糖培养基**（YPD 培养基）

葡萄糖 20g　胰蛋白胨 20g

酵母提取物 10g

琼脂 15～20g　蒸馏水 1000mL

调 pH5.0～5.5，115℃灭菌 20min。

**12. 无氮培养基**（培养自身固氮菌、钾细菌）

甘露醇（或葡萄糖） 10g　$KH_2PO_4$ 0.2g　$MgSO_4 \cdot 7H_2O$ 0.2g

NaCl 0.2g　$CaSO_4 \cdot 2H_2O$ 0.2g　$CaCO_3$ 5g

琼脂　　15～20g　蒸馏水　　1000mL

调 pH7.0～7.2，115℃灭菌 30min。

**13. 硝化细菌分离培养基**

A 液：$KNO_3$　25g　$MgSO_4 \cdot 7H_2O$　14g　$FeSO_4 \cdot 7H_2O$　3g

蒸馏水　1000mL

B 液：$KH_2PO_4$　13.6g　蒸馏水　1000mL

配制时，A、B 两液按 9∶1 混合。

pH8.0～8.2，121℃灭菌 30min。若分离亚硝化细菌，A 液中的 $KNO_3$ 可用 11g $(NH_4)_2SO_4$ 代替。

**14. 硝化细菌增殖培养基**

$KNO_3$　2g　$MgSO_4 \cdot 7H_2O$　0.5g　$KH_2PO_4$　0.7g

$CaCl_2 \cdot 2H_2O$　0.5g　蒸馏水　1000mL

调 pH8.0～8.2（用 5% $Na_2CO_3$ 调节）。若增殖亚硝化细菌，$KNO_3$ 可用 5g $(NH_4)_2SO_4$ 代替。

**15. 乳酸菌培养基**

牛肉膏　5g　酵母浸膏　5g　蛋白胨　10g

葡萄糖　10g　乳糖　5g　NaCl　5g

蒸馏水　1000mL

调 pH6.8，121℃灭菌 30min。

**16. BCG 牛乳培养基**（用于乳酸菌培养与发酵）

A 液：脱脂奶粉　100g　水　500mL　1.6%溴甲酚绿（BCG）乙醇溶液　1mL

80℃加热处理 20min。

B 液：酵母膏　10g　水　500mL　琼脂　20g

调 pH6.8，121℃灭菌 20min。使用时无菌操作，趁热将 A、B 液混匀后倒平板。

## 二、水（或食品）的细菌学检查培养基

**1. 伊红美蓝培养基**（EMB 培养基）

蛋白胨　10g　乳糖　10g　$KH_2PO_4$　2g

2%伊红水溶液　20mL　0.5%美蓝水溶液　13mL　琼脂　20g

蒸馏水　1000mL

调 pH7.2～7.4（先调 pH 值，再加伊红和美蓝溶液），115℃灭菌 20min。乳糖在高温灭菌时易被破坏，必须严格控制灭菌温度。

**2. 复红亚硫酸钠培养基**（远藤培养基）

蛋白胨　10g　乳糖　10g　$K_2HPO_4$　3.5g

琼脂　20～30g　蒸馏水　1000mL　无水亚硫酸钠　5g 左右

5%碱性复红乙醇溶液　20mL

先将琼脂加入 900mL 蒸馏水中，加热融化，再加入 $K_2HPO_4$ 及蛋白胨，使溶解，补足蒸馏水至 1000mL，调 pH 值至 7.2～7.4。加入乳糖，混匀溶解后，115℃灭菌 20min。

称取亚硫酸钠置一无菌空试管中，加入无菌水少许使溶解，再在水浴中煮沸 10min 后，立刻滴加于 20mL 5%碱性复红乙醇溶液中，直至深红色褪去成淡红为止。

将此亚硫酸钠与碱性复红的混合液全部加至上述已灭菌的并仍保持融化状态的培养基

中，充分混匀，倒平板，放冰箱备用。贮存时间不宜超过2周。

**3. 乳糖胆盐液体培养基**

| | | | | | |
|---|---|---|---|---|---|
| 蛋白胨 | 20.0g | 乳糖 | 5.0g | 胆酸钠 | 5.0g |
| 1.6%溴甲酚紫乙醇溶液 | 1mL | 蒸馏水 | 1000mL | | |

将蛋白胨、乳糖、胆盐溶解于1000mL蒸馏水中，调pH值至7.2～7.4，加入1.6%溴甲酚紫乙醇溶液1mL，充分混匀，分装于有倒置杜氏小管的试管中，注意小管中不得有气泡，115℃灭菌20min。

**4. 二倍乳糖胆盐培养液**（用于水中大肠菌群检测）

将上述乳糖胆盐培养液各营养成分以2倍的量加入1000mL水中，制法同上。

**5. 乳糖蛋白胨半固体培养基**（用于水中大肠菌群检测）

| | | | | | |
|---|---|---|---|---|---|
| 蛋白胨 | 10g | 牛肉膏 | 5g | 酵母浸膏 | 5g |
| 乳糖 | 10g | 琼脂 | 5g | 蒸馏水 | 1000mL |

调pH7.2～7.4，115℃灭菌20min。

## 三、微生物生化鉴定常用培养基

**1. 淀粉培养基**

| | | | | | |
|---|---|---|---|---|---|
| 蛋白胨 | 10g | NaCl | 5g | 牛肉膏 | 5g |
| 可溶性淀粉 | 2g | 琼脂 | 15～20g | 蒸馏水 | 1000mL |

配制时，先将淀粉用少量蒸馏水调好，再加到融化好的其他成分中。

调pH7.2，121℃灭菌20min。

**2. 明胶培养基**

成分与牛肉膏蛋白胨培养基相同，但凝固剂改为明胶12%～18%。

在水浴锅中将上述成分溶化，不断搅拌，溶化后调节pH7.2～7.4，115℃灭菌30min。

**3. 油脂培养基**

| | | | | | |
|---|---|---|---|---|---|
| 蛋白胨 | 10g | 牛肉膏 | 5g | NaCl | 5g |
| 香油或花生油 | 10g | 1.6%中性红水溶液 | 1mL | 琼脂 | 15～20g |
| 蒸馏水 | 1000mL | | | | |

调pH7.2，121℃灭菌20min。

注意：①不能使用变质油；②油和琼脂及水先加热；③调好pH值后再加入中性红；④分装时，需不断搅拌，使油均匀分布于培养基中。

**4. 蛋白胨水培养基**

| | | | | | |
|---|---|---|---|---|---|
| 蛋白胨 | 10g | NaCl | 5g | 蒸馏水 | 1000mL |

调pH7.6，121℃灭菌20min。

**5. 糖发酵培养基**

| | | | |
|---|---|---|---|
| 蛋白胨水培养基（pH7.6） | 1000mL | 1.6%溴甲酚紫乙醇溶液 | 1mL |
| 20%糖溶液（如葡萄糖、乳糖、蔗糖溶液等） | 10mL | | |

制法：

（1）将上述含指示剂的蛋白胨水培养基（pH7.6）分别装于试管中，在每罐内放一倒置的杜氏小管，使充满培养液。

（2）将已分装好的蛋白胨水和20%的各种糖溶液分别灭菌，蛋白胨水121℃灭菌20min；糖溶液115℃灭菌20min。

（3）灭菌后，每管以无菌操作分别加入20%的无菌糖溶液0.5mL（按每10mL培养基中加入 20%的糖溶液 0.5mL，则成 1%的浓度)。配制用的是试管必须洗干净，避免结果混乱。

**6. 葡萄糖蛋白胨水培养基**（MR 和 V-P 实验用）

蛋白胨 5g 葡萄糖 5g $K_2HPO_4$ 2g

蒸馏水 1000mL

调 pH7.0～7.2，115℃灭菌 20min。

**7. 柠檬酸盐培养基**

$NH_4H_2PO_4$ 1g $K_2HPO_4$ 1g NaCl 5g

$MgSO_4 \cdot 7H_2O$ 0.2g 柠檬酸钠 15～20g 琼脂 15～20g

蒸馏水 1000mL 1%溴麝香草酚蓝乙醇溶液 10mL 或 0.04%苯酚红 10mL

将上述各成分加热溶解后，调 pH6.8，然后加入指示剂，摇匀，用脱脂棉过滤。制成后为黄绿色，分装试管，121℃灭菌 20min 后制成斜面。

**8. 硝酸盐还原试验培养基**

蛋白胨 20g NaCl 5g $KNO_3$ 1～2g

蒸馏水 1000mL

调 pH7.2，121℃灭菌 20min。配制时硝酸钾要用分析纯试剂，所用器皿也要特别洁净。

**9. 柠檬酸铁铵半固体培养基**（$H_2S$ 试验用）

蛋白胨 20g NaCl 5g 柠檬酸铁铵 0.5g

$Na_2S_2O_3 \cdot H_2O$（硫代硫酸钠） 0.5g 琼脂 5～8g 蒸馏水 1000mL

调 pH7.2，121℃灭菌 20min。

**10. 苯丙氨酸斜面**

酵母膏 3g $Na_2HPO_4$ 1g D,L-苯丙氨酸 2g（或 L-苯丙氨酸 1g）

NaCl 5g 琼脂 15～20g 蒸馏水 1000mL

调 pH7.0，115℃灭菌 20min。分装于试管中，灭菌后摆成斜面。

## 四、Ames 实验用培养基

**1. 底层培养基**

葡萄糖 20g 柠檬酸 2g $K_2HPO_4 \cdot 3H_2O$ 3.5g

$MgSO_4 \cdot 7H_2O$ 0.2g 优质琼脂 12g 蒸馏水 1000mL

调 pH7.0，115℃灭菌 15min。

**2. 组氨酸-生物素混合液**

称 31mg L-盐酸组氨酸和 49mg 生物素溶于 40mL 蒸馏水中。

**3. 上层培养基**

氯化钠 0.5g 优质琼脂 0.6g 蒸馏水 90mL

组氨酸-生物素混合液 10mL

115℃灭菌 15min。

**4. “素琼脂”**

氯化钠 0.5g 优质琼脂 0.6g 蒸馏水 90mL

加热融化后定容。115℃灭菌 15min。

## 五、筛选营养缺陷型实验用培养基

**1. 完全培养基**

成分同牛肉膏蛋白胨培养基，或用LB培养基。

**2. Vogel 50×基本培养液**

$MgSO_4 \cdot 7H_2O$　10g　柠檬酸钠·$3H_2O$　100g

$K_2HPO_4$　500g（或$K_2HPO_4 \cdot 3H_2O$　644g）

$NaNH_4HPO_4 \cdot 4H_2O$　175g　蒸馏水　1000mL

调pH7.0，121℃高压灭菌20min。

**3. 基本培养基**

Vogel 50×基本培养液　2mL　葡萄糖　2g　蒸馏水　98mL

调pH7.0，115℃高压灭菌30min。

若要配成基本固体培养基，以上成分加入2%琼脂即可。

**4. 无N基本液体培养基**

$K_2HPO_4$　7g（或$K_2HPO_4 \cdot 3H_2O$　9.2g）　$KH_2PO_4$　3g

柠檬酸钠·$3H_2O$　5g　$MgSO_4 \cdot 7H_2O$　0.1g

葡萄糖　20g　蒸馏水　1000mL

调pH7.0，115℃高压灭菌30min。

**5. 2N基本液体培养基**

每100mL无N基本液体培养基中加入$(NH_4)_2SO_4$ 0.2g即可。

## 六、抗生素效价测定用培养基

**1. 供试菌传代用培养基**

| | | | | | |
|---|---|---|---|---|---|
| 蛋白胨 | 5.0g | 牛肉膏 | 1.5g | 酵母膏 | 3.0g |
| 葡萄糖 | 1.0g | NaCl | 3.5g | $K_2HPO_4$ | 3.5g |
| $KH_2PO_4$ | 1.32g | 琼脂 | 18～20g | 蒸馏水 | 1000mL |

调pH7.0（灭菌后），115℃高压灭菌30min。

**2. 生物测定用底层培养基**

| | | | | | |
|---|---|---|---|---|---|
| 蛋白胨 | 6.0g | 牛肉膏 | 1.5g | 酵母膏 | 3.0g |
| 琼脂 | 18～20g | 蒸馏水 | 1000mL | | |

调pH6.5（灭菌后），121℃高压灭菌30min。

**3. 生物测定用上层培养基**

| | | | | | |
|---|---|---|---|---|---|
| 蛋白胨 | 6.0g | 牛肉膏 | 1.5g | 酵母膏 | 3.0g |
| 葡萄糖 | 5.0g | 琼脂 | 18～20g | 蒸馏水 | 1000mL |

调pH6.5（灭菌后），115℃高压灭菌30min。

# 附录三　常用染色液的配制

## 一、吕氏（Loeffler）碱性美蓝染液

A液：美蓝　0.6g　95%乙醇　30mL

B液：KOH　　0.01g　　蒸馏水　　100mL

分别配制A液和B液，配好后混合即可。

## 二、齐氏（Ziehl）石炭酸复红染色液

A液：碱性复红　　0.3g　　95%乙醇　　10mL

B液：石炭酸　　5.0g　　蒸馏水　　95mL

将碱性复红在研钵中研磨后，逐渐加入95%乙醇，继续研磨使其溶解，配成A液，将石炭酸溶解于水中，配成B液。

混合A液及B液即成。通常可将此混合液稀释5～10倍使用，稀释液易变质失效，一次不宜多配。

## 三、革兰（Gram）染色液

**1. 草酸铵结晶紫染液**

A液：结晶紫　　2g　　95%酒精　　20mL

B液：草酸铵　　0.8g　　蒸馏水　　80mL

混合A液和B液，静置48h后使用。

**2. 卢戈（Lugol）碘液**

碘片　　1.0g　　碘化钾　　2.0g　　蒸馏水　　300mL

先将碘化钾溶解在少量水中，再将碘片溶解在碘化钾溶液中，待碘片全溶后，加足水分即成。

**3. 95%的乙醇溶液。**

**4. 番红复染液**

番红　　2.5g　　95%乙醇　　100mL

取上述配好的番红乙醇溶液10mL与80mL蒸馏水混匀即成。

## 四、芽孢染色液

**1. 孔雀绿染液**

孔雀绿　　5g　　蒸馏水　　100mL

**2. 番红水溶液**

番红　　0.5g　　蒸馏水　　100mL

**3. 苯酚品红溶液**

碱性品红　　11g　　无水乙醇　　100mL

取上述溶液10mL与100mL 5%的苯酚溶液混合，过滤备用。

**4. 黑色素溶液**

水溶性黑色素　　10g　　蒸馏水　　100mL

称取10g黑色素溶于100mL蒸馏水中，置沸水浴中30min后，滤纸过滤两次，补加水到100mL，加0.5mL甲醛，备用。

## 五、荚膜染色液

**1. 负染色法**

（1）黑色素水溶液

黑色素　　5g　　蒸馏水　　100mL　　福尔马林（40%甲醛）　0.5mL

将黑色素在蒸馏水中煮沸 5min，然后加入福尔马林作防腐剂。

（2）番红染液　与革兰染液中番红复染液相同。

**2. 黑墨水染色法**

（1）6%葡萄糖水溶液

（2）绘图墨汁或黑色素或苯胺黑

（3）无水乙醇

（4）结晶紫染液

## 六、鞭毛染色液

**1. 利夫森（Leifson）染色液**

A 液：NaCl　　1.5g　　蒸馏水　　100mL

B 液：单宁酸（鞣酸）　　3g　　蒸馏水　　100mL

C 液：碱性复红　　1.2g　　95%乙醇　　200mL

临用前将 A、B、C 三液等量混合。

分别保存的染液可在冰箱保存几个月，室温可保存几个星期。但混合液应立即使用。

**2. 银染法**

A 液：单宁酸　　5g　　$FeCl_3$　　1.5g　　蒸馏水　　100mL

　　　福尔马林（15%）　2.0mL　NaOH（1%）　1.0mL

配好后，当日使用，次日效果差，第三日则不宜使用。

B 液：$AgNO_3$　　2g　　蒸馏水　　100mL

待 $AgNO_3$ 溶解后，取出 10mL 备用，向其余的 90mL $AgNO_3$ 中滴入浓 $NH_4OH$，使之成为很浓厚的悬浮液，再继续滴加 $NH_4OH$，直到新形成的沉淀又重新刚刚溶解为止。再将备用的 10mL $AgNO_3$ 慢慢滴入，则出现薄雾，但轻轻摇动后，薄雾状沉淀又消失，再滴入 $AgNO_3$，直到摇动后仍呈现轻微而稳定的薄雾状沉淀为止。如所呈雾不重，此染剂可使用一周，如雾重，则银盐沉淀出，不宜使用。

## 七、乳酸石炭酸棉蓝染色液

石炭酸　　10g　　乳酸（相对密度 1.21）　　10mL　　甘油　　20mL

蒸馏水　　10mL　　棉蓝　　0.02g

将石炭酸在蒸馏水中加热溶解，然后加入乳酸和甘油，最后加入棉蓝，使其溶解即成。

# 附录四　常用试剂和指示剂的配制

## 一、指示剂

**1. 麝香草酚蓝指示剂**

麝香草酚蓝 0.1g 溶于 100mL 20%乙醇中。变色范围：pH1.2～2.8，颜色由红变黄。常用浓度为 0.04%。

**2. 溴酚蓝指示剂**

称溴酚蓝 0.1g，加 14.9mL 0.01mol/L NaOH，加蒸馏水至 250mL。或称溴酚蓝 0.1g 溶于 100mL 20%乙醇中。变色范围：pH3.0～4.6，颜色由黄变蓝。常用浓度为 0.04%。

**3. 甲基橙指示剂**

称甲基橙 0.1g，加 3mL 0.1mol/L NaOH，加蒸馏水至 250mL。变色范围：pH3.1～4.4，颜色由红变橙黄。常用浓度为 0.04%。

**4. 溴甲酚绿指示剂**

称溴甲酚绿 0.1g，加 14.3mL 0.01mol/L NaOH，加蒸馏水至 250mL。变色范围：pH3.8～5.4。颜色由黄变蓝。常用浓度为 0.04%。

**5. 甲基红（Methylred）指示剂**

称甲基红 0.1g、95%乙醇 150mL、蒸馏水 100mL。先将甲基红溶于 95%乙醇中，然后加入蒸馏水即可。变色范围：pH4.2～6.3，颜色由红变黄。常用浓度为 0.04%。

**6. 石蕊指示剂**

称石蕊 0.5～1.0g 溶于 100mL 蒸馏水中。变色范围：pH5.0～8.0，颜色由红变蓝。常用浓度为 0.5%～1.0%。

**7. 溴甲酚紫指示剂**

称溴甲酚紫 0.04g，加 0.01mol/L NaOH 7.4mL、蒸馏水 92.6mL。变色范围：pH5.2～6.8，颜色由黄变紫。常用浓度为 0.04%。

**8. 溴麝香草酚蓝指示剂**

称溴麝香草酚蓝 0.04g，加 0.01mol/L NaOH 6.4mL、蒸馏水 93.6mL。变色范围：pH6.0～7.6，颜色由黄变蓝。常用浓度为 0.04%。

**9. 酚红指示剂**

称酚红 0.1g，加 28.2mL 0.01mol/L NaOH，加蒸馏水至 500mL。变色范围：pH6.8～8.4，颜色由黄变红。常用浓度为 0.02%。

**10. 中性红指示剂**

称取中性红 0.1g，加 95%乙醇 70mL、蒸馏水 180mL。变色范围：pH6.8～8，颜色由红变黄。常用浓度为 0.04%。

**11. 酚酞指示剂**

称 0.1g 酚酞溶于 100mL 60%乙醇中。变色范围：pH8.2～10.0，颜色由无色变红色。常用浓度为 0.1%。

## 二、实验用试剂

**1. 甲基红试验试剂（MR 试剂）**

称甲基红 0.1g，加 95%乙醇 300mL、蒸馏水 200mL。先将甲基红溶于 95%乙醇中，然后加入蒸馏水即可。

**2. 乙酰甲基甲醇试验试剂（V-P 试剂）**

A 液：5% α-萘酚无水乙醇溶液

称取 α-萘酚 5g，溶于 100mL 无水乙醇。

B 液：4.0% KOH 溶液

称取 KOH 4.0g，溶于 100mL 蒸馏水。

**3. 吲哚试剂**

对二甲基氨基苯甲醛 2g 95%乙醇 190mL 浓盐酸 40mL

**4. 格里斯（Griess）试剂**（亚硝酸盐试剂）

A液：对氨基苯磺酸 0.5g 10%稀乙酸 150mL

B液：α-萘酚 0.1g 蒸馏水 20mL 10%稀乙酸 150mL

**5. 二苯胺-硫酸试剂**（硝酸盐试剂）

对苯胺 0.5g 浓硫酸 100mL 蒸馏水 20mL

先将对苯胺溶于100mL浓硫酸中，再用20mL蒸馏水稀释。

**6. 淀粉水解试验用碘液**（即卢戈碘液）

碘片 1g 碘化钾 2g 蒸馏水 300mL

先将碘化钾溶解在少量水中，再将碘片溶解在碘化钾溶液中，待碘片全溶后，加足水分即可。

**7. 氨试剂**（奈氏试剂）

A液：碘化钾 10g 蒸馏水 100mL 碘化汞 20g

B液：氢氧化钾 20g 蒸馏水 100mL

将10g碘化钾溶于50mL蒸馏水中。在此液中加入碘化汞颗粒，待溶解后，再加氢氧化钾并补足水分，将澄清的液体倒入棕色瓶储存备用。

**8. 斐林试剂**（还原糖测定试剂）

甲液：$CuSO_4 \cdot 5H_2O$ 15g 次甲基蓝 0.05g 蒸馏水 500mL

乙液：NaOH 54g 酒石酸钾钠 50g 亚铁氰化钾 4g

蒸馏水 500mL

## 三、实验用溶液与缓冲液

**1. 2%伊红溶液**

称取2g伊红Y，加蒸馏水至100mL。

**2. 0.5%美蓝溶液**

称取0.5g美蓝，加蒸馏水至100mL。

**3. 0.1%孟加拉红溶液**

称取0.1g孟加拉红，加蒸馏水至100mL。

**4. 链霉素溶液**（10000U/mL）

标准链霉素粉剂1瓶（$10^6$U/瓶） 无菌蒸馏水 100mL

吸取0.5mL无菌水溶解链霉素，转入另一无菌三角瓶，反复用无菌水洗涤5次，最后将所有蒸馏水全部转移到链霉素溶液中。

**5. 氨苄青霉素溶液**（8mg/mL和25mg/mL）

称取氨苄青霉素医用粉剂8mg和25mg，分别溶于1mL无菌蒸馏水中，临用时配制。

**6. 丝裂霉素C母液**（0.3mg/mL）

称取3mg丝裂霉素C，溶于10mL无菌蒸馏水中。

**7. 黄曲霉毒素$B_1$溶液**（5μg/mL和50μg/mL）

分别称取黄曲霉毒素$B_1$ 50μg和500μg，用少量0.2mol/L NaOH溶解，最后分别定容至10mL。

**8. 亚硝基胍溶液**（50μg/mL、250μg/mL 和 500μg/mL）

分别称量 50μg、250μg 和 500μg 亚硝基胍，放入无菌离心管中，加入 0.05mL 甲酰胺助溶，然后加入 0.2mol/L pH6.0 磷酸盐缓冲液 1mL，使其完全溶解，用黑纸包好，30℃水浴保温备用（临用时配制）。

注意：亚硝基胍为超诱变剂，称量时要戴手套、口罩，在通风橱进行，称量纸用后要烧毁，接触过亚硝基胍的玻璃器皿要浸泡于 0.5mol/L 硫代硫酸钠溶液中，置通风处过夜，然后用水充分冲洗。有条件的可用一次性器皿。

**9. 0.1mol/L 磷酸盐缓冲液**（pH6.0、pH7.0）

称取 17.4g $K_2HPO_4$，溶解于蒸馏水，定容至 1000mL，得 0.1mol/L $K_2HPO_4$溶液；称取 13.6g $KH_2PO_4$，溶解于蒸馏水，定容至 1000mL，得 0.1mol/L $KH_2PO_4$溶液。将二者按下表配成不同 pH 值的 0.1mol/L 磷酸盐缓冲溶液。

**0.1mol/L 磷酸盐缓冲液**

| pH 值 | 0.1mol/L $K_2HPO_4$/mL | 0.1mol/L $KH_2PO_4$/mL |
|---|---|---|
| 6.0 | 13.2 | 86.8 |
| 7.0 | 61.5 | 38.5 |

**10. 0.1%标准葡萄糖溶液**

准确称取预先在 105℃干燥至恒重的无水葡萄糖（A.R.）(1.000±0.002)g，用蒸馏水溶解后定容至 1000mL。

**11. Mg-K 盐溶液**（Ames 试验用）

称取氯化镁 8.1g、氯化钾 12.3g，加蒸馏水溶解，并定容至 100mL。

**12. 0.2%柠檬酸钠溶液**（清除细菌表面游离的噬菌体）

称取柠檬酸钠 0.2g，溶于蒸馏水并定容至 100mL。

**13. 0.2mol/L 磷酸盐缓冲液**（pH5.8、pH6.0、pH7.4）

称取 35.6g $Na_2HPO_4 \cdot 2H_2O$，溶解于蒸馏水，定容至 1000mL，得 0.2mol/L $Na_2HPO_4 \cdot 2H_2O$ 溶液；称取 27.6g $NaH_2PO_4 \cdot H_2O$，溶解于蒸馏水，定容至 1000mL，得 0.2mol/L $NaH_2PO_4 \cdot H_2O$ 溶液；将二者按下表配成不同 pH 值的 0.2mol/L 磷酸盐缓冲溶液。

**0.2mol/L 磷酸盐缓冲液**

| pH 值 | 0.2mol/L $Na_2HPO_4 \cdot 2H_2O$/mL | 0.2mol/L $NaH_2PO_4 \cdot H_2O$/mL |
|---|---|---|
| 5.8 | 8.0 | 92.0 |
| 6.0 | 12.3 | 87.7 |
| 7.4 | 81.0 | 19.0 |

**14. 0.85%生理盐水**

称取 NaCl 0.85g，溶于 100mL 蒸馏水中。

**15. 无菌液体石蜡**

取医用液体石蜡装入三角瓶，装量不超过三角瓶总体积的 1/4，塞上棉塞，外包牛皮纸，121℃灭菌 30min，连续灭菌 2 次，置 105℃干燥箱中烘烤 2h，或在 40℃温箱中放置 2 周，除去石蜡油中的水分，经无菌检查后备用。

**16. 脱脂牛乳**

将新鲜牛乳煮沸，冷凉后除去表层油脂，反复操作 3～4 次，然后用脱脂棉过滤，最后以 3000r/min 离心 15min，再除去上层油脂。若用脱脂乳粉，可配成 20%或 40%的乳液。上述脱脂牛乳分装小三角瓶，121℃灭菌 30min，经无菌检查后备用。

# 附录五 最大或然数（MPN）统计表

## 一、三管最大或然数表

| 数量指标 | 细菌近似值 | 数量指标 | 细菌近似值 | 数量指标 | 细菌近似值 |
|---|---|---|---|---|---|
| 000 | 0.0 | 201 | 1.4 | 302 | 6.5 |
| 001 | 0.3 | 202 | 2.0 | 310 | 4.5 |
| 010 | 0.3 | 210 | 1.5 | 311 | 7.5 |
| 011 | 0.6 | 211 | 2.0 | 312 | 11.5 |
| 020 | 0.6 | 212 | 3.0 | 313 | 16.0 |
| 100 | 0.4 | 220 | 2.0 | 320 | 9.5 |
| 101 | 0.7 | 221 | 3.0 | 321 | 15.0 |
| 102 | 1.1 | 222 | 3.5 | 322 | 20.0 |
| 110 | 0.7 | 223 | 4.0 | 323 | 30.0 |
| 111 | 1.1 | 230 | 3.0 | 330 | 25.0 |
| 120 | 1.1 | 231 | 3.5 | 331 | 45.0 |
| 121 | 1.5 | 232 | 4.0 | 332 | 110.0 |
| 130 | 1.6 | 300 | 2.5 | 333 | 140.0 |
| 200 | 1.9 | 301 | 4.0 | | |

## 二、四管最大或然数表

| 数量指标 | 细菌近似值 | 数量指标 | 细菌近似值 | 数量指标 | 细菌近似值 | 数量指标 | 细菌近似值 | 数量指标 | 细菌近似值 | 数量指标 | 细菌近似值 |
|---|---|---|---|---|---|---|---|---|---|---|---|
| 000 | 0.0 | 100 | 0.3 | 140 | 1.4 | 240 | 2.0 | 332 | 4.0 | 422 | 13.0 |
| 001 | 0.2 | 101 | 0.5 | 141 | 1.7 | 241 | 3.0 | 333 | 5.0 | 423 | 17.0 |
| 002 | 0.5 | 102 | 0.8 | 200 | 0.6 | 300 | 1.1 | 340 | 3.5 | 424 | 20.0 |
| 003 | 0.7 | 103 | 1.0 | 201 | 0.9 | 301 | 1.6 | 341 | 4.5 | 430 | 11.5 |
| 010 | 0.2 | 110 | 0.5 | 202 | 1.2 | 302 | 2.0 | 400 | 2.5 | 431 | 16.5 |
| 011 | 0.5 | 111 | 0.8 | 203 | 1.6 | 303 | 2.5 | 401 | 3.5 | 432 | 20.0 |
| 012 | 0.7 | 112 | 1.0 | 210 | 0.9 | 310 | 1.6 | 402 | 5.0 | 433 | 30.0 |
| 013 | 0.9 | 113 | 1.3 | 211 | 1.3 | 311 | 2.0 | 403 | 7.0 | 434 | 35.0 |
| 020 | 0.5 | 120 | 0.8 | 212 | 1.6 | 312 | 3.0 | 410 | 3.5 | 440 | 25.0 |
| 021 | 0.7 | 121 | 1.1 | 213 | 2.0 | 313 | 3.5 | 411 | 5.5 | 441 | 40.0 |
| 022 | 0.9 | 122 | 1.3 | 220 | 1.3 | 320 | 2.0 | 412 | 8.0 | 442 | 70.0 |
| 030 | 0.7 | 123 | 1.6 | 221 | 1.6 | 321 | 3.0 | 413 | 11.0 | 443 | 140.0 |
| 031 | 0.9 | 130 | 1.1 | 222 | 2.0 | 322 | 3.5 | 414 | 14.0 | 444 | 160.0 |
| 040 | 0.9 | 131 | 1.4 | 230 | 1.7 | 330 | 3.0 | 420 | 6.0 | | |
| 041 | 1.2 | 132 | 1.6 | 231 | 2.0 | 331 | 3.5 | 421 | 9.5 | | |

# 微生物基础技术项目学习册

李　莉　陈其国　主编

化学工业出版社
·北京·

# 微生物基础技术项目学习册

李　莉　陈其国　主编

化学工业出版社
·北京·

# 《微生物基础技术项目学习册》编审人员


主　　编　李　莉　陈其国

副 主 编　高海山　李宝玉

编写人员（按照姓名汉语拼音排列）

陈其国（武汉职业技术学院）

冯小俊（恩施职业技术学院）

高海山（恩施职业技术学院）

李宝玉（广东农工商职业技术学院）

李　莉（武汉职业技术学院）

李　燕（十堰职业技术学院）

罗　京（武汉联合药业有限责任公司）

王大春（武汉新华扬生物股份有限公司）

尹　喆（武汉职业技术学院）

张　浩（郑州职业技术学院）

主　　审　卢洪胜（武汉职业技术学院）

# 目　　录



## 单元一　基础技术训练



## 单元二　技术应用训练

# 项目学习册使用说明

1. 本学习册与《微生物基础技术》教材配套使用，适用于各专业微生物技术课程项目学习。本学习册采用行动导向教学方式，由教师引导，学习者探索，完成企业真实的或接近生产实际的学习性工作任务。学习者在完成工作任务的过程中循环上升式地加深对微生物七大技术的认识和掌握，逐步达到能够熟练规范地进行微生物基础技术操作的学习目标，并且训练和培养应用微生物七大技术构成不同的技术链，完成新的工作任务的能力。

2. 本学习册附录指导学习者学会自我检查，对自我和他人作出客观评价。可按照教师要求，在不同工作阶段，由学习者本人、合作者、教师测试，并据实填写附录中的三种评价表，按照一定权重计入学习者课程成绩。

3. 本学习册一般使用流程和应达到的目标如下表。每个项目的流程都在“相关背景”中用流程图表示出来，并在“工作页”中以获取和处理信息、制订计划与方案、讨论决策、实施计划、质量监控及评价五个环节逐步完成。每个项目的专业技能目标和知识目标在“相关背景”中提出，在此着重强调项目流程各阶段的能力培养目标。

| 一般使用流程 | 教学目标 | 备　注 |
| --- | --- | --- |
| (1)根据任务要求和背景，学生明确表述任务目标 | 达成“相关背景”中列举的各项目标<br>锻炼认知能力(包括整理清晰的问题、提出可验证的假设、描述预期结果、制订实施方案)<br>锻炼沟通能力(包括讨论和提供结果、找出开具报告的要求) | |
| (2)教师引导，学生自主学习或合作学习，讨论和处理信息 | | 可分插在各个环节 |
| (3)通过自主学习和讨论，学生完成工作页各个栏目 | | |
| (4)项目经理和项目负责人审查之后，可以实施项目 | 团队合作能力(包括有效管理时间、分工合作完成任务、共享结果和分析) | |
| (5)记录结果，给出报告 | 锻炼分析能力(包括按规范收集组织数据，以曲线、表格、图像、描述等合适的方式呈现数据，评估其完整性、有效性和意义，从中推导出结论) | |
| (6)展示项目成果，解释结果，接受质询 | | 部分项目组展示 |

4. 本项目学习册项目设计具有开放性，学时安排总计90～104，各专业可根据需要选择和调节。项目内容也可以根据专业需要选用其他对象进行替换调节。

5. 以项目组为主体实施项目，项目负责人组织实施过程，项目经理协调。教师对项目负责人和项目经理予以指导和培训。

6. 项目负责人工作职责为：组织项目准备、实施、清场、成果展示全过程，纠正错误、指导操作；与其他项目组沟通和协调，合理分工和合作；审核项目组成员信息处理完成情况；审核项目组成员记录填写情况；配合教师实施项目准备工作。项目经理工作职责为：配合教师指导项目过程，协调所有项目组的分工和合作，检查项目组的清场工作等。

# 纪律要求和安全规则

**一、纪律要求**

1. 实训室工作时间等同上课时间，不允许迟到早退，中途离开实验室须经教师同意。不允许做与工作任务无关的事情。

2. 在完成了任务书并审核通过后才能够着手操作，动手操作前一定要明确操作流程。

3. 爱护室内一切公共财物，对于贵重仪器，如显微镜、天平等，使用时必须遵守操作规程，不得随意拆动和调换零件。每次按号取用，使用后要妥善清理，放回原处。

4. 室内一切仪器、药品、用具、标本等用后归放原处，不得私自携出室外。

5. 如不慎损坏仪器和物品，必须向指导教师报告。

6. 建立成本意识，注意节约使用各类材料，操作前设计最简便、最节约方法，并做粗略预算。

7. 实训室内保持安静，不得谈笑嬉闹。

8. 完成工作任务后，将自己工位整理清洁，台面及仪器擦洗干净妥加保存，所有使用过的用具应清洗干净（玻璃器皿的清洗参看《微生物基础技术》教材附录一）。经项目负责人同意后方可离开。

9. 轮流值日，值日生负责打扫地面、公共台面及清洁准备间，检查实训室水、电、窗户等的关闭情况。

10. 合作项目必须分工清晰，每位学员都清楚应该做什么和怎么做，之后才开始操作。完成之后必须共享数据和结果，以便于分析和得出结论。

**二、安全规则**

1. 工作过程中必须遵守防火、防中毒和防感染等一切必要的预防措施，小心使用酒精灯或酒精喷灯，酒精等易燃物应远离明火，避免事故发生。

2. 工作过程中所有有毒、有害废物及具有腐蚀性的废液，必须倒入废液缸内，不得倾倒于下水道中。

3. 使用过的带菌物品必须先灭菌再清洗。

4. 禁止在实训室内饮食、吸烟或用嘴润湿标签、铅笔等。禁止用嘴吸移液管移液。

5. 严格掌握无菌技术。各染菌器材、物品按指定地点存放，如吸过菌液的吸管、毛细滴管投放入来苏尔消毒缸内，用过的玻片、涂布棒等放入装有消毒液的搪瓷缸内，绝对不要随意放在桌面上或水槽中。

6. 使用无菌室或超净工作台应该遵守使用规则（无菌室规则附于文后）。

7. 工作中发生差错或意外事故时，应立即报告指导教师及时处理。切勿隐瞒或自作主张不按规定处理。

8. 无菌操作前，微生物操作后，怀疑受到菌体沾染时，以及离开实训室前，均需用消毒液或肥皂及自来水洗手（洗手规则附于文后）。

9. 遵从指导教师指出的具体的安全要求规则。

10. 工作前后对实训室环境（包括操作工位、凳子等）实施消毒。

## 附：无菌室规则

1. 应熟悉实验计划，备齐必要的材料和器具，所有材料和器具应进行灭菌处理，通过一定路线一次性全部拿入无菌室/超净台，杜绝实验中间进出无菌室或手进出超净台及传递物品。

2. 操作前无菌室或超净台先打开紫外灯照射半小时，关闭紫外灯后预运行 5min 后方能开始工作。操作前无菌室台面和地面应喷雾 5%石炭酸溶液，兼有灭菌和防止微尘飞扬的作用。

3. 应保持无菌环境，进入缓冲间后应穿戴无菌衣、帽、鞋和口罩，并将手部洗涤消毒，按照要求清洗足够长的时间，如 10s、30s、3min 或其他指定时间长度。

4. 尽量减少出入无菌室/超净台的次数。所有动作必须轻缓，尽量不要讲话，防止造成较大气流。超净台内所有活动尽可能在无菌物品暴露区的下游（即顺层流方向）进行。

5. 操作时应严格按无菌操作方法进行，动作轻缓，以防产生溅出或产生气溶胶。废物应丢入废物桶内。

6. 完成工作后应将台面整理干净，取出培养物品及废物桶，用 5%石炭酸溶液喷雾，再打开紫外灯照半小时。

7. 应根据国家标准定期检验空气污染情况，根据结果，在必要时进行无菌室全面彻底熏蒸灭菌。

## 附：洗手规则

1. 使用流水和热水洗手。
2. 使用足够多的肥皂或清洗剂。
3. 将肥皂或清洗剂用力涂搓布满手部所有表面。
4. 用外科擦洗刷擦洗手部。
5. 清洗过程中保持手部位置放低，以便清洗废液流向水池而非流向手臂。
6. 避免液体飞溅，彻底漂洗。
7. 用纸巾仔细擦干手部，丢弃纸巾至废物缸。
8. 再取纸巾用于关闭水龙头。

---

我已经阅读上述纪律要求和安全规则，了解其中的操作规定，承诺在项目实施过程中遵守这些规定。

承诺人签字：________________

日期：________________

# 单元一　基础技术训练

## 项目一　环境中微生物的检测

### 相关背景

**一、企业工作情景描述**

环境中存在着大量肉眼不可见的微生物。企业生产环境、设备、原材料、生产人员等都可能存在或带入影响生产效率、产品质量的微生物，因而制药企业、食品企业对于生产环境的洁净度有严格的要求。通过完成下面的工作任务，理解生活和生产中的卫生要求、检测过程无菌要求、生物制药过程中的无菌环境要求等。

设计至少一种方法，证实在空气中、人体表面、物体表面、水果表面、水、土壤中确实存在有细菌、放线菌、酵母菌、霉菌。

证实方法设计的思路要从看见微生物着手。看见微生物的方式有两种：肉眼看见微生物群体和显微镜下看见微生物个体。

因此解决问题的方法是取企业生产环境、设备、原材料、生产人员等观察对象上存在的少量的微生物，促进其繁殖，以便于肉眼观察和显微观察它们的特点，证实其存在，并分辨其类群。

实施的过程则需要掌握显微镜技术、消毒灭菌技术、微生物分离培养技术、形态鉴别技术、生长测定技术等基础技术，完成选择和制备培养基、灭菌、取样接种、培养、肉眼和显微观察一系列的任务。

**二、学习目标**（认知、技能目标、情感）

通过本项目，学生在教师指导下，通过分工和协作，能够利用基本的微生物技术手段确认环境中微生物的存在，初步鉴别微生物的类型。通过对环境微生物存在的确认，建立清洁意识、无菌意识。完成项目的过程能够提高团队协作能力、表达沟通能力，培养对工作的责任心。

具体目标如下。

① 学会收集专业信息、相关有用信息，甄别可靠信息。

② 能够总结出微生物检测的基本流程。

③ 能够抓住各类群微生物的大小形态、结构、繁殖以及群体的特征。

④ 能够总结出形态鉴别的方法。

⑤ 能够总结微生物生长所需条件。

⑥ 能够制订微生物检测方案。

⑦ 能够制订出实施计划、组织安排实施过程。

⑧ 能够熟练使用检测过程中所要用到的微生物技术，包括显微镜技术、形态鉴别技术、培养基制备技术、无菌技术、微生物培养技术、大小测定技术。

⑨ 能够按规范实施方案，规范填写报告等表格。

## 三、学习流程

每项任务都应按照下一页的学习流程图完成学习过程，提升学习者的完成工作任务、解决问题的能力。

## 四、时间安排

34～40学时，其中资讯学习和处理、制订计划方案、制订方案决策需要14～20学时，实施方案需要16学时，成果展示和质询讨论需要4学时。

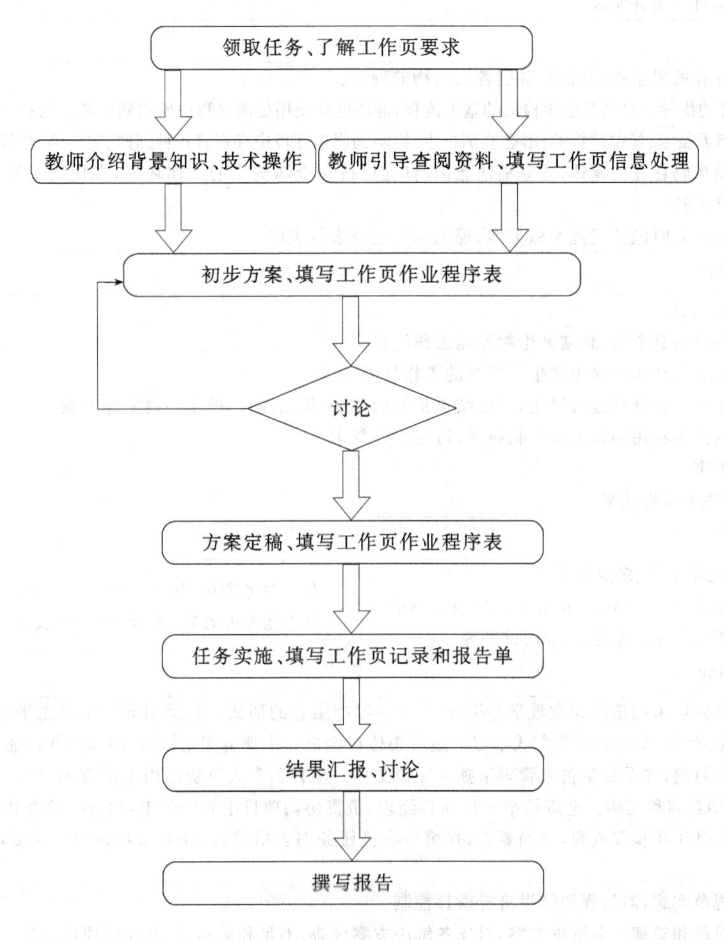


# 课程设计

| 项目名称 | 环境微生物检测 | |
| --- | --- | --- |
| 教学任务 | 教学时间安排/学时 | |
| 培养基的选择和制备 | 6～8 | 34～40学时 |
| 高压蒸汽灭菌 | 4～6 | |
| 无菌操作取样、接种、培养及菌落观察 | 12～14 | |
| 显微镜使用及微生物个体形态观察 | 4 | |
| 细菌革兰染色判定 | 2 | |
| 细菌芽孢观察 | 2 | |
| 酵母菌大小测定、显微镜直接计数 | 4 | |

续表

| 项目名称 | 环境微生物检测 |
| --- | --- |

学习任务

学生能够利用基本的微生物技术手段确认环境中微生物的存在、产品中微生物的限量是否合格。

要求：1. 能够检测到教师给定的典型环境中微生物的存在。

2. 能够从菌落形态和个体形态、结构、繁殖方式等特点鉴别所检测到的微生物的类群。

3. 能够自己制订方案并实施。

学习目标

1. 认识环境中存在的微生物，并初步鉴别各微生物的种类。

2. 学习者在教师的指导下总结微生物检测的基本流程，能够熟练使用检测过程中所用到的微生物技术，包括培养基制备技术、无菌技术、微生物培养技术、显微镜技术、形态鉴别技术，检测到周边环境中存在着各种细菌、放线菌、酵母菌和霉菌。

3. 通过对环境微生物存在的确认，建立清洁意识，自觉保持安全和健康的工作环境，在使用工具、设备等操作时符合劳动安全和环境保护规定。

4. 完成项目各项任务时能按规范实施方案，规范填写记录表等表格。

学习内容与活动设计

1. 教师介绍背景知识。

2. 利用教材等各种信息资料，总结微生物检测工作流程。

3. 以小组的形式制订初步环境中微生物检测的工作计划。

4. 对其他学习小组工作计划进行讨论，讨论结果报告的方法，提出建议，确定最终实施方案。

5. 通过影音资料熟悉将用的相关微生物技术，讨论操作要求。

6. 按规范实施方案。

7. 观察结果，按规范报告结果。

教学条件

| 专业教室：一体化实验室、多媒体系统。<br>教学设备器材：高压蒸汽灭菌锅、培养箱、显微镜、测微尺、电子天平、对照菌株、常用玻璃器材、常用试剂等。 | 专业参考资料：教材、多媒体素材等。<br>微生物专业教师：教师、实验室教师。 |
| --- | --- |

教学方法及组织形式

1. 背景资料准备阶段采用正面课堂教学和引导-自主学习相结合的形式。教师引导学生自主学习和体验性学习。操作技能通过视频录像、动画、实验演示等方式学习。最后集体讨论进一步理解理论知识，加深操作技能关键点的把控。

2. 将学生分成项目组，在项目负责人管理下独立完成工作。项目负责人负责组内基层管理、组织分工、工具设备管理工作，并组织单项技能自测和互测。全班推举一位项目经理，负责协调项目组间的分工与合作，检查和监控各小组项目进程。

3. 小组学习后设计工作步骤流程，明确要求，并填写项目任务书表格，列出注意事项清单。必要时全班一起讨论，完善工作方案。

4. 项目按操作规范实施，对过程和结果进行质量控制。

5. 项目完成后总结和整理任务解决方案，对比各解决方案优势、不足和适用性，并完成项目报告。

6. 展示实践结果，分析结果，交流收获，通过质询，加深知识理解。

7. 每个环节学生需要完成自我及对他人的评价。结束后对工作过程予以评价，并评分。

学业评价

| 1. 方案的设计合理性 | 10% | 2. 项目实施规范性 | 30% |
| --- | --- | --- | --- |
| 3. 报告等表格撰写 | 20% | 4. 结果准确性 | 10% |
| 5. 讨论主动、行动参与性 | 20% | 6. 注重成长提高 | 10% |

# 任务一　培养基的选择和制备

## 工作页

**【任务描述】**

为了促进微生物生长繁殖，必须选择适合其生长的培养基，并要根据使用目的选择相应的培养基状态。

请选择证实细菌确实存在于空气中、物体及人体表面、土壤中，证实物体表面附着有霉菌、水果表面有酵母菌、土壤中有放线菌存在分别需要的培养基种类，并按照配方制备相应的培养基。

**【学习指导】**

建议学习配套教材❶“微生物分离培养技术”中相关知识：微生物的营养、微生物的培养基。

建议学习配套教材“微生物分离培养技术”中技术节点：培养基制备技术。

**【实训学时】**

2学时。

**【实训目的】**

1. 能够根据培养目标和微生物选择合适的培养基。
2. 能够自己制订制备方案并实施。
3. 能够规范使用实训室内的称量仪器和器具。
4. 学习评价自我和他人。

**一、获取和处理信息**

1. 培养基的成分必须要满足微生物哪六大营养需求？化能异养型微生物的碳源常由哪些物质提供？氮源常由哪些物质提供？

2. 以本次证实土壤中存在放线菌需要的培养基的选择为例，说明怎样根据培养基的种类选择合适的培养基。配套教材附录二中察氏培养基和马丁琼脂培养基分属于什么不同类型的培养基？

---

❶ 本书中，配套教材指《微生物基础技术》（李莉）。

3. 以一种培养基为例分析其各成分承担哪种营养要素的作用。

4. 固体和半固体培养基琼脂的加入量通常分别是多少？

5. 一般琼脂固体培养基融化和凝结温度分别是多少？固体培养基是不是可以无限制反复融化和凝固？

6. 培养基制备原则有哪些？

7. 本项目任务需要用到什么培养基？在配套教材附录二中查阅并将其配方记录在溶液配制记录单中。

## 二、制订计划与方案

1. 填写培养基配制作业程序表，列出培养基制备操作的注意事项及操作要求。

培养基配制作业程序表

| 流程 | 注意事项及操作要求 |
| --- | --- |
| 原料称量及溶解 | |
| 定容 | |
| 调节 pH 值 | |
| 过滤和澄清 | |
| 分装、加塞、包装、标记 | |
| | |

2. 按照实训中心给定的条件，合理划分工作阶段、小组工作任务和个人工作任务。报给组织者（或教师）备案。

工作计划及任务分工表

| 工作内容 | 完成时间 | 责任人 | 备注 |
| --- | --- | --- | --- |
| | | | |
| | | | |
| | | | |
| | | | |
| | | | |
| | | | |
| | | | |
| | | | |
| | | | |
| | | | |

## 三、讨论决策（深入理解原理，选择最佳方案，优化计划安排）

1. 按照选择的方案的需要，修订作业程序，将所需器材、试剂填写在材料申领单中。

**材料申领单**

| 材料名称 | 规格 | 数量 | 备注 | 材料名称 | 规格 | 数量 | 备注 |
|---|---|---|---|---|---|---|---|
| 电炉 | / | | 以项目组(或者班级)为单位 | | | | |
| 搪瓷杯 | | | | | | | |
| 玻璃棒 | / | | | | | | |
| 锥形瓶(带塞) | | | | | | | |
| | | | | | | | |
| | | | | | | | |
| | | | | | | | |
| | | | | | | | |
| | | | | | | | |
| | | | | | | | |

2. 讨论确定评价方案，理解评价依据。

## 四、实施计划

1. 按照作业程序完成工作任务，填写过程记录表。

**培养基配制记录表**

制备日期：

| 培养基名称 | 培养基用量 | 配制体积/mL | 成分及含量 | pH值 | 无菌措施 | | | 制备平板(填√或×) | 配制人 | 复核人 | 无菌试验结果 |
|---|---|---|---|---|---|---|---|---|---|---|---|
| | | | | | 温度/℃ | 压力/MPa | 时间/min | | | | |
| | | | | | | | | 凝固 □ 澄清透明 □ | | | |
| | | | | | | | | | | | |
| | | | | | | | | | | | |
| | | | | | | | | | | | |
| | | | | | | | | | | | |
| | | | | | | | | | | | |
| | | | | | | | | | | | |
| | | | | | | | | | | | |
| | | | | | | | | 凝固 □ 澄清透明 □ | | | |
| | | | | | | | | | | | |
| | | | | | | | | | | | |
| | | | | | | | | | | | |
| | | | | | | | | | | | |
| | | | | | | | | | | | |
| | | | | | | | | | | | |
| | | | | | | | | | | | |

续表

| 培养基名称 | 培养基用量 | 配制体积/mL | 成分及含量 | pH值 | 无菌措施 | | | 制备平板(填√或×) | 配制人 | 复核人 | 无菌试验结果 |
|---|---|---|---|---|---|---|---|---|---|---|---|
| | | | | | 温度/℃ | 压力/MPa | 时间/min | | | | |
| | | | | | | | | 凝固 □ 澄清透明 □ | | | |
| | | | | | | | | | | | |
| | | | | | | | | | | | |
| | | | | | | | | | | | |
| | | | | | | | | | | | |
| | | | | | | | | | | | |
| | | | | | | | | | | | |
| | | | | | | | | | | | |
| | | | | | | | | 凝固 □ 澄清透明 □ | | | |
| | | | | | | | | | | | |
| | | | | | | | | | | | |
| | | | | | | | | | | | |
| | | | | | | | | | | | |
| | | | | | | | | | | | |
| | | | | | | | | | | | |
| | | | | | | | | | | | |

2. 操作完成后填写实验室电子天平的使用和保养记录单。

3. 操作完成后填写清场记录表。

**清场记录表**

| | 记录内容 | 在方框中填√或× | 备注 |
|---|---|---|---|
| 任务结束时清场记录 | 天平 | 已清洁归位 □ | |
| | 工具容器具 | 已清洁归位 □ | |
| | 试剂瓶、台面 | 已清洁归位 □ | |
| | 工位台面 | 已清洁 □ | |
| | 地面 | 已清洁 □ | |
| | 废物桶 | 已清洁 □ | |
| | | 已清洁归位 □ | |
| | | 已清洁归位 □ | |
| | 清场人 | | 签名 |
| | 检查人 | | 签名 |
| | 清场情况 | 合格 □ | 项目经理填写 |
| | 清场时间 | 年 月 日 | |

## 五、质量监控及评价

1. 培养基配制结果评价依据

（1）培养基外观的检查　新配的培养基必须先以肉眼检查其颜色与透明度，培养基应澄清，无浑浊，培养基的色泽不正常应测其 pH 值，不得超过预期值的±0.2。

（2）培养基配制记录　培养基的制作过程必须统一；培养基或添加剂的剂量、pH 值、高温灭菌的时间或温度，都需遵照规定；培养基名称、本批配制量、配方、配制日期和配制人员姓名都必须详细记录，以确保培养基在有效期内使用。

（3）无菌试验　每批配好并灭菌的培养基须进行无菌试验，即随机选取 5%～10%的量，如果配制大量的培养基，则任意选取 10 个平板或管装培养基，25℃和 35℃温度下隔夜培养，证明无菌生长为合格。

（4）培养基的有效性试验　《中华人民共和国药典》规定每一批新制或新购的培养基，使用前均须取已知性质的标准菌株试验是否能支持，区分或选择某类细菌的生长，培养基的试验结果需要加以记录，项目包括试验日期、试验结果以及实验者的签名等。且此记录本需便于检验室人员查看，以便能随时解决任何发生的难题。

（5）培养基的有效期　培养基有效期的长短应参考诊断细菌学书籍。若购买现用的培养基，均应注意有效期的标示有效，如在完成冷链、密封、保湿、厌氧等规定条件下，血平板的有效期为 3 个星期，厌氧菌分离培养基为 1～2 个星期等。新配制的平板培养基最易脱水，应放在严密的有盖容器内或塑料袋内，这样平板内培养基可保存两周左右，试管内培养基可保存 1～2 个月。

2. 对工作任务完成情况进行自我评价、小组评价，填写附录中相关的表格。

# 任务二　高压蒸汽灭菌

## 工作页

**【任务描述】**

将准备用于微生物检测的所有物品进行灭菌，以便于保证实验得到的菌不是来源于培养基中和器材上的。通过完成下面学习的工作任务，学会操作高压灭菌锅，理解灭菌和消毒技术，特别是高压蒸汽灭菌的技术要求。

**【学习指导】**

建议学习配套教材“消毒与灭菌技术”中技术节点：物理消毒灭菌技术、化学消毒灭菌技术。

建议学习配套教材“微生物分离培养技术”中相关知识：环境对微生物生长的影响。

建议学习配套教材“消毒与灭菌技术”中技术节点：高压蒸汽灭菌。

**【实训学时】**

2 学时。

**【实训目的】**

1. 能够根据不同的对象选择不同的灭菌方法。
2. 能够根据不同的培养基成分选择合适的灭菌条件。
3. 能够规范使用高压灭菌锅。
4. 学习评价自我和他人。

**一、获取和处理信息**

1. 怎样保证所得到的微生物就是存在于空气中、物体上、人体表面，而不是环境中、营养物质中、取样器具上、操作过程带入的？

2. 用于微生物检测的培养基成分是什么？这些成分都可以耐热吗？

3. 我们为什么选择高压蒸汽灭菌而不是直接用高温烘烤的方式？

4. 待灭菌的物品在灭菌后、使用前怎样保存？

5. 为什么待灭菌物品要包扎后才进行灭菌？

6. 高压灭菌时的温度是多少？手提式高压灭菌锅中有温度计指示已达到的温度吗？

7. 高压蒸汽灭菌锅灭菌时为什么要将锅内冷空气排尽？对灭菌结果有什么影响？

8. 怎样证明本次灭菌操作是成功的？

## 二、制订计划与方案

1. 填写高压蒸汽灭菌作业程序表，列出注意事项。

高压蒸汽灭菌作业程序表

| 灭菌前准备阶段 | | | |
|---|---|---|---|
| 实验所要用的无菌物品 | 数量 | 包扎方式 | 灭菌方法与条件 |
| 棉签(装于洁净干燥带塞试管中) | | | |
| 培养皿 | | | |
| 培养基(____种) | | | |
| 试管(带塞、装水____mL) | | | |
| | | | |
| | | | |
| | | | |
| | | | |
| | | | |

| 灭菌过程 | |
|---|---|
| 操作过程 | 注意事项 |
| 1. 灭菌前检查 | |
| 2. 放置物品 | |
| 3. 加盖 | |
| 4. 加热排气 | |
| 5. 关闭排气阀 | |
| 6. 升温、维持温度 | |
| 7. 降温 | |
| 8. 灭菌结束 | |

2. 按照实训中心给定的条件，合理划分工作阶段、小组工作任务和个人工作任务。报给组织者（教师）备案。

**工作计划及任务分工表**

| 工作内容 | 完成时间 | 责任人 | 备注 |
| --- | --- | --- | --- |
| | | | |
| | | | |
| | | | |
| | | | |

## 三、讨论决策（深入理解原理，选择最佳方案，优化计划安排）

1. 按照选择的方案的需要，修订作业程序，将所需无菌物品填写在材料申领单中。

**材料申领单**

| 材料名称 | 规格 | 数量 | 备注 | 材料名称 | 规格 | 数量 | 备注 |
| --- | --- | --- | --- | --- | --- | --- | --- |
| 电炉 | / | | 以项目组(或者班级)为单位 | | | | |
| 搪瓷杯 | | | | | | | |
| 玻璃棒 | / | | | | | | |
| 锥形瓶(带塞) | | | | | | | |
| | | | | | | | |
| | | | | | | | |
| | | | | | | | |
| | | | | | | | |
| | | | | | | | |
| | | | | | | | |

2. 讨论确定评价方案，理解评价依据。

## 四、实施计划

1. 按计划操作，填写记录表。

**高压蒸汽灭菌锅操作记录表**

| 灭菌前准备阶段 | | |
| --- | --- | --- |
| 1. 检查实验所要用的所有用具 | 器具完好（　　）　数量正确（　） | 检查人：<br>复核人： |
| 2. 检查灭菌锅状态 | 设备完好（　　） | 检查人：<br>复核人： |

续表

| 灭菌前准备阶段 | | |
|---|---|---|
| 3. 检查灭菌锅的水位 | 水位合适（ ） | 检查人：<br>复核人： |
| 4. 放置待灭菌物品 | 装量合适（ ） | 检查人：<br>复核人： |
| 灭菌过程 | | |
| 通电开始时间：<br>排气开始时间：<br>灭菌开始时间：<br>灭菌温度：<br>灭菌结束时间：<br>异常情况记录： | | |
| 灭菌结束 | | |
| 灭菌后取出物品<br>放置位置：<br><br>操作者： 复核者： | | |
| 灭菌结果报告<br><br>报告者： 复核者： | | |

2. 操作完成后填写清场记录表。

**清场记录表**

| | 记录内容 | 在方框中填√或× | 备注 |
|---|---|---|---|
| 任务结束时清场记录 | 天平 | 已清洁归位 □ | |
| | 工具容器具 | 已清洁归位 □ | |
| | 试剂瓶、台面 | 已清洁归位 □ | |
| | 工位台面 | 已清洁 □ | |
| | 地面 | 已清洁 □ | |
| | 废物桶 | 已清洁 □ | |
| | | 已清洁归位 □ | |
| | | 已清洁归位 □ | |
| | 清场人 | | 签名 |
| | 检查人 | | 签名 |
| | 清场情况 | 合格 □ | 项目经理填写 |
| | 清场时间 | 年 月 日 | |

## 五、质量监控及评价

1. 高压蒸汽灭菌结果评价依据

(1) 灭菌后的物品包扎应完好，且无太多的水汽。

(2) 灭菌后的培养基外观检查结果应与灭菌前一样：应澄清，透明、均匀。

(3) 无菌实验检查灭菌后培养基的质量。每批培养基随机取不少于5支（瓶），置各培养基规定的温度培养14d，无菌生长，即可以通过培养基的无菌性检查。或者将灭菌处理好的培养基全部在适宜微生物生长温度的条件下培养24～48h（至少过夜）。如果固体培养基无任何菌落生长，液体培养基未见浑浊，则此次灭菌操作合格。

(4) 灭菌指示剂法检查灭菌操作效果。灭菌时将生物指示剂或化学指示剂放入灭菌锅中的不同部位一同灭菌，如果是化学指示剂则其颜色变化符合要求；如果是生物指示剂（嗜热芽孢杆菌）灭菌后进行培养为阴性。

2. 按照移液管的包扎操作考核评价表进行小组评价。

**技能操作试题1：移液管的包扎**

| 序号 | 操作内容 | 操作要点 | 分值/分 | | 评分标准 | 扣分记录 |
|---|---|---|---|---|---|---|
| 1 | 准备工作 | 物品摆放 | 2 | 2 | 各种实验器材、试剂摆放有序合理 | |
| 2 | 包扎 | 1. 塞棉花 | 12 | 4 | 位置在移液管顶 | |
| | | | | 2 | 没有棉花外露出管顶端 | |
| | | | | 6 | 长度1～2cm | |
| | | 2. 裁纸条 | 6 | 6 | 宽度3～5cm | |
| | | 3. 包移液管 | 20 | 8 | 与纸条呈30°～45°夹角 | |
| | | | | 8 | 尖端双层纸包上 | |
| | | | | 4 | 滚动将纸条缠绕在移液管上 | |
| 3 | 固定 | 固定 | 16 | 8 | 打结固定方法正确 | |
| | | | | 8 | 打结在移液管顶端正确位置 | |
| 4 | 综合评价 | 熟练程度 | 4 | 4 | 操作规范熟练，各环节衔接流畅 | |
| 5 | 结果 | 能使用高压蒸汽灭菌锅灭菌 | 30 | 10 | 整个移液管包扎不能过长 | |
| | | | | 10 | 报纸缠裹松紧合适（撕开后易取下，形成纸筒） | |
| | | | | 10 | 棉花松紧合适（不被吹动，用水检查能自如吸放） | |
| 6 | 文明操作及其他 | 1. 有无器皿的破损 | 10 | 5 | 无损坏 | |
| | | 2. 操作结束后操作台面整理 | | 5 | 清理操作台面 | |
| | | 3. 有无其他错误操作 | | | 无其他错误操作（如有该项错误可扣超过10分） | |
| 总分 | | | 100 | | | |

3. 按照手提式灭菌锅操作考核评价表进行小组评价。

**技能操作试题2：手提式高压蒸汽灭菌锅的操作（讲述补充）**

| 序号 | 操作内容 | 操作要点 | 分值/分 | | 评分标准 | 扣分记录 |
|---|---|---|---|---|---|---|
| 1 | 准备工作 | 1. 检查水量，加水 | 10 | 5 | 描述水位应该超过加热管而低于内锅支架 | |
| | | 2. 放置待灭菌物品 | | 5 | 描述物品洁净干燥<br>描述物品包扎好 | |
| 2 | 加盖 | 1. 出气软管放入位置正确 | 10 | 5 | 出气软管放入内桶夹管中 | |
| | | 2. 拧紧方式正确 | | 5 | 对称拧紧<br>重复至少一次 | |
| 3 | 加热 | 1. 接通变压器电源 | 15 | 5 | 接通变压器电源 | |
| | | 2. 打开灭菌锅开关 | | 5 | 打开灭菌锅开关 | |
| | | 3. 调节变压器 | | 5 | 调节变压器至220V以上 | |
| 4 | 排气 | 排尽空气后关闭气阀 | 10 | 10 | 排气时间超过5min，或气柱状 | |
| 5 | 升温 | 1. 升温到正确温度参数 | 15 | 5 | 121℃或115℃ | |
| | | 2. 维持正确长度的时间 | | 5 | 20～30min或30～40min | |
| | | 3. 维持温度的方法正确 | | 5 | 调节变压器 | |
| 6 | 停止 | 1. 关掉灭菌锅开关 | 20 | 4 | 关掉灭菌锅开关 | |
| | | 2. 变压器调至“0” | | 4 | 变压器调至“0” | |
| | | 3. 拔掉变压器电源 | | 4 | 拔掉变压器电源 | |
| | | 4. 完全冷却 | | 4 | 压力降至“0”刻度方能开盖 | |
| | | 5. 取出物品处理 | | 4 | 取出物品使用或烘干保存 | |
| 7 | 综合评价 | 熟练程度 | 10 | 10 | 熟悉操作规范，各环节衔接流畅 | |
| 8 | 文明操作及其他 | 1. 有无器皿的破损 | 10 | 5 | 无损坏 | |
| | | 2. 操作结束后清理工位 | | 5 | 清理操作工位 | |
| | | 3. 有无其他错误操作 | | | 无其他错误操作（若有该项错误可扣超过10分） | |
| 总分 | | | 100 | | | |

4. 对工作任务完成情况进行自我评价、小组评价，填写附录中相关的表格。

# 任务三　无菌操作取样、接种、培养及菌落观察

## 工作页

**【任务描述】**

在确保没有其他微生物引入的情况下，将空气、土壤、物体表面、人等被检测对象上的微生物转移到培养基中，即取样、接种，并在合适条件下培养，形成肉眼可见的菌落，从而证实样品中有微生物存在。

**【学习指导】**

建议学习配套教材“微生物分离培养技术”中相关知识：细菌、放线菌、酵母菌、霉菌的菌落形态特点、环境对微生物生长的影响。

建议学习配套教材“微生物分离培养技术”中技术节点：无菌操作接种、微生物分离培养技术。

**【实训学时】**

4学时。

**【实训目的】**

1. 能够制备合格的培养基平板。
2. 能够自己制订取样、接种和培养方案并实施。
3. 能够规范实施无菌操作取样。
4. 能根据菌落初步鉴别细菌、放线菌、酵母菌和霉菌。
5. 学习评价自我和他人。

**一、获取和处理信息**

1. 微生物技术操作通常从做标记开始，为什么？

2. 制备琼脂培养基平板时为什么琼脂培养基要冷却至48～50℃才能倾倒至培养皿中？

3. 为什么琼脂平板凝固后要倒置？

4. 为什么取样、接种和培养过程必须无菌操作？

5. 平板划线接种技术中微生物是怎样被稀释和分散形成单菌落的？

6. 划线平板的哪个区域微生物数目最多？哪个区域最少？

7. 怎样判断划线平板被污染了？

8. 涂布平板法和混合浇注平板法接种时为什么要先将菌液进行梯度稀释？根据各浓度梯度菌液在平板上的生长情况，应该选择哪个稀释度用于接种？

9. 划线法、涂布法和混浇法相比各有什么优势和不足？

10. 一个单菌落是否就是一个单细胞生长形成的？为什么进行纯培养时可以取一个单菌落？

11. 液体培养基中出现什么现象表示有微生物生长？

12. 厌氧菌为什么不用常规培养法？

13. 为什么 48～50℃ 的融化琼脂培养基倾倒至培养皿中不会杀死菌液中的大多数微生物？

14. 配套教材附录二中无氮培养基组分中 $KH_2PO_4$ 的作用是什么？为什么要加入难溶解的 $CaCO_3$？

15. 细菌和酵母菌最适 pH 值分别是多少？有什么不同？

16. 取样就是将指定部位的微生物转移到中间介质上，以便于接种到培养基上（中）。请设计本项目从空气中及物体表面取样的方法。

## 二、制订计划与方案

1. 填写无菌操作取样、接种、培养作业程序表，列出注意事项及操作要求。

无菌操作取样、接种、培养作业程序表

| 流程 | 注意事项及操作要求 |
| --- | --- |
| 无菌操作倒平板 | |
| 对检测对象 1 进行无菌操作取样 | |
| 接种 | |
| 送培养(温度、培养时间) | |
| 对检测对象 2 进行无菌操作取样 | |
| 如需要，进行梯度稀释 | |
| 接种 | |
| 送培养(温度、培养时间) | |
| 菌落形态观察 | |
| | |

2. 按照实训中心给定的条件，合理划分工作阶段、小组工作任务和个人工作任务。报给组织者（或教师）备案。

工作计划及任务分工表

| 工作内容 | 完成时间 | 责任人 | 备注 |
| --- | --- | --- | --- |
| | | | |
| | | | |
| | | | |
| | | | |
| | | | |
| | | | |
| | | | |
| | | | |
| | | | |
| | | | |
| | | | |
| | | | |
| | | | |
| | | | |
| | | | |

## 三、讨论决策（深入理解原理，选择最佳方案，优化计划安排）

1. 全班讨论各个小组的方案，按照选择的方案的需要，修订作业程序，将所需器材、试剂填写在材料申领单中。

**材料申领单**

| 材料名称 | 规格 | 数量 | 备注 | 材料名称 | 规格 | 数量 | 备注 |
| --- | --- | --- | --- | --- | --- | --- | --- |
|  |  |  | 以项目组(或者班级)为单位 |  |  |  |  |
|  |  |  |  |  |  |  |  |
|  |  |  |  |  |  |  |  |
|  |  |  |  |  |  |  |  |

2. 讨论确定评价方案，理解评价依据。

## 四、实施计划

1. 按照作业程序完成工作任务，填写记录表。

**无菌操作取样、接种、培养记录表**

| 项目 | 检测对象 1 | 检测对象 2 |
| --- | --- | --- |
| 检测对象名称 |  |  |
| 取样地点 |  |  |
| 取样方式 |  |  |
| 接种培养基种类 |  |  |
| 接种方式 |  |  |
| 接种样液浓度 |  |  |
| 培养温度、pH 值 |  |  |
| 培养时间 |  |  |
| 操作人 |  |  |
|  |  |  |
|  |  |  |

2. 操作完成后填写清场记录表。

**清场记录表**

| | 记录内容 | 在方框中填√或× | 备注 |
|---|---|---|---|
| 任务结束时清场记录 | 超净工作台 | 已清洁归位 □ | |
| | 工具容器具 | 已清洁归位 □ | |
| | 试剂瓶、台面 | 已清洁归位 □ | |
| | 工位台面 | 已清洁 □ | |
| | 地面 | 已清洁 □ | |
| | 废物桶 | 已清洁 □ | |
| | | 已清洁归位 □ | |
| | | 已清洁归位 □ | |
| | 清场人 | | 签名 |
| | 检查人 | | 签名 |
| | 清场情况 | 合格 □ | 项目经理填写 |
| | 清场时间 | 年 月 日 | |

3. 培养完成后，观察菌落形态，填写结果记录表。

**结果记录表**

| 培养基种类 | 检测对象1 | | 检测对象2 | | 备 注 |
|---|---|---|---|---|---|
| | 菌落形态描述 | 判定可能结果 | 菌落形态描述 | 判定可能结果 | |
| | | | | | |
| | | | | | |
| | | | | | |
| | | | | | |
| | | | | | |
| | | | | | |
| | | | | | |
| | | | | | |
| | | | | | |
| | | | | | |
| | | | | | |
| | | | | | |
| | | | | | |
| | | | | | |
| | | | | | |

## 五、质量监控及评价

1. 结果评价依据

（1）无菌操作倒平板　制备的固体培养基平板表面应平整光滑，无气泡、无杂质，皿壁、皿（管）口部位不得沾染培养基。并应观察加入培养基的量，平板培养基的厚度一般为3mm（90mm平皿中加入15～20mL培养基），药敏试验用则为4mm（90mm平皿中加入25mL培养基），斜面不超过试管长度的2/3。

（2）无菌操作划线接种　划线接种不能划破培养基，培养后线外没有长菌，线内菌数由划线处开始呈逐步减少的趋势。

（3）无菌操作涂布平板接种　涂布平板接种不能划破培养基，培养后菌落分布均匀，没有菌苔，培养皿皿壁处未长菌苔。

（4）菌落形态观察　细菌、放线菌、酵母菌、霉菌的典型菌落特点能区分，疑似菌落应知道如何进一步区分。

2. 按照无菌操作倒平板操作评价表进行小组评价。

**技能操作试题3：无菌操作倒培养基平板**

| 序号 | 操作内容 | 操作要点 | 分值/分 | | 评分标准 | 扣分记录 |
|---|---|---|---|---|---|---|
| 1 | 准备工作 | 1. 着装 | 4 | 2 | 着工作服，仪容整洁 | |
| | | 2. 物品摆放 | | 2 | 各种实验器材、试剂摆放有序合理 | |
| 2 | 消毒灭菌 | 1. 以酒精棉球擦洗手方法正确 | 8 | 1 | 进行，擦洗范围不重叠 | |
| | | 2. 擦洗实验台面方法正确 | | 1 | 进行，擦洗范围不重叠 | |
| | | 3. 点酒精灯 | | 1 | 酒精灯火焰大小合适 | |
| | | 4. 擦洗培养基锥形瓶口等 | | 1 | 进行且方法正确 | |
| | | 5. 打开培养基瓶塞后灼烧瓶口 | | 4 | 进行且方法正确 | |
| 3 | 倒平板 | 1. 培养基温度 | 38 | 5 | 观察和确认培养基水浴温度在50℃左右 | |
| | | 2. 打开培养皿 | | 6 | 在火焰5cm半径范围内操作 | |
| | | | | 6 | 持握方法正确熟练，三指平托皿底、两指控制皿盖开合 | |
| | | 3. 正确倾倒固体培养基 | | 5 | 锥形瓶不得接触培养皿 | |
| | | | | 5 | 操作规范迅速 | |
| | | 4. 酒精灯熄灭方式正确 | | 5 | 盖灭，打开重盖一次 | |
| | | 5. 待凝固 | | 6 | 培养基凝固后，将平皿倒置 | |
| 4 | 结果 | 1. 平板表面状况 | 35 | 10 | 表面光滑、水平，无凝结团块 | |
| | | 2. 培养基量合适 | | 10 | 15～20mL | |
| | | 3. 平板沾染状况 | | 10 | 皿盖、皿壁上皆未沾染培养基 | |
| | | 4. 平板温度掌控状况 | | 5 | 皿盖水汽少 | |
| 5 | 综合评价 | 熟练程度 | 5 | 5 | 无菌操作规范熟练，各环节衔接流畅 | |
| 6 | 文明操作及其他 | 1. 有无器皿的破损 | 10 | 5 | 无损坏 | |
| | | 2. 操作结束后操作台面整理 | | 5 | 清理操作台面 | |
| | | 3. 有无其他错误操作 | | | 无其他错误操作（如有该项错误可扣超过10分） | |
| 总分 | | | 100 | | | |

3. 按照无菌操作划线接种评价表进行小组评价。

**技能操作试题 4：无菌操作划线接种斜面培养基**

<table>
<tr><th>序号</th><th>操作内容</th><th>操作要点</th><th colspan="2">分值/分</th><th>评分标准</th><th>扣分记录</th></tr>
<tr><td rowspan="2">1</td><td rowspan="2">准备</td><td>1. 理解原理,认识器材</td><td rowspan="2">4</td><td>2</td><td>能够正确找到考试工位</td><td></td></tr>
<tr><td>2. 物品摆放</td><td>2</td><td>各种实验器材、试剂摆放有序合理</td><td></td></tr>
<tr><td rowspan="3">2</td><td rowspan="3">消毒灭菌</td><td>1. 以酒精棉球擦洗手</td><td rowspan="3">6</td><td>2</td><td>进行,擦洗范围不重叠</td><td></td></tr>
<tr><td>2. 擦洗实验台面</td><td>2</td><td>进行,擦洗范围不重叠</td><td></td></tr>
<tr><td>3. 擦洗菌种试管等管口</td><td>2</td><td>进行,擦洗范围不重叠</td><td></td></tr>
<tr><td rowspan="5">3</td><td rowspan="5">取样</td><td>1. 点燃酒精灯</td><td rowspan="5">37</td><td>2</td><td>点燃,火焰适宜</td><td></td></tr>
<tr><td>2. 接种环灭菌</td><td>2<br>3<br>2</td><td>火焰外焰处灼烧<br>接种环灼烧至红热<br>伸入试管的接种环金属杆过火</td><td></td></tr>
<tr><td>3. 菌种斜面试管处置</td><td>1<br>1<br>2<br>2<br>3<br>3</td><td>开塞方向斜上<br>开塞动作轻<br>开塞后灼烧试管口封口<br>试管塞持握方法正确<br>至少有一只试管塞持握手中<br>盖塞前灼烧塞子和试管口</td><td></td></tr>
<tr><td>4. 接种环取菌</td><td>2<br>2<br>2</td><td>在管壁内冷却接种环<br>取到菌<br>没连带取出培养基</td><td></td></tr>
<tr><td>5. 整体印象</td><td>10</td><td>无菌操作规范熟练,操作无错误</td><td></td></tr>
<tr><td rowspan="3">4</td><td rowspan="3">划线</td><td>1. 划线接种</td><td rowspan="3">36</td><td>6<br>6<br>4</td><td>由斜面底部向上流畅划线接种<br>接种环未将培养基划破<br>接种线均匀,密度合适</td><td></td></tr>
<tr><td>2. 接种环灭菌</td><td>5<br>5</td><td>火焰外焰处灼烧<br>接种环灼烧至红热</td><td></td></tr>
<tr><td>3. 整体印象</td><td>10</td><td>无菌操作规范熟练,操作无错误</td><td></td></tr>
<tr><td>5</td><td>结束</td><td>熄灭酒精灯</td><td>3</td><td>3</td><td>盖灭,打开重盖一次</td><td></td></tr>
<tr><td rowspan="2">6</td><td rowspan="2">综合评价</td><td>1. 熟练程度</td><td rowspan="2">10</td><td rowspan="2">10</td><td>操作规范熟练,各环节衔接流畅</td><td></td></tr>
<tr><td>2. 有无其他错误操作</td><td>无其他错误操作(如有该项错误可扣超过10分)</td><td></td></tr>
<tr><td rowspan="2">7</td><td rowspan="2">文明操作</td><td>1. 有无器皿的破损</td><td rowspan="2">4</td><td>2</td><td>无损坏</td><td></td></tr>
<tr><td>2. 操作结束后操作台面整理</td><td>2</td><td>清理操作台面</td><td></td></tr>
<tr><td colspan="2">总分</td><td></td><td colspan="2">100</td><td></td><td></td></tr>
</table>

4. 按照无菌操作涂布接种评价表进行小组评价。

**技能操作试题 5：无菌操作在平板中接种 0.1mL 菌液并涂布均匀**

<table>
<tr><th>序号</th><th>操作内容</th><th>操作要点</th><th colspan="2">分值/分</th><th>评分标准</th><th>扣分记录</th></tr>
<tr><td rowspan="2">1</td><td rowspan="2">准备</td><td>1. 理解原理,认识器材</td><td rowspan="2">4</td><td>2</td><td>能够正确找到考试工位</td><td></td></tr>
<tr><td>2. 物品摆放</td><td>2</td><td>各种实验器材、试剂摆放有序合理</td><td></td></tr>
<tr><td rowspan="3">2</td><td rowspan="3">消毒灭菌</td><td>1. 以酒精棉球擦洗手</td><td rowspan="3">6</td><td>2</td><td>进行,擦洗范围不重叠</td><td></td></tr>
<tr><td>2. 擦洗实验台面</td><td>2</td><td>进行,擦洗范围不重叠</td><td></td></tr>
<tr><td>3. 擦洗菌种试管等管口</td><td>2</td><td>进行,擦洗范围不重叠</td><td></td></tr>
</table>

续表

| 序号 | 操作内容 | 操作要点 | 分值/分 | | 评分标准 | 扣分记录 |
|---|---|---|---|---|---|---|
| 3 | 取样 | 1. 点燃酒精灯 | 48 | 2 | 点燃，火焰适宜 | |
| | | 2. 拆无菌移液管外包纸 | | 2<br>3 | 移液管尖嘴靠近火焰<br>移液管下半部不得触碰其他物体 | |
| | | 3. 菌液试管处置 | | 1<br>1<br>2<br>2<br>3<br>3 | 开塞方向斜上<br>开塞动作轻<br>开塞后灼烧试管口封口<br>试管塞持握方法正确<br>至少有一只试管塞持握手中<br>盖塞前灼烧塞子和试管口 | |
| | | 4. 吸取稀释菌液 | | 2<br>2<br>2<br>2 | 正确选择相应稀释倍数的菌液<br>准确吸取 0.1mL，不滴漏<br>移液管使用方法正确<br>试管口、移液管口在火焰 5cm 半径范围内 | |
| | | 5. 放稀释菌液 | | 2<br>2<br>2<br>3<br>2 | 取用对应编号的平皿<br>培养皿打开手法正确熟练<br>在火焰 5cm 半径范围内操作<br>准确放液，不滴漏<br>移液管外壁不接触平皿 | |
| | | 6. 用毕移液管的放置 | | 5 | 移液管放入外包纸中或消毒液中 | |
| | | 7. 整体印象 | | 5 | 无菌操作规范熟练，操作无错误 | |
| 4 | 涂布接种 | 1. 涂布棒灭菌 | 25 | 1<br>4 | 正确选用涂布棒<br>涂布棒蘸取酒精，火焰灼烧灭菌 | |
| | | 2. 涂布棒冷却 | | 5 | 涂布棒靠在皿盖内壁冷却 | |
| | | 3. 涂布 | | 3<br>3<br>2<br>2 | 涂布操作正确规范，未将菌液涂至皿壁<br>玻璃器皿间的撞击声较小<br>涂布棒放下前过火，冷却<br>涂布完成待菌液完全吸收后将平皿倒置 | |
| | | 4. 整体印象 | | 5 | 无菌操作规范熟练，操作无错误 | |
| 5 | 结束 | 熄灭酒精灯 | 3 | 3 | 盖灭，打开重盖一次 | |
| 6 | 综合评价 | 1. 熟练程度<br>2. 有无其他错误操作 | 10 | 10 | 操作规范熟练，各环节衔接流畅<br>无其他错误操作（如有该项错误可扣超过10分） | |
| 7 | 文明操作 | 1. 有无器皿的破损 | 4 | 2 | 无损坏 | |
| | | 2. 操作结束后操作台面整理 | | 2 | 清理操作台面 | |
| 总分 | | | 100 | | | |

5. 对工作任务完成情况进行自我评价、小组评价，填写附录中相关的表格。

# 任务四　通过菌落形态、个体形态鉴别细菌、放线菌、酵母菌、霉菌

## 子任务 4-1　显微镜使用及微生物个体形态观察

## 工作页

**【任务描述】**

使用普通光学显微镜观察细菌、放线菌、酵母菌、霉菌个体形态、繁殖特点，总结普通光学显微镜的使用注意事项及不同微生物类群个体形态的差异。

**【学习指导】**

建议学习配套教材“显微技术”中技术节点：显微观察样品制备技术，普通光学显微镜使用技术。

建议学习配套教材“微生物形态鉴别技术”中相关知识：细菌、放线菌、霉菌、酵母菌个体特征。

**【实训学时】**

4 学时。

**【实训目的】**

1. 能够制备临时装片，并规范使用显微镜观察。
2. 能够根据观察目标，选择合适放大倍数的物镜。
3. 能够根据繁殖特点分辨酵母菌，区分霉菌不同种类。
4. 学习评价自我和他人。

**一、获取和处理信息**

1. 普通光学显微镜的光学系统和机械系统分别由哪些部件组成？

2. 调节普通光学显微镜光照强度的方法有哪些？怎样正确调节显微镜的焦距？

3. 镜检时为什么必须先用低倍镜，再依次用高倍镜、油镜观察？

4. 怎样使用油镜？为什么油系介质用香柏油或液体石蜡而不用其他？

5. 从个体形态上看，放线菌与霉菌有很多相似之处，显微镜观察时怎样区分？能否从菌落形态上加以区分？

6. 制片操作应注意什么？涂片时载玻片上的油污没有清洁干净，对结果有什么影响？

7. 普通光学显微镜观察微生物个体形态时为什么要染色？

## 二、制订计划与方案

1. 填写显微镜使用及微生物个体形态观察作业程序表，列出注意事项及操作要求。

显微镜使用及微生物个体形态观察作业程序表

| 流　　程 | 注意事项及操作要求 |
| --- | --- |
| 载玻片清洁 | |
| 涂片 | |
| 干燥 | |
| 固定 | |
| 染色 | |
| 冲洗、吸干 | |
| 显微镜放置 | |
| 光源调节 | |
| 低倍镜寻找观察目标 | |
| 高倍镜观察 | |
| 必要时油镜观察 | |
| 清理油镜 | |
| 微生物个体形态描述 | |

2. 按照实训中心给定的条件，合理划分工作阶段、小组工作任务和个人工作任务。报给组织者（教师）备案。

工作计划及任务分工表

| 工作内容 | 完成时间 | 责任人 | 备注 |
| --- | --- | --- | --- |
| | | | |
| | | | |
| | | | |
| | | | |
| | | | |
| | | | |
| | | | |
| | | | |
| | | | |
| | | | |

## 三、讨论决策（深入理解原理，选择最佳方案，优化计划安排）

1. 全班共同讨论各个小组的方案，整合意见，确定最优方案，修订作业程序。
2. 将所需器材、试剂填写在材料申领单中。

**材料申领单**

| 实验仪器与材料 | 规格 | 数量 | 备注 |
| --- | --- | --- | --- |
| 酒精灯 | / |  | 以项目组(或者班级)为单位 |
| 显微镜 |  |  |  |
| 载玻片 |  |  |  |
| 接种环 | / |  |  |
| 染色液 | / |  |  |
| 擦镜纸 | / |  |  |
| 吸水纸 | / |  |  |
| 香柏油 |  |  |  |
| 二甲苯 |  |  |  |
| 永久装片 |  |  |  |
|  |  |  |  |
|  |  |  |  |

3. 讨论确定评价方案，理解评价依据。

## 四、实施计划

1. 按照作业程序完成工作任务，填写记录表。

**显微镜使用及微生物个体形态观察记录表**

| 项　　目 | 记　　录 |  |  |  |  |
| --- | --- | --- | --- | --- | --- |
| 制片 | 载玻片清洁 | 涂片是否均匀 | 干燥、固定 | 冲洗、吸干 |  |
|  |  |  |  |  |  |
| 染色 | 染色液： |  | 染色时间：　　min |  |  |
| 镜检 | 光源调节 | 低倍镜寻找目标 | 高倍镜观察 | 油镜观察 | 油镜擦拭 |
| 微生物个体形态描述 | 微生物名称：<br>个体形态(大小、形状、结构)： |  |  |  |  |

2. 操作完成后填写实验室显微镜的使用和保养记录单。

3. 操作完成后填写清场记录表。

**清场记录表**

| | 记录内容 | 在方框中填√或× | 备　注 |
|---|---|---|---|
| 任务结束时清场记录 | 显微镜 | 已清洁归位 □ | |
| | 工具容器具 | 已清洁归位 □ | |
| | 试剂瓶、台面 | 已清洁归位 □ | |
| | 工位台面 | 已清洁 □ | |
| | 地面 | 已清洁 □ | |
| | 废物桶 | 已清洁 □ | |
| | | 已清洁归位 □ | |
| | | 已清洁归位 □ | |
| | 清场人 | | 签名 |
| | 检查人 | | 签名 |
| | 清场情况 | 合格 □ | 项目经理填写 |
| | 清场时间 | 年　　月　　日 | |

## 五、质量监控及评价

1. 制片：要求载玻片使用前进行清洁，涂片均匀，干燥温度合适，染色充分。

2. 镜检：显微镜使用符合规范，无压碎载玻片和镜头现象，能看见清晰物像。

3. 按照显微镜使用及曲霉的顶囊观察操作评价表进行小组评价。

**技能操作试题 6：显微镜使用及油镜观察曲霉的顶囊**（限时 3min）

| 序号 | 操作内容 | 操作要点 | 分值/分 | | 评分标准 | 扣分记录 |
|---|---|---|---|---|---|---|
| 1 | 工位 | 找到需要的器材，确定工位 | 3 | 3 | 看清题目，认识所需器材，找到考试工位 | |
| 2 | 准备工作 | 1. 理解原理，认识器材 | 3 | 1 | 能够正确找到考试工位 | |
| | | 2. 显微镜取放及位置正确 | | 1 | 握镜臂，托镜台，离边缘 3～6cm，中间偏左侧 | |
| | | 3. 装片放置方式正确 | | 1 | 盖玻片向上，夹片器固定 | |
| 3 | 调光 | 1. 调光方式正确 | 2 | 1 | 综合调节光圈大小、聚光器高度、光源强度 | |
| | | 2. 每次换用物镜时注意调光 | | 1 | 光强度适宜 | |
| 4 | 低倍镜观察 | 1. 调节物镜与装片的距离 | 11 | 5 | 侧视下将装片调至物镜工作距离以内 | |
| | | 2. 调焦方式正确 | | 5 | 方向是将物镜调离载物台 | |
| | | 3. 能将目标居中 | | 1 | 有目标居中操作 | |
| 5 | 高倍镜观察 | 1. 物镜选择和转换方式正确 | 11 | 3<br>2<br>1 | 物镜镜头选择正确<br>换用物镜时转动的部位是物镜转换器<br>转换受阻时能调整载物台 | |
| | | 2. 调焦方式正确 | | 4 | 方向是将物镜调离载物台 | |
| | | 3. 能将目标居中 | | 1 | 有目标居中操作 | |

续表

| 序号 | 操作内容 | 操作要点 | 分值/分 | | 评分标准 | 扣分记录 |
|---|---|---|---|---|---|---|
| 6 | 油镜观察 | 1. 正确选用油镜镜头 | 20 | 2 | 将油镜转入正对通光孔的位置 | |
| | | 2. 滴加油系介质正确 | | 3 | 只在使用油镜时滴加油系介质 | |
| | | | | 3 | 无物镜对准通光孔状态下滴加 | |
| | | 3. 物镜转换方式正确 | | 2 | 换用物镜时转动的部位是物镜转换器 | |
| | | | | 1 | 转换受阻时能调整载物台 | |
| | | 4. 调焦方式正确 | | 3 | 方向是将物镜调离载物台 | |
| | | 5. 油系介质(香柏油)清理方式正确 | | 2 | 镜头径向擦拭 | |
| | | | | 2 | 干擦镜纸、二甲苯、干擦镜纸交替擦拭 | |
| | | | | 2 | 清理永久装片无污物 | |
| 7 | 结果 | 1. 视野亮度合适 | 30 | 10 | 不刺眼,不昏暗 | |
| | | 2. 目标图像清晰 | | 10 | 图像清晰 | |
| | | 3. 曲霉顶囊指示正确 | | 10 | 指针尖指示着曲霉顶囊 | |
| 8 | 清场 | 1. 显微镜收检、放回方式正确 | 8 | 3 | 先关灯,再拔电源插头 | |
| | | | | 2 | 显微镜载物台处最低位置 | |
| | | | | 1 | 镜头处于八字位置 | |
| | | | | 1 | 电线盘绕整齐,罩子盖上 | |
| | | 2. 曲霉装片还原 | | 1 | 曲霉装片放还至盒中 | |
| 9 | 综合评价及其他 | 1. 熟练程度 | 10 | 5 | 在规定时间内完成,操作规范熟练,各环节衔接流畅 | |
| | | 2. 有无其他错误操作 | | 5 | 无其他错误操作(如有该项错误可扣超过10分) | |
| 10 | 文明操作 | 1. 有无器皿的破损 | 2 | 1 | 无损坏 | |
| | | 2. 操作结束后操作台面整理 | | 1 | 清理操作台面 | |
| 总分 | | | 100 | | | |

4. 对工作任务完成情况进行自我评价、小组评价,填写附录中相关的表格。

# 子任务 4-2　细菌革兰性质判定

## 工作页

**【任务描述】**

细菌革兰染色性质有助于细菌的鉴别，也反映出细菌某些生物学性状的差异，通过革兰染色可将细菌分为革兰阳性菌和革兰阴性菌。

请鉴别任务三中获得的培养物中某种细菌的革兰性质，并按照革兰染色操作标准进行评价。

**【学习指导】**

建议学习配套教材“微生物形态鉴别技术”、“显微技术”中相关知识：细菌、普通光学显微镜的结构与使用。

建议学习配套教材“微生物形态鉴别技术”、“显微技术”中技术节点：细菌鉴别技术、普通光学显微镜使用。

**【实训学时】**

2 学时。

**【实训目的】**

1. 能够制备合格装片。
2. 能够规范进行革兰染色，使标准菌染色准确。
3. 能够快速找到油镜中的物像。
4. 学习评价自我和他人。

**一、获取和处理信息**

1. 细菌细胞壁的主要成分是什么？

2. 革兰阳性细菌和革兰阴性细菌细胞壁有什么不同？

3. 为什么同样的初染、媒染、脱色和复染四步操作，革兰阳性细菌和革兰阴性细菌染成了不同的颜色？

4. 革兰染色的关键步骤是什么？应注意什么？

5. 革兰染色结果怎样判断？

6. 怎么做能保证革兰染色的结果真实可靠？

## 二、制订计划与方案

1. 填写革兰染色作业程序表。

**革兰染色作业程序表**

| 流　　程 | 注意事项及操作要求 |
|---|---|
| 涂片 | |
| 干燥 | |
| 固定 | |
| 初染 | |
| 媒染 | |
| 脱色 | |
| 复染 | |
| 镜检及结果判断 | |
| 清场 | |

2. 按照实训中心给定的条件，合理划分工作阶段、小组工作任务和个人工作任务。报给组织者（教师）备案。

**工作计划及任务分工表**

| 工作内容 | 完成时间 | 责任人 | 备　　注 |
|---|---|---|---|
| | | | |
| | | | |
| | | | |
| | | | |
| | | | |
| | | | |
| | | | |
| | | | |
| | | | |
| | | | |
| | | | |
| | | | |

## 三、讨论决策（深入理解原理，选择最佳方案，优化计划安排）

1. 按照选择的方案的需要，修订作业程序，将所需器材、试剂填写在材料申领单中。

**材料申领单**

| 材料名称 | 规格 | 数量 | 备注 | 材料名称 | 规格 | 数量 | 备注 |
|---|---|---|---|---|---|---|---|
| 菌种 | | | 以项目组(或者班级)为单位 | | | | |
| 接种环 | | | | | | | |
| 酒精灯 | | | | | | | |
| 载玻片 | | | | | | | |
| 草酸铵结晶紫染液 | | | | | | | |
| 卢戈碘液 | | | | | | | |
| 乙醇 | 95% | | | | | | |
| 番红 | | | | | | | |
| 吸水纸 | | | | | | | |

2. 讨论确定评价方案，理解评价依据。

## 四、实施计划

1. 按照作业程序完成工作任务，填写记录表。

**革兰染色记录表**

| 编　号 | 菌 体 形 态 | 革兰染色 | |
|---|---|---|---|
| | | 颜色 | 结果判断 |
| 1. 标准菌 | | | |
| 2. 标准菌 | | | |
| 3. 待测菌 | | | |

2. 操作完成后填写光学显微镜的使用和保养记录单。

3. 操作完成后填写清场记录表。

**清场记录表**

| | 记录内容 | 在方框中填√或× | 备　注 |
|---|---|---|---|
| 任务结束时清场记录 | 接种环、斜面菌种 | 已清洁归位 □ | |
| | 显微镜 | 已清洁归位 □ | |
| | 试剂瓶 | 已清洁归位 □ | |
| | 玻片 | 已清洁 □ | |
| | 废液缸 | 已清洁 □ | |
| | 工位台面 | 已清洁 □ | |
| | 地面 | 已清洁 □ | |
| | 废物桶 | 已清洁 □ | |
| | 清场人 | | 签名 |
| | 检查人 | | 签名 |
| | 清场情况 | 合格 □ | 项目经理填写 |
| | 清场时间 | 年　　月　　日 | |

## 五、质量监控及评价

1. 革兰染色评价依据

涂片均匀且重叠低于25%，菌量合适、空白少，无杂菌，标准菌染色结果正确，结果记录规范、准确。

2. 按照革兰染色技术操作标准评价表进行小组评价。

**技能操作试题 7：革兰染色**

| 序号 | 操作内容 | 操作要点 | 分值/分 | | 考核记录(以"√"表示) | | 备注 | 得分 |
|---|---|---|---|---|---|---|---|---|
| 1 | 准备 | 物品摆放及清洁载玻片 | 3 | 2 | 物品摆放合理及清洁载玻片，得 2 分 | | | |
| | | | | | 摆放的物品影响操作，扣 1 分 | | | |
| | | | | | 未检查、清洁载玻片，扣 1 分 | | | |
| | | 酒精擦手 | | 1 | 取菌前用酒精擦手，得 1 分 | | | |
| | | | | | 取菌前未用酒精擦手，扣 1 分 | | | |
| 2 | 染色 | 接种环的使用（灼烧灭菌、冷却、取菌、灼烧多余菌液） | 37 | 4 | 操作正确，得 4 分 | | | |
| | | | | | 接种环灼烧不彻底，扣 1 分 | | | |
| | | | | | 灼烧后接种环未冷却直接取菌，扣 1 分 | | | |
| | | | | | 取菌时将培养基划破，扣 1 分 | | | |
| | | | | | 涂片后未灼烧多余菌液，扣 1 分 | | | |
| | | 涂片（滴加无菌生理盐水、涂片、干燥） | | 4 | 操作正确，得 4 分 | | | |
| | | | | | 涂片区域直径超过 1.2～1.5cm，扣 2 分 | | | |
| | | | | | 漏液在桌面，扣 2 分 | | | |
| | | 固定 | | 4 | 操作正确，得 4 分 | | | |
| | | | | | 未在外焰区来回 3～5 次，扣 4 分 | | | |
| | | 初染（时间、漏液） | | 4 | 操作正确，得 4 分 | | | |
| | | | | | 不正确，扣 4 分 | | | |
| | | 媒染（时间、漏液） | | 4 | 操作正确，得 4 分 | | | |
| | | | | | 不正确，扣 4 分 | | | |
| | | 脱色（时间、漏液） | | 4 | 操作正确，得 4 分 | | | |
| | | | | | 不正确，扣 4 分 | | | |
| | | 复染（时间、漏液） | | 4 | 操作正确，得 4 分 | | | |
| | | | | | 不正确，扣 4 分 | | | |
| | | 水洗、干燥 | | 4 | 操作正确，得 4 分 | | | |
| | | | | | 不正确，扣 4 分 | | | |
| | | 操作熟练程度 | | 5 | 熟练，得 5 分 | | | |
| | | | | | 较熟练，得 4 分 | | | |
| | | | | | 一般，得 2 分 | | | |
| | | | | | 不熟练，得 0 分 | | | |
| 3 | 镜检 | 摆放（显微镜摆放、载玻片放置） | 15 | 2 | 正确，得 2 分 | | | |
| | | | | | 显微镜摆放不正确，扣 1 分 | | | |
| | | | | | 载玻片放置不正确，扣 1 分 | | | |
| | | 观察操作（低倍镜至高倍镜、粗细调节、滴加油、图像清晰） | | 10 | 正确，得 10 分 | | | |
| | | | | | 未从低倍镜到高倍镜调节，扣 1 分 | | | |
| | | | | | 油镜下用粗调旋钮调向载物台，扣 2 分 | | | |
| | | | | | 油镜观察时未滴加油，扣 2 分 | | | |
| | | | | | 图像不清晰，扣 5 分 | | | |
| | | 油镜清洗 | | 3 | 正确，得 3 分 | | | |
| | | | | | 油镜未清洗或清洗方法不正确，扣 3 分 | | | |
| 4 | 染色结果 | 标准菌染色 | 20 | 10 | 两种标准菌染色准确，得 10 分 | | | |
| | | | | | 标准菌染色不正确，每种扣 5 分 | | | |
| | | 待测菌染色颜色 | | 10 | 待测菌染色颜色清楚明确，得 10 分 | | | |
| | | | | | 待测菌染色颜色不明晰，扣 5 分 | | | |
| 5 | 文明操作 | 实验后台面整理 | 5 | 3 | 整理，得 3 分 | | | |
| | | | | | 未整理，扣 3 分 | | | |
| | | 器皿破损 | | 2 | 未破损，得 2 分 | | | |
| | | | | | 破损，扣 2 分 | | | |
| 6 | 记录及报告 | 观察现象、清楚记录 | 20 | 5 | 观察现象与记录一致、清楚、无涂改，得 5 分 | | | |
| | | | | | 每改 1 次扣 1 分 | | | |
| | | 报告结果规范、正确 | | 15 | 清楚、无涂改，得 15 分 | | | |
| | | | | | 每改 1 次，扣 5 分 | | | |
| | | 总分 | 100 | | | | | |

3. 对工作任务完成情况进行自我评价、小组评价，填写附录中相关的表格。

# 子任务 4-3　细菌芽孢观察

## 工作页

**【任务描述】**

细菌能否形成芽孢及芽孢的形状、着生位置、大小、芽孢囊是否膨大等特征都是鉴定细菌的重要指标。

利用芽孢染色法，观察任务三的培养物中细菌芽孢形态和着生位置。

**【学习指导】**

建议学习配套教材“微生物形态鉴别技术”中相关知识：细菌。

建议学习配套教材“微生物形态鉴别技术”中技术节点：细菌形态鉴别技术。

**【实训学时】**

2 学时。

**【实训目的】**

1. 能够规范进行芽孢染色。
2. 能够制备合格装片。
3. 能够快速找到油镜中的物像。
4. 能客观评价自我和他人。

**一、获取和处理信息**

1. 细菌芽孢形态特征为何有鉴别意义？

2. 用一般染色法能否观察到细菌芽孢？

3. 为什么芽孢染色需要进行加热？

4. 若在制片中仅看到游离芽孢，而很少看到芽孢囊和营养细胞，试分析原因。

5. 水洗脱色为什么必须等玻片冷却后再用水冲洗？

**二、制订计划与方案**

1. 填写细菌芽孢观察作业程序表，列出细菌芽孢染色操作的注意事项及操作要求。

**细菌芽孢观察作业程序表**

| 流　　程 | 注意事项及操作要求 |
| --- | --- |
| 涂片 | |
| 干燥及固定 | |
| 孔雀绿加热染色 | |
| 水洗 | |
| 复染 | |
| 镜检 | |
| 清场 | |

2. 按照实训中心给定的条件，合理划分工作阶段、小组工作任务和个人工作任务。报

给组织者（教师）备案。

**工作计划及任务分工表**

| 工作内容 | 完成时间 | 责任人 | 备注 |
| --- | --- | --- | --- |
| | | | |
| | | | |
| | | | |
| | | | |
| | | | |
| | | | |
| | | | |
| | | | |
| | | | |
| | | | |

**三、讨论决策**（深入理解原理，选择最佳方案，优化计划安排）

1. 按照选择的方案的需要，修订作业程序，将所需器材、试剂填写在材料申领单中。

**材料申领单**

| 材料名称 | 规格 | 数量 | 备注 | 材料名称 | 规格 | 数量 | 备注 |
| --- | --- | --- | --- | --- | --- | --- | --- |
| 显微镜 | / | | 以项目组(或者班级)为单位 | | | | |
| 擦镜纸 | | | | | | | |
| 酒精灯 | / | | | | | | |
| 载玻片 | | | | | | | |
| 接种环 | / | | | | | | |
| 夹子 | | | | | | | |
| 孔雀绿 | | | | | | | |
| 番红 | | | | | | | |
| 香柏油 | | | | | | | |
| 菌种斜面 | | | | | | | |
| | | | | | | | |
| | | | | | | | |

2. 讨论确定评价方案，理解评价依据。

## 四、实施计划

1. 按照作业程序完成工作任务，填写细菌芽孢形态观察记录表。

**细菌芽孢形态观察记录表**

日期：

| 项目 / 菌种菌落形态 | 芽孢颜色 | 菌体颜色 | 芽孢形状 | 芽孢着生位置 | 大小（膨大情况） |
|---|---|---|---|---|---|
| | | | | | |
| | | | | | |

2. 操作完成后填写显微镜的使用和保养记录单。

3. 操作完成后填写清场记录表。

**清场记录表**

| | 记录内容 | 在方框中填√或× | 备　注 |
|---|---|---|---|
| 任务结束时清场记录 | 显微镜 | 已清洁归位 □ | |
| | 工具容器具 | 已清洁归位 □ | |
| | 试剂瓶、台面 | 已清洁归位 □ | |
| | 工位台面 | 已清洁 □ | |
| | 地面 | 已清洁 □ | |
| | 废物桶 | 已清洁 □ | |
| | | 已清洁归位 □ | |
| | | 已清洁归位 □ | |
| | 清场人 | | 签名 |
| | 检查人 | | 签名 |
| | 清场情况 | 合格 □ | 项目经理填写 |
| | 清场时间 | 年　　月　　日 | |

## 五、质量监控及评价

1. 细菌芽孢镜检观察结果评价依据

(1) 细菌芽孢颜色　镜检观察，芽孢呈绿色，菌体呈红色。

(2) 细菌芽孢形状、大小、着生位置　枯草芽孢杆菌菌体形态为短杆状，末端钝圆，单生或形成短链，芽孢椭圆到柱状，位于菌体中央或稍偏，含芽孢菌体不膨大；梭状芽孢杆菌芽孢呈圆形或卵圆形，直径大于菌体，位于菌体中央，极端或次极端，使菌体膨大呈梭状。

2. 对工作任务完成情况进行自我评价、小组评价，填写附录中相关的表格。

# 子任务 4-4 酵母菌大小测定、显微镜直接计数

## 工作页

**【任务描述】**

酵母菌可测定其长和宽以表示大小，酵母菌细胞大小因种类而异。在啤酒生产过程中（如菌种扩大培养、主发酵）要进行酵母菌数量的测定，可采用显微镜直接计数来测定其数量。

测定 1mL 酵母菌菌悬液中酵母菌的数量及大小。

**【学习指导】**

建议学习配套教材“微生物生长测定技术”中相关知识：微生物的生长规律。

建议学习配套教材“微生物生长测定技术”中技术节点：微生物生长繁殖的测定技术。

**【实训学时】**

4 学时。

**【实训目的】**

1. 能够准确校正目镜测微尺。
2. 能够使用测微尺测量酵母菌的大小。
3. 能够正确使用血细胞计数板。
4. 能够计算 1mL 菌悬液中酵母菌的数量。
5. 能客观评价自我和他人。

**一、获取和处理信息**

1. 酵母菌的基本形态有哪几种类型？如何表示酵母菌的大小？

2. 校正目镜测微尺时为什么要求两线完全重合？

3. 校正目镜测微尺的公式中，分子的含义是什么？

4．实测一下：同一个目镜测微尺在10倍物镜下与40倍物镜下一格的长度分别是多少？为什么不同？

5．显微镜直接计数的数据如何处理？

## 二、制订计划与方案

1．填写酵母菌大小测定及显微镜直接计数作业程序表。

**酵母菌大小测定作业程序表**

| 流　　程 | 注意事项及操作要求 |
| --- | --- |
| 取镜、放置 | |
| 装目镜测微尺 | |
| 装镜台测微尺 | |
| 低倍镜下观察 | |
| 高倍镜观察、校正 | |
| 计算目镜测微尺每格长度 | |
| 测量酵母菌标本 | |
| 计算 | |
| 清场 | |

**酵母菌显微镜直接计数作业程序表**

| 流　　程 | 注意事项及操作要求 |
| --- | --- |
| 准备工作 | |
| 样品稀释 | |
| 镜检计数室 | |
| 加样 | |
| 显微镜计数 | |
| 记录数据 | |
| 计算 | |
| 清洗晾干血细胞计数板 | |
| 清场 | |

2．按照实训中心给定的条件，合理划分工作阶段、小组工作任务和个人工作任务。报

给组织者（教师）备案。

工作计划及任务分工表

| 工作内容 | 完成时间 | 责任人 | 备注 |
| --- | --- | --- | --- |
| | | | |
| | | | |
| | | | |
| | | | |
| | | | |
| | | | |
| | | | |
| | | | |
| | | | |
| | | | |

**三、讨论决策**（深入理解原理，选择最佳方案，优化计划安排）

1. 按照选择的方案的需要，修订作业程序，将所需器材、试剂填写在材料申领单中。

材料申领单

| 材料名称 | 规　格 | 数　量 | 备　注 | 材料名称 | 规　格 | 数　量 | 备　注 |
| --- | --- | --- | --- | --- | --- | --- | --- |
| 显微镜 | | | 以项目组(或者班级)为单位 | | | | |
| 血细胞计数板 | | | | | | | |
| 盖玻片 | | | | | | | |
| 镊子 | | | | | | | |
| 尖头吸管 | | | | | | | |
| 酵母菌菌液 | | | | | | | |
| 试管(9mL 水) | | | 无菌 | | | | |
| 移液管 | 1mL | | 无菌 | | | | |
| | | | | | | | |

2. 讨论确定评价方案，理解评价依据。

## 四、实施计划

1. 按照作业程序完成工作任务，填写记录表。

**目镜测微尺校正结果记录表**

| 物　　镜 | 目镜测微尺格数 | 镜台测微尺格数 | 目镜测微尺校正值/μm |
| --- | --- | --- | --- |
| 10 倍 | | | |
| 40 倍 | | | |

**酵母菌大小测定记录表**

| 测定次数 | 1 | 2 | 3 | 4 | 5 | 平均值/μm |
| --- | --- | --- | --- | --- | --- | --- |
| 长/格 | | | | | | |
| 宽/格 | | | | | | |

**酵母菌显微镜直接计数记录表**

| 次　　数 | 1 | | | | | 2 | | | | |
| --- | --- | --- | --- | --- | --- | --- | --- | --- | --- | --- |
| 中方格序号 | 1 | 2 | 3 | 4 | 5 | 1 | 2 | 3 | 4 | 5 |
| 细胞量 | | | | | | | | | | |
| 平均值 | | | | | | | | | | |
| 方格类型 | A:25×16　　B：16×25 | | | | | | | | | |
| 稀释倍数 | | | | | | | | | | |
| 细胞数/(个/mL) | | | | | | | | | | |

2. 操作完成后填写光学显微镜的使用和保养记录单。
3. 操作完成后填写清场记录表。

**清场记录表**

| | 记录内容 | 在方框中填√或× | 备　　注 |
| --- | --- | --- | --- |
| 任务结束时清场记录 | 接种环、酵母菌斜面菌种 | 已清洁归位 □ | |
| | 显微镜 | 已清洁归位 □ | |
| | 测微尺 | 已清洁归位 □ | |
| | 玻片 | 已清洁 □ | |
| | 血细胞计数板 | 已清洁 □ | |
| | 工位台面 | 已清洁 □ | |
| | 地面 | 已清洁 □ | |
| | 废物桶 | 已清洁 □ | |
| | 清场人 | | 签名 |
| | 检查人 | | 签名 |
| | 清场情况 | 合格 □ | 项目经理填写 |
| | 清场时间 | 年　　月　　日 | |

## 五、质量监控及评价

1. 酵母菌大小测定操作评价标准

能够在不同放大倍数下熟练地校正目镜测微尺，换算出目镜测微尺每格的实际代表长度；使用普通光学显微镜观察酵母菌，记录其长和宽各占几格；计算其长和宽平均值来表示酵母菌的大小。

2. 显微镜直接计数操作评价标准

能够熟练使用普通光学显微镜观察酵母菌，找出血细胞计数板的计数室、中方格、小格；对酵母菌样品无菌操作进行系列稀释后加样，加样后计数室无气泡，显微镜计数，记录数据，计算出 1mL 酵母菌样品中的细胞数。

3. 按照校正目镜测微尺操作评价表进行小组评价。

**操作试题 8：在高倍镜下，校正目镜测微尺每格尺度值**（限时 5min）

| 序号 | 操作内容 | 操作要点 | 分值/分 | | 评分标准 | 扣分记录 |
|---|---|---|---|---|---|---|
| 1 | 准备工作 | 1. 理解原理，认识器材 | 9 | 5 | 能够正确找到考试工位 | |
| | | 2. 显微镜取放及位置正确 | | 2 | 握镜臂，托镜台，离边缘 3～6cm，中间偏左侧 | |
| | | 3. 镜台测微尺放置正确 | | 2 | 盖玻片向上，夹片器固定 | |
| 2 | 调光 | 1. 调光方式正确 | 4 | 3 | 综合调节光圈大小、聚光器高度、光源强度 | |
| | | 2. 每次换用物镜时注意调光 | | 1 | 光强度适宜 | |
| 3 | 低倍镜观察 | 1. 调节物镜与装片的距离 | 15 | 5 | 侧视下将装片调至物镜工作距离以内 | |
| | | 2. 调焦方式正确 | | 5 | 方向是将物镜调离载物台 | |
| | | 3. 能将目标居中 | | 1 | 有目标居中操作 | |
| | | 4. 正确使用低倍镜 | | 4 | 正确使用标本夹和移动器等 | |
| 4 | 高倍镜观察 | 1. 物镜选择和转换方式正确 | 16 | 3 | 物镜倍数选择正确 | |
| | | | | 3 | 换用物镜时转动的部位是物镜转换器 | |
| | | | | 1 | 转换受阻时能调整载物台 | |
| | | 2. 调焦方式正确 | | 5 | 方向是将物镜调离载物台 | |
| | | 3. 正确使用高倍镜 | | 4 | 将高倍镜转入对准通光孔的位置 | |
| 5 | 结果 | 1. 视野亮度合适 | 30 | 10 | 不刺眼，不昏暗 | |
| | | 2. 目标图像清晰 | | 10 | 图像清晰，重合度高 | |
| | | 3. 目镜测微尺校正值计算准确 | | 10 | 目镜测微尺校正值计算准确 | |
| 6 | 清场 | 1. 显微镜收检、放回方式正确 | 12 | 3<br>2<br>2<br>1<br>1 | 先关灯，再拔电源插头<br>显微镜载物台处最低位置<br>镜头处于八字位置<br>电线盘绕整齐<br>罩子盖上，放还原位 | |
| | | 2. 镜台测微尺还原 | | 3 | 镜台测微尺包好还原至盒中 | |
| 7 | 综合评价及其他 | 1. 熟练程度<br>2. 有无其他错误操作 | 10 | 5 | 在规定时间内完成，操作规范熟练，各环节衔接流畅 | |
| | | | | 5 | 无其他错误操作(如有该项错误可扣超过 10 分) | |
| 8 | 文明操作 | 1. 有无器皿的破损 | 4 | 2 | 无损坏 | |
| | | 2. 操作结束后操作台面整理 | | 2 | 清理操作台面 | |
| 总分 | | | 100 | | | |

4. 按照高倍镜镜检血细胞计数板操作评价表进行小组评价。

**操作试题9：用高倍镜镜检血细胞计数板的计数室中方格**（限时3min）

| 序号 | 操作内容 | 操作要点 | 分值/分 | | 评分标准 | 扣分记录 |
|---|---|---|---|---|---|---|
| 1 | 准备工作 | 1. 理解原理，认识器材 | 8 | 4 | 能够正确找到考试工位 | |
| | | 2. 显微镜取放及位置正确 | | 2 | 握镜臂，托镜台，离边缘3～6cm，中间偏左侧 | |
| | | 3. 装片放置方式正确 | | 2 | 盖玻片向上，夹片器固定 | |
| 2 | 调光 | 1. 调光方式正确 | 4 | 3 | 综合调节光圈大小、聚光器高度、光源强度 | |
| | | 2. 每次换用物镜时注意调光 | | 1 | 光强度适宜 | |
| 3 | 低倍镜观察 | 1. 调节物镜与装片的距离 | 15 | 5 | 侧视下将装片调至物镜工作距离以内 | |
| | | 2. 调焦方式正确 | | 5 | 方向是将物镜调离载物台 | |
| | | 3. 能将目标居中 | | 1 | 有目标居中操作 | |
| | | 4. 正确使用低倍镜 | | 4 | 正确使用标本夹和移动器等 | |
| 4 | 高倍镜观察 | 1. 物镜选择及转换方式正确 | 20 | 5 | 物镜倍数选择正确 | |
| | | | | 3 | 换用物镜时转动的部位是物镜转换器 | |
| | | | | 1 | 转换受阻时能调整载物台 | |
| | | 2. 调焦方式正确 | | 6 | 方向是将物镜调离载物台 | |
| | | 3. 能将目标居中 | | 1 | 有目标居中操作 | |
| | | 4. 正确使用高倍镜 | | 4 | 将高倍镜转入对准通光孔的位置 | |
| 5 | 结果 | 1. 视野亮度合适 | 30 | 10 | 不刺眼，不昏暗 | |
| | | 2. 目标图像清晰 | | 10 | 图像清晰 | |
| | | 3. 计数小室指示正确 | | 10 | 指针尖指示着计数小室 | |
| 6 | 清场 | 1. 显微镜收检、放回方式正确 | 9 | 2<br>2<br>2<br>1<br>1 | 先关灯，再拔电源插头<br>显微镜载物台处最低位置<br>镜头处于八字位置<br>电线盘绕整齐<br>罩子盖上 | |
| | | 2. 血细胞计数板还原 | | 1 | 计数板还原至盒中 | |
| 7 | 综合评价及其他 | 1. 熟练程度<br>2. 有无其他错误操作 | 10 | 5 | 在规定时间内完成，操作规范熟练，各环节衔接流畅 | |
| | | | | 5 | 无其他错误操作（如有该项错误可扣超过10分） | |
| 8 | 文明操作 | 1. 有无器皿的破损 | 4 | 2 | 无损坏 | |
| | | 2. 操作结束后操作台面整理 | | 2 | 清理操作台面 | |
| 总分 | | | 100 | | | |

5. 对工作任务完成情况进行自我评价、小组评价，填写附录中相关的表格。

## 反馈

1. 小组代表展示项目各个任务的结果、解决问题的途径，分析得失，接受质询。
2. 全班讨论，评价结果和解决问题的途径；总结，发现可能的改进之处。
3. 教师点评、总结。

# 单元二 技术应用训练

## 项目二 微生物检测

### 相关背景

#### 一、企业工作情景描述

食品企业生产过程中，环境、生产人员、原材料、设备上的微生物都可能影响产品质量，国家卫生部等部门制定了食品安全国家标准、各类产品的卫生标准等相关文件，详细规定了食品企业产品微生物学指标及其检验方法。符合标准的方为合格产品。对于饮料主要有GB 7101—2015《食品安全国家标准 饮料》、GB 4789.1—2010《食品安全国家标准 食品微生物学检验总则》、GB 4789.2—2010《食品安全国家标准 食品微生物学检验菌落总数测定》。对于川贝枇杷糖浆主要依据是《中华人民共和国药典》（2015 年版）一部“川贝枇杷糖浆”条目，四部通则 0116 糖浆剂，四部通则 1105 非无菌产品微生物限度检查：微生物计数法，四部通则 1107 非无菌药品微生物限度标准。

#### 二、学习目标（认知、技能目标、情感）

通过本项目，学生进行分工和协作，能够利用基本的微生物技术手段测定给定饮料样品的菌落总数以及川贝枇杷糖浆酵母菌、霉菌数目，初步判定给定检样菌落总数指标和酵母菌霉菌限度是否合格。通过完成项目的过程，提高团队协作能力、表达沟通能力，培养对工作的责任心。

具体目标如下。

① 学会收集专业信息、相关有用信息，甄别有效信息。

② 能够根据微生物检测国家标准，制订出实施计划，组织安排实施过程。

③ 能够熟练使用检测过程中所要用到的微生物技术，包括培养基制备技术、无菌技术、微生物培养技术、显微镜技术、形态鉴别技术等。

④ 能够按规范实施方案，规范填写报告等表格。

#### 三、学习流程

按照下一页的学习流程图完成学习过程，提升学习者的完成工作任务、解决问题的能力。

#### 四、时间安排

每个任务 12～16 学时，总计 24～32 学时。其中每个任务的资讯学习和处理、制订计划方案、制订方案决策需要 4 学时，实施方案需要 4～8 学时，成果展示和质询讨论需要 4 学时。

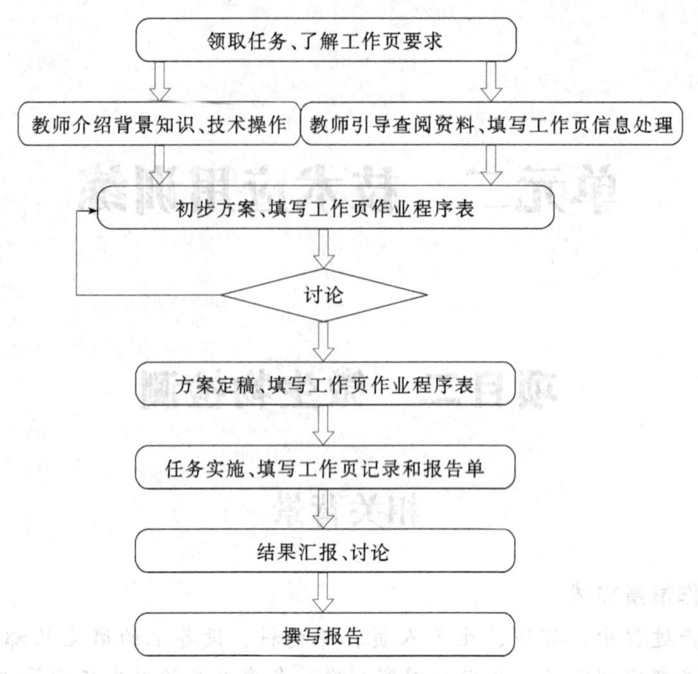


# 课程设计

<table>
<tr><td>项目名称</td><td colspan="3">微生物检测</td></tr>
<tr><td rowspan="2">教学任务</td><td>饮料菌落总数测定</td><td rowspan="2">教学时间安排</td><td>12～16 学时</td></tr>
<tr><td>川贝枇杷糖浆酵母菌霉菌限度检查</td><td>12～16 学时</td></tr>
</table>

学习任务

学生能够利用基本的微生物技术手段检测食品中微生物的限量是否合格。

要求：1. 能够按国家标准进行给定食品卫生微生物检测、给定药品微生物限度检查。

2. 能够自己制订方案并实施。

学习目标

1. 根据国家标准，进行食品药品微生物学检验，测定送检饮料样品中菌落总数以及川贝枇杷糖浆霉菌、酵母菌总数。
2. 学习者在教师的指导下总结微生物检测的基本流程，能够熟练使用检测过程中所要用到的微生物技术，包括培养基制备技术、无菌技术、微生物培养技术、显微镜技术、形态鉴别技术等。
3. 通过对食品中微生物的检测，认识食品安全系列标准，在使用工具、设备等操作时符合劳动安全和环境保护规定。
4. 完成项目各项任务时能按规范实施方案，规范填写记录表、报告等表格。

学习内容与活动设计

1. 教师介绍背景知识。
2. 利用质量标准、教材等各种信息资料，总结微生物检测工作流程。
3. 以小组的形式制订饮料菌落总数的实施方案以及川贝枇杷糖浆霉菌，酵母菌总数的实施方案。
4. 讨论结果报告的方法，讨论影响测定结果的关键操作。
5. 通过影音资料学习的相关微生物技术，讨论操作要求。
6. 按规范实施方案。
7. 观察结果，按规范报告结果。

教学条件

| | |
|---|---|
| 专业教室：一体化实验室、多媒体系统。<br>教学设备器材：高压蒸汽灭菌锅、培养箱、电子天平、标准菌株、常用玻璃器材、常用试剂等。 | 专业参考资料：教材、多媒体素材、饮料国家标准及相关食品国标、《中华人民共和国药典》等。<br>微生物专业教师：教师、实验室教师。 |

教学方法及组织形式

1. 背景资料准备阶段采用正面课堂教学和引导-自主学习相结合的形式。教师引导学生自主学习和体验性学习。操作技能通过视频录像、动画、实验演示等方式学习。最后集体讨论进一步理解理论知识，加深操作技能关键点的把控。
2. 学生分为项目组，在项目负责人管理下独立完成工作。项目负责人负责组内基层管理、组织分工、工具设备管理工作，并组织单项技能自测和互测。全班推举一位项目经理，负责协调项目组间的分工与合作，检查和监控各小组项目进程。
3. 小组学习后设计工作步骤流程，明确要求，并填写项目任务书表格，列出注意事项清单。必要时全班一起讨论，完善工作方案。
4. 项目按操作规范实施，对过程和结果进行质量控制。
5. 项目完成后总结和整理任务解决方案，对比各解决方案优势、不足和适用性，并完成项目报告。
6. 展示实践结果，分析结果，交流收获，通过质询，加深知识理解。
7. 每个环节学生需要完成自我及对他人的评价。结束后对工作过程予以评价，并评分。

学业评价

| | | | |
|---|---|---|---|
| 1. 方案的设计合理性 | 10% | 2. 项目实施规范性 | 30% |
| 3. 报告等表格撰写 | 20% | 4. 结果准确性 | 10% |
| 5. 讨论主动、行动参与性 | 20% | 6. 注重成长提高 | 10% |

# 任务一　饮料中菌落总数测定

## 工作页

**【任务描述】**

国家制订了各种食品中微生物的限量。本任务是对某企业生产的饮料中的细菌总数是否合格进行测定。

**【学习指导】**

建议学习配套教材“微生物生长测定技术”中相关知识：微生物的生长规律、食品药品的卫生要求和微生物学标准。

建议学习配套教材“微生物生长测定技术”中技术节点：微生物生长繁殖的测定。

建议学习国家标准：GB 7101—2015《食品安全国家标准　饮料》、GB 4789.1—2010《食品安全国家标准　食品微生物学检验总则》、GB 4789.2—2010《食品安全国家标准　食品微生物学检验　菌落总数测定》，GB 4789.15—2010《食品安全国家标准　食品微生物学检验　霉菌和酵母菌计数》。

**【实训学时】**

6 学时。

**【实训目的】**

1. 能够检测某企业送检饮料中的菌落总数是否达标。

2. 能够依据国标和实验室条件自己制订方案并实施。

3. 能够进行显微镜技术、形态鉴别技术、生长测定技术、无菌技术、微生物培养技术规范操作。

4. 能够恰当评价自我和他人。

**一、获取和处理信息**

1. 所检测产品质量标准的依据是什么？检测方法的依据是什么？

2. 国家规定的检验饮料中菌落总数的方法是什么？检测的结果怎样计算？

3. 为什么国标规定对菌落总数在 30～300CFU 之间的平板以及霉菌和酵母菌数在 10～150CFU之间的平板进行计数？

4. 请查询有效的国家标准，饮料中菌落总数的限量标准是多少？

5. 以一种控制菌为例，国标规定食品中控制菌检测的方法是什么？与微生物限度检测有何不同？

## 二、制订计划与方案

1. 填写饮料菌落总数测定作业程序表，列出注意事项及操作要求。

菌落总数测定作业程序表

| 流程 | 注意事项及操作要求 |
|---|---|
| | |
| | |
| | |
| | |
| | |
| | |
| | |
| | |
| | |
| | |

2. 按照实训中心给定的条件，合理划分工作阶段、小组工作任务和个人工作任务。报

给组织者（或教师）备案。

**工作计划及任务分工表**

| 工作内容 | 完成时间 | 责任人 | 备注 |
| --- | --- | --- | --- |
| | | | |
| | | | |
| | | | |
| | | | |
| | | | |
| | | | |
| | | | |
| | | | |
| | | | |
| | | | |

## 三、讨论决策（深入理解原理，选择最佳方案，优化计划安排）

1. 按照选择的方案的需要，修订作业程序，将所需器材、试剂填写在材料申领单中。

**材料申领单**

| 材料名称 | 规格 | 数量 | 备注 | 材料名称 | 规格 | 数量 | 备注 |
| --- | --- | --- | --- | --- | --- | --- | --- |
| | | | 以项目组(或者班级)为单位 | | | | |
| | | | | | | | |
| | | | | | | | |
| | | | | | | | |
| | | | | | | | |
| | | | | | | | |
| | | | | | | | |
| | | | | | | | |

2. 讨论确定评价方案，理解评价依据。

## 四、实施计划

1. 按照作业程序完成工作任务，填写记录表。

检验原始记录表

第　　页　　　　　　　　　　　　　　　　　　　　　　　　　　　　　共　　页

| 样品名称 | | 检验日期 | | 检验人 | |
|---|---|---|---|---|---|
| 样品状态描述 | | | | 样品数量 | |
| 检验项目 | □菌落总数　　□霉菌和酵母菌数 | | | | |
| 检验依据 | GB/T 4789.2、GB/T 4789.15—2010 | | | | |
| 检验地点 | 微生物室 | | | | |
| 检验仪器名称、型号及编号 | □01-　数显电热恒温培养箱　□01-　显微镜　□01-　生化培养箱<br>□01-　隔水式恒温培养箱　□01-　ATP 细菌鉴定仪 | | | | |

微生物检验培养基配制记录

编号：　　　　　　　　　　　　　　　　　　　　　　　　　　年　　月　　日

| 培养基名称 | 营养琼脂培养基 | | |
|---|---|---|---|
| 用途 | 用于细菌总数的检测 | 配制量 | |
| 配制日期 | 年　　月　　日 | 灭菌方法 | 121℃,20min 灭菌 |

培养基成分

称取(g)

加蒸馏水到　　　　mL。加热溶解后分装,加塞,包好后经 115℃ 灭菌 20min,置冰箱保存备用。

| pH 值 | | 无菌试验结果 | |
|---|---|---|---|

样品制备:按 GB/T 4789—2010 要求进行。

1. 固体样品,无菌称取 25g 样品加 225mL 生理盐水,均质。
2. 液体样品,如需稀释,则吸取 25mL 于 225mL 生理盐水中,混匀。
3. 液体样品,如不需稀释直接吸样检验。

菌落总数:检验依据 GB/T 4789.2—2010。

霉菌和酵母计数:检验依据 GB/T 4789.15—2010。

培养温度:　　　培养时间:

| 样品编号 | 不同稀释度菌落总数 | | | | | 不同稀释度霉菌和酵母菌数 | | | | 检验结果 | | 该项目是否合格 |
|---|---|---|---|---|---|---|---|---|---|---|---|---|
| | 原液 | $10^{-1}$ | $10^{-2}$ | $10^{-3}$ | 空白对照 | 原液 | $10^{-1}$ | $10^{-2}$ | 空白对照 | 菌落总数/[CFU/mL(g)] | 霉菌和酵母菌计数/[CFU/mL(g)] | |
| | | | | | | | | | | | | |
| | | | | | | | | | | | | |
| | | | | | | | | | | | | |
| | | | | | | | | | | | | |
| | | | | | | | | | | | | |
| | | | | | | | | | | | | |

2. 操作完成后填写清场记录表。

**清场记录表**

| | 记录内容 | 在方框中填√或× | 备注 |
|---|---|---|---|
| 任务结束时清场记录 | 超净工作台 | 已清洁归位 □ | |
| | 工具容器具 | 已清洁归位 □ | |
| | 试剂瓶、台面 | 已清洁归位 □ | |
| | 工位台面 | 已清洁 □ | |
| | 地面 | 已清洁 □ | |
| | 废物桶 | 已清洁 □ | |
| | | 已清洁归位 □ | |
| | | 已清洁归位 □ | |
| | 清场人 | | 签名 |
| | 检查人 | | 签名 |
| | 清场情况 | 合格 □ | 项目经理填写 |
| | 清场时间 | 年 月 日 | |

注：如果同时测定该产品的霉菌酵母菌数，需配制马铃薯葡萄糖琼脂培养基或孟加拉红琼脂培养基。培养基配制记录表格式同上。

3. 培养完成后，逐日点计菌落数目，并计算，填入检验原始记录表。

## 五、质量监控及评价

1. 结果评价依据

(1) 无菌操作合格　空白对照平板无菌。保证环境、器材灭菌合格，操作人无菌操作技术合格。

(2) 平板合格　制备的固体培养基平板表面应平整光滑，无气泡、无杂质，皿壁、皿口部位不得沾染培养基。平板培养基的厚度一般为 3mm（90mm 平皿中加入 15～20mL 培养基）。

(3) 混匀浇注接种平板合格　培养出的菌落在平板中的分布均匀，无菌苔出现或者菌苔较少。

(4) 稀释梯度合格　10 倍梯度稀释的菌液所接种的平板，生长出的菌落数目基本呈现接近 10 倍递减的趋势。

有菌落数在 30～300CFU 之间的稀释级平板（如果同时测定酵母菌和霉菌，有菌落数在 10～150CFU 之间的稀释级平板）。

(5) 平行度合格　同一稀释度菌液所接种的平板，生长出的菌落数目相差较小。

(6) 结果精准　测定的结果应接近该产品菌落总数的真实值。

2. 按照梯度稀释及混浇接种操作评价表进行小组评价。

**技能操作试题 10：梯度稀释及混浇接种**

| 序号 | 操作内容 | 操作要点 | 分值/分 | | 评分标准 | 扣分记录 |
|---|---|---|---|---|---|---|
| 1 | 准备 | 1. 理解原理,认识器材 | 4 | 2 | 能够正确找到考试工位 | |
| | | 2. 物品摆放 | | 2 | 各种实验器材、试剂摆放有序合理 | |
| 2 | 消毒灭菌 | 1. 以酒精棉球擦洗手 | 6 | 2 | 进行,擦洗范围不重叠 | |
| | | 2. 擦洗实验台面 | | 2 | 进行,擦洗范围不重叠 | |
| | | 3. 擦洗菌种试管等管口 | | 2 | 进行,擦洗范围不重叠 | |

续表

| 序号 | 操作内容 | 操作要点 | 分值/分 | | 评分标准 | 扣分记录 |
|---|---|---|---|---|---|---|
| 3 | 10倍梯度稀释 | 1. 点燃酒精灯 | 48 | 1 | 点燃，火焰适宜 | |
| | | 2. 拆无菌移液管外包纸 | | 2 | 移液管尖嘴靠近火焰 | |
| | | | | 2 | 移液管下半部不得触碰其他物体 | |
| | | 3. 样品锥形瓶处置 | | 2 | 开塞动作轻 | |
| | | | | 2 | 开塞后灼烧瓶口封口 | |
| | | 4.稀释液试管处置 | | 2 | 至少有一只试管塞持握手中 | |
| | | | | 2 | 盖塞前灼烧塞子和试管口 | |
| | | 5.吸取菌液 | | 5 | 充分混合均匀待稀释菌液 | |
| | | | | 2 | 准确吸取1mL，不滴漏 | |
| | | | | 2 | 移液管使用方法正确 | |
| | | | | 2 | 试管口、移液管口在火焰5cm半径范围内 | |
| | | 6. 将菌液放至下一稀释级试管无菌水中 | | 2 | 准确放液，不滴漏 | |
| | | | | 2 | 移液管不接触试管内无菌水 | |
| | | 7. 边稀释边接种 | | 2 | 将菌液混合均匀 | |
| | | | | 1 | 准确吸取1mL，不滴漏 | |
| | | | | 2 | 放至对应编号的平皿 | |
| | | | | 1 | 培养皿打开手法正确熟练 | |
| | | | | 2 | 移液管外壁不接触平皿 | |
| | | | | 2 | 在火焰5cm半径范围内操作 | |
| | | 8. 用毕移液管的放置 | | 1 | 移液管放入外包纸中或消毒液中 | |
| | | 9. 再次吸取10倍稀释的菌液 | | 4 | 使用新无菌移液管伸入10倍稀释液取液 | |
| | | 10. 整体印象 | | 5 | 无菌操作规范熟练，操作无错误 | |
| 4 | 混浇接种 | 1. 倒入培养基并混合均匀 | 25 | 3 | 锥形瓶不得接触培养皿内部 | |
| | | | | 3 | 水平位置迅速旋动平皿 | |
| | | | | 3 | 迅速在水平台面上正向、反向转动平皿 | |
| | | | | 3 | 培养基不得沾染皿壁、皿盖 | |
| | | 2.平板状态 | | 2 | 表面光滑、水平，无凝结团块 | |
| | | | | 2 | 15～20mL | |
| | | | | 2 | 皿盖、皿壁上皆未沾染培养基 | |
| | | 3. 平板放置 | | 2 | 待平板凝固后将平皿倒置 | |
| | | 4. 整体印象 | | 5 | 无菌操作规范熟练，操作无错误 | |
| 5 | 结束 | 熄灭酒精灯 | 3 | 3 | 盖灭，打开重盖一次 | |
| 6 | 综合评价 | 1. 熟练程度<br>2. 有无其他错误操作 | 10 | 10 | 操作规范熟练，各环节衔接流畅<br>无其他错误操作(如有该项错误可扣超过10分) | |
| 7 | 文明操作 | 1. 有无器皿的破损 | 4 | 2 | 无损坏 | |
| | | 2. 操作结束后操作台面整理 | | 2 | 清理操作台面 | |
| 总分 | | | 100 | | | |

3. 对工作任务完成情况进行自我评价、小组评价，填写附录中相关的表格和工作过程评价表。

## 六、反馈

1. 小组代表展示结果、解决问题的途径，分析得失，接受质询。
2. 全班讨论，评价结果和解决问题的途径；总结，发现可能的改进之处。
3. 教师点评、总结。

# 任务二　川贝枇杷糖浆中霉菌酵母菌的限度检查

## 工作页

**【任务描述】**

《中华人民共和国药典》（以下简称《药典》）规定了各种药品中微生物的限量标准及检查方法。本任务是对某企业送检的川贝枇杷糖浆中酵母菌霉菌的限度是否合格进行检查。

**【学习指导】**

建议学习配套教材“微生物生长测定技术”中相关知识：微生物的生长规律、食品药品的卫生要求和微生物学标准。

建议学习配套教材“微生物生长繁殖的测定技术”中技术节点：微生物生长繁殖的测定技术。

建议学习《中华人民共和国药典》（2015 年版）：一部“川贝枇杷糖浆”条目，四部通则 0116 糖浆剂，四部通则 1105 非无菌产品微生物限度检查：微生物计数法，四部通则 1107 非无菌药品微生物限度标准。

**【实训学时】**

6 学时。

**【实训目的】**

1. 能够检测某企业送检川贝枇杷糖浆霉菌和酵母菌总数是否达标。

2. 能够依据《药典》和实验室条件自己制订方案并实施。

3. 能够进行显微镜技术、形态鉴别技术、生长测定技术、无菌技术、微生物培养技术规范操作。

4. 能够恰当评价自我和他人。

**一、获取和处理信息**

1. 所检测产品质量标准的依据是什么？检测方法的依据是什么？

2. 国家规定送检药品霉菌和酵母菌的限度检查的方法是什么？检测的结果怎样报告？

3.《药典》在平皿法的培养和计数中规定："若同稀释级两个平板的菌落数平均值不小于15，则两个平板的菌落数不能相差一倍或以上。"相差一倍或一倍以上，说明可能出现了什么问题？

4. 为什么《药典》在菌数报告规则中规定"需氧菌总数测定宜选取平均菌落数小于300CFU的稀释级、霉菌和酵母菌总数测定宜选取平均菌落数小于100CFU的稀释级，作为菌数报告的依据"？

5.《药典》(2015年版）规定的该类制剂的酵母菌和霉菌的限量标准是多少？可接受的最大菌数是多少？

6. 通过分析《药典》中需氧菌总数的测定培养基——胰酪大豆蛋白胨琼脂的配方和霉菌酵母菌总数测定的培养基——沙氏葡萄糖琼脂的配方，分析酵母菌的最适生长条件是什么？

7. 通过什么方法可以区分生长出的菌落是酵母菌、霉菌还是细菌？

8. 计数培养基适用性检查和供试品计数方法适用性试验的目的是什么？

9. 如果对同一份样品既用血细胞计数板计数法计数，又用平皿法计数，请你预测这两种方法计数结果之间的关联度，解释判断依据。

## 二、制订计划与方案

1. 填写川贝枇杷糖浆霉菌、酵母菌限度检查作业程序表，列出注意事项及操作要求。

**霉菌、酵母菌限度检查作业程序表**

| 流程 | 注意事项及操作要求 |
| --- | --- |
| | |
| | |
| | |
| | |
| | |
| | |
| | |
| | |
| | |
| | |

2. 按照实训中心给定的条件，合理划分工作阶段、小组工作任务和个人工作任务。报给组织者（或教师）备案。

**工作计划及任务分工表**

| 工作内容 | 完成时间 | 责任人 | 备注 |
| --- | --- | --- | --- |
| | | | |
| | | | |
| | | | |
| | | | |
| | | | |
| | | | |
| | | | |
| | | | |
| | | | |
| | | | |

## 三、讨论决策（深入理解原理，选择最佳方案，优化计划安排）

1. 按照选择的方案的需要，修订作业程序，将所需器材、试剂填写在材料申领单中。

**材料申领单**

| 材料名称 | 规格 | 数量 | 备注 | 材料名称 | 规格 | 数量 | 备注 |
| --- | --- | --- | --- | --- | --- | --- | --- |
| | | | 以项目组(或者班级)为单位 | | | | |
| | | | | | | | |
| | | | | | | | |
| | | | | | | | |
| | | | | | | | |
| | | | | | | | |
| | | | | | | | |
| | | | | | | | |

2. 讨论确定评价方案，理解评价依据。

## 四、实施计划

1. 按照作业程序完成工作任务，填写记录表。

**检验原始记录表**

第　　页　　　　　　　　　　　　　　　　　　　　　　　　共　　页

| 样品名称 | | 检验日期 | | 检验人 | |
|---|---|---|---|---|---|
| 样品状态描述 | | | | 样品数量 | |
| 检验项目 | □菌落总数　　□霉菌和酵母菌数 | | | | |
| 检验依据 | 《中华人民共和国药典》(2015年版)一部 | | | | |
| 检验地点 | 微生物室 | | | | |
| 检验仪器名称、型号及编号 | □01-　数显电热恒温培养箱　□01-　显微镜　□01-　生化培养箱<br>□01-　隔水式恒温培养箱　□01-　ATP细菌鉴定仪 | | | | |

微生物检验培养基配制记录

编号：　　　　　　　　　　　　　　　　　　　　　　　　年　　月　　日

| 培养基名称 | 沙氏葡萄糖琼脂培养基 | | |
|---|---|---|---|
| 用途 | 用于霉菌和酵母菌总数的检测 | 配制量 | |
| 配制日期 | 年　　月　　日 | 灭菌方法 | 121℃，20min灭菌 |

培养基成分

称取(g)

加蒸馏水到　　　　mL。加热溶解后分装，加塞，包好后经115℃灭菌20min，置冰箱保存备用。

| pH值 | | 无菌试验结果 | |
|---|---|---|---|

样品制备：按《中华人民共和国药典》(2015年版)四部1105要求进行。

取供试品______g(mL)，按以下______法制备成供试液，再依次10倍稀释。按______检验。

制备方法：(1)加pH7.0无菌氯化钠-蛋白胨缓冲液制成1∶10供试液。

(2)加pH7.2无菌磷酸盐缓冲液制成1∶10供试液。

(3)加无菌胰酪大豆胨液体培养基溶解或稀释制成1∶10供试液。

(4)无稀释，使用混合的供试品原液作为供试液。

□需氧菌总数：检验依据《中华人民共和国药典》(2015年版)四部1105。

□霉菌和酵母菌计数：检验依据《中华人民共和国药典》(2015年版)四部1105。

培养温度：　培养时间：

| 样品编号 | 不同稀释度需氧菌总数 | | | | | 不同稀释度霉菌和酵母菌数 | | | | 检验结果 | | 该项目是否合格 |
|---|---|---|---|---|---|---|---|---|---|---|---|---|
| | 原液 | $10^{-1}$ | $10^{-2}$ | $10^{-3}$ | 空白对照 | 原液 | $10^{-1}$ | $10^{-2}$ | 空白对照 | 需氧菌总数/[CFU/mL(g)] | 霉菌和酵母菌计数/[CFU/mL(g)] | |
| | | | | | | | | | | | | |
| | | | | | | | | | | | | |
| | | | | | | | | | | | | |
| | | | | | | | | | | | | |
| | | | | | | | | | | | | |
| | | | | | | | | | | | | |

注：如果同时测定该产品的需氧菌总数，需配制胰酪大豆胨琼脂培养基。培养基配制记录表格式同上。

2. 操作完成后填写清场记录表。

清场记录表

| 任务结束时清场记录 | 记录内容 | 在方框中填√或× | 备注 |
| --- | --- | --- | --- |
| | 超净工作台 | 已清洁归位 □ | |
| | 工具容器具 | 已清洁归位 □ | |
| | 试剂瓶、台面 | 已清洁归位 □ | |
| | 工位台面 | 已清洁 □ | |
| | 地面 | 已清洁 □ | |
| | 废物桶 | 已清洁 □ | |
| | | 已清洁归位 □ | |
| | | 已清洁归位 □ | |
| | 清场人 | | 签名 |
| | 检查人 | | 签名 |
| | 清场情况 | 合格 □ | 项目经理填写 |
| | 清场时间 | 年 月 日 | |

3. 培养完成后，逐日点计菌落数目，并计算，填入检验原始记录表。

## 五、质量监控及评价

1. 结果评价依据

（1）无菌操作合格　阴性对照实验平板无菌。保证环境、器材灭菌合格，操作人无菌操作技术合格。

（2）平板合格　制备的固体培养基平板表面应平整光滑，无气泡、无杂质，皿壁、皿口、皿盖部位不得沾染培养基。平板培养基的厚度一般为3mm（90mm平皿中加入15～20mL培养基）。

（3）混匀浇注接种平板合格　培养出的菌落在平板中的分布均匀，无菌苔出现。

（4）稀释梯度合格　10倍梯度稀释的菌液所接种的平板，生长出的菌落数目基本呈现接近10倍递减的趋势。

有平均菌落数小于100CFU的酵母菌和霉菌的稀释级平板（如果同时测定需氧菌总数，有平均菌落数小于300CFU的稀释级平板）。

（5）平行度合格　同一稀释度菌液所接种的平板，生长出的菌落数目相差较小。

（6）结果精准　测定的结果应接近该产品菌落总数的真实值。

2. 按照梯度稀释及混浇接种操作评价表（见项目二任务一“五、质量监控及评价”）进行小组评价。

3. 对工作任务完成情况进行自我评价、小组评价，填写附录中相关的表格。

**六、反馈**

1. 小组代表展示结果、解决问题的途径，分析得失，接受质询。
2. 全班讨论，评价结果和解决问题的途径；总结，发现可能的改进之处。
3. 教师点评、总结。

# 项目三 菌种选育和保藏

## 相关背景

**一、企业工作情景描述**

菌种是一种珍贵的资源，能够用于生产的菌种通常从自然环境中筛选出来，再经过人为的定向选育，是企业或研究机构花费大量人力、时间和财力选育获得的，成本极高。获得的菌种为了保证其不死、不衰、不染菌，通常需要保存在特定环境下，并定期移植和复壮。

从自然界筛选菌种的具体做法大致可以分成以下四个步骤：采样、增殖培养、纯种分离和性能测定。采样即在目标微生物分布处采集含菌的样品。增殖培养（又称丰富培养）就是选择性培养所采集的土壤等含菌样品中的目标微生物，以便于从其中分离到这类微生物，提高筛选的效率。纯种分离是从上述的增殖培养物中分离出纯种微生物进行生产。性能测定是确定所分得的纯种是否具有生产上所要求的性能，要进行性能测定后才能决定取舍。

**二、学习目标**（认知、技能目标、情感）

通过本项目，及学生在教师指导下，进行分工和协作，能够利用已经掌握的微生物基本操作技能，根据微生物的特点进行合理应用，从自然环境中筛选出特定的菌种，并贮藏保证其不死、不衰、不染菌，同时对菌种进行移植和复壮。完成项目的过程能够提高团队协作能力、表达沟通能力，培养对工作的责任心，学习自我评价和对他人评价。

具体目标如下。

① 学会收集专业信息、有用信息，对信息进行处理和利用。

② 能够总结菌种筛选的常用方法。

③ 能够总结防止菌种衰退以及菌种复壮的方法。

④ 能够根据要求筛选菌种并选择保藏方案。

⑤ 能够制订出实施计划，组织安排实施过程。

⑥ 能够熟练使用所要用到的微生物技术，包括显微技术、形态鉴别技术、无菌技术、纯培养技术、生长测定技术、菌种保藏技术。

⑦ 能够按规范实施方案，做好原始记录。

⑧ 能够分析结果。

**三、学习流程**

每项任务都应按照下一页的学习流程图完成学习过程，提升学习者的完成工作任务、解决问题的能力。

**四、时间安排**

任务一 16 学时，任务二 16 学时，总计 32 学时。

其中每个资讯学习和处理、制订计划方案、制订方案决策需要 4 学时，实施方案需要 8 学时，成果展示和质询讨论需要 4 学时。

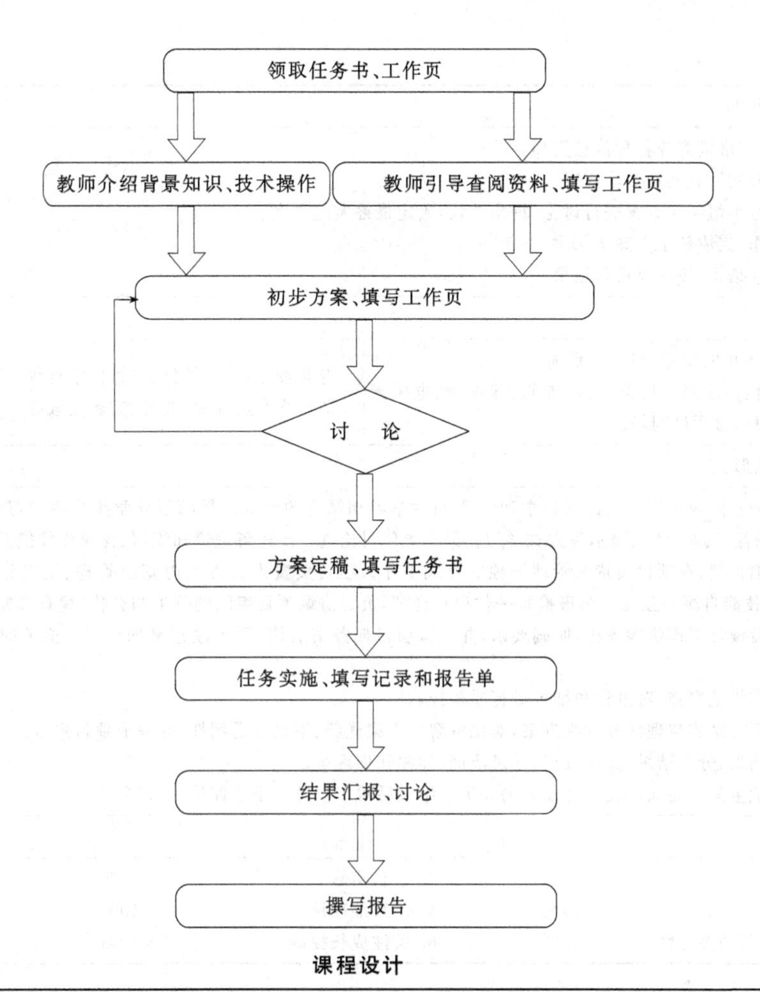


## 课程设计

| 项目名称 | 菌种选育和保藏 | | |
| --- | --- | --- | --- |
| 教学任务 | 苏云金芽孢杆菌菌种筛选和保藏 | 教学时间安排 | 16 学时 |
| | 产淀粉酶微生物选育和保藏 | | 16 学时 |

学习任务

学生能够利用已经掌握的微生物基本操作技能，根据微生物的特点进行合理应用，从土壤等自然环境中筛选出特定的微生物，并贮藏种子保证其不死、不衰、不染菌。

要求：1. 能够针对教师给出的任务，分离获得特定的微生物，并进行保藏。

2. 能够自己制订方案并实施。

3. 能够熟练和规范进行微生物技术操作。

学习目标

1. 总结应用的基本流程，熟练使用各种微生物基本技能，包括显微镜技术、形态鉴别技术、生长测定技术、无菌技术、分离培养技术、菌种保藏技术。

2. 能够针对目标的特点，分离获得特定的微生物。

3. 按细化实施方案，规范操作，有条理地进行工作，撰写报告。

4. 能够恰当评价自我和他人。

续表

| 学习内容与活动设计 | |
|---|---|
| 1. 利用教材、网络资源等各种信息资料。<br>2. 以小组的形式制订初步工作方案。<br>3. 对其他学习小组工作方案进行讨论，提出建议，确定最终实施方案。<br>4. 规范地操作，完成预定方案。<br>5. 观察并记录结果，按规范报告结果。 | |
| 教学条件 | |
| 专业教室：一体化实验室、多媒体系统。<br>教学设备器材：高压蒸汽灭菌锅、培养箱、显微镜、电子天平、常用玻璃器材、常用试剂等。 | 专业参考资料：教材、多媒体素材等。<br>微生物专业教师：教师、实验室教师。 |
| 教学方法及组织形式 | |
| 1. 背景资料准备阶段采用正面课堂教学和引导-自主学习相结合的形式。教师引导学生自主学习和体验性学习。操作技能通过视频录像、动画、实验演示等方式学习。最后集体讨论进一步理解理论知识，加深操作技能关键点的把控。<br>2. 学生分为项目组，在项目负责人管理下独立完成工作。项目负责人负责组内基层管理、组织分工、工具设备管理工作，并组织单项技能自测和互测。全班推举一位项目经理，负责协调项目组间的分工与合作，检查和监控各小组项目进程。<br>3. 小组学习后设计工作步骤流程，明确要求，并填写项目任务书表格，列出注意事项清单。必要时全班一起讨论，完善工作方案。<br>4. 项目按操作规范实施，对过程和结果进行质量控制。<br>5. 项目完成后总结和整理任务解决方案，对比各解决方案优势、不足和适用性，并完成项目报告。<br>6. 展示实践结果，分析结果，交流收获，通过质询，加深知识理解。<br>7. 每个环节学生需要完成自我及对他人的评价。结束后对工作过程予以评价，并评分。 | |
| 学业评价 | |
| 1. 方案的设计　10%<br>3. 报告撰写　20%<br>5. 讨论主动、行动参与性　20% | 2. 项目实施　30%<br>4. 结果准确性　10%<br>6. 关注成长提高　10% |

# 任务一　苏云金芽孢杆菌菌种筛选和保藏

## 工作页

**【任务描述】**

从环境中筛选出苏云金芽孢杆菌，并选用适当的方法保藏菌种资源。

**【学习指导】**

建议学习配套教材“微生物育种技术”中的相关知识：原核微生物的基因重组。

建议学习配套教材“微生物育种技术”相关内容。

建议学习配套教材“菌种保藏技术”中的技术节点：菌种保藏方法。

**【实训学时】**

16 学时。

**【实训目的】**

1. 能够根据目标微生物的特点选择、制备合适的培养基。
2. 能够自己制订筛选方案并实施。
3. 能够规范使用实训室内的各类仪器和器具。
4. 学习评价自我和他人。

**一、获取和处理信息**

1. 苏云金芽孢杆菌（Bt）菌种的特点是什么？

2. 如何根据 Bt 菌种的特点选择取样地点？

3. 如何根据 Bt 菌种的特点设计培养基？

4. 怎样验证 Bt 菌株？

5. 选出的 Bt 菌株可以用什么方法保存？

6. 菌种出现怎样的现象说明出现了菌种衰退？

7. 菌种退化的原因是什么？如何防止菌种衰退？

## 二、制订计划与方案

1. 填写 Bt 菌株选育和保藏作业程序表，列出注意事项及操作要求。

**Bt 菌株选育和保藏作业程序表**

| 流程 | 注意事项及操作要求 |
| --- | --- |
| 采样 | |
| 增殖培养 | |
| 纯种分离 | |
| 性能测定 | |
| 菌种的保存 | |

2. 按照实训中心给定的条件，合理划分工作阶段、小组工作任务和个人工作任务。报给组织者（教师）备案。

**工作计划及任务分工表**

| 工作内容 | 完成时间 | 责任人 | 备注 |
| --- | --- | --- | --- |
| | | | |
| | | | |
| | | | |
| | | | |
| | | | |
| | | | |
| | | | |
| | | | |
| | | | |
| | | | |

**三、讨论决策**（深入理解原理，选择最佳方案，优化计划安排）

1. 全班共同讨论各个小组的方案，整合意见，确定最优方案，修订作业程序。

2. 将所需器材、试剂填写在材料申领单中。

**材料申领单**

| 实验仪器与材料 | 规　格 | 数　量 | 备　注 |
| --- | --- | --- | --- |
| | | | 以项目组(或者班级)为单位 |
| | | | |
| | | | |
| | | | |
| | | | |
| | | | |
| | | | |
| | | | |
| | | | |
| | | | |
| | | | |
| | | | |
| | | | |
| | | | |
| | | | |
| | | | |
| | | | |
| | | | |

## 四、实施计划

1. 按照作业程序完成工作任务，填写记录表。

**Bt 菌株选育和保藏记录表**

| 项目 | 记录 | | | | | |
|---|---|---|---|---|---|---|
| 采样 | 地点 | 编号 | 采样日期 | 采样人 | 备注 | |
| | | | | | | |
| 增殖培养 | 培养基名称 | 培养温度 | 培养时间 | 菌落生长情况 | 备注 | |
| | | | | | | |
| 纯种分离 | 培养基名称 | 培养温度 | 培养时间 | 镜检情况 | 微生物生长状况 | 备注 |
| | | | | | | |
| 初步鉴定 | 菌体大小：<br>是否有芽孢：<br>是否有伴孢晶体：<br>伴孢晶体大小及形态： | | | | | 备注 |
| 菌种保存 | 保存方法 | 菌种名称 | 菌种编号 | 保存日期 | 保存人 | 备注 |
| | | | | | | |

2. 操作完成后填写电子天平的使用和保养记录单。
3. 操作完成后填写清场记录表。

**清场记录表**

| | 记录内容 | 在方框中填√或× | 备注 |
|---|---|---|---|
| 任务结束时清场记录 | 天平 | 已清洁归位 □ | |
| | 工具容器具 | 已清洁归位 □ | |
| | 试剂瓶、台面 | 已清洁归位 □ | |
| | 工位台面 | 已清洁 □ | |
| | 地面 | 已清洁 □ | |
| | 废物桶 | 已清洁 □ | |
| | | 已清洁归位 □ | |
| | | 已清洁归位 □ | |
| | 清场人 | | 签名 |
| | 检查人 | | 签名 |
| | 清场情况 | 合格 □ | 项目经理填写 |
| | 清场时间 | 年 月 日 | |

## 五、质量监控及评价

1. 土壤采样：从肥沃、湿润的土壤中取样。先铲去表层土 3cm 左右，再取样，将样品装入事先准备好的无菌信封中，并做好相关记录。

2. 增殖培养：无菌操作配制土壤悬液，梯度稀释至 $10^{-6}$，用稀释样品的同支吸管分别依次从 $10^{-6}$、$10^{-5}$、$10^{-4}$ 样品稀释液中吸取 1mL，注入无菌培养皿中，然后倒入灭菌并融化冷至 50℃左右的选择性固体培养基，小心摇动。冷凝后，倒置于 35℃温箱中培养 48h。菌落基本分散呈单菌落，比较均匀地分布于平板中，相邻梯度平板中的菌落数与浓度梯度相一致。

3. 纯种分离：从选择性培养基上挑选菌落，用接种环蘸取少量培养物至斜面上，并进行 2～3 次划线分离，挑取单菌落至斜面上，培养后观察菌苔生长情况并镜检验证为纯培养。

4. 初步形态鉴定：按常规的石炭酸复红染色方法进行染色，观察有无芽孢、伴孢晶体生成，并测量菌体、芽孢及伴孢晶体的大小。

5. 菌种保存：选择生长旺盛时期的菌株进行保存，完整记录信息。

**六、反馈**

1. 小组代表展示结果、解决问题的途径，分析得失，接受质询。

2. 全班讨论，评价结果和解决问题的途径；总结，发现可能的改进之处。

3. 教师点评、总结。

# 任务二　产淀粉酶微生物选育和保藏

## 工作页

**【任务描述】**

从土壤中筛选出产淀粉酶的菌种，并选用适当的方法保藏。

**【学习指导】**

建议学习配套教材“微生物育种技术”中的相关知识：原核微生物的基因重组。

建议学习配套教材“微生物育种技术”相关内容。

建议学习配套教材“菌种保藏技术”中的技术节点：菌种保藏方法。

**【实训学时】**

16 学时。

**【实训目的】**

1. 能够根据目标微生物的特点选择、制备合适的培养基。
2. 能够自己制订筛选方案并实施。
3. 能够规范使用实训室内的各类仪器和器具。
4. 学习评价自我和他人。

**一、获取和处理信息**

1. 用流程图表示菌种分离需要哪些步骤？

2. 选择培养基应遵循哪些原则？

3. 怎样验证产淀粉酶菌株？

4. 筛选得到的菌株有哪些方法保藏？

5. 菌种退化的原因是什么？如何防止菌种衰退？

## 二、制订计划与方案

1. 填写产淀粉酶微生物选育和保藏作业程序表，列出注意事项及操作要求。

**产淀粉酶微生物选育和保藏作业程序表**

| 流程 | 注意事项及操作要求 |
| --- | --- |
| 采样 | |
| 增殖培养 | |
| 纯种分离 | |
| 性能测定 | |
| 菌种的保存 | |

2. 按照实训中心给定的条件，合理划分工作阶段、小组工作任务和个人工作任务。报给组织者（教师）备案。

**工作计划及任务分工表**

| 工作内容 | 完成时间 | 责任人 | 备注 |
| --- | --- | --- | --- |
| | | | |
| | | | |
| | | | |
| | | | |
| | | | |
| | | | |
| | | | |
| | | | |
| | | | |
| | | | |

**三、讨论决策**（深入理解原理，选择最佳方案，优化计划安排）

1. 全班共同讨论各个小组的方案，整合意见，确定最优方案，修订作业程序。

2. 将所需器材、试剂填写在材料申领单中。

**材料申领单**

| 实验仪器与材料 | 规　格 | 数　量 | 备　注 |
| --- | --- | --- | --- |
|  |  |  | 以项目组(或者班级)为单位 |
|  |  |  |  |
|  |  |  |  |
|  |  |  |  |
|  |  |  |  |
|  |  |  |  |
|  |  |  |  |
|  |  |  |  |
|  |  |  |  |
|  |  |  |  |
|  |  |  |  |
|  |  |  |  |
|  |  |  |  |
|  |  |  |  |
|  |  |  |  |
|  |  |  |  |
|  |  |  |  |
|  |  |  |  |

## 四、实施计划

1. 按照作业程序完成工作任务，填写记录表。

**产淀粉酶微生物选育和保藏记录表**

| 项目 | 记录 | | | | | |
|---|---|---|---|---|---|---|
| 土壤采样 | 地点 | 土壤编号 | 采样深度 | 采样日期 | 采样人 | 备注 |
| | | | | | | |
| 增殖培养 | 培养基名称 | 培养温度 | 培养时间 | 菌落生长情况 | 备注 | |
| | | | | | | |
| 纯种分离 | 培养基名称 | 培养温度 | 培养时间 | 镜检情况 | 菌苔生长情况 | 备注 |
| | | | | | | |
| 性能测定 | 酶液制备情况 | 酶活力测定 | 酶活力计算结果 | 备注 | | |
| | | | | | | |
| 菌种保存 | 保存方法 | 菌种名称 | 菌种编号 | 保存日期 | 保存人 | 备注 |
| | | | | | | |

2. 操作完成后填写电子天平的使用和保养记录单。

3. 操作完成后填写清场记录表。

**清场记录表**

| | 记录内容 | 在方框中填√或× | 备注 |
|---|---|---|---|
| 任务结束时清场记录 | 天平 | 已清洁归位 □ | |
| | 工具容器具 | 已清洁归位 □ | |
| | 试剂瓶、台面 | 已清洁归位 □ | |
| | 工位台面 | 已清洁 □ | |
| | 地面 | 已清洁 □ | |
| | 废物桶 | 已清洁 □ | |
| | | 已清洁归位 □ | |
| | | 已清洁归位 □ | |
| | 清场人 | | 签名 |
| | 检查人 | | 签名 |
| | 清场情况 | 合格 □ | 项目经理填写 |
| | 清场时间 | 年 月 日 | |

## 五、质量监控及评价

1. 土壤采样：从肥沃、湿润的土壤中取样。先铲去表层土 3cm 左右，再取样，将样品装入事先准备好的无菌信封中，并做好相关记录。

2. 增殖培养：无菌操作配制土壤悬液，梯度稀释至 $10^{-6}$，用稀释样品的同支吸管分别依次从 $10^{-6}$、$10^{-5}$、$10^{-4}$ 样品稀释液中吸取 1mL，注入无菌培养皿中，然后倒入灭菌并融化冷至 50℃左右的选择性固体培养基，小心摇动，冷凝后，倒置于 35℃温箱中培养 48h。菌落基本分散呈单菌落，比较均匀地分布于平板中，相邻梯度平板中的菌落数与浓度梯度相一致。

3. 纯种分离：选取淀粉水解圈直径与菌落直径之比较大的菌落，转接至斜面上，并进行 2～3 次划线分离，挑取单菌落至斜面上，培养后观察菌苔生长情况并镜检验证为纯培养。

4. 性能测定：酶液计量准确，酶反应充分，终点计时可靠，酶活力计算公式正确。

5. 菌种保存：选择生长旺盛时期的菌株进行保存，完整记录信息。

**六、反馈**

1. 小组代表展示结果、解决问题的途径，分析得失，接受质询。

2. 全班讨论，评价结果和解决问题的途径；总结，发现可能的改进之处。

3. 教师点评、总结。

# 附　　录

## 附录一　能力评价表

**说明：评价为很好填“＋＋”，好填“＋”，一般填“0”，较差填“－”，差填“－－”。**

| 姓　名 | | 学习任务项目 | 1 | | 2 | | 3 | | 4 | | 5 | |
|---|---|---|---|---|---|---|---|---|---|---|---|---|
| 组　别 | | 指导教师 | | | | | | | | | | |
| 班　级 | | 日　期 | | | | | | | | | | |
| 评价对象 | 观测评价标准 | | 自我评价 | 小组评价 | 自我评价 | 小组评价 | 自我评价 | 小组评价 | 自我评价 | 小组评价 | 自我评价 | 小组评价 |
| 1. 获取和处理信息 | 1.1 不需要外界监督，能自觉独立完成获取和处理信息的任务 | | | | | | | | | | | |
| | 1.2 学习参考资料的方法科学 | | | | | | | | | | | |
| | 1.3 获取处理信息的效率高 | | | | | | | | | | | |
| | 1.4 能复述和再现信息，正确解答问题 | | | | | | | | | | | |
| | 1.5 能从教材、课堂以外的多种专业文献、工具书等信息源获取所需信息 | | | | | | | | | | | |
| | 1.6 会利用非印刷媒体获取信息 | | | | | | | | | | | |
| | 1.7 能从日常生活、工作过程中捕捉有用信息 | | | | | | | | | | | |
| | 1.8 能应用信息分析工作任务，明确任务的目的 | | | | | | | | | | | |
| | 1.9 能预设工作的成果，以及评价成果的方法 | | | | | | | | | | | |
| | 1.10 能确定工作内容，划分工作阶段 | | | | | | | | | | | |
| | 1.11 整理出完成任务所需条件、必要的知识和技能 | | | | | | | | | | | |
| | 1.12 能掌握和应用这些必要的知识和技能 | | | | | | | | | | | |

续表

| 评价对象 | 观测评价标准 | 自我评价 | 小组评价 | 自我评价 | 小组评价 | 自我评价 | 小组评价 | 自我评价 | 小组评价 | 自我评价 | 小组评价 |
|---|---|---|---|---|---|---|---|---|---|---|---|
| 2. 制订计划与方案 | 2.1 能独立制订系统的学习工作计划，计划能实施 | | | | | | | | | | |
| | 2.2 能列出详细的工作步骤方案，解释工作过程 | | | | | | | | | | |
| | 2.3 能整理出详尽的工具、材料、试剂配制等清单 | | | | | | | | | | |
| | 2.4 检查现有状况，核对方案的可行性，必要时能对计划进行变更 | | | | | | | | | | |
| | 2.5 有强烈的成本意识，工具材料的选择廉、简、易，技术路线耗时短 | | | | | | | | | | |
| 3. 讨论决策 | 3.1 能在明确该问题决策依据的情况下进行科学决策 | | | | | | | | | | |
| | 3.2 能积极参与讨论，主动提出自己的疑问和想法 | | | | | | | | | | |
| | 3.3 针对某一问题能提出自己的见解 | | | | | | | | | | |
| | 3.4 讨论时的语言和行为能准确表达自己的思想 | | | | | | | | | | |
| | 3.5 能正确理解他人的面部表情和身体语言 | | | | | | | | | | |
| | 3.6 能保持礼貌，不打断对话人的发言，正确保持目光接触 | | | | | | | | | | |
| | 3.7 面对分歧时能保持友善，能替他人着想 | | | | | | | | | | |
| | 3.8 能在冲突时保持冷静，有一定的调解冲突、防止激化的能力，有一定的解决冲突的能力 | | | | | | | | | | |
| | 3.9 在必要时能做出妥协和让步 | | | | | | | | | | |

续表

| 评价对象 | 观测评价标准 | 自我评价 | 小组评价 | 自我评价 | 小组评价 | 自我评价 | 小组评价 | 自我评价 | 小组评价 | 自我评价 | 小组评价 |
|---|---|---|---|---|---|---|---|---|---|---|---|
| 4. 实施计划 | 4.1 能细心谨慎地组织与安排任务，具有逻辑性与创造性 | | | | | | | | | | |
| | 4.2 能完成小组分配的任务，做好过程记录，灵活处理自己的角色 | | | | | | | | | | |
| | 4.3 工作时能持续保持较高注意力，受其他因素干扰小，工作速度快 | | | | | | | | | | |
| | 4.4 有强烈的责任心，能自觉对小组和项目负责 | | | | | | | | | | |
| | 4.5 在小组工作中态度友好，富有建设性，并能代表本组与其他组合作，主动与人打招呼，态度热情 | | | | | | | | | | |
| | 4.6 能熟练运用所学技能执行方案，操作规范，有强烈的无菌和防污染意识 | | | | | | | | | | |
| | 4.7 严格遵守安全规则 | | | | | | | | | | |
| | 4.8 工作有条理，工位能保持整洁 | | | | | | | | | | |
| | 4.9 能细致友善地对待工具、材料、环境等 | | | | | | | | | | |
| | 4.10 能发现和灵活解决未预料到的问题，并记录下来 | | | | | | | | | | |
| 5. 质量控制 | 5.1 具有强烈的质量自检意识，能随时检查自己的操作是否规范 | | | | | | | | | | |
| | 5.2 能随时检查是否在按计划执行 | | | | | | | | | | |
| | 5.3 能发现合作者的错误，并及时补救（如操作、仪器维护保养、清场等） | | | | | | | | | | |
| | 5.4 能发现自己的错误，并及时补救 | | | | | | | | | | |
| | 5.5 对问题的反应速度快 | | | | | | | | | | |
| | 5.6 能分析实施与计划之间偏差的原因 | | | | | | | | | | |

续表

| 评价对象 | 观测评价标准 | 自我评价 | 小组评价 | 自我评价 | 小组评价 | 自我评价 | 小组评价 | 自我评价 | 小组评价 | 自我评价 | 小组评价 |
|---|---|---|---|---|---|---|---|---|---|---|---|
| 6. 评估反馈 | 6.1 结果合理、准确，符合预期设计 | | | | | | | | | | |
| | 6.2 结果报告书整洁、规范，能对照实施记录分析不符合预期的结果 | | | | | | | | | | |
| | 6.3 展示结果的表达方法形象，表达条理清晰、熟练 | | | | | | | | | | |
| | 6.4 能回答同学及老师的质询，用语礼貌 | | | | | | | | | | |
| | 6.5 计划制订合理，能够顺利实施 | | | | | | | | | | |
| | 6.6 实施过程规范、高效 | | | | | | | | | | |
| | 6.7 负责任，全过程不需要他人督促，团队相处融洽 | | | | | | | | | | |
| | 6.8 能够独立全面（从技术、经济、社会、思维发展等多方面）评估成果和工作过程的设计 | | | | | | | | | | |
| 评价对象 | | 自我评价 | | | | | 小组评价 | | | | |
| 成长提高程度 | | ++<br>很大 | +<br>较大 | 0<br>一般 | −<br>很小 | −−<br>无 | ++<br>很大 | +<br>较大 | 0<br>一般 | −<br>很小 | −−<br>无 |

# 附录二　工作过程评价表

**工作任务完成情况评价表1（个人评价）**

<table>
<tr><td colspan="4">学习任务名称：</td></tr>
<tr><td colspan="3">姓名：</td><td>日期：</td><td rowspan="2">指导教师：</td></tr>
<tr><td colspan="3">班级：</td><td>小组编号：</td></tr>
<tr><td>评分考察对象</td><td>分值/分</td><td>评分/分</td><td colspan="2">评价(评分依据)</td></tr>
<tr><td>方案的设计</td><td>10</td><td></td><td colspan="2"></td></tr>
<tr><td>项目实施</td><td>30</td><td></td><td colspan="2"></td></tr>
<tr><td>结　果</td><td>10</td><td></td><td colspan="2"></td></tr>
<tr><td>报告撰写</td><td>20</td><td></td><td colspan="2"></td></tr>
<tr><td>讨论主动</td><td>10</td><td></td><td colspan="2"></td></tr>
<tr><td>行动参与性</td><td>10</td><td></td><td colspan="2"></td></tr>
<tr><td>注重行为修正</td><td>10</td><td></td><td colspan="2"></td></tr>
<tr><td>得　分</td><td>100</td><td></td><td colspan="2"></td></tr>
</table>

**工作任务完成情况评价表2（小组评价）**

<table>
<tr><td colspan="5">学习任务名称：</td></tr>
<tr><td colspan="3">姓名：</td><td>日期：</td><td rowspan="2">指导教师：</td></tr>
<tr><td colspan="3">班级：</td><td>小组编号：</td></tr>
<tr><td>评分考察对象</td><td>分值/分</td><td>评分/分</td><td colspan="2">评价(评分依据)</td></tr>
<tr><td>方案的设计</td><td>10</td><td></td><td colspan="2"></td></tr>
<tr><td>项目实施</td><td>30</td><td></td><td colspan="2"></td></tr>
<tr><td>结　果</td><td>10</td><td></td><td colspan="2"></td></tr>
<tr><td>报告撰写</td><td>20</td><td></td><td colspan="2"></td></tr>
<tr><td>讨论主动</td><td>10</td><td></td><td colspan="2"></td></tr>
<tr><td>行动参与性</td><td>10</td><td></td><td colspan="2"></td></tr>
<tr><td>注重行为修正</td><td>10</td><td></td><td colspan="2"></td></tr>
<tr><td>得　分</td><td>100</td><td></td><td>评价人</td><td></td></tr>
</table>

**工作任务完成情况评价表 1（个人评价）**

<table>
<tr><td colspan="4">学习任务名称：</td></tr>
<tr><td colspan="2">姓名：</td><td>日期：</td><td rowspan="2">指导教师：</td></tr>
<tr><td colspan="2">班级：</td><td>小组编号：</td></tr>
</table>

| 评分考察对象 | 分值/分 | 评分/分 | 评价(评分依据) |
|---|---|---|---|
| 方案的设计 | 10 | | |
| 项目实施 | 30 | | |
| 结　　果 | 10 | | |
| 报告撰写 | 20 | | |
| 讨论主动 | 10 | | |
| 行动参与性 | 10 | | |
| 注重行为修正 | 10 | | |
| 得　　分 | 100 | | |

**工作任务完成情况评价表 2（小组评价）**

<table>
<tr><td colspan="4">学习任务名称：</td></tr>
<tr><td colspan="2">姓名：</td><td>日期：</td><td rowspan="2">指导教师：</td></tr>
<tr><td colspan="2">班级：</td><td>小组编号：</td></tr>
</table>

| 评分考察对象 | 分值/分 | 评分/分 | 评价(评分依据) | |
|---|---|---|---|---|
| 方案的设计 | 10 | | | |
| 项目实施 | 30 | | | |
| 结　　果 | 10 | | | |
| 报告撰写 | 20 | | | |
| 讨论主动 | 10 | | | |
| 行动参与性 | 10 | | | |
| 注重行为修正 | 10 | | | |
| 得　　分 | 100 | | 评价人 | |

**工作任务完成情况评价表 1（个人评价）**

<table>
<tr><td colspan="4">学习任务名称：</td></tr>
<tr><td colspan="3">姓名：</td><td>日期：</td><td rowspan="2">指导教师：</td></tr>
<tr><td colspan="3">班级：</td><td>小组编号：</td></tr>
<tr><td>评分考察对象</td><td>分值/分</td><td>评分/分</td><td colspan="2">评价(评分依据)</td></tr>
<tr><td>方案的设计</td><td>10</td><td></td><td colspan="2"></td></tr>
<tr><td>项目实施</td><td>30</td><td></td><td colspan="2"></td></tr>
<tr><td>结　　果</td><td>10</td><td></td><td colspan="2"></td></tr>
<tr><td>报告撰写</td><td>20</td><td></td><td colspan="2"></td></tr>
<tr><td>讨论主动</td><td>10</td><td></td><td colspan="2"></td></tr>
<tr><td>行动参与性</td><td>10</td><td></td><td colspan="2"></td></tr>
<tr><td>注重行为修正</td><td>10</td><td></td><td colspan="2"></td></tr>
<tr><td>得　　分</td><td>100</td><td></td><td colspan="2"></td></tr>
</table>

**工作任务完成情况评价表 2（小组评价）**

<table>
<tr><td colspan="5">学习任务名称：</td></tr>
<tr><td colspan="3">姓名：</td><td>日期：</td><td rowspan="2">指导教师：</td></tr>
<tr><td colspan="3">班级：</td><td>小组编号：</td></tr>
<tr><td>评分考察对象</td><td>分值/分</td><td>评分/分</td><td colspan="2">评价(评分依据)</td></tr>
<tr><td>方案的设计</td><td>10</td><td></td><td colspan="2"></td></tr>
<tr><td>项目实施</td><td>30</td><td></td><td colspan="2"></td></tr>
<tr><td>结　　果</td><td>10</td><td></td><td colspan="2"></td></tr>
<tr><td>报告撰写</td><td>20</td><td></td><td colspan="2"></td></tr>
<tr><td>讨论主动</td><td>10</td><td></td><td colspan="2"></td></tr>
<tr><td>行动参与性</td><td>10</td><td></td><td colspan="2"></td></tr>
<tr><td>注重行为修正</td><td>10</td><td></td><td colspan="2"></td></tr>
<tr><td>得　　分</td><td>100</td><td></td><td>评价人</td><td></td></tr>
</table>

**工作任务完成情况评价表 1（个人评价）**

| 学习任务名称： | | | |
|---|---|---|---|
| 姓名： | | 日期： | 指导教师： |
| 班级： | | 小组编号： | |

| 评分考察对象 | 分值/分 | 评分/分 | 评价(评分依据) |
|---|---|---|---|
| 方案的设计 | 10 | | |
| 项目实施 | 30 | | |
| 结　果 | 10 | | |
| 报告撰写 | 20 | | |
| 讨论主动 | 10 | | |
| 行动参与性 | 10 | | |
| 注重行为修正 | 10 | | |
| 得　分 | 100 | | |

**工作任务完成情况评价表 2（小组评价）**

| 学习任务名称： | | | |
|---|---|---|---|
| 姓名： | | 日期： | 指导教师： |
| 班级： | | 小组编号： | |

| 评分考察对象 | 分值/分 | 评分/分 | 评价(评分依据) | |
|---|---|---|---|---|
| 方案的设计 | 10 | | | |
| 项目实施 | 30 | | | |
| 结　果 | 10 | | | |
| 报告撰写 | 20 | | | |
| 讨论主动 | 10 | | | |
| 行动参与性 | 10 | | | |
| 注重行为修正 | 10 | | | |
| 得　分 | 100 | | 评价人 | |

**工作任务完成情况评价表 1（个人评价）**

<table>
<tr><td colspan="4">学习任务名称：</td></tr>
<tr><td colspan="3">姓名：</td><td>日期：</td><td rowspan="2">指导教师：</td></tr>
<tr><td colspan="3">班级：</td><td>小组编号：</td></tr>
<tr><td>评分考察对象</td><td>分值/分</td><td>评分/分</td><td colspan="2">评价(评分依据)</td></tr>
<tr><td>方案的设计</td><td>10</td><td></td><td colspan="2"></td></tr>
<tr><td>项目实施</td><td>30</td><td></td><td colspan="2"></td></tr>
<tr><td>结　果</td><td>10</td><td></td><td colspan="2"></td></tr>
<tr><td>报告撰写</td><td>20</td><td></td><td colspan="2"></td></tr>
<tr><td>讨论主动</td><td>10</td><td></td><td colspan="2"></td></tr>
<tr><td>行动参与性</td><td>10</td><td></td><td colspan="2"></td></tr>
<tr><td>注重行为修正</td><td>10</td><td></td><td colspan="2"></td></tr>
<tr><td>得　分</td><td>100</td><td></td><td colspan="2"></td></tr>
</table>

**工作任务完成情况评价表 2（小组评价）**

<table>
<tr><td colspan="5">学习任务名称：</td></tr>
<tr><td colspan="3">姓名：</td><td>日期：</td><td rowspan="2">指导教师：</td></tr>
<tr><td colspan="3">班级：</td><td>小组编号：</td></tr>
<tr><td>评分考察对象</td><td>分值/分</td><td>评分/分</td><td colspan="2">评价(评分依据)</td></tr>
<tr><td>方案的设计</td><td>10</td><td></td><td colspan="2"></td></tr>
<tr><td>项目实施</td><td>30</td><td></td><td colspan="2"></td></tr>
<tr><td>结　果</td><td>10</td><td></td><td colspan="2"></td></tr>
<tr><td>报告撰写</td><td>20</td><td></td><td colspan="2"></td></tr>
<tr><td>讨论主动</td><td>10</td><td></td><td colspan="2"></td></tr>
<tr><td>行动参与性</td><td>10</td><td></td><td colspan="2"></td></tr>
<tr><td>注重行为修正</td><td>10</td><td></td><td colspan="2"></td></tr>
<tr><td>得　分</td><td>100</td><td></td><td>评价人</td><td></td></tr>
</table>

## 工作任务完成情况评价表 1（个人评价）

| 学习任务名称： | | | |
|---|---|---|---|
| 姓名： | | 日期： | 指导教师： |
| 班级： | | 小组编号： | |

| 评分考察对象 | 分值/分 | 评分/分 | 评价(评分依据) |
|---|---|---|---|
| 方案的设计 | 10 | | |
| 项目实施 | 30 | | |
| 结　　果 | 10 | | |
| 报告撰写 | 20 | | |
| 讨论主动 | 10 | | |
| 行动参与性 | 10 | | |
| 注重行为修正 | 10 | | |
| 得　　分 | 100 | | |

## 工作任务完成情况评价表 2（小组评价）

| 学习任务名称： | | | |
|---|---|---|---|
| 姓名： | | 日期： | 指导教师： |
| 班级： | | 小组编号： | |

| 评分考察对象 | 分值/分 | 评分/分 | 评价(评分依据) | |
|---|---|---|---|---|
| 方案的设计 | 10 | | | |
| 项目实施 | 30 | | | |
| 结　　果 | 10 | | | |
| 报告撰写 | 20 | | | |
| 讨论主动 | 10 | | | |
| 行动参与性 | 10 | | | |
| 注重行为修正 | 10 | | | |
| 得　　分 | 100 | | 评价人 | |

**工作任务完成情况评价表1（个人评价）**

<table>
<tr><td colspan="4">学习任务名称：</td></tr>
<tr><td colspan="3">姓名：</td><td>日期：</td><td rowspan="2">指导教师：</td></tr>
<tr><td colspan="3">班级：</td><td>小组编号：</td></tr>
<tr><td>评分考察对象</td><td>分值/分</td><td>评分/分</td><td colspan="2">评价(评分依据)</td></tr>
<tr><td>方案的设计</td><td>10</td><td></td><td colspan="2"></td></tr>
<tr><td>项目实施</td><td>30</td><td></td><td colspan="2"></td></tr>
<tr><td>结　　果</td><td>10</td><td></td><td colspan="2"></td></tr>
<tr><td>报告撰写</td><td>20</td><td></td><td colspan="2"></td></tr>
<tr><td>讨论主动</td><td>10</td><td></td><td colspan="2"></td></tr>
<tr><td>行动参与性</td><td>10</td><td></td><td colspan="2"></td></tr>
<tr><td>注重行为修正</td><td>10</td><td></td><td colspan="2"></td></tr>
<tr><td>得　　分</td><td>100</td><td></td><td colspan="2"></td></tr>
</table>

**工作任务完成情况评价表2（小组评价）**

<table>
<tr><td colspan="5">学习任务名称：</td></tr>
<tr><td colspan="3">姓名：</td><td>日期：</td><td rowspan="2">指导教师：</td></tr>
<tr><td colspan="3">班级：</td><td>小组编号：</td></tr>
<tr><td>评分考察对象</td><td>分值/分</td><td>评分/分</td><td colspan="2">评价(评分依据)</td></tr>
<tr><td>方案的设计</td><td>10</td><td></td><td colspan="2"></td></tr>
<tr><td>项目实施</td><td>30</td><td></td><td colspan="2"></td></tr>
<tr><td>结　　果</td><td>10</td><td></td><td colspan="2"></td></tr>
<tr><td>报告撰写</td><td>20</td><td></td><td colspan="2"></td></tr>
<tr><td>讨论主动</td><td>10</td><td></td><td colspan="2"></td></tr>
<tr><td>行动参与性</td><td>10</td><td></td><td colspan="2"></td></tr>
<tr><td>注重行为修正</td><td>10</td><td></td><td colspan="2"></td></tr>
<tr><td>得　　分</td><td>100</td><td></td><td>评价人</td><td></td></tr>
</table>

**工作任务完成情况评价表 1（个人评价）**

| 学习任务名称： | | | |
|---|---|---|---|
| 姓名： | | 日期： | 指导教师： |
| 班级： | | 小组编号： | |

| 评分考察对象 | 分值/分 | 评分/分 | 评价(评分依据) |
|---|---|---|---|
| 方案的设计 | 10 | | |
| 项目实施 | 30 | | |
| 结　　果 | 10 | | |
| 报告撰写 | 20 | | |
| 讨论主动 | 10 | | |
| 行动参与性 | 10 | | |
| 注重行为修正 | 10 | | |
| 得　　分 | 100 | | |

**工作任务完成情况评价表 2（小组评价）**

| 学习任务名称： | | | |
|---|---|---|---|
| 姓名： | | 日期： | 指导教师： |
| 班级： | | 小组编号： | |

| 评分考察对象 | 分值/分 | 评分/分 | 评价(评分依据) | |
|---|---|---|---|---|
| 方案的设计 | 10 | | | |
| 项目实施 | 30 | | | |
| 结　　果 | 10 | | | |
| 报告撰写 | 20 | | | |
| 讨论主动 | 10 | | | |
| 行动参与性 | 10 | | | |
| 注重行为修正 | 10 | | | |
| 得　　分 | 100 | | 评价人 | |

ISBN 978-7-122-27104-4

9 787122 271044 >

定价：48.00元